演習 大学院入試問題

［数学］I 〈第3版〉

姫野俊一
陳　啓浩
＝共著

サイエンス社

第３版にあたって

第２版出版以来，約20年を経過し，大学院入試状況も変わり，旧版の誤りも発見されたため，第３版を出版することにした．改訂に際し，新問題を加え，旧版のプログラムを削除した．誤りがないように努めたつもりであるが，存在するかもしれない．そのような箇所についてはご教示を賜ることができれば幸いである．

最後に，有益な助言を戴いた北海道情報大学の関 正治名誉教授（工博），文献の著者，大学院入試問題を提供して戴いた方々，サイエンス社の方々に謝意を表する．

2015年春　　著　者

第２版にあたって

初版を出版以来数年が経過したが，依然として大学院入試は改善される気配がない．しかし，出題傾向はその間に多少変わり，かつ旧著の誤りも多数発見されたので，共著者，新問題を加えて，第２版を出版することにした．誤りがないように努めたつもりであるが，多少存在するかもしれない．そのような箇所については御教授を賜ることができれば幸いである．

最後に，大学院入試問題を提供または御意見を戴いた多数の方々，出版に協力戴いたサイエンス社の方々に謝意を表する．

1997年春　　著　者

まえがき

本書は，東京大学大学院理学系および工学系研究科修士課程の「基礎数学(一般教育科目)」の過去20年以上に渡る入試問題に加えて，東大以外の全国数十大学院の基礎数学の入試問題を収録・分類し，要項，解析解，FORTRANによる数値計算を付したものである．

近年，大学院が重視された結果，修士課程受験者は増加しており，大学によっては，学部学生の定員とほぼ同数を入学させている所もある．しかし残念ながら，大学院入試問題が秘密にされていたり，修士でも別途入学を行っている大学が多々ある.(東大の場合，専攻によって異なるが，東大の卒業生に限り，定員の半数以内修士に別途入学可能．また，東大の修士修了者に限り，博士に別途入学可能．東工大なども別途入学を行っている.) 試験科目・程度は各大学・各専攻で異なるが，試験入学者のために公表されている修士の基礎数学の問題の範囲は，ほぼ本書中に網羅されているような内容といえよう．それゆえ，本書は理学志望者にも工学志望者にも役立つであろう．

本書の各問題には大学名を記し，さらに実際に出題された問題を改題したものには†印を，類題には＊印を付して傾向を示した(出題年度は省略した)．数値計算には，ほとんどMS-FORTRAN（一部N88BASIC)，PC-9801VM21（NEC)を用いた．問題が多数のため，代表的な問題に対してのみプログラムと入出力結果を示した．数値計算法の原理の詳細については他書を参照されたい．なお，解答のほとんどは著者が行ったが数値計算の一部は東海産業短期大学の学生諸君が実行したことを付記しておく．完全を期したつもりであるが，誤りがあるかもしれない．そのような箇所については読者の御教示を賜ることができれば幸いである．

本書の執筆に当り，多数の著書を参照させていただいた．読者の便を計るためにそれらを巻末に示した．また，上記の短大助教授新倉保夫氏には有益な助言をいただいた．最後に，本書の出版に当り田島伸彦氏，山田新一氏をはじめとするサイエンス社の方々に大変お世話になった．心からお礼を申し上げる．

1990年9月

読者の中からノーベル賞級の科学者が輩出することを祈りながら

著　者

目　　次

3編 微分方程式

サイエンス社のホームページのご案内
http://www.saiensu.co.jp
ご意見・ご要望は rikei@saiensu.co.jp まで．

第 II 巻の内容

数学記号一覧

$[x]$	ガウスの記号：xを超えない最大の整数
$\bar{z}$	複素数zの共役複素数
$\arg(z)$	複素数zの偏角
$\mathrm{Re}(z)$; $\mathrm{Im}(z)$	zの実数部，虚数部
$\sum_{k=1}^{n} a_k$	総和記号$=a_1+a_2+\cdots+a_n$
$\prod_{k=1}^{n} a_k$	総乗記号$=a_1\cdot a_2\cdot\cdots\cdot a_n$
$O(x)$, $o(x)$	ランダウの記号：$0<\lvert f(x)\rvert/\lvert x\rvert\leqq K\Rightarrow f(x)=O(x)$, $\lim_{x\to\infty} f(x)/x=0\Rightarrow f(x)=o(x)$
Sgn, sgn	符号記号
$\in$, $\ni$	$a\in M$：aがMに属する
$\supset$, $\subset$	$M\supset N$：NがMに含まれる
$\forall\varepsilon$	任意のε
$\lVert\boldsymbol{a}\rVert$	ノルム：$\lVert\boldsymbol{a}\rVert$はベクトル$\boldsymbol{a}$の長さ
δ_{ik}	クロネッカーのデルタ：$\delta_{ik}=\begin{cases}1 & (i=k)\\ 0 & (i\neq k)\end{cases}$
A^{-1}	行列Aの逆行列
${}^tA$, A^T, A'	行列Aの転置行列
A^*	随伴行列$={}^t\bar{A}$
$\lvert A\rvert$, $\det A$	行列Aの行列式
$\boldsymbol{a}\times\boldsymbol{b}$, $[\boldsymbol{a},\boldsymbol{b}]$	外積，ベクトル積
$\boldsymbol{a}\cdot\boldsymbol{b}$, $(\boldsymbol{a},\boldsymbol{b})$	内積，スカラー積
$\boldsymbol{R}$, $(\boldsymbol{C})$	実数(複素数)の集合
$\boldsymbol{R}^n$, $(\boldsymbol{C}^n)$	n次元実(複素)ユークリッド空間
$\boldsymbol{K}$, $\boldsymbol{K}^n$	$\boldsymbol{R}$または$\boldsymbol{C}$, $\boldsymbol{R}^n$または$\boldsymbol{C}^n$
$\mathrm{diag}(a_1,\cdots,a_n)$	対角成分が$a_1,\cdots,a_n$，他の成分が0の行列
$\mathrm{Tr}\,A$, $\mathrm{tr}\,A$, $\mathrm{Sp}\,A$	行列Aの対角成分の和
${}^t\boldsymbol{a}$, ${}^t(a_1,\cdots,a_n)$	列(縦)ベクトル
e^A, $\exp A$	行列Aの指数級数$=\sum_{n=0}^{\infty}\frac{A^n}{n!}$
∇	ハミルトンの演算子，ナブラ
∇^2, Δ	ラプラシアン
$\frac{D(y_1,\cdots,y_n)}{D(x_1,\cdots,x_n)}$	ヤコビアン
$\mathscr{L}[f]$	関数fのラプラス変換
$\mathscr{L}^{-1}[F]$	関数Fの逆ラプラス変換
$\mathscr{F}[f]$, $\hat{f}$	関数fのフーリエ変換
$\mathscr{F}^{-1}[F]$, $\check{F}$	関数Fの逆フーリエ変換
$\Gamma(z)$	ガンマ関数
$B(p,q)$	ベータ関数
$J_\nu(z)$	ν次の第1種ベッセル関数
$Y_\nu(z)$	ν次の第2種ベッセル関数
$P_\nu(z)$	ν次の第1種ルジャンドル関数
$Q_\nu(z)$	ν次の第2種ルジャンドル関数
$\mathrm{Res}(a)$, $\mathrm{Res}(f:a)$	点aにおける$f(z)$の留数
${}_n\mathrm{P}_r$	順列の数$=\frac{n!}{(n-r)!}$
${}_n\mathrm{C}_r$, $\binom{n}{r}$	2項係数，組合せの数$=\frac{n!}{r!(n-r)!}$
$n!$	nの階乗$=1\cdot2\cdot\cdots\cdot n$
$E(X)$	Xの期待値
$\mathrm{Var}(X)$, $V(X)$	Xの分散

1編　線形代数

1　代　数　学

§1　ベクトル

n 個の順序づけられた数 $a_1, \cdots, a_n$ の組を n 次元の**数ベクトル**ということがある.

$$\boldsymbol{a} = (a_1, a_2, \cdots, a_n) \tag{1.1}$$

を n 次元の行（横）ベクトルというが，本書では n 次元の（縦）ベクトル

$$\boldsymbol{a} = \begin{bmatrix} a_1 \\ a_2 \\ \vdots \\ a_n \end{bmatrix} = {}^t(a_1, a_2, \cdots, a_n) \quad (t \text{ は転置を示す}) \tag{1.2}$$

を用いる.

§2　行　列

2.1　行列の定義

自然数の m, n に対し，mn 個の実数（複素数）a_{ij} $(1 \leqq i \leqq m,\ 1 \leqq j \leqq n)$ を縦 m 個，横 n 個の長方形に並べたもの

$$A = \begin{bmatrix} a_{11} & a_{12} & \cdots & a_{1n} \\ a_{21} & a_{22} & \cdots & a_{2n} \\ & \cdots\cdots & & \\ a_{m1} & a_{m2} & \cdots & a_{mn} \end{bmatrix} = (a_{ij}) \tag{1.3}$$

を (m, n) 型行列，または長方形行列という．特に，$m = n$ のときを n 次の**正方行列**という．a_{ij} を (i, j) 成分という.

$$\boldsymbol{a}_1 = \begin{bmatrix} a_{11} \\ a_{21} \\ \vdots \\ a_{m1} \end{bmatrix}, \quad \boldsymbol{a}_2 = \begin{bmatrix} a_{12} \\ a_{22} \\ \vdots \\ a_{m2} \end{bmatrix}, \quad \cdots, \quad \boldsymbol{a}_n = \begin{bmatrix} a_{1n} \\ a_{2n} \\ \vdots \\ a_{mn} \end{bmatrix}$$

とするとき

$$A = (\boldsymbol{a}_1, \boldsymbol{a}_2, \cdots, \boldsymbol{a}_n) \tag{1.4}$$

と書くことがある.

2.2 行列の相等

$$A = B \iff a_{ij} = b_{ij} \quad (1 \leqq i \leqq m; 1 \leqq j \leqq n) \tag{1.5}$$

2.3 行列の加（減）法

$$A \pm B = (a_{ij} \pm b_{ij}) = B \pm A \tag{1.6}$$

2.4 スカラー乗法

$$cA = (ca_{ij}) = Ac \quad (c：スカラー) \tag{1.7}$$

2.5 行列の積

2.5.1

$$A = \begin{bmatrix} a_{11} & a_{12} & \cdots & a_{1m} \\ a_{21} & a_{22} & \cdots & a_{2m} \\ & \cdots\cdots & & \\ a_{l1} & a_{l2} & \cdots & a_{lm} \end{bmatrix} = (a_{ij}) \quad (l, m) \text{型} \tag{1.8}$$

$$B = \begin{bmatrix} b_{11} & b_{12} & \cdots & b_{1n} \\ b_{21} & b_{22} & \cdots & b_{2n} \\ & \cdots\cdots & & \\ b_{m1} & b_{m2} & \cdots & b_{mn} \end{bmatrix} = (b_{jk}) \quad (m, n) \text{型} \tag{1.9}$$

とすると，行列の積は

$$AB = C = (c_{ik}) \quad (l, n) \text{型} \tag{1.10}$$

$$c_{ik} = \sum_{j=1}^{m} a_{ij} b_{jk} \quad (i = 1, \cdots, l; k = 1, \cdots, n) \tag{1.11}$$

2.5.2 $A = (\boldsymbol{a}_1, \boldsymbol{a}_2, \cdots, \boldsymbol{a}_n)$，$B = (\boldsymbol{b}_1, \boldsymbol{b}_2, \cdots, \boldsymbol{b}_n)$ とすると，次の式が成立する：

$$AB = (A\boldsymbol{b}_1, A\boldsymbol{b}_2, \cdots, A\boldsymbol{b}_n) \quad (l, n) \text{型} \tag{1.12}$$

$AB = BA$ は必ずしも成立しない．$AB = BA$ のとき，**可換**であるという．

2.5.3 $(AB)C = A(BC)$，$A(B + C) = AB + AC$，$(A + B)C = AC + BC$

$$\tag{1.13}$$

2.6 零行列

2.6.1

$$O = \begin{bmatrix} 0 & 0 & \cdots & 0 \\ & \cdots\cdots & & \\ & \cdots\cdots & & \\ 0 & 0 & \cdots & 0 \end{bmatrix} \tag{1.14}$$

2.6.2 $A + O = A$，$AO = OA = O$ (1.15)

2.7 単位行列

2.7.1

$$E = I = \begin{bmatrix} 1 & 0 & \cdots & 0 \\ 0 & 1 & \cdots & 0 \\ & \cdots\cdots & & \\ 0 & 0 & \cdots & 1 \end{bmatrix} = (\delta_{ij}) \tag{1.16}$$

を**単位行列**という．ただし，

$$\delta_{ij} = \begin{cases} 1 & (i = j) \\ 0 & (i \neq j) \end{cases} \quad \text{（クロネッカーのデルタ）}$$

2.7.2 $AE = EA = A$ (1.17)

2.7.3 対角行列

$$\begin{bmatrix} a_1 & & & O \\ & a_2 & & \\ & & \ddots & \\ O & & & a_n \end{bmatrix} = \mathrm{diag}\,(a_1, a_2, \cdots, a_n) \tag{1.18}$$

2.8 行列の区分け

2.8.1 (l, m) 型行列 $A = (a_{ij})$ を，$p - 1$ 個の横線と $q - 1$ 個の縦線によって pq 個の区画に分け，上から s 番目，左から t 番目の行列を A_{st} $((l_s, m_t)$ 型$)$ とするとき

$$A = \begin{bmatrix} A_{11} & A_{12} & \cdots & A_{1q} \\ A_{21} & A_{22} & \cdots & A_{2q} \\ & \cdots\cdots & & \\ A_{p1} & A_{p2} & \cdots & A_{pq} \end{bmatrix}, \quad \begin{cases} l = l_1 + l_2 + \cdots + l_p \\ m = m_1 + m_2 + \cdots + m_q \end{cases} \tag{1.19}$$

を行列の**区分け**，または**分割**という．

2.8.2 (l, m) 型行列 A で A_{st} が (l_s, m_t) 型 $(1 \leqq s \leqq p, 1 \leqq t \leqq q)$，$(m, n)$ 型行列 B で B_{tu} が (m_t, n_u) 型 $(1 \leqq t \leqq q, 1 \leqq u \leqq r)$ とすると，

$$AB = C = \begin{bmatrix} C_{11} & C_{12} & \cdots & C_{1r} \\ C_{21} & C_{22} & \cdots & C_{2r} \\ & \cdots\cdots & & \\ C_{p1} & C_{p2} & \cdots & C_{pr} \end{bmatrix} \tag{1.20}$$

と区分けされ，C_{su} は (l_s, m_u) 型 $(1 \leqq s \leqq p, 1 \leqq u \leqq r)$ で

$$C_{su} = \sum_{t=1}^{q} A_{st}B_{tu} = A_{s1}B_{1u} + \cdots + A_{sq}B_{qu} \tag{1.21}$$

2.9 転置行列

2.9.1 $A = (a_{ij}) = \begin{bmatrix} a_{11} & a_{12} & \cdots & a_{1n} \\ a_{21} & a_{22} & \cdots & a_{2n} \\ & \cdots\cdots & & \\ a_{m1} & a_{m2} & \cdots & a_{mn} \end{bmatrix}$ とすると，A の**転置行列** ${}^tA$ (A^t と書くこともある) は

$$ {}^tA = (a_{ji}) = \begin{bmatrix} a_{11} & a_{21} & \cdots & a_{m1} \\ a_{12} & a_{22} & \cdots & a_{m2} \\ & \cdots\cdots & & \\ a_{1n} & a_{2n} & \cdots & a_{mn} \end{bmatrix} \tag{1.22} $$

2.9.2 ${}^t(A+B) = {}^tA + {}^tB, \quad {}^t(AB) = {}^tB\,{}^tA$ (1.23)

2.9.3 共役転置行列

$A = (a_{ij})$ に対し，$A^* = {}^t\bar{A} = (\bar{a}_{ji})$ を**共役転置行列**という．

$$ (cA)^* = \bar{c}A^*, \quad (AB)^* = B^*A^* \quad (c:\text{スカラー}) \tag{1.24} $$

2.9.4 行列 $A = (a_{ij})$ のノルム (長さ)：$\|A\| = \sqrt{\sum_{i,j=1}^{n} |a_{ij}|^2}$ (1.25)

2.10 内 積

2.10.1 $\boldsymbol{x}, \boldsymbol{y}$ が列ベクトルのとき，

$$ (\boldsymbol{x}, \boldsymbol{y}) = (\boldsymbol{y}, \boldsymbol{x}) = \begin{cases} {}^t\boldsymbol{x}\boldsymbol{y} = a_1b_1 + a_2b_2 + \cdots + a_nb_n & (\text{実列ベクトル}) \\ {}^t\boldsymbol{x}\bar{\boldsymbol{y}} = a_1\bar{b}_1 + a_2\bar{b}_2 + \cdots + a_n\bar{b}_n & (\text{複素列ベクトル}) \end{cases} \tag{1.26} $$

2.10.2 $(A\boldsymbol{x}, \boldsymbol{y}) = (\boldsymbol{x}, A^*\boldsymbol{y}), \quad (\boldsymbol{x}, A\boldsymbol{y}) = (A^*\boldsymbol{x}, \boldsymbol{y})$ (1.27)

2.10.3 ベクトルのノルム (長さ)：

$$ \|\boldsymbol{x}\| = \sqrt{(\boldsymbol{x}, \boldsymbol{x})} = \sqrt{\sum_{i=1}^{n} |x_i|^2} \tag{1.28} $$

2.10.4 シュヴァルツの不等式，三角不等式：

$$ |(\boldsymbol{x}, \boldsymbol{y})| \leqq \|\boldsymbol{x}\|\,\|\boldsymbol{y}\|, \quad \|\boldsymbol{x} + \boldsymbol{y}\| \leqq \|\boldsymbol{x}\| + \|\boldsymbol{y}\| \tag{1.29} $$

2.11 逆行列

2.11.1 $AX = E$ かつ $XA = E$ を満足する X を A の**逆行列**といい，A^{-1} で表わす：

$$ A^{-1}A = AA^{-1} = E \tag{1.30} $$

2.11.2 逆行列 A^{-1} が存在 $\Longleftrightarrow$ A は**正則** ($\det A \neq 0$) (1.31)

2.11.3 $(AB)^{-1} = B^{-1}A^{-1}, \quad ({}^tA)^{-1} = {}^t(A^{-1})$ (1.32)

2.12　対称行列

次式を満足する正方行列 A を**対称行列**という：

$$ {}^tA = A \quad \text{すなわち} \quad (a_{ij}) = (a_{ji}) \tag{1.33} $$

2.13　交代行列

次式を満足する正方行列 A を**交代行列**または**歪対称行列**という：

$$ {}^tA = -A \tag{1.34} $$

2.14　直交行列

2.14.1　次式を満足する実行列 A を**直交行列**という：

$$ {}^tAA = E \tag{1.35} $$

2.14.2　A が直交行列 $\iff$ A が正則，${}^tA = A^{-1}$　(1.36)

2.14.3　$A = (\boldsymbol{a}_1, \boldsymbol{a}_2, \cdots, \boldsymbol{a}_n)$ が直交行列 $\iff$ $(\boldsymbol{a}_i, \boldsymbol{a}_j) = {}^t\boldsymbol{a}_i\boldsymbol{a}_j = \delta_{ij}$　(1.37)

2.15　随伴行列，エルミート行列，エルミート交代行列

2.15.1　次式を満足する正方行列 A を**エルミート行列**という：

$$ A^* = {}^t\bar{A} = A \tag{1.38} $$

2.15.2　次式を満足する正方行列 A を**エルミート交代行列**または**歪エルミート行列**という：

$$ A^* = {}^t\bar{A} = -A \tag{1.39} $$

2.16　ユニタリー行列

2.16.1　次式を満足する複素正方行列 A を**ユニタリー行列**という：

$$ A^*A = E \tag{1.40} $$

2.16.2　A がユニタリー行列 $\iff$ A が正則，$A^* = A^{-1}$　(1.41)

2.16.3　$A = (\boldsymbol{a}_1, \boldsymbol{a}_2, \cdots, \boldsymbol{a}_n)$ がユニタリー行列 $\iff$ $(\boldsymbol{a}_i, \boldsymbol{a}_j) = {}^t\boldsymbol{a}_i\bar{\boldsymbol{a}}_j = \delta_{ij}$

(1.42)

2.17　正規行列

次式を満足する複素正方行列 A を**正規行列**という：

$$ AA^* = A^*A \tag{1.43} $$

2.18　トレース（跡，シュプール）

2.18.1　n 次の正方行列 $A = (a_{ij})$ の対角成分の和を**トレース**という：

$$ \mathrm{tr}\,A = \mathrm{Sp}\,A = \sum_{i=1}^{n} a_{ii} \tag{1.44} $$

2.18.2　(i)　$\mathrm{tr}(\alpha A + \beta B) = \alpha\,\mathrm{tr}\,A + \beta\,\mathrm{tr}\,B$　(α, β：定数)

(ii)　$\mathrm{tr}(AB) = \mathrm{tr}(BA)$　(1.45)

(iii)　$\mathrm{tr}(P^{-1}AP) = \mathrm{tr}(A)$　($|P| \neq 0$)

2.19 行列の多項式

2.19.1 変数 x の多項式

$$f(x) = a_0 x^k + a_1 x^{k-1} + \cdots + a_{k-1}x + a_k$$

に対して

$$f(A) = a_0 A^k + a_1 A^{k-1} + \cdots + a_{k-1}A + a_k E \qquad (1.46)$$

を多項式 $f(x)$ の A での値という．ただし，$a_k A^0 = a_k E$.

2.19.2

$$h(x) = f(x) + g(x) \Longrightarrow h(A) = f(A) + g(A)$$
$$h(x) = f(x)g(x) \Longrightarrow h(A) = f(A)g(A) \qquad (1.47)$$
$$f(P^{-1}AP) = P^{-1}f(A)P \quad (|P| \neq 0)$$

§3 行 列 式

3.1 行列式の定義

3.1.1 n^2 個の変数 x_{ij} $(1 \leqq i, j \leqq n)$ の多項式

$$\underset{(1 \leqq i,j \leqq n)}{\det (x_{ij})} = \begin{vmatrix} x_{11} & x_{12} & \cdots & x_{1n} \\ x_{21} & x_{22} & \cdots & x_{2n} \\ & \cdots\cdots & & \\ x_{n1} & x_{n2} & \cdots & x_{nn} \end{vmatrix} = \sum_{(i_1, i_2, \cdots, i_n)} \varepsilon \begin{pmatrix} 1 & 2 & \cdots & n \\ i_1 & i_2 & \cdots & i_n \end{pmatrix} x_{1i_1} x_{2i_2} \cdots x_{ni_n} \qquad (1.48)$$

を n 次の行列式という．ただし，

$$\varepsilon \begin{pmatrix} 1 & 2 & \cdots & n \\ i_1 & i_2 & \cdots & i_n \end{pmatrix} = \begin{cases} 1 & \begin{pmatrix} 1 & 2 & \cdots & n \\ i_1 & i_2 & \cdots & i_n \end{pmatrix} \text{が偶置換のとき} \\ -1 & \begin{pmatrix} 1 & 2 & \cdots & n \\ i_1 & i_2 & \cdots & i_n \end{pmatrix} \text{が奇置換のとき} \end{cases}$$

n 次の行列式は $n!$ 個の項からなる n 次斉次多項式である．n 次の正方行列 $A = (x_{ij})$ が与えられたとき，x_{ij} に a_{ij} を代入して得られる数を $\det A$, $|A|$ 等と書く．

3.1.2 $|x_{11}| = x_{11}$, $\begin{vmatrix} x_{11} & x_{12} \\ x_{21} & x_{22} \end{vmatrix} = x_{11}x_{22} - x_{12}x_{21}$,

$$\begin{vmatrix} x_{11} & x_{12} & x_{13} \\ x_{21} & x_{22} & x_{23} \\ x_{31} & x_{32} & x_{33} \end{vmatrix} = x_{11}x_{22}x_{33} + x_{12}x_{23}x_{31} + x_{13}x_{21}x_{32} - x_{11}x_{23}x_{32} - x_{12}x_{21}x_{33} - x_{13}x_{22}x_{31} \qquad (1.49)$$

3.2 行列式の性質

3.2.1 $|{}^tA| = |A|$ (1.50)

3.2.2 $|cA| = c^n|A|$, $|E| = 1$ （c：スカラー） (1.51)

3.2.3 $$\begin{vmatrix} a_{11} \cdots a'_{1j} + a''_{1j} \cdots a_{1n} \\ \cdots\cdots \\ a_{n1} \cdots a'_{nj} + a''_{nj} \cdots a_{nn} \end{vmatrix} = \begin{vmatrix} a_{11} \cdots & a'_{1j} & \cdots a_{1n} \\ & \cdots\cdots & \\ a_{n1} \cdots & a'_{nj} & \cdots a_{nn} \end{vmatrix} + \begin{vmatrix} a_{11} \cdots & a''_{1j} & \cdots a_{1n} \\ & \cdots\cdots & \\ a_{n1} \cdots & a''_{nj} & \cdots a_{nn} \end{vmatrix} \tag{1.52}$$

3.2.4 $$\begin{vmatrix} a_{11} & \cdots & ca_{1j} & \cdots & a_{1n} \\ & & \cdots\cdots & & \\ a_{n1} & \cdots & ca_{nj} & \cdots & a_{nn} \end{vmatrix} = c \begin{vmatrix} a_{11} & \cdots & a_{1j} & \cdots & a_{1n} \\ & & \cdots\cdots & & \\ a_{n1} & \cdots & a_{nj} & \cdots & a_{nn} \end{vmatrix} \tag{1.53}$$

3.2.5 $$\begin{vmatrix} a_{11} & \cdots & \overset{j}{\check{a}_{1j}} & \cdots & \overset{k}{\check{a}_{1k}} & \cdots & a_{1n} \\ & & & \cdots\cdots & & & \\ a_{n1} & \cdots & a_{nj} & \cdots & a_{nk} & \cdots & a_{nn} \end{vmatrix} = - \begin{vmatrix} a_{11} & \cdots & a_{1k} & \cdots & a_{1j} & \cdots & a_{1n} \\ & & & \cdots\cdots & & & \\ a_{n1} & \cdots & a_{nk} & \cdots & a_{nj} & \cdots & a_{nn} \end{vmatrix} \tag{1.54}$$

3.2.6 $$\begin{vmatrix} a_{11} & \cdots & a_{1j} + \sum_{\nu \neq j} c_\nu a_{1\nu} & \cdots & a_{1n} \\ & & \cdots\cdots\cdots & & \\ a_{n1} & \cdots & a_{nj} + \sum_{\nu \neq j} c_\nu a_{n\nu} & \cdots & a_{nn} \end{vmatrix} = \begin{vmatrix} a_{11} & \cdots & a_{1j} & \cdots & a_{1n} \\ & & \cdots\cdots & & \\ a_{n1} & \cdots & a_{nj} & \cdots & a_{nn} \end{vmatrix} \tag{1.55}$$

3.3 行列式の展開

3.3.1 $$|AB| = |A||B| = |B||A| \tag{1.56}$$

3.3.2 $$\begin{vmatrix} A & B \\ O & D \end{vmatrix} \text{ または } \begin{vmatrix} A & O \\ C & D \end{vmatrix} = |A||D| \tag{1.57}$$

3.3.3 三角行列式

$$\begin{vmatrix} a_{11} & \cdots & \cdots & a_{1n} \\ & a_{22} & & \vdots \\ & & \ddots & \vdots \\ O & & & a_{nn} \end{vmatrix} = \begin{vmatrix} a_{11} & & & O \\ \vdots & a_{22} & & \\ \vdots & & \ddots & \\ a_{n1} & \cdots & \cdots & a_{nn} \end{vmatrix} = a_{11}a_{22}\cdots a_{nn} \tag{1.58}$$

3.3.4 $$\begin{vmatrix} A & B \\ B & A \end{vmatrix} = |A+B||A-B| \tag{1.59}$$

3.3.5 行列 $A = (a_{ij})$ から i 行 j 列を取り除いて得られる $(n-1)$ 次の行列式を $|A|$ の $(n-1)$ 次の**小行列式**という．小行列式に $(-1)^{i+j}$ を掛けたもの $\varDelta_{ij}$ を a_{ij} の**余因子**という：

$$\varDelta_{ij} = (-1)^{i+j} \begin{vmatrix} a_{11} \cdots \overset{\hat{j}}{\cdots} a_{1n} \\ \vdots \\ \cdots\cdots\cdots\cdots \\ \vdots \\ a_{n1} \cdots\cdots a_{nn} \end{vmatrix} \hat{i} \quad (\hat{i}, \hat{j} : i \text{ 行 } j \text{ 列の除外記号}) \tag{1.60}$$

3.3.6 $$a_{1j}\varDelta_{1l} + a_{2j}\varDelta_{2l} + \cdots + a_{nj}\varDelta_{nl} = \delta_{jl}|A| \quad (1 \leqq j,\, l \leqq n)$$
$$a_{i1}\varDelta_{k1} + a_{i2}\varDelta_{k2} + \cdots + a_{in}\varDelta_{kn} = \delta_{ik}|A| \quad (1 \leqq i,\, k \leqq n) \tag{1.61}$$

$j=l, i=k$ のとき，それぞれ j 列に関する展開，i 行に関する展開という．

3.4 逆行列

3.4.1 逆行列 A^{-1} の成分は $\Delta_{ji}/|A|$ で与えられる：

$$A^{-1}=\begin{bmatrix} \frac{\Delta_{11}}{|A|} & \frac{\Delta_{21}}{|A|} & \cdots & \frac{\Delta_{n1}}{|A|} \\ \frac{\Delta_{12}}{|A|} & \frac{\Delta_{22}}{|A|} & \cdots & \frac{\Delta_{n2}}{|A|} \\ \cdots & \cdots & \cdots & \cdots \\ \frac{\Delta_{1n}}{|A|} & \frac{\Delta_{2n}}{|A|} & \cdots & \frac{\Delta_{nn}}{|A|} \end{bmatrix}=\frac{1}{|A|}(\Delta_{ji}) \tag{1.62}$$

$(\Delta_{ji})=\mathrm{adj}\,A$ を**余因子行列**という．

3.4.2 $$|A^{-1}|=\frac{1}{|A|} \tag{1.63}$$

§4 行列の階数と連立1次方程式

4.1 行列の基本変型

（Ⅰ） i 行（または i 列）を c $(\neq 0)$ 倍する．

（Ⅱ） i 行（または i 列）に j 行（または j 列）の c 倍を加える．

（Ⅲ） i 行（または i 列）に j 行（または j 列）を交換する．

4.2 行列の階級（ランク）

4.2.1 (m, n) 型行列 A に対して次の4条件はどれも A の階数を表わす：

（ i ） A を基本変型で標準形にしたとき，対角線上に並ぶ1の個数

（ ii ） A の0ではない小行列式の最大次数

（iii） A の線形独立な列（または行）ベクトルの最大個数

（iv） A によって定まる K^n から K^m への線形写像 T_A の像の次元

4.2.2 階数の性質

（ i ） $\mathrm{rank}\,A=\mathrm{rank}\,{}^tA$

（ ii ） A に基本変形を行って B が得られる $\Longrightarrow$ $\mathrm{rank}\,A=\mathrm{rank}\,B$

4.2.3 逆行列

A が正則行列ならば，左（または右）基本変形によって A を単位行列に変形することができる：

$$(A \mid E)\to(E \mid A^{-1}) \quad \text{または} \quad \begin{pmatrix} A \\ \hdashline E \end{pmatrix}\to\begin{pmatrix} E \\ \hdashline A^{-1} \end{pmatrix}$$

4.2.4　n 次の正方行列 A について次の 3 条件は同値である：

（i）A は正則，（ii）$|A| \neq 0$，（iii）$\mathrm{rank}\, A = n$

4.3　連立 1 次方程式

4.3.1
$$\begin{cases} a_{11}x_1 + a_{12}x_2 + \cdots + a_{1n}x_n = b_1 \\ a_{21}x_1 + a_{22}x_2 + \cdots + a_{2n}x_n = b_2 \\ \cdots\cdots\cdots\cdots\cdots\cdots\cdots\cdots\cdots\cdots \\ a_{m1}x_1 + a_{m2}x_2 + \cdots + a_{mn}x_n = b_m \end{cases} \tag{1.64}$$

は係数行列 $A = (a_{ij})$，$\boldsymbol{x} = {}^t(x_1, x_2, \cdots, x_n)$，$\boldsymbol{b} = {}^t(b_1, b_2, \cdots, b_m)$ を用いると，次のように書ける：

$$A\boldsymbol{x} = \boldsymbol{b} \tag{1.65}$$

4.3.2　$A = (\boldsymbol{a}_1, \boldsymbol{a}_2, \cdots, \boldsymbol{a}_n)$ ならば，

$$x_1\boldsymbol{a}_1 + x_2\boldsymbol{a}_2 + \cdots + x_n\boldsymbol{a}_n = \boldsymbol{b} \tag{1.66}$$

拡大係数行列 $B = (A, \boldsymbol{b})$，$\tilde{\boldsymbol{x}} = \begin{bmatrix} \boldsymbol{x} \\ -1 \end{bmatrix}$ を用いると，

$$B\tilde{\boldsymbol{x}} = \boldsymbol{o} \tag{1.67}$$

4.3.3　$m = n$ のとき，$A\boldsymbol{x} = \boldsymbol{o}$（斉次）が自明でない解（$\boldsymbol{x} \neq \boldsymbol{o}$）をもつ

$\Longleftrightarrow$ $\mathrm{rank}\,(A) < n$ $\Longleftrightarrow$ $|A| = 0$

4.3.4　$A\boldsymbol{x} = \boldsymbol{b}$（非斉次）が解をもつ $\Longleftrightarrow$ $\mathrm{rank}\, A = \mathrm{rank}\, B$

4.3.5　$A\boldsymbol{x} = \boldsymbol{o}$ は，$n - \mathrm{rank}\, A$ 個の 1 次独立（線形独立）な解（$\boldsymbol{x} \neq \boldsymbol{o}$）をもつ．

4.3.6　非斉次連立 1 次方程式の一般解

＝ 斉次連立 1 次方程式の一般解 ＋ 非斉次連立 1 次方程式の特殊解

4.3.7　$m = n$, $|A| \neq 0$ のとき，一意的な解 $\boldsymbol{x} = A^{-1}\boldsymbol{b}$ をもつ（**クラーメルの公式**）：

$$x_j = \left.\begin{vmatrix} a_{11} & \overset{j}{\check{b}_1} & a_{1n} \\ & \cdots\cdots & \\ a_{n1} & b_n & a_{nn} \end{vmatrix}\middle/\begin{vmatrix} a_{11} & \cdots & a_{1n} \\ & \cdots\cdots & \\ a_{n1} & \cdots & a_{nn} \end{vmatrix}\right. \quad (1 \leqq j \leqq n) \tag{1.68}$$

4.4　ガウスの消去法による連立 1 次方程式の解法

$$\begin{cases} a_{11}x_1 + a_{12}x_2 + \cdots + a_{1n}x_n = b_1 \\ a_{21}x_1 + a_{22}x_2 + \cdots + a_{2n}x_n = b_2 \\ \cdots\cdots\cdots\cdots\cdots\cdots\cdots\cdots\cdots\cdots \\ a_{n1}x_1 + a_{n2}x_2 + \cdots + a_{nn}x_n = b_n \end{cases} \tag{1.69}$$

のとき，次の方法を**ガウスの消去法**という：

$$
\left.\begin{array}{l}
k = 1, 2, \cdots, n-1 \text{ の順に} \\
j = k, k+1, \cdots, n \text{ に対し} \\
\qquad a_{kj} = a_{kj}/a_{kk} \\
\qquad b_k = b_k/a_{kk} \\
i = k+1, k+2, \cdots, n \text{ に対し} \\
j = k, k+1, \cdots, n \text{ に対し} \\
\qquad a_{ij} = a_{ij} - a_{ik}a_{kj} \\
\qquad b_i = b_i - a_{ik}a_{kj}
\end{array}\right\} \text{（前進消去）}
\tag{1.70}
$$

$$
\begin{array}{l}
x_n = b_n/a_{nn} \\
\left.\begin{array}{l}
k = n-1, n-2, \cdots, 1 \text{ の順に} \\
\qquad x_k = b_k - \displaystyle\sum_{j=k+1}^{n} a_{kj}x_j
\end{array}\right\} \text{（後退代入）}
\end{array}
$$

§5　線形空間

5.1　線形空間（ベクトル空間）の定義

集合 $\boldsymbol{V}$ が次の（Ⅰ），（Ⅱ）をみたすとき，$\boldsymbol{V}$ を体 $\boldsymbol{K}$ 上の複素線形空間（または複素ベクトル空間）といい，その元をベクトルという．「複素」を「実」で置換すれば，実線形空間が定義される．複素全体の集合 C または実数全体の集合 R を体 $\boldsymbol{K}$ で表わす：

（Ⅰ）$\boldsymbol{V}$ の任意の元 $\boldsymbol{x}, \boldsymbol{y}$ に対し，それらの和と呼ばれる第3の元 $\boldsymbol{x}+\boldsymbol{y}$ が一つ定まり，次の法則が成立する：

（1）$(\boldsymbol{x}+\boldsymbol{y})+\boldsymbol{z} = \boldsymbol{x}+(\boldsymbol{y}+\boldsymbol{z})$　（結合法則）

（2）$\boldsymbol{x}+\boldsymbol{y} = \boldsymbol{y}+\boldsymbol{x}$　（交換法則）

（3）零ベクトルと呼ばれる特別な元 $\boldsymbol{o}$ が一つ存在し，$\boldsymbol{V}$ のすべての元 $\boldsymbol{x}$ に対して，

$$\boldsymbol{o}+\boldsymbol{x} = \boldsymbol{x}$$

（4）$\boldsymbol{V}$ の任意の元 $\boldsymbol{x}$ に対し，

$$\boldsymbol{x}+\boldsymbol{x}' = \boldsymbol{o}$$

となる $\boldsymbol{V}$ の元 $\boldsymbol{x}$ が一つ存在する．これを $\boldsymbol{x}$ の逆ベクトルといい，$-\boldsymbol{x}$ で表わす．

（Ⅱ）$\boldsymbol{V}$ の任意の元 $\boldsymbol{x}$ と $\boldsymbol{K}$ の任意の元 a に対し，$\boldsymbol{x}$ の a 倍と呼ばれるもう一つの元 $a\boldsymbol{x}$ が定まり，次の法則が成立する：

（5）$(a+b)\boldsymbol{x} = a\boldsymbol{x}+b\boldsymbol{x}$

（6）$a(\boldsymbol{x}+\boldsymbol{y}) = a\boldsymbol{x}+a\boldsymbol{y}$

（7）　$(ab)\boldsymbol{x} = a(b\boldsymbol{x})$

（8）　$1\boldsymbol{x} = \boldsymbol{x}$

5.2　1次結合，1次独立，1次従属

5.2.1　ベクトル $\boldsymbol{x}_1, \boldsymbol{x}_2, \cdots, \boldsymbol{x}_n$ に対し，次の形のベクトル $\boldsymbol{x}$ を $\boldsymbol{x}_1, \boldsymbol{x}_2, \cdots, \boldsymbol{x}_n$ の**1次結合**（または**線形結合**）という：

$$\boldsymbol{x}=c_1\boldsymbol{x}_1 + c_2\boldsymbol{x}_2 + \cdots + c_n\boldsymbol{x}_n \quad (c_1, \cdots, c_n：\text{スカラー}) \tag{1.71}$$

5.2.2　$$c_1\boldsymbol{x}_1 + c_2\boldsymbol{x}_2 + \cdots + c_n\boldsymbol{x}_n = \boldsymbol{o} \tag{1.72}$$

において，$c_1 = c_2 = \cdots = c_n = 0$（自明な関係）のみが成立するとき，$\boldsymbol{x}_1, \boldsymbol{x}_2, \cdots, \boldsymbol{x}_n$ を**1次独立**（または**線形独立**）という．少なくとも一つは0でない $c_1, c_2, \cdots, c_n$ が存在するとき，**1次従属**（または**線形従属**）という．

5.3　基底と次元

5.3.1　線形空間 $\boldsymbol{V}$ の有限個のベクトル $\boldsymbol{e}_1, \boldsymbol{e}_2, \cdots, \boldsymbol{e}_n$ が次の2条件を満足するとき，$\boldsymbol{e}_1, \boldsymbol{e}_2, \cdots, \boldsymbol{e}_n$ は $\boldsymbol{V}$ の**基底**であるという：

（i）　$\boldsymbol{e}_1, \boldsymbol{e}_2, \cdots, \boldsymbol{e}_n$ は1次独立である．

（ii）　$\boldsymbol{V}$ の任意のベクトルは $\boldsymbol{e}_1, \boldsymbol{e}_2, \cdots, \boldsymbol{e}_n$ の1次結合で表わされる．

5.3.2　線形空間 $\boldsymbol{V}$ の基底の含むベクトルの個数を $\boldsymbol{V}$ の**次元**といい，$\dim \boldsymbol{V}$ で表わす．

5.3.3　$\boldsymbol{W}_1, \boldsymbol{W}_2$ が $\boldsymbol{V}$ の部分空間のとき，$\boldsymbol{V} = \boldsymbol{W}_1 + \boldsymbol{W}_2$ で，$\boldsymbol{W}_1 \cap \boldsymbol{W}_2 = \{\boldsymbol{o}\}$（$\boldsymbol{o}$ だけから成り立っている部分空間）のとき，$\boldsymbol{V} = \boldsymbol{W}_1 \oplus \boldsymbol{W}_2$ を**直和**という．

5.4　部分空間

$\boldsymbol{K}$ 上の線形空間 $\boldsymbol{V}$ の空集合でない部分集合 $\boldsymbol{W}$ が，次の条件を満足するとき，$\boldsymbol{W}$ を $\boldsymbol{V}$ の**線形部分空間**または**部分空間**という：

（i）　$\boldsymbol{x}, \boldsymbol{y} \in \boldsymbol{W} \Longrightarrow \boldsymbol{x} + \boldsymbol{y} \in \boldsymbol{W}$

（ii）　$\boldsymbol{x} \in \boldsymbol{W},\ \ a \in \boldsymbol{K} \Longrightarrow a\boldsymbol{x} \in \boldsymbol{W}$　　(1.73)

5.5　線形写像，線形変換

$\boldsymbol{K}$ 上の線形空間 $\boldsymbol{V}$ から $\boldsymbol{V}'$ への写像 T が次の2条件を満足するとき，T を $\boldsymbol{V}$ から $\boldsymbol{V}'$ への**線形写像**または**1次写像**という：

（i）　$T(\boldsymbol{x} + \boldsymbol{y}) = T\boldsymbol{x} + T\boldsymbol{y} \quad (\boldsymbol{x}, \boldsymbol{y} \in \boldsymbol{V})$

（ii）　$T(a\boldsymbol{x}) = aT\boldsymbol{x} \quad (a \in \boldsymbol{K})$　　(1.74)

特に，$\boldsymbol{V}$ から $\boldsymbol{V}$ 自身への線形写像 T を，$\boldsymbol{V}$ の**線形変換**という．

5.6　計量線形空間

5.6.1　$\boldsymbol{K}$ 上の線形空間 $\boldsymbol{V}$ の2元 $\boldsymbol{x}, \boldsymbol{y}$ に対し，内積と称する $\boldsymbol{K}$ の元 $(\boldsymbol{x}, \boldsymbol{y})$ が定まり，次の性質をもつ：

（i）　$(\boldsymbol{x}, \boldsymbol{y}_1 + \boldsymbol{y}_2) = (\boldsymbol{x}, \boldsymbol{y}_1) + (\boldsymbol{x}, \boldsymbol{y}_2)$

$$(\boldsymbol{x}_1 + \boldsymbol{x}_2, \boldsymbol{y}) = (\boldsymbol{x}_1, \boldsymbol{y}) + (\boldsymbol{x}_2, \boldsymbol{y})$$

(ii) $(a\boldsymbol{x}, \boldsymbol{y}) = a(\boldsymbol{x}, \boldsymbol{y}), \quad (\boldsymbol{x}, a\boldsymbol{y}) = \bar{a}(\boldsymbol{x}, \boldsymbol{y})$ (1.75)

(iii) $(\boldsymbol{x}, \boldsymbol{y}) = \overline{(\boldsymbol{y}, \boldsymbol{x})}$

(iv) $(\boldsymbol{x}, \boldsymbol{x}) \geqq 0\ ;\ (\boldsymbol{x}, \boldsymbol{x}) = 0 \iff \boldsymbol{x} = \boldsymbol{o}$

5.6.2 内積の定義されている複素線形空間を**複素計量線形空間**または**ユニタリー空間**，同様に，実線形空間を**実計量線形空間**または**ユークリッド空間**ともいう（(1.75) で実のときはバーを除く）．

5.6.3 $(\boldsymbol{x}, \boldsymbol{y}) = 0 \Rightarrow$ 直交， すなわち $\boldsymbol{x} \perp \boldsymbol{y}$

5.6.4 計量線形空間 V のベクトル $\boldsymbol{e}_1, \boldsymbol{e}_2, \cdots, \boldsymbol{e}_n$ が互いに直交し，どのノルムも 1 に等しいとき，それらは**正規直交系**であるという：

$$(\boldsymbol{e}_i, \boldsymbol{e}_j) = \delta_{ij} \quad (1 \leqq i, j \leqq n) \tag{1.76}$$

5.7 グラム・シュミットの直交化法

$\boldsymbol{x}_1, \boldsymbol{x}_2, \cdots, \boldsymbol{x}_n$ を 1 次独立なベクトルとすると，

$$\begin{aligned} \boldsymbol{y}_1 &= \boldsymbol{x}_1 \\ \boldsymbol{y}_2 &= \boldsymbol{x}_2 - \frac{(\boldsymbol{y}_1, \boldsymbol{x}_2)}{(\boldsymbol{y}_1, \boldsymbol{y}_1)}\boldsymbol{y}_1 \\ \boldsymbol{y}_3 &= \boldsymbol{x}_3 - \frac{(\boldsymbol{y}_2, \boldsymbol{x}_3)}{(\boldsymbol{y}_2, \boldsymbol{y}_2)}\boldsymbol{y}_2 - \frac{(\boldsymbol{y}_1, \boldsymbol{x}_3)}{(\boldsymbol{y}_1, \boldsymbol{y}_1)}\boldsymbol{y}_1 \\ &\cdots\cdots \\ \boldsymbol{y}_n &= \boldsymbol{x}_n - \frac{(\boldsymbol{y}_{n-1}, \boldsymbol{x}_n)}{(\boldsymbol{y}_{n-1}, \boldsymbol{y}_{n-1})}\boldsymbol{y}_{n-1} - \cdots - \frac{(\boldsymbol{y}_1, \boldsymbol{x}_n)}{(\boldsymbol{y}_1, \boldsymbol{y}_1)}\boldsymbol{y}_1 \end{aligned} \tag{1.77}$$

をつくれば，$\{\boldsymbol{y}_1, \boldsymbol{y}_2, \cdots, \boldsymbol{y}_n\}$ はどれも $\boldsymbol{0}$ でなく，互いに直交している．そこで，

$$\boldsymbol{e}_1 = \frac{\boldsymbol{y}_1}{\|\boldsymbol{y}_1\|}, \quad \boldsymbol{e}_2 = \frac{\boldsymbol{y}_2}{\|\boldsymbol{y}_2\|}, \quad \cdots, \quad \boldsymbol{e}_n = \frac{\boldsymbol{y}_n}{\|\boldsymbol{y}_n\|} \tag{1.78}$$

をつくれば，$\{\boldsymbol{e}_1, \boldsymbol{e}_2, \cdots, \boldsymbol{e}_n\}$ は**正規直交基底**となる．

5.8 不変部分空間

T が $\boldsymbol{V}$ の線形変換，$\boldsymbol{W}$ が $\boldsymbol{V}$ の部分空間であって，

$$T(\boldsymbol{W}) \subset \boldsymbol{W}$$

が成立するとき，$\boldsymbol{W}$ は T による**不変部分空間**であるという．

例題 1.1

行列 M が次のように与えられている． $M=\begin{bmatrix} A & C \\ B & D \end{bmatrix}$

ただし A, B, C, D はそれぞれ m 行 m 列，n 行 m 列，m 行 n 列，n 行 n 列の行列であり，D に対応する行列式 $\det D$ は 0 ではないものとする（下の〈注〉）．

（a） I_m, I_n をそれぞれ m 行 m 列，n 行 n 列の単位行列とし，

$$Q=\begin{bmatrix} I_m & O \\ -D^{-1}\cdot B & I_n \end{bmatrix}$$

なる行列を考える．ただし，Q の右上部分の O は全ての行列要素が 0 である m 行 n 列の行列である．また D^{-1} は D の逆行列である．行列の積 $M\cdot Q$ を考えることにより

$$\det M=\det(A-C\cdot D^{-1}\cdot B)\cdot\det D$$

となることを示せ．

（b） M の逆行列 M^{-1} が存在するとして

$$M^{-1}=\begin{bmatrix} U & W \\ V & X \end{bmatrix}$$

と表わす．ここに U, V, W, X はそれぞれ m 行 m 列，n 行 m 列，m 行 n 列，n 行 n 列の行列である．U, X は A, B, C, D を用いて

$$U=(A-C\cdot D^{-1}\cdot B)^{-1}$$

$$X=D^{-1}+D^{-1}\cdot B\cdot(A-C\cdot D^{-1}\cdot B)^{-1}\cdot C\cdot D^{-1}$$

と表わされることを示せ．

〈注〉 $M'=\begin{bmatrix} A' & C' \\ B' & D' \end{bmatrix}$ において A', B', C', D' がそれぞれ m 行 m 列，n 行 m 列，m 行 n 列，n 行 n 列の行列であるとき，M と M' の積は

$$M\cdot M'=\begin{bmatrix} A\cdot A'+C\cdot B' & A\cdot C'+C\cdot D' \\ B\cdot A'+D\cdot B' & B\cdot C'+D\cdot D' \end{bmatrix}$$

となることを使ってよい．　（東大理）

【解答】（a） 題意により

$$M\cdot Q=\begin{bmatrix} A & C \\ B & D \end{bmatrix}\begin{bmatrix} I_m & O \\ -D^{-1}\cdot B & I_n \end{bmatrix}=\begin{bmatrix} A-C\cdot D^{-1}B & C \\ O & D \end{bmatrix}$$

この式の行列式をつくれば，

$$\begin{vmatrix} A & C \\ B & D \end{vmatrix}\begin{vmatrix} I_m & O \\ -D^{-1}\cdot B & I_n \end{vmatrix}=\begin{vmatrix} A-C\cdot D^{-1}\cdot B & C \\ O & D \end{vmatrix}$$

$$\therefore\quad \begin{vmatrix} A & C \\ B & D \end{vmatrix}=|A-C\cdot D^{-1}B|\,|D|$$

$\therefore \quad \det M = \det(A - C \cdot D^{-1} \cdot B) \cdot \det D$

(b) $M^{-1} \cdot M = I$ より

$$\begin{bmatrix} U & W \\ V & X \end{bmatrix} \begin{bmatrix} A & C \\ B & D \end{bmatrix} = \begin{bmatrix} U \cdot A + W \cdot B & U \cdot C + W \cdot D \\ V \cdot A + X \cdot B & V \cdot C + X \cdot D \end{bmatrix} = \begin{bmatrix} I_m & O \\ O & I_n \end{bmatrix}$$

ゆえに

$$U \cdot A + W \cdot B = I_m \quad ①, \qquad U \cdot C + W \cdot D = O \quad ②$$

$$V \cdot A + X \cdot B = O \quad ③, \qquad V \cdot C + X \cdot D = I_n \quad ④$$

① + ② $\cdot D^{-1} \cdot (-B)$ より

$$U \cdot A - U \cdot C \cdot D^{-1} \cdot B = I_m, \quad U(A - C \cdot D^{-1} \cdot B) = I_m$$

$$\therefore \quad U = (A - C \cdot D^{-1} \cdot B)^{-1}$$

④$\cdot D^{-1}$ より $X = D^{-1} - V \cdot C \cdot D^{-1}$ ⑤

⑤を③に代入すると

$$V \cdot A + (D^{-1} - V \cdot C \cdot D^{-1}) \cdot B = 0, \quad -D^{-1} \cdot B = V \cdot (A - C \cdot D^{-1} \cdot B)$$

$$\therefore \quad V = -D^{-1} \cdot B \cdot (A - C \cdot D^{-1} \cdot B)^{-1} \qquad ⑥$$

⑥を⑤に代入すると $X = D^{-1} + D^{-1} \cdot B \cdot (A - C \cdot D^{-1} \cdot B)^{-1} \cdot C \cdot D^{-1}$

【別解】 (b) まず，(a) によって，M は可逆 $\Longrightarrow$ $A - C \cdot D^{-1} \cdot B$ は可逆

次に，

$$\left[\begin{array}{cc:cc} A & C & I_m & O \\ B & D & O & I_n \end{array}\right] \xrightarrow{D^{-1} \cdot (2\text{行})} \left[\begin{array}{cc:cc} A & C & I_m & O \\ D^{-1} \cdot B & I_n & O & D^{-1} \end{array}\right]$$

$$\xrightarrow{(1\text{行}) + (-C) \cdot (2\text{行})} \left[\begin{array}{cc:cc} A - C \cdot D^{-1} \cdot B & O & I_m & -C \cdot D^{-1} \\ D^{-1} \cdot B & I_n & O & D^{-1} \end{array}\right]$$

$$\xrightarrow{(A - C \cdot D^{-1} \cdot B)^{-1} \cdot (1\text{行})}$$

$$\left[\begin{array}{cc:cc} I_m & O & (A - C \cdot D^{-1} \cdot B)^{-1} & -(A - C \cdot D^{-1} \cdot B)^{-1} \cdot C \cdot D^{-1} \\ D^{-1} \cdot B & I_n & O & D^{-1} \end{array}\right]$$

$$\xrightarrow{(2\text{行}) + (-D^{-1} \cdot B) \cdot (1\text{行})}$$

$$\left[\begin{array}{cc:cc} I_m & O & (A - C \cdot D^{-1} \cdot B)^{-1} & -(A - C \cdot D^{-1} \cdot B)^{-1} \cdot C \cdot D^{-1} \\ O & I_n & -D^{-1} \cdot B \cdot (A - C \cdot D^{-1} \cdot B)^{-1} & D^{-1} + D^{-1} \cdot B \cdot (A - C \cdot D^{-1} \cdot B)^{-1} \cdot C \cdot D^{-1} \end{array}\right]$$

よって，M^{-1} は

$$\begin{bmatrix} (A - C \cdot D^{-1} \cdot B)^{-1} & -(A - C \cdot D^{-1} \cdot B)^{-1} \cdot C \cdot D^{-1} \\ -D^{-1} \cdot B \cdot (A - C \cdot D^{-1} \cdot B)^{-1} & D^{-1} + D^{-1} \cdot B \cdot (A - C \cdot D^{-1} \cdot B)^{-1} \cdot C \cdot D^{-1} \end{bmatrix}$$

$$= \begin{bmatrix} U & W \\ V & X \end{bmatrix}$$

したがって

$$U = (A - C \cdot D^{-1} \cdot B)^{-1}, \quad X = D^{-1} + D^{-1} \cdot B \cdot (A - C \cdot D^{-1} \cdot B)^{-1} \cdot C \cdot D^{-1}$$

例題 1.2

n 次の正方行列 $A(x)=(a_{ij}(x))$ $(i, j=1, \cdots\cdots, n)$ の各成分が x の微分可能な関数であるとき,

$$\frac{d}{dx}|A(x)|=\sum_{i=1}^{n}\begin{vmatrix} a_{11}(x) & a_{12}(x) & \cdots & a_{1n}(x) \\ \cdots & \cdots & \cdots & \cdots \\ a_{i-1,1}(x) & a_{i-1,2}(x) & \cdots & a_{i-1,n}(x) \\ a'_{i1}(x) & a'_{i2}(x) & \cdots & a'_{in}(x) \\ a_{i+1,1}(x) & a_{i+1,2}(x) & \cdots & a_{i+1,n}(x) \\ \cdots & \cdots & \cdots & \cdots \\ a_{n1}(x) & a_{n2}(x) & \cdots & a_{nn}(x) \end{vmatrix}$$

であることを利用して,

$$\frac{1}{|A(x)|}\frac{d}{dx}|A(x)|=\mathrm{tr}\left(A^{-1}(x)\frac{d}{dx}A(x)\right)$$

であることを証明せよ. ここで, $a'_{ij}(x)$ は $a_{ij}(x)$ の導関数, $\dfrac{d}{dx}A(x)$ は $a'_{ij}(x)$ を成分とする行列, $A^{-1}(x)$ は $A(x)$ の逆行列, $|A(x)|$ は $A(x)$ の行列式, $\mathrm{tr}\,(B)$ は行列 $B=(b_{ij})$ の跡 $\sum_{i=1}^{n} b_{ii}$ である. (東大工)

【解答】 与式より

$$\frac{d|A(x)|}{dx}=\sum_{i=1}^{n}\begin{vmatrix} a_{11}(x) & a_{12}(x) & \cdots & a_{1n}(x) \\ \cdots & \cdots & \cdots & \cdots \\ a'_{i1}(x) & a'_{i2}(x) & \cdots & a'_{in}(x) \\ \cdots & \cdots & \cdots & \cdots \\ a_{n1}(x) & a_{n2}(x) & \cdots & a_{nn}(x) \end{vmatrix} \qquad ①$$

$A(x)$ の (i, j) 成分 a_{ij} の余因子を Δ_{ij} とおいて, ①の右辺をまとめれば,

$$\frac{d}{dx}|A(x)|=\sum_{i=1}^{n}\sum_{j=1}^{n}\Delta_{ij}a'_{ij}(x)=\sum_{i,j=1}^{n}\Delta_{ij}a'_{ij}(x)$$

$|A(x)|\neq 0$ のとき, $A^{-1}(x)=\dfrac{1}{|A(x)|}\Delta_{ij}$ であるから,

$$\frac{1}{|A(x)|}\frac{d}{dx}|A(x)|=\sum_{i,j=1}^{n}\Delta_{ij}a'_{ij}(x)\frac{1}{|A(x)|}=\sum_{i,j=1}^{n}\frac{\Delta_{ij}}{|A(x)|}a'_{ij}(x)$$

ここで, $\dfrac{\Delta_{ij}}{|A(x)|}$ は逆行列 $A^{-1}(x)$ の (j, i) 成分, $a'_{ij}(x)$ は行列 $\dfrac{dA(x)}{dx}$ の (i, j) 成

分を表わしているので，$\displaystyle\sum_{i=1}^{n} \frac{\Delta_{ij}}{|A(x)|} a'_{ij}(x)$ は行列 $A^{-1}(x)\dfrac{dA(x)}{dx}$ の (j, j) 成分を表わしている．

$$\therefore \quad \frac{1}{|A(x)|}\frac{d|A(x)|}{dx} = \sum_{j=1}^{n}\left\{\text{行列}\ A^{-1}(x)\frac{dA(x)}{dx}\ \text{の}\ (j, j)\ \text{の成分}\right\}$$

$$= \mathrm{tr}\left(A^{-1}(x)\frac{d}{dx}A(x)\right)$$

例題 1.3

A を n 次の正方行列とする．n より大きなある自然数 k に対して，$A^k = O$ であるならば，実は $A^n = O$ であることを証明せよ．ただし A の成分は複素数とする．

(東大工)

【解答】 $A^n \neq O$ とすると，n 次元ベクトル $\boldsymbol{x}_0 \neq \boldsymbol{o}$ に対して

$$\boldsymbol{x}_0,\quad A\boldsymbol{x}_0,\quad \cdots,\quad A^n\boldsymbol{x}_0$$

は線形従属な $n+1$ 個のベクトルである．

$$c_0\boldsymbol{x}_0 + c_1A\boldsymbol{x}_0 + \cdots + c_nA^n\boldsymbol{x}_0 = \boldsymbol{o} \quad (c_0, c_1, \cdots, c_n：定数) \qquad ①$$

とすると

$$A^n(c_0\boldsymbol{x}_0 + c_1A\boldsymbol{x}_0 + \cdots + c_nA^n\boldsymbol{x}_0) = \boldsymbol{o}$$

$$\therefore\quad c_0A^n\boldsymbol{x}_0 + c_1A^{n+1}\boldsymbol{x}_0 + \cdots + c_nA^{2n}\boldsymbol{x}_0 = \boldsymbol{o}$$

題意により，$A^{n+1} = \cdots = A^{n+2} = \cdots = A^{2n} = O \Longrightarrow c_0A^n\boldsymbol{x}_0 = \boldsymbol{o} \Longrightarrow c_0 = 0$．ゆえに，①は

$$c_1A\boldsymbol{x}_0 + c_2A^2\boldsymbol{x}_0 + \cdots + c_nA^n\boldsymbol{x}_0 = \boldsymbol{o} \qquad ②$$

となる．

$$A^{n-1}(c_1A\boldsymbol{x}_0 + c_2A^2\boldsymbol{x}_0 + \cdots + c_nA^n\boldsymbol{x}_0) = \boldsymbol{o}$$

$$\therefore\quad c_1A^n\boldsymbol{x}_0 + c_2A^{n+1}\boldsymbol{x}_0 + \cdots + c_nA^{2n-1}\boldsymbol{x}_0 = \boldsymbol{o}$$

題意により，$A^{n+1} = A^{n+2} = \cdots = A^{2n-1} = O \Longrightarrow c_1 = 0$．同様にして，$c_2 = c_3 = \cdots = c_n = 0$ が証明される．したがって，$n+1$ 個の n 次元ベクトル $\boldsymbol{x}_0, A\boldsymbol{x}_0, \cdots, A^n\boldsymbol{x}_0$ は線形独立である．

これは，$n+1$ 個の n 次元ベクトルが線形従属であるということに矛盾するから，$A^n = O$.

【別解】 A の固有値を λ とし，フロベニウスの定理を用いると，$A^k = O$ より $\lambda^k = 0$．よって $\lambda = 0$．ゆえに A の固有値はすべて 0 である．

一方，正則行列 P を利用して，$B = P^{-1}AP$ を上三角行列に変換すると，対角成分は A の固有値 $\lambda_1, \cdots, \lambda_n$ で，すべて 0 であるから，

$$B = \begin{bmatrix} \lambda_1 & a_{12} & a_{13} & \cdots & a_{1n} \\ & \lambda_2 & a_{23} & \cdots & a_{2n} \\ & & \ddots & & \\ & & & \ddots & a_{n-1,n} \\ & O & & & \lambda_n \end{bmatrix} = \begin{bmatrix} 0 & a_{12} & a_{13} & \cdots & a_{1n} \\ & 0 & a_{23} & \cdots & a_{2n} \\ & & \ddots & & \\ & & & \ddots & a_{n-1,n} \\ & O & & & 0 \end{bmatrix}$$

$$B^2 = \begin{bmatrix} 0 & a_{12} & a_{13} & \cdots & a_{1n} \\ & 0 & a_{23} & \cdots & a_{2n} \\ & & \ddots & & \\ & & & \ddots & a_{n-1,\,n} \\ & O & & & 0 \end{bmatrix} \begin{bmatrix} 0 & a_{12} & a_{13} & \cdots & a_{1n} \\ & 0 & a_{23} & \cdots & a_{2n} \\ & & \ddots & & \\ & & & \ddots & a_{n-1,\,n} \\ & O & & & 0 \end{bmatrix}$$

$$= \begin{bmatrix} 0 & 0 & a'_{13} & a'_{14} & \cdots & a'_{1n} \\ 0 & 0 & 0 & a'_{24} & \cdots & a'_{2n} \\ & & & \ddots & & \\ & & & & \ddots & a'_{n-1,\,n} \\ & O & & & & 0 \end{bmatrix}$$

$$B^n = \begin{bmatrix} 0 & 0 & \cdots & \cdots & 0 \\ 0 & 0 & & & \vdots \\ & & \ddots & & \vdots \\ & & & \ddots & \vdots \\ & O & & & 0 \end{bmatrix} = O$$

一方，$B^n = (P^{-1}AP)(P^{-1}AP)\cdots(P^{-1}AP) = P^{-1}A^nP$ であるから，

$$A^n = PB^nP^{-1} = O$$

例題 1.4

（1） (m, n) 型行列 A と (n, l) 型行列 B について，$\mathrm{rank}\,(AB) \leqq \mathrm{rank}\,(B)$ を示せ．

（2） n, l を与えられた自然数とするとき，n 次行列 A が正則である必要十分条件は $\mathrm{rank}\,(AB) = \mathrm{rank}\,(B)$ が任意の (n, l) 型行列 B に対して成り立つことを示せ． （お茶大）

【解答】（1） $A = (a_{ij}),\ B = \begin{bmatrix} \boldsymbol{b}_1 \\ \boldsymbol{b}_2 \\ \vdots \\ \boldsymbol{b}_n \end{bmatrix}$ ($\boldsymbol{b}_i (1 \leqq i \leqq n)$ は B の行ベクトル) とおくと

$$AB = \begin{bmatrix} \sum_{j=1}^{n} a_{1j}\boldsymbol{b}_j \\ \sum_{j=1}^{n} a_{2j}\boldsymbol{b}_j \\ \cdots\cdots\cdots \\ \sum_{j=1}^{n} a_{mj}\boldsymbol{b}_j \end{bmatrix}$$

より，AB の各行ベクトルは B の各行ベクトルの線形結合であるから，

$$\begin{aligned} \mathrm{rank}\,(AB) &= \mathrm{rank}\,\{AB\text{の各行ベクトル}\} \\ &\leqq \mathrm{rank}\,\{B\text{の各行ベクトル}\} = \mathrm{rank}\,(B) \end{aligned}$$

（2） 必要条件：A が正則であるとすると，（1）より

$$\mathrm{rank}\,(AB) \leqq \mathrm{rank}\,(B)$$
$$\mathrm{rank}\,(B) = \mathrm{rank}\,(A^{-1}(AB)) \leqq \mathrm{rank}\,(AB)$$

が成立する．よって，

$$\mathrm{rank}\,(AB) = \mathrm{rank}\,(B)$$

十分条件：適当な n 次の基本行列 P, Q をとって，PAQ を標準形とすることができる．A が正則でない，すなわち $r(A) < n$ ならば，PAQ の第 n 行と第 n 列は共に 0 である．B を b_{n1} (B の $(n, 1)$ の要素) が 1 で他がすべて 0 である (n, l) 行列とすると，

$$(PAQ)B = 0 \Longrightarrow \mathrm{rank}\,((PAQ)B) = 0 \qquad ①$$

一方，

$$\begin{aligned} \mathrm{rank}\,((PAQ)B) &= \mathrm{rank}\,(A(QB)) \quad (\because\ P\text{が正則}) \\ &= \mathrm{rank}\,(QB) \end{aligned}$$

$$(\because \text{ 任意の } M \text{ に対して, } \mathrm{rank}\,(AM) = \mathrm{rank}\,(M))$$
$$= \mathrm{rank}\,(B) \quad (\because \; Q \text{ が正則})$$
$$= 1 \qquad ②$$

①は②に矛盾するから，A は正則.

【別解】（1） η を斉次連立1次方程式 $B\boldsymbol{x} = \boldsymbol{o}$ の解であるとすると，$AB\eta = A\boldsymbol{o} = \boldsymbol{o}$ より，η は斉次連立方程式 $AB\boldsymbol{x} = \boldsymbol{o}$ の解でもある．よって，$B\boldsymbol{x} = \boldsymbol{o}$ の $s = l - \mathrm{rank}\,(B)$ 個の線形独立な解はすべて $AB\boldsymbol{x} = \boldsymbol{o}$ の解である．ゆえに，

$$s \leqq (AB\boldsymbol{x} = \boldsymbol{o} \text{ の線形独立な解の個数}) = l - \mathrm{rank}\,(AB)$$

すなわち，

$$l - \mathrm{rank}\,(B) \leqq l - \mathrm{rank}\,(AB)$$
$$\therefore \quad \mathrm{rank}\,(AB) \leqq \mathrm{rank}\,(B)$$

（2） 必要条件の証明は解答と同じ．以下は十分条件についての別解を述べる．

$\mathrm{rank}\,(AB) = \mathrm{rank}\,(B)$ であるから，基本行列 P, Q が存在して，$(PA)(BQ) = B$ が成り立つ．$A' = PA, B = {}^t(\boldsymbol{b}'_1, \cdots, \boldsymbol{b}'_l)$ ($\boldsymbol{b}'_i$ が B の列ベクトル) とおくと，非斉次連立1次方程式 $A'\boldsymbol{x} = \boldsymbol{b}'_1$ の解が存在するから，$\mathrm{rank}\,(A') = \mathrm{rank}\,(A', \boldsymbol{b}'_1)$，すなわち，$\boldsymbol{b}'_1$ は A' の列ベクトルの線形結合である．

B は任意の (n, l) 行列であるから，$\boldsymbol{b}'_1$ は $\boldsymbol{e}_1 = \begin{bmatrix} 1 \\ 0 \\ 0 \\ \vdots \\ 0 \end{bmatrix}, \boldsymbol{e}_2 = \begin{bmatrix} 0 \\ 1 \\ 0 \\ \vdots \\ 0 \end{bmatrix}, \cdots, \boldsymbol{e}_n = \begin{bmatrix} 0 \\ 0 \\ \vdots \\ 0 \\ 1 \end{bmatrix}$

等をとれる．ゆえに，$\boldsymbol{e}_1, \cdots, \boldsymbol{e}_n$ は A' の列ベクトルの線形結合になる．一方，A の各列ベクトルは $\boldsymbol{e}_1, \cdots, \boldsymbol{e}_n$ の線形結合ということは明らかである．したがって

$$\mathrm{rank}\,A = \mathrm{rank}\,A' \quad (\because \; P \text{ が正則})$$
$$= \mathrm{rank}\,(\boldsymbol{e}_1, \cdots, \boldsymbol{e}_n)$$
$$= n$$

例題 1.5

$2p$ 次元の正方行列 (x_{ij})；$(i, j = 1, 2, \cdots, 2p)$ が中心に関して対称，すなわち $x_{ij} = x_{2p-j+1\,2p-i+1}$ であるとき，その行列式 $\det(x_{ij})$ は二つの p 次の行列式の積に分解できることを示せ．　（東大工）

【解答】 $n = 2p$ とする．$\det(x_{ij})$ の第 i 行 $(1 \leqq i \leqq p)$ に第 $(n-i+1)$ 行を加え，その後で，第 $(n-i+1)$ 列 $(1 \leqq i \leqq p)$ から第 i 列を引けば，右上の部分が0になる：

$$\begin{vmatrix} x_{11} & \cdots & x_{1p} & x_{1p+1} & \cdots & x_{1n} \\ \cdots & \cdots & \cdots & \cdots & \cdots & \cdots \\ x_{p1} & \cdots & x_{pp} & x_{pp+1} & \cdots & x_{pn} \\ x_{pn} & \cdots & x_{pp+1} & x_{pp} & \cdots & x_{p1} \\ \cdots & \cdots & \cdots & \cdots & \cdots & \cdots \\ x_{1n} & \cdots & x_{1p+1} & x_{1p} & \cdots & x_{11} \end{vmatrix}$$

$$= \begin{vmatrix} x_{11}+x_{1n} & \cdots & x_{1p}+x_{1p+1} & x_{1p+1}+x_{1p} & \cdots & x_{1n}+x_{11} \\ \cdots & \cdots & \cdots & \cdots & \cdots & \cdots \\ x_{p1}+x_{pn} & \cdots & x_{pp}+x_{pp+1} & x_{pp+1}+x_{pp} & \cdots & x_{pn}+x_{p1} \\ x_{pn} & \cdots & x_{pp+1} & x_{pp} & \cdots & x_{p1} \\ \cdots & \cdots & \cdots & \cdots & \cdots & \cdots \\ x_{1n} & \cdots & x_{1p+1} & x_{1p} & \cdots & x_{11} \end{vmatrix}$$

$$= \begin{vmatrix} x_{11}+x_{1n} & \cdots & x_{1p}+x_{1p+1} & 0 & \cdots & 0 \\ \cdots & \cdots & \cdots & \cdots & \cdots & \cdots \\ x_{p1}+x_{pn} & \cdots & x_{pp}+x_{pp+1} & 0 & \cdots & 0 \\ x_{pn} & \cdots & x_{pp+1} & x_{pp}-x_{pp+1} & \cdots & x_{p1}-x_{pn} \\ \cdots & \cdots & \cdots & \cdots & \cdots & \cdots \\ x_{1n} & \cdots & x_{1p+1} & x_{1p}-x_{1p+1} & \cdots & x_{11}-x_{1n} \end{vmatrix}$$

$$= \begin{vmatrix} x_{11}+x_{1n} & \cdots & x_{1p}+x_{1p+1} \\ \cdots & \cdots & \cdots \\ x_{p1}+x_{pn} & \cdots & x_{pp}+x_{pp+1} \end{vmatrix} \begin{vmatrix} x_{pp}-x_{pp+1} & \cdots & x_{p1}-x_{pn} \\ \cdots & \cdots & \cdots \\ x_{1p}-x_{1p+1} & \cdots & x_{11}-x_{1n} \end{vmatrix}$$

〈注〉 $n = 2p+1$ のときは，p 次および $(p+1)$ 次の行列式の積に分解できる．

例題 1.6

パラメータ t を含む 4 つのベクトル

$$\boldsymbol{a}_1 = \begin{bmatrix} t+1 \\ 8 \\ 3 \\ -7 \end{bmatrix},\quad \boldsymbol{a}_2 = \begin{bmatrix} -4 \\ t+7 \\ 3 \\ -1 \end{bmatrix},\quad \boldsymbol{a}_3 = \begin{bmatrix} -1 \\ 8 \\ t+5 \\ -7 \end{bmatrix},\quad \boldsymbol{a}_4 = \begin{bmatrix} -4 \\ 5 \\ 3 \\ t+1 \end{bmatrix} \in \boldsymbol{R}^4$$

について，次の問に答えよ．

（1） ベクトル $\boldsymbol{a}_1, \boldsymbol{a}_2, \boldsymbol{a}_3, \boldsymbol{a}_4$ を列ベクトルとする行列

$$A = (\boldsymbol{a}_1, \boldsymbol{a}_2, \boldsymbol{a}_3, \boldsymbol{a}_4)$$

の行列式を求めよ．

（2） ベクトル $\boldsymbol{a}_1, \boldsymbol{a}_2, \boldsymbol{a}_3, \boldsymbol{a}_4$ で生成される $\boldsymbol{R}^4$ の部分空間 V の次元 $\dim(V)$ が 3 となるようにパラメータ t を定めよ． （名工大[†]）

【解答】 （1） 行列式は

$$|A| = \begin{vmatrix} t+1 & -4 & -1 & -4 \\ 8 & t+7 & 8 & 5 \\ 3 & 3 & t+5 & 3 \\ -7 & -1 & -7 & t+1 \end{vmatrix} \xrightarrow[\text{1 行に加える}]{\text{2, 3, 4 行を}} \begin{vmatrix} t+5 & t+5 & t+5 & t+5 \\ 8 & t+7 & 8 & 5 \\ 3 & 3 & t+5 & 3 \\ -7 & -1 & -7 & t+1 \end{vmatrix}$$

$$\xrightarrow{t+5\text{ をくくり出す}} (t+5) \begin{vmatrix} 1 & 1 & 1 & 1 \\ 8 & t+7 & 8 & 5 \\ 3 & 3 & t+5 & 3 \\ -7 & -1 & -7 & t+1 \end{vmatrix}$$

$$\xrightarrow[\text{1 列を引く}]{\text{2, 3, 4 列から}} (t+5) \begin{vmatrix} 1 & 0 & 0 & 0 \\ 8 & t-1 & 0 & -3 \\ 3 & 0 & t+2 & 0 \\ -7 & 6 & 0 & t+8 \end{vmatrix} = (t+5) \begin{vmatrix} t-1 & 0 & -3 \\ 0 & t+2 & 0 \\ 6 & 0 & t+8 \end{vmatrix}$$

$$\xrightarrow{\text{2 行と 1 行を交換すると符号が変わる}} -(t+5) \begin{vmatrix} 0 & t+2 & 0 \\ t-1 & 0 & -3 \\ 6 & 0 & t+8 \end{vmatrix}$$

$$\xrightarrow[\text{くくり出す}]{t+2\text{ を}} (t+5)(t+2) \begin{vmatrix} t-1 & -3 \\ 6 & t+8 \end{vmatrix} = (t+5)(t+2)(t^2+7t-8+18)$$

$$= (t+5)(t+2)(t+2)(t+5) = (t+2)^2(t+5)^2$$

〈注〉 直接展開してもよいが因数分解が大変．

（2）　次元 = 階数であり，$\mathrm{rank}\,(A) = 3$ だから，$|A| = 0$ でなければならない．したがって，$t = -5$ または -2 である．

$t = -5$ の場合，

$$\begin{bmatrix} -4 & -4 & -1 & -4 \\ 8 & 2 & 8 & 5 \\ 3 & 3 & 0 & 3 \\ -7 & -1 & -7 & -4 \end{bmatrix} \xrightarrow{3\text{行を}3\text{で割る}} \begin{bmatrix} -4 & -4 & -1 & -4 \\ 8 & 2 & 8 & 5 \\ 1 & 1 & 0 & 1 \\ -7 & -1 & -7 & -4 \end{bmatrix}$$

$$\xrightarrow[\substack{3\text{行}\times(-8)\text{を}2\text{行に加え，}\\ 3\text{行}\times 7\text{を}4\text{行に加える}}]{3\text{行}\times 4\text{を}1\text{行に加え，}} \begin{bmatrix} 0 & 0 & -1 & 0 \\ 0 & -6 & 8 & -3 \\ 1 & 1 & 0 & 1 \\ 0 & 6 & -7 & 3 \end{bmatrix}$$

$$\xrightarrow[\substack{1\text{行}\times(-7)\text{を}4\text{行に加え，}\\ 1\text{行}\times 1\text{と}3\text{行を交換}}]{1\text{行}\times 8\text{を}2\text{行に加え，}} \begin{bmatrix} 1 & 1 & 0 & 1 \\ 0 & 6 & 0 & 3 \\ 0 & 0 & 1 & 0 \\ 0 & 6 & 0 & 3 \end{bmatrix}$$

$$\xrightarrow[2\text{行を}3\text{で割る}]{2\text{行}\times(-1)\text{を}4\text{行に加え，}} \begin{bmatrix} 1 & 1 & 0 & 1 \\ 0 & 2 & 0 & 1 \\ 0 & 0 & 1 & 0 \\ 0 & 0 & 0 & 0 \end{bmatrix}$$

よって，$\mathrm{rank} = 3$.

$t = -2$ の場合，

$$\begin{bmatrix} -1 & -4 & -1 & -4 \\ 8 & 5 & 8 & 5 \\ 3 & 3 & 3 & 3 \\ -7 & -1 & -7 & -1 \end{bmatrix} \xrightarrow{3\text{行を}3\text{で割る}} \begin{bmatrix} -1 & -4 & -1 & -4 \\ 8 & 5 & 8 & 5 \\ 1 & 1 & 1 & 1 \\ -7 & -1 & -7 & -1 \end{bmatrix}$$

$$\xrightarrow[\substack{2\text{行を}(-3)\text{で割り，}\\ 4\text{行を}6\text{で割る}}]{1\text{行を}(-3)\text{で割り，}} \begin{bmatrix} 0 & 1 & 0 & 1 \\ 0 & 1 & 0 & 1 \\ 1 & 1 & 1 & 1 \\ 0 & 1 & 0 & 1 \end{bmatrix} \xrightarrow[3\text{行から}2\text{行を引く}]{3\text{行と}1\text{行を交換，}} \begin{bmatrix} 1 & 1 & 1 & 1 \\ 0 & 1 & 0 & 1 \\ 0 & 0 & 0 & 0 \\ 0 & 0 & 0 & 0 \end{bmatrix}$$

よって，$\mathrm{rank} = 2$. ゆえに，$t = -5$ が適する．

例題 1.7

次で定められるパウリ行列 $\boldsymbol{\sigma}_x, \boldsymbol{\sigma}_y, \boldsymbol{\sigma}_z$ を考える．

$$\boldsymbol{\sigma}_x = \begin{bmatrix} 0 & 1 \\ 1 & 0 \end{bmatrix}, \quad \boldsymbol{\sigma}_y = \begin{bmatrix} 0 & -i \\ i & 0 \end{bmatrix}, \quad \boldsymbol{\sigma}_z = \begin{bmatrix} 1 & 0 \\ 0 & -1 \end{bmatrix}$$

（1） パウリ行列 $\boldsymbol{\sigma}_x, \boldsymbol{\sigma}_y, \boldsymbol{\sigma}_z$ のどれか一つに対して，トレースと行列式を求めよ．

（2） 次の関係式が成り立つ．どれか一つを示せ．

$$\boldsymbol{\sigma}_x\boldsymbol{\sigma}_y = i\boldsymbol{\sigma}_z, \quad \boldsymbol{\sigma}_y\boldsymbol{\sigma}_z = i\boldsymbol{\sigma}_x, \quad \boldsymbol{\sigma}_z\boldsymbol{\sigma}_x = i\boldsymbol{\sigma}_y$$

（3） パウリ行列の $-i$ 倍の行列を，$\boldsymbol{i} = -i\boldsymbol{\sigma}_x, \boldsymbol{j} = -i\boldsymbol{\sigma}_y, \boldsymbol{k} = -i\boldsymbol{\sigma}_z$ と定める．このとき，$\boldsymbol{ij} = \boldsymbol{k}, \boldsymbol{i}^2 = \boldsymbol{j}^2 = \boldsymbol{k}^2 = -I$ および反交換関係 $\boldsymbol{ij} = -\boldsymbol{ji}$ を示せ．ただし，I は2行2列の単位行列である．

（4） 複素数 $z = 1 + i$ の逆数は $z^{-1} = \bar{z}/(z\bar{z})$ である．これを $z^{-1} = a + bi$ と表わそう．ただし $\bar{z}$ は複素数 z の複素共役を表わす．すなわち $\overline{1+i} = 1 - i$ である．このとき，行列 $I + \boldsymbol{i}$ の逆行列は $aI + b\boldsymbol{i}$ となることを示せ．

（お茶大）

【解答】（1） $\mathrm{tr}\,(\boldsymbol{\sigma}_x) = \sum_{i=1}^{2} \sigma_{ii} = 0 + 0 = 0$

$$\det\,(\boldsymbol{\sigma}_x) = \begin{vmatrix} 0 & 1 \\ 1 & 0 \end{vmatrix} = -1$$

（2） $$\boldsymbol{\sigma}_x\boldsymbol{\sigma}_y = \begin{bmatrix} 0 & 1 \\ 1 & 0 \end{bmatrix}\begin{bmatrix} 0 & -i \\ i & 0 \end{bmatrix} = \begin{bmatrix} i & 0 \\ 0 & -i \end{bmatrix}$$

$$i\boldsymbol{\sigma}_z = i\begin{bmatrix} 1 & 0 \\ 0 & -1 \end{bmatrix} = \begin{bmatrix} i & 0 \\ 0 & -i \end{bmatrix}$$

$$\therefore \quad \boldsymbol{\sigma}_x\boldsymbol{\sigma}_y = i\boldsymbol{\sigma}_z$$

（3） $$\boldsymbol{i} = -i\boldsymbol{\sigma}_x = -i\begin{bmatrix} 0 & 1 \\ 1 & 0 \end{bmatrix} = \begin{bmatrix} 0 & -i \\ -i & 0 \end{bmatrix}$$

$$\boldsymbol{j} = -i\boldsymbol{\sigma}_y = -i\begin{bmatrix} 0 & -i \\ i & 0 \end{bmatrix} = \begin{bmatrix} 0 & -1 \\ 1 & 0 \end{bmatrix}$$

$$\boldsymbol{k} = -i\boldsymbol{\sigma}_z = -i\begin{bmatrix} 1 & 0 \\ 0 & -1 \end{bmatrix} = \begin{bmatrix} -i & 0 \\ 0 & i \end{bmatrix}$$

のとき，

$$\boldsymbol{ij} = \begin{bmatrix} 0 & -i \\ -i & 0 \end{bmatrix}\begin{bmatrix} 0 & -1 \\ 1 & 0 \end{bmatrix} = \begin{bmatrix} -i & 0 \\ 0 & i \end{bmatrix} = \boldsymbol{k}$$

$$\boldsymbol{i}^2 = \begin{bmatrix} 0 & -i \\ -i & 0 \end{bmatrix}\begin{bmatrix} 0 & -i \\ -i & 0 \end{bmatrix} = \begin{bmatrix} -1 & 0 \\ 0 & -1 \end{bmatrix} = -\begin{bmatrix} 1 & 0 \\ 0 & 1 \end{bmatrix} = -I$$

$$\boldsymbol{j}^2 = \begin{bmatrix} 0 & -1 \\ 1 & 0 \end{bmatrix}\begin{bmatrix} 0 & -1 \\ 1 & 0 \end{bmatrix} = \begin{bmatrix} -1 & 0 \\ 0 & -1 \end{bmatrix} = -\begin{bmatrix} 1 & 0 \\ 0 & 1 \end{bmatrix} = -I$$

$$\boldsymbol{k}^2 = \begin{bmatrix} -i & 0 \\ 0 & i \end{bmatrix}\begin{bmatrix} -i & 0 \\ 0 & i \end{bmatrix} = \begin{bmatrix} -1 & 0 \\ 0 & -1 \end{bmatrix} = -\begin{bmatrix} 1 & 0 \\ 0 & 1 \end{bmatrix} = -I$$

$$\boldsymbol{ji} = \begin{bmatrix} 0 & -1 \\ 1 & 0 \end{bmatrix}\begin{bmatrix} 0 & -i \\ -i & 0 \end{bmatrix} = \begin{bmatrix} i & 0 \\ 0 & -i \end{bmatrix} = -\begin{bmatrix} -i & 0 \\ 0 & i \end{bmatrix} = -\boldsymbol{ij}$$

（4）　$z^{-1} = \dfrac{\bar{z}}{z\bar{z}} = \dfrac{1-i}{2} = a + bi,\quad a = \dfrac{1}{2},\quad b = -\dfrac{1}{2}$

のとき，

$$I + i = \begin{bmatrix} 1 & 0 \\ 0 & 1 \end{bmatrix} + i\begin{bmatrix} 1 & 0 \\ 0 & 1 \end{bmatrix} = \begin{bmatrix} 1+i & 0 \\ 0 & 1+i \end{bmatrix}$$

$$(I+i)^{-1} = \begin{bmatrix} 1+i & 0 \\ 0 & 1+i \end{bmatrix}^{-1} = \frac{\begin{bmatrix} 1+i & 0 \\ 0 & 1+i \end{bmatrix}}{\begin{vmatrix} 1+i & 0 \\ 0 & 1+i \end{vmatrix}}$$

$$= \frac{\begin{bmatrix} 1+i & 0 \\ 0 & 1+i \end{bmatrix}}{(1+i)^2} = \frac{\begin{bmatrix} 1+i & 0 \\ 0 & 1+i \end{bmatrix}}{2i}$$

$$= \frac{1}{2}\begin{bmatrix} 1-i & 0 \\ 0 & 1-i \end{bmatrix}$$

$$= \frac{1}{2}\begin{bmatrix} 1 & 0 \\ 0 & 1 \end{bmatrix} - i\frac{1}{2}\begin{bmatrix} 1 & 0 \\ 0 & 1 \end{bmatrix}$$

$$= \frac{1}{2}I - i\frac{1}{2}I$$

$$= a + bi$$

問題研究

1.1　3次正方行列 A に対して，3次正方行列 B を適当にとれば，任意の3次元ベクトル（行ベクトル）$\boldsymbol{x} = (x_1, x_2, x_3)$ および $\boldsymbol{y} = (y_1, y_2, y_3)$ に対して

$$(\boldsymbol{x}A) \times (\boldsymbol{y}A) = (\boldsymbol{x} \times \boldsymbol{y})B$$

が成り立つことを証明せよ．また，このような B は A に対してただ一つしかないことを証明せよ．さらに，A の行列式の値を a とするとき，B の行列式の値を a で表わせ．ただし，$A, B, \boldsymbol{x}, \boldsymbol{y}$ の成分（要素）はすべて実数とする．

〈注〉 3次元ベクトル $\boldsymbol{u}, \boldsymbol{v}$ に対して，$\boldsymbol{u} \times \boldsymbol{v}$ はベクトル積（外積）を表わすものとする．

（東大工）

1.2　n を正整数とするとき，行列 $\begin{bmatrix} a & b & b \\ b & a & b \\ b & b & a \end{bmatrix}$ の n 乗は $\begin{bmatrix} A & B & B \\ B & A & B \\ B & B & A \end{bmatrix}$ の形をもち，かつ次式が成立することを証明せよ．

$$A - B = (a - b)^n, \quad A + 2B = (a + 2b)^n$$

（東大工）

1.3　（1）　行列 $A = \begin{bmatrix} 2 & 1 & 0 \\ 0 & 2 & 1 \\ 0 & 0 & 2 \end{bmatrix}$ の n 乗 A^n を求めよ．

（2）　ベクトル $\boldsymbol{x}$ の絶対値 $|\boldsymbol{x}|$ をその成分（要素）の2乗の和の平方根で定義し，行列 A のノルム $\|A\|$ を $\|A\| = \max\limits_{|\boldsymbol{x}|=1} |A\boldsymbol{x}|$ で定義する．

$A = \begin{bmatrix} 2 & 3 \\ 0 & 2 \end{bmatrix}$ に対して $\|A\|$ を求めよ．　　（東大工）

1.4　未知数 x, y についての連立方程式　$x - y = -1$，$x - 2y = -6$，$x + y = 8$ の近似解を求めたい．$\boldsymbol{x}, \boldsymbol{b}$ をそれぞれ未知数，および常数項の列行列，A を係数の行列とする．

（1）　A の転置行列 A^T，積 A^TA，および積 $A^T\boldsymbol{b}$ を求めよ．

（2）　A^TA の逆行列 $(A^TA)^{-1}$ を求めよ．

（3）　誤差の2乗和 $(A\boldsymbol{x} - \boldsymbol{b})^T(A\boldsymbol{x} - \boldsymbol{b})$ を最小にする実数の組 (x, y) を求めよ．（これは最小2乗近似解と呼ばれている．）　　（東大理）

1.5　（1）　A を実の交代行列，E を単位行列とする．行列 $E + A$ が正則ならば，行列 $E - A$ も正則であることを示し，そのとき，行列 $S = (E + A)^{-1} \cdot (E - A)$ は直交行列であることを証明せよ．

（2）　逆に，S を実の直交行列とする．行列 $E + S$ が正則ならば，行列 $A =$

$(E+S)^{-1}(E-S)$ は交代行列であることを証明せよ．

（3）（1）と（2）の結果から，実の2次直交行列 S は，適当な実数 θ を用いて，常に $S = \begin{bmatrix} \cos\theta & -\sin\theta \\ \sin\theta & \cos\theta \end{bmatrix}$ の形に書かれることを示せ．

〈注〉 正則な行列とは，その逆行列が存在するものをいう．また，M の転置行列を ${}^tM$ とするとき，交代行列 A を ${}^tA = -A$ によって，直交行列 S を ${}^tSS = E$ によって定義する．（東大工）

1.6 ベクトル $\boldsymbol{a}_1, \boldsymbol{a}_2, \boldsymbol{a}_3, \boldsymbol{b}$ を実の定数 a, b を用いて

$$\boldsymbol{a}_1 = \begin{bmatrix} a \\ 1 \\ 2 \end{bmatrix}, \quad \boldsymbol{a}_2 = \begin{bmatrix} 1 \\ 2 \\ 1 \end{bmatrix}, \quad \boldsymbol{a}_3 = \begin{bmatrix} 2 \\ 1 \\ 1 \end{bmatrix}, \quad \boldsymbol{b} = \begin{bmatrix} -1 \\ 2 \\ b \end{bmatrix}$$

と定義する．$(\boldsymbol{a}_1, \boldsymbol{a}_2, \boldsymbol{a}_3)$ を $\boldsymbol{a}_1, \boldsymbol{a}_2, \boldsymbol{a}_3$ を列ベクトルとする 3×3 の行列とするとき，未知数 x, y, z に関する次の連立方程式について以下の問に答えよ．

$$(\boldsymbol{a}_1, \boldsymbol{a}_2, \boldsymbol{a}_3) \begin{bmatrix} x \\ y \\ z \end{bmatrix} = \boldsymbol{b}$$

（1）（i） b の値にかかわらず解が存在するための，定数 a のみたす条件を求めよ．

（ii）（i）以外の場合でも，b の値によっては解が存在する．そのときの a, b の値を求めよ．

（2）（ii）の場合につき，解（一意的でない）を求めよ．（東大工，京大*）

1.7 n 次正方行列 A, B が

$$E = A + B, \quad AB = BA = O \quad (E \text{は単位行列，} O \text{は零行列})$$

をみたすとき，$\mathrm{rank}\,(A) + \mathrm{rank}\,(B) = n$ を示せ．（rank（　）は階数を表わす．）（大阪市大，都立大*，早大*，お茶大*）

1.8 X は4次正方行列で，その各成分は0または1である．また，E はすべての成分が1である4次正方行列である．ここで，次の方程式を考える．

$$X^2 = E$$

この方程式の解の一つが $X_0 = \begin{bmatrix} 1 & 1 & 0 & 0 \\ 0 & 0 & 1 & 1 \\ 1 & 1 & 0 & 0 \\ 0 & 0 & 1 & 1 \end{bmatrix}$ であることを利用して，他の解をできるだけ多く求めよ．なお，X_0 と求めた解が解のすべてであることを示す必要はない．（東大工）

§6 固有値と固有ベクトル

6.1 定 義

線形空間 $\boldsymbol{V}$, 線形変換 T に対し,

$$T\boldsymbol{x} = \lambda \boldsymbol{x} \quad (\boldsymbol{x} \neq \boldsymbol{o}) \tag{1.79}$$

が成立するとき, $\boldsymbol{x}$ を T の**固有値** λ に対する**固有ベクトル**という.

$$\boldsymbol{W}(\lambda) = \{\boldsymbol{x} \in \boldsymbol{V};\, T\boldsymbol{x} = \lambda \boldsymbol{x}\} \tag{1.80}$$

を T の λ に対する**固有空間**という.

6.2 A を正方行列とするとき, $\phi(\lambda) = |\lambda E - A|$ を A の**固有多項式**(または**特性多項式**), $|\lambda E - A| = 0$ を A の**固有方程式**(または**特性方程式**), その根を**固有値**(または**特性根**)という.

6.3 ハミルトン・ケイリーの定理

$\phi(x)$ が正方行列 A の固有多項式 $\Longrightarrow \phi(A) = O$

6.4 固有値の性質

A の固有値を $\lambda_1, \lambda_2, \cdots, \lambda_n$ とすると

(i) $\lambda_1 + \lambda_2 + \cdots + \lambda_n = \mathrm{tr}\, A$ (1.81)

(ii) $A^k (k \geqq 1)$ の固有値は

$$\lambda_1^k, \lambda_2^k, \cdots, \lambda_n^k$$

(iii) 多項式 $f(x) = \sum_{k=0}^{n} a_k x^k$ に対し, A の固有値を $\lambda_1, \lambda_2, \cdots, \lambda_n$ とすると,

$f(A)$ の固有値は

$f(\lambda_1), f(\lambda_2), \cdots, f(\lambda_n)$ (フロベニウスの定理)

§7 行列の対角化

7.1 (i) n 次の正方行列 A が対角化可能

$\Longleftrightarrow$ A の各特性根 λ_i に対する固有空間の次元 $\dim \boldsymbol{W}(\lambda_i) = \lambda_i$ の重複度

(ii) A の相異なる固有値を $\lambda_1, \cdots, \lambda_k$ とすると,

$$\boldsymbol{V} = \boldsymbol{W}_1(\lambda_1) \oplus \boldsymbol{W}(\lambda_2) \oplus \cdots \oplus \boldsymbol{W}(\lambda_k) \quad (\text{直和})$$

7.2 n 次の正方行列の対角化

正方行列 A の n 個の1次独立な固有ベクトル $\boldsymbol{p}_1, \boldsymbol{p}_2, \cdots, \boldsymbol{p}_n$ が存在する.

$$\Longleftrightarrow P^{-1}AP = \begin{bmatrix} \lambda_1 & & & O \\ & \lambda_2 & & \\ & & \ddots & \\ O & & & \lambda_n \end{bmatrix} = \mathrm{diag}\,(\lambda_1, \lambda_2, \cdots, \lambda_n) \tag{1.82}$$

(ただし, $P = (\boldsymbol{p}_1, \boldsymbol{p}_2, \cdots, \boldsymbol{p}_n)$ は正則行列.)

7.3　n 次実対称行列の対角化

A が実対称行列 ($^tA = A$) のとき，直交行列 P($^tPP = E$) を適当に選んで，次のように対角化可能：

$$^tPAP = \begin{bmatrix} \lambda_1 & & & O \\ & \lambda_2 & & \\ & & \ddots & \\ O & & & \lambda_n \end{bmatrix} \tag{1.83}$$

7.4　n 次の正規行列の対角化

A が n 次正規行列 ($A^*A = AA^*$) のとき，ユニタリー行列 U($U^*U = E$) を適当に選んで，次のように対角化可能：

$$U^*AU = \begin{bmatrix} \lambda_1 & & & O \\ & \lambda_2 & & \\ & & \ddots & \\ O & & & \lambda_n \end{bmatrix} \tag{1.84}$$

7.5　n 次のエルミート行列の対角化

A がエルミート行列 ($A^* = A$) のとき，ユニタリー行列 U($U^*U = E$) を適当に選んで，次のように対角化可能：

$$U^*AU = \begin{bmatrix} \lambda_1 & & & O \\ & \lambda_2 & & \\ & & \ddots & \\ O & & & \lambda_n \end{bmatrix} \tag{1.85}$$

7.6　n 次のエルミート交代行列の対角化

A がエルミート交代行列 ($A^* = -A$) のとき，ユニタリー行列 U($U^*U = E$) を適当に選んで，次のように対角化可能：

$$U^*AU = \begin{bmatrix} i\alpha_1 & & & O \\ & i\alpha_2 & & \\ & & \ddots & \\ O & & & i\alpha_n \end{bmatrix} \quad (a_j : \text{実数},\ j = 1, \cdots, n) \tag{1.86}$$

7.7　n 次のユニタリー行列の対角化

A がユニタリー行列 ($A^* = A^{-1}$) のとき，ユニタリー行列 U($U^*U = E$) を適当に選んで，次のように対角化可能：

$$U^*AU = \begin{bmatrix} e^{i\alpha_1} & & & O \\ & e^{i\alpha_2} & & \\ & & \ddots & \\ O & & & e^{i\alpha_n} \end{bmatrix} \quad (\alpha_j : \text{実数},\ j = 1, \cdots, n) \tag{1.87}$$

§8 ヤコビ法による固有値と固有ベクトルの解法

ヤコビ法は，直交変換を繰り返すことにより，実対称行列 A を対角行列に収束させ，固有値と固有ベクトルを求める方法である：

$$M = \begin{bmatrix} I & & & & \\ & \cos\theta & & \sin\theta & \\ & & I & & \\ & \sin\theta & & \cos\theta & \\ & & & & I \end{bmatrix} \begin{matrix} \\ \leftarrow p\ \text{行} \\ \\ \leftarrow q\ \text{行} \\ \\ \end{matrix} \quad \begin{pmatrix} I\text{は対角が }1, \\ \text{空白部分は }0 \end{pmatrix} \tag{1.88}$$

$$\begin{matrix} \uparrow & & \uparrow \\ p\ \text{列} & & q\ \text{列} \end{matrix}$$

を，$\theta = \dfrac{1}{2}\tan^{-1}\dfrac{2a_{pq}}{a_{pp} - a_{qq}}$ $(-\pi/4 \leqq \theta \leqq \pi/4)$ にとり，$A = MA{}^tM$, $V = V{}^tM$ をつくると，収束したときの A の対角要素が固有値，V の各列が固有ベクトルとなる．

§9 ジョルダンの標準形

正方行列 A は，ある正則行列 P によって

$$P^{-1}AP = \begin{bmatrix} J_1 & & & O \\ & J_2 & & \\ & & \ddots & \\ O & & & J_n \end{bmatrix} \tag{1.89}$$

の形 (**ジョルダンの標準形**) にすることができる．ここで，対角ブロック J_i は λ_i を A の固有値とするとき

$$J_i = \begin{bmatrix} \lambda_i & 1 & & O \\ & \lambda_i & \ddots & \\ & & \ddots & 1 \\ O & & & \lambda_i \end{bmatrix} \quad (i = 1, \cdots, n) \tag{1.90}$$

を**ジョルダン細胞**という．

§10　2次形式とエルミート形式

10.1　2次形式

10.1.1　$A = (a_{ij}), a_{ij} = a_{ji}, \boldsymbol{x} = {}^t(x_1, x_2, \cdots, x_n)$ とするとき，次式を $x_1, x_2, \cdots, x_n$ に関する**2次形式**という：

$$f(x) = \sum_{i,j=1}^{n} a_{ij}x_ix_j = {}^t\boldsymbol{x}A\boldsymbol{x} \equiv A[\boldsymbol{x}] \tag{1.91}$$

10.1.2　$A[\boldsymbol{x}]$ は，適当な直交行列 P を選んで，変数ベクトル $\boldsymbol{x} = P\boldsymbol{y}$ で変換すれば，次の標準形となる（$\lambda_1, \cdots, \lambda_n$ は A の固有値）：

$$({}^tPAP)[\boldsymbol{y}] = \lambda_1 y_1^2 + \lambda_2 y_2^2 + \cdots + \lambda_n y_n^2 \tag{1.92}$$

10.2　エルミート形式

10.2.1　$A = (a_{ij}), a_{ij} = \bar{a}_{ji}, \boldsymbol{z} = {}^t(z_1, z_2, \cdots, z_n)$ とするとき，次式を $z_1, z_2, \cdots, z_n$ に関する**エルミート形式**という：

$$f(\boldsymbol{z}) = \sum_{i,j=1}^{n} a_{ij}\bar{\boldsymbol{z}}_i\boldsymbol{z}_j = {}^t\bar{\boldsymbol{z}}A\boldsymbol{z} = A[\boldsymbol{z}] \tag{1.93}$$

10.2.2　$A[\boldsymbol{z}]$ は，適当なユニタリー行列 P を選んで，変数ベクトル $\boldsymbol{z} = P\boldsymbol{w}$ で変換すれば，次の標準形となる（$\lambda_1, \cdots, \lambda_n$ は A の固有値）：

$$(P^*AP)[\boldsymbol{w}] = \lambda_1 w_1\bar{w}_1 + \lambda_2 w_2\bar{w}_2 + \cdots + \lambda_n w_n\bar{w}_n \tag{1.94}$$

例題 1.8

n 次の正方行列 $A = (a_{ij})$ において，$a_{ij} > 0, \sum_{j=1}^{n} a_{ij} = 1\ (i = 1, 2, \cdots, n)$ であるとき，下の問に答えよ．

（1） A の固有値の一つは 1 であることを示せ．

（2） $B = A^m$ (m は正の整数) とするとき，A が $n = 2$ の場合に対して，$\lim_{m\to\infty} B$ を求めよ．

（東大工）

【解答】（1） $\sum_{j=1}^{n} a_{ij} = 1\ (i = 1, \cdots, n)$ であるから，

$$\begin{bmatrix} a_{11}+a_{12}+\cdots+a_{1n} \\ a_{21}+a_{22}+\cdots+a_{2n} \\ \cdots\cdots\cdots\cdots \\ a_{n1}+a_{n2}+\cdots+a_{nn} \end{bmatrix} = \begin{bmatrix} a_{11} & a_{12} & \cdots & a_{1n} \\ a_{21} & a_{22} & \cdots & a_{2n} \\ \cdots & \cdots & \cdots & \cdots \\ a_{n1} & a_{n2} & \cdots & a_{nn} \end{bmatrix} \begin{bmatrix} 1 \\ 1 \\ \vdots \\ 1 \end{bmatrix} = \begin{bmatrix} 1 \\ 1 \\ \vdots \\ 1 \end{bmatrix}$$

すなわち，$\boldsymbol{x} = {}^t(1, 1, \cdots, 1) \neq \boldsymbol{o}$ は $A\boldsymbol{x} = \boldsymbol{x}$ をみたす．ゆえに，1 が A の固有値である．

（2） $n = 2$ のとき，$A = \begin{bmatrix} 1-a & a \\ b & 1-b \end{bmatrix}$ $(0 < a < 1, 0 < b < 1)$ となる．A の固有値を λ とすると，

$$\begin{vmatrix} \lambda-(1-a) & -a \\ -b & \lambda-(1-b) \end{vmatrix} = (\lambda-1)(\lambda-1+a+b) = 0$$

$$\Longrightarrow \lambda = 1,\ \ 1-a-b$$

（1）より，$\lambda = 1$ に対応する固有ベクトルは ${}^t(1, 1)$．$\lambda = 1-a-b$ に対応する固有ベクトルを $\boldsymbol{x} = {}^t(x_1, x_2)$ とすると，

$$\begin{bmatrix} -b & -a \\ -b & -a \end{bmatrix} \begin{bmatrix} x_1 \\ x_2 \end{bmatrix} = \mathbf{0}$$

すなわち，

$$bx_1 + ax_2 = 0 \Longrightarrow \boldsymbol{x} = {}^t(a, -b)$$

$$P = \begin{bmatrix} 1 & a \\ 1 & -b \end{bmatrix}$$

とおくと，

$$P^{-1}AP = \begin{bmatrix} 1 & 0 \\ 0 & 1-a-b \end{bmatrix}$$

すなわち，

$$A = P\begin{bmatrix} 1 & 0 \\ 0 & 1-a-b \end{bmatrix}P^{-1}$$

$$\therefore \quad B = A^m = \left\{P\begin{bmatrix} 1 & 0 \\ 0 & 1-a-b \end{bmatrix}P^{-1}\right\}^m$$

$$= P\begin{bmatrix} 1 & 0 \\ 0 & 1-a-b \end{bmatrix}P^{-1}\cdot P\begin{bmatrix} 1 & 0 \\ 0 & 1-a-b \end{bmatrix}P^{-1}$$

$$\cdot \cdots \cdot P\begin{bmatrix} 1 & 0 \\ 0 & 1-a-b \end{bmatrix}P^{-1}$$

$$= P\begin{bmatrix} 1 & 0 \\ 0 & 1-a-b \end{bmatrix}^m P^{-1}$$

$$= P\begin{bmatrix} 1 & 0 \\ 0 & (1-a-b)^m \end{bmatrix}P^{-1}$$

$$= \begin{bmatrix} 1 & a \\ 1 & -b \end{bmatrix}\begin{bmatrix} 1 & 0 \\ 0 & (1-a-b)^m \end{bmatrix}\cdot\frac{-1}{a+b}\begin{bmatrix} -b & -a \\ -1 & 1 \end{bmatrix}$$

ところが

$$0 < a+b < 2 \iff |1-a-b| < 1$$

$$\therefore \quad \lim_{m\to\infty} B = \begin{bmatrix} 1 & a \\ 1 & -b \end{bmatrix}\begin{bmatrix} 1 & 0 \\ 0 & \lim_{m\to\infty}(1-a-b)^m \end{bmatrix}\cdot\frac{-1}{a+b}\begin{bmatrix} -b & -a \\ -1 & 1 \end{bmatrix}$$

$$= \begin{bmatrix} 1 & a \\ 1 & -b \end{bmatrix}\begin{bmatrix} 1 & 0 \\ 0 & 0 \end{bmatrix}\cdot\frac{-1}{a+b}\begin{bmatrix} -b & -a \\ -1 & 1 \end{bmatrix}$$

$$= \frac{1}{a+b}\begin{bmatrix} b & a \\ b & a \end{bmatrix}$$

例題 1.9

正方行列 A, B が,

$$AB + BA = I, \quad A^2 = B^2 = O$$

という関係をみたすとき (ただし, I は単位行列, O は零行列とする),

$$C = AB$$

で定義される正方行列 C について, 次の問に答えよ.

(1) $C^2 = C$

が成立することを証明し, これから C の固有値が 0 または 1 であることを導け.

(2) 固有値 0, 1 に対する C の固有ベクトルをそれぞれ $\boldsymbol{f}_0, \boldsymbol{f}_1$ とするとき,

$B\boldsymbol{f}_0, A\boldsymbol{f}_1$ がともに零ベクトル,

$B\boldsymbol{f}_1, A\boldsymbol{f}_0$ がそれぞれ固有値 0, 1 に対する C の固有ベクトル

となることを証明せよ. (東大工)

【解答】 (1) $AB + BA = I, \quad A^2 = B^2 = O$ ①

$$C^2 = AB \cdot AB = AB(I - BA) = AB - AB^2A = AB = C \qquad ②$$

次に, λ を C の固有値, $\boldsymbol{x}$ を対応する固有ベクトルとすると

$$(C^2 - C)\boldsymbol{x} = C\lambda\boldsymbol{x} - \lambda\boldsymbol{x} = (\lambda^2 - \lambda)\boldsymbol{x}$$

②を用いると,

$$(C^2 - C)\boldsymbol{x} = 0\boldsymbol{x} = \boldsymbol{o}$$

$$\therefore \quad \lambda^2 - \lambda = 0 \Longrightarrow \lambda = 0, 1$$

(2) $B\boldsymbol{f}_0 = B(AB + BA)\boldsymbol{f}_0 = B(C\boldsymbol{f}_0) + B^2(A\boldsymbol{f}_0) = B(0 \cdot \boldsymbol{f}_0) + O(A\boldsymbol{f}_0)$

$= \boldsymbol{o} \quad (\because \ ①)$

$$A\boldsymbol{f}_1 = A(1 \cdot \boldsymbol{f}_1) = AC\boldsymbol{f}_1 = A(AB\boldsymbol{f}_1) = A^2(B\boldsymbol{f}_1) = O(B\boldsymbol{f}_1) = \boldsymbol{o}$$

また, $C(B\boldsymbol{f}_1) = AB^2\boldsymbol{f}_1 = A(B^2\boldsymbol{f}_1) = \boldsymbol{o} = 0(B\boldsymbol{f}_1)$ かつ

$B\boldsymbol{f}_1 \neq \boldsymbol{o}$ ($\because$ $B\boldsymbol{f}_1 = \boldsymbol{o}$ とすると, $AB\boldsymbol{f}_1 = \boldsymbol{o} \Longrightarrow \boldsymbol{f}_1 = \boldsymbol{o}$. これは矛盾する.)

よって, $B\boldsymbol{f}_1$ は C の固有値 0 に対応する固有ベクトルである.

また, $C(A\boldsymbol{f}_0) = AB(A\boldsymbol{f}_0) = A(BA)\boldsymbol{f}_0 = A(I - AB)\boldsymbol{f}_0 = A\boldsymbol{f}_0 - A^2(B\boldsymbol{f}_0) = A\boldsymbol{f}_0$ かつ

$A\boldsymbol{f}_0 \neq \boldsymbol{o}$ ($\because$ $A\boldsymbol{f}_0 = \boldsymbol{o}$ とすると, $BA\boldsymbol{f}_0 = \boldsymbol{o} \Longrightarrow (I - AB)\boldsymbol{f}_0 = \boldsymbol{o} \Longrightarrow \boldsymbol{f}_0 = \boldsymbol{o}$. これは矛盾する.)

よって, $A\boldsymbol{f}_0$ は C の固有値 1 に対応する固有ベクトルである.

例題 1.10

$$A = \begin{bmatrix} 0 & 0 & a & b \\ 0 & 0 & b & a \\ a & b & 0 & 0 \\ b & a & 0 & 0 \end{bmatrix}$$

を考える．ただし，a, b は実数で $a \neq 0, b \neq 0, |a| \neq |b|$ とする．

（1） A の固有値および長さが 1 の固有ベクトルを求めよ．

（2） n が正の整数のとき $(1, 0, 0, 0)A^n \begin{bmatrix} 1 \\ 0 \\ 0 \\ 0 \end{bmatrix}$ を求めよ．（東大理）

【解答】（1） $B = \begin{bmatrix} a & b \\ b & a \end{bmatrix}$ とおくと，$A = \begin{bmatrix} O & B \\ B & O \end{bmatrix}$ となる．

$$|\lambda E_4 - A| = \begin{vmatrix} \lambda E_2 & -B \\ -B & \lambda E_2 \end{vmatrix} = \begin{vmatrix} \lambda E_2 - B & \lambda E_2 - B \\ -B & \lambda E_2 \end{vmatrix}$$

$$= \begin{vmatrix} \lambda E_2 - B & 0 \\ -B & \lambda E_2 + B \end{vmatrix} = |\lambda E_2 - B|\,|\lambda E_2 + B|$$

$$= \{(\lambda - a)^2 - b^2\}\{(\lambda + a)^2 - b^2\} = 0$$

$$\Longrightarrow \lambda = a + b, \quad a - b, \quad -a + b, \quad -a - b$$

$\lambda = a + b$ に対応する固有ベクトルを $\boldsymbol{x} = {}^t(x_1, x_2, x_3, x_4)$ とすると，

$$\begin{bmatrix} a+b & 0 & -a & -b \\ 0 & a+b & -b & -a \\ -a & -b & a+b & 0 \\ -b & -a & 0 & a+b \end{bmatrix} \begin{bmatrix} x_1 \\ x_2 \\ x_3 \\ x_4 \end{bmatrix} = \boldsymbol{0} \Longrightarrow \boldsymbol{x} = {}^t(1, 1, 1, 1)$$

よって，$\lambda = a + b$ に対応する長さが 1 である固有ベクトルは

$$\boldsymbol{u}_1 = \frac{\boldsymbol{x}}{\|\boldsymbol{x}\|} = {}^t\!\left(\frac{1}{2}, \frac{1}{2}, \frac{1}{2}, \frac{1}{2}\right)$$

同様にして，$\lambda = a - b, -a + b, -a - b$ に対応する長さが 1 である固有ベクトルはそれぞれ

$$\boldsymbol{u}_2 = {}^t\!\left(-\frac{1}{2}, \frac{1}{2}, -\frac{1}{2}, \frac{1}{2}\right), \quad \boldsymbol{u}_3 = {}^t\!\left(\frac{1}{2}, -\frac{1}{2}, -\frac{1}{2}, \frac{1}{2}\right),$$

$$\boldsymbol{u}_4 = {}^t\!\left(-\frac{1}{2}, -\frac{1}{2}, \frac{1}{2}, \frac{1}{2}\right)$$

（2）　$P = (\boldsymbol{u}_1, \boldsymbol{u}_2, \boldsymbol{u}_3, \boldsymbol{u}_4) = \begin{bmatrix} 1/2 & -1/2 & 1/2 & -1/2 \\ 1/2 & 1/2 & -1/2 & -1/2 \\ 1/2 & -1/2 & -1/2 & 1/2 \\ 1/2 & 1/2 & 1/2 & 1/2 \end{bmatrix}$

とおくと，P は直交行列であるから，$P^{-1} = {}^tP$ かつ

$$ {}^tPAP = \mathrm{diag}\,(a+b, a-b, -a+b, -a-b) $$

すなわち，$A = P\,\mathrm{diag}\,(a+b, a-b, -a+b, -a-b)\,{}^tP$

$$ \therefore\quad (1, 0, 0, 0)A^n \begin{bmatrix} 1 \\ 0 \\ 0 \\ 0 \end{bmatrix} $$

$$ = (1, 0, 0, 0)\{P\,\mathrm{diag}\,(a+b, a-b, -a+b, -a-b)\,{}^tP\}^n \begin{bmatrix} 1 \\ 0 \\ 0 \\ 0 \end{bmatrix} $$

$$ = \{(1, 0, 0, 0)P\}\{\mathrm{diag}\,(a+b, a-b, -a+b, -a-b)\}^n \left\{ {}^tP \begin{bmatrix} 1 \\ 0 \\ 0 \\ 0 \end{bmatrix} \right\} $$

$$ = \left(\frac{1}{2}, -\frac{1}{2}, \frac{1}{2}, -\frac{1}{2}\right) \mathrm{diag}\,((a+b)^n, (a-b)^n, (-a+b)^n, (-a-b)^n) \begin{bmatrix} 1/2 \\ -1/2 \\ 1/2 \\ -1/2 \end{bmatrix} $$

$$ = (a+b)^n \left(\frac{1}{2}\right)^2 + (a-b)^n \left(-\frac{1}{2}\right)^2 + (-a+b)^n \left(\frac{1}{2}\right)^2 + (-a-b)^n \left(-\frac{1}{2}\right)^2 $$

$$ = \frac{1}{4}\{(a+b)^n(1+(-1)^n) + (a-b)^n(1+(-1)^n)\} $$

$$ = \begin{cases} \dfrac{1}{2}\{(a+b)^n + (a-b)^n\} & (n:\text{偶数}) \\ 0 & (n:\text{奇数}) \end{cases} $$

例題 1.11

n 次正方行列 $A=\{a_{ij}\}$ が

$$a_{ij}=\begin{cases}1 & (i=j)\\ a & (i\neq j)\end{cases}$$

で与えられるものとする．ただし，$0<a<1$ とする．

次の問に答えよ．

（1）A の行列式を求めよ．

（2）A の余因子行列 $\tilde{A}=(\tilde{a}_{ij})$ が

$$\tilde{a}_{ij}=\begin{cases}(1-a)^{n-2}\{1+(n-2)a\} & (i=j)\\ -(1-a)^{n-2}a & (i\neq j)\end{cases}$$

となることを導いて，A の逆行列を求めよ．

（3）行列 A のすべての固有値と固有ベクトルを求めよ．　（東大工）

【解答】（1）A の第2～第 n 行から第1行を引き，次に第2～第 n 列を第1列に加えて共通項をくくり出すと，

$$|A|=|A_n|=\begin{vmatrix}1 & a & a & \cdots & a\\ a & 1 & a & \cdots & a\\ a & a & 1 & \cdots & a\\ \cdots & \cdots & \cdots & \cdots & \cdots\\ a & \cdots & \cdots & \cdots & 1\end{vmatrix}=\begin{vmatrix}1 & a & a & \cdots & a\\ a-1 & 1-a & 0 & \cdots & 0\\ a-1 & 0 & 1-a & \cdots & 0\\ \cdots & \cdots & \cdots & \cdots & \cdots\\ a-1 & 0 & 0 & \cdots & 1-a\end{vmatrix}$$

$$=\begin{vmatrix}1+(n-1)a & a & a & \cdots & a\\ 0 & 1-a & 0 & \cdots & 0\\ 0 & 0 & 1-a & \cdots & 0\\ \cdots & \cdots & \cdots & \cdots & \cdots\\ 0 & 0 & 0 & \cdots & 1-a\end{vmatrix}$$

$$=\{1+(n-1)a\}\begin{vmatrix}1-a & 0 & \cdots & 0\\ 0 & 1-a & \cdots & 0\\ \cdots & \cdots & \cdots & \cdots\\ 0 & 0 & \cdots & 1-a\end{vmatrix}$$

$$=[1+(n-1)a](1-a)^{n-1}$$

$$\neq 0\quad(\because\ 0<a<1)$$

（2）（1）より，$|A_{n-1}|=[1+(n-2)a](1-a)^{n-2}$

$i=j$ のとき，

$$\tilde{a}_{ij} = \tilde{a}_{ii} = (-1)^{i+j} \begin{vmatrix} 1 & a & \cdots & a \\ a & 1 & \cdots & a \\ & & \ddots & \\ a & a & \cdots & 1 \end{vmatrix} \hat{i} \quad (\hat{i}: \text{除外記号})$$

$$= (-1)^{i+i} |A_{n-1}| = [1 + (n-2)a](1-a)^{n-2}$$

$i \neq j$ のとき，

$$\tilde{a}_{ij} = \tilde{a}_{21} = - \begin{vmatrix} a & a & a & \cdots & a \\ a & 1 & a & \cdots & a \\ a & a & 1 & \cdots & a \\ & & & \ddots & \\ a & a & a & \cdots & 1 \end{vmatrix} = - \begin{vmatrix} a & a & a & \cdots & a \\ 0 & 1-a & 0 & \cdots & 0 \\ 0 & 0 & 1-a & \cdots & 0 \\ & & & \ddots & \\ 0 & 0 & 0 & \cdots & 1-a \end{vmatrix}$$

$$= -a(1-a)^{n-2}$$

であるから，

$$A^{-1} = \frac{1}{|A|} \tilde{A} = \frac{1}{|A|} \begin{bmatrix} \tilde{a}_{11} & \tilde{a}_{21} & \cdots & \tilde{a}_{n1} \\ \tilde{a}_{12} & \tilde{a}_{22} & \cdots & \tilde{a}_{2n} \\ \cdots & \cdots & \cdots & \cdots \\ \tilde{a}_{n1} & \tilde{a}_{n2} & \cdots & \tilde{a}_{nn} \end{bmatrix}$$

$$= \frac{1}{[1 + (n-1)a](1-a)^{n-1}}$$

$$\times \begin{bmatrix} [1+(n-2)a](1-a)^{n-2} & -a(1-a)^{n-2} & \cdots & -a(1-a)^{n-2} \\ -a(1-a)^{n-2} & [1+(n-2)a](1-a)^{n-2} & \cdots & -a(1-a)^{n-2} \\ & & \ddots & \\ -a(1-a)^{n-2} & -a(1-a)^{n-2} & \cdots & [1+(n-2)a](1-a)^{n-2} \end{bmatrix}$$

$$= \frac{1}{[1 + (n-1)a](1-a)}$$

$$\times \begin{bmatrix} 1+(n-2)a & -a & \cdots & -a \\ -a & 1+(n-2)a & \cdots & -a \\ & & \ddots & \\ -a & -a & \cdots & 1+(n-2)a \end{bmatrix}$$

（3） A の固有方程式は

$$|\lambda E - A| = \begin{vmatrix} \lambda-1 & -a & \cdots & -a \\ -a & \lambda-1 & \cdots & -a \\ \cdots & \cdots & \cdots & \\ -a & -a & \cdots & \lambda-1 \end{vmatrix}$$

$$= \begin{vmatrix} \lambda-1-(n-1)a & -a & \cdots & -a \\ \lambda-1-(n-1)a & \lambda-1 & \cdots & -a \\ \cdots & \cdots & \cdots & \cdots \\ \lambda-1-(n-1)a & -a & \cdots & \lambda-1 \end{vmatrix}$$

$$= \{\lambda-1-(n-1)a\} \begin{vmatrix} 1 & -a & -a & \cdots & -a \\ 1 & \lambda-1 & -a & \cdots & -a \\ \cdots & \cdots & \cdots & \cdots & \cdots \\ 1 & -a & -a & \cdots & \lambda-1 \end{vmatrix}$$

$$= \{\lambda-1-(n-1)a\} \begin{vmatrix} 1 & -a & -a & \cdots & -a \\ 0 & (\lambda-1+a) & 0 & \cdots & 0 \\ \cdots & \cdots & \cdots & \cdots & \cdots \\ 0 & 0 & 0 & \cdots & (\lambda-1+a) \end{vmatrix}$$

$$= [\lambda-1-(n-1)a](\lambda-1+a)^{n-1} = 0$$

であるから，固有値は $\lambda = 1+(n-1)a,\ 1-a\ (n-1$ 重$)$.

$\lambda = 1+(n-1)a$ に対応する A の固有ベクトルを $\boldsymbol{x} = {}^t(x_1, \cdots, x_n)$ とすると，

$$\begin{bmatrix} (n-1)a & -a & -a & \cdots & -a \\ -a & (n-1)a & -a & \cdots & -a \\ & & \cdots\cdots\cdots & & \\ -a & -a & -a & \cdots & (n-1)a \end{bmatrix} \begin{bmatrix} x_1 \\ x_2 \\ \vdots \\ x_n \end{bmatrix} = \mathbf{0}$$

$$\Longrightarrow \boldsymbol{x} = {}^t(1, 1, \cdots, 1)$$

$\lambda = 1-a$ に対応する A の固有ベクトルを $\boldsymbol{x} = {}^t(x_1, \cdots, x_n)$ とすると，

$$\begin{bmatrix} -a & -a & \cdots & -a \\ -a & -a & \cdots & -a \\ & \cdots\cdots & & \\ -a & -a & \cdots & -a \end{bmatrix} \begin{bmatrix} x_1 \\ x_2 \\ \vdots \\ x_n \end{bmatrix} = \mathbf{0}$$

$$\Longrightarrow \boldsymbol{x} = {}^t(\boldsymbol{\alpha}_1, \boldsymbol{\alpha}_2, \cdots, \boldsymbol{\alpha}_{n-1})$$

ただし，$\boldsymbol{\alpha}_1 = {}^t(-1, 0, \cdots, 0, 1)$, $\boldsymbol{\alpha}_2 = {}^t(-1, 0, \cdots, 1, 0)$, $\cdots$, $\boldsymbol{\alpha}_{n-1} = {}^t(-1, 1, \cdots, 0, 0)$
(線形独立な $n-1$ 個のベクトル)

例題 1.12

n 次の正方行列 A の固有値を $\lambda_1, \lambda_2, \cdots, \lambda_n$ とし，任意の多項式を

$$q(x) = q_0 + q_1 x + q_2 x^2 + \cdots + q_m x^m$$

とするとき，行列 $q(A) = q_0 E + q_1 A + q_2 A^2 + \cdots + q_m A^m$ の固有値は，$q(\lambda_1), q(\lambda_2), \cdots, q(\lambda_n)$ となることを証明せよ．

ここで E は単位行列である．　（京大）

【解答】 $A\boldsymbol{x} = \lambda_i \boldsymbol{x}\,(\boldsymbol{x} \neq \boldsymbol{o})$ とすると，$A^k \boldsymbol{x} = \lambda_i^k \boldsymbol{x}$（$k$：自然数）であるから，

$$\begin{aligned} q(A)\boldsymbol{x} &= (q_0 + q_1 A + \cdots + q_m A^m)\boldsymbol{x} \\ &= (q_0 + q_1 \lambda_i + \cdots + q_m \lambda_i^m)\boldsymbol{x} = q(\lambda_i)\boldsymbol{x} \end{aligned}$$

ゆえに，λ_i が A の固有値のとき，$q(\lambda_i)$ が $q(A)$ の固有値である．そこで，$q(x) = 0$ の根を $\alpha_1, \alpha_2, \cdots, \alpha_m$ とおけば，

$$q(x) = q_m(x - \alpha_1)(x - \alpha_2)\cdots(x - \alpha_m) = q_m \prod_{i=1}^{m}(x - \alpha_i)$$

$$\therefore\quad q(A) = q_m(A - \alpha_1 E)(A - \alpha_2 E)\cdots(A - \alpha_m E) = q_m \prod_{i=1}^{m}(A - \alpha_i E)$$

$$\therefore\quad |q(A)| = q_m^n |A - \alpha_1 E||A - \alpha_2 E|\cdots|A - \alpha_m E| = q_m^n \prod_{i=1}^{m}|A - \alpha_i E|$$

一方，

$$|A - \lambda E| = \phi(\lambda) = (\lambda_1 - \lambda)(\lambda_2 - \lambda)\cdots(\lambda_n - \lambda) = \prod_{j=1}^{n}(\lambda_j - \lambda)$$

$$\begin{aligned} \therefore\quad |q(A)| &= q_m^n \prod_{i=1}^{m}|A - \alpha_i E| = q_m^n \prod_{i=1}^{m}\phi(\alpha_i) = q_m^n \prod_{i=1}^{m}\prod_{j=1}^{n}(\lambda_j - \alpha_i) \\ &= \prod_{j=1}^{n}\left(q_m \prod_{i=1}^{m}(\lambda_j - \alpha_i)\right) = \prod_{j=1}^{n} q(\lambda_j) \end{aligned}$$

ここで，$q(x)$ の代りに $q(x) - \lambda$ を使えば，

$$|q(A) - \lambda E| = \prod_{j=1}^{n}(q(\lambda_j) - \lambda) = (q(\lambda_1) - \lambda)(q(\lambda_2) - \lambda)\cdots(q(\lambda_n) - \lambda)$$

ゆえに，$q(A)$ の固有値は $q(\lambda_1), \cdots, q(\lambda_n)$ である．

〈注〉 これは**フロベニウスの定理**と呼ばれる．

例題 1.13

複素正方行列について以下の問に答えよ．行列 A のエルミート共役 ${}^t\overline{A}$ を $A^\dagger$ と表わす．ただし，^{t} は転置，$\overline{}$ は複素共役を表わす．$A^\dagger = A$ のとき A はエルミート行列であるといい，$A^\dagger = -A$ のとき A は反エルミート行列であるという．

（a）　エルミート行列の固有値はすべて実数であり，反エルミート行列の固有値はすべて純虚数であることを証明せよ．

（b）　任意の正方行列 C は，エルミート行列 A と反エルミート行列 B の和に分解できることを示せ（A, B を C で表わせ）．

（c）　行列 $\begin{bmatrix} 5+3i & 4+2i \\ 2 & 3 \end{bmatrix}$ について，（b）の分解を行え．ただし，i は虚数単位である．　（阪大，東大*，広大*）

【解答】（a）（i）　固有値を λ，固有ベクトルを $\boldsymbol{u}$ とすると，

$$A\boldsymbol{u} = \lambda\boldsymbol{u} \qquad ①$$

A がエルミート行列のとき，$A^\dagger = A$ だから

$$A^\dagger\boldsymbol{u} = \lambda\boldsymbol{u} \qquad ②$$

②の $\dagger$ をとると，

$$(A^\dagger\boldsymbol{u})^\dagger = (\lambda\boldsymbol{u})^\dagger$$

一般公式

$$(PQ)^\dagger = Q^\dagger P^\dagger, \quad (cP)^\dagger = \bar{c}P^\dagger$$

を用いると，

$$\boldsymbol{u}^\dagger A = \bar{\lambda}\boldsymbol{u}^\dagger$$

右から $\boldsymbol{u}$ を掛けると，

$$\boldsymbol{u}^\dagger A\boldsymbol{u} = \bar{\lambda}\boldsymbol{u}^\dagger\boldsymbol{u}$$

この左辺に①を用いると，

$$\lambda\boldsymbol{u}^\dagger\boldsymbol{u} = \bar{\lambda}\boldsymbol{u}^\dagger\boldsymbol{u}$$

$$\therefore \quad \lambda = \bar{\lambda}$$

よって，λ は実数．

（ii）　上と同様にして，

$$A\boldsymbol{u} = \lambda\boldsymbol{u} \qquad ③$$

A が反エルミート行列のとき，$A^\dagger = -A$ だから，

$$-A^\dagger\boldsymbol{u} = \lambda\boldsymbol{u}$$

$$(-A\boldsymbol{u})^\dagger = (\lambda\boldsymbol{u})^\dagger$$

より，

$$-\boldsymbol{u}^\dagger A = \bar{\lambda}\boldsymbol{u}^\dagger$$

$$\boldsymbol{u}^\dagger A\boldsymbol{u} = -\bar{\lambda}\boldsymbol{u}^\dagger\boldsymbol{u}$$

左辺に③を用いると，

$$\lambda\boldsymbol{u}^\dagger\boldsymbol{u} = -\bar{\lambda}\,\boldsymbol{u}^\dagger\boldsymbol{u}$$

$$\therefore\quad \lambda = -\bar{\lambda}$$

よって，λ は純虚数.

（b） $C = (c_{ij})$ とおくと，

$$(C + C^\dagger)_{ij} = a_{ij} + \overline{a_{ji}} \qquad ④$$

$$(C + C^\dagger)^\dagger_{ij} = \overline{a_{ji} + \overline{a_{ij}}} = \overline{a_{ji}} + a_{ij} \qquad ⑤$$

よって，④ = ⑤だから，$C + C^\dagger$ はエルミート行列．同様にして，$C - C^\dagger$ は反エルミート行列.

$$\frac{C + C^\dagger}{2} = A,\quad \frac{C - C^\dagger}{2} = B \qquad ⑥$$

とおくと，

$$C = A + B \quad (A : \text{エルミート行列},\ B : \text{反エルミート行列}) \qquad ⑦$$

のように分解できる.

（c） ⑥より，

$$A = \frac{1}{2}\left\{\begin{bmatrix} 5+3i & 4+2i \\ 2 & 3 \end{bmatrix} + \begin{bmatrix} 5-3i & 2 \\ 4-2i & 3 \end{bmatrix}\right\} = \begin{bmatrix} 5 & 3+i \\ 3-i & 3 \end{bmatrix}$$

$$B = \frac{1}{2}\left\{\begin{bmatrix} 5+3i & 4+2i \\ 2 & 3 \end{bmatrix} - \begin{bmatrix} 5-3i & 2 \\ 4-2i & 3 \end{bmatrix}\right\} = \begin{bmatrix} 3i & 1+i \\ -1+i & 0 \end{bmatrix}$$

よって，⑦より，

$$\begin{bmatrix} 5+3i & 4+2i \\ 2 & 3 \end{bmatrix} = \begin{bmatrix} 5 & 3+i \\ 3-i & 3 \end{bmatrix} + \begin{bmatrix} 3i & 1+i \\ -1+i & 0 \end{bmatrix}$$

のように分解できる.

例題 1.14

次式により定まる数列 $x_n (n = 0, 1, 2, \cdots)$ について次の問に答えよ．

$$x_{n+3} - 2x_{n+2} - x_{n+1} + 2x_n = 0$$

ただし，$x_0 = 3, x_1 = 2, x_2 = 6$ とする．

（1）　ベクトル $\boldsymbol{X}_n = \begin{bmatrix} x_n \\ x_{n+1} \\ x_{n+2} \end{bmatrix}$ について $\boldsymbol{X}_{n+1} = A\boldsymbol{X}_n$ をみたす行列 A を求めよ．

（2）　初期ベクトル $\boldsymbol{X}_0 = \begin{bmatrix} 3 \\ 2 \\ 6 \end{bmatrix}$ を A の固有ベクトルの線形和の形で表せ．

（3）　（2）の結果を用いて x_{10} を求めよ．　（東大工）

【解答】（1）　$\boldsymbol{X}_{n+1} = \begin{bmatrix} x_{n+1} \\ x_{n+2} \\ x_{n+3} \end{bmatrix} = \begin{bmatrix} 0 & 1 & 0 \\ 0 & 0 & 1 \\ -2 & 1 & 2 \end{bmatrix} \begin{bmatrix} x_n \\ x_{n+1} \\ x_{n+2} \end{bmatrix} = A\boldsymbol{X}_n$ より，

$$A = \begin{bmatrix} 0 & 1 & 0 \\ 0 & 0 & 1 \\ -2 & 1 & 2 \end{bmatrix}$$

（2）　$|\lambda E - A| = \begin{vmatrix} \lambda & -1 & 0 \\ 0 & \lambda & -1 \\ 2 & -1 & \lambda - 2 \end{vmatrix} = \lambda^3 - 2\lambda^2 - \lambda + 2$

$$= (\lambda + 1)(\lambda - 1)(\lambda - 2) = 0$$

$\Longrightarrow A$ の固有値 $\lambda = -1, 1, 2$

$\lambda = -1$ に対応する固有ベクトルを $\boldsymbol{x} = {}^t(x_1, x_2, x_3)$ とすると，

$$\begin{bmatrix} 0 & 1 & 0 \\ 0 & 0 & 1 \\ -2 & 1 & 2 \end{bmatrix} \begin{bmatrix} x_1 \\ x_2 \\ x_3 \end{bmatrix} = - \begin{bmatrix} x_1 \\ x_2 \\ x_3 \end{bmatrix} \Longrightarrow \begin{bmatrix} -1 & -1 & 0 \\ 0 & -1 & -1 \\ 2 & -1 & -3 \end{bmatrix} \begin{bmatrix} x_1 \\ x_2 \\ x_3 \end{bmatrix} = \boldsymbol{o}$$

$$\Longrightarrow \begin{cases} x_1 + x_2 = 0 \\ x_2 + x_3 = 0 \end{cases}$$

$$\Longrightarrow \boldsymbol{x} = \boldsymbol{\alpha}_1 = {}^t(1, -1, 1)$$

$\lambda = 1$ に対応する固有ベクトルを $\boldsymbol{x} = {}^t(x_1, x_2, x_3)$ とすると，

$$\begin{bmatrix} 1 & -1 & 0 \\ 0 & 1 & -1 \\ 2 & -1 & -1 \end{bmatrix} \begin{bmatrix} x_1 \\ x_2 \\ x_3 \end{bmatrix} = \boldsymbol{o} \Longrightarrow \begin{cases} x_1 - x_2 = 0 \\ x_2 - x_3 = 0 \end{cases}$$

$$\Longrightarrow \boldsymbol{x} = \boldsymbol{\alpha}_2 = {}^t(1, 1, 1)$$

$\lambda = 2$ に対応する固有ベクトルを $\boldsymbol{x} = {}^t(x_1, x_2, x_3)$ とすると，

$$\begin{bmatrix} 2 & -1 & 0 \\ 0 & 2 & -1 \\ 2 & -1 & 0 \end{bmatrix} \begin{bmatrix} x_1 \\ x_2 \\ x_3 \end{bmatrix} = \boldsymbol{o} \Longrightarrow \begin{cases} 2x_1 - x_2 = 0 \\ 2x_2 - x_3 = 0 \end{cases}$$

$$\Longrightarrow \boldsymbol{x} = \boldsymbol{\alpha}_3 = {}^t(1, 2, 4)$$

明らかに

$$\boldsymbol{X}_0 = \boldsymbol{\alpha}_1 + \boldsymbol{\alpha}_2 + \boldsymbol{\alpha}_3$$

（3）
$$\begin{aligned} \boldsymbol{X}_{10} &= A\boldsymbol{X}_9 = \cdots = A^{10}\boldsymbol{X}_0 \\ &= A^{10}(\boldsymbol{\alpha}_1 + \boldsymbol{\alpha}_2 + \boldsymbol{\alpha}_3) \\ &= A^{10}\boldsymbol{\alpha}_1 + A^{10}\boldsymbol{\alpha}_2 + A^{10}\boldsymbol{\alpha}_3 \\ &= (-1)^{10}\boldsymbol{\alpha}_1 + 1^{10}\boldsymbol{\alpha}_2 + 2^{10}\boldsymbol{\alpha}_3 \\ &= \begin{bmatrix} 2 + 2^{10} \\ * \\ * \end{bmatrix} = \begin{bmatrix} x_{10} \\ x_{11} \\ x_{12} \end{bmatrix} \end{aligned}$$

$$\therefore \quad x_{10} = 2 + 2^{10} = 1026$$

例題 1.15

下記のような大きさ $n \times n$ の巡回行列 A が与えられている：

$$A = \begin{bmatrix} a_0 & a_1 & a_2\cdots & a_{n-2} & a_{n-1} \\ a_{n-1} & a_0 & a_1\cdots & a_{n-3} & a_{n-2} \\ & & \cdots\cdots & & \\ a_2 & a_3 & a_4\cdots & a_0 & a_1 \\ a_1 & a_2 & a_3\cdots & a_{n-1} & a_0 \end{bmatrix} \quad (\text{ただし } |A| \neq 0)$$

このとき，次の順序に従って A の逆行列を求めよ．

（1） 下記のような大きさ $n \times n$ の巡回行列 P を多項式として A を表現せよ．

$$P = \begin{bmatrix} 0 & 1 & 0 & \cdots & \cdots & \cdots & 0 \\ 0 & 0 & 1 & 0 & \cdots & \cdots & \vdots \\ \vdots & \ddots & \ddots & \ddots & \ddots & & \vdots \\ \vdots & & \ddots & \ddots & \ddots & \ddots & \vdots \\ \vdots & & & \ddots & \ddots & \ddots & 0 \\ 0 & & & & \ddots & \ddots & 1 \\ 1 & 0 & \cdots & \cdots & \cdots & 0 & 0 \end{bmatrix}$$

（2） 行列 P の n 個の固有値とそれらに応ずる固有ベクトルを求めよ．

（3） P^m（m は任意の整数）をことごとく対角化する共通なユニタリー行列 U を求めよ．

（4） A の n 個の固有値を求めよ．

（5） A の逆行列 A^{-1} を A の固有値とユニタリー行列 U を用いて表現せよ．

（東大理，九大*，都立大*，富山大*）

【解答】（1） $P = \begin{bmatrix} 0 & E_{n-1} \\ 1 & O \end{bmatrix}$ とおくと，

$$P^2 = \begin{bmatrix} 0&1&0&0&\cdots&0&0 \\ 0&0&1&0&\cdots&0&0 \\ 0&0&0&1&\cdots&0&0 \\ &&&\ddots&\ddots&& \\ &&&&\ddots&\ddots& \\ 0&0&0&0&\cdots&0&1 \\ 1&0&0&0&\cdots&0&0 \end{bmatrix} \begin{bmatrix} 0&1&0&0&\cdots&0&0 \\ 0&0&1&0&\cdots&0&0 \\ 0&0&0&1&\cdots&0&0 \\ &&&\ddots&\ddots&& \\ &&&&\ddots&\ddots& \\ 0&0&0&0&\cdots&0&1 \\ 1&0&0&0&\cdots&0&0 \end{bmatrix} = \begin{bmatrix} 0&0&1&0&\cdots&\cdots&0 \\ 0&0&0&1&\cdots&\cdots&0 \\ 0&0&0&0&\ddots&\cdots&0 \\ &&&\ddots&\ddots&\ddots& \\ 0&0&0&0&\cdots&0&1 \\ 1&0&0&0&\cdots&0&0 \\ 0&1&0&0&\cdots&0&0 \end{bmatrix}$$

$$= \begin{bmatrix} O & E_{n-2} \\ E_2 & O \end{bmatrix}$$

同様にして，$P^3 = \begin{bmatrix} O & E_{n-3} \\ E_3 & O \end{bmatrix}, \cdots, P^{n-1} = \begin{bmatrix} O & 1 \\ E_{n-1} & O \end{bmatrix}$

$$\therefore \quad A = a_0E + a_1P + a_2P^2 + \cdots + a_{n-1}P^{n-1}$$

（2） P の固有方程式は

$$|\lambda E - P| = \begin{vmatrix} \lambda & -1 & 0 & 0 & \cdots & 0 \\ 0 & \lambda & -1 & 0 & \cdots & 0 \\ 0 & 0 & \lambda & -1 & \cdots & 0 \\ & & & \ddots & \ddots & \\ & & & & \ddots & -1 \\ -1 & 0 & 0 & \cdots & \cdots & \lambda \end{vmatrix}$$

$$= \lambda \begin{vmatrix} \lambda & -1 & & & O \\ & \lambda & \ddots & & \\ & & \ddots & \ddots & \\ & & & \lambda & -1 \\ O & & & & \lambda \end{vmatrix} + (-1)^{n+1}(-1) \begin{vmatrix} -1 & & & & O \\ \lambda & -1 & & & \\ & \ddots & \ddots & & \\ & & & -1 & \\ O & & & \lambda & -1 \end{vmatrix}$$

（第1列で展開）

$$= \lambda^n - 1 = 0$$

$$\therefore \quad \text{固有値}\,\lambda = e^{i2k\pi/n} \quad (k = 0, 1, 2, \cdots, n-1)$$
$$= \omega^0, \omega^1, \omega^2, \cdots, \omega^{n-1}$$

ただし，$\omega = e^{i2\pi/n} = \cos\dfrac{2\pi}{n} + i\sin\dfrac{2\pi}{n}$ である．

$\lambda = \omega^0 = 1$ に対応する固有ベクトルを $\boldsymbol{x} = {}^t(x_1, \cdots, x_n)$ とすると

$$\begin{bmatrix} 0 & 1 & 0 & \cdots & 0 \\ 0 & 0 & 1 & \cdots & 0 \\ & & \ddots & \ddots & \\ & & & \ddots & 1 \\ 1 & 0 & 0 & \cdots & 0 \end{bmatrix} \begin{bmatrix} x_1 \\ x_2 \\ \vdots \\ \vdots \\ x_n \end{bmatrix} = \begin{bmatrix} x_1 \\ x_2 \\ \vdots \\ \vdots \\ x_n \end{bmatrix}$$

$$\begin{bmatrix} 1 & -1 & 0 & \cdots & 0 \\ 0 & 1 & -1 & \cdots & 0 \\ & & \ddots & \ddots & \\ 0 & 0 & 0 & 1 & -1 \\ -1 & 0 & 0 & \cdots & 1 \end{bmatrix} \begin{bmatrix} x_1 \\ x_2 \\ \vdots \\ x_{n-1} \\ x_n \end{bmatrix} = \boldsymbol{o}$$

$$\Longrightarrow \begin{cases} x_2 = x_1 \\ x_3 = x_2 \\ \quad\vdots \\ x_n = x_{n-1} \\ x_1 = x_n \end{cases}$$

$$\Longrightarrow \boldsymbol{x} = \boldsymbol{\alpha}_1 = {}^t(1, 1, \cdots, 1)$$

同様にして，

$$\boldsymbol{x} = \boldsymbol{\alpha}_2, \boldsymbol{\alpha}_3, \cdots, \boldsymbol{\alpha}_n$$

ただし，

$\boldsymbol{\alpha}_2 = {}^t(1, \omega, \cdots, \omega^{n-1})$　（$\lambda = \omega^1$ に対応する固有ベクトル）

$\boldsymbol{\alpha}_3 = {}^t(1, \omega^2, \cdots, \omega^{2(n-1)})$　（$\lambda = \omega^2$ に対応する固有ベクトル）

………

$\boldsymbol{\alpha}_n = {}^t(1, \omega^{n-1}, \cdots, \omega^{(n-1)(n-1)})$　（$\lambda = \omega^{n-1}$ に対応する固有ベクトル）

（3）　$\boldsymbol{\beta}_i = \dfrac{\boldsymbol{\alpha}_i}{\|\boldsymbol{\alpha}_i\|}$

（ただし，$\|\alpha_i\| = \{1^2 + |\omega^{i-1}|^2 + \cdots + |\omega^{(i-1)(n-1)}|^2\}^{1/2} = \sqrt{n}$, $1 \leqq i \leqq n$）とおくと，

$$U = (\boldsymbol{\beta}_1, \boldsymbol{\beta}_2, \cdots, \boldsymbol{\beta}_n)$$
$$= \frac{1}{\sqrt{n}} \begin{bmatrix} 1 & 1 & 1 & \cdots & 1 \\ 1 & \omega & \omega^2 & \cdots & \omega^{n-1} \\ \cdots & \cdots & \cdots & \cdots & \cdots \\ 1 & \omega^{n-1} & \omega^{2(n-1)} & \cdots & \omega^{(n-1)(n-1)} \end{bmatrix}$$

は $U^*U = E$ をみたすから，U はユニタリー行列で，

$$U^*PU = \mathrm{diag}\,\{1, \omega, \omega^2, \cdots, \omega^{n-1}\}$$

任意の m（$m = 0, 1, \cdots$）に対して

$$U^*P^mU = (U^*PU)^m = \mathrm{diag}\,\{1, \omega^m, \omega^{2m}, \cdots, \omega^{(n-1)m}\}$$

ゆえに，U はすべて P^m（$m = 0, 1, 2, \cdots$）を対角化する共通なユニタリー行列である．

（4）（1），（3）より，

$$U^*AU = U^*f(P)U = a_0U^*EU + a_1U^*PU + \cdots + a_{n-1}U^*P^{n-1}U$$
$$= a_0E + a_1U^*PU + \cdots + a_{n-1}(U^*PU)^{n-1} = f(U^*PU)$$
$$= \mathrm{diag}\,\{f(1), f(\omega), \cdots, f(\omega^{n-1})\}$$

$$\therefore \quad |\mu E - A| = |\mu E - U^*AU| \quad (\mu : \text{固有値})$$

$$= \left| \begin{bmatrix} \mu & & O \\ & \ddots & \\ O & & \mu \end{bmatrix} - \begin{bmatrix} f(1) & & & O \\ & f(\omega) & & \\ & & \ddots & \\ O & & & f(\omega^{n-1}) \end{bmatrix} \right|$$

$$= \begin{vmatrix} \mu - f(1) & & & O \\ & \mu - f(\omega) & & \\ & & \ddots & \\ O & & & \mu - f(\omega^{n-1}) \end{vmatrix}$$

$$= \prod_{j=0}^{n-1} (\mu - f(\omega^j)) = 0$$

したがって，

$$A \text{ の固有値 } \mu = f(1), f(\omega), f(\omega^{n-1})$$

（5）　$|A| = |U^*AU| = |\mathrm{diag}\,\{f(1), f(\omega), \cdots, f(\omega^{n-1})\}| = \prod_{j=0}^{n-1} f(\omega^j) \neq 0$

$$\Longrightarrow f(\omega^j) \neq 0 \quad (j = 0, 1, \cdots, n-1)$$

一方，$U^*AU = \mathrm{diag}\,(f(1), f(\omega), \cdots, f(\omega^{n-1}))$ より

$$\therefore \quad A = U\,\mathrm{diag}\,(f(1), f(\omega), \cdots, f(\omega^{n-1}))\,U^*$$

したがって，

$$A^{-1} = (U^*)^{-1}(\mathrm{diag}\,(f(1), f(\omega), \cdots, f(\omega^{n-1})))^{-1}U^{-1}$$
$$= U\,\mathrm{diag}\,((f(1))^{-1}, (f(\omega))^{-1}, \cdots, (f(\omega^{n-1}))^{-1})\,U^*$$

〈注〉（4）　フロベニウスの定理より，$f(x) = a_0 + a_1x + \cdots + a_{n-1}x^{n-1}$ とおくと，（1）より，$A = f(P)$ であるから，A の固有値は $f(1), f(\omega), \cdots, f(\omega^{n-1})$.

例題 1.16

ある年，急にジョギングが流行しだした．そこで，ジョギング人口の推移を毎年1回調べることにしたところ，1年たつと，いつも前の年にジョギングをやっていた人の4割が脱落し，やっていなかった人のうち2割が思い立ってジョギングを始めることがわかった．

n 年後のジョギング，非ジョギング人口をそれぞれ x_n, y_n とし，全人口は不変であると仮定して以下の問に答えよ．

（1） 1年後のジョギング，非ジョギング人口 x_1, y_1 を表わす式を

$$\begin{bmatrix} x_1 \\ y_1 \end{bmatrix} = T \begin{bmatrix} x_0 \\ y_0 \end{bmatrix}$$

と書くとき，行列 T を具体的に示せ．

（2） 行列 T の固有行列 Λ と，固有ベクトル行列 $C\{c_{ij}\}$ を求めよ．ただし，C を一義的に定めることはできないので，c_{11}, c_{12} をパラメーターとして表示すること．

（3） n 年後のジョギング人口分布

$$\begin{bmatrix} x_n \\ y_n \end{bmatrix}$$

を計算する式を具体的な形を表し，何年か経過するとジョギング人口は定着することを示せ．

（4） 定着したジョギング，非ジョギング人口の割合を，n を十分大きくとった場合のジョギング人口比で近似できるものとして求めよ．　（東大工）

【解答】（1）
$$\begin{bmatrix} x_1 \\ y_1 \end{bmatrix} = \begin{bmatrix} 1-0.4 & 0.2 \\ 0.4 & 1-0.2 \end{bmatrix} \begin{bmatrix} x_0 \\ y_0 \end{bmatrix} = \begin{bmatrix} 0.6 & 0.2 \\ 0.4 & 0.8 \end{bmatrix} \begin{bmatrix} x_0 \\ y_0 \end{bmatrix}$$

$$\therefore \quad T = \begin{bmatrix} 0.6 & 0.2 \\ 0.4 & 0.8 \end{bmatrix}$$

（2） T の固有行列 Λ は

$$\Lambda = \lambda E - T = \begin{bmatrix} \lambda - 0.6 & -0.2 \\ -0.4 & \lambda - 0.8 \end{bmatrix}$$

$$|\lambda E - T| = 0 \Longrightarrow \lambda = 1, 0.4$$

$\lambda = 1$ に対応する固有ベクトルを $\boldsymbol{p}_1 = {}^t(a_1, a_2)$ とすると，

$$\begin{bmatrix} 0.4 & -0.2 \\ -0.4 & 0.2 \end{bmatrix} \begin{bmatrix} a_1 \\ a_2 \end{bmatrix} = \boldsymbol{o} \Longrightarrow \boldsymbol{p}_1 = {}^t(1, 2)$$

$\lambda = 0.4$ に対応する固有ベクトルを $\boldsymbol{p}_2 = {}^t(a_1, a_2)$ とすると，

$$\begin{bmatrix} -0.2 & -0.2 \\ -0.4 & -0.4 \end{bmatrix} \begin{bmatrix} a_1 \\ a_2 \end{bmatrix} = \boldsymbol{o} \Longrightarrow \boldsymbol{p}_2 = {}^t(1,\ -1)$$

よって，固有ベクトル行列 C は $C = \begin{bmatrix} c_{11} & c_{12} \\ 2c_{11} & -c_{12} \end{bmatrix}$ $(c_{11}, c_{12} \neq 0)$ となる．

（3） $$\begin{bmatrix} x_n \\ y_n \end{bmatrix} = T \begin{bmatrix} x_{n-1} \\ y_{n-1} \end{bmatrix} = \cdots = T^n \begin{bmatrix} x_0 \\ y_0 \end{bmatrix} \qquad ①$$

$$P = \begin{bmatrix} 1 & 1 \\ 2 & -1 \end{bmatrix}$$

(すなわち，固有ベクトル行列の中の c_{11}, c_{12} を共に 1 にとる) とおくと，

$$P^{-1}TP = \begin{bmatrix} 1 & 0 \\ 0 & 0.4 \end{bmatrix} \quad \text{すなわち} \quad T = P \begin{bmatrix} 1 & 0 \\ 0 & 0.4 \end{bmatrix} P^{-1}$$

$$\therefore \quad T^n = P \begin{bmatrix} 1 & 0 \\ 0 & 0.4 \end{bmatrix}^n P^{-1} = P \begin{bmatrix} 1 & 0 \\ 0 & (0.4)^n \end{bmatrix} P^{-1}$$

$$= \begin{bmatrix} 1 & 1 \\ 2 & -1 \end{bmatrix} \begin{bmatrix} 1 & 0 \\ 0 & (0.4)^n \end{bmatrix} \begin{bmatrix} 1 & 1 \\ 2 & -1 \end{bmatrix}^{-1}$$

$$= \begin{bmatrix} 1 & (0.4)^n \\ 2 & -(0.4)^n \end{bmatrix} \cdot \frac{-1}{3} \begin{bmatrix} -1 & -1 \\ -2 & 1 \end{bmatrix}$$

$$= -\frac{1}{3} \begin{bmatrix} -1 & -2(0.4)^n & -1 + (0.4)^n \\ -2 & +2(0.4)^n & -2 - (0.4)^n \end{bmatrix}$$

したがって，

$$\begin{bmatrix} x_n \\ y_n \end{bmatrix} = \begin{bmatrix} \frac{1}{3} + \frac{2}{3}(0.4)^n & \frac{1}{3} - \frac{1}{3}(0.4)^n \\ \frac{2}{3} - \frac{2}{3}(0.4)^n & \frac{2}{3} + \frac{1}{3}(0.4)^n \end{bmatrix} \begin{bmatrix} x_0 \\ y_0 \end{bmatrix} \qquad ②$$

②より，$n \to \infty$ のとき，

$$\begin{bmatrix} x_n \\ y_n \end{bmatrix} \longrightarrow \begin{bmatrix} \frac{1}{3} & \frac{1}{3} \\ \frac{2}{3} & \frac{2}{3} \end{bmatrix} \begin{bmatrix} x_0 \\ y_0 \end{bmatrix}$$

よって，何年か経過するとジョギング人口は定着する．

（4） 定着したジョギング，非ジョギング人口の割合は，n が大のとき

$$\frac{x_n}{y_n} \Longrightarrow \frac{\frac{1}{3}(x_0 + y_0)}{\frac{2}{3}(x_0 + y_0)} = \frac{1}{2}$$

例題 1.17

3次元実線形空間 W のベクトル列 $\{\boldsymbol{x}_k\}$ は $\boldsymbol{x}_0$ が与えられたとき，$k \geqq 1$ に対して

$$\boldsymbol{x}_k = \begin{bmatrix} a & b & 0 \\ b & a & b \\ 0 & b & a \end{bmatrix} \boldsymbol{x}_{k-1}$$

によって定まるものとする．ただし，$a > 0, b \geqq 0$ である．

以下の設問に答えよ．

（1）任意の $\boldsymbol{x}_0 \in W$ に対して $k \to \infty$ のとき $\boldsymbol{x}_k$ が零ベクトルに収束するために a, b のみたすべき条件を求め，a, b のとり得る値の範囲を a–b 平面上に図示せよ．

（2）任意の $\boldsymbol{x}_0 \in W$ に対して $k \to \infty$ のとき $\boldsymbol{x}_k$ が零ベクトル以外のベクトルに収束するための条件を示せ．

（3）$k \to \infty$ のとき $\boldsymbol{x}_k$ が発散も収束もしない（すなわち，振動する）とする．このとき，a, b および $\boldsymbol{x}_0$ がみたすべき条件を求めよ．（東大工）

【解答】（1）$A = \begin{bmatrix} a & b & 0 \\ b & a & b \\ 0 & b & a \end{bmatrix}$

とおくと，

$$\boldsymbol{x}_k = A^k \boldsymbol{x}_0$$

（i）$b = 0$ のとき，

$$A = \begin{bmatrix} a & & O \\ & a & \\ O & & a \end{bmatrix}$$

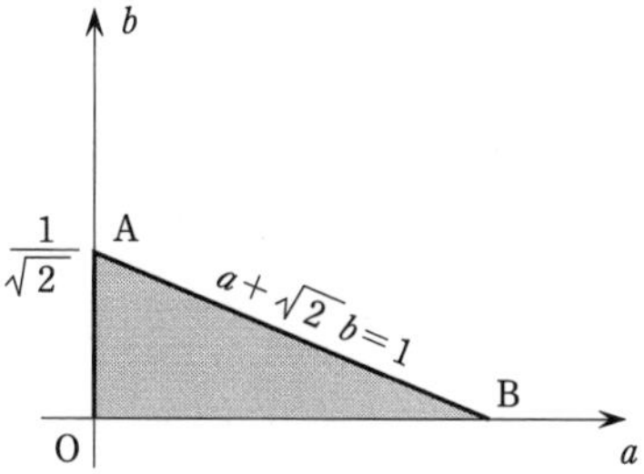

(1) の a, b のとり得る値の範囲は境界 AB と AO を除いた△AOB 内

よって，$a < 1$ のとき，任意の $\boldsymbol{x}_0 \in W$ に対して

$$\boldsymbol{x}_k = \begin{bmatrix} a^k & & O \\ & a^k & \\ O & & a^k \end{bmatrix} \boldsymbol{x}_0 \longrightarrow \boldsymbol{o} \quad (k \to \infty)$$

（ii）$b > 0$ のとき，A の固有方程式は

$$\begin{vmatrix} \lambda - a & -b & 0 \\ -b & \lambda - a & -b \\ 0 & -b & \lambda - a \end{vmatrix} = (\lambda - a)((\lambda - a)^2 - 2b^2) = 0$$

$$\Longrightarrow \lambda = a, a + \sqrt{2}\,b, a - \sqrt{2}\,b$$

すなわち，A は3個の互いに異なる固有値をもつから，正則行列 P が存在して，

$$A = P \begin{bmatrix} a & & O \\ & a+\sqrt{2}\,b & \\ O & & a-\sqrt{2}\,b \end{bmatrix} P^{-1}$$

$$\boldsymbol{x}_k = A^k \boldsymbol{x}_0 = P \begin{bmatrix} a^k & & O \\ & (a+\sqrt{2}\,b)^k & \\ O & & (a-\sqrt{2}\,b)^k \end{bmatrix} P^{-1}\boldsymbol{x}_0$$

したがって，$\max(a, a+\sqrt{2}\,b, a-\sqrt{2}\,b) < 1, \min(a, a+\sqrt{2}\,b, a-\sqrt{2}\,b) > -1$，すなわち，$a+\sqrt{2}\,b < 1, a-\sqrt{2}\,b > -1$ のとき，任意の $\boldsymbol{x}_0$ に対して，$\boldsymbol{x}_k \to \boldsymbol{o}\ (k \to \infty)$.

（2） $\boldsymbol{x}_k$ が零ベクトル以外のベクトルに収束するためには，点 (a, b) は線分 AB(A を含まない) におくということが必要である．

$a = 1, b = 0$ のとき，

$$\boldsymbol{x}_k = P \begin{bmatrix} a^k & & O \\ & (a+\sqrt{2}\,b)^k & \\ O & & (a-\sqrt{2}\,b)^k \end{bmatrix} P^{-1}\boldsymbol{x}_0$$

$$= P \begin{bmatrix} 1 & & O \\ & 1 & \\ O & & 1 \end{bmatrix} P^{-1}\boldsymbol{x}_0 = \boldsymbol{x}_0$$

$$\Longrightarrow \boldsymbol{x}_0 \neq \boldsymbol{o} \quad (k \to \infty)$$

$0 < a < 1, a+\sqrt{2}\,b = 1$ のとき，

$$A = \begin{bmatrix} a & \dfrac{1-a}{\sqrt{2}} & 0 \\ \dfrac{1-a}{\sqrt{2}} & a & \dfrac{1-a}{\sqrt{2}} \\ 0 & \dfrac{1-a}{\sqrt{2}} & a \end{bmatrix}$$

の固有値は a, 1, $2a-1$ で，これらに対応する固有ベクトルはそれぞれ ${}^t\left(-\dfrac{1}{\sqrt{2}}, 0, \dfrac{1}{\sqrt{2}}\right), {}^t\left(\dfrac{1}{2}, \dfrac{1}{\sqrt{2}}, \dfrac{1}{2}\right), {}^t\left(-\dfrac{1}{2}, \dfrac{1}{\sqrt{2}}, -\dfrac{1}{2}\right)$ であるから，

$$P = \begin{bmatrix} -\frac{1}{\sqrt{2}} & \frac{1}{2} & -\frac{1}{2} \\ 0 & \frac{1}{\sqrt{2}} & \frac{1}{\sqrt{2}} \\ \frac{1}{\sqrt{2}} & \frac{1}{2} & -\frac{1}{2} \end{bmatrix} \quad (\text{直交行列})$$

とおくと，

$$P^{-1} = {}^tP = \begin{bmatrix} -\frac{1}{\sqrt{2}} & 0 & \frac{1}{\sqrt{2}} \\ \frac{1}{2} & \frac{1}{\sqrt{2}} & \frac{1}{2} \\ -\frac{1}{2} & \frac{1}{\sqrt{2}} & -\frac{1}{2} \end{bmatrix}$$

$$\boldsymbol{x}_k = P \begin{bmatrix} a^k & & O \\ & 1 & \\ O & & (a - \sqrt{2}\,b)^k \end{bmatrix} P^{-1}\boldsymbol{x}_0$$

$$\longrightarrow \begin{bmatrix} -\frac{1}{\sqrt{2}} & \frac{1}{2} & -\frac{1}{2} \\ 0 & \frac{1}{\sqrt{2}} & \frac{1}{\sqrt{2}} \\ \frac{1}{\sqrt{2}} & \frac{1}{2} & -\frac{1}{2} \end{bmatrix} \begin{bmatrix} 0 & & O \\ & 1 & \\ O & & 0 \end{bmatrix} \begin{bmatrix} -\frac{1}{\sqrt{2}} & 0 & \frac{1}{\sqrt{2}} \\ \frac{1}{2} & \frac{1}{\sqrt{2}} & \frac{1}{2} \\ -\frac{1}{2} & \frac{1}{\sqrt{2}} & -\frac{1}{2} \end{bmatrix} \boldsymbol{x}_0$$

$$= \begin{bmatrix} 0 & \frac{1}{2} & 0 \\ 0 & \frac{1}{\sqrt{2}} & 0 \\ 0 & \frac{1}{2} & 0 \end{bmatrix} \begin{bmatrix} -\frac{1}{\sqrt{2}} & 0 & \frac{1}{\sqrt{2}} \\ \frac{1}{2} & \frac{1}{\sqrt{2}} & \frac{1}{2} \\ -\frac{1}{2} & \frac{1}{\sqrt{2}} & -\frac{1}{2} \end{bmatrix} \boldsymbol{x}_0 = \frac{1}{2} \begin{bmatrix} \frac{1}{2} & \frac{1}{\sqrt{2}} & \frac{1}{2} \\ \frac{1}{\sqrt{2}} & 1 & \frac{1}{\sqrt{2}} \\ \frac{1}{2} & \frac{1}{\sqrt{2}} & \frac{1}{2} \end{bmatrix} \boldsymbol{x}_0$$

ゆえに，$\boldsymbol{x}_0$ が，${}^t\left(\frac{1}{2}, \frac{1}{\sqrt{2}}, \frac{1}{2}\right)$ と直交するとき，上式の右辺 $= 0$，すなわち $\boldsymbol{x}_k \to \boldsymbol{o}$ $(k \to \infty)$．したがって，任意の $\boldsymbol{x}_0 \neq \boldsymbol{o}$ に対して，$k \to \infty$ とき $\boldsymbol{x}_k$ が零ベクトル以外のベクトルに収束するための条件は $a = 1, b = 0$.

（3）$a - \sqrt{2}\,b = -1$ のとき，

$$A = \begin{bmatrix} a & \dfrac{a+1}{\sqrt{2}} & 0 \\ \dfrac{a+1}{\sqrt{2}} & a & \dfrac{a+1}{\sqrt{2}} \\ 0 & \dfrac{a+1}{\sqrt{2}} & a \end{bmatrix}$$

の固有値は $a,\ 2a+1,\ -1$．これらに対応する固有ベクトルは ${}^t\left(-\dfrac{1}{\sqrt{2}}, 0, \dfrac{1}{\sqrt{2}}\right)$, ${}^t\left(\dfrac{1}{2}, \dfrac{1}{\sqrt{2}}, \dfrac{1}{2}\right)$, ${}^t\left(-\dfrac{1}{2}, \dfrac{1}{\sqrt{2}}, -\dfrac{1}{2}\right)$.

$$P = \begin{bmatrix} -\dfrac{1}{\sqrt{2}} & \dfrac{1}{2} & -\dfrac{1}{2} \\ 0 & \dfrac{1}{\sqrt{2}} & \dfrac{1}{\sqrt{2}} \\ \dfrac{1}{\sqrt{2}} & \dfrac{1}{2} & -\dfrac{1}{2} \end{bmatrix} \quad \text{(直交行列)}$$

$$P^{-1} = {}^tP = \begin{bmatrix} -\dfrac{1}{\sqrt{2}} & 0 & \dfrac{1}{\sqrt{2}} \\ \dfrac{1}{2} & \dfrac{1}{\sqrt{2}} & \dfrac{1}{2} \\ -\dfrac{1}{2} & \dfrac{1}{\sqrt{2}} & -\dfrac{1}{2} \end{bmatrix}$$

$$\boldsymbol{x}_k = P \begin{bmatrix} a^k & & O \\ & (2a+1)^k & \\ O & & (-1)^k \end{bmatrix} P^{-1}\boldsymbol{x}_0$$

$$= \begin{bmatrix} -\dfrac{1}{\sqrt{2}} & \dfrac{1}{2} & -\dfrac{1}{2} \\ 0 & \dfrac{1}{\sqrt{2}} & \dfrac{1}{\sqrt{2}} \\ \dfrac{1}{\sqrt{2}} & \dfrac{1}{2} & -\dfrac{1}{2} \end{bmatrix} \begin{bmatrix} a^k & & O \\ & (2a+1)^k & \\ O & & (-1)^k \end{bmatrix}$$

$$\times \begin{bmatrix} -\dfrac{1}{\sqrt{2}} & 0 & \dfrac{1}{\sqrt{2}} \\ \dfrac{1}{2} & \dfrac{1}{\sqrt{2}} & \dfrac{1}{2} \\ -\dfrac{1}{2} & \dfrac{1}{\sqrt{2}} & -\dfrac{1}{2} \end{bmatrix} \begin{bmatrix} \alpha \\ \beta \\ \gamma \end{bmatrix} \quad \left(ただし\ \boldsymbol{x}_0 = \begin{bmatrix} \alpha \\ \beta \\ \gamma \end{bmatrix} \right)$$

$$= \begin{bmatrix} -\dfrac{1}{\sqrt{2}}a^k & \dfrac{1}{2}(2a+1)^k & -\dfrac{1}{2}(-1)^k \\ 0 & \dfrac{1}{\sqrt{2}}(2a+1)^k & \dfrac{1}{\sqrt{2}}(-1)^k \\ \dfrac{1}{\sqrt{2}}a^k & \dfrac{1}{2}(2a+1)^k & -\dfrac{1}{2}(-1)^k \end{bmatrix} \begin{bmatrix} -\dfrac{1}{\sqrt{2}} & 0 & \dfrac{1}{\sqrt{2}} \\ \dfrac{1}{2} & \dfrac{1}{\sqrt{2}} & \dfrac{1}{2} \\ -\dfrac{1}{2} & \dfrac{1}{\sqrt{2}} & -\dfrac{1}{2} \end{bmatrix} \begin{bmatrix} \alpha \\ \beta \\ \gamma \end{bmatrix}$$

$$= \begin{bmatrix} \dfrac{1}{2}a^k + \dfrac{1}{4}(2a+1)^k + \dfrac{1}{4}(-1)^k & \dfrac{1}{2\sqrt{2}}(2a+1)^k - \dfrac{1}{2\sqrt{2}}(-1)^k & -\dfrac{1}{2}a^k + \dfrac{1}{4}(2a+1)^k + \dfrac{1}{4}(-1)^k \\ \dfrac{1}{2\sqrt{2}}(2a+1)^k - \dfrac{1}{2\sqrt{2}}(-1)^k & \dfrac{1}{2}(2a+1)^k + \dfrac{1}{2}(-1)^k & \dfrac{1}{2\sqrt{2}}(2a+1)^k - \dfrac{1}{2\sqrt{2}}(-1)^k \\ -\dfrac{1}{2}a^k + \dfrac{1}{4}(2a+1)^k + \dfrac{1}{4}(-1)^k & \dfrac{1}{2\sqrt{2}}(2a+1)^k - \dfrac{1}{2\sqrt{2}}(-1)^k & \dfrac{1}{2}a^k + \dfrac{1}{4}(2a+1)^k + \dfrac{1}{4}(-1)^k \end{bmatrix}$$

$$\times \begin{bmatrix} \alpha \\ \beta \\ \gamma \end{bmatrix} \qquad ①$$

$\alpha = \gamma \neq 0, \alpha + \sqrt{2}\beta + \gamma = 0$，すなわち，$\alpha = \gamma, \beta = -\sqrt{2}\gamma, \gamma \neq 0$ のとき，①は

$$\boldsymbol{x}_k = \begin{bmatrix} \gamma(-1)^k \\ -\sqrt{2}\gamma(-1)^k \\ \gamma(-1)^k \end{bmatrix}$$

になる．このとき，$\boldsymbol{x}_k$ は発散も収束もしない（すなわち，振動する）．したがって，$\boldsymbol{x}_k$ が振動するための条件は $a - \sqrt{2}b = -1$ および $\boldsymbol{x}_0 = {}^t(\gamma, -\sqrt{2}\gamma, \gamma)\ (\gamma \neq 0)$．

例題 1.18

3行3列の行列 $A = \begin{bmatrix} 1 & 0 & 2 \\ 0 & 1 & 2 \\ 2 & 2 & -1 \end{bmatrix}$ に関して以下の設問に答えよ.

(a) A の固有値と固有ベクトルを求めよ.

(b) 行列に関する方程式

$$A^3 + aA^2 + bA + cE = O$$

の係数 a, b, c を求めよ. ただし E は3行3列の単位行列, O は零行列である. この結果を用いて行列

$$A^5 - 6A^3 - 4A^2 + 18E$$

を計算せよ.

(c) 3次元ベクトル空間 $\boldsymbol{R}^3$ のベクトル $\boldsymbol{x}$ で, $\boldsymbol{R}^3$ のあるベクトル $\boldsymbol{y}$ を用いて

$$\boldsymbol{x} = (A - E)\boldsymbol{y}$$

と表わすことのできないものの一般形を求めよ. (東大理)

【解答】 (a) A の固有方程式は

$$f(\lambda) = |\lambda E - A| = \begin{vmatrix} \lambda-1 & 0 & -2 \\ 0 & \lambda-1 & -2 \\ -2 & -2 & \lambda+1 \end{vmatrix}$$

$$= (\lambda - 1)^2(\lambda + 1) - 8(\lambda - 1)$$

$$= (\lambda - 1)(\lambda^2 - 9) = 0 \Longrightarrow \lambda = 3, -3, 1$$

$\lambda = 3$ に対応する固有ベクトルを $\boldsymbol{p}_1 = {}^t(x_1, x_2, x_3)$ とすると,

$$\begin{bmatrix} 2 & 0 & -2 \\ 0 & 2 & -2 \\ -2 & -2 & 4 \end{bmatrix}\begin{bmatrix} x_1 \\ x_2 \\ x_3 \end{bmatrix} = \boldsymbol{o} \Longrightarrow \boldsymbol{p}_1 = {}^t(1, 1, 1)$$

$\lambda = -3$ に対応する固有ベクトルを $\boldsymbol{p}_2 = {}^t(x_1, x_2, x_3)$ とすると,

$$\begin{bmatrix} -4 & 0 & -2 \\ 0 & -4 & -2 \\ -2 & -2 & -2 \end{bmatrix}\begin{bmatrix} x_1 \\ x_2 \\ x_3 \end{bmatrix} = \boldsymbol{o} \Longrightarrow \boldsymbol{p}_2 = {}^t(-1, -1, 2)$$

$\lambda = 1$ に対応する固有ベクトルを $\boldsymbol{p}_3 = {}^t(x_1, x_2, x_3)$ とすると,

$$\begin{bmatrix} 0 & 0 & -2 \\ 0 & 0 & -2 \\ -2 & -2 & 2 \end{bmatrix}\begin{bmatrix} x_1 \\ x_2 \\ x_3 \end{bmatrix} = \boldsymbol{o} \Longrightarrow \boldsymbol{p}_3 = {}^t(1, -1, 0)$$

（b） ハミルトン・ケイリーの定理より，

$$f(A) = O$$

すなわち，

$$A^3 - A^2 - 9A + 9E = O$$

$A^3 + aA^2 + bA + cE = O$ と比較すると，$a = -1, b = -9, c = 9$ が得られる．

$$\therefore \quad \lambda^5 - 6\lambda^3 - 4\lambda^2 + 18 = (\lambda^3 - \lambda^2 - 9\lambda + 9)(\lambda^2 + \lambda + 4) + 27\lambda - 18$$
$$= f(\lambda)(\lambda^2 + \lambda + 4) + 27\lambda - 18$$

よって，

$$A^5 - 6A^3 - 4A^2 + 18E = f(A)(A^2 + A + 4) + 27A - 18E$$
$$= 27A - 18E = 27\begin{bmatrix} 1 & 0 & 2 \\ 0 & 1 & 2 \\ 2 & 2 & -1 \end{bmatrix} - 18\begin{bmatrix} 1 & & O \\ & 1 & \\ O & & 1 \end{bmatrix} = \begin{bmatrix} 9 & 0 & 54 \\ 0 & 9 & 54 \\ 54 & 54 & -45 \end{bmatrix}$$

（c） $\boldsymbol{x} = {}^t(a, b, c)$, $\boldsymbol{y} = {}^t(y_1, y_2, y_3)$ とおくと，与えられた問題は方程式

$$(A - E)\begin{bmatrix} y_1 \\ y_2 \\ y_3 \end{bmatrix} = \begin{bmatrix} a \\ b \\ c \end{bmatrix} \qquad ①$$

が解のない $\boldsymbol{x}$ の一般形を求めることに帰結する．

$$\text{rank}\,(A - E) = 2$$

$$B \equiv \left[\begin{array}{c:c} & a \\ A - E & b \\ & c \end{array}\right] = \left[\begin{array}{ccc:c} 0 & 0 & 2 & a \\ 0 & 0 & 2 & b \\ 2 & 2 & -2 & c \end{array}\right] \longrightarrow \left[\begin{array}{ccc:c} 0 & 0 & 0 & a - b \\ 0 & 0 & 2 & b \\ 2 & 2 & -2 & c \end{array}\right]$$

より，$a - b \neq 0$ のとき，$\text{rank}B = 3$.

よって，$a \neq b$ のとき，①は解なし．したがって，求める $\boldsymbol{x}$ の一般形は ${}^t(a, b, c)$ $(a \neq b)$.

〈注〉（b）ハミルトン・ケイリーの定理を知らなければ，

$$A^2 = \begin{bmatrix} 5 & 4 & 0 \\ 4 & 5 & 0 \\ 0 & 0 & 9 \end{bmatrix}, \quad A^3 = \begin{bmatrix} 5 & 4 & 18 \\ 4 & 5 & 18 \\ 18 & 18 & -9 \end{bmatrix}$$

より，

$$\begin{bmatrix} 5 & 4 & 18 \\ 4 & 5 & 18 \\ 18 & 18 & -9 \end{bmatrix} + a\begin{bmatrix} 5 & 4 & 0 \\ 4 & 5 & 0 \\ 0 & 0 & 9 \end{bmatrix} + b\begin{bmatrix} 1 & 0 & 2 \\ 0 & 1 & 2 \\ 2 & 2 & -1 \end{bmatrix} + c\begin{bmatrix} 1 & 0 & 0 \\ 0 & 1 & 0 \\ 0 & 0 & 1 \end{bmatrix} = \begin{bmatrix} 0 & 0 & 0 \\ 0 & 0 & 0 \\ 0 & 0 & 0 \end{bmatrix}$$

$$\therefore \quad a = -1, \; b = -9, \; c = 9$$

例題 1.19

行列の固有多項式に関して，次の問に答えよ．

（1） A を m 次の正則行列とするとき，任意の m 次正方行列 B の固有多項式と ABA^{-1} の固有多項式が一致することを証明せよ．

（2） P と Q を共に任意の m 次正方行列とするとき，PQ と QP の固有多項式が一致することを証明せよ．

（3） M を $m \times n$ の行列，N を $n \times m$ の行列とする．ただし，$m > n$ とする．このとき MN の固有多項式 $f_{MN}(\lambda)$ と NM の固有多項式 $f_{NM}(\lambda)$ との間に

$$f_{MN}(\lambda) = \lambda^{m-n} f_{NM}(\lambda)$$

なる関係があることを証明せよ．　（東大理）

【解答】 （1） B の固有多項式

$$\begin{aligned}
&= |\lambda E - B| \\
&= |AA^{-1}|\,|\lambda E - B| = |A|\,|\lambda E - B|\,|A^{-1}| \\
&= |\lambda AEA^{-1} - ABA^{-1}| = |\lambda E - ABA^{-1}| \\
&= ABA^{-1} \text{ の固有多項式}
\end{aligned}$$

（2） m 次の正則行列 U, V が存在して，

$$UPV = \begin{bmatrix} E_r & \vdots & O \\ \cdots & & \cdots \\ O & \vdots & O \end{bmatrix}$$

（ただし，E_r は r (= rank P) 次の単位行列，O は零行列）

$$\therefore\quad UPQU^{-1} = (UPV)(V^{-1}QU^{-1})$$

$$= \begin{bmatrix} E_r & \vdots & O \\ \cdots & & \cdots \\ O & \vdots & O \end{bmatrix} \begin{bmatrix} Q_{11} & \vdots & Q_{12} \\ \cdots & & \cdots \\ Q_{21} & \vdots & Q_{22} \end{bmatrix} \quad \left(\text{ここで } V^{-1}QU^{-1} = \begin{bmatrix} Q_{11} & \vdots & Q_{12} \\ \cdots & & \cdots \\ Q_{21} & \vdots & Q_{22} \end{bmatrix}\right)$$

$$= \begin{bmatrix} Q_{11} & \vdots & Q_{12} \\ \cdots & & \cdots \\ O & \vdots & O \end{bmatrix}$$

$$|\lambda E - UPQU^{-1}| = |\lambda E_r - Q_{11}|\,\lambda^{m-r} \qquad ①$$

一方，

$$V^{-1}QPV = (V^{-1}QU^{-1})(UPV)$$

$$= \begin{bmatrix} Q_{11} & \vdots & Q_{12} \\ \cdots & & \cdots \\ Q_{21} & \vdots & Q_{22} \end{bmatrix} \begin{bmatrix} E_r & \vdots & O \\ \cdots & & \cdots \\ O & \vdots & O \end{bmatrix} = \begin{bmatrix} Q_{11} & \vdots & O \\ \cdots & & \cdots \\ Q_{21} & \vdots & O \end{bmatrix}$$

$$|\lambda E - V^{-1}PQV| = |\lambda E_r - Q_{11}|\,\lambda^{m-r} \qquad ②$$

①，②より，$UPQU^{-1}$ と $V^{-1}QPV$ は同じ固有多項式をもつ．したがって，(1)より PQ と QP の固有多項式が一致する．

(3)　$\tilde{M} = [M \vdots \overbrace{O}^{m-n\text{列}}],\quad \tilde{N} = \begin{bmatrix} N \\ \cdots \\ O \end{bmatrix} \}m-n\text{行}$

とおくと，$\tilde{M}, \tilde{N}$ は共に m 次正方行列だから，(2)より

$$f_{\tilde{M}\tilde{N}}(\lambda) = f_{\tilde{N}\tilde{M}}(\lambda) \quad ③$$

一方，

$$f_{\tilde{M}\tilde{N}}(\lambda) = |\lambda E - \tilde{M}\tilde{N}| = \det(\lambda E - MN) = f_{MN}(\lambda) \quad ④$$

$$\begin{aligned} f_{\tilde{N}\tilde{M}}(\lambda) &= |\lambda E - \tilde{N}\tilde{M}| \\ &= \det\left(\lambda E - \begin{bmatrix} NM & O \\ O & O_{m-n} \end{bmatrix}\right) \end{aligned}$$

（ただし，O_{m-n} は $m-n$ 次の正方零行列）

$$\begin{aligned} &= \det\begin{bmatrix} \lambda E - NM & O \\ O & \lambda E_{m-n} \end{bmatrix} \\ &= \det(\lambda E - NM)\cdot\det(\lambda E_{m-n}) \\ &= f_{NM}(\lambda)\lambda^{m-n} \quad ⑤ \end{aligned}$$

④，⑤を③に代入すると，

$$f_{MN}(\lambda) = f_{NM}(\lambda)\lambda^{m-n}$$

例題 1.20

n 次元実空間における列ベクトル $\boldsymbol{x}$，その転置ベクトルを ${}^t\boldsymbol{x}$ とする．付帯条件 ${}^t\boldsymbol{x}\boldsymbol{x} = 1$ のもとに，次の 2 次形式

$$F = {}^t\boldsymbol{x}A\boldsymbol{x} = \sum_{i=1}^{n}\sum_{k=1}^{n} a_{ik}x_i x_k, \quad a_{ik} = a_{ki}$$

の極値とそれらの極値を与えるベクトル $\boldsymbol{x}$ を求める問題は，n 次の対称正方行列 A の固有値問題に帰着することを示せ．さらに，$x_1^2 + x_2^2 + x_3^2 = 1$ の付帯条件のもとに，次の 2 次形式

$$F = 2x_1x_2 + 2x_1x_3 + 2x_2x_3$$

の極値とそれらの極値を与える点に直交する 3 個の列ベクトルを求めよ．

（東大理，早大*，電通大*，東女大*，津田大*）

【解答】（1）条件付き極大極小に関するラグランジュの方法に従えば，

$$\frac{\partial}{\partial x_j}\left(\sum_{i=1}^{n}\sum_{k=1}^{n} a_{ik}x_i x_k - \lambda \sum_{i=1}^{n} x_i^2\right) = 0 \quad (j = 1, 2, \cdots, n) \qquad ①$$

$$x_1^2 + x_2^2 + \cdots + x_n^2 = 1 \qquad ②$$

から λ を求め，これらの λ の中の最大値と最小値がそれぞれ求める最大値と最小値である．①より，$a_{ik} = a_{ki}$ を考慮すると

$$\begin{aligned}
&\frac{\partial}{\partial x_j}[\{a_{11}x_1x_1 + a_{12}x_1x_2 + a_{13}x_1x_3 + \cdots + a_{1n}x_1x_n \\
&\quad + a_{21}x_2x_1 + a_{22}x_2x_2 + a_{23}x_2x_3 + \cdots + a_{2n}x_2x_n \\
&\quad + \cdots \\
&\quad + a_{n1}x_nx_1 + a_{n2}x_nx_2 + a_{n3}x_nx_3 + \cdots + a_{nn}x_nx_n\} \\
&\quad - \lambda\{x_1^2 + x_2^2 + \cdots + x_n^2\}] \\
&= 2\{a_{j1}x_1 + a_{j2}x_2 + \cdots + a_{jn}x_n\} - 2\lambda x_j \\
&= 2\sum_{k=1}^{n}(a_{jk} - \lambda\delta_{jk})x_k = 0 \quad (j = 1, 2, \cdots, n) \\
&\Longrightarrow \sum_{k=1}^{n}(a_{jk} - \lambda\delta_{jk})x_k = 0 \quad (j = 1, 2, \cdots, n) \qquad ③
\end{aligned}$$

$x_1, \cdots, x_n$ は②をみたすことから，$x_1, \cdots, x_n$ の中に 0 でないものがある．ゆえに，③は A の固有方程式 $|a_{ik} - \lambda\delta_{ik}| = 0$ である．その根を $\lambda_1, \cdots, \lambda_n$ とすると，直交行列 T が存在して，

$$
{}^tTAT = \begin{bmatrix} \lambda_1 & & & O \\ & \lambda_2 & & \\ & & \ddots & \\ O & & & \lambda_n \end{bmatrix}
$$

となる．ただし，$T = (\boldsymbol{\alpha}_1, \cdots, \boldsymbol{\alpha}_n)$（$\boldsymbol{\alpha}_i$ は λ_i に対応する長さが 1 である固有ベクトル）

$$
\boldsymbol{x} = T\boldsymbol{y} \qquad ④
$$

とおくと，

$$
F = {}^t\boldsymbol{x}A\boldsymbol{x} = {}^t(T\boldsymbol{y})A(T\boldsymbol{y}) = {}^t\boldsymbol{y}({}^tTAT)\boldsymbol{y}
$$

$$
= {}^t\boldsymbol{y} \begin{bmatrix} \lambda_1 & & O \\ & \ddots & \\ O & & \lambda_n \end{bmatrix} \boldsymbol{y} = \lambda_1 y_1^2 + \cdots + \lambda_n y_n^2
$$

$\lambda_{\max} = \max\{\lambda_1, \cdots, \lambda_n\}$, $\lambda_{\min} = \min\{\lambda_1, \cdots, \lambda_n\}$ と書く．たとえば，$\lambda_1 = \lambda_{\max}$, $\lambda_2 = \lambda_{\min}$ とおくと，

$$
\lambda_1 = \lambda_1(y_1^2 + \cdots + y_n^2) \quad (\because \quad y_1^2 + \cdots + y_n^2 = {}^t\boldsymbol{y}\boldsymbol{y} = {}^t({}^tT\boldsymbol{y})({}^tT\boldsymbol{y}) = {}^t\boldsymbol{x}(T\,{}^tT)\boldsymbol{x}
$$
$$
= {}^t\boldsymbol{x}\boldsymbol{x} = x_1^2 + \cdots + x_n^2 = 1)
$$
$$
\geqq \lambda_1 y_1^2 + \cdots + \lambda_n y_n^2 = F
$$

が成立するから，λ_1 は F の最大値である．同様にして，λ_2 は F の最小値である．また，$\boldsymbol{y} = {}^t(1, 0, \cdots, 0)$ あるいは ${}^t(-1, 0, \cdots, 0)$ のとき，$F = \lambda_1$．$\boldsymbol{y} = {}^t(0, 1, 0, \cdots, 0)$ あるいは ${}^t(0, -1, 0, \cdots, 0)$ のとき，$F = \lambda_2$.

以上の結果を④に代入すると，

$$
\boldsymbol{x} = T \begin{bmatrix} 1 \\ 0 \\ \vdots \\ 0 \end{bmatrix} = \boldsymbol{\alpha}_1, \quad \boldsymbol{x} = T \begin{bmatrix} -1 \\ 0 \\ \vdots \\ 0 \end{bmatrix} = -\boldsymbol{\alpha}_1
$$

$$
\boldsymbol{x} = T \begin{bmatrix} 0 \\ 1 \\ 0 \\ \vdots \\ 0 \end{bmatrix} = \boldsymbol{\alpha}_2, \quad \boldsymbol{x} = T \begin{bmatrix} 0 \\ -1 \\ 0 \\ \vdots \\ 0 \end{bmatrix} = -\boldsymbol{\alpha}_2
$$

すなわち，F は $\boldsymbol{x} = \boldsymbol{\alpha}_1$ あるいは $-\boldsymbol{\alpha}_1$ において最大値 λ_1 をとる．同様にして，F は $x = \boldsymbol{\alpha}_2$ あるいは $-\boldsymbol{\alpha}_2$ において最小値をとる．

以上により，2 次形式 $F = {}^t\boldsymbol{x}A\boldsymbol{x}$ の極値とこれらの極値を与えるベクトルを求める問題は A の固有値問題に帰着する．

(2) $F = 2x_1x_2 + 2x_2x_3 + 2x_3x_1 = (x_1, x_2, x_3)\begin{bmatrix} 0 & 1 & 1 \\ 1 & 0 & 1 \\ 1 & 1 & 0 \end{bmatrix}\begin{bmatrix} x_1 \\ x_2 \\ x_3 \end{bmatrix}$

$$= (x_1, x_2, x_3)A\begin{bmatrix} x_1 \\ x_2 \\ x_3 \end{bmatrix} \quad \left(\text{ただし，} A = \begin{bmatrix} 0 & 1 & 1 \\ 1 & 0 & 1 \\ 1 & 1 & 0 \end{bmatrix}\right)$$

$$\therefore \quad |\lambda E - A| = \begin{vmatrix} \lambda & -1 & -1 \\ -1 & \lambda & -1 \\ -1 & -1 & \lambda \end{vmatrix} = (\lambda + 1)^2(\lambda - 2) = 0 \Longrightarrow \lambda = 2, -1$$

(2重根)

$$\therefore \quad F_{\max} = 2, \quad F_{\min} = -1 \quad (\because \ (1))$$

A の $\lambda = 2$ に対応する固有ベクトルを $\boldsymbol{x} = {}^t(x_1, x_2, x_3)$ とすると，

$$\begin{bmatrix} 2 & -1 & -1 \\ -1 & 2 & -1 \\ -1 & -1 & 2 \end{bmatrix}\begin{bmatrix} x_1 \\ x_2 \\ x_3 \end{bmatrix} = \boldsymbol{o} \Longrightarrow \boldsymbol{x} = \boldsymbol{\alpha}_1 = {}^t(1, 1, 1)$$

$$\therefore \quad \boldsymbol{u}_1 = \frac{\boldsymbol{\alpha}_1}{\|\boldsymbol{\alpha}_1\|} = \begin{bmatrix} 1/\sqrt{3} \\ 1/\sqrt{3} \\ 1/\sqrt{3} \end{bmatrix}$$

A の $\lambda = -1$ に対応する固有ベクトルを $\boldsymbol{x} = {}^t(x_1, x_2, x_3)$ とすると，

$$\begin{bmatrix} -1 & -1 & -1 \\ -1 & -1 & -1 \\ -1 & -1 & -1 \end{bmatrix}\begin{bmatrix} x_1 \\ x_2 \\ x_3 \end{bmatrix} = \boldsymbol{o}$$

すなわち，

$$x_1 + x_2 + x_3 = 0 \Longrightarrow \boldsymbol{x} = \boldsymbol{\alpha}_2 = {}^t(-1, 1, 0), \boldsymbol{\alpha}_3 = {}^t(-1, 0, 1)$$

正規直交化すると，

$$\boldsymbol{u}_2 = \frac{\boldsymbol{\alpha}_2}{\|\boldsymbol{\alpha}_2\|} = \begin{bmatrix} -1/\sqrt{2} \\ 1/\sqrt{2} \\ 0 \end{bmatrix},$$

$$\boldsymbol{u}_1 = \boldsymbol{\alpha}_3 - \frac{(\boldsymbol{\alpha}_2, \boldsymbol{\alpha}_3)}{(\boldsymbol{\alpha}_2, \boldsymbol{\alpha}_2)}\boldsymbol{\alpha}_2 = \begin{bmatrix} -1/2 \\ -1/2 \\ 1 \end{bmatrix} \Longrightarrow \boldsymbol{u}_3 = \frac{\boldsymbol{u}}{\|\boldsymbol{u}\|} = \begin{bmatrix} -1/\sqrt{6} \\ -1/\sqrt{6} \\ 2/\sqrt{6} \end{bmatrix}$$

したがって，$\boldsymbol{u}_1$（あるいは$-\boldsymbol{u}_1$），$\boldsymbol{u}_2$（あるいは$-\boldsymbol{u}_2$），$\boldsymbol{u}_3$（あるいは$-\boldsymbol{u}_3$）は極値を与える点に直交する3個の列ベクトルである．

例題 1.21

n 次の正方行列 $A = (a_{ij})$, $a_{ij} = \begin{cases} a, & i = j \\ 1, & i \neq j \end{cases}$ について，次の問に答えよ．

（1）$\det A$ を求めよ．

（2）$W = \{\boldsymbol{x} | A\boldsymbol{x} = \boldsymbol{o}\}$ とするとき，$\dim W = 1$ となるように a の値を定め，このときの W の基底を求めよ．ただし $n \geqq 3$ とする．　（慶応大）

【解答】（1）

$$|A| = \begin{vmatrix} a & 1 & 1 & \cdots & 1 \\ 1 & a & 1 & \cdots & 1 \\ 1 & 1 & a & \cdots & 1 \\ & & & \ddots & \\ 1 & 1 & 1 & & a \end{vmatrix} = [a + (n-1)](a-1)^{n-1}$$

（2）$\dim W = 1 \iff A\boldsymbol{x} = \boldsymbol{o}$ は一つだけ線形独立な解をもつ

$\iff \mathrm{rank}\, A = n - 1$

一方，$|A| = 0 \iff a = 1, 1-n$　（∵（1））

$a = 1$ のとき，

$$A = \begin{bmatrix} 1 & 1 & \cdots & 1 \\ 1 & 1 & \cdots & 1 \\ \cdots & \cdots & \cdots & \cdots \\ 1 & 1 & \cdots & 1 \end{bmatrix}$$

$\mathrm{rank}\,(A) = 1 < n - 1$　（∵ $n \geqq 3$）

$a = 1 - n$ のとき，A の $n-1$ 次元対角小行列式は

$$\begin{vmatrix} 1-n & 1 & 1 \cdots & 1 \\ 1 & 1-n & 1 \cdots & 1 \\ \cdots & \cdots & \cdots & \cdots \\ 1 & 1 & 1 \cdots & 1-n \end{vmatrix} = [(1-n) + (n-2)](1-n-1)^{n-2}$$

$$= (-1)^{n-1} n^{n-2} \neq 0$$

であるから，$\mathrm{rank}(A) = n - 1$．

したがって，$a = 1 - n$．このとき，$A\boldsymbol{x} = \boldsymbol{o}$．すなわち

$$\begin{bmatrix} 1-n & 1 & \cdots & 1 \\ 1 & 1-n & \cdots & 1 \\ \cdots & \cdots & \cdots & \cdots \\ 1 & 1 & & 1-n \end{bmatrix} \begin{bmatrix} x_1 \\ x_2 \\ \vdots \\ x_n \end{bmatrix} = \boldsymbol{o} \Longrightarrow \boldsymbol{x} = {}^t(1, 1, \cdots, 1)$$

ゆえに，${}^t(1, 1, \cdots, 1)$ は W の基底である．

例題 1.22

行列 A を

$$A = \begin{bmatrix} 2 & -1 & 0 \\ -1 & 2 & -1 \\ 0 & -1 & 2 \end{bmatrix}$$

とするとき，実数ベクトル $\boldsymbol{x} = \begin{bmatrix} x_1 \\ x_2 \\ x_3 \end{bmatrix} \left(\boldsymbol{x} \neq \begin{bmatrix} 0 \\ 0 \\ 0 \end{bmatrix} \right)$ の関数

$$f(\boldsymbol{x}) = \frac{{}^t\boldsymbol{x}A\boldsymbol{x}}{{}^t\boldsymbol{x}\boldsymbol{x}} = \frac{2x_1^2 + 2x_2^2 + 2x_3^2 - 2x_1x_2 - 2x_2x_3}{x_1^2 + x_2^2 + x_3^2}$$

の最大値と最小値を求めたい．ただし ${}^t\boldsymbol{x}$ は $\boldsymbol{x}$ の転置である．

(1) $P^{-1}AP = \Lambda$ をみたす直交行列 P と対角行列 $\Lambda = \begin{bmatrix} \lambda_1 & 0 & 0 \\ 0 & \lambda_2 & 0 \\ 0 & 0 & \lambda_3 \end{bmatrix}$ を求めよ．ただし $\lambda_1 \geqq \lambda_2 \geqq \lambda_3$ とする．

(2) $\boldsymbol{x} = P\boldsymbol{y}$ の変換で定まるベクトル $\boldsymbol{y} = \begin{bmatrix} y_1 \\ y_2 \\ y_3 \end{bmatrix}$ を用いて $f(\boldsymbol{x})$ を表現し，

$f(\boldsymbol{x})$ の最大値および最小値を求めよ． (東大工)

【解答】 (1) A の固有方程式は

$$|\lambda E - A| = \begin{vmatrix} \lambda - 2 & 1 & 0 \\ 1 & \lambda - 2 & 1 \\ 0 & 1 & \lambda - 2 \end{vmatrix} = (\lambda - 2)(\lambda^2 - 4\lambda + 2) = 0$$

$$\therefore \quad \lambda = 2, 2 \pm \sqrt{2}$$

$\lambda = 2$ に対応する固有ベクトルを $\boldsymbol{x} = {}^t(x_1, x_2, x_3)$ とすると，

$$\begin{bmatrix} 0 & 1 & 0 \\ 1 & 0 & 1 \\ 0 & 1 & 0 \end{bmatrix} \begin{bmatrix} x_1 \\ x_2 \\ x_3 \end{bmatrix} = \boldsymbol{0} \qquad \therefore \quad \boldsymbol{x} = \boldsymbol{\alpha}_1 = {}^t(1, 0, -1)$$

$\lambda = 2 - \sqrt{2}$ に対応する固有ベクトルを $\boldsymbol{x} = {}^t(x_1, x_2, x_3)$ とすると，

$$\begin{bmatrix} -\sqrt{2} & 1 & 0 \\ 1 & -\sqrt{2} & 1 \\ 0 & 1 & -\sqrt{2} \end{bmatrix} \begin{bmatrix} x_1 \\ x_2 \\ x_3 \end{bmatrix} = \boldsymbol{0} \qquad \therefore \quad \boldsymbol{x} = \boldsymbol{\alpha}_2 = {}^t(1, \sqrt{2}, 1)$$

$\lambda = 2 + \sqrt{2}$ に対応する固有ベクトルを $\boldsymbol{x} = {}^t(x_1, x_2, x_3)$ とすると，

$$\begin{bmatrix} \sqrt{2} & 1 & 0 \\ 1 & \sqrt{2} & 1 \\ 0 & 1 & \sqrt{2} \end{bmatrix} \begin{bmatrix} x_1 \\ x_2 \\ x_3 \end{bmatrix} = \mathbf{0} \qquad \therefore \quad \boldsymbol{x} = \boldsymbol{\alpha}_3 = {}^t(-1,\ \sqrt{2},\ -1)$$

したがって，

$$\boldsymbol{\beta}_1 = \frac{\boldsymbol{\alpha}_1}{\|\boldsymbol{\alpha}_1\|} = {}^t\left(\frac{1}{\sqrt{2}}, 0, -\frac{1}{\sqrt{2}}\right), \quad \boldsymbol{\beta}_2 = \frac{\boldsymbol{\alpha}_2}{\|\boldsymbol{\alpha}_2\|} = {}^t\left(\frac{1}{2}, \frac{\sqrt{2}}{2}, \frac{1}{2}\right),$$

$$\boldsymbol{\beta}_3 = \frac{\boldsymbol{\alpha}_3}{\|\boldsymbol{\alpha}_3\|} = {}^t\left(-\frac{1}{2}, \frac{\sqrt{2}}{2}, -\frac{1}{2}\right)$$

とおくと，$\boldsymbol{\beta}_1, \boldsymbol{\beta}_2, \boldsymbol{\beta}_3$ は正規直交ベクトルである．また，

$$P = (\boldsymbol{\beta}_3, \boldsymbol{\beta}_1, \boldsymbol{\beta}_2) = \begin{bmatrix} -\frac{1}{2} & \frac{1}{\sqrt{2}} & \frac{1}{2} \\ \frac{\sqrt{2}}{2} & 0 & \frac{\sqrt{2}}{2} \\ -\frac{1}{2} & -\frac{1}{\sqrt{2}} & \frac{1}{2} \end{bmatrix} \quad \text{(直交行列)}$$

とおくと，

$$P^{-1}AP = \begin{bmatrix} 2+\sqrt{2} & & O \\ & 2 & \\ O & & 2-\sqrt{2} \end{bmatrix} \quad (\lambda_1 \geqq \lambda_2 \geqq \lambda_3)$$

（2） $\boldsymbol{x} = P\boldsymbol{y}$ とおくと

$$f(\boldsymbol{x}) = \frac{{}^t\boldsymbol{x}A\boldsymbol{x}}{{}^t\boldsymbol{x}\boldsymbol{x}} = \frac{{}^t(P\boldsymbol{y})A(P\boldsymbol{y})}{{}^t(P\boldsymbol{y})(P\boldsymbol{y})} = \frac{{}^t\boldsymbol{y}({}^tPAP)\boldsymbol{y}}{{}^t\boldsymbol{y}({}^tPP)\boldsymbol{y}} = \frac{{}^t\boldsymbol{y}(P^{-1}AP)\boldsymbol{y}}{{}^t\boldsymbol{y}(P^{-1}P)\boldsymbol{y}}$$

$$= \frac{2y_1^2 + (2-\sqrt{2})y_2^2 + (2+\sqrt{2})y_3^2}{y_1^2 + y_2^2 + y_3^2}$$

$$= (2+\sqrt{2})z_1^2 + 2z_2^2 + (2-\sqrt{2})z_3^2 \qquad ①$$

ただし，

$$z_i = \frac{y_i}{\sqrt{y_1^2 + y_2^2 + y_3^2}} \quad (i = 1, 2, 3) \quad (z_1^2 + z_2^2 + z_3^2 = 1)$$

①より，$f_{\max} = 2 + \sqrt{2}$，$f_{\min} = 2 - \sqrt{2}$．

〈注〉 $\dfrac{{}^t\boldsymbol{x}A\boldsymbol{x}}{{}^t\boldsymbol{x}\boldsymbol{x}}$ はレイリー商と呼ばれる．$f(\boldsymbol{x})$ の最大値と最小値は，$x_1, x_2, \cdots, x_n$ が $x_1^2 + x_2^2 + \cdots + x_n^2 = 1$ を満足しながら変化するときの2次形式 $f(\boldsymbol{x}) \equiv {}^t\boldsymbol{x}A\boldsymbol{x}$ の最大値と最小値に等しい．ゆえに，$f(\boldsymbol{x})$ の最大値と最小値は A の固有値の最大値と最小値にそれぞれ等しい．

例題 1.23

3 次元空間における正規直交系の基ベクトル $\boldsymbol{e}_j (j = 1, 2, 3)$ に

$$\boldsymbol{e}_i' = \sum_{j=1}^{3} a_{ij}\boldsymbol{e}_j \quad (i = 1, 2, 3)$$

の変換を行ったとき，$\boldsymbol{e}_i'$ も正規直交系の基ベクトルとなるものとする．以下の問に答えよ．

（1） a_{ij} を要素とする行列 $A \equiv [a_{ij}]$ は直交行列となることを示せ．

（2） $\boldsymbol{e}_j$ を基ベクトルとする直交直線座標系 (x_1, x_2, x_3) で定義された領域：$x_1 + x_2 + x_3 \leqq 0$ の境界面の座標系原点での外向き単位法線ベクトルが $\boldsymbol{e}_1'$ と一致し，$\boldsymbol{e}_3' \cdot \boldsymbol{e}_3 = 1/\sqrt{2}$ の関係が成り立つとき，（1）の行列 A を具体的に求めよ．（東大工）

【解答】（1） $A = \begin{bmatrix} \boldsymbol{a}_1 \\ \boldsymbol{a}_2 \\ \boldsymbol{a}_3 \end{bmatrix}$ （$\boldsymbol{a}_1, \boldsymbol{a}_2, \boldsymbol{a}_3$ は A の行ベクトル）

とおくと，

$$\begin{aligned}(\boldsymbol{a}_i, \boldsymbol{a}_j) &= \sum_{k=1}^{3} a_{ik}a_{jk} \\ &= \left(\sum_{k=1}^{3} a_{ik}\boldsymbol{e}_k, \sum_{k=1}^{3} a_{jk}\boldsymbol{e}_k\right) \quad (\because \ \boldsymbol{e}_1, \boldsymbol{e}_2, \boldsymbol{e}_3 \text{ は正規直交系}) \\ &= (\boldsymbol{e}_i', \boldsymbol{e}_j') \\ &= \delta_{ij} \quad (\because \ \boldsymbol{e}_1', \boldsymbol{e}_2', \boldsymbol{e}_3' \text{ も正規直交系}) \quad (i, j = 1, 2, 3)\end{aligned}$$

$$\begin{aligned}\therefore \ A^tA &= \begin{bmatrix} (\boldsymbol{a}_1, \boldsymbol{a}_1) & (\boldsymbol{a}_1, \boldsymbol{a}_2) & (\boldsymbol{a}_1, \boldsymbol{a}_3) \\ (\boldsymbol{a}_2, \boldsymbol{a}_1) & (\boldsymbol{a}_2, \boldsymbol{a}_2) & (\boldsymbol{a}_2, \boldsymbol{a}_3) \\ (\boldsymbol{a}_3, \boldsymbol{a}_1) & (\boldsymbol{a}_3, \boldsymbol{a}_2) & (\boldsymbol{a}_3, \boldsymbol{a}_3) \end{bmatrix} \\ &= \begin{bmatrix} 1 & 0 & 0 \\ 0 & 1 & 0 \\ 0 & 0 & 1 \end{bmatrix} = E\end{aligned}$$

したがって，A は直交行列．

（2） 題意より，

$$\boldsymbol{e}_1' = \frac{1}{\sqrt{3}}\boldsymbol{e}_1 + \frac{1}{\sqrt{3}}\boldsymbol{e}_2 + \frac{1}{\sqrt{3}}\boldsymbol{e}_3$$

$$\left(x_1 + x_2 + x_3 \leqq 0 \text{ の境界面の外向き単位法線ベクトルは } {}^t\!\left(\frac{1}{\sqrt{3}}, \frac{1}{\sqrt{3}}, \frac{1}{\sqrt{3}}\right)\right)$$

$$\boldsymbol{e}_3' = \alpha_1\boldsymbol{e}_1 + \alpha_2\boldsymbol{e}_2 + \alpha_3\boldsymbol{e}_3$$

とおくと，

$$\boldsymbol{e}_3'\cdot\boldsymbol{e}_3 = \frac{1}{\sqrt{2}} \Longrightarrow \alpha_3 = \frac{1}{\sqrt{2}} \qquad ①$$

$$\boldsymbol{e}_1'\cdot\boldsymbol{e}_3' = 0 \Longrightarrow \alpha_1 + \alpha_2 = -\frac{1}{\sqrt{2}} \qquad ②$$

$$\boldsymbol{e}_3'\cdot\boldsymbol{e}_3' = 1 \Longrightarrow \alpha_1^2 + \alpha_2^2 = \frac{1}{2} \qquad ③$$

②^2 − ③より

$$\alpha_1\alpha_2 = 0 \Longrightarrow \alpha_2 = 0 \qquad ④$$

$$\text{あるいは}\ \alpha_1 = 0 \qquad ⑤$$

②，④より，

$$\alpha_1 = -\frac{1}{\sqrt{2}},\quad \alpha_2 = 0$$

②，⑤より，

$$\alpha_1 = 0,\quad \alpha_2 = -\frac{1}{\sqrt{2}}$$

ゆえに，

$$\boldsymbol{e}_3' = -\frac{1}{\sqrt{2}}\boldsymbol{e}_1 + \frac{1}{\sqrt{2}}\boldsymbol{e}_3 \quad \text{あるいは} \quad \boldsymbol{e}_3' = -\frac{1}{\sqrt{2}}\boldsymbol{e}_2 + \frac{1}{\sqrt{2}}\boldsymbol{e}_3$$

$$\boldsymbol{e}_2' = \beta_1\boldsymbol{e}_1 + \beta_2\boldsymbol{e}_2 + \beta_3\boldsymbol{e}_3$$

とおくと，

$$\boldsymbol{e}_2'\cdot\boldsymbol{e}_1' = 0 \Longrightarrow \beta_1 + \beta_2 + \beta_3 = 0 \qquad ⑥$$

$$\boldsymbol{e}_2'\cdot\boldsymbol{e}_3' = 0 \Longrightarrow -\beta_1 + \beta_3 = 0 \qquad ⑦$$

$$\text{あるいは}\quad -\beta_2 + \beta_3 = 0 \qquad ⑧$$

$$\boldsymbol{e}_2'\cdot\boldsymbol{e}_2' = 1 \Longrightarrow \beta_1^2 + \beta_2^2 + \beta_3^2 = 1 \qquad ⑨$$

⑥，⑦，⑨より，

$$\beta_1 = \pm\frac{1}{\sqrt{6}},\quad \beta_2 = \mp\frac{2}{\sqrt{6}},\quad \beta_3 = \pm\frac{1}{\sqrt{6}}$$

⑥，⑧，⑨より，

$$\beta_1 = \mp\frac{2}{\sqrt{6}},\quad \beta_2 = \beta_3 = \pm\frac{1}{\sqrt{6}}$$

ゆえに

$$\boldsymbol{e}_2' = \pm\frac{1}{\sqrt{6}}\boldsymbol{e}_1 \mp \frac{2}{\sqrt{6}}\boldsymbol{e}_2 \pm \frac{1}{\sqrt{6}}\boldsymbol{e}_3$$

あるいは

$$\boldsymbol{e}_2' = \mp\frac{2}{\sqrt{6}}\boldsymbol{e}_1 \pm \frac{1}{\sqrt{6}}\boldsymbol{e}_2 \pm \frac{1}{\sqrt{6}}\boldsymbol{e}_3$$

$\boldsymbol{e}_1' \times \boldsymbol{e}_2' = \boldsymbol{e}_3'$（右手法則）であるから

$$\begin{cases} \boldsymbol{e}_1' = \dfrac{1}{\sqrt{3}}\boldsymbol{e}_1 + \dfrac{1}{\sqrt{3}}\boldsymbol{e}_2 + \dfrac{1}{\sqrt{3}}\boldsymbol{e}_3 \\ \boldsymbol{e}_2' = -\dfrac{1}{\sqrt{6}}\boldsymbol{e}_1 + \dfrac{2}{\sqrt{6}}\boldsymbol{e}_2 - \dfrac{1}{\sqrt{6}}\boldsymbol{e}_3 \\ \boldsymbol{e}_3' = -\dfrac{1}{\sqrt{2}}\boldsymbol{e}_1 + \dfrac{1}{\sqrt{2}}\boldsymbol{e}_3 \end{cases} \Longrightarrow A = \begin{bmatrix} \dfrac{1}{\sqrt{3}} & \dfrac{1}{\sqrt{3}} & \dfrac{1}{\sqrt{3}} \\ -\dfrac{1}{\sqrt{6}} & \dfrac{2}{\sqrt{6}} & -\dfrac{1}{\sqrt{6}} \\ -\dfrac{1}{\sqrt{2}} & 0 & \dfrac{1}{\sqrt{2}} \end{bmatrix}$$

あるいは

$$\begin{cases} \boldsymbol{e}_1' = \dfrac{1}{\sqrt{3}}\boldsymbol{e}_1 + \dfrac{1}{\sqrt{3}}\boldsymbol{e}_2 + \dfrac{1}{\sqrt{3}}\boldsymbol{e}_3 \\ \boldsymbol{e}_2' = -\dfrac{2}{\sqrt{6}}\boldsymbol{e}_1 + \dfrac{1}{\sqrt{6}}\boldsymbol{e}_2 + \dfrac{1}{\sqrt{6}}\boldsymbol{e}_3 \\ \boldsymbol{e}_3' = -\dfrac{1}{\sqrt{2}}\boldsymbol{e}_2 + \dfrac{1}{\sqrt{2}}\boldsymbol{e}_3 \end{cases} \Longrightarrow A = \begin{bmatrix} \dfrac{1}{\sqrt{3}} & \dfrac{1}{\sqrt{3}} & \dfrac{1}{\sqrt{3}} \\ -\dfrac{2}{\sqrt{6}} & \dfrac{1}{\sqrt{6}} & \dfrac{1}{\sqrt{6}} \\ 0 & -\dfrac{1}{\sqrt{2}} & \dfrac{1}{\sqrt{2}} \end{bmatrix}$$

問題研究

1.9　実数を要素とする n 次正方行列

$$A = \begin{bmatrix} a_{11} & a_{12} & a_{13} & \cdots & a_{1n} \\ a_{21} & a_{22} & a_{23} & \cdots & a_{2n} \\ \cdots & \cdots & \cdots & \cdots & \cdots \\ a_{n1} & a_{n2} & a_{n3} & \cdots & a_{nn} \end{bmatrix}$$

が $A^3 + A = O$ を満足すれば，

$$a_{11} + a_{22} + \cdots + a_{nn} = 0$$

となることを証明せよ．　（東大工）

1.10　n 次正方行列 A の相異なるいくつかの固有値に対する固有ベクトルは1次独立であることを証明せよ．　（東大工，金沢大）

1.11　A を実対称行列とする．このとき，A^2 の固有値は負でないことを証明せよ．　（東大理）

1.12　（1）　次の行列 H をユニタリー行列 U によって対角化せよ．U と対角行列 $D = U^{-1}HU$ とを記せ．

$$H = \begin{bmatrix} 1 & \sqrt{5} & 1 \\ \sqrt{5} & 0 & 0 \\ 1 & 0 & 0 \end{bmatrix}$$

（2）　$(n+1) \times (n+1)$ 行列 $C = (c_{ij})$ の要素が数 $a_j, b_j\ (j = 1, 2, \cdots, n)$ を用いて

$$c_{ij} = 1\ (i = 1), \quad c_{ij} = a_{i-1}\ (1 < i \leqq j), \quad c_{ij} = b_j\ (i > j)$$

で与えられるとき，C の行列式の値は

$$(a_1 - b_1)(a_2 - b_2) \cdots (a_n - b_n)$$

に等しいことを示せ．　（東大理）

1.13　各要素が次式で表現される n 次正方行列 $A = [a_{ij}]$ に関し，以下の設問に答えよ．

$$\begin{cases} a_{ij} = j & (i \leqq j) \\ a_{ij} = 0 & (i > j) \end{cases}$$

（1）　行列 A の逆行列 A^{-1} を求めよ．

（2）　行列 A^{-1} のすべての固有値を求め，最大固有値に対応する固有ベクトル $\boldsymbol{x}_1$ および最小固有値に対応する固有ベクトル $\boldsymbol{x}_n$ を求めよ．

（3）　$\boldsymbol{x}_1$ と直交する任意の n 次元ベクトル $\boldsymbol{x}$ に対し，$\lim_{k\to\infty} A^{-k}\boldsymbol{x} = \boldsymbol{o}$ が成立

することを証明せよ．ただし，$\boldsymbol{o}$ は零ベクトルである． （東大工）

1.14 次のことを証明せよ．

（1） エルミート行列の固有値はすべて実数である．

（2） エルミート行列の異なる固有値に属する固有ベクトルは互いに直交する． （富山大）

1.15 n 次複素行列 A の固有値を $\alpha_1, \alpha_2, \cdots, \alpha_n$ とする．このとき，

$$\sum_{k=1}^{n} |\alpha_k|^2 \leqq \mathrm{Tr}\,(A^*A)$$

であることを証明せよ．また，等号が成り立つための条件を求めよ．ただし，Tr はトレースである． （立教大，富山大*，名大*）

1.16 n 次の 3 重対角行列

$$A_n = \begin{bmatrix} a_1 & b_1 & & & \\ c_1 & a_2 & b_2 & & O \\ & \ddots & \ddots & \ddots & \\ O & & c_{n-2} & a_{n-1} & b_{n-1} \\ & & & c_{n-1} & a_n \end{bmatrix}$$

の固有多項式を $\varphi_n(t)$ とする．ここに $\varphi_n(t)$ は，

$\varphi_n(t) = \det\,(tI_n - A_n)$， I_n は n 次の単位行列

で与えられる t の多項式であり，また

$$A_1 = (a_1),\quad A_2 = \begin{bmatrix} a_1 & b_1 \\ c_1 & a_2 \end{bmatrix}$$

とする．

（1） $\varphi_n(t)\,(n \geqq 3)$ を $\varphi_{n-1}(t), \varphi_{n-2}(t)$ で表わす漸化式を求めよ．

（2） $S_n(x) = \sin(n\cos^{-1}x)/\sqrt{1-x^2} \quad (n = 1, 2, \cdots)$

で定義される関数 $S_n(x)$ は，漸化式

$S_n(x) = 2xS_{n-1}(x) - S_{n-2}(x)$

をみたすことを示せ．ただし，$-1 < x < 1$, $0 < \cos^{-1}x < \pi$ とする．

（3） （1），（2）の結果を利用し，行列 A_n の要素が

$a_1 = a_2 = \cdots = a_n = a$

$b_1c_1 = b_2c_2 = \cdots = b_{n-1}c_{n-1} = 1$

をみたすときの A_n のすべての固有値を求めよ． （東大工）

1.17 $0 < p, q < 1$ なる p, q に対して，行列 A を

$$A = \begin{bmatrix} p & 1-p \\ 1-q & q \end{bmatrix}$$

により定める．

（1）A の固有値とその固有ベクトルを求めよ．

（2）A^n を求めよ．

（3）$\lim_{n\to\infty} A^n$ を求めよ．　　（東大理，横国大*，武工大*）

1.18 2行2列の行列

$$M = \begin{bmatrix} a & b \\ \bar{b} & \bar{a} \end{bmatrix}$$

を考える．ここで，パラメータ a, b は複素数で，条件

$$|a|^2 - |b|^2 = 1, \quad \mathrm{Re}\, a > 1$$

をみたすものとする（$\bar{a}, \bar{b}$ は a, b の共役複素数，$\mathrm{Re}\, a$ は a の実数部分を表わす）．

（a）行列 M は二つの異なる実数固有値 λ_1, λ_2（$\lambda_1 > \lambda_2$ とする）をもつことを示し，パラメータ a, b が条件をみたしながら動くとき，固有値 λ_1, λ_2 のとり得る範囲を求めよ．

（b）固有値 λ_1, λ_2 それぞれに対応する固有ベクトルを，λ_1, λ_2 を用いて表わせ．

（c）複素数の成分をもつベクトル $\boldsymbol{r}_n = \begin{bmatrix} x_n \\ y_n \end{bmatrix}$ の数列 $\{\boldsymbol{r}_n\}$ $(n = 0, 1, 2, \cdots)$ を

$$\boldsymbol{r}_n = M\boldsymbol{r}_{n-1}, \quad \boldsymbol{r}_0 = \begin{bmatrix} 0 \\ 1 \end{bmatrix}$$

により定義する．成分 x_n および y_n を求め，結果を固有値 λ_1, λ_2 を用いて表わせ．

（d）複素数の数列 $\{z_n\}$ $(n = 0, 1, 2, \cdots)$ を

$$z_n = \frac{az_{n-1} + b}{\bar{b}z_{n-1} + \bar{a}}, \quad z_0 = 0$$

により定義する．z_n を固有値 λ_1, λ_2 を用いて表わせ．

（e）数列 $\{z_n\}$ が極限値 $z_\infty \equiv \lim_{n\to\infty} z_n$ をもつことを示し，$|z_\infty|$ を計算せよ．

（東大理，工学院大*）

1.19 3行2列の実行列 A を

$$A = U\Lambda V^T \tag{1}$$

のように分解することを考える．ただし，添字 T は転置行列を表し，U, Λ, V はそれぞれ3行2列，2行2列，2行2列の実行列で，$V^TV = VV^T = U^TU = \begin{bmatrix} 1, & 0 \\ 0, & 1 \end{bmatrix}$ と $\Lambda = \begin{bmatrix} \lambda_1, & 0 \\ 0, & \lambda_2 \end{bmatrix}$ および $\lambda_1 \geqq \lambda_2 \geqq 0$ を仮定する．

（a）(1)のように分解ができたとして，行列 A^TA のすべての固有値とそれに対応する固有ベクトルとを，$U, \Lambda, V, \lambda_1, \lambda_2$ を用いて表せ．必要なら単位ベクトル

$$\boldsymbol{e}_1 = \begin{bmatrix} 1 \\ 0 \end{bmatrix}, \quad \boldsymbol{e}_2 = \begin{bmatrix} 0 \\ 1 \end{bmatrix}$$

を用いてよい．

（b）

$$A = \begin{bmatrix} \dfrac{3+\sqrt{2}}{2}, & \dfrac{3-\sqrt{2}}{2} \\ \dfrac{3-\sqrt{2}}{2}, & \dfrac{3+\sqrt{2}}{2} \\ \dfrac{3\sqrt{2}}{2}, & \dfrac{3\sqrt{2}}{2} \end{bmatrix}$$

のとき，A^TA の固有値および長さ1の固有ベクトルをすべて求めよ．ただし，各固有ベクトルの第1要素は非負とする．

（c）前問で与えられた行列 A に対して，(1)をみたす U, Λ, V を求めよ．ただし，V の第1行の各要素は非負とする．　（東大理）

1.20　$A = (a_{ij})_{1 \leqq i, j \leqq n}$ を n 次実対称行列とする．任意の0でない実ベクトル $\boldsymbol{u} = (u_1, \cdots, u_n)$ に対して $A(\boldsymbol{u}, \boldsymbol{u}) = \sum a_{ij}u_iu_j > 0$ のとき，A を正定値という．

（1）A が正定値であるためにはすべての固有値が正であることが必要十分であることを示せ．

（2）$A_k = (a_{ij})_{1 \leqq i, j \leqq k} (1 \leqq k \leqq n)$ とおく．A が正定値であるためには，$\det A_k > 0\ (1 \leqq k \leqq n)$ が必要十分であることを示せ．　（熊本大）

1.21　n 次実正方行列 A が $A{}^tA = {}^tAA$ を満足するとき，次の(1)，(2)を証明せよ．

（1）$A\boldsymbol{x} = \boldsymbol{o} \iff {}^tA\boldsymbol{x} = \boldsymbol{o} \quad (\boldsymbol{x} \in \boldsymbol{R}^n)$

（2）$\ker A^2 = \ker A$，ただし，$\ker A = \{\boldsymbol{x} \in \boldsymbol{R}^n \mid A\boldsymbol{x} = \boldsymbol{o}\}$．　（早大）

1.22　n 次正方行列 $A = (a_{ij})$ の成分が $a_{ii} = 1,\ |a_{ij}| < \dfrac{1}{n-1}\ (i \neq j)$ を満足するとき，$\boldsymbol{R}^n$ 上の線形変換 $L_A(\boldsymbol{x}) = A\boldsymbol{x} (\boldsymbol{x} \in \boldsymbol{R}^n)$ の核は $\boldsymbol{o}$ であることを示せ．

（金沢大）

1.23　$A = \begin{bmatrix} 5 & 1 & -\sqrt{2} \\ 1 & 5 & -\sqrt{2} \\ -\sqrt{2} & -\sqrt{2} & 6 \end{bmatrix}$

として，以下の問に答えよ．

（1）A の固有値と固有ベクトルを求めよ．

（2）　3次元空間 (x_1, x_2, x_3) において,

$$\frac{1}{2}\sum_{i,j=1}^{3} x_i A_{ij} x_j = a^2$$

は回転楕円体を表わすことを示し，その回転対称軸と直交し回転楕円体と接する平面の方程式を与えよ．

（3）　$\displaystyle\int_{-\infty}^{\infty} dx_1 \int_{-\infty}^{\infty} dx_2 \int_{-\infty}^{\infty} dx_3 \exp\left(-\frac{1}{2}\sum_{i,j=1}^{3} x_i A_{ij} x_j + \sum_{i=1}^{3} b_i x_i\right)$ を求めよ．

ただし，$(b_1, b_2, b_3) = (1, 1, 0)$ とし，$\displaystyle\int_{-\infty}^{\infty} e^{-x^2} dx = \sqrt{\pi}$ は証明なしで使ってよい．　（東大理）

1.24　$n \times n$ 行列 R が次式で与えられるとき，下の問に答えよ．

$$R = (\min(t_k, t_l))$$

$$\min(t_k, t_l) = \begin{cases} t_k : t_k < t_l \text{ のとき} \\ t_l : t_k > t_l \text{ のとき} \end{cases}$$

ここに，$0 < t_1 < t_2 < \cdots < t_n$ とする．

（1）　$\boldsymbol{x}$ を n 次元縦ベクトル，${}^t\boldsymbol{x}$ をその転置ベクトルとするとき次の不等式が成立することを示せ．

$${}^t\boldsymbol{x}R\boldsymbol{x} \geqq 0$$

（2）　行列 R の逆行列 R^{-1} を求めよ．

（3）　次の関係が成り立つことを示せ．

$$\frac{\displaystyle\int_{-\infty}^{x_n} \exp\left\{-\frac{1}{2}{}^t\boldsymbol{x}R^{-1}\boldsymbol{x}\right\} dx_n}{\displaystyle\int_{-\infty}^{\infty} \exp\left\{-\frac{1}{2}{}^t\boldsymbol{x}R^{-1}\boldsymbol{x}\right\} dx_n} = \int_{-\infty}^{x_n} \frac{\exp\left\{-\dfrac{1}{2}\dfrac{(x_n - x_{n-1})^2}{t_n - t_{n-1}}\right\}}{\sqrt{2\pi(t_n - t_{n-1})}} dx_n$$

ただし，$\boldsymbol{x} = {}^t(x_1, x_2, \cdots, x_n)$ とする．　（東大工）

1.25　行列 A を

$$A = \begin{bmatrix} 1 & 1 & 0 \\ 1 & 0 & 1 \\ 0 & 1 & -1 \end{bmatrix}$$

とする．

（a）　A の固有値を求めよ．

（b）　ベクトル $\boldsymbol{a}, \boldsymbol{b}$ を

$$\boldsymbol{a} = \begin{bmatrix} 1 \\ -1 \\ -1 \end{bmatrix}, \quad \boldsymbol{b} = \begin{bmatrix} 1 \\ \sqrt{3} - 1 \\ 2 - \sqrt{3} \end{bmatrix}$$

とする．

（1）　ベクトル $\boldsymbol{x}$ が3次元実ベクトル空間 V 全体を動くときにできる集合 $W_1 = \{A\boldsymbol{x} | \boldsymbol{x} \in V\}$ は何次元ベクトル空間になるか．

（2）　$\boldsymbol{x}$ が条件 $\boldsymbol{x} \cdot \boldsymbol{a} = 0$ をみたしつつ空間 V を動くときにできる集合 $W_2 = \{A\boldsymbol{x} | \boldsymbol{x} \in V, \boldsymbol{x} \cdot \boldsymbol{a} = 0\}$ は何次元ベクトル空間になるか．

（3）　同様にして定義される集合 $W_3 = \{A\boldsymbol{x} | \boldsymbol{x} \in V, \boldsymbol{x} \cdot \boldsymbol{b} = 0\}$ は何次元ベクトル空間になるか．

（c）　$\mathrm{tr}\,(A - \lambda E)^{-1}$ を求めよ．ただし，λ はパラメータ，E は3行3列の単位行列とする．　（東大理）

1.26　N 次元の複素ベクトル

$$\boldsymbol{a}_k = \frac{1}{\sqrt{N}}(W^0, W^k, W^{2k}, \cdots, W^{(N-1)k}) \quad (k = 0, 1, 2, \cdots, N-1)$$

が標準的な内積に関して正規直交系をなすことを示せ．ただし $W = \exp\left(-i\dfrac{2\pi}{N}\right)$ で，i は虚数単位とする．　（阪大）

1.27　3次正方行列 A および3次列ベクトル $\boldsymbol{v}, \boldsymbol{w}, \boldsymbol{0}$ を次で定める．

$$A = \begin{bmatrix} 2 & 0 & 0 \\ 0 & 2 & 1 \\ 0 & 1 & 2 \end{bmatrix}, \quad \boldsymbol{v} = \begin{bmatrix} 1 \\ 1 \\ -1 \end{bmatrix}, \quad \boldsymbol{w} = \begin{bmatrix} 1 \\ 1 \\ 0 \end{bmatrix}, \quad \boldsymbol{0} = \begin{bmatrix} 0 \\ 0 \\ 0 \end{bmatrix}$$

（1）　$x\boldsymbol{v} + yA\boldsymbol{v} + zA^2\boldsymbol{v} = \boldsymbol{0}$ をみたす実数 x, y, z の組をすべて求めよ．

（2）　ベクトル $\boldsymbol{w}, A\boldsymbol{w}, A^2\boldsymbol{w}$ は1次独立であることを示せ．

（3）　$x\boldsymbol{w} + yA\boldsymbol{w} + zA^2\boldsymbol{w} = A^3\boldsymbol{w}$ をみたす実数 x, y, z の組をすべて求めよ．　（京工大）

1.28　N 次正方行列 A のトレース（対角和）を $\mathrm{Tr}\,(A) = \sum_{n=1}^{N} A_{nn}$ で定義する．トレースに関する以下の問に答えよ．

（1）　A, B を N 次の正方行列としたとき，関係

$\mathrm{Tr}\,(AB) = \mathrm{Tr}\,(BA)$

を証明せよ．

（2）　行列 C が，N 次の正則行列 U と N 次の対角行列 D により

$C = UDU^{-1}$

と表現されているとき $\mathrm{Tr}\,(C), \mathrm{Tr}\,(C^M)$ を D の対角行列要素 $d_1, d_2, \cdots, d_N$ を用いて表わせ．ただし，M は正の整数である．　（阪大）

1.29　次の行列 A について以下の問に答えよ．ただし，i は虚数単位である．

$$A = \begin{bmatrix} 0 & 1 & 0 \\ 1 & 0 & -i \\ 0 & i & 0 \end{bmatrix}$$

（1）A はエルミート行列であることを示せ．

（2）A の固有値と固有ベクトルを求めよ．ただし，固有ベクトルはノルム1の列ベクトルとする．

（3）問（2）で求めた固有ベクトルをそれぞれ $\boldsymbol{u}_j (j = 1, 2, 3)$ とするとき，以下の関係をみたす行列 B を求めよ．ただし，$(\boldsymbol{u}_1, \boldsymbol{u}_2, \boldsymbol{u}_3)$ は $\boldsymbol{u}_j$ を並べた3次の正方行列である．

$A(\boldsymbol{u}_1, \boldsymbol{u}_2, \boldsymbol{u}_3) = (\boldsymbol{u}_1, \boldsymbol{u}_2, \boldsymbol{u}_3)B$　（阪大）

1.30　N 次の正方行列 A がユニタリー行列 U により対角行列 D に変換されるとする．

$$U^{\dagger}AU = D = \begin{bmatrix} \lambda_1 & & O \\ & \ddots & \\ O & & \lambda_N \end{bmatrix}$$

以下の各問に答えよ．ただし，$A = (a_{mn})$ の転置共役を $A^{\dagger} = (a_{nm}^{*})$ とし，i を虚数単位とする．

（1）A が関係 $A^{\dagger}A = AA^{\dagger}$ をみたすことを示せ．

（2）A がエルミート行列のとき，$\lambda_n (n = 1, 2, \cdots, N)$ はすべて実数となることを示せ．

（3）下記の3次の正方行列 A を対角化するユニタリー行列 U と対角行列 D を求めよ．

$$A = \begin{bmatrix} 0 & -i & 0 \\ i & 0 & -i \\ 0 & i & 0 \end{bmatrix}$$

（阪大，東大*）

§11 行列の解析的取扱い

11.1 行列の無限列

(m, n) 型行列 $A^{(k)} = (a_{ij}^{(k)})$ の列 $\{A^{(k)}\}$ において，$\lim_{k\to\infty} a_{ij}^{(k)} = a_{ij}$ $(1 \leqq i \leqq m, 1 \leqq j \leqq n)$ が成立するとき，$\{A^{(k)}\}$ は $A = (a_{ij})$ に**収束する**といい

$$\lim_{k\to\infty} A^{(k)} = A \tag{1.95}$$

と書く．A を行列の無限列 $\{A^{(k)}\}$ の**極限**という．

11.2 行列の無限級数

$\lim_{l\to\infty} \sum_{k=1}^{l} A^{(k)}$ が存在するとき，$\sum_{k=1}^{\infty} A^{(k)}$ が収束するといい，その極限を**和**という．

11.3 べき級数

11.3.1 $\sum_{k=0}^{\infty} a_k A^k = a_0 E + a_1 A + a_2 A^2 + \cdots$

を A の**べき級数**という．

11.3.2 $\sum_{k=0}^{\infty} a_k A^k$ は A のすべての固有値の絶対値が $\sum_{k=0}^{\infty} a_k x^k$ の収束半径 ρ より小さければ収束し，一つでも ρ を超えれば発散する．

11.4 指数級数

11.4.1 $$\exp A = \sum_{k=0}^{\infty} \frac{1}{k!} A^k = E + A + \frac{1}{2!} A^2 + \cdots + \frac{1}{k!} A^k + \cdots \tag{1.96}$$

11.4.2 (i) $$\det(e^A) = e^{\operatorname{tr} A} \tag{1.97}$$

(ii) $$AB = BA \Longrightarrow \exp(A + B) = \exp A \cdot \exp B \quad \text{(加法定理)} \tag{1.98}$$

(iii) $$e^{-A} = (e^A)^{-1} \tag{1.99}$$

11.5 微分・積分

(m, n) 型行列 $A(t) = (a_{ij}(t))$ に対して，$\lim_{t\to a} A(t) = (\lim_{t\to a} a_{ij}(t))$ と表わし，

$$\lim_{t\to a} \frac{A(t) - A(a)}{t - a} = A'(a) = \left.\frac{dA(t)}{dt}\right|_{t=a} \tag{1.100}$$

を $A(t)$ の a における**微分係数**という．A の微分，積分は

$$\frac{d}{dt} A(t) = \left(\frac{d}{dt} a_{ij}(t)\right) \tag{1.101}$$

$$\int A(t)\, dt = \left(\int a_{ij}(t)\, dt\right) \tag{1.102}$$

例題 1.24

2次の複素正方行列は，次の四つの行列の1次結合で表わせる．

$$\mathbf{1} = \begin{bmatrix} 1 & 0 \\ 0 & 1 \end{bmatrix}, \quad \sigma_1 = \begin{bmatrix} 0 & 1 \\ 1 & 0 \end{bmatrix}, \quad \sigma_2 = \begin{bmatrix} 0 & -i \\ i & 0 \end{bmatrix}, \quad \sigma_3 = \begin{bmatrix} 1 & 0 \\ 0 & -1 \end{bmatrix}$$

ここに$\mathbf{1}$は単位行列．$\boldsymbol{\sigma}_1, \boldsymbol{\sigma}_2, \boldsymbol{\sigma}_3$はパウリ行列である．後者に対し，ベクトル記号$\boldsymbol{\sigma} = (\sigma_1, \sigma_2, \sigma_3)$を導入する．

（i）$\boldsymbol{a}, \boldsymbol{b}$を複素数を成分とする3次元ベクトルとするとき，

$$(\boldsymbol{a}\cdot\boldsymbol{\sigma})(\boldsymbol{b}\cdot\boldsymbol{\sigma}) = (\boldsymbol{a}\cdot\boldsymbol{b})\mathbf{1} + i(\boldsymbol{a}\times\boldsymbol{b})\cdot\boldsymbol{\sigma}$$

となることを証明せよ．ただし，$\boldsymbol{a}\cdot\boldsymbol{b}$, $\boldsymbol{a}\times\boldsymbol{b}$はそれぞれ$\boldsymbol{a}$と$\boldsymbol{b}$のスカラー積（内積），ベクトル積（外積）で，$\boldsymbol{a}\cdot\boldsymbol{\sigma}$などは，$\boldsymbol{a}$の成分表示を$(a_1, a_2, a_3)$とするとき，

$$\boldsymbol{a}\cdot\boldsymbol{\sigma} = a_1\sigma_1 + a_2\sigma_2 + a_3\sigma_3$$

のように定義する．

（ii）各要素が実変数tの関数であるような2次の正方行列$S(t)$が，ハイゼンベルク方程式

$$i\frac{d}{dt}S(t) = S(t)H - HS(t), \quad H = \boldsymbol{a}\cdot\boldsymbol{\sigma}$$

に従うとき，それを$\boldsymbol{\sigma}$の1次式の形で求めよ．ただし$S(0) = \boldsymbol{b}\cdot\boldsymbol{\sigma}$で，$\boldsymbol{a}, \boldsymbol{b}$は実数を成分とする3次元ベクトルとする．（京大理）

【解答】（i）$\boldsymbol{a} = (a_1, a_2, a_3)$とおくと，

$$\sigma_1\sigma_1 = \sigma_2\sigma_2 = \sigma_3\sigma_3 = \mathbf{1}$$
$$\sigma_1\sigma_2 = -\sigma_2\sigma_1 = i\sigma_3$$
$$-\sigma_1\sigma_3 = \sigma_3\sigma_1 = i\sigma_2$$
$$\sigma_2\sigma_3 = -\sigma_3\sigma_2 = i\sigma_1$$

より

$$\begin{aligned}(\boldsymbol{a}\cdot\boldsymbol{\sigma})(\boldsymbol{b}\cdot\boldsymbol{\sigma}) &= (a_1\sigma_1 + a_2\sigma_2 + a_3\sigma_3)(b_1\sigma_1 + b_2\sigma_2 + b_3\sigma_3) \\ &= (a_1b_1 + a_2b_2 + a_3b_3)\mathbf{1} \\ &\quad + i\{(a_2b_3 - a_3b_2)\sigma_1 + (-a_1b_3 + a_3b_1)\sigma_2 + (a_1b_2 - a_2b_1)\sigma_3\} \\ &= (\boldsymbol{a}\cdot\boldsymbol{b})\mathbf{1} + i(\boldsymbol{a}\times\boldsymbol{b})\boldsymbol{\sigma}\end{aligned}$$

（ii）$S(t) = S_1\sigma_1 + S_2\sigma_2 + S_3\sigma_3 = \boldsymbol{S}\cdot\boldsymbol{\sigma}$とおいて，ハイゼンベルク方程式に代入すると，

$$i\frac{d\boldsymbol{S}}{dt}\cdot\boldsymbol{\sigma} = (\boldsymbol{S}\cdot\boldsymbol{\sigma})(\boldsymbol{a}\cdot\boldsymbol{\sigma}) - (\boldsymbol{a}\cdot\boldsymbol{\sigma})(\boldsymbol{S}\cdot\boldsymbol{\sigma})$$

$$= (\boldsymbol{S}\cdot\boldsymbol{a})\mathbf{1} + i(\boldsymbol{S}\times\boldsymbol{a})\cdot\boldsymbol{\sigma} - (\boldsymbol{a}\cdot\boldsymbol{S})\mathbf{1} - i(\boldsymbol{a}\times\boldsymbol{S})\cdot\boldsymbol{\sigma} \quad ((\text{i})\text{により})$$

$$= i(\boldsymbol{S}\times\boldsymbol{a})\cdot\boldsymbol{\sigma} + i(\boldsymbol{S}\times\boldsymbol{a})\cdot\boldsymbol{\sigma}$$

$$= 2i(\boldsymbol{S}\times\boldsymbol{a})\cdot\boldsymbol{\sigma} \qquad ①$$

$$\therefore \quad \frac{d\boldsymbol{S}}{dt} = 2(\boldsymbol{S}\times\boldsymbol{a}) \qquad ②$$

与式 $S(0) = \boldsymbol{b}\cdot\boldsymbol{\sigma} \Longrightarrow S_i(0) = b_i \quad (i = 1, 2, 3)$

②より，

$$\frac{d(\boldsymbol{S}\cdot\boldsymbol{a})}{dt} = 2i\{(\boldsymbol{S}\times\boldsymbol{a})\cdot\boldsymbol{a}\} = 0$$

$$\therefore \quad \boldsymbol{S}\cdot\boldsymbol{a} = \boldsymbol{S}(0)\cdot\boldsymbol{a}$$

一方，

与式 $S(0) = \boldsymbol{b}\cdot\boldsymbol{\sigma} \Longrightarrow S_0(0) = 0,\quad S_i(0) = b_i \quad (i = 1, 2, 3)$　③

したがって

$$\boldsymbol{S}\cdot\boldsymbol{a} = \boldsymbol{b}\cdot\boldsymbol{a}$$

これを①に代入すると，

$$i\frac{dS_0}{dt} = 2\boldsymbol{b}\cdot\boldsymbol{a} \Longrightarrow S_0 = -2i\boldsymbol{b}\cdot\boldsymbol{a}t + c_0$$

$S_0(0) = 0$ より，$S_0(t) = -2i\boldsymbol{b}\cdot\boldsymbol{a}t$　④

②より

$$\begin{cases} \dfrac{dS_1}{dt} = 2(a_3S_2 - a_2S_3) \\ \dfrac{dS_2}{dt} = 2(-a_3S_1 + a_1S_3) \\ \dfrac{dS_3}{dt} = 2(a_2S_1 - a_1S_2) \end{cases}$$

$$\therefore \quad \frac{d^2S_1}{dt^2} = 2\{-(a_2^2 + a_3^2)S_1 + a_1a_2S_2 + a_1a_3S_3\}$$

$$\frac{d^3S_1}{dt^3} = 4\{-(a_2^2 + a_3^2)(a_3S_2 - a_2S_3) + a_1a_3(a_2S_1 - a_1S_2) + a_1a_2(-a_3S_1 + a_1S_3)\}$$

$$= -2(a_1^2 + a_2^2 + a_3^2)\frac{dS_1}{dt}$$

対応する特性方程式は

$$\lambda^3 + 2(a_1^2 + a_2^2 + a_3^2)\lambda = 0$$

$$\Longrightarrow \lambda = 0, \pm\, \omega \quad (\text{ただし，} \omega = \sqrt{2}\,\|\boldsymbol{a}\|)$$

$$\therefore \quad S_1(t) = c_1 + c_2 \cos \omega t + c_3 \sin \omega t \quad (c_1, c_2, c_3 : \text{定数}) \qquad ⑤$$

一方，$S_1(0) = b_1$　（∵　③）

$$\frac{dS_1(0)}{dt} = 2(a_3 b_2 - a_2 b_3)$$

$$\frac{d^2 S_1(0)}{dt^2} = 2\{-b_1 \|\boldsymbol{a}\|^2 + a_1(\boldsymbol{a}\cdot\boldsymbol{b})\}$$

これを⑤に代入すると

$$c_1 = a_1(\boldsymbol{a}\cdot\boldsymbol{b})/\|\boldsymbol{a}\|^2$$

$$c_2 = b_1 - a_1(\boldsymbol{a}\cdot\boldsymbol{b})/\|\boldsymbol{a}\|^2$$

$$c_3 = -2(a_2 b_3 - a_3 b_2)/\omega$$

$$\therefore \quad S_1(t) = a_1(\boldsymbol{a}\cdot\boldsymbol{b})/\|\boldsymbol{a}\|^2 + (b_1 - a_1(\boldsymbol{a}\cdot\boldsymbol{b})/\|\boldsymbol{a}\|^2) \cos \omega t - 2(a_2 b_3 - a_3 b_2)/\omega \cdot \sin \omega t$$

同様にして，$S_2(t)$, $S_3(t)$ の具体的な表示式は

$$S_2(t) = a_2(\boldsymbol{a}\cdot\boldsymbol{b})/\|\boldsymbol{a}\|^2 + (b_2 - a_2(\boldsymbol{a}\cdot\boldsymbol{b})/\|\boldsymbol{a}\|^2) \cos \omega t - 2(a_3 b_1 - a_1 b_3)/\omega \cdot \sin \omega t$$

$$S_3(t) = a_3(\boldsymbol{a}\cdot\boldsymbol{b})/\|\boldsymbol{a}\|^2 + (b_3 - a_3(\boldsymbol{a}\cdot\boldsymbol{b})/\|\boldsymbol{a}\|^2) \cos \omega t - 2(a_1 b_2 - a_2 b_1)/\omega \cdot \sin \omega t$$

したがって，

$$S(t) = \frac{\boldsymbol{a}\cdot\boldsymbol{b}}{\|\boldsymbol{a}\|^2}\boldsymbol{a}\cdot\boldsymbol{\sigma} + \left(\boldsymbol{b}\cdot\boldsymbol{\sigma} - \frac{\boldsymbol{a}\cdot\boldsymbol{b}}{\|\boldsymbol{a}\|^2}\boldsymbol{a}\cdot\boldsymbol{\sigma}\right)\cos \omega t + 2\,\frac{(\boldsymbol{a}\times\boldsymbol{b})}{\omega}\cdot\boldsymbol{\sigma} \sin \omega t$$

$$= \left\{\frac{\boldsymbol{a}\cdot\boldsymbol{b}}{\|\boldsymbol{a}\|^2}\boldsymbol{a} + \left(\boldsymbol{b} - \frac{\boldsymbol{a}\cdot\boldsymbol{b}}{\|\boldsymbol{a}\|^2}\boldsymbol{a}\right)\cos \omega t - \frac{2(\boldsymbol{a}\times\boldsymbol{b})}{\omega}\sin \omega t\right\}\cdot\boldsymbol{\sigma}$$

例題 1.25

（1） $\theta \in \boldsymbol{R}$ とする．$\displaystyle\sum_{\nu=0}^{\infty} \frac{1}{\nu!} \begin{bmatrix} 0 & -\theta \\ \theta & 0 \end{bmatrix}^{\nu}$ を求めよ．

（2） 任意の正方行列 A に対して，$\displaystyle\sum_{\nu=0}^{\infty} \frac{1}{\nu!} A^{\nu}$ は常に収束することを示せ．

（熊本大，大阪教育大*）

【解答】（1） $A = \begin{bmatrix} 0 & -\theta \\ \theta & 0 \end{bmatrix}$ とおくと，

$$A^2 = \begin{bmatrix} 0 & -\theta \\ \theta & 0 \end{bmatrix} \begin{bmatrix} 0 & -\theta \\ \theta & 0 \end{bmatrix} = \begin{bmatrix} -\theta^2 & 0 \\ 0 & -\theta^2 \end{bmatrix},$$

$$A^3 = \begin{bmatrix} -\theta^2 & 0 \\ 0 & -\theta^2 \end{bmatrix} \begin{bmatrix} 0 & -\theta \\ \theta & 0 \end{bmatrix} = \begin{bmatrix} 0 & \theta^3 \\ -\theta^3 & 0 \end{bmatrix},$$

$$A^4 = \begin{bmatrix} 0 & \theta^3 \\ -\theta^3 & 0 \end{bmatrix} \begin{bmatrix} 0 & -\theta \\ \theta & 0 \end{bmatrix} = \begin{bmatrix} \theta^4 & 0 \\ 0 & \theta^4 \end{bmatrix},$$

$$A^5 = \begin{bmatrix} \theta^4 & 0 \\ 0 & \theta^4 \end{bmatrix} \begin{bmatrix} 0 & -\theta \\ \theta & 0 \end{bmatrix} = \begin{bmatrix} 0 & -\theta^5 \\ \theta^5 & 0 \end{bmatrix},$$

$$A^6 = \begin{bmatrix} 0 & -\theta^5 \\ \theta^5 & 0 \end{bmatrix} \begin{bmatrix} 0 & -\theta \\ \theta & 0 \end{bmatrix} = \begin{bmatrix} -\theta^6 & 0 \\ 0 & -\theta^6 \end{bmatrix},$$

$$A^7 = \begin{bmatrix} -\theta^6 & 0 \\ 0 & -\theta^6 \end{bmatrix} \begin{bmatrix} 0 & -\theta \\ \theta & 0 \end{bmatrix} = \begin{bmatrix} 0 & \theta^7 \\ -\theta^7 & 0 \end{bmatrix}, \cdots$$

$$\therefore \sum_{\nu=0}^{\infty} \frac{1}{\nu!} \begin{bmatrix} 0 & -\theta \\ \theta & 0 \end{bmatrix}^{\nu} = \begin{bmatrix} 1 & 0 \\ 0 & 1 \end{bmatrix} + \begin{bmatrix} 0 & -\theta \\ \theta & 0 \end{bmatrix} + \frac{1}{2!} \begin{bmatrix} -\theta^2 & 0 \\ 0 & -\theta^2 \end{bmatrix} + \frac{1}{3!} \begin{bmatrix} 0 & \theta^3 \\ -\theta^3 & 0 \end{bmatrix}$$

$$+ \frac{1}{4!} \begin{bmatrix} \theta^4 & 0 \\ 0 & \theta^4 \end{bmatrix} + \frac{1}{5!} \begin{bmatrix} 0 & -\theta^5 \\ \theta^5 & 0 \end{bmatrix} + \frac{1}{6!} \begin{bmatrix} -\theta^6 & 0 \\ 0 & -\theta^6 \end{bmatrix} + \frac{1}{7!} \begin{bmatrix} 0 & \theta^7 \\ -\theta^7 & 0 \end{bmatrix} + \cdots$$

$$= \begin{bmatrix} 1 - \frac{1}{2!}\theta^2 + \frac{1}{4!}\theta^4 - \frac{1}{6!}\theta^6 + \cdots & -\left(\theta - \frac{1}{3!}\theta^3 + \frac{1}{5!}\theta^5 - \frac{1}{7!}\theta^7 + \cdots\right) \\ \theta - \frac{1}{3!}\theta^3 + \frac{1}{5!}\theta^5 - \frac{1}{7!}\theta^7 + \cdots & 1 - \frac{1}{2!}\theta^2 + \frac{1}{4!}\theta^4 - \frac{1}{6!}\theta^6 + \cdots \end{bmatrix}$$

$$= \begin{bmatrix} \cos\theta & -\sin\theta \\ \sin\theta & \cos\theta \end{bmatrix}$$

（2） まず，$A = [a_{ij}]$, $|a_{ij}| \leqq M(1 \leqq \mathrm{i}, j \leqq n; M$：定数）のとき，$A^{\nu} = [a_{ij}^{(\nu)}]$ に対して $|a_{ij}^{(\nu)}| \leqq n^{\nu-1}M^{\nu}$ が成立することを帰納法で示す．$\nu = 1$ のとき，$|a_{ij}| \leqq M = n^{1-1}M^1$ となり成立．$|a_{ij}^{(\nu-1)}| \leqq n^{\nu-2}M^{\nu-1}$ とすれば，

$$|a_{ij}^{(\nu)}| = \left|\sum_{k=1}^{n} a_{ik}^{(\nu-1)} a_{kj}\right| \leqq \sum_{k=1}^{n} |a_{ik}^{(\nu-1)}||a_{kj}| \leqq n \cdot n^{\nu-2}M^{\nu-1} \cdot M = n^{\nu-1}M^{\nu} \quad ①$$

ゆえに ν の場合にも成立する．

(i, j) 成分に注目し，無限級数 $\sum_{\nu=0}^{\infty} \frac{1}{\nu!} a_{ij}^{(\nu)}$（ただし，$a_{ij}^{(0)} = \delta_{ij}$ とする）が収束することを示す．①より

$$\left|\frac{1}{\nu!} a_{ij}^{(\nu)}\right| \leqq \frac{1}{\nu!} n^{\nu-1}M^{\nu} \quad (\nu \geqq 1)$$

しかるに，$\sum_{\nu=0}^{\infty} \frac{1}{\nu!} n^{\nu-1}M^{\nu} = \frac{1}{n} e^{nM}$ は収束する．よって，$\sum_{\nu=0}^{\infty} \frac{1}{\nu!} a_{ij}^{(\nu)}$ も(絶対)収束する．

【別解】（1）$A = \begin{bmatrix} 0 & -\theta \\ \theta & 0 \end{bmatrix}$ の固有方程式は

$$\begin{vmatrix} \lambda & \theta \\ -\theta & \lambda \end{vmatrix} = \lambda^2 + \theta^2 = 0 \Longrightarrow \lambda = \pm i\theta$$

$\lambda = i\theta$ に対応する固有ベクトルを $\boldsymbol{x} = {}^t(x_1, x_2)$ とすると

$$\begin{bmatrix} i\theta & \theta \\ -\theta & i\theta \end{bmatrix} \begin{bmatrix} x_1 \\ x_2 \end{bmatrix} = \boldsymbol{o} \Longrightarrow \boldsymbol{x} = \boldsymbol{p}_1 = \begin{bmatrix} 1 \\ -i \end{bmatrix}$$

$\lambda = -i\theta$ に対応する固有ベクトルを $\boldsymbol{x} = {}^t(x_1, x_2)$ とすると

$$\begin{bmatrix} -i\theta & \theta \\ -\theta & -i\theta \end{bmatrix} \begin{bmatrix} x_1 \\ x_2 \end{bmatrix} = \boldsymbol{o} \Longrightarrow \boldsymbol{x} = \boldsymbol{p}_2 = \begin{bmatrix} 1 \\ i \end{bmatrix}$$

ゆえに，$P = (\boldsymbol{p}_1, \boldsymbol{p}_2) = \begin{bmatrix} 1 & 1 \\ -i & i \end{bmatrix}$ とおくと

$$P^{-1}AP = \begin{bmatrix} i\theta & 0 \\ 0 & -i\theta \end{bmatrix}$$

すなわち，

$$A = P \begin{bmatrix} i\theta & 0 \\ 0 & -i\theta \end{bmatrix} P^{-1}$$

$$\therefore \quad \sum_{\nu=0}^{\infty} \frac{1}{\nu!} A^{\nu} = \exp A = P \exp \begin{bmatrix} i\theta & 0 \\ 0 & -i\theta \end{bmatrix} P^{-1}$$

$$= \begin{bmatrix} 1 & 1 \\ -i & i \end{bmatrix} \begin{bmatrix} e^{i\theta} & 0 \\ 0 & e^{-i\theta} \end{bmatrix} \cdot \frac{1}{2i} \begin{bmatrix} i & -1 \\ i & 1 \end{bmatrix}$$

$$= \begin{bmatrix} \cos\theta & -\sin\theta \\ \sin\theta & \cos\theta \end{bmatrix}$$

例題 1.26

2行2列の行列 $J=\begin{bmatrix} 0 & 1 \\ -1 & 0 \end{bmatrix}$ がある．以下の問に答えよ．

（1） J の逆行列を求めよ．

（2） $T'JT=J$ をみたす T は $TJT'=J$ をもみたすことを示せ．ただし，T は2行2列の行列，T' はその転置行列である．

（3） U を2行2列の対称行列，ε を実定数として，$T=e^{\varepsilon JU}$ の転置行列 T' を求めよ．また，この T は $TJT'=J$ をみたすことを示せ．ただし，行列 A の指数関数 e^A は，I を単位行列として

$$e^A = I + A + \frac{A^2}{2!} + \cdots + \frac{A^n}{n!} + \cdots$$

で定義される．

（4） $U=\begin{bmatrix} \sin t & \cos t \\ \cos t & -\sin t \end{bmatrix}$ のとき，$(JU)^2=I$ であることを示せ．また，この U を用いて（3）の T を計算せよ．　　　　（東大理）

【解答】（1） $J^{-1}=\dfrac{1}{\begin{vmatrix} 0 & 1 \\ -1 & 0 \end{vmatrix}}\begin{bmatrix} 0 & -1 \\ 1 & 0 \end{bmatrix}=\begin{bmatrix} 0 & -1 \\ 1 & 0 \end{bmatrix}$

（2） $T=\begin{bmatrix} a & c \\ b & d \end{bmatrix}$ とおくと，$T'=\begin{bmatrix} a & b \\ c & d \end{bmatrix}$

$$\begin{aligned} T'JT &= \begin{bmatrix} a & b \\ c & d \end{bmatrix}\begin{bmatrix} 0 & 1 \\ -1 & 0 \end{bmatrix}\begin{bmatrix} a & c \\ b & d \end{bmatrix}=\begin{bmatrix} a & b \\ c & d \end{bmatrix}\begin{bmatrix} b & d \\ -a & -c \end{bmatrix} \\ &= \begin{bmatrix} ab-ab & ad-bc \\ bc-ad & cd-cd \end{bmatrix}=\begin{bmatrix} 0 & ad-bc \\ -(ad-bc) & 0 \end{bmatrix} \\ &= J = \begin{bmatrix} 0 & 1 \\ -1 & 0 \end{bmatrix} \qquad \therefore\ ad-bc=1 \end{aligned}$$

したがって，

$$\begin{aligned} TJT' &= \begin{bmatrix} a & c \\ b & d \end{bmatrix}\begin{bmatrix} 0 & 1 \\ -1 & 0 \end{bmatrix}\begin{bmatrix} a & b \\ c & d \end{bmatrix}=\begin{bmatrix} a & c \\ b & d \end{bmatrix}\begin{bmatrix} c & d \\ -a & -b \end{bmatrix} \\ &= \begin{bmatrix} ac-ac & ad-bc \\ -(ad-bc) & bd-bd \end{bmatrix}=\begin{bmatrix} 0 & 1 \\ -1 & 0 \end{bmatrix}=J \end{aligned}$$

（3） $U'=U, J'=-J$ であるから，$T=e^{\varepsilon JU}=\displaystyle\sum_{n=0}^{\infty}\frac{1}{n!}(\varepsilon JU)^n$ より

$$T' = \sum_{n=0}^{\infty} \frac{1}{n!} \{(\varepsilon JU)^n\}' = \sum_{n=0}^{\infty} \frac{1}{n!} \{(\varepsilon JU)'\}^n = e^{(\varepsilon JU)'} = e^{\varepsilon U'J'} = e^{-\varepsilon UJ}$$

一方，$(JU)^n J = (JU)(JU)\cdots(JU)J = J(UJ)(UJ)\cdots(UJ) = J(UJ)^n$

$$\therefore \quad TJ = \sum_{n=0}^{\infty} \frac{1}{n!} \{(\varepsilon JU)^n\}J = \sum_{n=0}^{\infty} \frac{1}{n!} \{(\varepsilon JU)^n J\}$$

$$= \sum_{n=0}^{\infty} \frac{1}{n!} \{J(\varepsilon UJ)^n\} = J \sum_{n=0}^{\infty} \frac{1}{n!} (\varepsilon UJ)^n = J\, e^{\varepsilon UJ}$$

したがって，$TJT' = J\, e^{\varepsilon UJ} \cdot e^{-\varepsilon UJ} = J$

（4）$JU = \begin{bmatrix} 0 & 1 \\ -1 & 0 \end{bmatrix} \begin{bmatrix} \sin t & \cos t \\ \cos t & -\sin t \end{bmatrix} = \begin{bmatrix} \cos t & -\sin t \\ -\sin t & -\cos t \end{bmatrix}$

$$\therefore \quad (JU)^2 = \begin{bmatrix} \cos t & -\sin t \\ -\sin t & -\cos t \end{bmatrix} \begin{bmatrix} \cos t & -\sin t \\ -\sin t & -\cos t \end{bmatrix}$$

$$= \begin{bmatrix} \cos^2 t + \sin^2 t & -\cos t \sin t + \sin t \cos t \\ -\sin t \cos t + \cos t \sin t & \sin^2 t + \cos^2 t \end{bmatrix}$$

$$= \begin{bmatrix} 1 & 0 \\ 0 & 1 \end{bmatrix} = I, \quad \cdots\cdots$$

したがって，

$$T = I + \varepsilon(JU) + \frac{1}{2!}\varepsilon^2 (JU)^2 + \cdots + \frac{1}{(2n-1)!}\varepsilon^{2n-1}(JU)^{2n-1}$$

$$+ \frac{1}{(2n)!}\varepsilon^{2n}(JU)^{2n} + \cdots$$

$$= \left\{I + \frac{1}{2!}\varepsilon^2 (JU)^2 + \cdots + \frac{1}{(2n)!}\varepsilon^{2n}(JU)^{2n} + \cdots\right\}$$

$$+ \left\{\varepsilon + \frac{1}{3!}\varepsilon^3 (JU)^2 + \cdots + \frac{1}{(2n-1)!}\varepsilon^{2n-1}(JU)^{2n-2} + \cdots\right\}(JU)$$

$$= \left\{1 + \frac{1}{2!}\varepsilon^2 + \cdots + \frac{1}{(2n)!}\varepsilon^{2n} + \cdots\right\} I$$

$$+ \left\{\varepsilon + \frac{1}{3!}\varepsilon^3 + \cdots + \frac{1}{(2n-1)!}\varepsilon^{2n-1} + \cdots\right\}(JU)$$

$$= \cosh\varepsilon \cdot I + \sinh\varepsilon \cdot (JU)$$

$$= \begin{bmatrix} \cosh\varepsilon & 0 \\ 0 & \cosh\varepsilon \end{bmatrix} + \begin{bmatrix} \sinh\varepsilon \cdot \cos t & -\sinh\varepsilon \cdot \sin t \\ -\sinh\varepsilon \cdot \sin t & -\sinh\varepsilon \cdot \cos t \end{bmatrix}$$

$$= \begin{bmatrix} \cosh\varepsilon + \sinh\varepsilon \cdot \cos t & -\sinh\varepsilon \cdot \sin t \\ -\sinh\varepsilon \cdot \sin t & \cosh\varepsilon - \sinh\varepsilon \cdot \cos t \end{bmatrix}$$

例題 1.27

n 次（n は自然数）の正方行列 X に対して e^X を以下のように定義する．

$$e^X = \sum_{n=0}^{\infty} \frac{X^n}{n!}$$

n 次の正方行列 X, Y, A に対して，次の問に答えよ．

（a）　Y の行列式は 0 でないとすると $e^{YXY^{-1}} = Ye^X Y^{-1}$ となることを示せ．

（b）　実変数 t に依存しない行列を A とし，n 次の複素数ベクトルを $\boldsymbol{x} = \boldsymbol{x}(t)$ とする．このとき，微分方程式

$$\frac{d\boldsymbol{x}}{dt} = A\boldsymbol{x} \qquad \text{（I）}$$

の解を A と $t = 0$ でのベクトル $\boldsymbol{x}(0)$ を用いて求めよ．

（c）（b）で，行列 A が相異なる固有値 $\lambda_i (i = 1, 2, 3, \cdots, n)$ と，それに対応する固有ベクトルをもつとする．このとき，微分方程式（I）の解 $\boldsymbol{x}(t)$ を固有値と固有ベクトルと $\boldsymbol{x}(0)$ を用いて求めよ．　（東大，京大*）

【解答】（a）　与式より，$e^X = I + X + \dfrac{1}{2!}X^2 + \cdots$

左から Y を掛けると，$Ye^X = Y + YX + \dfrac{1}{2!}YX^2 + \cdots$

右から Y^{-1} を掛けると，$Ye^XY^{-1} = I + YXY^{-1} + \dfrac{1}{2!}YX^2Y^{-1} + \cdots$

また，$e^{YXY^{-1}} = I + YXY^{-1} + \dfrac{1}{2!}(YXY^{-1})^2 + \cdots$

一方，$(P^{-1}AP)^n = P^{-1}APP^{-1}AP \cdots P^{-1}AP = P^{-1}A^nP$

同様にして，$(PAP^{-1})^n = PAP^{-1}PAP^{-1} \cdots PAP^{-1} = PA^nP^{-1}$

$A \to X, P \to Y$ と選ぶと，

$$YX^2Y^{-1} = (YXY^{-1})^2, \quad (YX^3Y^{-1}) = (YXY^{-1})^3, \quad \cdots$$

$$\therefore \quad e^{YXY^{-1}} = Ye^XY^{-1}$$

（b）　与式より，

$$\frac{d\boldsymbol{x}}{\boldsymbol{x}} = Adt, \quad \log \boldsymbol{x} = At + C_1 \qquad \therefore \quad \boldsymbol{x} = e^{At + C_1} = C_2 e^{At} = \boldsymbol{x}(0)e^{At} \qquad ①$$

逆に，①を（I）に代入すると

$$\text{左辺} = \boldsymbol{x}(0)Ae^{At} \quad ②, \qquad \text{右辺} = A\boldsymbol{x}(0)e^{At} \quad ③$$

よって，①は（I）の解といえる．

【別解】 ラプラス変換を $\boldsymbol{X}(s)=\mathscr{L}\{\boldsymbol{x}(t)\}$ とおくと,

$$s\boldsymbol{X}(s)-\boldsymbol{x}(0)=A\boldsymbol{X}(s),\quad (s\boldsymbol{I}-A)\boldsymbol{X}(s)=\boldsymbol{x}(0),\quad \boldsymbol{X}(s)=(s\boldsymbol{I}-A)^{-1}\boldsymbol{x}(0)$$

ラプラス逆変換は $\mathscr{L}^{-1}\{(s\boldsymbol{I}-A)^{-1}\}=e^{At}$ だから, $\boldsymbol{x}(t)=\boldsymbol{x}(0)e^{At}$ となる. なぜなら,

$$(s\boldsymbol{I}-A)^{-1}=\frac{1}{s}\left(\boldsymbol{I}-\frac{A}{s}\right)^{-1}=\frac{1}{s}\boldsymbol{I}+\frac{1}{s^2}A+\cdots+\frac{1}{s^{k+1}}A^k+\cdots$$

$$e^{At}=\boldsymbol{I}+At+\cdots+\frac{1}{k!}(At)^k+\cdots$$

（c） 与式より, $\dfrac{d\boldsymbol{x}}{dt}=A\boldsymbol{x}$ 　（Ⅰ）

ここで, $\boldsymbol{x}=P\boldsymbol{y}$ とおき, ②に左から A を掛け, （Ⅰ）を用いると,

$$AP\boldsymbol{y}=A\boldsymbol{x}=\frac{d\boldsymbol{x}}{dt}=\frac{d}{dt}P\boldsymbol{y}=P\frac{d\boldsymbol{y}}{dt} \qquad ④$$

④に左から P^{-1} を掛けると, $\dfrac{d\boldsymbol{y}}{dt}=P^{-1}AP\boldsymbol{y}=D\boldsymbol{y}$ 　⑤

正方行列 A の固有値 λ_i, 固有ベクトル $\boldsymbol{p}_i$, 正則行列 $P=(\boldsymbol{p}_i)$ とすると,

$$P^{-1}AP\equiv \mathrm{diag}\,\{\lambda_i\}\equiv D,\quad \boldsymbol{y}=\begin{bmatrix} y_1\\ \vdots\\ y_n\end{bmatrix}$$

とすると, ⑤より,

$$\frac{d}{dt}\begin{bmatrix} y_1\\ \vdots\\ y_n\end{bmatrix}=\begin{bmatrix}\lambda_1 & & O\\ & \ddots & \\ O & & \lambda_n\end{bmatrix}\begin{bmatrix} y_1\\ \vdots\\ y_n\end{bmatrix}$$

$$\Longrightarrow\begin{cases}\dfrac{dy_1}{dt}=\lambda_1 y_1\\ \quad\vdots\\ \dfrac{dy_n}{dt}=\lambda_1 y_n\end{cases}\Longrightarrow\begin{cases} y_1=y_1(0)e^{\lambda_{11}t}\\ \quad\vdots\\ y_n=y_n(0)e^{\lambda_n\mathrm{t}}\end{cases}$$

$$\boldsymbol{y}=\begin{bmatrix}e^{\lambda_1 t} & & O\\ & \ddots & \\ O & & e^{\lambda_n t}\end{bmatrix}\boldsymbol{y}(0)=P^{-1}\boldsymbol{x}(0)$$

$$\boldsymbol{x}=P\begin{bmatrix}e^{\lambda_1 t} & & O\\ & \ddots & \\ O & & e^{\lambda_n t}\end{bmatrix}\boldsymbol{y}(0)=P\begin{bmatrix}e^{\lambda_1 t} & & O\\ & \ddots & \\ O & & e^{\lambda_n t}\end{bmatrix}P^{-1}\boldsymbol{x}(0)$$

問題研究

1.31　行列 A, P をそれぞれ次のようにするとき，以下の問に答えよ．

$$A = \begin{bmatrix} 3 & 1 \\ -1 & 5 \end{bmatrix},\quad P = \begin{bmatrix} 1 & -1 \\ 1 & 1 \end{bmatrix}$$

（1）$P^{-1}AP$ を計算せよ．

（2）$(P^{-1}AP)^n = P^{-1}A^nP$ が成立することを示せ．

（3）e^A の各要素を求めよ．ただし，行列 X の指数関数 e^X を次のように定義する．　$e^X = E + X + \dfrac{1}{2}X^2 + \cdots + \dfrac{1}{n}X^n + \cdots$

また，行列 B, C が可換 $(BC = CB)$ のときには $e^{B+C} = e^Be^C$ となる関係を用いよ．（東大理）

1.32　次のような行列 A を考える．　$A = \begin{bmatrix} 1 & 1 \\ -2 & 4 \end{bmatrix}$

（1）N を自然数とするとき，行列 A の N 乗 A^N を求めよ．

（2）e^A を求めよ．

（京大†，東大*，金大*，熊大*，首都大*，立教大*，青学大*）

1.33　X を2行2列の実行列，E を単位行列とする．次の問に答えよ．

（1）$X^2 - 2X + E = O$ をみたす X を求めよ．

（2）X が $X^2 = X$ をみたすとき，$\mathrm{tr}(X)$ を求めよ．

（3）$X^2 = E$ であるとき，$\lambda e^{i\theta X} = E + iX,\ i^2 = -1$ をみたす実数 λ, θ を求めよ．ただし，$\lambda > 0,\ 0 \leqq \theta < 2\pi$ とする．（東大理）

1.34　任意の m 次正方行列 A に対して，$\exp A = E + A + \dfrac{1}{2!}A^2 + \cdots + \dfrac{1}{n!}A^n + \cdots$ を定義する．ただし，E は m 次単位行列である．

（1）$A = \begin{bmatrix} 0 & 0 & 0 \\ 0 & 0 & a \\ 0 & -a & 0 \end{bmatrix}$ のとき，$\exp A$ を求めよ．

さらに，一般の m 次正方行列 A と実数 t に対し，関数 $f(t)$ として $\exp(tA)$ の行列式 $f(t) = \det(\exp(tA))$ を考える．

（2）$f(t_1 + t_2) = f(t_1)\cdot f(t_2)$ を示せ．

（3）$\dfrac{d}{dt}\log f(t)$ を求めよ．

（4）　$\det(\exp A) = \exp(\mathrm{tr}\, A)$ を示せ．　（東大理）

1.35　2次正方行列 A の固有値を λ_1, λ_2（ただし，$\lambda_1 \neq \lambda_2$），対応する固有ベクトルを $\boldsymbol{e}_1, \boldsymbol{e}_2$ とする．

（1）　任意の2次元ベクトル $\boldsymbol{x}$ を，$\boldsymbol{e}_1$ と $\boldsymbol{e}_2$ の各方向への成分和として記述せよ．（$\boldsymbol{x} = \boldsymbol{x}_1 + \boldsymbol{x}_2$ と分解せよ．）

（2）　行列 A の多項式 $f(A) = a_0 I + a_1 A + a_2 A^2 + \cdots\cdots$（ただし，$I$ は単位行列）に対し，$f(A)\cdot\boldsymbol{x} = f(\lambda_1)\cdot\boldsymbol{x}_1 + f(\lambda_2)\cdot\boldsymbol{x}_2$ となることを示せ．

（3）　上記の設問（1）と（2）をもとに，$f(A)$ を求める方法を示し，

$$A = \begin{bmatrix} 0 & 1 \\ 1 & 0 \end{bmatrix}$$

のとき，指数関数 e^{tA}（ただし，t は実変数）に対し実行せよ．（東大工）

1.36　次のような仮想的な物質の変化を考える．ある容器に物質Aと物質Bと物質Cが入っている．一定時間 τ がたつと，物質Aはその20%が物質Bに，10%が物質Cに変化し，残り70%は物質Aのままである．同様に物質Bはその20%が物質Aに変化し，10%が物質Cに変化し，70%は物質Bのままであり，物質Cはその10%が物質Aに変化し，10%が物質Bに変化し，80%は物質Cのままである．以下の問に答えよ．ただし，時刻 $t = n\tau$（n は整数）における物質Aの量を a_n グラム，物質Bの量を b_n グラム，物質Cの量を c_n グラムとし，まとめて $\boldsymbol{x}_n = \begin{bmatrix} a_n \\ b_n \\ c_n \end{bmatrix}$ と表わす．また解答はすべて既約分数とし，無理数が含まれる場合は分母を有理化せよ．

（1）　$\boldsymbol{x}_{n+1}$ と $\boldsymbol{x}_n$ の関係を式で示せ．

（2）　$\boldsymbol{x}_n$ を a_0, b_0, c_0 を用いて表わせ．

（3）　$\lim_{n\to\infty} \boldsymbol{x}_n$ を a_0, b_0, c_0 を用いて表わせ．　（東大工）

1.37　次の正方行列について以下の問に答えよ．　$S = \begin{bmatrix} 0 & 1 \\ 1 & 0 \end{bmatrix}$

（1）　行列 S の固有値と固有ベクトルを求めよ．

（2）　行列 $\exp(xS)$ の固有値と固有ベクトルを求めよ．ただし，x は0でない実数とし，正方行列 A の指数関数は $\exp(A) = \sum_{m=0}^{\infty} \frac{A^m}{m!}$ で定義されるものとする．

（3）　行列 $\exp(xS)$ の要素を計算せよ．〈ヒント〉行列 S は $S^2 = E$ をみたす．E は単位行列である．　（阪大，横国大*，東大*）

2 幾　何　学

§1 ベクトル

前述の抽象的なベクトルと区別する必要がある場合には，空間の中の一つの有向線分によって表わされる量を**幾何ベクトル**ということがある．

$$\text{零ベクトル}: \boldsymbol{o} = \begin{bmatrix} 0 \\ 0 \\ 0 \end{bmatrix} \tag{1.103}$$

$$\text{単位ベクトル } \boldsymbol{e} = \boldsymbol{a}/\|\boldsymbol{a}\| \tag{1.104}$$

$$\text{(座標系の) 基本ベクトル}: \boldsymbol{e}_1 = \begin{bmatrix} 1 \\ 0 \\ 0 \end{bmatrix}, \quad \boldsymbol{e}_2 = \begin{bmatrix} 0 \\ 1 \\ 0 \end{bmatrix}, \quad \boldsymbol{e}_3 = \begin{bmatrix} 0 \\ 0 \\ 1 \end{bmatrix} \tag{1.105}$$

ベクトル $\boldsymbol{a}$ の x, y, z 軸成分を a_1, a_2, a_3 とすると，

$$\boldsymbol{a} = \begin{bmatrix} a_1 \\ a_2 \\ a_3 \end{bmatrix} = a_1\boldsymbol{e}_1 + a_2\boldsymbol{e}_2 + a_3\boldsymbol{e}_3 = {}^t(a_1, a_2, a_3) \tag{1.106}$$

$$\text{ベクトル } \boldsymbol{a} \text{ のノルム}: \|\boldsymbol{a}\| = \sqrt{a_1^2 + a_2^2 + a_3^2} = \sqrt{(\boldsymbol{a}, \boldsymbol{a})} \tag{1.107}$$

§2 内積と外積

2.1 内積 (スカラー積)

2.1.1 $\boldsymbol{a} = \begin{bmatrix} a_1 \\ a_2 \\ a_3 \end{bmatrix}$, $\boldsymbol{b} = \begin{bmatrix} b_1 \\ b_2 \\ b_3 \end{bmatrix}$ の交角を θ とすると

$$\boldsymbol{a} \text{ と } \boldsymbol{b} \text{ の内積} = \boldsymbol{a}\cdot\boldsymbol{b} = (\boldsymbol{a}, \boldsymbol{b}) = \|\boldsymbol{a}\|\,\|\boldsymbol{b}\|\cos\theta = a_1b_1 + a_2b_2 + a_3b_3 = (\boldsymbol{b}, \boldsymbol{a}) \tag{1.108}$$

2.1.2 $(\boldsymbol{a}, \boldsymbol{b}) = 0 \iff \boldsymbol{a} \perp \boldsymbol{b}$

$$(\boldsymbol{e}_i, \boldsymbol{e}_j) = \delta_{ij} \quad (i, j = 1, 2, 3) \tag{1.109}$$

2.2 外積 (ベクトル積)

2.2.1 $\boldsymbol{a}$ と $\boldsymbol{b}$ の外積 $= \boldsymbol{a} \times \boldsymbol{b} = [\boldsymbol{a}, \boldsymbol{b}] = \boldsymbol{e}\,\|\boldsymbol{a}\|\,\|\boldsymbol{b}\|\sin\theta$

$$= \boldsymbol{e}_1 \begin{vmatrix} a_2 & a_3 \\ b_2 & b_3 \end{vmatrix} + \boldsymbol{e}_2 \begin{vmatrix} a_3 & a_1 \\ b_3 & b_1 \end{vmatrix} + \boldsymbol{e}_3 \begin{vmatrix} a_1 & a_2 \\ b_1 & b_2 \end{vmatrix} \tag{1.110}$$

($\boldsymbol{e}$: $\boldsymbol{a} \times \boldsymbol{b}$ 方向の単位ベクトル)

2.2.2 $[\boldsymbol{a}, \boldsymbol{b}] = -[\boldsymbol{b}, \boldsymbol{a}]$, $[\boldsymbol{a}, \boldsymbol{a}] = \boldsymbol{0}$,

$$\boldsymbol{e}_1 \times \boldsymbol{e}_2 = \boldsymbol{e}_3, \quad \boldsymbol{e}_2 \times \boldsymbol{e}_3 = \boldsymbol{e}_1, \quad \boldsymbol{e}_3 \times \boldsymbol{e}_1 = \boldsymbol{e}_2 \tag{1.111}$$

2.2.3　$\boldsymbol{a}, \boldsymbol{b}$ を2辺とする平行四辺形の面積：

$$S = \|\boldsymbol{a} \times \boldsymbol{b}\| = \|\boldsymbol{a}\|\,\|\boldsymbol{b}\| \sin\theta = \sqrt{(\boldsymbol{a}, \boldsymbol{a})(\boldsymbol{b}, \boldsymbol{b}) - (\boldsymbol{a}, \boldsymbol{b})^2} \tag{1.112}$$

2.2.4　**スカラー3重積**：

$$\boldsymbol{a}\cdot(\boldsymbol{b} \times \boldsymbol{c}) = \boldsymbol{b}\cdot(\boldsymbol{c} \times \boldsymbol{a}) = \boldsymbol{c}\cdot(\boldsymbol{a} \times \boldsymbol{b}) = \begin{vmatrix} a_1 & b_1 & c_1 \\ a_2 & b_2 & c_2 \\ a_3 & b_3 & c_3 \end{vmatrix} \tag{1.113}$$

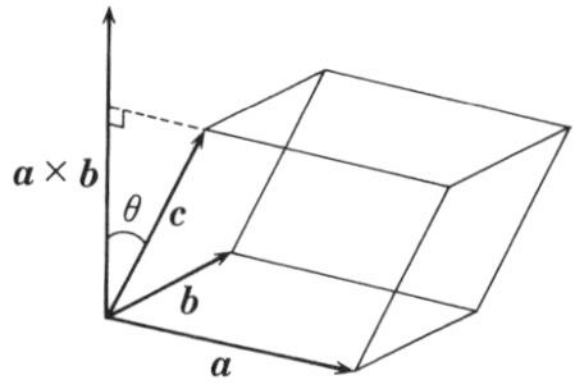

スカラー3重積

ただし，$\boldsymbol{c} = \begin{bmatrix} c_1 \\ c_2 \\ c_3 \end{bmatrix}$ とする．

2.2.5　**ベクトル3重積**：$\boldsymbol{a} \times (\boldsymbol{b} \times \boldsymbol{c}) = (\boldsymbol{a}\cdot\boldsymbol{c})\boldsymbol{b} - (\boldsymbol{a}\cdot\boldsymbol{b})\boldsymbol{c}$　(1.114)

2.2.6　$\boldsymbol{a}, \boldsymbol{b}, \boldsymbol{c}$ を3辺とする平行六面体の体積：

$$V = \pm(\boldsymbol{a} \times \boldsymbol{b})\cdot\boldsymbol{c} = \pm\begin{vmatrix} a_1 & b_1 & c_1 \\ a_2 & b_2 & c_2 \\ a_3 & b_3 & c_3 \end{vmatrix} \tag{1.115}$$

§3　直線の方程式

3.1　方向余弦

$\boldsymbol{e} = \boldsymbol{a}/\|\boldsymbol{a}\| = l\boldsymbol{e}_1 + m\boldsymbol{e}_2 + n\boldsymbol{e}_3$ と $\boldsymbol{e}_1, \boldsymbol{e}_2, \boldsymbol{e}_3$ のなす角をそれぞれ α, β, γ とすれば，

$$l = \cos\alpha, \quad m = \cos\beta, \quad n = \cos\gamma \tag{1.116}$$

(l, m, n) を a の**方向余弦**という．

$$l^2 + m^2 + n^2 = 1 \tag{1.117}$$

3.2　2点 $\mathrm{P}_0, \mathrm{P}_1$ を通る直線

位置ベクトルを $\boldsymbol{x}_0 = \begin{bmatrix} x_0 \\ y_0 \\ z_0 \end{bmatrix}$，$\boldsymbol{x}_1 = \begin{bmatrix} x_1 \\ y_1 \\ z_1 \end{bmatrix}$，$\boldsymbol{x} = \begin{bmatrix} x \\ y \\ z \end{bmatrix}$ とすると

直線のベクトル方程式：$\boldsymbol{x} = \boldsymbol{x}_0 + t(\boldsymbol{x}_1 - \boldsymbol{x}_0)$ (t：媒介変数)　(1.118)

直線の媒介変数表示：
$$\left.\begin{aligned} x &= x_0 + t(x_1 - x_0) \\ y &= y_0 + t(y_1 - y_0) \\ z &= z_0 + t(z_1 - z_0) \end{aligned}\right\} \tag{1.119}$$

直線の方程式：$\dfrac{x - x_0}{x_1 - x_0} = \dfrac{y - y_0}{y_1 - y_0} = \dfrac{z - z_0}{z_1 - z_0}\ (= t)$　(1.120)

3.3 1点 P_0 を通りベクトル $\boldsymbol{A}$ に平行な直線

$\boldsymbol{A} = a\boldsymbol{e}_1 + b\boldsymbol{e}_2 + c\boldsymbol{e}_3$ とし，$\boldsymbol{x}_0 = \begin{bmatrix} x_0 \\ y_0 \\ z_0 \end{bmatrix}$, $\boldsymbol{x} = \begin{bmatrix} x \\ y \\ z \end{bmatrix}$ とすると

$$\text{直線のベクトル方程式}: \boldsymbol{x} = \boldsymbol{x}_0 + t\boldsymbol{A} \tag{1.121}$$

$$\text{直線の媒介変数表示}: \left.\begin{aligned} x &= x_0 + ta \\ y &= y_0 + tb \\ z &= z_0 + tc \end{aligned}\right\} \tag{1.122}$$

$$\text{直線の方程式}: \frac{x - x_0}{a} = \frac{y - y_0}{b} = \frac{z - z_0}{c} \ (= t) \tag{1.123}$$

ただし，方向余弦を (l, m, n) とすると

$$l = \frac{a}{\sqrt{a^2 + b^2 + c^2}}, \quad m = \frac{b}{\sqrt{a^2 + b^2 + c^2}}, \quad n = \frac{c}{\sqrt{a^2 + b^2 + c^2}} \tag{1.124}$$

3.4 2直線の交角

2直線を $\boldsymbol{x} = \boldsymbol{x}_1 + t\boldsymbol{A}_1, \boldsymbol{x} = \boldsymbol{x}_2 + t\boldsymbol{A}_2$, または，

$$\frac{x - x_1}{a_1} = \frac{y - y_1}{b_1} = \frac{z - z_1}{c_1}, \quad \frac{x - x_2}{a_2} = \frac{y - y_2}{b_2} = \frac{z - z_2}{c_2}$$

とし，交角を θ とすれば

$$\cos\theta = \frac{|(\boldsymbol{A}_1, \boldsymbol{A}_2)|}{\|\boldsymbol{A}_1\| \, \|\boldsymbol{A}_2\|} = \frac{a_1a_2 + b_1b_2 + c_1c_2}{\sqrt{a_1^2 + b_1^2 + c_1^2}\,\sqrt{a_2^2 + b_2^2 + c_2^2}} \tag{1.125}$$

3.5 2直線間の最短距離

（i） 2直線（前項）が平行でない場合の最短距離 h は

$$h = \pm\frac{(\boldsymbol{A}_1 \times \boldsymbol{A}_2)\cdot(\boldsymbol{x}_2 - \boldsymbol{x}_1)}{\|\boldsymbol{A}_1 \times \boldsymbol{A}_2\|} = \pm\frac{\begin{vmatrix} x_2 - x_1 & y_2 - y_1 & z_2 - z_1 \\ a_1 & b_1 & c_1 \\ a_2 & b_2 & c_2 \end{vmatrix}}{\sqrt{\begin{vmatrix} a_1 & b_1 \\ a_2 & b_2 \end{vmatrix}^2 + \begin{vmatrix} b_1 & c_1 \\ b_2 & c_2 \end{vmatrix}^2 + \begin{vmatrix} c_1 & a_1 \\ c_2 & a_2 \end{vmatrix}^2}} \tag{1.126}$$

（ii） 2直線が平行の場合の最短距離 h は

$$\begin{aligned} h &= \sqrt{\|\boldsymbol{x}_2 - \boldsymbol{x}_1\|^2 - \left\{\frac{\boldsymbol{a}}{\|\boldsymbol{a}\|}\cdot(\boldsymbol{x}_2 - \boldsymbol{x}_1)\right\}^2} \\ &= \sqrt{(x_2 - x_1)^2 + (y_2 - y_1)^2 + (z_2 - z_1)^2 - \frac{\{l(x_2 - x_1) + m(y_2 - y_1) + n(z_2 - z_1)\}^2}{l^2 + m^2 + n^2}} \end{aligned} \tag{1.127}$$

ただし，$\boldsymbol{a} = (l, m, n)$ は2直線の共通の方向ベクトル．

§4　平面の方程式

4.1　3点 $\mathbf{P}_0$, $\mathbf{P}_1$, $\mathbf{P}_2$ を通る平面

位置ベクトルを $\boldsymbol{x}_0 = \begin{bmatrix} x_0 \\ y_0 \\ z_0 \end{bmatrix}$,　$\boldsymbol{x}_1 = \begin{bmatrix} x_1 \\ y_1 \\ z_1 \end{bmatrix}$,　$\boldsymbol{x}_2 = \begin{bmatrix} x_2 \\ y_2 \\ z_2 \end{bmatrix}$,　$\boldsymbol{x} = \begin{bmatrix} x \\ y \\ z \end{bmatrix}$ とすると

平面のベクトル方程式：$\boldsymbol{x} = \boldsymbol{x}_0 + u(\boldsymbol{x}_1 - \boldsymbol{x}_0) + v(\boldsymbol{x}_2 - \boldsymbol{x}_0)$　(1.128)

平面の媒介変数表示：$\left.\begin{aligned} x &= x_0 + u(x_1 - x_0) + v(x_2 - x_0) \\ y &= y_0 + u(y_1 - y_0) + v(y_2 - y_0) \\ z &= z_0 + u(z_1 - z_0) + v(z_2 - z_0) \end{aligned}\right\}$　(1.129)

平面の方程式：$\begin{vmatrix} x - x_0 & x_1 - x_0 & x_2 - x_0 \\ y - y_0 & y_1 - y_0 & y_2 - y_0 \\ z - z_0 & z_1 - z_0 & z_2 - z_0 \end{vmatrix} = 0$　(1.130)

4.2　1点 $\mathbf{P}_0$ を通り法線ベクトル $\boldsymbol{A}$ に垂直な平面

1点 $\mathrm{P}_0(x_0, y_0, z_0)$ を通り，法線ベクトル $\boldsymbol{A} = a\boldsymbol{e}_1 + b\boldsymbol{e}_2 + c\boldsymbol{e}_3$ に垂直な平面の方程式は

$\boldsymbol{A}\cdot(\boldsymbol{x} - \boldsymbol{x}_0) = 0$　(平面のベクトル方程式)　(1.131)

$a(x - x_0) + b(y - y_0) + c(z - z_0) = 0$　(1.132)

または

$ax + by + cz + d = 0$　(平面の方程式)　(1.133)

4.3　2平面のなす角

2平面の $a_1x + b_1y + c_1z + d_1 = 0$, $a_2x + b_2y + c_2z + d_2 = 0$ の法線のなす角は

$$\cos\theta = \pm\frac{a_1a_2 + b_1b_2 + c_1c_2}{\sqrt{a_1^2 + b_1^2 + c_1^2}\sqrt{a_2^2 + b_2^2 + c_2^2}} \tag{1.134}$$

4.4　直線と平面のなす角

直線 $\dfrac{x - x_0}{l} = \dfrac{y - y_0}{m} = \dfrac{z - z_0}{n}$ と平面 $ax + by + cz + d = 0$ の法線のなす角は

$$\cos\theta = \frac{|al + bm + cn|}{\sqrt{a^2 + b^2 + c^2}\sqrt{l^2 + m^2 + n^2}} \quad (\text{ただし，} l^2 + m^2 + n^2 = 1) \tag{1.135}$$

4.5　点 $\mathbf{P}_0$ と平面，直線間の最短距離

4.5.1　点 $\mathrm{P}_0(x_0, y_0, z_0)$ と平面 $ax + by + cz + d = 0$ 間の最短距離 h は

$$h = \frac{|ax_0 + by_0 + cz_0 + d|}{\sqrt{a^2 + b^2 + c^2}} \tag{1.136}$$

4.5.2 点 $P_0(x_0, y_0, z_0)$ と直線 $\dfrac{x-a}{l}=\dfrac{y-b}{m}=\dfrac{z-c}{n}$ 間の最短距離 h は

$$h^2=(x_0-a)^2+(y_0-b)^2+(z_0-c)^2 - \{l(x_0-a)+m(y_0-b)+n(z_0-c)\}^2 \tag{1.137}$$

§5 2次曲線と2次曲面

5.1 2次曲線

2次曲線：$F(x,y)=ax^2+2hxy+by^2+2gx+2fy+c=0$ (1.138)

5.2 2次曲線の分類

(1) $A^2x^2+B^2y^2+d^2=0$ 虚楕円
(2) $A^2x^2+B^2y^2=d^2$ 楕円
(3) $A^2x^2-B^2y^2=d^2$ 双曲線
(4) $A^2x^2+B^2y^2=0$ 1点
(5) $A^2x^2-B^2y^2=0$ 交わる2直線
(6) $x^2+2py=0$ 放物線
(7) $x^2=d^2$ 平行2直線
(8) $x^2=0$ 1直線

5.3 2次曲面

2次曲面：$F(x,y,z)=ax^2+by^2+cz^2+2fyz+2gzx+2hxy+2lx+2my+2nz+d=0$ (1.139)

5.4 2次曲面の分類

(1) $A^2x^2+B^2y^2+C^2z^2+d^2=0$ 虚楕円面
(2) $A^2x^2+B^2y^2+C^2z^2=d^2$ 楕円面
(3) $A^2x^2+B^2y^2-C^2z^2=d^2$ 一葉双曲面
(4) $A^2x^2+B^2y^2-C^2z^2+d^2=0$ 二葉双曲面
(5) $A^2x^2+B^2y^2+C^2z^2=0$ 1点
(6) $A^2x^2+B^2y^2-C^2z^2=0$ 楕円錐面
(7) $A^2x^2+B^2y^2+2pz=0$ 楕円放物面
(8) $A^2x^2+B^2y^2=d^2$ 楕円柱面
(9) $A^2x^2+B^2y^2=0$ 1点
(10) $A^2x^2-B^2y^2+2pz=0$ 双曲放物面
(11) $A^2x^2-B^2y^2=d^2$ 双曲柱面
(12) $A^2x^2-B^2y^2=0$ 交わる2平面
(13) $x^2+2py=0$ 放物柱面
(14) $x^2=d^2$ 平行2平面
(15) $x^2=0$ 1平面

例題 1.28

（1）交わらず，かつ互いに平行でない 2 直線と垂直に交わる直線は，1 本，しかもただ 1 本だけ存在することを示せ．

（2）二つの直線を

$$\frac{x-a_i}{L_i}=\frac{y-b_i}{M_i}=\frac{z-c_i}{N_i} \quad (i=1,2)$$

で表わしたとき，共通垂線の 2 直線のあいだの長さを求めよ．

（東大理，東工大）

【解答】（1）2 直線 l, m の方向ベクトルを $\boldsymbol{a}, \boldsymbol{b}$ とし，l, m 上にそれぞれ定点 P, Q を任意にとる，l, m 上の動点をそれぞれ X, Y とすれば，仮定により l と m は交わらないので，常に $\mathrm{X} \neq \mathrm{Y}$ である．

$$\overrightarrow{\mathrm{PX}}=\lambda\boldsymbol{a},\quad \overrightarrow{\mathrm{QY}}=-\mu\boldsymbol{b}\quad (\lambda, \mu：定数) \qquad ①$$

と書けば，$\overrightarrow{\mathrm{XY}}=\overrightarrow{\mathrm{XP}}+\overrightarrow{\mathrm{PQ}}+\overrightarrow{\mathrm{QY}}=\overrightarrow{\mathrm{PQ}}-\lambda\boldsymbol{a}-\mu\boldsymbol{b}$.

いま，$\overrightarrow{\mathrm{PQ}}=\boldsymbol{c}$ とおけば、直線 XY が l, m と直交するための条件は

$$\begin{cases}(\boldsymbol{c}-\lambda\boldsymbol{a}-\mu\boldsymbol{b}, \boldsymbol{a})=0\\(\boldsymbol{c}-\lambda\boldsymbol{a}-\mu\boldsymbol{b}, \boldsymbol{b})=0\end{cases}$$

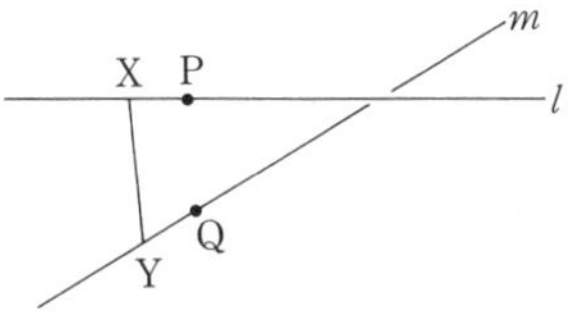

すなわち，

$$\begin{cases}\lambda(\boldsymbol{a}, \boldsymbol{a})+\mu(\boldsymbol{b}, \boldsymbol{a})=(\boldsymbol{c}, \boldsymbol{a})\\\lambda(\boldsymbol{a}, \boldsymbol{b})+\mu(\boldsymbol{b}, \boldsymbol{b})=(\boldsymbol{c}, \boldsymbol{b})\end{cases} \qquad ②$$

l と m は平行でないので，$\boldsymbol{a}$ と $\boldsymbol{b}$ は 1 次独立である．

したがって，$\boldsymbol{a}\times\boldsymbol{b}\neq\boldsymbol{0}$．よって，

$$\begin{vmatrix}(\boldsymbol{a}, \boldsymbol{a}) & (\boldsymbol{b}, \boldsymbol{a})\\(\boldsymbol{a}, \boldsymbol{b}) & (\boldsymbol{b}, \boldsymbol{b})\end{vmatrix}=\begin{vmatrix}\|\boldsymbol{a}\|^2 & \|\boldsymbol{a}\|\|\boldsymbol{b}\|\cos\theta\\\|\boldsymbol{a}\|\|\boldsymbol{b}\|\cos\theta & \|\boldsymbol{b}\|^2\end{vmatrix}$$
$$=\|\boldsymbol{a}\|^2\|\boldsymbol{b}\|^2(1-\cos^2\theta)$$
$$=\|\boldsymbol{a}\|^2\|\boldsymbol{b}\|^2\sin^2\theta\neq 0 \quad (ただし，\boldsymbol{a} と \boldsymbol{b} の間の交角 \theta\neq 0)$$

ゆえに，②の解 λ, μ は一意的に存在する．すなわち，l, m と交わり，しかも l, m に垂直な g が 1 本だけ存在する．

（2）
$$l\ :\frac{x-a_1}{L_1}=\frac{y-b_1}{M_1}=\frac{z-c_1}{N_1}$$
$$m:\frac{x-a_2}{L_2}=\frac{y-b_1}{M_2}=\frac{z-c_2}{N_2}$$

とすれば，$\mathrm{P}=(a_1, b_1, c_1)$, $\boldsymbol{a}=(L_1, M_1, N_1)$, $\mathrm{Q}=(a_2, b_2, c_2)$, $\boldsymbol{b}=(L_2, M_2, N_2)$．

X, Y として P, Q をとってもよいので，$\overrightarrow{\mathrm{PQ}}\equiv\boldsymbol{c}={}^t(a_2-a_1, b_2-b_1, c_2-c_1)$

$$e = \frac{a \times b}{\|a \times b\|} \quad (\|a \times b\| \neq 0)$$

とおくと，e は共通垂線の方向ベクトルであるから，

共通垂線の2直線の間の長さ（最短距離）

$$= |c \cdot e|$$

$$= \frac{|(c, a \times b)|}{\|a \times b\|} = \pm \frac{\begin{vmatrix} a_2 - a_1 & b_2 - b_1 & c_2 - c_1 \\ L_1 & M_1 & N_1 \\ L_2 & M_2 & N_2 \end{vmatrix}}{\sqrt{\begin{vmatrix} L_1 & M_1 \\ L_2 & N_2 \end{vmatrix}^2 + \begin{vmatrix} M_1 & N_1 \\ M_2 & N_2 \end{vmatrix}^2 + \begin{vmatrix} N_1 & L_1 \\ N_2 & L_2 \end{vmatrix}^2}}$$

例題 1.29

3次元空間内に四つの単位ベクトル $\boldsymbol{v}_i(i=1,2,3,4)$ があり，それらは原点 O を重心とする正四面体の頂点の位置ベクトルになっているとする．また，$\boldsymbol{v}_1, \boldsymbol{v}_2, \boldsymbol{v}_3$ は右手系をなしているとする．$\boldsymbol{v}_1$ を $\boldsymbol{v}_2$ に，$\boldsymbol{v}_2$ を $\boldsymbol{v}_3$ に，$\boldsymbol{v}_3$ を $\boldsymbol{v}_4$ に写すような1次変換 T を考える．

（a）$\boldsymbol{v}_i$ と $\boldsymbol{v}_j$ の内積 $\boldsymbol{v}_i\cdot\boldsymbol{v}_j$ を求めよ．

（b）T による $\boldsymbol{v}_4$ の像を $\boldsymbol{v}_1, \boldsymbol{v}_2, \boldsymbol{v}_3$ を用いて表せ．

（c）T が直交変換であり，純粋な回転だけではなく鏡映を伴っていることを示せ．

（d）T はある単位ベクトル $\boldsymbol{n}$ に垂直な平面に関する鏡映と，$\boldsymbol{n}$ のまわりの右ねじり方向の角度 $\theta(0\leqq\theta\leqq\pi)$ の回転に分解できる．$\boldsymbol{v}_1, \boldsymbol{v}_2, \boldsymbol{v}_3$ を用いて $\boldsymbol{n}$ を表せ．また，θ を求めよ．（東大理）

【解答】 A, B, C, D をそれぞれ $\boldsymbol{v}_1, \boldsymbol{v}_2, \boldsymbol{v}_3, \boldsymbol{v}_4$ に対応する正4面体の頂点として，底面 ABD を xy 平面と平行な平面上，A を xz 平面上において，C = (0, 0, 1) および O′ の O の底面への（正）射影であるとする．

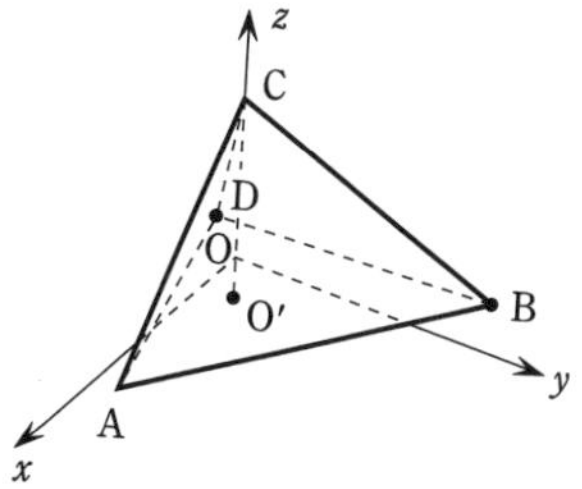

四面体の辺の長さ $=a$ ならば

$$\mathrm{AO'}=\frac{2}{3}\cdot\frac{\sqrt{3}}{2}a=\frac{1}{\sqrt{3}}a$$

$$\mathrm{CO'}=\sqrt{a^2-\left(\frac{1}{\sqrt{3}}a\right)^2}=\sqrt{\frac{2}{3}}a$$

$$\mathrm{OO'}=\sqrt{1-\left(\frac{1}{\sqrt{3}}a\right)^2}=\sqrt{1-\frac{1}{3}a^2}$$

$$1=\mathrm{CO}=\mathrm{CO'}-\mathrm{OO'}=\sqrt{\frac{2}{3}}a-\sqrt{1-\frac{1}{3}a^2}$$

すなわち，

$$\sqrt{\frac{2}{3}}a-1=\sqrt{1-\frac{1}{3}a^2},\quad \left(\sqrt{\frac{2}{3}}a-1\right)^2=1-\frac{1}{3}a^2$$

$$\therefore\quad a=\frac{2\sqrt{2}}{3}$$

ゆえに

$$\cos\alpha=\frac{\mathrm{CO}^2+\mathrm{CA}^2-\mathrm{AC}^2}{2\mathrm{CO}\cdot\mathrm{CA}}\quad(\alpha=\angle\mathrm{AOC})$$

$$= \frac{1^2 + 1^2 - \left(\dfrac{2\sqrt{2}}{\sqrt{3}}\right)^2}{2\cdot1\cdot1} = -\frac{1}{3}$$

$$\mathrm{AO}' = \frac{1}{\sqrt{3}}\cdot\frac{2\sqrt{2}}{\sqrt{3}} = \frac{2\sqrt{2}}{3},\quad \mathrm{OO}' = \sqrt{1 - \frac{1}{3}\left(\frac{2\sqrt{2}}{\sqrt{3}}\right)^2} = \frac{1}{3}$$

したがって，

$$\left.\begin{aligned} \boldsymbol{v}_1 &= {}^t\!\left(\frac{2\sqrt{2}}{3}, 0, -\frac{1}{3}\right) \\ \boldsymbol{v}_2 &= {}^t\!\left(-\sqrt{\frac{2}{3}}, \frac{\sqrt{2}}{3}, -\frac{1}{3}\right) \\ \boldsymbol{v}_3 &= {}^t(0, 0, 1) \\ \boldsymbol{v}_4 &= {}^t\!\left(-\frac{\sqrt{2}}{3}, -\sqrt{\frac{2}{3}}, -\frac{1}{3}\right) \end{aligned}\right\} \qquad ①$$

ただし，$\boldsymbol{v}_2$ は $\boldsymbol{v}_1$ の z 軸のまわりのねじ方向の $\dfrac{2\pi}{3}$ を回転するものであり，$\boldsymbol{v}_4$ は $\boldsymbol{v}_1$ の z 軸のまわりのねじ方向の $\dfrac{4\pi}{3}$ を回転するものである．

（a） $i \neq j$ のとき，

$$\boldsymbol{v}_i\cdot\boldsymbol{v}_j = \|\boldsymbol{v}_i\|\cdot\|\boldsymbol{v}_j\|\cos(\widehat{\boldsymbol{v}_i, \boldsymbol{v}_j}) = 1\cdot1\cdot\cos\alpha = -\frac{1}{3}$$

$i = j$ のとき，

$$\boldsymbol{v}_i\cdot\boldsymbol{v}_j = \|\boldsymbol{v}_i\|\,\|\boldsymbol{v}_j\|\cos 0 = 1 \quad (i, j = 1, 2, 3)$$

（b） ①より，$\boldsymbol{v}_1 + \boldsymbol{v}_2 + \boldsymbol{v}_3 + \boldsymbol{v}_4 = \boldsymbol{0}$，すなわち $\boldsymbol{v}_4 = -\boldsymbol{v}_1 - \boldsymbol{v}_2 - \boldsymbol{v}_3$

$$\begin{aligned} \therefore\quad T\boldsymbol{v}_4 &= T(-\boldsymbol{v}_1 - \boldsymbol{v}_2 - \boldsymbol{v}_3) \\ &= -T\boldsymbol{v}_1 - T\boldsymbol{v}_2 - T\boldsymbol{v}_3 \\ &= -\boldsymbol{v}_2 - \boldsymbol{v}_3 - \boldsymbol{v}_4 = -\boldsymbol{v}_2 - \boldsymbol{v}_3 + (\boldsymbol{v}_1 + \boldsymbol{v}_2 + \boldsymbol{v}_3) = \boldsymbol{v}_1 \end{aligned}$$

（c） $T\boldsymbol{v}_1 = \boldsymbol{v}_2, T\boldsymbol{v}_2 = \boldsymbol{v}_3, T\boldsymbol{v}_3 = \boldsymbol{v}_4$，および①より

$$\begin{bmatrix} -\dfrac{\sqrt{2}}{3} & 0 & -\dfrac{\sqrt{2}}{3} \\ \sqrt{\dfrac{2}{3}} & 0 & -\sqrt{\dfrac{2}{3}} \\ -\dfrac{1}{3} & 1 & -\dfrac{1}{3} \end{bmatrix} = T \begin{bmatrix} \dfrac{2\sqrt{2}}{3} & -\dfrac{\sqrt{2}}{3} & 0 \\ 0 & \sqrt{\dfrac{2}{3}} & 0 \\ -\dfrac{1}{3} & -\dfrac{1}{3} & 1 \end{bmatrix}$$

（T も 1 次変換 T の行列を表わす）

よって，

$$T = \begin{bmatrix} -\dfrac{\sqrt{2}}{3} & 0 & -\dfrac{\sqrt{2}}{3} \\ \sqrt{\dfrac{2}{3}} & 0 & -\sqrt{\dfrac{2}{3}} \\ -\dfrac{1}{3} & 1 & -\dfrac{1}{3} \end{bmatrix} \begin{bmatrix} \dfrac{2\sqrt{3}}{3} & -\dfrac{\sqrt{2}}{3} & 0 \\ 0 & \sqrt{\dfrac{2}{3}} & 0 \\ -\dfrac{1}{3} & -\dfrac{1}{3} & 1 \end{bmatrix}^{-1}$$

$$= \begin{bmatrix} -\dfrac{\sqrt{2}}{3} & 0 & -\dfrac{\sqrt{2}}{3} \\ \sqrt{\dfrac{2}{3}} & 0 & -\sqrt{\dfrac{2}{3}} \\ -\dfrac{1}{3} & 1 & -\dfrac{1}{3} \end{bmatrix} \begin{bmatrix} \dfrac{3\sqrt{2}}{4} & \dfrac{\sqrt{6}}{4} & 0 \\ 0 & \sqrt{\dfrac{3}{2}} & 0 \\ \dfrac{\sqrt{2}}{4} & \dfrac{\sqrt{6}}{4} & 1 \end{bmatrix} = \begin{bmatrix} -\dfrac{2}{3} & -\dfrac{\sqrt{3}}{3} & -\dfrac{\sqrt{2}}{3} \\ \dfrac{\sqrt{2}}{3} & 0 & -\sqrt{\dfrac{2}{3}} \\ -\dfrac{\sqrt{2}}{3} & \sqrt{\dfrac{2}{3}} & -\dfrac{1}{3} \end{bmatrix}$$

T が直交行列で，$|T| = -1$ であるから，1次変換 T は直交変換であり，純粋な回転だけではなく，鏡映を伴っている．

（d）　$\boldsymbol{n} = \boldsymbol{v}_1 + n_2\boldsymbol{v}_2 + n_3\boldsymbol{v}_3$ とし，$T\boldsymbol{n} = \boldsymbol{n}'$ とすると，

$$\begin{aligned} \boldsymbol{n}' &= T\boldsymbol{v}_1 + Tn_2\boldsymbol{v}_2 + Tn_3\boldsymbol{v}_3 = \boldsymbol{v}_2 + n_2\boldsymbol{v}_3 + n_3\boldsymbol{v}_4 \\ &= \boldsymbol{v}_2 + n_2\boldsymbol{v}_3 + n_3(-\boldsymbol{v}_1 - \boldsymbol{v}_2 - \boldsymbol{v}_3) \\ &= -n_3\boldsymbol{v}_1 + (1 - n_3)\boldsymbol{v}_2 + (n_2 - n_3)\boldsymbol{v}_3 \end{aligned}$$

$\boldsymbol{n}' /\!/ \boldsymbol{n}$ のはずであるから，

$$-\frac{n_3}{1} = \frac{1 - n_3}{n_2} = \frac{n_2 - n_3}{n_3}$$

第1，第2項より，$n_2 = \dfrac{n_3 - 1}{n_3} = 1 - \dfrac{1}{n_3}$

第1，第3項より，$n_3^2 = -n_2 + n_3 = -1 + \dfrac{1}{n_3} + n_3$

$$\therefore \quad n_3^3 - n_3^2 + n_3 - 1 = (n_3 - 1)(n_3^2 + 1) = 0$$

$$\therefore \quad n_3 = 1, \quad n_2 = 0$$

ゆえに，$\boldsymbol{n} = \boldsymbol{v}_1 + \boldsymbol{v}_3$，ただし，$\boldsymbol{n}' = -\boldsymbol{v}_1 - \boldsymbol{v}_3 = -\boldsymbol{n}$ とする．

$\boldsymbol{n}$ に直交するベクトル，例えば $\boldsymbol{v}_1 - \boldsymbol{v}_3$ は

$$T(\boldsymbol{v}_1 - \boldsymbol{v}_3) = T\boldsymbol{v}_1 - T\boldsymbol{v}_3 = \boldsymbol{v}_2 - \boldsymbol{v}_4$$

となり，$\boldsymbol{v}_1 - \boldsymbol{v}_3$ と $\boldsymbol{v}_2 - \boldsymbol{v}_4$ は直交するから，交角を θ とすれば

$$\cos\theta = \frac{(\boldsymbol{v}_1 - \boldsymbol{v}_3)\cdot(\boldsymbol{v}_2 - \boldsymbol{v}_4)}{\|\boldsymbol{v}_1 - \boldsymbol{v}_3\|\cdot\|\boldsymbol{v}_2 - \boldsymbol{v}_4\|} = 0 \qquad \therefore \quad \theta = \frac{\pi}{2}$$

問題研究

1.38 (1) 楕円面 $Ax^2 + By^2 + Cz^2 = 1\ (A, B, C > 0)$ の上の点 $P_0 = (x_0, y_0, z_0)$ における外向き単位法線ベクトル $\boldsymbol{n}$ の成分(すなわち方向余弦)$\lambda, \mu, \nu\ (\lambda^2 + \mu^2 + \nu^2 = 1)$ を求めよ.

(2) P_0 における接平面の方程式を求めよ.

(3) 点 P_0 に単位ベクトル $\boldsymbol{a}$ (成分:$\alpha, \beta, \gamma, \alpha^2 + \beta^2 + \gamma^2 = 1$) の方向の光線が外から入射したとき,楕円面で反射される光線方向の単位ベクトル $\boldsymbol{b}$ (成分:$\xi, \eta, \zeta, \xi^2 + \eta^2 + \zeta^2 = 1$) はどうなるか,$\boldsymbol{n}$ と $\boldsymbol{a}$ で表わせ.

(東大工)

1.39 (1) 3次元空間において,次の条件を満足する直線の式を求めよ.

直線Ⅰ:点 $(-2, -4, 0)$ を通り,原点と点 $(1, 2, 1)$ を結ぶ直線に平行である.

直線Ⅱ:点 $(2, 3, 0)$ を通り,平面 $2x + y + z = 0$ に垂直である.

(2) 上記の直線Ⅰ,Ⅱの間の最短距離を求めよ. (東大工)

1.40 3次元空間において (x, z) の平面内の放物線

$$z = \frac{x^2}{2} + \frac{3}{2}$$

を z のまわりに回転して得られる曲面を考える.

(1) この曲面上の点 $(2, 3, 8)$ における接平面の方程式を求めよ.

(2) この接平面と点 $(0, 1, 0)$ との間の最短距離を計算せよ. (東大理)

1.41 直角座標系 O-xyz 内の2点 A, B の位置ベクトルを $\boldsymbol{a}, \boldsymbol{b}$ で表わす.$\boldsymbol{a}$ は $\boldsymbol{b}$ の1次変換として次式で与えられたものとする.

$$\boldsymbol{a} = C\boldsymbol{b}, \quad C = \begin{bmatrix} 1 & 1 & -1 \\ 1 & -1 & 1 \\ -1 & 1 & 1 \end{bmatrix}$$

(1) $Q = R^{-1}CR$ が対角行列となるような直交行列 R を求めよ.

(2) 点Bが原点を中心とした半径1の球面上を動くとき,点Aの描く図形の方程式を (x, y, z) で示せ.

(3) (2)で得られた方程式を標準形になおせ. (東大工)

1.42 原点を中心とする半径 R の球面Sと，原点からの距離 L の点 $\mathrm{P}\,(x_1, y_1, z_1)$ がある．ただし，$L < R$ とする．

（1） Pを通る直線がSと交わるために，その直線の方向余弦 (l, m, n) が満足すべき式を示せ．

（2） PからSにひいた接線の集合は円錐面となる．この円錐面の方程式を x_1, y_1, z_1, R, L を用いて $f\,(x, y, z) = 0$ の形に表わせ． （東大工）

1.43 原点を始点とする三つの位置ベクトル $\boldsymbol{a}, \boldsymbol{b}, \boldsymbol{c}$ の終点が一つの平面を定めるとき，

（1） その平面上の任意の点の位置ベクトル $\boldsymbol{P}$ は，s, t をパラメータとして，次式で表わされることを示せ．

$$\boldsymbol{P} = (1 - s - t)\,\boldsymbol{a} + s\boldsymbol{b} + t\boldsymbol{c}$$

（2） 原点からその平面に至る距離を求めよ． （東大工）

1.44 3次元ユークリッド空間 $\boldsymbol{R}^3$ の相異なる4点 $\boldsymbol{v}_i = \begin{bmatrix} x_i \\ y_i \\ z_i \end{bmatrix}$ $(1 \leqq i \leqq 4)$ が同一平面上にはないとする．

（1） $\begin{vmatrix} x_1 & y_1 & z_1 & 1 \\ x_2 & y_2 & z_2 & 1 \\ x_3 & y_3 & z_3 & 1 \\ x_4 & y_4 & z_4 & 1 \end{vmatrix} \neq 0$ となることを示せ．

（2） （1）における行列式の値を D とおくとき，4点 $\boldsymbol{v}_i$ $(1 \leqq i \leqq 4)$ を頂点とする四面体の体積は $|D|/6$ であることを示せ． （金沢大）

1.45 行列 $A = \begin{bmatrix} 1 & 1 & 0 \\ 1 & -1 & 2 \\ 0 & 2 & -2 \end{bmatrix}$ について，次の小問に答えよ．

（a） 行列 A の固有値をすべて求めよ．

（b） 行列 A の各固有値に対応する固有ベクトルを求めよ．

（c） 集合 $(A\boldsymbol{x} : \boldsymbol{x} \in \boldsymbol{R}^3)$ は平面となることを示せ．

（d） この平面と点 ${}^t(1, 1, 1)$ との距離を求めよ．

ただし，$\boldsymbol{R}^3$ は3次元実空間を表わし，また $\boldsymbol{x}$ は3次元縦ベクトルを表わす．

（東大理）

1.46 実数を要素とする正方行列 A の転置行列を ${}^tA$ とするとき，I を単位行列として，${}^tA \cdot A = I$ をみたす行列 A を直交行列という．このとき，

（i） n 次元ベクトル空間の任意のベクトル $\boldsymbol{x}$ に直交行列 A による1次変換を行ってもその大きさは不変であることを示せ．

（ii） 3次元実数空間での正規直交系について，

$$\boldsymbol{x}_1 = \begin{bmatrix} \dfrac{1}{2} \\ \dfrac{1}{2} \\ \dfrac{1}{\sqrt{2}} \end{bmatrix}, \quad \boldsymbol{x}_2 = \begin{bmatrix} -\dfrac{1}{\sqrt{2}} \\ 0 \\ -\dfrac{1}{\sqrt{2}} \end{bmatrix}$$

で表わされる二つのベクトル $\boldsymbol{x}_1, \boldsymbol{x}_2$ がある．$\boldsymbol{x}_1$ を $\boldsymbol{x}_2$ に1次変換する直交行列を一つ求めよ．

（iii）（ii）の条件をみたす直交行列が無数に存在することを幾何学的に説明せよ．（東大工）

1.47 実変数 x, y, z に関する2次形式 $f(x, y, z) = 2x^2 + 3y^2 + 4z^2 - \sqrt{6}xy + \sqrt{6}yz$ について，以下の設問に答えよ．

（a）ベクトル $\boldsymbol{r}$ を $\boldsymbol{r} = \begin{bmatrix} x \\ y \\ z \end{bmatrix}$ とし，$f(x, y, z) = \boldsymbol{r}^T A \boldsymbol{r}$ と表わしたとき，対称行列 A の固有値と単位固有ベクトル（第2成分は非負）を求めよ．ここでは $\boldsymbol{r}^T$ は $\boldsymbol{r}$ の転置を表わす．

（b）上で求めた A の固有値 $\lambda_1, \lambda_2, \lambda_3 (\lambda_1 \leqq \lambda_2 \leqq \lambda_3)$ に対応する単位固有ベクトル $\boldsymbol{p}_1, \boldsymbol{p}_2, \boldsymbol{p}_3$ を並べて3行3列の行列 $P = (\boldsymbol{p}_1, \boldsymbol{p}_2, \boldsymbol{p}_3)$ をつくる．P による座標変換 $\boldsymbol{r} = P\boldsymbol{r}'$, $\boldsymbol{r}' = \begin{bmatrix} x' \\ y' \\ z' \end{bmatrix}$ を行った場合，$f(x, y, z)$ がどのような形に変換されるかを求めよ．また，P によって変換されるベクトルはその大きさを変えないことを示せ．

（c）P による変換をある軸のまわりの回転とみなしたとき，この回転軸の方向ベクトルを求めよ．

（d）$P^n = E$ となる最小の自然数 n を求めよ．ただし，E は3次の単位行列である．（東大理）

2編　微分・積分学

1　微　分

§1　関数の極限と連続性

1.1　関数の極限

x を a に限りなく近づけるとき，関数 $f(x)$ が一定値 α に限りなく近づくことを

$$\lim_{x \to a} f(x) = \alpha \quad \text{または} \quad f(x) \to \alpha \quad (x \to a)$$

と表わし，x が a に近づくとき $f(x)$ は極限値 α に**収束する**という．

1.1.1　$\lim_{x \to a} f(x) = \alpha \Longleftrightarrow$ 任意の正数 ε に対して適当な正数 δ をとれば，$0 < |x-a| < \delta$ を満足するすべての x に対して

$$|f(x) - \alpha| < \varepsilon$$

1.1.2　$\lim_{x \to a} f(x) = \alpha, \lim_{x \to a} g(x) = \beta$ のとき

(i)　$\lim_{x \to a} \{f(x) \pm g(x)\} = \alpha \pm \beta, \quad \lim_{x \to a} f(x)g(x) = \alpha\beta$

(ii)　$\lim_{x \to a} \dfrac{f(x)}{g(x)} = \dfrac{\alpha}{\beta}$　（ただし $\beta \neq 0$）　(2.1)

1.2　関数の有界性と連続性

1.2.1　任意の x に対して，$|f(x)| \leqq M$（M：定数）となるとき，$f(x)$ は**有界**であるという．

1.2.2　$\lim_{x \to a} f(x) = f(a)$ となるとき，$f(x)$ は $x = a$ において**連続である**という．

1.3　重要な極限値

$$\lim_{x \to 0} \frac{\sin x}{x} = 1, \quad \lim_{x \to \pm\infty} \left(1 + \frac{1}{x}\right)^x = e, \quad \lim_{x \to 0} \frac{x^\alpha}{e^x} = 0 \quad (\alpha > 0)$$

$$\lim_{x \to +\infty} \frac{x^\alpha}{\log x} = +\infty \quad (\alpha > 0), \quad \lim_{x \to 0} \frac{\log(1+x)}{x} = 1, \quad \lim_{x \to +0} x^x = 1 \qquad (2.2)$$

1.4　無限小

1.4.1　$\lim_{x \to a} \dfrac{u}{v^n}$ が 0 でない有限の値であるとき，u は v に対して $\boldsymbol{n}$ **位の無限小**であるという．

1.4.2 ランダウの記号

$$\frac{|f(x)|}{|g(x)|} \leqq C \quad (C > 0) \Rightarrow f(x) = O(g(x)),$$
$$\lim_{x \to a} \frac{f(x)}{g(x)} = 0 \Rightarrow f(x) = o(g(x)) \tag{2.3}$$

1.5 中間値の定理

閉区間 $[a, b]$ において $f(x)$ が連続で，$f(a) \gtreqless f(b)$ ならば，$f(a) \gtreqless \alpha \gtreqless f(b)$ を満足する任意の α に対して，$f(\xi) = \alpha, a < \xi < b$ を満足する ξ が少なくとも一つ存在する．

1.6 最大値・最小値の定理

関数 $f(x)$ が閉区間 $[a, b]$ で連続ならば，この区間に $f(x)$ が最大値をとる点，および最小値をとる点が存在する．

1.7 逆関数

$y = f(x)$ を x について解いたものを $x = F(y) \equiv f^{-1}(y)$ とおき，$y = f^{-1}(x)$ を $y = f(x)$ の**逆関数**という．$y = f(x)$ と $y = f^{-1}(x)$ のグラフは $y = x$ に関して対称である．

§2 微 分 法

2.1 導関数

関数 $y = f(x)$ が a を含むある区間で定義されているとき，

$$\lim_{x \to a} \frac{f(x) - f(a)}{x - a} = \lim_{h \to a} \frac{f(a + h) - f(a)}{h} = A \quad (A \neq \pm \infty) \tag{2.4}$$

が存在するならば，$f(x)$ は $x = a$ において**微分可能**であるといい，$A \equiv f'(a)$ を $x = a$ における $f(x)$ の**微分係数**という．区間 I の各点に，そこでの微分係数を対応させることにより定まる関数を $f(x)$ の**導関数** $f'(x)$ という．導関数を求めることを**微分する**という．

2.2 接 線

$$y = f(x) \text{ の } x = a \text{ における接線}: y - f(a) = f'(a)(x - a)$$
$$\text{法線}: y - f(a) = \frac{-1}{f'(a)}(x - a) \tag{2.5}$$

2.3 ニュートン法による非線形または高次方程式の解法

$y = f(x)$ のグラフ上の点 $(x_k, f(x_k))$ において接線を引き，x 軸との交点を x_{k+1} とすると，

$$x_{k+1} = x_k - \frac{f(x_k)}{f'(x_k)} \quad (k = 1, 2, \cdots) \tag{2.6}$$

第1近似を x_1 とし，この反復公式により $x_2, x_3, \cdots$ を計算する．

2.4　基本的性質

$f(x), g(x)$ が微分可能ならば，

$$\text{(i)}\ (cf)' = cf' \quad (c:\text{定数}) \qquad \text{(ii)}\ (f \pm g)' = f' \pm g'$$
$$\text{(iii)}\ (fg)' = f'g + fg' \qquad \text{(iv)}\ \left(\frac{f}{g}\right)' = \frac{f'g - fg'}{g^2} \quad (g \neq 0) \tag{2.7}$$

2.5　合成関数の微分

$y = f(t), t = \phi(x)$ とすると

$$\frac{dy}{dx} = \frac{dy}{dt}\frac{dt}{dx} \tag{2.8}$$

2.6　助変数で表わされた関数

$x = \phi(t),\ y = \psi(t)$ （t：助変数（媒介変数））とすると

$$\frac{dy}{dx} = \frac{dy}{dt}\Big/\frac{dx}{dt} \tag{2.9}$$

2.7　逆関数の微分

$y = f(x), x = f^{-1}(y)$ とすると

$$\frac{dx}{dy} = \frac{1}{dy/dx} \tag{2.10}$$

2.8　対数微分

2.8.1　$$\frac{d}{dx}\log(f(x)) = \frac{f'(x)}{f(x)} \tag{2.11}$$

2.8.2　$y = f_1(x)f_2(x)\cdots f_n(x)$ のとき

$$\frac{y'}{y} = \sum_{i=1}^{n}\frac{f_i'(x)}{f_i(x)} \tag{2.12}$$

2.9　ライプニッツの公式

$$\frac{d^n}{dx^n}(f(x)g(x)) = \sum_{k=0}^{n}\binom{n}{k}f^{(n-k)}(x)g^{(k)}(x) \tag{2.13}$$

ただし，$\binom{n}{k} = {}_n\mathrm{C}_k = \dfrac{n!}{k!(n-k)!} = \dfrac{n(n-1)\cdots(n-k+1)}{k!}$ とする．

2.10　基本的な関数の導関数

$$(x^\alpha)' = \alpha x^{\alpha-1} \quad (\alpha:\text{定数}),\quad (e^x)' = e^x,\quad (\alpha^x)' = \alpha^x\log\alpha,\quad (\log|x|)' = \frac{1}{x},$$

$$(\log_a|x|)' = \frac{1}{x\log\alpha},\quad (\sin x)' = \cos x,\quad (\cos x)' = -\sin x,$$

$$(\tan x)' = \sec^2 x, \quad (\cot x)' = -\operatorname{cosec}^2 x, \quad (\sin^{-1} x)' = \frac{1}{\sqrt{1-x^2}}, \quad (2.14)$$

$$(\cos^{-1} x)' = -\frac{1}{\sqrt{1-x^2}}, \quad (\tan^{-1} x)' = \frac{1}{1+x^2}, \quad (\cot^{-1} x)' = -\frac{1}{1+x^2},$$

$$(\sinh x)' = \cosh x, \quad (\cosh x)' = \sinh x, \quad (\tanh x)' = \operatorname{sech}^2 x,$$

$$(\coth x)' = -\operatorname{cosech}^2 x, \quad (\sinh^{-1} x)^{-1} = \frac{1}{\sqrt{1+x^2}},$$

$$(\cosh^{-1} x)' = \frac{1}{\sqrt{x^2-1}} \quad (x^2 > 1)$$

2.11 高次導関数

$$(x^\alpha)^{(n)} = \alpha(\alpha-1)\cdots(\alpha-n+1)x^{\alpha-n}, \quad \{f(\alpha x+b)\}^{(n)} = \alpha^n f^{(n)}(\alpha x+b),$$

$$(\alpha^x)^{(n)} = \alpha^x(\log\alpha)^n, \quad (\log|x|)^{(n)} = (-1)^{n-1}\frac{(n-1)!}{x^n},$$

$$(\log_\alpha|x|)^{(n)} = \frac{(-1)^{n-1}}{\log\alpha}\cdot\frac{(n-1)!}{x^n}, \quad (\sin x)^{(n)} = \sin\left(x+\frac{n\pi}{2}\right),$$

$$(\cos x)^{(n)} = \cos\left(x+\frac{n\pi}{2}\right), \quad (e^x)^{(n)} = e^x \quad (2.15)$$

§3 導関数とその応用

3.1 ロルの定理

閉区間 $[a, b]$ において連続な関数 $f(x)$ が開区間 (a, b) において微分可能であり，$f(a) = f(b)$

$\Rightarrow f'(\xi) = 0, a < \xi < b$ を満足する ξ が存在する．

3.2 ラグランジュの平均値の定理

$[a, b]$ において連続な関数 $f(x)$ が (a, b) において微分可能

$\Rightarrow \dfrac{f(b)-f(a)}{b-a} = f'(\xi), a < \xi < b$ を満足する ξ が存在する．

3.3 コーシーの平均値の定理

$f(x), g(x)$ が $[a, b]$ で連続，(a, b) で微分可能，$g(a) \neq g(b), f'(x)$ と $g'(x)$ が同時に 0 とならない．

$\Rightarrow \dfrac{f(b)-f(a)}{g(b)-g(a)} = \dfrac{f'(\xi)}{g'(\xi)}, a < \xi < b$ を満足する ξ が存在する．

3.4 不定形の極限

$\lim_{x\to a} f(x) = \lim_{x\to a} g(x) = 0$ または $\lim_{x\to a} f(x) = \lim_{x\to a} g(x) = \pm\infty$ のとき，

$$\lim_{x\to a}\frac{f(x)}{g(x)} = \lim_{x\to a}\frac{f'(x)}{g'(x)} \quad \text{（ロピタルの定理）} \tag{2.16}$$

3.5　テイラー級数展開の定理

区間 I において $f(x)$ が n 回微分可能であるとき

$$\begin{aligned} f(x) &= f(a) + \frac{f'(a)}{1!}(x-a) + \frac{f''(a)}{2!}(x-a)^2 \\ &\quad + \cdots + \frac{f^{(n-1)}(a)}{(n-1)!}(x-a)^{n-1} + R_n \\ &= \sum_{k=0}^{n-1}\frac{f^{(k)}(a)}{k!}(x-a)^k + R_n \end{aligned} \tag{2.17}$$

$$R_n = \frac{f^{(n)}(a+\theta(x-a))}{n!}(x-a)^n, \quad 0<\theta<1$$

を満足する θ が存在する.

特に $a=0$ のときを**マクローリン級数展開**という：

$$f(x) = f(0) + \frac{f'(0)}{1!}x + \frac{f''(0)}{2!}x^2 + \cdots + \frac{f^{(n-1)}(0)}{(n-1)!}x^{n-1} + R_n \tag{2.18}$$

3.6　関数の展開

$$e^x = 1 + \frac{x}{1!} + \frac{x^2}{2!} + \cdots + \frac{x^{n-1}}{(n-1)!} + R_n, \quad R_n = \frac{e^{\theta x}x^n}{n!}$$

$$\sin x = x - \frac{x^3}{3!} + \frac{x^5}{5!} - \cdots + (-1)^{n-1}\frac{x^{2n-1}}{(2n-1)!} + R_{2n+1},$$

$$R_{2n+1} = (-1)^n\frac{\cos\theta x}{(2n-1)!}x^{2n+1}$$

$$\cos x = 1 - \frac{x^2}{2!} + \frac{x^4}{4!} - \cdots + (-1)^n\frac{x^{2n}}{(2n)!} + R_{2n+2},$$

$$R_{2n+2} = (-1)^{n+1}\frac{\cos\theta x}{(2n+2)!}x^{2n+2}$$

$$\log(1+x) = x - \frac{x^2}{2} + \frac{x^3}{3} - \cdots + (-1)^n\frac{x^{n-1}}{n-1} + R_n, \quad R_n = \frac{(-1)^{n+1}x^n}{n(1+\theta x)^n}$$

$$(1+x)^n = 1 + \binom{\alpha}{1}x + \binom{\alpha}{2}x^2 + \cdots + \binom{\alpha}{n-1}x^{n-1} + R_n,$$

$$R_n = \binom{\alpha}{n}(1+\theta x)^{\alpha-n}x^n$$

ただし，$0<\theta<1$ とする.　(2.19)

3.7 関数の極大・極小，最大・最小

3.7.1 a を含む閉区間 $[\alpha, \beta]$ において $f(x)$ が連続で，開区間 (α, a) で $f'(x) > 0$, (a, β) で $f'(x) < 0$ が成立すれば，$f(x)$ は $x = a$ で極大となる．不等号の向きが逆のときは極小となる．

3.7.2 $f(x)$ が a を含む開区間で n 回連続微分可能で，$f'(a) = f''(a) = \cdots = f^{(n-1)}(a) = 0, f^{(n)}(a) \neq 0$ とすると，

（i） n が偶数で $f^{(n)}(a) > 0$ ならば，$f(a)$ は極小値．

（ii） n が偶数で $f^{(n)}(a) < 0$ ならば，$f(a)$ は極大値．

（iii） n が奇数ならば，$f(a)$ は極値ではない．

3.7.3 $f(x)$ が最大または最小となる点があるとすれば，次のいずれかである．

（i） $f'(x) = 0$ となる点．

（ii） $f(x)$ の定義域を構成する区間の端点．

（iii） $f(x)$ が微分可能でない点．

3.7.4 ある区間に属する任意の 3 点 $x_1 < x_2 < x_3$ に対して常に

$$\frac{f(x_2) - f(x_1)}{x_2 - x_1} \leqq \frac{f(x_3) - f(x_2)}{x_3 - x_2}$$

が成立するとき，$f(x)$ はその区間で下に凸であるという．不等号の向きが逆のときは，上に凸であるという．

3.7.5 ある区間において関数 $f(x)$ が連続，2 回微分可能のとき，

（i） $f''(x) > 0 \iff y = f(x)$ は下に凸

（ii） $f''(x) < 0 \iff y = f(x)$ は上に凸

3.8 ベクトルの微分と曲線

3.8.1 微分係数

$$\lim_{t \to \alpha} \frac{\boldsymbol{r}(t) - \boldsymbol{r}(\alpha)}{t - \alpha} = \dot{\boldsymbol{r}}(\alpha) = \boldsymbol{r}'(\alpha) = \left(\frac{d\boldsymbol{r}}{dt}\right)_{t=\alpha} \tag{2.20}$$

3.8.2 $\boldsymbol{r} = \boldsymbol{r}(t) = (x(t), y(t), z(t))$, $\boldsymbol{v} = \dfrac{d\boldsymbol{r}}{dt} = \left(\dfrac{dx}{dt}, \dfrac{dy}{dt}, \dfrac{dz}{dt}\right)$, $\boldsymbol{a} = \dfrac{d^2\boldsymbol{r}}{dt^2}$

(2.21)

3.8.3 $(\boldsymbol{r} \pm \boldsymbol{s})' = \boldsymbol{r}' \pm \boldsymbol{s}'$, $(\lambda \boldsymbol{r}) = \lambda' \boldsymbol{r} + \lambda \boldsymbol{r}'$ （λ : スカラー） (2.22)

$(\boldsymbol{r} \cdot \boldsymbol{s})' = \boldsymbol{r}' \cdot \boldsymbol{s} + \boldsymbol{r} \cdot \boldsymbol{s}'$, $(\boldsymbol{r} \times \boldsymbol{s})' = \boldsymbol{r}' \times \boldsymbol{s} + \boldsymbol{r} \times \boldsymbol{s}'$

3.9 空間曲線

3.9.1 助変数表示 $\boldsymbol{r} = \boldsymbol{r}(t) = (x(t), y(t), z(t))$ のとき，曲線弧長を s とすると

$$\dot{s} = \frac{ds}{dt} = \left|\frac{d\boldsymbol{r}}{dt}\right| = \sqrt{\dot{x}^2 + \dot{y}^2 + \dot{z}^2} \tag{2.23}$$

3.9.2　助変数表示の曲線の接線，曲率

（1）　$d\boldsymbol{t}/ds = \kappa\boldsymbol{n},\quad d\boldsymbol{n}/ds = -\kappa\boldsymbol{t} + \tau\boldsymbol{b},\quad d\boldsymbol{b}/ds = -\tau\boldsymbol{n}$　（フルネ・セレの公式）　(2.24)

ただし，$\boldsymbol{t}, \boldsymbol{n}, \boldsymbol{b}$：曲線上の各点で互いに直交する長さ1のベクトルで，それぞれ単位接線ベクトル，単位主法線ベクトル，単位従法線ベクトル，κ：曲率，τ：捩率.

（2）　$\boldsymbol{r} = \boldsymbol{r}(t) = (x(t), y(t), z(t))$ のとき，(X, Y, Z) を流通座標とすると

接線：$\dfrac{X - x}{\dot{x}} = \dfrac{Y - y}{\dot{y}} = \dfrac{Z - z}{\dot{z}}$

法平面：$\dot{x}(X - x) + \dot{y}(Y - y) + \dot{z}(Z - z) = 0$　(2.25)

曲率：$\kappa = \dfrac{1}{\rho} = \dfrac{|\dot{\boldsymbol{r}} \times \ddot{\boldsymbol{r}}|}{|\dot{\boldsymbol{r}}^3|} = \dfrac{\sqrt{\begin{vmatrix} \dot{y} & \dot{z} \\ \ddot{y} & \ddot{z} \end{vmatrix}^2 + \begin{vmatrix} \dot{z} & \dot{x} \\ \ddot{z} & \ddot{x} \end{vmatrix}^2 + \begin{vmatrix} \dot{x} & \dot{y} \\ \ddot{x} & \ddot{y} \end{vmatrix}^2}}{(\dot{x}^2 + \dot{y}^2 + \dot{z}^2)^{3/2}}$　（ρ：曲率半径）

3.10　平面曲線

3.10.1　助変数表示 $\boldsymbol{r} = \boldsymbol{r}(t) = (x(t), y(t))$ のとき

曲率：$\kappa = \dfrac{1}{\rho} = \dfrac{|\dot{x}\ddot{y} - \dot{y}\ddot{x}|}{(\dot{x}^2 + \dot{y}^2)^{3/2}}$　(2.26)

3.10.2　$y = f(x)$ のとき

曲率：$\kappa = \dfrac{1}{\rho} = \dfrac{|y''|}{(1 + y'^2)^{3/2}}$　(2.27)

例題 2.1

関数

$$f(x) = \log(1-x) + \sin x$$

を x^3 の項までマクローリン展開せよ．　　　　(お茶大)

【解答】 与式より，

$$f'(x) = \frac{1}{1-x}(-1) + \cos x = \frac{1}{x-1} + \cos x,\quad f'(0) = -1+1 = 0$$

$$f''(x) = \frac{-1}{(x-1)^2} - \sin x,\quad f''(0) = -1$$

$$f'''(x) = -\frac{-2(x-1)}{(x-1)^4} - \cos x,\quad f'''(0) = -2-1 = -3$$

$$\therefore\ f(x) = 0 + 0 + \frac{-1}{2!}x^2 + \frac{-3}{3!}x^3 + \cdots$$

$$\cong -\frac{1}{2}x^2 - \frac{1}{2}x^3$$

〈**参考**〉 Mathematica によるマクローリン展開を下に示す．

```
In[1]:= f[x_]:=Log[1-x]+Sin[x]
        Series[f[x],{x,0,3}]
```

Out[2]= $-\frac{x^2}{2} - \frac{x^3}{2} + O[x]^4$

例題 2.2

$y = \cot^{-1}x$ とする．

（1） $\dfrac{d^2y}{dx^2} = \sin^2 y \sin 2y$ であることを示せ．

（2） $\dfrac{d^3y}{dx^3}$ を求めよ．

（3） $\dfrac{d^ny}{dx^n}$ を求めよ．（東大理）

【解答】（1） $y = \cot^{-1}x,\quad x = \cot y$

$$\frac{dy}{dx} = \frac{1}{dx/dy} = \frac{1}{-1/\sin^2 y} = -\sin^2 y$$

$$\frac{d^2y}{dx^2} = \frac{dy}{dx}\frac{d}{dy}\left(\frac{dy}{dx}\right) = -\sin^2 y\frac{d}{dy}(-\sin^2 y) = \sin^2 y(2\sin y\cos y)$$

$$= \sin^2 y \sin 2y$$

（2）
$$\frac{d^3y}{dx^3} = \frac{dy}{dx}\frac{d}{dy}\left(\frac{d^2y}{dx^2}\right) = -\sin^2 y\frac{d}{dy}(\sin^2 y\sin 2y)$$

$$= -\sin^2 y(2\sin y\cos y\sin 2y + \sin^2 y\cdot 2\cos 2y)$$

$$= -\sin^2 y\cdot 2\sin y(\cos y\sin 2y + \sin y\cos 2y)$$

$$= -2\sin^3 y\sin 3y$$

（3）
$$\frac{d^4y}{dx^4} = \frac{dy}{dx}\frac{d}{dy}\left(\frac{d^3y}{dx^3}\right) = -\sin^2 y\frac{d}{dy}(-2\sin^3 y\sin 3y)$$

$$= 2\sin^2 y(3\sin^2 y\cos y\sin 3y + \sin^3 y\cdot 3\cos 3y)$$

$$= 2\sin^2 y\cdot 3\sin^2 y(\cos y\sin 3y + \sin y\cos 3y)$$

$$= 6\cdot\sin^4 y\sin 4y$$

$\dfrac{d^{n-1}y}{dx^{n-1}} = (-1)^{n-1}(n-2)!\sin^{n-1} y\sin(n-1)y$ が成立すると仮定すると，

$$\frac{d^ny}{dx^n} = \frac{d}{dx}\frac{d^{n-1}y}{dx^{n-1}} = (-1)^{n-1}(n-2)!\frac{dy}{dx}\frac{d}{dy}\{\sin^{n-1} y\sin(n-1)y\}$$

$$= (-1)^{n-1}(n-2)!(-\sin^2 y)\{(n-1)\sin^{n-2} y\cos y\sin(n-1)y$$
$$+ \sin^{n-1} y\cdot(n-1)\cos(n-1)y\}$$

$$= (-1)^n(n-2)!(n-1)\sin^2 y\sin^{n-2} y\{\cos y\sin(n-1)y$$
$$+ \sin y\cos(n-1)y\}$$

$$= (-1)^n(n-1)!\sin^n y\sin ny$$

【別解】 (3) $y = \cot^{-1}x$

$$\therefore \quad \frac{dy}{dx} = -\frac{1}{x^2+1} = \frac{1}{2i}\left\{\frac{1}{x+i} - \frac{1}{x-i}\right\}$$

$$\frac{d^{n+1}y}{dx^{n+1}} = \frac{1}{2i}\left\{\frac{(-1)^n n!}{(x+i)^{n+1}} - \frac{(-1)^n n!}{(x-i)^{n+1}}\right\}$$

$$= \frac{(-1)^n n!}{2i}\frac{(x-i)^{n+1} - (x+i)^{n+1}}{(x^2+1)^{n+1}}$$

$$= \frac{(-1)^n n!}{2i}\frac{[\cos(n+1)y - i\sin(n+1)y] - [\cos(n+1)y + i\sin(n+1)y]}{\sin^{n+1}y\,\mathrm{cosec}^{2(n+1)}y}$$

$$(\because \quad x = \cot y)$$

$$= (-1)^{n+1}n!\sin^{n+1}y\sin(n+1)y$$

したがって，$\dfrac{d^n y}{dx^n} = (-1)^n(n-1)!\sin^n y\sin ny$ となる．

例題 2.3

3 次元空間の曲線 $\boldsymbol{c}(s)$（s は弧長パラメーター）について次の問に答えよ．

（1） フルネ・セレの公式について説明せよ．

（2） 曲線 $\kappa(s) \neq 0$ のとき，曲線 $\boldsymbol{c}(s)$ が平面上にあるための必要十分条件は振率 $\tau(s) = 0$ であることを示せ．　（お茶大，群大*）

【解答】（1） 位置ベクトルを $\boldsymbol{r}$，弧長を s とし，接線単位ベクトル $\boldsymbol{t} = \dfrac{d\boldsymbol{r}}{ds} = \boldsymbol{r}'$ の両辺を s で微分すると，

$$\boldsymbol{t}' = \boldsymbol{r}''$$

$$\therefore \quad \text{主法線単位ベクトル}\ \boldsymbol{n} = \frac{\boldsymbol{t}'}{\|\boldsymbol{t}'\|} = \frac{\boldsymbol{t}'}{\|\boldsymbol{r}''\|} = \frac{\boldsymbol{t}'}{\kappa} \quad (\kappa : \text{曲率})$$

$$\therefore \quad \boldsymbol{t}' = \kappa\boldsymbol{n} \qquad ①$$

次に，従法線単位ベクトル $\boldsymbol{b} = \boldsymbol{t} \times \boldsymbol{n}$ の両辺を s で微分して，$\boldsymbol{t}' = \kappa\boldsymbol{n}$ を代入すれば，

$$\boldsymbol{b}' = \boldsymbol{t}' \times \boldsymbol{n} + \boldsymbol{t} \times \boldsymbol{n}' = (\kappa\boldsymbol{n}) \times \boldsymbol{n} + \boldsymbol{t} \times \boldsymbol{n}'$$
$$= \boldsymbol{t} \times \boldsymbol{n}'$$

$$\therefore \quad \boldsymbol{t}\cdot\boldsymbol{b}' = \boldsymbol{t}\cdot(\boldsymbol{t} \times \boldsymbol{n}') = \boldsymbol{n}'\cdot(\boldsymbol{t} \times \boldsymbol{t}) = 0 \qquad \therefore \quad \boldsymbol{b}' \perp \boldsymbol{t} \qquad ②$$

また，$\boldsymbol{b}$ は単位ベクトルであるから，

$$\boldsymbol{b}\cdot\boldsymbol{b}' = 0 \qquad \therefore \quad \boldsymbol{b}' \perp \boldsymbol{b} \qquad ③$$

②，③より，$\boldsymbol{b}'$ は $\boldsymbol{n}$ に平行である．したがって，次のようにおくことができる．

$$\boldsymbol{b}' = \alpha\boldsymbol{n} \qquad ④$$

次に，$\alpha = \boldsymbol{n}\cdot(\alpha\boldsymbol{n}) = \boldsymbol{n}\cdot\boldsymbol{b}'$，$\boldsymbol{b}' = \boldsymbol{t} \times \boldsymbol{n}'$，$\boldsymbol{n} = \kappa^{-1}\boldsymbol{t}'$ を利用して，

$$\alpha = \boldsymbol{n}\cdot(\boldsymbol{t} \times \boldsymbol{n}') = -|\boldsymbol{t}\boldsymbol{n}\boldsymbol{n}'| = -|\boldsymbol{t}\kappa^{-1}\boldsymbol{t}'(\kappa^{-1}\boldsymbol{t}'' - \kappa^{-2}\kappa'\boldsymbol{t}')|$$
$$= -|\boldsymbol{t}\kappa^{-1}\boldsymbol{t}'\kappa^{-1}\boldsymbol{t}''| - |\boldsymbol{t}\kappa^{-1}\boldsymbol{t}' - \kappa^{2}\kappa'\boldsymbol{t}'|$$
$$= -\kappa^{-2}|\boldsymbol{t}\boldsymbol{t}'\boldsymbol{t}''| + \kappa^{-1}\kappa^{-2}\kappa'|\boldsymbol{t}\boldsymbol{t}'\boldsymbol{t}'|$$
$$= -\kappa^{-2}|\boldsymbol{t}\boldsymbol{t}'\boldsymbol{t}''| + 0 = -\kappa^{-2}|\boldsymbol{r}'\boldsymbol{r}''\boldsymbol{r}''|$$
$$\equiv -\tau \quad (\tau : \text{振率})$$

これを④に代入して，

$$\boldsymbol{b}' = -\tau\boldsymbol{n} \qquad ⑤$$

さらに，$\boldsymbol{n} = \boldsymbol{b} \times \boldsymbol{t}$ であるから，この両辺を s で微分して，①と⑤を利用すれば，

$$\boldsymbol{n} = \boldsymbol{b}' \times \boldsymbol{t} + \boldsymbol{b} \times \boldsymbol{t}' = -\tau\boldsymbol{n} \times \boldsymbol{t} + \boldsymbol{b} \times (\kappa\boldsymbol{n})$$
$$= \tau\boldsymbol{b} - \kappa\boldsymbol{t} \qquad ⑥$$

$$(\because \quad \boldsymbol{b} \times \boldsymbol{n} = \boldsymbol{b} \times (\boldsymbol{b} \times \boldsymbol{t}) = (\boldsymbol{b}\cdot\boldsymbol{t})\boldsymbol{b} - (\boldsymbol{b}\cdot\boldsymbol{b})\boldsymbol{t} = -\boldsymbol{t})$$

（2） $\boldsymbol{c}(s)$ が平面曲線であれば，$\boldsymbol{c} = f(s)\boldsymbol{A} + g(s)\boldsymbol{B} + \boldsymbol{C}$ と書ける．ただし，$\boldsymbol{A}, \boldsymbol{B}, \boldsymbol{C}$ は定ベクトルである．したがって，

$$\boldsymbol{c}' = f'\boldsymbol{A} + g'\boldsymbol{B},\quad \boldsymbol{c}'' = f''\boldsymbol{A} + g''\boldsymbol{B},\quad \boldsymbol{c}''' = f'''\boldsymbol{A} + g'''\boldsymbol{B}$$

$$\therefore\ \text{捩率}\ \tau = \frac{1}{\kappa^2}\,|\boldsymbol{c}'\boldsymbol{c}''\boldsymbol{c}'''|\quad (\text{ただし，}|\quad| = \det)$$

$$= \frac{1}{\kappa^2}\,|(f'\boldsymbol{A} + g'\boldsymbol{B})(f''\boldsymbol{A} + g''\boldsymbol{B})(f'''\boldsymbol{A} + g'''\boldsymbol{B})|$$

$$= \frac{1}{\kappa^2}\,(f'f''f'''\,|\boldsymbol{AAA}| + f'f''g'''\,|\boldsymbol{AAB}|$$
$$+ f'g''f'''\,|\boldsymbol{ABA}| + f'g''g'''\,|\boldsymbol{ABB}|$$
$$+ g'f''f'''\,|\boldsymbol{BAA}| + g'f''g'''\,|\boldsymbol{BAB}|$$
$$+ g'g''f'''\,|\boldsymbol{BBA}| + g'g''g'''\,|\boldsymbol{BBB}|) = 0$$

（右辺各行列式の 2 列が同じだから，すべて 0）

逆に，$|\boldsymbol{c}'\boldsymbol{c}''\boldsymbol{c}'''| = 0$ を仮定する．$\boldsymbol{h} = \boldsymbol{c}' \times \boldsymbol{c}''$ とおけば，

$$\boldsymbol{h}' = \boldsymbol{c}' \times \boldsymbol{c}''' + \boldsymbol{c}'' \times \boldsymbol{c}'' = \boldsymbol{c}' \times \boldsymbol{c}'''$$

であるから，

$$\begin{aligned}\boldsymbol{h} \times \boldsymbol{h}' &= (\boldsymbol{c}' \times \boldsymbol{c}'') \times (\boldsymbol{c}' \times \boldsymbol{c}''')\\ &= \{(\boldsymbol{c}' \times \boldsymbol{c}'')\cdot\boldsymbol{c}'''\}\boldsymbol{c}' - \{(\boldsymbol{c}' \times \boldsymbol{c}'')\cdot\boldsymbol{c}'\}\boldsymbol{c}'''\\ &= |\boldsymbol{c}'\boldsymbol{c}''\boldsymbol{c}'''|\boldsymbol{c}' - |\boldsymbol{c}'\boldsymbol{c}''\boldsymbol{c}'|\boldsymbol{c}'''\\ &= |\boldsymbol{c}'\boldsymbol{c}''\boldsymbol{c}'''|\boldsymbol{c}' - 0 = |\boldsymbol{c}'\boldsymbol{c}''\boldsymbol{c}'''| = 0 \quad (\because\ \text{仮定})\end{aligned}$$

すなわち，$\boldsymbol{h} = \boldsymbol{c}' \times \boldsymbol{c}''$ が常にある定ベクトル $\boldsymbol{K}$ に平行である．したがって，$\boldsymbol{c}'$ は $\boldsymbol{K}$ に垂直である．ゆえに，$\boldsymbol{K}$ に垂直で，共線でない二つの定ベクトル $\boldsymbol{A}, \boldsymbol{B}$ を任意にとれば，

$$\boldsymbol{c}' = F(s)\boldsymbol{A} + G(s)\boldsymbol{B}$$

と書ける．この両辺を積分して，

$$\boldsymbol{c}(s) = \int F(s)\,ds\boldsymbol{A} + \int G(s)\,ds\boldsymbol{B} + \boldsymbol{C}\quad (\boldsymbol{C}: \text{定ベクトル})$$

すなわち，$\boldsymbol{c} = \boldsymbol{c}(s)$ は平面曲線である．したがって，曲線 $\boldsymbol{c} = \boldsymbol{c}(s)$ が平面曲線であるための必要十分条件は $\tau(s) = 0$ である．

例題 2.4

開区間 $(-1, 1)$ 上の関数 $y = \sin^{-1} x$ $(-\pi/2 < y < \pi/2)$ を考える．次の問に答えよ．

（a）y' を求めよ．

（b）次の関係式が成立することを示せ．　$(1 - x^2)y'' - xy' = 0$

（c）非負の整数 n に対して次の関係式が成立することを示せ．ただし，y の n 階導関数を $y^{(n)}$ と表わす．

$$(1 - x^2)y^{(n+2)} - (2n + 1)xy^{(n+1)} - n^2 y^{(n)} = 0$$

（阪大，名工大*，電通大*，東大*）

【解答】（a）$y = \sin^{-1} x$ より，$x = \sin y$

$$\therefore \quad \frac{dx}{dy} = \cos y = \sqrt{1 - \sin^2 y}, \quad \frac{dy}{dx} = (\sin^{-1} x)^{-1} = \frac{1}{\sqrt{1 - \sin^2 y}} = \frac{1}{\sqrt{1 - x^2}} \quad ①$$

（b）①より，$\sqrt{1 - x^2}\, y' = 1$，$y'_0 = 1$

これをさらに微分すると，

$$\begin{aligned} 0 &= \sqrt{1 - x^2}\, y'' + y'\{(1 - x^2)^{1/2}\}' \\ &= \sqrt{1 - x^2}\, y'' + \frac{1}{2} y'(1 - x^2)^{-1/2}(-2x) \\ &= \sqrt{1 - x^2}\, y'' - \frac{x}{\sqrt{1 - x^2}} y' \end{aligned}$$

すなわち，$(1 - x^2)y'' - xy' = 0$，$y''_0 = 0$

（c）これを n 回微分するときライプニッツの公式 $(fg)^{(n)} = \sum_{k=0}^{n} \binom{n}{k} f^{(n-k)} g^{(k)}$ を適用する．$f_1 = y''$, $g_1 = (1 - x^2)$, $f_2 = x$, $g_2 = y'$ とおくと，

$$\binom{n}{0} f_1^{(n)} g_1^{(0)} + \binom{n}{1} f_1^{(n-1)} g_1^{(1)} + \binom{n}{2} f_1^{(n-2)} g_1^{(2)} - \binom{n}{n-1} f_2^{(1)} g_2^{(n-1)} - \binom{n}{n} f_2^{(0)} g_2^{(n)} = 0$$

$$(y'')^{(n)}(1 - x^2) + \frac{n!}{(n-1)!\,1!}(y'')^{(n-1)}(-2x) + \frac{n!}{(n-2)!\,2!}(y'')^{(n-2)}(-2) - \frac{n!}{(n-1)!\,1!} 1 (y')^{(n-1)} - x(y')^{(n)} = 0$$

$$(1 - x^2)y^{(n+2)} - 2nxy^{(n+1)} - n(n-1)y^{(n)} - ny^{(n)} - xy^{(n+1)} = 0$$

$$\therefore \quad (1 - x^2)y^{(n+2)} - (2n + 1)xy^{(n+1)} - n^2 y^{(n)} = 0$$

問題研究

2.1　平面上の直交座標系 (xy 座標系) における曲線を表わす関数について，以下の設問 1〜3 に答えよ.

問 1　曲線状の任意の点の座標を (ξ, η) とする.

（a）　点 (ξ, η) における接線の x 切片を，ξ, η および接線の傾き $d\eta/d\xi$ で表わせ.

（b）　接点 (ξ, η) と接線の x 切片との距離を，ξ, η および接線の傾き $d\eta/d\xi$ で表わせ.

問 2　曲線上の任意の点とその点における接線の x 切片との距離が 1 となるような曲線を考える.

（a）　そのような曲線を表わす微分方程式を導け.

（b）　微分方程式を解くために，

$$y(t) = \frac{1}{\cosh t} = \left(\frac{e^t + e^{-t}}{2}\right)^{-1} \tag{Ⅰ}$$

で $y(t)$ を定義する.

（1）　$\dfrac{dy}{dt}$ を $\cosh t$ と $\sinh t$ で表わせ.

（2）　$\dfrac{\sqrt{1-y^2}}{y}$ を $\sinh t$ で表わせ.　　（3）　$\dfrac{d\tanh t}{dt}$ を $\cosh t$ で表わせ.

（c）　このような曲線のうち，定点 $(0, 1)$ を通る曲線は，

$$x = t - \tanh t, \quad y = \frac{1}{\cosh t} \tag{Ⅱ}$$

と媒介変数 t を使って表わせることを示せ.

問 3　媒介変数を使って表わした曲線上の任意の点 $(\xi(t), \eta(t))$ における法線を

$$y = \alpha(t)x + \beta(t) \tag{Ⅲ}$$

とする.

（a）　$\alpha(t)$ および $\beta(t)$ を，ξ, η および接線の傾き $d\eta/d\xi$ で表わせ.

（b）　(Ⅱ)式で表わされる曲線について，$\alpha(t)$ および $\beta(t)$ を媒介変数 t を使って表わせ.

（c）　媒介変数 t を変化させてできる法線群の包絡線を，$\alpha(t), \beta(t), d\alpha/dt$ および $d\beta/dt$ を使って媒介表示せよ.

（d）　(Ⅱ)式で表わされる曲線の法線群の包絡線を，媒介変数 t を消去して，x の関数として明示せよ.　　　　（東大）

2.2　関数 $y = y(x)$ は，

$$X = \frac{dy}{dx}, \quad Y = y - \frac{dy}{dx}x \tag{A}$$

で定義される変換 $(x, y) \to (X, Y)$ により，関数 $Y = Y(X)$ に写される．これについて，次の問に答えよ．

（1）変換(A)の逆変換が

$$x = -\frac{dY}{dX}, \quad y = Y - \frac{dY}{dX}X \tag{B}$$

で与えられることを証明せよ．

（2）関数 $y = y(x)$ が，直交座標系 (x, y) において原点を中心とする単位円を表わすとき，関数 $Y = Y(X)$ は，直交座標系 (X, Y) においてどのような図形を表わすか．（東大工）

2.3　次の方程式で与えられる空間曲線がある．

$$x = \cos\omega t, \quad y = \sin\omega t, \quad z = vt$$

t はパラメータ，ω と v は定数である．

（1）この曲線の接線の方程式を求めよ．

（2）その接線に垂直で接点を通る平面の方程式を求めよ．

（3）この平面がもとの曲線と上記接点以外では交わらないための条件を求めよ．（東大工，東大工*）

2.4　$f(x) = \sum_{n=1}^{\infty} \frac{1}{2^{n-1}} \cos nx \, (-\infty < x < \infty)$ の最大値，最小値および $f(x) = 0$ の根を求めよ．（東大工）

2.5　$f(x) = \{\log(x + \sqrt{x^2 + 1})\}^2$ とする．

（1）$(x^2 + 1) f''(x) + xf'(x) = 2$ を示せ．

（2）$f^{(n)}(0) \quad (n = 0, 1, 2, \cdots)$ を求めよ．（金沢大）

2.6　関数 $f(x) = \frac{\sin x}{x} \; (x > 0)$ の n 次導関数 $f^{(n)}(x)$ を x の多項式 $p_n(x), q_n(x)$ を用いて

$$f^{(n)}(x) = \frac{(-1)^n n!}{x^{n+1}} \{p_n(x) \cos x + q_n(x) \sin x\}$$

と表わす．このとき，$\lim_{n\to\infty} p_n(x)$，$\lim_{n\to\infty} q_n(x)$ を求めよ．（筑波大）

2.7　つるまき線 (helix) のパラメータ表示，曲率および捩率を求めよ．（東大工）

2 積　分

§1 不定積分

1.1 不定積分の定義

$F'(x) = f(x)$ であるとき，関数 $F(x)$ を $f(x)$ の**原始関数**という．$F(x)$ を $f(x)$ の原始関数の一つとすれば，$f(x)$ の原始関数の全体は $F(x) + C$ (C：定数) の形で書ける．これを**不定積分**と呼び，$\int f(x)\,dx$ で表わす：

$$\int f(x)\,dx = F(x) + C \tag{2.28}$$

C を**積分定数**という (C は必要のない限り省略する)．

1.2 不定積分の性質

(i) $\int \{f(x) \pm g(x)\}\,dx = \int f(x)\,dx \pm \int g(x)\,dx$

(積分の線形性)　(2.29)

(ii) $\int cf(x)\,dx = c\int f(x)\,dx$　(c：定数)

1.3 置換積分

(i) $x = \phi(t)$ とおくと

$$\int f(x)\,dx = \int f(x)\frac{dx}{dt}\,dt = \int f(\phi(t))\phi'(t)\,dt \tag{2.30}$$

(ii) $\int \{f(x)\}^{\alpha} f'(x)\,dx = \dfrac{\{f(x)\}^{\alpha+1}}{\alpha+1}$　$(\alpha \neq -1)$，$\int \dfrac{f'(x)}{f(x)}\,dx = \log|f(x)|$

(2.31)

1.4 部分積分

$$\int f(x)g'(x)\,dx = f(x)g(x) - \int f'(x)g(x)\,dx \tag{2.32}$$

1.5 基本的な関数の不定積分

$$\int x^{\alpha}\,dx = \frac{x^{\alpha+1}}{\alpha+1}\quad(\alpha \neq -1),\quad \int \frac{1}{x}\,dx = \log|x|,\quad \int e^{\alpha x}\,dx = \frac{1}{\alpha}e^{\alpha x}\quad(\alpha \neq 0),$$

$$\int \sin\alpha x\,dx = -\frac{1}{\alpha}\cos\alpha x\quad(\alpha \neq 0),\quad \int \cos\alpha x\,dx = \frac{1}{\alpha}\sin\alpha x\quad(\alpha \neq 0),$$

$$\int \tan\alpha x\,dx = -\frac{1}{\alpha}\log|\cos\alpha x|\quad(\alpha \neq 0),$$

$$\int \cot\alpha x\,dx = \frac{1}{\alpha}\log|\sin\alpha x|\quad(\alpha \neq 0),$$

$$\int \sec^2 \alpha x\, dx = \frac{1}{\alpha} \tan \alpha x \quad (\alpha \neq 0), \quad \int \alpha^x\, dx = \alpha^x / \log \alpha \quad (\alpha > 0, \alpha \neq 1),$$

$$\int \mathrm{cosec}^2 \alpha x\, dx = -\frac{1}{\alpha} \cot \alpha x \quad (\alpha \neq 0), \quad \int \log |x|\, dx = x \log |x| - x,$$

$$\int \frac{1}{x^2 + \alpha^2} dx = \frac{1}{\alpha} \tan^{-1} \left(\frac{x}{\alpha}\right) \quad (\alpha \neq 0),$$

$$\int \frac{1}{x^2 - \alpha^2} dx = \frac{1}{2\alpha} \log \left| \frac{x - \alpha}{x + \alpha} \right| \quad (\alpha \neq 0),$$

$$\int \frac{1}{\sqrt{\alpha^2 - x^2}} dx = \sin^{-1} \frac{x}{\alpha} \quad \text{または} \quad -\cos^{-1} \frac{x}{\alpha} \quad (\alpha > 0), \tag{2.33}$$

$$\int \frac{1}{\sqrt{x^2 + A}} dx = \log |x + \sqrt{x^2 + A}| \quad (A \neq 0),$$

$$\int \sqrt{\alpha^2 - x^2}\, dx = \frac{1}{2} \left(x\sqrt{\alpha^2 - x^2} + \alpha^2 \sin^{-1} \frac{x}{\alpha} \right) \quad (\alpha > 0),$$

$$\int \sqrt{x^2 + A}\, dx = \frac{1}{2} \left(x\sqrt{x^2 + A} + A \log |x + \sqrt{x^2 + A}| \right) \quad (A \neq 0)$$

1.6　初等関数の積分法

1.6.1　有理関数の積分

有理関数 $R(x)$ の積分は，部分分数分解

$$R(x) = \sum a_k x^k + \sum \frac{A_k}{(b_k x + c_k)^{n_k}} + \sum \frac{B_k x + C_k}{(p_k x^2 + q_k x + r_k)^{m_k}} \tag{2.34}$$

により次の形の積分に帰着する：

$$\int \frac{1}{(x - \alpha)^n} dx = \begin{cases} \dfrac{-1}{(n-1)(x - \alpha)^{n-1}} & (n > 1) \\ \log |x - \alpha| & (n = 1) \end{cases} \tag{2.35}$$

$$\int \frac{x}{(x^2 + a^2)^m} dx = \begin{cases} \dfrac{-1}{2(m-1)(x^2 + a^2)^{m-1}} & (m > 1) \\ \dfrac{1}{2} \log (x^2 + a^2) & (m = 1) \end{cases} \tag{2.36}$$

$\displaystyle\int \frac{1}{(x^2 + a^2)^m} dx = I_m$ とおくと

$$I_m = \frac{1}{a^2} \left\{ \frac{x}{(2m - 2)(x^2 + a^2)^{m-1}} + \frac{2m - 3}{2m - 2} I_{m-1} \right\} \quad (m > 1), \tag{2.37}$$

$$I_1 = \frac{1}{a} \tan^{-1} \frac{x}{a}$$

1.6.2 無理関数の積分

（1） $$\int f(x, \sqrt[n]{ax+b})dx = \int f\left(\frac{t^n - b}{a}, t\right) \frac{nt^{n-1}}{a} dt \tag{2.38}$$

ただし，$\sqrt[n]{ax+b} = t$ とおく．

（2） $$\int f\left(x, \sqrt[n]{\frac{ax+b}{cx+d}}\right) dx = \int f\left(\frac{dt^n - b}{a - ct^n}, t\right) \frac{n(ad-bc)t^{n-1}}{(a-ct^n)^2} dt \tag{2.39}$$

ただし，$\sqrt[n]{\dfrac{ax+b}{cx+d}} = t$ とおく．

（3） $$\int f(x, \sqrt{x^2+a^2})\, dx = \int f(a\tan\theta, a\sec\theta) a\sec^2\theta\, d\theta \tag{2.40}$$

ただし，$x = a\tan\theta \left(-\dfrac{\pi}{2} < \theta < \dfrac{\pi}{2}\right)$ とおく．

（4） $$\int f(x, \sqrt{a^2-x^2})\, dx = \int f(a\sin\theta, a\cos\theta) a\cos\theta\, d\theta \tag{2.41}$$

ただし，$x = a\sin\theta \left(-\dfrac{\pi}{2} \leqq \theta \leqq \dfrac{\pi}{2}\right)$ とおく．

（5） $$\int f(x, \sqrt{x^2-a^2})\, dx = \int f(a\sec\theta, a\tan\theta) a\sec\theta\tan\theta\, d\theta \tag{2.42}$$

ただし，$x = a\sec\theta \left(0 \leqq \theta < \dfrac{\pi}{2}, \dfrac{\pi}{2} < \theta \leqq \pi\right)$ とおく．

（6） $$\int f(x, \sqrt{ax^2+by+c})\, dx$$

$$= \begin{cases} -2\displaystyle\int f\left(\frac{t^2-c}{b-2\sqrt{a}\,t}, \sqrt{a}\,\frac{t^2-c}{b-2\sqrt{a}\,t} + t\right) \frac{\sqrt{a}\,c - bt + \sqrt{a}\,t^2}{(b-2\sqrt{a}\,t)^2} dt \\ \hfill (a > 0) \\ 2(\beta-\alpha)\displaystyle\int f\left(\frac{\alpha+\beta t^2}{1+t^2}, \sqrt{-a}(\beta-\alpha)\frac{t}{1+t^2}\right) \frac{t}{(1+t^2)^2} dt \\ \hfill (a < 0,\ b^2 - 4ac > 0) \end{cases} \tag{2.43}$$

ただし，$a > 0$ のとき $\sqrt{ax^2+bx+c} = \sqrt{a}\,x + t$, $a < 0$ のとき $\sqrt{\dfrac{x-\alpha}{\beta-x}} = t$ とおく．$\alpha < \beta$ は $ax^2+bx+c=0$ の根．

1.6.3　三角関数の積分

（1）　$$\int f(\sin x)\cos x\,dx = \int f(t)\,dt \qquad (2.44)$$

ただし，$\sin x = t$ とおく．

（2）　$$\int f(\cos x)\sin x\,dx = -\int f(t)\,dt \qquad (2.45)$$

ただし，$\cos x = t$ とおく．

（3）　$$\int f(\sin^2 x, \cos^2 x, \tan x)\,dx = \int f\left(\frac{t^2}{1+t^2}, \frac{1}{1+t^2}, t\right)\frac{dt}{1+t^2} \qquad (2.46)$$

ただし，$\tan x = t$ とおく．

（4）　$$\int f(\sin x, \cos x)\,dx = \int f\left(\frac{2t}{1+t^2}, \frac{1-t^2}{1+t^2}\right)\frac{2}{1+t^2}\,dt \qquad (2.47)$$

ただし，$\tan\left(\dfrac{x}{2}\right) = t$ とおく．

1.6.4　指数関数の積分

$$\int f(e^x)\,dx = \int f(t)\,\frac{dt}{t} \qquad (2.48)$$

ただし，$e^x = t$ とおく．

§2　定　積　分

2.1　定積分の定義

区間 $[a, b]$ において，$a = x_0 < x_1 < x_2 < \cdots < x_{n-1} < x_n = b$ のように分点 x_k をとり，$[a, b]$ を有限個の小区間 $[x_{k-1}, x_k]$ $(1 \leqq k \leqq n)$ に分割する．$x_k - x_{k-1} = \delta_k$ とおき，$[x_{k-1}, x_k]$ から任意の 1 点を選び

$$\sum_{k=1}^{n} f(\xi_k)\delta_k = f(\xi_1)\delta_1 + \cdots + f(\xi_n)\delta_n \qquad (2.49)$$

なる和をつくる．$\max \delta_k = \delta$ とおき，限りなく分割を細かくして $\delta \to 0$ に近づけると，上記の和は一定の極限値に収束する．この極限値を関数 $f(x)$ の区間 $[a, b]$ における**定積分**と呼び，次の記号で表わす：

$$\lim_{\delta \to 0} \sum_{k=1}^{n} f(\xi_k)\delta_k = \int_a^b f(x)\,dx \qquad (2.50)$$

a, b をそれぞれ定積分の**下限**，**上限**という．

2.2　微分積分学の基本定理

$f(x)$ が $[a, b]$ で連続とし，$F(x)$ を $f(x)$ の一つの原始関数とすれば，

$$\int_a^b f(x)\,dx = F(b) - F(a) \tag{2.51}$$

2.3　定積分の性質

2.3.1

$$\int_a^b \{f(x) \pm g(x)\}\,dx = \int_a^b f(x)\,dx \pm \int_a^b g(x)\,dx$$

(積分の線形性)(2.52)

$$\int_a^b \alpha f(x)\,dx = \alpha \int_a^b f(x)\,dx \quad (\alpha : \text{定数})$$

2.3.2　$b < a$ のとき

$$\int_a^b f(x)\,dx = -\int_b^a f(x)\,dx \tag{5.53}$$

2.3.3　$a < b < c$ のとき

$$\int_a^b f(x)\,dx + \int_b^c f(x)\,dx = \int_a^c f(x)\,dx \quad (\text{積分の加法性}) \tag{5.54}$$

$f(x)$ が周期 T の周期関数ならば

$$\int_a^{a+T} f(x)\,dx = \int_0^T f(x)\,dx \tag{2.55}$$

2.3.4　常に，$f(x) \geqq g(x) \Rightarrow \int_a^b f(x)\,dx \geqq \int_a^b g(x)\,dx$　(2.56)

2.3.5　$\left|\int_a^b f(x)\,dx\right| \leqq \int_a^b |f(x)|\,dx$　(2.57)

2.3.6　シュヴァルツの不等式

$$\left\{\int_a^b f(x)g(x)\,dx\right\}^2 \leqq \int_a^b \{f(x)\}^2\,dx \cdot \int_a^b \{g(x)\}^2\,dx \tag{2.58}$$

2.4　積分に関する平均値の定理

$f(x)$ が $[a, b]$ で連続ならば，

$$\int_a^b f(x)\,dx = f(\xi)(b-a) \quad (a \leqq \xi \leqq b) \tag{2.59}$$

を満足する ξ が存在する．

2.5　$f(x)$ が $[a, b]$ で連続ならば，

$$F(x) = \int_a^b f(x)\,dx \Rightarrow F'(x) = f(x) \tag{2.60}$$

すなわち，$F(x)$ は $f(x)$ の原始関数の一つである．

2.6　置換積分

$x = \phi(t)\,(\alpha \leqq t \leqq \beta,\ a = \phi(\alpha),\ b = \phi(\beta))$ のとき，

$$\int_a^b f(x)\,dx = \int_\alpha^\beta f\{\phi(t)\}\phi'(t)\,dt \tag{2.61}$$

2.7　部分積分

$f(x)$, $g(x)$ が微分可能ならば,

$$\int_a^b f(x)g'(x)\,dx = [f(x)g(x)]_a^b - \int_a^b f'(x)g(x)\,dx \tag{2.62}$$

2.8　広義の積分

2.8.1　(i)

$$\left.\begin{aligned}\int_a^{+\infty} f(x)\,dx &= \lim_{b\to+\infty}\int_a^b f(x)\,dx\\ \int_{-\infty}^b f(x)\,dx &= \lim_{a\to-\infty}\int_a^b f(x)\,dx\end{aligned}\right\} \tag{2.63}$$

(ii)　$\displaystyle\lim_{x\to c\in(a,\,b)} f(x) = \infty$ のとき,

$$\int_a^b f(x)\,dx = \lim_{x\to+0}\int_a^{c-\varepsilon_1} f(x)\,dx + \lim_{x\to+0}\int_{c+\varepsilon_2}^b f(x)\,dx \tag{2.64}$$

2.8.2　コーシーの収束条件

$\displaystyle\int_a^{+\infty} f(x)\,dx$ が収束する $\Longleftrightarrow$ 任意の $\varepsilon > 0$ に対して，適当に $x_0(> a)$ を定めれば,

$x_0 < x' < x''$ なる限り $\displaystyle\left|\int_{x'}^{x''} f(x)\,dx\right| < \varepsilon.$

2.8.3　$\displaystyle\int_a^b |f(x)\,dx|$ が収束する $\Rightarrow \displaystyle\int_a^b f(x)\,dx$ も収束する(絶対収束する).

2.8.4　(i)　$f(x)$ が $[a, +\infty)$ で連続，$l \neq \infty$ のとき

$$\lim_{x\to\infty} x^\lambda f(x) = l \quad (\lambda > 1) \Rightarrow \int_a^{+\infty} f(x)\,dx \text{ は収束する.}$$

(ii)　$f(x)$ が $(a, b]$ で連続，$l \neq \infty$ のとき

$$\lim_{x\to a} (x-a)^\lambda f(x) = l \quad (0 < \lambda < 1) \Rightarrow \int_a^b f(x)\,dx \text{ は収束する.}$$

2.8.5　ガンマ関数

(1)　$\displaystyle\Gamma(x) = \int_0^\infty t^{x-1}e^{-t}\,dt \quad (x > 0)$　(2.65)

はガンマ関数と呼ばれる.

(2)　$\Gamma(x+1) = x\Gamma(x)$,　$\Gamma(n+1) = n!$　$(n = 0, 1, 2, \cdots)$

(3)　$\displaystyle\Gamma(x) \sim \sqrt{2\pi}x^{x-1/2}e^{-x}\left(1 + \frac{1}{12x} - \frac{1}{288x^2} - \frac{139}{51840x^3} - \cdots\right)$

$(x \to \infty)$　(2.66)

$$n! \sim \sqrt{2\pi}n^n e^{-n} \quad (n \to \infty) \quad \text{（スターリングの公式）} \tag{2.67}$$

2.8.6 ベータ関数

（1） $$B(x, y) = \int_0^1 t^{x-1}(1-t)^{y-1}\,dt \quad (x, y > 0) \tag{2.68}$$

はベータ関数と呼ばれる．

（2） $$B(x, y) = B(y, x) = \frac{\Gamma(x)\Gamma(y)}{\Gamma(x+y)} \tag{2.69}$$

2.9 定積分の応用

2.9.1 面　積

（1） $y = f(x), y = g(x), x = a, x = b$ $(g(x) \leqq f(x), a \leqq b)$ で囲まれた面積 A：

$$A = \int_a^b \{f(x) - g(x)\}\,dx \tag{2.70}$$

（2） 極座標表示 $r = f(\theta)$ $(\alpha \leqq \theta \leqq \beta)$ のとき

$$A = \frac{1}{2}\int_a^\beta r^2\,d\theta = \frac{1}{2}\int_\alpha^\beta \{f(\theta)\}^2\,d\theta \tag{2.71}$$

2.9.2 曲線の長さ

（1） $y = f(x)$ $(a \leqq x \leqq b)$ のときの曲線の長さ L：

$$L = \int_a^b \sqrt{(dx)^2 + (dy)^2} = \int_a^b \sqrt{1 + \{f'(x)\}^2}\,dx \tag{2.72}$$

（2） 媒介変数表示 $x = x(t), y = y(t)$ $(\alpha \leqq t \leqq \beta)$ のとき

$$L = \int_\alpha^\beta \sqrt{\left(\frac{dx}{dt}\right)^2 + \left(\frac{dy}{dt}\right)^2}\,dt \tag{2.73}$$

（3） 極座標表示 $r = f(\theta)$ $(\alpha \leqq \theta \leqq \beta)$ のとき

$$L = \int_\alpha^\beta \sqrt{(r\,d\theta)^2 + (dr)^2} = \int_\alpha^\beta \sqrt{\{f(\theta)\}^2 + \{f'(\theta)\}^2}\,d\theta \tag{2.74}$$

2.9.3 回転体の表面積と体積

（1） $y = f(x)$ $(a \leqq x \leqq b)$ のときの表面積 S：

$$S = 2\pi\int_a^b y\sqrt{(dx)^2 + (dy)^2} = 2\pi\int_a^b f(x)\sqrt{1 + \{f'(x)\}^2}\,dx \tag{2.75}$$

（2） $y = f(x)$ $(a \leqq x \leqq b)$ のときの体積 V：

$$V = \pi\int_a^b \{f(x)\}^2\,dx \tag{2.76}$$

2.9.4 平均値，重心，慣性能率

（1） 平均

（i）　n 個の数 $a_1, \cdots, a_n$ に重み $p_1, \cdots, p_n$ があるときの加重平均

$$E = \sum_{k=1}^{n} p_k a_k \Big/ \sum_{k=1}^{n} p_k \tag{2.77}$$

（ii）　$[a, b]$ における関数 $f(x)$ の加重平均：

$$E = \begin{cases} \displaystyle\int_a^b p(x) f(x)\, dx \Big/ \int_a^b p(x)\, dx & (\text{重み } p(x) \neq 1) \\ \displaystyle\frac{1}{b-a}\int_a^b f(x)\, dx & (p(x) = 1) \end{cases} \tag{2.78}$$

（2）　重心

（i）　n 個の質点 $p_1, \cdots, p_n$ の重心の座標 (ξ, η, ζ)：

$$\xi = \sum_{k=1}^{n} m_k x_k / M, \quad \eta = \sum_{k=1}^{n} m_k y_k / M, \quad \zeta = \sum_{k=1}^{n} m_k z_k / M$$

ただし，$M = \sum_{k=1}^{n} m_k$ とする．　(2.79)

（ii）　助変数表示 $x = x(s)$，$y = y(s)$，$z = z(s)$，密度関数 $\rho = \rho(s)$ $(s_0 \leqq s \leqq s_1)$ のときの重心の座標：

$$\xi = \frac{\displaystyle\int_{s_0}^{s_1} \rho x\, ds}{\displaystyle\int_{s_0}^{s_1} \rho\, ds}, \quad \eta = \frac{\displaystyle\int_{s_0}^{s_1} \rho y\, ds}{\displaystyle\int_{s_0}^{s_1} \rho\, ds}, \quad \zeta = \frac{\displaystyle\int_{s_0}^{s_1} \rho z\, ds}{\displaystyle\int_{s_0}^{s_1} \rho\, ds} \tag{2.80}$$

（iii）　$y = f(x)$，$\rho = \rho(x)$ $(a \leqq x \leqq b)$ のときの重心の座標：

$$\xi = \frac{\displaystyle\int_a^b \rho x \sqrt{1 + y'^2}\, dx}{\displaystyle\int_a^b \rho \sqrt{1 + y'^2}\, dx}, \quad \eta = \frac{\displaystyle\int_a^b \rho y \sqrt{1 + y'^2}\, dx}{\displaystyle\int_a^b \rho \sqrt{1 + y'^2}\, dx}, \quad \zeta = \frac{\displaystyle\int_a^b \rho z \sqrt{1 + y'^2}\, dx}{\displaystyle\int_a^b \rho \sqrt{1 + y'^2}\, dx} \tag{2.81}$$

（3）　慣性能率

（i）　質量が $m_1, \cdots, m_n$ で，それらとある直線との距離が $r_1, \cdots, r_n$ である質点の慣性能率は，密度関数を ρ とすると

$$I = \sum_{k=1}^{n} m_k r_k^2 = \int \rho r_k^2\, dv \quad (dv: \text{体積要素}) \tag{2.82}$$

$R = \sqrt{1/M}$ を**回転半径**という．ただし，$M = \sum_{k=1}^{n} m_k$ とする．

（ii）　助変数表示 $x = x(s)$，$y = y(s)$，$z = z(s)$，密度関数 $\rho = \rho(s)$ $(s_0 \leqq s$

$\leqq s_1$) のときの，z 軸に関する慣性能率：

$$I_z = \int_{s_0}^{s_1} \rho(x^2 + y^2)\, ds \tag{2.83}$$

2.10 シンプソンの公式による定積分の近似計算

区間 $[a, b]$ を $a = x_0 < x_1 < x_2 < \cdots < x_{2n-2} < x_{2n-1} < x_{2n} = b$ と $2n$ 等分し，各点における関数値を $y_k = f(x_k)\,(0 \leqq k \leqq 2n)$, $h = (b - a)/2n$ とおき，各小区間 $[x_{2k-2}, x_{2k}]\,(1 \leqq k \leqq 2n)$ において，曲線 $y = f(x)$ を 3 点 (x_{2k-2}, y_{2k-2}), (x_{2k-1}, y_{2k-1}), (x_{2k}, y_{2k}) を通る放物線 $y = px^2 + qx + r$ で近似すると，

$$\begin{aligned}\int_a^b f(x)\, dx &\fallingdotseq \sum_{k=1}^{n} \int_{x_{2k-2}}^{x_{2k}} (px^2 + qx + r)\, dx \\ &= \frac{h}{3} \sum_{k=1}^{n} (y_{2k-2} + 4y_{2k-1} + y_{2k}) \\ &= \frac{h}{3} \{y_0 + 4(y_1 + y_3 + \cdots + y_{2n-1}) \\ &\quad + 2(y_2 + y_4 + \cdots + y_{2n-2}) + y_{2n}\}\end{aligned} \tag{2.84}$$

例題 2.5

$\displaystyle\int_0^\infty \frac{\sin x}{x}dx$ は収束するが，$\displaystyle\int_0^\infty \frac{|\sin x|}{x}dx$ は収束しないことを証明せよ．

（東大理，阪府大，お茶大，熊本大）

【解答】 $0 < x' < x''$ とすれば，

$$\int_{x'}^{x''} \frac{\sin x}{x}dx = -\left[\frac{\cos x}{x}\right]_{x'}^{x''} - \int_{x'}^{x''} \frac{\cos x}{x^2}dx = \frac{\cos x'}{x'} - \frac{\cos x''}{x''} - \int_{x'}^{x''} \frac{\cos x}{x^2}dx$$

$|\cos x| \leqq 1$ であるから，

$$\left|\int_{x'}^{x''} \frac{\sin x}{x}dx\right| \leqq \frac{1}{x'} + \frac{1}{x''} + \left|\int_{x'}^{x''} \frac{\cos x}{x^2}dx\right| \leqq \frac{1}{x'} + \frac{1}{x''} + \int_{x'}^{x''} \frac{dx}{x^2}$$

$$= \frac{1}{x'} + \frac{1}{x''} + \left[-\frac{1}{x}\right]_{x'}^{x''} = \frac{1}{x'} + \frac{1}{x''} + \frac{1}{x'} - \frac{1}{x''} = \frac{2}{x'}$$

したがって，与えられた $\varepsilon > 0$ に対して x' を $\dfrac{2}{\varepsilon}$ より大きくとれば，$\displaystyle\left|\int_{x'}^{x''} \frac{\sin x}{x}dx\right| \leqq \frac{2}{x'} < \varepsilon$．ゆえに，$\displaystyle\int_0^\infty \frac{\sin x}{x}dx$ は収束する．

また，$\displaystyle\int_{n\pi}^{(n+1)\pi} \frac{|\sin x|}{x}dx$ において，$x = n\pi + t$ と置換すれば，

$$\int_{n\pi}^{(n+1)\pi} \frac{|\sin x|}{x}dx = \int_0^\pi \frac{\sin t}{n\pi + t}dt > \frac{1}{(n+1)\pi}\int_0^\pi \sin t\,dt = \frac{2}{(n+1)\pi}$$

$$> \frac{2}{\pi}\int_{n+1}^{n+2} \frac{dx}{x}$$

したがって，$b > \pi$ に対して，

$$\int_0^b \frac{|\sin x|}{x}dx \geqq \int_0^{[b/\pi]\pi} \frac{|\sin x|}{x}dx > \frac{2}{\pi}\int_1^{[b/\pi]+1} \frac{dx}{x} = \frac{2}{\pi}\log\left(\left[\frac{b}{\pi}\right] + 1\right)$$

ただし，$\left[\dfrac{b}{\pi}\right]$ はガウスの記号で，$\dfrac{b}{\pi}$ を超えない最大の数値を表わす．$b \to \infty$ のとき，右辺 $\to \infty$ であるから，$\displaystyle\int_0^\infty \frac{|\sin x|}{x}dx$ は収束しない．

【別解】 $\displaystyle\int_0^\infty \frac{\sin x}{x}dx = \int_0^1 \frac{\sin x}{x}dx + \int_1^\infty \frac{\sin x}{x}dx,\quad \lim_{x\to 0}\frac{\sin x}{x} = 1$

であるから，$\displaystyle\int_0^1 \frac{\sin x}{x}dx$ は収束する．ここで，$1 < x' < x''$ とすると，

$$\int_{x'}^{x''} \frac{\sin x}{x}\,dx = -\left[\frac{\cos x}{x}\right]_{x'}^{x''} - \int_{x'}^{x''} \frac{\cos x}{x^2}\,dx$$
$$= \frac{\cos x'}{x'} - \frac{\cos x''}{x''} - \int_{x'}^{x''} \frac{\cos x}{x^2}\,dx$$

であるから，

$$\left|\int_{x'}^{x''} \frac{\sin x}{x}\,dx\right| \leqq \frac{1}{x'} + \frac{1}{x''} + \left|\int_{x'}^{x''} \frac{\cos x}{x^2}\,dx\right| \leqq \frac{1}{x'} + \frac{1}{x''} + \int_{x'}^{x''} \frac{dx}{x^2}$$
$$= \frac{1}{x'} + \frac{1}{x''} - \left(\frac{1}{x''} - \frac{1}{x'}\right) = \frac{2}{x'}$$

したがって，与えられた $0 < \varepsilon < 2$ に対して x' を $\dfrac{2}{\varepsilon}$ より大きくとれば，

$$\left|\int_{x'}^{x''} \frac{\sin x}{x}\,dx\right| \leqq \frac{2}{x'} < \varepsilon$$

ゆえに，$\displaystyle\int_1^{\infty} \frac{\sin x}{x}\,dx$ は収束して，$\displaystyle\int_0^{\infty} \frac{\sin x}{x}\,dx$ も収束する．

一方，

$$\sum_{k=0}^{n} \int_{k\pi}^{(k+1)\pi} \frac{|\sin x|}{x}\,dx = \sum_{k=0}^{n} \int_0^{\pi} \frac{\sin t}{k\pi + t}\,dt \quad (x = k\pi + t \text{ とおく})$$
$$\geqq \sum_{k=0}^{n} \frac{1}{k\pi + \pi} \int_0^{\pi} \sin t\,dt$$
$$= \sum_{k=0}^{n} \frac{2}{(k+1)\pi} \to \infty \quad (n \to \infty)$$

よって，$\displaystyle\int_0^{\infty} \frac{|\sin x|}{x}\,dx$ は収束しない．

例題 2.6

以下の問に答えよ．

（1）　次の不定積分を求めよ．ただし a は実数とする．

$$\int \frac{x^2}{\sqrt{x^2+a}}\,dx$$

（2）　次の不定積分を求めよ．

$$\int \frac{\sqrt{x^2-1}}{x(x+1)}\,dx$$

（3）　次の無限積分を求めよ．ただし b は実数とする．

$$\int_0^{\infty} xe^{-x}\sin bx\,dx$$

（東北大）

【解答】（1）　以下，積分定数は除く．$\sqrt{x^2+a}=t-x$ とおくと，

$$x=\frac{t^2-a}{2t},\quad \frac{dx}{dt}=\frac{t^2+a}{2t^2},\quad \sqrt{x^2+a}=\frac{t^2+a}{2t}$$

だから，

$$I=\int\left(\frac{t^2-a}{2t}\right)^2\frac{2t}{t^2+a}\,\frac{t^2+a}{2t^2}\,dt$$

$$=\int\frac{(t^2-a)^2}{4t^3}\,dt=\frac{1}{4}\int\frac{t^4-2at^2+a^2}{t^3}\,dt$$

$$=\frac{1}{4}\int\left(t-2\frac{a}{t}+\frac{a^2}{t^3}\right)dt=\frac{1}{4}\int\left(t-2\frac{a}{t}+a^2t^{-3}\right)dt$$

$$=\frac{1}{4}\left\{\frac{t^2}{2}-2a\log|t|-a^2\frac{t^{-2}}{2}\right\}=\frac{1}{4}\left\{\frac{t^2}{2}-2a\log|t|-\frac{a^2}{2t^2}\right\}$$

$$=\frac{1}{4}\left\{\frac{1}{2}(x+\sqrt{x^2+a})^2-2a\log|x+\sqrt{x^2+a}|-\frac{a^2}{2}\frac{1}{(x+\sqrt{x^2+a})^2}\right\}$$

$$=\frac{1}{4}\left\{\frac{1}{2}(x+\sqrt{x^2+a})^2-2a\log|x+\sqrt{x^2+a}|-\frac{a^2}{2}\frac{(\sqrt{x^2+a}-x)}{(x^2+a-x^2)^2}\right\}$$

$$=\frac{1}{4}\left\{\frac{1}{2}(x+\sqrt{x^2+a})^2-\frac{1}{2}(x-\sqrt{x^2+a})^2\right\}-\frac{a}{2}\log|x+\sqrt{x^2+a}|$$

$$=\frac{1}{2}x\sqrt{x^2+a}-\frac{1}{2}a\log|x+\sqrt{x^2+a}|$$

(2) $\sqrt{x^2-1}=t-x$ とおくと，

$$x=\frac{t^2+1}{2t},\quad \frac{dx}{dt}=\frac{t^2-1}{2t^2},\quad \sqrt{x^2-1}=\frac{t^2-1}{2t}$$

だから，

$$I=\int\frac{t^2-1}{2t}\frac{2t}{t^2+1}\frac{1}{\dfrac{t^2+1}{2t}+1}\frac{t^2-1}{2t^2}dt=\int\frac{(t^2-1)^2}{t(t^2+1)(t+1)^2}dt$$

$$=\int\frac{(t+1)^2(t-1)^2}{t(t^2+1)(t+1)^2}dt=\int\frac{(t-1)^2}{t(t^2+1)}dt=\int\frac{t^2+1-2t}{t(t^2+1)}dt$$

$$=\int\frac{1}{t}dt-2\int\frac{1}{(t^2+1)}dt=\log|t|-2\tan^{-1}t$$

$$=\log|x+\sqrt{x^2-1}|-2\tan^{-1}(x+\sqrt{x^2-1})$$

$$=\log|x+\sqrt{x^2-1}|-2\tan^{-1}\frac{x^2-1-x^2}{\sqrt{x^2-1}-x}$$

$$=\log|x+\sqrt{x^2-1}|+2\tan^{-1}\frac{1}{\sqrt{x^2-1}-x}$$

(3) 三角関数を指数関数に変換し，部分積分を用いる．

$$I=\int_0^\infty xe^{-x}\sin bx\,dx=\int_0^\infty xe^{-x}\frac{e^{ibx}-e^{-ibx}}{2i}dx=\frac{1}{2i}\int_0^\infty e(e^{-x+ibx}-e^{-x-ibx})\,dx$$

$$=\frac{1}{2i}\left\{\int_0^\infty xe^{(-1+ib)x}dx-\int_0^\infty xe^{-(1+ib)x}dx\right\}\equiv\frac{1}{2i}(I_1-I_2)$$

ここで，

$$I_1=\int_0^\infty xe^{(-1+ib)x}dx=\left[\frac{e^{(-1+ib)x}}{-1+ib}x\right]_0^\infty-\int_0^\infty\frac{e^{(-1+ib)x}}{-1+ib}dx=-\int_0^\infty\frac{e^{(-1+ib)x}}{-1+ib}dx$$

$$=\frac{-1}{-1+ib}\left[\frac{e^{(-1+ib)x}}{-1+ib}\right]_0^\infty=\frac{-1}{-1+ib}\frac{-1}{-1+ib}=\frac{1}{(-1+ib)^2}$$

$$I_2=\int_0^\infty xe^{-(1+ib)x}dx=\frac{1}{(1+ib)^2}$$

$$\therefore\quad I=\frac{1}{2i}\left\{\frac{1}{(1-ib)^2}-\frac{1}{(1+ib)^2}\right\}$$

$$=\frac{1}{2i}\left\{\frac{(1+ib)^2}{\{(1+ib)(1-ib)\}^2}-\frac{(1-ib)^2}{\{(1-ib)(1+ib)\}^2}\right\}=\frac{2b}{(1+b^2)^2}$$

例題 2.7

x の関数 $f(x)$ から，u の関数 $g(u)$ への変換を次のようにする．

$$g(u)=\frac{1}{\pi}\int_{-\infty}^{\infty}\frac{f(x)}{x-u}dx=\lim_{\substack{\delta\to 0\\ N\to\infty}}\frac{1}{\pi}\left(\int_{-N}^{u-\delta}\frac{f(x)}{x-u}dx+\int_{u+\delta}^{N}\frac{f(x)}{x-u}dx\right)$$

（1） $f(x)=\dfrac{x}{x^2+a^2}$ に対する $g(u)$ を求めよ．

（2） $f(x)$ が滑らかで，$|x|$ が十分大きいとき $f(x)=0$ とすると，$f'(x)$ の変換は $g'(u)$ となることを示せ．（東大理）

【**解答**】（1） 与式より

$$\pi g(u)=\int_{-\infty}^{\infty}\frac{1}{x-u}\frac{x}{x^2+a^2}dx$$

$$=\lim_{\substack{\delta\to 0\\ N\to\infty}}\left(\int_{-N}^{u-\delta}\frac{x}{(x-u)(x^2+a^2)}dx+\int_{u+\delta}^{N}\frac{x}{(x-u)(x^2+a^2)}dx\right)$$

そこで，被積分関数を部分分数に分解すれば，

$$I_1\equiv\int_{-N}^{u-\delta}\frac{x}{(x-u)(x^2+a^2)}dx=\int_{-N}^{u-\delta}\left\{\frac{A}{x-u}+\frac{Bx+C}{x^2+a^2}\right\}dx$$

$$I_2\equiv\int_{u+\delta}^{N}\frac{x}{(x-u)(x^2+a^2)}dx$$

$$x=A(x^2+a^2)+(Bx+C)(x-u)$$
$$=(A+B)x^2+(C-Bu)x+(Aa^2-Cu)$$

両辺の係数を比較すると，$0=A+B, 1=C-Bu, 0=Aa^2-Cu.$

$$\therefore\quad A=\frac{u}{a^2+u^2}=-B,\quad C=1-\frac{u^2}{a^2+u^2}$$

$$\therefore\quad I_1=\int_{-N}^{u-\delta}\left\{\frac{u}{a^2+u^2}\frac{1}{x-u}+\frac{1}{x^2+a^2}\left(\frac{-u}{a^2+u^2}x+1-\frac{u^2}{a^2+u^2}\right)\right\}dx$$

$$=\left[\frac{u}{a^2+u^2}\log|x-u|-\frac{u}{a^2+u^2}\frac{1}{2}\log(x^2+a^2)\right.$$
$$\left.+\left(1-\frac{u^2}{a^2+u^2}\right)\frac{1}{a}\tan^{-1}\frac{x}{a}\right]_{-N}^{u-\delta}$$

$$=\frac{u}{a^2+u^2}\log\left|\frac{u-\delta-u}{-N-u}\right|-\frac{u}{2(a^2+u^2)}\log\frac{(u-\delta)^2+a^2}{N^2+a^2}$$
$$+\left(1-\frac{u^2}{a^2+u^2}\right)\frac{1}{a}\left[\tan^{-1}\frac{u-\delta}{a}+\tan^{-1}\frac{N}{a}\right]$$

同様にして，

$$I_2 = \frac{u}{a^2+u^2}\log\left|\frac{N-u}{u+\delta-u}\right| - \frac{u}{2(a^2+u^2)}\log\frac{N^2+a^2}{(u+\delta)^2+a^2}$$

$$+\left(1-\frac{u^2}{a^2+u^2}\right)\frac{1}{a}\left[\tan^{-1}\frac{N}{a}-\tan^{-1}\frac{u+\delta}{a}\right]$$

$$\therefore\quad I_1+I_2 = \frac{u}{a^2+u^2}\log\left|\frac{\delta}{N+u}\right|\left|\frac{N-u}{\delta}\right|$$

$$-\frac{u}{2(a^2+a^2)}\log\left\{\frac{(u-\delta)+a^2}{N^2+a^2}\frac{N^2+a^2}{(u+\delta)^2+a^2}\right\}$$

$$+\left(1-\frac{u^2}{a^2+u^2}\right)\frac{1}{a}$$

$$\times\left[2\tan^{-1}\frac{N}{a}+\tan^{-1}\frac{u-\delta}{a}-\tan^{-1}\frac{u+\delta}{a}\right]$$

$$\therefore\quad g(u)\to\frac{1}{\pi}\cdot\left(1-\frac{u^2}{a^2+u^2}\right)\frac{1}{a}\left[2\,\frac{\pi}{2}+\tan^{-1}\frac{u}{a}-\tan^{-1}\frac{u}{a}\right]$$

$$=\frac{a}{a^2+u^2}\quad\begin{pmatrix}\delta\to 0\\ N\to\infty\end{pmatrix}$$

（2）　$g(u)=\dfrac{1}{\pi}\displaystyle\int_{-\infty}^{\infty}\frac{f(x)}{x-u}dx$

$$\frac{d}{du}g(u)=\frac{1}{\pi}\int_{-\infty}^{\infty}\frac{d}{du}\frac{f(x)}{x-u}dx=\frac{1}{\pi}\int_{-\infty}^{\infty}f(x)\frac{d}{du}\frac{1}{x-u}dx \qquad ①$$

一方，

$$\frac{d}{du}\frac{1}{x-u}=-\frac{d}{du}(u-x)^{-1}=\frac{1}{(u-x)^2},$$

$$\frac{d}{dx}\frac{1}{x-u}=\frac{d}{dx}(x-u)^{-1}=-\frac{1}{(x-u)^2}$$

より，

$$\frac{d}{du}\frac{1}{x-u}=-\frac{d}{dx}\frac{1}{x-u} \qquad ②$$

①，②より

$$g'(u)=-\frac{1}{\pi}\int_{-\infty}^{\infty}f(x)\frac{d}{dx}\frac{1}{x-u}dx$$

$$=\frac{1}{\pi}\left\{\left[f(x)\frac{1}{x-u}\right]_{-\infty}^{\infty}+\int_{-\infty}^{\infty}\frac{df(x)}{dx}\cdot\frac{1}{x-u}dx\right\}$$

$$= \frac{1}{\pi}\left\{0 + \int_{-\infty}^{\infty} \frac{df(x)}{dx}\cdot\frac{1}{x-u}\,dx\right\} = \frac{1}{\pi}\int_{-\infty}^{\infty}\frac{1}{x-u}f'(x)\,dx$$

ゆえに，$f'(x)$ の変換は $g'(u)$ である．

【別解】（1）これは複素関数論における**コーシーの主値**の問題でもある．下図のような閉路に沿って周回積分を考える：

$$\oint \frac{z}{(z-u)(z^2+a^2)}\,dz = \oint \frac{z}{(z-u)(z-ia)(z+ia)}\,dz \qquad ①$$

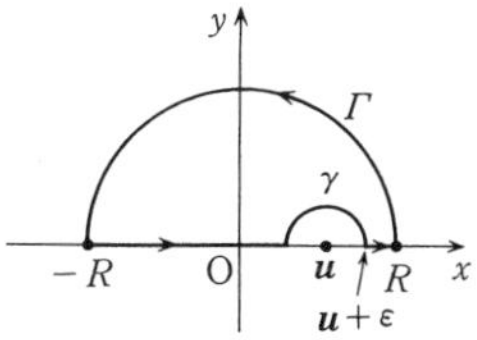

$$\begin{aligned} &= \int_{-R}^{u-\varepsilon} \frac{x}{(x-u)(x^2+a^2)}\,dx \\ &\quad + \int_{\gamma} \frac{z}{(z-u)(z^2+a^2)}\,dz \\ &\quad + \int_{u+\varepsilon}^{R} \frac{x}{(x-u)(x^2+a^2)}\,dx \\ &\quad + \int_{\Gamma} \frac{z}{(z-u)(z^2+a^2)}\,dz \\ &= 2\pi i \,\mathrm{Res}\,(ia) \end{aligned} \qquad ②$$

ところが，

$$\lim_{\substack{\varepsilon\to 0\\ R\to\infty}} \left\{\int_{-R}^{u-\varepsilon} + \int_{u+\varepsilon}^{R}\right\} dx = \int_{-\infty}^{\infty} \frac{x}{(x-u)(x^2+a^2)}\,dx \qquad ③$$

$$\int_{\gamma} \frac{z}{(z-u)(z^2+a^2)}\,dz = -\pi i\,\mathrm{Res}\,(u) = -\pi i\frac{u}{u^2+a^2} \qquad ④$$

$$\begin{aligned} \left|\int_{\Gamma} \frac{z}{(z-u)(z^2+a^2)}\,dz\right| &= \left|\int_0^{\pi} \frac{Re^{i\theta} iRe^{i\theta}\,d\theta}{(Re^{i\theta}-1)(R^2e^{i2\theta}+1)}\right| \\ &\leqq R^2\int_0^{\pi}\frac{d\theta}{|(Re^{i\theta}-1)(R^2e^{i2\theta}+a^2)|} \leqq \frac{\pi}{R} \to 0 \\ &\qquad (R\to\infty) \end{aligned} \qquad ⑤$$

$$\mathrm{Res}\,(ia) = \frac{ia}{(ia-u)(ia+ia)} = \frac{1}{2(ia-u)} \qquad ⑥$$

$$\begin{aligned} \therefore\quad \int_{-\infty}^{\infty} \frac{x}{(x-u)(x^2+a^2)}\,dx &= \frac{1}{\pi}\left\{\pi i\frac{u}{u^2+a^2} + 2\pi i\frac{1}{2(ia-u)}\right\} \\ &= \frac{a}{u^2+a^2} \end{aligned}$$

問題研究

2.8　$a>1$ のとき $\displaystyle\int_{-1}^{1}\frac{dx}{(a-x)\sqrt{1-x^2}}$ を求めよ．　（東大工）

2.9　n を正整数とするとき

$$\lim_{n\to\infty}\sqrt{n}\int_{-\infty}^{\infty}\frac{dx}{(1+x^2)^n}$$

を求めよ．　（東大理）

2.10　実変数 x の関数

$$f(x\,;a)=\frac{a}{x^2+a^2}\quad(a\text{ は正の実数})$$

について，次の問に答えよ．

（1）　$y=f(x\,;a)$ のグラフを描け．$a\downarrow 0$ の極限でこのグラフはどうなるか．

（2）　$F(x\,;a)=\displaystyle\int_{-\infty}^{x}f(x'\,;a)\,dx'$ を計算せよ．

（3）　$y=\displaystyle\lim_{a\downarrow 0}F(x\,;a)$ のグラフを描け．

（4）　$\displaystyle\lim_{a\downarrow 0}\int_{-\infty}^{\infty}f(x\,;a)\,e^{-x^2}\,dx$ を計算せよ．

（5）　$\displaystyle\lim_{a\downarrow 0}\int_{-\infty}^{\infty}F(x\,;a)\,e^{-x^2}\,dx$ を計算せよ．

ただし，$a\downarrow 0$ は a を正に保って 0 に近づけることを意味する．　（東大理）

2.11　$x^{2/3}+y^{2/3}=a^{2/3}$　$(a>0)$

によって与えられる曲線がある．この曲線の表わす図形につき次の問に答えよ．

（1）　図形の概形を描け．

（2）　図形によって囲まれる面積を求めよ．

（3）　周の全長を求めよ．　（東工大，東工大*）

2.12　次の定積分の値を計算せよ．

$$I=\int_{0}^{\pi/2}\frac{d\theta}{(a^2\cos^2\theta+b^2\sin^2\theta)^2}$$

ここに $a>0,\ b>0$ とする．　（京大）

2.13　（1）　$f_A(x)=\dfrac{A}{\sqrt{2\pi}}e^{-(A^2x^2)/2}$ とし，$g(x)$ は連続であるとする．このとき，

任意の $a<0<b$ に対し

$$\lim_{A\to\infty}\int_a^b f_A(x)g(x)\,dx = g(0)$$

を示しなさい $\left(ただし，\int_0^\infty e^{-(x^2/2)}\,dx = \sqrt{\dfrac{\pi}{2}} は既知とする\right)$.

（2） $f_A(x) = \dfrac{1}{\pi}\dfrac{\sin Ax}{x}$ とし，$g(x)$ は C^1 級であるとする．このとき任意の $a < 0 < b$ に対し，

$$\lim_{A\to\infty}\int_a^b f_A(x)g(x)\,dx = g(0)$$

を示しなさい $\left(ただし，\int_0^\infty \dfrac{\sin x}{x}\,dx = \dfrac{\pi}{2} は既知とする\right)$.（津田塾大）

3　数列と級数

§1　数　列

1.1　数列の収束，発散

1.1.1　どんな小さな正の数 ε が与えられても，ε に対して十分大きな自然数 N を定めると，$n \geqq N$ であるすべての自然数について $|a_n - \alpha| < \varepsilon$ が成立するとき，数列 $\{a_n\}(n = 1, 2, \cdots)$ は α に**収束する**といい

$$\lim_{n\to\infty} a_n = \alpha \quad \text{または} \quad a_n \to \alpha \quad (n \to \infty)$$

で表わし，α を**極限値**という．収束しない数列は**発散する**という．発散ではあるが，$\pm\infty$ のいずれかでもない場合を**振動する**（または**不確定**）という．

1.1.2　コーシーの収束条件定理

数列 $\{a_n\}$ が収束する $\Longleftrightarrow$ 任意の正数 ε に対して適当な自然数 N を選び，任意の自然数 m, n に対して $m, n \geqq N$ のとき，

$$|a_m - a_n| < \varepsilon$$

1.1.3　$\lim_{n\to\infty} a_n = \alpha, \lim_{n\to\infty} b_n = \beta$ ならば，

（i）$\lim_{n\to\infty} (a_n \pm b_n) = \alpha \pm \beta$　　（ii）$\lim_{n\to\infty} a_n b_n = \alpha\beta$

$$\text{(iii)}\quad \lim_{n\to\infty} \frac{a_n}{b_n} = \frac{\alpha}{\beta} \quad （ただし，b_n \neq 0, \beta \neq 0） \tag{2.85}$$

1.1.4　すべての n について $|a_n| \leqq M$（M：定数）⇨ 数列 $\{a_n\}$ は有界．

1.1.5　$\{a_n\}$ が単調増加で $a_n \leqq M$（定数）ならば，$\{a_n\}$ は収束して $a_n \leqq \lim_{n\to\infty} a_n \leqq M$，$\{a_n\}$ が単調減少で $M \leqq a_n$ ならば，$\{a_n\}$ は収束して $M \leqq \lim_{n\to\infty} a_n \leqq a_n$ である．

1.1.6　$\lim_{n\to\infty} a^n$ は，（i）$a > 1$ のとき $\pm\infty$，（ii）$a = 1$ のとき 1，（iii）$|a| < 1$ のとき 0，（iv）$a \leqq 1$ のとき不確定．

§2　級　数

2.1　数列 $\{a_n\}$ に対して

$$a_1 + a_2 + \cdots + a_n + \cdots = \sum_{n=1}^{\infty} a_n = \sum a_n \tag{2.86}$$

を**無限級数**または**級数**といい，a_n を**第 n 項**または**一般項**という．$S_n = \sum_{n=1}^{n} a_n$ を**第 n 部分和**または**部分和**という．$\lim_{n\to\infty} S_n = S(\neq \pm\infty)$ のとき，$\sum_{n=1}^{\infty} a_n$ は S に**収束する**と

いい，$\sum_{n=1}^{\infty} a_n = S$ と書く．S を $\sum_{n=1}^{\infty} a_n$ の**和**という．$\lim_{n\to\infty} S_n$ が発散するとき，$\sum_{n=1}^{\infty} a_n$ は**発散する**という．

2.2　$\sum_{n=1}^{\infty} a_n$ が収束 ⇨ $\lim_{n\to\infty} a_n = 0$.　$\lim_{n\to\infty} a_n \neq 0$ ⇨ $\sum_{n=1}^{\infty} a_n$ は発散する．

2.3　$\sum_{n=1}^{\infty} a_n, \sum_{n=1}^{\infty} b_n$ が収束すれば，

$$\sum_{n=1}^{\infty} (\alpha a_n + \beta b_n) = \alpha \sum_{n=1}^{\infty} a_n + \beta \sum_{n=1}^{\infty} b_n \quad (\alpha, \beta: \text{定数}) \tag{2.87}$$

2.4　級数 $\sum a_n$ が収束するならば，この級数に順序を変えずに任意に括弧を入れてつくった級数も収束し，元の級数と同じ和をもつ．

2.5　コーシーの収束条件定理

級数 $\sum_{n=1}^{\infty} a_n$ が収束する $\iff$ 任意の正数 ε に対して自然数 N を適当にとるとき，$N < n < n + p$ を満足する任意の自然数 n と $n + p$ に対して

$$|a_{n+1} + \cdots + a_{n+p}| < \varepsilon$$

2.6　等比級数

$\sum_{n=1}^{\infty} ar^{n-1}$ は，(ｉ) $r \geqq 1$ のとき $+\infty$，(ii) $|r| < 1$ のとき $a/(1-r)$，(iii) $r \leqq -1$ のとき振動．

2.7　正項級数

2.7.1　$a_n > 0$ であるとき，$\sum_{n=1}^{\infty} a_n$ を**正項級数**という．

2.7.2　$\sum_{n=1}^{\infty} a_n (a_n > 0)$ が収束する $\iff$ 部分和 $S_n = \sum_{n=1}^{n} a_n$ が有界．

2.7.3　比較判定法

正項級数 $\sum a_n, \sum b_n$ が与えられ，適当な定数 $c > 0$ に対して $a_n \leqq cb_n$ が成立するとき

(ｉ) $\sum b_n$ が収束 ⇨ $\sum a_n$ も収束　　(ii) $\sum a_n$ が発散 ⇨ $\sum b_n$ も発散

2.7.4　正項級数 $\sum a_n, \sum b_n$ において，$\lim_{n\to\infty} \dfrac{a_n}{b_n} = c, 0 < c < +\infty$

⇨ $\sum a_n, \sum b_n$ は共に収束または共に発散する．

2.7.5　ダランベールの判定法

正項級数 $\sum a_n$ において，$\lim_{n\to\infty}\frac{a_{n+1}}{a_n}=r$ のとき，$\sum a_n$ は

（i）$r<1$ のとき収束　　（ii）$r>1$ のとき発散

2.7.6　コーシーの判定法

2.7.7　正項級数 $\sum a_n$ において，$\lim_{n\to\infty}\sqrt[n]{a_n}=r$ のとき，$\sum a_n$ は

（i）$r<1$ のとき収束　　（ii）$r>1$ のとき発散

2.7.8　$f(x)$ を $[k, +\infty]$(k：整数) で定義された単調減少な負でない連続関数とするとき，$\int_k^{+\infty} f(x)\,dx$ と $\sum_{\nu=k}^{\infty} f(\nu)$ は共に収束するかまたは共に発散する．

2.7.9　**調和級数** $\sum_{n=1}^{\infty}\frac{1}{n^k}$ は，

（i）$k>1$ のとき収束　　（ii）$k\leqq 1$ のとき発散

2.8　交項級数

2.8.1　$\sum_{n=1}^{\infty}(-1)^{n-1}a_n=a_1-a_2+a_3-a_4+\cdots\ (a_n>0)$ を**交項級数**という．

2.8.2　ライプニッツの定理

$$a_n\geqq a_{n+1},\quad \lim_{n\to\infty}a_n=0 \Rightarrow \sum_{n=1}^{\infty}(-1)^{n-1}a_n \text{ は収束}$$

2.9　絶対収束級数，条件収束級数

2.9.1　$\sum a_n$ に対して，$\sum |a_n|$ が収束するとき $\sum a_n$ は**絶対収束する**といい，この級数を**絶対収束級数**という．$\sum a_n$ は収束するが $\sum |a_n|$ が収束しない級数を**条件収束級数**という．

2.9.2　$\sum_{n=1}^{\infty}|a_n|$ が収束(絶対収束) $\Rightarrow \sum_{n=1}^{\infty}a_n$ は収束

2.9.3　絶対収束級数は，項の順序を変えても絶対収束し，その和は変わらない．

2.9.4　$\sum a_n, \sum b_n$ がそれぞれ A, B に絶対収束するとき，$\sum c_n$（ただし，$c_n=a_nb_1+a_{n-1}b_1+\cdots+a_1b_n$）も C に絶対収束し，$C=AB$.

2.10　べき級数

2.10.1　$\sum_{n=0}^{\infty}a_nx^n=a_0+a_1x+\cdots+a_nx^n+\cdots$　　(2.88)

を**べき級数**または**整級数**という．級数を収束させる x の範囲を**収束域**という．

2.10.2　ダランベールの判定法

$\sum_{n=0}^{\infty} a_n x^n$ において，$\lim_{n\to\infty}\left|\frac{a_{n+1}}{a_n}\right| = k$ が存在すれば，収束半径 $\rho = \frac{1}{k}$．

2.10.3　コーシー・アダマールの判定法

$\sum_{n=0}^{\infty} a_n x^n$ において，$\lim_{n\to\infty}\sqrt[n]{|a_n|} = k$ が存在すれば，収束半径 $\rho = \frac{1}{k}$（$k = 0$ のとき，$\rho = +\infty$）．

2.10.4　極限と積分の交換性

$[a, b]$ において積分可能な関数 $f_n(x)$ が $f(x)$ に一様収束

$$\Rightarrow \lim_{n\to\infty}\int_a^b f_n(x)\,dx = \int_a^b f(x)\,dx$$

2.10.5　項別微分の公式

$f(x) = \sum_{n=0}^{\infty} a_n x^n$ の収束半径 ρ が正であるとき，区間 $(-\rho, \rho)$ において，

$$f'(x) = \left(\sum_{n=0}^{\infty} a_n x^n\right)' = \sum_{n=1}^{\infty} n a_n x^{n-1} \tag{2.89}$$

2.10.6　項別積分の公式

$\sum_{n=0}^{\infty} a_n x^n$ の収束半径 ρ が正であるとき，区間 $(-\rho, \rho)$ に属する任意の ξ に対して，

$$\int_0^{\xi}\sum_{n=0}^{\infty} a_n x^n\,dx = \sum_{n=0}^{\infty}\frac{a_n}{n+1}\xi^{n+1} \tag{2.90}$$

2.10.7　アーベルの連続性定理

べき級数 $f(x) = \sum_{n=0}^{\infty} a_n x^n$ の収束半径 ρ が正で，$x = +\rho$ においてこのべき級数が収束すれば，区間 $[0, +\rho]$ において $f(x)$ は連続である．$x = -\rho$ においても同様．

2.11　関数の展開

（1）　$f(x) = f(0) + \frac{f'(0)}{1!}x + \frac{f''(0)}{2!}x^2 + \cdots + \frac{f^{(n)}(0)}{n!}x^n + \cdots$

（2）　$e^x = 1 + \frac{x}{1!} + \frac{x^2}{2!} + \cdots + \frac{x^n}{n!} + \cdots \quad (-\infty < x < +\infty)$

（3）　$\sin x = x - \frac{x^3}{3!} + \frac{x^5}{5!} - \cdots + (-1)^{n-1}\frac{x^{2n-1}}{(2n-1)!} + \cdots \quad (-\infty < x < +\infty)$

（4）　$\cos x = 1 - \frac{x^2}{2!} + \frac{x^4}{4!} - \cdots + (-1)^n\frac{x^{2n}}{(2n)!} + \cdots \quad (-\infty < x < +\infty)$

(5) $\log(1+x) = x - \dfrac{x^2}{2} + \dfrac{x^3}{3} - \cdots + (-1)^{n-1}\dfrac{x^n}{n} + \cdots \quad (-1 < x \leqq 1)$

(6) $$(1+x)^m = 1 + \frac{m}{1}x + \frac{m(m-1)}{1\cdot 2}x^2 + \cdots + \frac{m(m-1)\cdots(m-n+1)}{n!}x^n + \cdots \quad (-1 < x < 1)$$

(7) $\tan^{-1}x = x - \dfrac{x^3}{3} + \dfrac{x^5}{5} - \cdots + (-1)^n\dfrac{x^{2n+1}}{2n+1} + \cdots \quad (-1 < x \leqq 1)$

(8) $$\sin^{-1}x = x + \frac{1\cdot x^3}{2\cdot 3} + \frac{1\cdot 3\cdot x^5}{2\cdot 4\cdot 5} + \cdots + \frac{1\cdot 3\cdots(2n-1)x^{2n+1}}{2\cdot 4\cdots 2n(2n+1)} + \cdots \quad (-1 < x \leqq 1) \qquad (2.91)$$

例題 2.8

（1） 極座標表示された曲線 $C: r = \theta(0 \leqq \theta \leqq 2\pi)$ の概形を (x, y) 直交座標に描け．

（2） 曲線 C の (x, y) 直交座標における $y \geqq 0$ となる部分と x 軸で囲まれた領域の面積を求めよ．

（3） 曲線 C の長さを求めよ．　　　　（お茶大，学芸大*，京大*）

【解答】（1） $x = r\cos\theta, y = r\sin\theta, r = \theta$ とおいて描くと図のような螺旋になる．　〈**参考**〉 この曲線はアルキメデスの螺旋と呼ばれる．

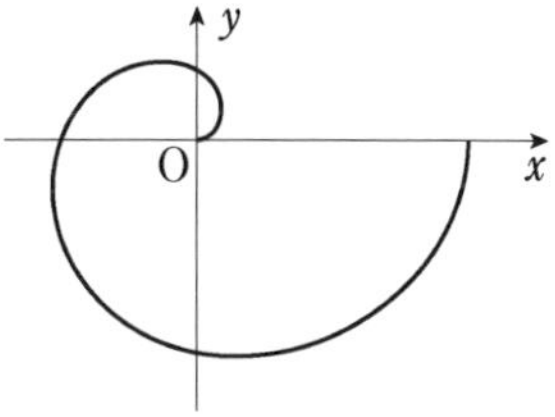

（2） $r = \theta,$

$$x = r\cos\theta = \theta\cos\theta, \quad y = r\sin\theta = \theta\sin\theta,$$

$$\frac{dy}{d\theta} = \sin\theta + \theta\cos\theta$$

と置換すると，面積 S は〈注1〉，$y \geqq 0$ だから

$$S = \int x\,dy = \int x\frac{dy}{d\theta}\,d\theta = \int_0^\pi \theta\cos\theta\cdot(\sin\theta + \theta\cos\theta)\,d\theta$$

$$= \int_0^\pi (\theta\sin\theta\cos\theta + \theta^2\cos^2\theta)\,d\theta = \int_0^\pi \theta\frac{\sin 2\theta}{2}\,d\theta + \int_0^\pi \theta^2\frac{1 + \cos 2\theta}{2}\,d\theta$$

$$= \frac{1}{2}\left(\int_0^\pi \theta^2\,d\theta + \int_0^\pi \theta\sin 2\theta\,d\theta + \int_0^\pi \theta^2\cos 2\theta\,d\theta\right)$$

ここで，$I_1 \equiv \int_0^\pi \theta^2\,d\theta = \dfrac{\pi^3}{3}$　①

$$I_2 \equiv \int_0^\pi \theta\sin 2\theta\,d\theta = \left[\frac{-\cos 2\theta}{2}\theta\right]_0^\pi - \int_0^\pi \frac{-\cos 2\theta}{2}\,d\theta$$

$$= \frac{-1}{2}\pi + \frac{1}{2}\left[\frac{\sin 2\theta}{2}\right]_0^\pi = \frac{-\pi}{2} \quad ③$$

$$I_3 = \int_0^\pi \theta^2\cos 2\theta\,d\theta = \left[\frac{\sin 2\theta}{2}\theta^2\right]_0^\pi - \int_0^\pi \frac{\sin 2\theta}{2}\cdot 2\theta\,d\theta$$

$$= 0 - \left\{\left[\frac{-\cos 2\theta}{2}\theta\right]_0^\pi - \int_0^\pi \frac{-\cos 2\theta}{2}\,d\theta\right\} = -\left\{\frac{-1}{2}\pi + \frac{1}{2}\left[\frac{\sin 2\theta}{2}\right]_0^\pi\right\}$$

$$= \frac{\pi}{2} \quad ③$$

よって①，②，③より，$S = \dfrac{\pi^3}{6}$　④

〈注 1〉 $S=\int y\,dx=\int y\frac{dx}{d\theta}d\theta$ で計算してもよい．r が θ に依存することに注意．

（別解） 力学で頻出の面積速度の式と同様に考えて，

$$S=\int_0^{\pi}\frac{1}{2}r^2\,d\theta=\int_0^{\pi}\frac{\theta^2}{2}\,d\theta=\frac{\pi^3}{6}\quad（④と一致）$$

（3） $dx/d\theta=\cos\theta-\theta\sin\theta,\quad dy/d\theta=\sin\theta+\theta\cos\theta$

を用いると，曲線の長さ L は，

$$L=\int\sqrt{(dx)^2+(dy)^2}=\int_0^{\pi}\sqrt{\left(\frac{dx}{d\theta}\right)^2+\left(\frac{dy}{d\theta}\right)^2}\,d\theta$$

$$=\int_0^{\pi}\sqrt{(\cos\theta-\theta\sin\theta)^2+(\sin\theta+\theta\cos\theta)^2}\,d\theta$$

$$=\int_0^{\pi}\sqrt{\cos^2\theta+\theta^2\sin^2\theta-2\theta\sin\theta\cos\theta+\sin^2\theta+\theta^2\cos^2\theta+2\theta\sin\theta\cos\theta}\,d\theta$$

$$=\int_0^{\pi}\sqrt{1+\theta^2}\,d\theta=\left[\frac{1}{2}\theta\sqrt{\theta^2+1}+\frac{1}{2}\log\left(\theta+\sqrt{\theta^2+1}\right)\right]_0^{\pi}\ \text{〈注 2〉}$$

$$=\frac{1}{2}\left\{\pi\sqrt{\pi^2+1}+\log\left(\pi+\sqrt{\pi^2+1}\right)\right\}$$

〈注 2〉 この積分は暗記すべきだが，忘れたときは，部分積分を用いて，

$$J\equiv\int\sqrt{x^2+\alpha^2}\,dx=x\sqrt{x^2+\alpha^2}-\int x\frac{1}{2}(x^2+\alpha^2)^{-1/2}(2x)\,dx$$

$$=x\sqrt{x^2+\alpha^2}-\int\frac{x^2+\alpha^2-\alpha^2}{\sqrt{x^2+\alpha^2}}dx=x\sqrt{x^2+\alpha^2}-\int\sqrt{x^2+\alpha^2}\,dx+\alpha^2\int\frac{1}{\sqrt{x^2+\alpha^2}}dx$$

$$=x\sqrt{x^2+\alpha^2}-J+\alpha^2J_1\qquad\therefore\quad J=\frac{1}{2}\left\{x\sqrt{x^2+\alpha^2}+\alpha^2\log\left|x+\sqrt{x^2+\alpha^2}\right|\right\}$$

ここで，$\sqrt{x^2+\alpha^2}=t-x,\quad x=\dfrac{t^2-\alpha^2}{2t}=\dfrac{1}{2}(t-\alpha^2t^{-1})$，

$$x^2+\alpha^2=t-\frac{1}{2}(t-\alpha^2t^{-1})=\frac{t^2+\alpha^2}{2t},\quad\frac{dx}{dt}=\frac{1}{2}(1+\alpha^2t^{-2})$$

と置換して，次を用いた．

$$J_1=\int\frac{1}{\sqrt{x^2+\alpha^2}}dx=\int\frac{2t}{t^2+\alpha^2}\frac{1+\alpha^2t^{-2}}{2}dt=\int\frac{2t}{t^2+\alpha^2}\frac{t^2+\alpha^2}{2t^2}dt$$

$$=\int\frac{1}{t}dt=\log|t|=\log\left(\sqrt{x^2+\alpha^2}+x\right)$$

（別解） $r=\theta, dr/d\theta=1$ だから，

$$L=\int\sqrt{(rdr)^2+(dr)^2}=\int\sqrt{r^2+\left(\frac{dr}{d\theta}\right)}\,d\theta=\int\sqrt{\theta^2+1}\,d\theta\qquad\text{以下同様．}$$

例題 2.9

$\sin(cx)$ を $\sin x$ のべき級数に展開せよ．c は任意の定数とする．　（東大理）

【解答】 $\sin x = t$ とおくと，$x = \sin^{-1}t$．$\sin cx = \sin(c\sin^{-1}t) \equiv f(t)$ とおくと，

$$f'(t) = \cos(c\sin^{-1}t)\frac{c}{\sqrt{1-t^2}} = c\cos(c\sin^{-1}t)(1-t^2)^{-1/2}$$

$$f''(t) = c\left[-\sin(c\sin^{-1}t)\frac{c}{\sqrt{1-t^2}}\frac{1}{\sqrt{1-t^2}} + \cos(c\sin^{-1}t)\left(-\frac{1}{2}\right)(1-t^2)^{-3/2}(-2t)\right]$$

$$= -f(t)\frac{c^2}{1-t^2} + f'(t)\frac{t}{1-t^2}$$

$$\therefore\quad (1-t^2)f''(t) - tf'(t) + c^2f(t) = 0 \qquad ①$$

ライプニッツの公式 $(fg)^{(n)} = \sum_{k=0}^{n}\binom{n}{k}f^{(n-k)}g^{(k)}$ を①に適用すると，

$$\sum_{k=0}^{n}\binom{n}{k}(f''(t))^{(n-k)}(1-t^2)^{(k)} - \sum_{k=0}^{n}\binom{n}{k}(f'(t))^{(n-k)}t^{(k)} + c^2f^{(n)}(t) = 0$$

$$(1-t^2)f^{(n+2)}(t) - 2ntf^{(n+1)}(t) - n(n-1)f^{(n)}(t) - tf^{(n+1)}(t) - nf^{(n)}(t) + c^2f^{(n)}(t) = 0$$

$$\therefore\quad (1-t^2)f^{(n+2)}(t) = (2n+1)tf^{(n+1)}(t) + (n^2-c^2)f^{(n)}(t)$$

$t = 0$ とおくと，

$$f^{(n+2)}(0) = (n^2-c^2)f^{(n)}(0)$$

$$f^{(0)}(0) = 0,\quad f^{(1)}(0) = c,\quad f^{(2)}(0) = -c^2f^{(0)}(0) = 0,$$

$$f^{(3)}(0) = (1^2-c^2)f^{(1)}(0) = (1^2-c^2)c,\quad f^{(4)} = (2^2-c^2)f^{(2)}(0) = 0,$$

$$f^{(5)} = (3^2-c^2)f^{(3)}(0) = (3^2-c^2)(1^2-c^2)c,\quad \cdots,\quad f^{(2n)}(0) = 0,$$

$$f^{(2n+1)}(0) = ((2n-1)^2-c^2)((2n-3)^2-c^2)\cdots(3^2-c^2)(1^2-c^2)c$$

マクローリンの展開式 $f(h) = f(0) + f'(0)h + \frac{f''(0)}{2!}h^2 + \cdots + \frac{f^{(n)}(0)}{n!}h^n + \cdots$ を用いると，

$$f(t) = ct + \frac{(1^2-c^2)}{3!}ct^3 + \frac{(3^2-c^2)(1^2-c^2)}{5!}ct^5 + \cdots + \frac{((2n-1)^2-c^2)\cdots(1^2-c^2)}{(2n+1)!}ct^{2n+1} + \cdots$$

$$\therefore \quad \sin cx = c\sin x + \frac{1^2 - c^2}{3!}c\sin^3 x + \cdots$$

$$+ \frac{(1^2 - c^2)(3^2 - c^2)\cdots((2n-1)^2 - c^2)}{(2n+1)!}c\sin^{2n+1}x + \cdots$$

【別解】 $\sin x = x - \dfrac{x^3}{3!} + \dfrac{x^5}{5!} - \dfrac{x^7}{7!} + \cdots$

$$\therefore \quad \sin cx = cx - \frac{1}{3!}(cx)^3 + \frac{1}{5!}(cx)^5 - \frac{1}{7!}(cx)^7 + \cdots$$

$$= a_0 + a_1\sin x + a_2\sin^2 x + a_3\sin^3 x + a_4\sin^4 x + a_5\sin^5 x + \cdots$$

$$= a_0 + a_1\left(x - \frac{1}{3!}x^3 + \frac{1}{5!}x^5 - \frac{1}{7!}x^7 + \cdots\right)$$

$$+ a_2\left(x - \frac{1}{3!}x^3 + \frac{1}{5!}x^5 - \frac{1}{7!}x^7 + \cdots\right)^2$$

$$+ a_3\left(x - \frac{1}{3!}x^3 + \frac{1}{5!}x^5 - \frac{1}{7!}x^7 + \cdots\right)^3$$

$$+ a_4\left(x - \frac{1}{3!}x^3 + \frac{1}{5!}x^5 - \frac{1}{7!}x^7 + \cdots\right)^4$$

$$+ a_5\left(x - \frac{1}{3!}x^3 + \frac{1}{5!}x^5 - \frac{1}{7!}x^7 + \cdots\right)^5 + \cdots$$

$$= a_0 + a_1\left(x - \frac{1}{3!}x^3 + \frac{1}{5!}x^5 - \frac{1}{7!}x^7 + \cdots\right)$$

$$+ a_2\left(x^2 + \frac{1^2}{3!}x^6 + \frac{1^2}{5!}x^{10} + \frac{1^2}{7!}x^{14}\right.$$

$$+ \cdots - \frac{2}{3!}xx^3 + \frac{2}{5!}xx^5 - \frac{2}{7!}xx^7$$

$$\left. + \cdots - \frac{2}{3!5!}x^8 + \frac{2}{3!7!}x^{10} - \cdots - \frac{2}{5!7!}x^{12} + \cdots\right)$$

$$+ \cdots + a_3\left(x^3 - \frac{1^3}{3!}x^9 + \frac{1^3}{5!}x^{15} - \frac{1^3}{7!}x^{21}\right.$$

$$\left. + \cdots - \frac{3}{3!}x^2x^3 + \frac{3}{5!}x^2x^5 - \frac{3}{7!}x^2x^7 + \cdots\right) + \cdots$$

係数を比較すると，

$$0 = a_0, \quad c = a_1, \quad 0 = a_2, \quad -\frac{1}{3!}c^3 = -\frac{1}{3!}a_1 + a_3 \qquad \therefore \quad a_3 = \frac{c(1^2 - c^2)}{3!}, \cdots$$

例題 2.10

K は与えられた実数として，

$$f_1(x, y) = K(x^3y + x^2y^2)$$

$$f_n(x, y) = \int_{-1}^{1} f_{n-1}(x, t) f_1(t, y)\, dt \quad (n \geqq 2)$$

によって関数列 $\{f_n(x, y)\}$ を定義するとき，

（1） $f_n(x, y)$ を求めよ．

（2） 級数 $\sum_{n=1}^{\infty} \int_{-1}^{1} f_n(x, y)\, y dy$ が収束するために，K の満足すべき条件を求め，級数の和を求めよ．（横国大）

【解答】（1） $f_1 = \left(\frac{2}{5}\right)^0 K(x^3y + x^2y^2)$

$$f_2 = \int_{-1}^{1} K(x^3t + x^2t^2) \cdot K(t^3y + t^2y^2)\, dt = \frac{2}{5} K^2(x^3y + x^2y^2)$$

$$f_3 = \int_{-1}^{1} \frac{2}{5} K^2(x^3t + x^2t^2) \cdot K(t^3y + t^2y^2)\, dt$$

$$= \left(\frac{2}{5}\right)^2 K^3(x^3y + x^2y^2)$$

……

$$\therefore \quad f_n = \left(\frac{2}{5}\right)^{n-1} K^n(x^3y + x^2y^2)$$

（2） $\int_{-1}^{1} f_n(x, y) y\, dy = \left(\frac{2}{5}\right)^{n-1} K^n \int_{-1}^{1} (x^3y^2 + x^2y^3)\, dy = \left(\frac{2}{5}\right)^{n-1} K^n \frac{2}{3} x^3$

$$\therefore \quad \sum_{n=1}^{\infty} \int_{-1}^{1} f_n(x, y) y\, dy = \sum_{n=1}^{\infty} \frac{2K}{3} x^3 \left(\frac{2}{5} K\right)^{n-1} \quad \text{（等比級数）}$$

ゆえに，$\left|\frac{2}{5} K\right| < 1$，すなわち $|K| < \frac{5}{2}$ のとき，$\sum_{n=1}^{\infty} \int_{-1}^{1} f_n(x, y) y\, dy$ は収束する．

このとき，

$$\sum_{n=1}^{\infty} \int_{-1}^{1} f_n(x, y) y\, dy = \frac{\frac{2K}{3} x^3}{1 - \frac{2}{5} K} = \frac{10Kx^3}{3(5 - 2K)}$$

例題 2.11

x の関数列 $f_0(x), f_1(x), f_2(x), \cdots\cdots$ を次のように定める：

$$f_0(x) = 1$$

$$f_n(x) = \int_0^x e^y f_{n-1}(y)\, dy + \frac{1}{n!} \quad (n = 1, 2, \cdots)$$

（a）$f(x) \equiv \lim_{n\to\infty} f_n(x)$ が存在すると仮定して，上式より $f(x)$ のみたす微分方程式を導き，その解 $f(x)$ を求めよ．

（b）一般の自然数 n に対して，$f_n(x)$ を求めよ．

（c）（b）の結果を用いて $\lim_{n\to\infty} f_n(x)$ を計算し，（a）の結果と比較検討せよ．

（東大理†）

【解答】（a）関数列 $f_n(x)\,(n = 0, 1, 2, \cdots)$ が $f(x)$ に一様収束するから，

$$\lim_{n\to\infty} f_n(x) = \int_0^x e^y \lim_{n\to\infty} f_n(y)\, dy + 1$$

$$f(x) = \int_0^x e^y f(y)\, dy + 1$$

両辺を x に関して微分すると，

$$f'(x) = e^x f(x), \quad \frac{df(x)}{f(x)} = e^x\, dx$$

$$\int_0^x \log f(x)\, dx = \int_0^x e^x\, dx, \quad \log f(x) - \log f(0) = e^x - 1$$

$$\log f(x) = e^x - 1 \quad (\because \ f(0) = 1)$$

$$\therefore \ f(x) = \exp(e^x - 1)$$

（b）$f_0(x) = 1$

$$f_1(x) = \int_0^x e^y \cdot 1\, dy + 1 = e^x$$

$$f_2(x) = \int_0^x e^y \cdot e^y\, dy + \frac{1}{2!} = \frac{1}{2!} e^{2x}$$

$$f_3(x) = \int_0^x e^y \cdot \frac{1}{2!} e^{2y}\, dy + \frac{1}{3!} = \frac{1}{3!} e^{3x}$$

一般に，

$$f_n(x) = \frac{1}{n!} e^{nx}$$

（c）　$x \leqq 0$ のとき，

$$\lim_{n\to\infty} f_n(x) = 0$$

$x > 0$ のとき，

$$\lim_{n\to\infty} \frac{f_{n+1}(x)}{f_n(x)} = \lim_{n\to\infty} \frac{\dfrac{1}{(n+1)!}e^{(n+1)x}}{\dfrac{1}{n!}e^{nx}} = \lim_{n\to\infty} \frac{e^x}{n+1} = 0 < 1$$

であるから，$\sum_{n=0}^{\infty} f_n(x)$ は収束する．したがって，$\lim_{n\to\infty} f_n(x) = 0$．ゆえに，任意の x に対して，$\lim_{n\to\infty} f_n(x) = 0$.

（a）と（b）の結果を比較すると，一様収束しない関数列 $f_n(x)$ $(n = 0, 1, 2, \cdots)$ に対して，極限 $(\lim_{n\to\infty})$ と積分演算の順序を変更できないことがわかる．

例題 2.12

$f(x) = \dfrac{1}{5}(x^3 + 4x^2 + 6x - 6)$ であるとき，実数 x_0 から出発して漸化式

$$x_{i+1} = f(x_i) \quad (i = 0, 1, 2, \cdots)$$

によりつくられる数列 $(x_0, x_1, x_2, \cdots)$ が収束するような x_0 の範囲，および数列の極限値を求めよ．（東大工）

【解答】 $f'(x) = \dfrac{1}{5}(3x^2 + 8x + 6) > 0$ であるから，$f(x)$ は単調増加関数である．ゆえに，

（i） $x_0 \geqq x_1$ のとき，

$$x_0 \geqq x_1 \Rightarrow f(x_0) \geqq f(x_1) \Rightarrow x_1 \geqq x_2 \Rightarrow f(x_1) \geqq f(x_2) \Rightarrow x_2 \geqq x_3 \Rightarrow x_3 \geqq x_4 \geqq \cdots$$

すなわち，

$$x_0 \geqq x_1 \geqq x_2 \geqq x_3 \geqq x_4 \geqq \cdots \qquad ①$$

（ii） $x_0 \leqq x_1$ のとき，

$$x_0 \leqq x_1 \Rightarrow f(x_0) \leqq f(x_1) \Rightarrow x_1 \leqq x_2 \Rightarrow f(x_1) \leqq f(x_2) \Rightarrow x_2 \leqq x_3 \Rightarrow x_3 \leqq x_4 \leqq \cdots$$

すなわち，

$$x_0 \leqq x_1 \leqq x_2 \leqq x_3 \leqq x_4 \leqq \cdots \qquad ②$$

そこで，$f_1(x) = f(x) - x$ とおくと，

$$f_1(x) = 0 \Rightarrow x^3 + 4x^2 + x - 6 = 0 \Rightarrow x = -3, -2, 1$$

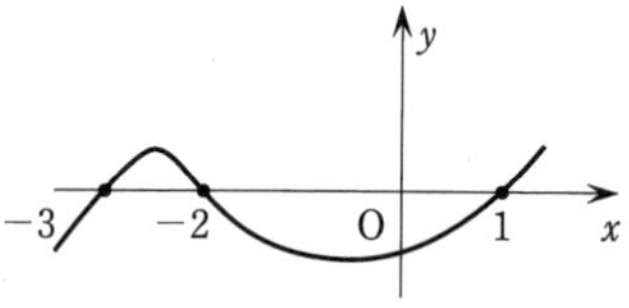

$y=f_1(x)$ のグラフ

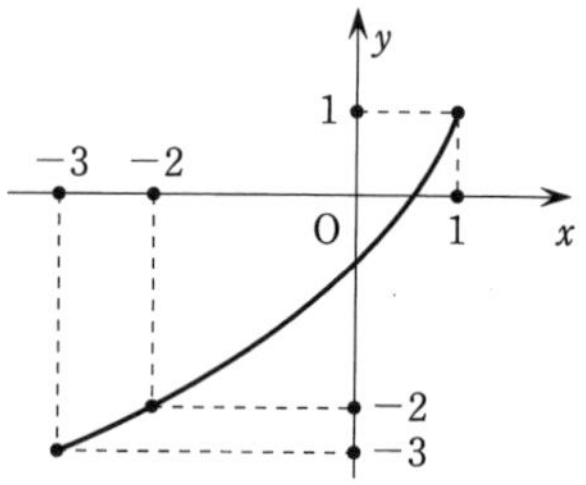

$y=f(x)$ のグラフ

（a） $x_0 = 1$ のとき，$x_i = 1\,(i = 0, 1, 2, \cdots)$ より，$\displaystyle\lim_{i\to\infty} x_i = 1$.

（b） $x_0 \in [-2, 1)$ のとき，$f_1(x_0) \leqq 0 \Longrightarrow f(x_0) \leqq x_0 \Longrightarrow x_1 \leqq x_0$. よって①より，$x_0 \geqq x_1 \geqq x_2 \geqq \cdots \geqq f(-2) = -2$（$f(x)$ のグラフを参照）．このとき，$\displaystyle\lim_{i\to\infty} x_i$

が存在する．この極限値を a とすると，

$$-2 \leqq a < x_0 < 1$$

a を求めるために，$x_{i+1} = f(x_i)$ の両辺の極限をとると，

$$a = f(a) \Rightarrow a = -2$$

（c）　$x_0 = -3$ のとき，$x_i = -3(i = 0, 1, 2, \cdots)$ より $\lim_{i\to\infty} x_i = -3$.

（d）　$x_0 \in (-3, -2)$ のとき，$f_1(x_0) \geqq 0 \Longrightarrow f(x_0) \geqq x_0 \Longrightarrow x_1 \geqq x_0$．よって②より，$x_0 \leqq x_1 \leqq x_2 \leqq \cdots \leqq f(-2) = -2$．このとき，$\lim_{i\to\infty} x_i$ が存在する．以上と同様にして，

$$\lim_{i\to\infty} x_i = -2$$

（e）　$x_0 \in (1, \infty)$ のとき，$x_0 \leqq x_1 \leqq x_2 \leqq \cdots$．よって $\{x_i\}$ は発散する（そうでなければ，$\lim_{i\to\infty} x_i = b$ とおくと，$1 < x_0 < b$，かつ $b = f(b)$ が成立する．これは $(1, +\infty)$ において $f(x) = x$ は根がないということと矛盾する）.

（f）　$x_0 \in (-\infty, -3)$ のとき，同様に，$\{x_i\}$ も発散.

以上の分析をまとめると，$\{x_i\}$ が収束するような x_0 の範囲は $[-3, 1]$：

$x_0 = 1$ のとき，$x_i \to 1(i \to \infty)$

$x_0 = -3$ のとき，$x_i \to -3(i \to \infty)$

$x_0 \in (-3, 1)$ のとき，$x_i \to -2(i \to \infty)$

問題研究

2.14 無限乗積

$$\prod_{k=2}^{\infty}\left(1-\frac{1}{k^2}\right)$$

が収束するかどうかを調べ，収束する場合にはその値を答えよ．ただし，記号 Π の意味は以下に示す通りである：

$$\prod_{k=2}^{n} a_k = a_2a_3\cdots a_n,$$

$$\prod_{k=2}^{\infty}\ a_k = \lim_{n\to\infty}\prod_{k=2}^{n} a_k$$ （京大，東大*）

2.15 自然数（$\geqq 1$）の無限列 $Q=\{q_1, q_2, \cdots\}$ が与えられたとき，x の有理関数の列 $f_0(x), f_1(x), f_2(x), \cdots$ を次のように定める：

$$f_0(x)=x,\quad f_k(x)=f_{k-1}\left(\frac{1}{q_k+x}\right)\quad (k=1, 2, 3, \cdots)$$

（1） 0 または正の数 a_k, b_k, c_k, d_k を用いて

$f_k(x)$ は $\dfrac{a_kx+b_k}{c_kx+d_k}$ （ただし，$|a_kd_k-b_kc_k|=1$）

の形に書けることを示せ．

（2） $Q=(1, 2, 1, 2, 1, 2, \cdots)$ である場合について $\lim_{n\to\infty} f_n(0)$ を求めよ．

（東大理）

2.16 次の無限級数の和を求めよ．ただし，$|x|<1, \alpha$ は実数とする．

$$x\sin^2\alpha-\frac{x^2}{2}\sin^2 2\alpha+\frac{x^3}{3}\sin^2 3\alpha-\cdots$$ （東大理）

2.17 次の極限が存在することを証明せよ．

$$\lim_{n\to\infty}\left(1+\frac{1}{2}+\frac{1}{3}+\cdots+\frac{1}{n}-\log n\right)$$

ただし，$\log n$ は自然対数を表わす．

（東大理†，筑波大*，神戸大*，岡山大，九大*）

2.18 $\{a_n\}_{n=1}^{\infty}$ を実数列とする．このとき，次の各問に答えよ．

（1） $\lim_{n\to\infty} a_n=\alpha$ ならば $\dfrac{a_1+a_2+\cdots+a_n}{n}\to\alpha, n\to\infty$ であることを示せ．

（2）　$a_n \geqq 0 (n = 1, 2, \cdots)$ のとき，

$$\lim_{n\to\infty} a_n = \alpha \text{ ならば } \sqrt[n]{a_1 a_2 \cdots a_n} \to \alpha,\ n \to \infty$$

が成立するか？　（新潟大，山形大）

2.19　数列 $\{a_n\}$ が $\lim_{n\to\infty} (a_{n+1} - a_n) = \alpha$ を満足するならば，$\lim_{n\to\infty} \dfrac{a_n}{n} = \alpha$ となることを証明せよ．　（早大，東大工†，阪大*）

2.20　正の実数列 $a_1, a_2, a_3, \cdots$ が与えられているとし，

$$s_n = a_1 + \cdots + a_n \quad (n = 1, 2, \cdots)$$

とおく，下の問に答えよ．

（a）　$\sum_{n=1}^{\infty} a_n < \infty$ であるとき，$\sum_{n=1}^{\infty} \dfrac{a_n}{s_n} < \infty$ が成り立つことを示せ．

（b）　実数列 $b_1, b_2, b_3, \cdots$ で，$0 < b_n < 1 (n = 1, 2, \cdots)$ であるとき，$\sum_{n=1}^{\infty} b_n < \infty$ であれば，$\prod_{n=2}^{N} (1 - b_n) > 0$ が成り立つ．$\sum_{n=1}^{\infty} \dfrac{a_n}{s_n} < \infty$ であるとき，$\sum_{n=1}^{\infty} a_n < \infty$ が成り立つことを示せ（N は 2 以上の整数である）．

（c）　$\sum_{n=1}^{\infty} \dfrac{a_n}{s_n^2} < \infty$ が常に成り立つことを示せ．　（東大理）

2.21　$a > 1$ のとき，次の極限値を求めよ．

$$\lim_{n\to\infty} \int_0^n \left(1 + \frac{x}{n}\right)^n e^{-ax}\, dx$$

（富山大，奈良女大）

2.22　$\dfrac{1}{1^2} + \dfrac{1}{2^2} + \dfrac{1}{3^2} + \dfrac{1}{4^2} + \cdots = \dfrac{\pi^2}{6}$ であることを用いて π の値を計算したい．

（1）　$\dfrac{\pi^2}{6}$ と左辺の第 n 項までの和 $\sum_{k=1}^{n} \dfrac{1}{k^2}$ との差は $\dfrac{1}{n + 0.5}$ 程度であることを示せ．

（2）　左辺を $\sum_{k=1}^{n} \dfrac{1}{k^2} + \dfrac{1}{n + 0.5}$ で近似した場合の $\dfrac{\pi^2}{6}$ との差はどの程度か．

（東大工†）

2.23　$a_0 = 1, a_n = \sum_{i=1}^{[n/3]} \dbinom{n}{3i} (n = 1, 2, \cdots)$ のとき，整級数 $\sum_{n=0}^{\infty} a_n x^n$ の収束半径を求めよ．ただし，$\left[\dfrac{n}{3}\right]$ は，$m \leqq \dfrac{n}{3}$ なる整数 m の最大値を表わすものとする．

（東大工，電通大*）

2.24 平面上の滑らかな曲線について，以下の問1および問2に答えよ．

問1 曲線上のある点における曲率半径とは，その点のまわりの曲線の微小部分の円弧で近似した上で，その微小部分を無限小の極限にしたときの円弧の半径のことである．また，その円弧の中心を，その点での曲率の中心という．以下の(a)および(b)に答えよ．

(a) 曲線上の点Aの直交座標を (x, y) とする．Aでの曲率半径を，Aにおける曲線の1階微分 $\dfrac{dy}{dx}$ および2階微分 $\dfrac{d^2y}{dx^2}$ を使って導き直せ．

(b) 点Aでの曲線の中心の座標を導け．

問2 半径1の円が定直線に沿って滑らずに転がって進む状況を考える．始めに定直線と接していた円周上の定点Pの軌跡に関して，以下の(a)～(f)に答えよ．

(a) 点Pの初期位置を原点とし，定直線を x 軸とする直交座標系を考える．下図のように，円が角度 θ 回転したときのPの座標 (x, y) を θ を使って表わせ．

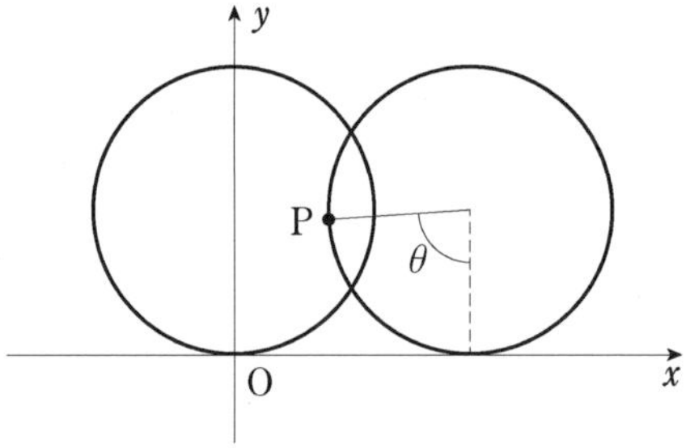

(b) 円が一回転するまでの点Pの軌跡の長さを求めよ．

(c) 上記(a)の時点における軌跡の曲率半径を θ を使って表わせ．

(d) 同じく，曲率の中心の座標を θ を使って表わせ．

(e) 円が一回転するまでの点Pの軌跡について，曲率の中心の軌跡の長さを求めよ．

(f) 円が一回転するまでの点Pの軌跡と，その曲率の中心の軌跡によって囲まれる面積を求めよ． （東大，お茶大*）

4　偏　微　分

§1　多変数の関数の極限

1.1　2変数関数の極限

任意の ε に対して，適当な $\delta > 0$ をとれば，$0 < (x-a)^2 + (y-b)^2 < \delta$ なるすべての $(x, y) = \boldsymbol{x}, \boldsymbol{a}(a, b)$ に対して，$|f(x, y) - \boldsymbol{a}| < \varepsilon$ ならば，

$$\lim_{(x, y)\to(a, b)} f(x, y) = \lim_{\substack{x\to a\\ y\to b}} f(x, y) = \lim_{\boldsymbol{x}\to\boldsymbol{a}} f(\boldsymbol{x}) = \boldsymbol{a} \tag{2.92}$$

と書き，$f(x, y)$ は極限値 α に**収束する**という．以下，1変数の場合の定理は多変数の場合の定理に拡張できる．

1.2　2変数関数の連続性

関数 $f(x, y)$ が点 (a, b) を含む領域 D で定義されていて，

$$\lim_{(x, y)\to(a, b)} f(x, y) = f(a, b)$$

が成立するとき，$f(x, y)$ は点で (a, b) で**連続である**という．

1.3　2変数関数の有界性

有界閉領域で連続な関数 $f(x, y)$ は，$|f(x, y)| \leqq M$ (M : 定数) が成立するとき，そこで**有界である**という．

1.4　最大値・最小値の定理

有界閉集合 F 上で連続な関数 $f(x, y)$ は，F 上で必ず最大値と最小値をとる．

1.5　偏微分係数

$$\begin{aligned} \lim_{h\to 0}\frac{f(a+h, b) - f(a, b)}{h} &= f_x(a, b) = f_x(\boldsymbol{a}) \\ \lim_{h\to 0}\frac{f(a, b+h) - f(a, b)}{h} &= f_y(a, b) = f_y(\boldsymbol{a}) \end{aligned} \tag{2.93}$$

を $f(x, y)$ の $\boldsymbol{a}(a, b)$ における（x または y に関する）**偏微分係数**という．このとき $f(x, y)$ はそれぞれ x または y に関して**偏微分可能である**という．

§2　偏 微 分 法

2.1　偏導関数

各点 $(x, y) = \boldsymbol{x}$ において $z = f(x, y)$ が x に関して偏微分可能ならば，

$$\begin{aligned} \lim_{h\to 0}\frac{f(x+h, y) - f(x, y)}{h} &= f_x(x, y) = f_x = \frac{\partial}{\partial x}f(x, y) = f_x(\boldsymbol{x}) \\ &= z_x(x, y) = z_x = \frac{\partial}{\partial x}z(x, y) \end{aligned} \tag{2.94}$$

とおき，$f(x, y)$ の x に関する**偏導関数**という．$f_y(x, y)$ も同様に定義される．偏導関数を求めることを**偏微分する**という．

2.2　全微分

2.2.1　関数 $z = f(x, y)$ において，定数 A, B を適当にとり，

$$f(a+h, b+k) = f(a, b) + Ah + Bk + \varepsilon(h, k)\sqrt{h^2+k^2} \tag{2.95}$$

と書き，$\lim_{h,k\to 0} \varepsilon(h, k) = 0$ ならば，$z = f(x, y)$ は (a, b) で**全微分可能である**という．

2.2.2　(a, b) における z の全微分は，

$$dz = f_x(a, b)\,dx + f_y(a, b)\,dy \tag{2.96}$$

2.2.3　$f(x, y)$ が (a, b) において全微分可能 ⇨ $f(x, y)$ は (a, b) において連続

2.2.4　f_x, f_y が領域 D 上で存在し，共に連続 ⇨ $f(x, y)$ は D の各点で全微分可能

2.2.5　領域 D で定義された関数 f に対して，f_{xy}, f_{yx} が共に連続 ⇨ $f_{xy} = f_{yx}$

2.3　高次偏導関数

f_x, f_y が x（または y）に関してさらに偏微分可能ならば，次の四つの偏導関数が存在する：

$$\frac{\partial}{\partial x}\left(\frac{\partial f}{\partial x}\right) = \frac{\partial^2 f}{\partial x^2} = \frac{\partial^2 z}{\partial x^2} = f_{xx} = z_{xx},\quad \frac{\partial}{\partial y}\left(\frac{\partial f}{\partial x}\right) = \frac{\partial^2 f}{\partial y \partial x} = \frac{\partial^2 z}{\partial y \partial x} = f_{xy} = z_{xy},$$

$$\frac{\partial}{\partial x}\left(\frac{\partial f}{\partial y}\right) = \frac{\partial^2 f}{\partial x \partial y} = \frac{\partial^2 z}{\partial x \partial y} = f_{yx} = z_{yx},$$

$$\frac{\partial}{\partial y}\left(\frac{\partial f}{\partial y}\right) = \frac{\partial^2 f}{\partial y^2} = \frac{\partial^2 z}{\partial y^2} = f_{yy} = z_{yy} \tag{2.97}$$

3 次以上の偏導関数についても同様に定義される．

2.4　合成関数の微分

2.4.1　$z = f(x, y),\quad x = x(t),\quad y = y(t)$

$$\Rightarrow \frac{dz}{dt} = \frac{df}{dt} = \frac{\partial z}{\partial x}\frac{dx}{dt} + \frac{\partial z}{\partial y}\frac{dy}{dt} = f_x\frac{dx}{dt} + f_y\frac{dy}{dt} \tag{2.98}$$

2.4.2　$z = f(x, y),\quad x = x(u, v),\quad y = y(u, v)$

$$\Rightarrow \frac{\partial z}{\partial u} = \frac{\partial z}{\partial x}\frac{\partial x}{\partial u} + \frac{\partial z}{\partial y}\frac{\partial y}{\partial u},\quad \frac{\partial z}{\partial v} = \frac{\partial z}{\partial x}\frac{\partial x}{\partial v} + \frac{\partial z}{\partial y}\frac{\partial y}{\partial v} \tag{2.99}$$

2.5　テイラーの定理

2.5.1　$z = f(x, y)$ が点 (a, b) を含む領域 D で $n+1$ 回連続な偏導関数をもてば次式を満足する θ が存在する：

$$f(a+h, b+k) = f(a, b) + \sum_{r=1}^{n}\frac{1}{r!}\left(h\frac{\partial}{\partial x} + k\frac{\partial}{\partial y}\right)^r f(a, b)$$

$$+\frac{1}{(n+1)!}\left(h\frac{\partial}{\partial x}+k\frac{\partial}{\partial y}\right)^{n+1}f(a+\theta h,\ b+\theta k)$$

$$(0<\theta<1)$$

ただし，$\left(h\frac{\partial}{\partial x}+k\frac{\partial}{\partial y}\right)^r f=h^r\frac{\partial^r f}{\partial x^r}+\binom{r}{1}h^{r-1}k\frac{\partial^{r-1}f}{\partial x^{r-1}\partial y}+\binom{r}{2}h^{r-2}k^2\frac{\partial^r f}{\partial x^{r-2}\partial y^2}$

$$+\cdots+\binom{r}{r-1}hk^{r-1}\frac{\partial^r f}{\partial x\partial y^{r-1}}+k^r\frac{\partial^r f}{\partial y^r} \tag{2.100}$$

2.5.2　$n=0$ の場合は，2 変数関数の**平均値の定理**が得られる：

$$f(a+h,\ b+k)=f(a,\ b)+hf_x(a+\theta h,\ b+\theta k)+kf_y(a+\theta h,\ b+\theta k)$$

$$(0<\theta<1) \tag{2.101}$$

2.5.3　$(a,\ b)=(0,\ 0),\ (h,\ k)=(x,\ y)$ とおけば**マクローリンの定理**が得られる：

$$f(x,y)=f(0,0)+\frac{1}{1!}\left(x\frac{\partial}{\partial x}+y\frac{\partial}{\partial y}\right)f(0,0)+\frac{1}{2!}\left(x\frac{\partial}{\partial x}+y\frac{\partial}{\partial y}\right)^2 f(0,0)$$

$$+\cdots+\frac{1}{n!}\left(x\frac{\partial}{\partial x}+y\frac{\partial}{\partial y}\right)^n f(0,0)$$

$$+\frac{1}{(n+1)!}\left(x\frac{\partial}{\partial x}+y\frac{\partial}{\partial y}\right)^{n+1}f(\theta x,\ \theta y)\quad(0<\theta<1) \tag{2.102}$$

§3　偏導関数とその応用

3.1　2 変数関数の極値

3.1.1　$f(x,y)$ が点 $(a,\ b)$ を含むある領域で定義されているとき，$(a,\ b)$ の近傍のすべての点 (x,y) に対して，

$f(x,y)<f(a,\ b)\Rightarrow f(x,y)$ は $f(a,\ b)$ で極大

$f(x,y)>f(a,\ b)\Rightarrow f(x,y)$ は $f(a,\ b)$ で極小

であるという．$f(a,\ b)$ をそれぞれ**極大値**，**極小値**といい，両者を合わせて**極値**という．

3.1.2　$f(x,y)$ が点 $(a,\ b)$ において極値をとる．

$\Rightarrow f_x(a,\ b)=0,\quad f_y(a,\ b)=0$

3.2　極値の判定法

$f_x(a,\ b)=0,\ f_y(a,\ b)=0,\ D=f_{xx}(a,\ b)f_{yy}(a,\ b)-f_{xy}(a,\ b)^2$ のとき

（i）　$D(a,\ b)>0,\quad f_{xx}(a,\ b)<0\Rightarrow f(a,\ b)$ は極大値

（ii）　$D(a,\ b)>0,\quad f_{xx}(a,\ b)>0\Rightarrow f(a,\ b)$ は極小値

（iii）　$D(a,\ b)<0\Rightarrow f(a,\ b)$ は極値でない　(2.103)

（iv）　$D(a,\ b)=0\Rightarrow f(a,\ b)$ が極値かどうか判定できない

3.3 陰関数

3.3.1 $f(x, y) = 0$ のとき，適当な $y = g(x)$ が存在し，常に $f(x, g(x)) = 0$ が成立するならば，$y = g(x)$ を $f(x, y) = 0$ の**陰関数**という．

3.3.2 陰関数存在の定理

$f(x, y)$ が点 (a, b) を含むある領域で連続な偏導関数をもち，$f(a, b) = 0, f_y(a, b) \neq 0$ ならば，$x = a$ の近傍で次の条件をみたす関数 $y = g(x)$ が一意的に定まる：

$$\text{(i)}\quad g(a) = b \qquad \text{(ii)}\quad f(x, g(x)) = 0 \qquad \text{(iii)}\quad g'(x) = \frac{dy}{dx} = -\frac{f_x}{f_y} \tag{2.104}$$

3.3.3 陰関数の極値

ある領域で $f(x, y)$ が 2 回連続微分可能とする．$f(x, y) = 0$ により定まる陰関数 $y = g(x)$ が，$x = a$ で極値 $b = g(a)$ をとるならば，(a, b) は次式を満足する：

$$f(a, b) = 0, \quad f_x(a, b) = 0, \quad f_y(a, b) \neq 0$$

さらに，上式を満足する (a, b) に対して次式が成立する：

$$g''(a) = -\frac{f_{xx}(a, b)}{f_y(a, b)} \Rightarrow \begin{cases} g''(a) < 0 \text{ のとき } b = g(a) \text{ は極大値} \\ g''(a) > 0 \text{ のとき } b = g(a) \text{ 極小値} \end{cases} \tag{2.105}$$

3.4 勾配，発散，回転，ラプラシアン

3.4.1 勾　配

ハミルトンの演算子(またはナブラ)を $\nabla = \dfrac{\partial}{\partial x}\boldsymbol{i} + \dfrac{\partial}{\partial y}\boldsymbol{j} + \dfrac{\partial}{\partial z}\boldsymbol{k}$ とすると

$$\operatorname{grad} \varphi = \nabla\varphi = \frac{\partial\varphi}{\partial x}\boldsymbol{i} + \frac{\partial\varphi}{\partial y}\boldsymbol{j} + \frac{\partial\varphi}{\partial z}\boldsymbol{k} \tag{2.106}$$

を**勾配**という．ただし，$\boldsymbol{i}, \boldsymbol{j}, \boldsymbol{k}$ は x, y, z 軸方向の大きさ 1 の基本ベクトルで，φ はスカラーとする．

3.4.2 発　散

$\boldsymbol{A} = A_x\boldsymbol{i} + A_y\boldsymbol{j} + A_z\boldsymbol{k}$ をベクトルとすると

$$\operatorname{div} \boldsymbol{A} = \nabla\cdot\boldsymbol{A} = \frac{\partial A_x}{\partial x} + \frac{\partial A_y}{\partial y} + \frac{\partial A_z}{\partial z} \tag{2.107}$$

を**発散**という．

3.4.3 回　転

$$\operatorname{rot} \boldsymbol{A} = \operatorname{curl} \boldsymbol{A} = \nabla \times \boldsymbol{A} = \begin{vmatrix} \boldsymbol{i} & \boldsymbol{j} & \boldsymbol{k} \\ \dfrac{\partial}{\partial x} & \dfrac{\partial}{\partial y} & \dfrac{\partial}{\partial z} \\ A_x & A_y & A_z \end{vmatrix}$$

$$= \left(\frac{\partial A_z}{\partial y} - \frac{\partial A_y}{\partial z} \right) \boldsymbol{i} + \left(\frac{\partial A_x}{\partial z} - \frac{\partial A_z}{\partial x} \right) \boldsymbol{j} + \left(\frac{\partial A_y}{\partial x} - \frac{\partial A_x}{\partial y} \right) \boldsymbol{k} \quad (2.108)$$

を**回転**という．

3.4.4　ラプラシアン

$$\nabla \cdot \nabla = \nabla^2 = \Delta \quad (2.109)$$

を**ラプラシアン**という．

$$\text{直交座標表示：} \Delta\varphi = \frac{\partial^2 \varphi}{\partial x^2} + \frac{\partial^2 \varphi}{\partial y^2} + \frac{\partial^2 \varphi}{\partial z^2} \quad (2.110)$$

$$\text{極座標表示：} \Delta\varphi = \frac{1}{r^2} \frac{\partial}{\partial r} \left(r \frac{\partial \varphi}{\partial r} \right) + \frac{1}{r^2 \sin\theta} \frac{\partial}{\partial \theta} \left(\sin\theta \frac{\partial \varphi}{\partial \theta} \right) + \frac{1}{r \sin^2\theta} \frac{\partial^2 \varphi}{\partial \phi^2}$$

$$(x = r \sin\theta \cos\phi, \quad y = r \sin\theta \sin\phi, \quad z = r \cos\theta) \quad (2.111)$$

$$\text{円柱座標表示：} \Delta\varphi = \frac{1}{r} \frac{\partial}{\partial r} \left(r \frac{\partial \varphi}{\partial r} \right) + \frac{1}{r^2} \frac{\partial^2 \varphi}{\partial \theta^2} + \frac{\partial^2 \varphi}{\partial z^2}$$

$$(x = r \cos\theta, \quad y = r \sin\theta, \quad z = z) \quad (2.112)$$

3.5　ヤコビアン

$y_i = f_i(x_i, \cdots, x_n)\,(i = 1, 2, \cdots, n)$ が与えられたとき

$$J(x_1, \cdots, x_n) = \frac{\partial(f_1, \cdots, f_n)}{\partial(x_1, \cdots, x_n)} = \begin{vmatrix} \frac{\partial f_1}{\partial x_1} & \cdots & \frac{\partial f_1}{\partial x_n} \\ \frac{\partial f_2}{\partial x_1} & \cdots & \frac{\partial f_2}{\partial x_n} \\ \cdots & \cdots & \cdots \\ \frac{\partial f_n}{\partial x_1} & \cdots & \frac{\partial f_n}{\partial x_n} \end{vmatrix} \quad (2.113)$$

を**ヤコビアン**または**関数行列式**という．

3.6　条件付き極値問題（ラグランジュの未定乗数法）

$g(x, y, z) = 0$ の条件下に $f(x, y, z)$ の極値を与える点 (a, b, c) を求めるには

$$F(x, y, z, \lambda) = f(x, y, z) - \lambda g(x, y, z) \quad (2.114)$$

とおき，$F_x = 0, F_y = 0, F_z = 0, F_\lambda = 0$ なる連立方程式から x, y, z, λ を求めて極値かどうか調べる．

3.7　媒介変数を含む関数の微積分

$a \leqq x \leqq b, \alpha \leqq t \leqq \beta$ で，$f(x, t), f_t(x, t)$ が連続で，$\int_b^a f(x, t)\, dx$ が一様収束し，$\int_a^b f_t(x, t)$ が $\alpha \leqq t \leqq \beta$ で一様収束

$$\Rightarrow \frac{d}{dt} \int_a^b f(x, t)\, dx = \int_a^b f_t(x, t)\, dx \quad (2.115)$$

3.8 曲線と曲面

3.8.1 包絡線

（1） t を媒介変数とする曲線群 $f(x, y, z) = 0$ のすべてに接する曲線をこの曲線群の**包絡線**という.

（2） $f(x, y, z) = 0$ の包絡線の方程式は，$f(x, y, z) = 0, f_t(x, y, t) = 0$ から t を消去したものである（特異点も含まれる）.

3.9 平面曲線の接線，法線，曲率

平面が $f(x, y) = 0$ 上の点 (a, b) $(f(a, b) = 0)$ における

（i） 接線 : $f_x(a, b)(x - a) + f_y(a, b)(y - b) = 0$ (2.116)

（ii） 法線 : $\dfrac{x - a}{f_x(a, b)} = \dfrac{y - b}{f_y(a, b)}$ (2.117)

（iii） 曲率 : $\kappa = \dfrac{1}{\rho} = |f_{xx}f_y^2 - 2f_{xy}f_xf_y + f_{yy}f_x^2| / (f_x^2 + f_y^2)^{3/2}$ （ρ : 曲率半径）

(2.118)

3.10 曲面の接平面，法線

3.10.1 曲面が $z = f(x, y)$ 上の点 (a, b, c) $(c = f(a, b))$ における

（i） 接平面 : $z - c = f_x(a, b)(x - a) + f_y(a, b)(y - b)$ (2.119)

（ii） 法線 : $\dfrac{x - a}{f_x(a, b)} = \dfrac{y - b}{f_y(a, b)} = \dfrac{z - c}{-1}$ (2.120)

3.10.2 曲面が $f(x, y, z) = 0$ 上の点 (a, b, c) $(f(a, b, c) = 0)$ における

（i） 接平面 : $f_x(a, b, c)(x - a) + f_y(a, b, c)(y - b) + f_z(a, b, c)(z - c) = 0$

(2.121)

（ii） 法線 : $\dfrac{x - a}{f_x(a, b, c)} = \dfrac{y - b}{f_y(a, b, c)} = \dfrac{z - c}{f_z(a, b, c)}$ (2.122)

例題 2.13

方程式 $\phi(x+y)+\phi(x-y)=\phi(x)\cdot\phi(y)$ を満足する関数 ϕ を求めよ．

（東大理）

【解答】 与式をそれぞれ x, y について微分すると

$$\phi'(x+y)+\phi'(x-y)=\phi'(x)\phi(y),$$

$$\phi''(x+y)+\phi''(x-y)=\phi''(x)\phi(y) \qquad ①$$

および

$$\phi'(x+y)-\phi'(x-y)=\phi(x)\phi'(y),$$

$$\phi''(x+y)+\phi''(x-y)=\phi(x)\phi''(y) \qquad ②$$

が得られる．①，②より

$$\frac{\phi''(x)}{\phi(x)}=\frac{\phi''(y)}{\phi(y)}\equiv a \quad （定数）$$

（i） $a=c^2>0$ のとき

$$\phi''(x)=c^2\phi(x) \qquad \therefore \quad \phi(x)=Ae^{cx}+Be^{-cx} \quad （ただし，A, B：任意定数）$$

これを元の方程式に代入して整理すれば，

$$(Ae^{c(x+y)}+Be^{-c(x+y)})+(Ae^{c(x-y)}+Be^{-c(x-y)})$$

$$=(Ae^{cx}+Be^{-cx})(Ae^{cy}+Be^{-cy})$$

$$\therefore \quad (Ae^{cx}+Be^{-cx})\{(A-1)\,e^{cy}+(B-1)\,e^{-cy}\}=0$$

$$\therefore \quad A=1, B=1 \qquad \therefore \quad \phi(x)=e^{cx}+e^{-cx}$$

（ii） $a=0$ のとき

$$\phi''(x)=0 \qquad \therefore \quad \phi(x)=Ax+B$$

これを元の方程式に代入して整理すれば，

$$A(x+y)+B+A(x-y)+B=(Ax+B)(Ay+B)$$

$$\therefore \quad A^2xy+A(B-2)x+ABy+B(B-2)=0 \qquad \therefore \quad A=0, B=2$$

$$\therefore \quad \phi(x)=2$$

（iii） $a=-c^2<0$ のとき

$$\phi''(x)=-c^2p(x) \qquad \therefore \quad \phi(x)=A\cos cx+B\sin cx$$

これを元の方程式に代入して整理すれば，

$$(A\cos c(x+y)+B\sin c(x+y))+(A\cos c(x-y)+B\sin c(x-y))$$

$$=(A\cos cx+B\sin cx)(A\cos cy+B\sin cy)=0$$

$$\therefore \quad (A\cos cx+B\sin cx)((A-2)\cos cy+B\sin cy)=0$$

$$\therefore \quad A=2, \quad B=0 \qquad \therefore \quad \phi(x)=2\cos cx$$

〈注〉 $\phi(x)\equiv 0$ もよい．

例題 2.14

関数 $y=y(x)$ は，$y^3+3xy^2+x^3y=1$ をみたし，$x=1$ で極値をとるとする．この関数を $x=1$ のまわりで 2 次の項までテイラー級数展開せよ．また，この極値は，極大・極小のいずれか．（電通大）

【解答】 題意より，

$$y=y(1)+y'(1)(x-1)+\frac{1}{2}y''(1)(x-1)^2+\cdots$$

与式より，

$$\frac{d}{dx}(y^3+3xy^2+x^3y)=0$$

$$\therefore\quad y'=-\frac{3y^2+3x^2y}{3y^2+6xy+x^3}$$

しかるに，

$$y'(1)=0\quad(\because\ y\text{ は }x=1\text{ で極値をとる})$$

$$\therefore\quad 3y^2(1)+3y(1)=0\Longrightarrow y(1)=0,\ -1$$

一方，$(y^3+3xy^2+x^3y)|_{x=1}=1$ より

$$y^3(1)+3y^2(1)+y(1)=1 \qquad ①$$

明らかに，①を $y(1)=-1$ はみたすが，$y(1)=0$ はみたさない．ゆえに，$y(1)=-1$．

また，

$$y''=\frac{d}{dx}\left(-\frac{3y^2+3x^2y}{3y^2+6xy+x^3}\right)$$

$$=-3\cdot\frac{(3y^2+6xy+x^3)(2yy'+2xy+x^2y')-(y^2+x^2y)(6yy'+6y+6xy'+3x^2)}{(3y^2+6xy+x^3)^2}$$

$$\therefore\quad y''(1)=-3\cdot\frac{(3\cdot(-1)^2+6\cdot1\cdot(-1)+1^3)(2\cdot(-1)\cdot0+2\cdot1\cdot(-1)+1^2\cdot0)-((-1)^2+1^2\cdot(-1))(6\cdot(-1)\cdot0+6\cdot(-1)+6\cdot1\cdot0+3\cdot1^2)}{(3\cdot(-1)^2+6\cdot1\cdot(-1)+1^3)^2}$$

$$=-3$$

ゆえに，

$$y=-1-\frac{3}{2}(x-1)^2+\cdots,\quad y''(1)=-3<0$$

よって，$y(1)=-1$ は極大値である．

例題 2.15

原点を通り方向余弦が (l_1, l_2, l_3) の平面を α とする.

（1） 次の 8 個の点から平面 α までの距離の 2 乗の和 S を求めよ.

$P_1(2, 1, 0)$, $P_2(1, 1, 1)$, $P_3(-2, 1, 0)$, $P_4(-1, 1, -1)$,

$P_5(-2, -1, 0)$, $P_6(-1, -1, -1)$, $P_7(2, -1, 0)$, $P_8(1, -1, 1)$

（2） S を最小にする (l_1, l_2, l_3) を求めよ.　（東大理）

【解答】（1） α の方程式は $l_1x + l_2y + l_3z = 0$ で，点 (x_0, y_0, z_0) から α までの距離 h は

$$h = |l_1x_0 + l_2y_0 + l_3z_0| / \sqrt{l_1^2 + l_2^2 + l_3^2}$$
$$= |l_1x_0 + l_2y_0 + l_3z_0| \quad (\because \ l_1^2 + l_2^2 + l_3^2 = 1)$$

であるから，点 $P_i (i = 1, \cdots, 8)$ から α までの距離の 2 乗の和 S は

$$S = (2l_1 + l_2)^2 + (l_1 + l_2 + l_3)^2 + (-2l_1 + l_2)^2 + (-l_1 + l_2 - l_3)^2$$
$$+ (-2l_1 - l_2)^2 + (-l_1 - l_2 - l_3)^2 + (2l_1 - l_2)^2 + (l_1 - l_2 + l_3)^2$$
$$= 2\{(2l_1 + l_2)^2 + (l_1 + l_2 + l_3)^2 + (2l_1 - l_2)^2 + (l_1 - l_2 + l_3)^2\}$$
$$= 4(4l_1^2 + l_2^2 + 2l_1l_3) + 4$$

（2） $l_1^2 + l_2^2 + l_3^2 = 1$ のとき，$f(l_1, l_2, l_3) = 4l_1^2 + l_2^2 + 2l_1l_3$ の最小値をラグランジュの未定乗数法を用いて求めればよい.

$$F(l_1, l_2, l_3) = f(l_1, l_2, l_3) - \lambda(l_1^2 + l_2^2 + l_3^2 - 1)$$
$$= 4l_1^2 + l_2^2 + 2l_1l_3 - \lambda(l_1^2 + l_2^2 + l_3^2 - 1)$$

とおくと,

$$\begin{cases} F_{l_1} = (8 - 2\lambda)l_1 + 2l_3 = 0 \\ F_{l_2} = (2 - 2\lambda)l_2 = 0 \\ F_{l_3} = 2l_1 - 2\lambda l_3 = 0 \\ F_\lambda = l_1^2 + l_2^2 + l_3^2 - 1 = 0 \end{cases} \quad ①$$

を満足する l_1, l_2, l_3 に対する λ の最小のものが $f(l_1, l_2, l_3)$ の最小値である. ①より

$$\begin{vmatrix} 4-\lambda & 0 & 1 \\ 0 & 1-\lambda & 0 \\ 1 & 0 & -\lambda \end{vmatrix} = -(\lambda - 1)(\lambda^2 - 4\lambda - 1) = 0 \Rightarrow \lambda = 1, 2 \pm \sqrt{5}$$

$$\therefore \ \min(1, 2 + \sqrt{5}, 2 - \sqrt{5}) = 2 - \sqrt{5}$$

$$\therefore \ S \text{の最小値} = 4(2 - \sqrt{5}) + 4 = 12 - 4\sqrt{5}$$

$\lambda = 2 - \sqrt{5}$ に対して①より

$$l_1 = \pm\frac{\sqrt{5 - 2\sqrt{5}}}{\sqrt{10}}, \quad l_2 = 0, \quad l_3 = \mp\frac{\sqrt{5 + 2\sqrt{5}}}{\sqrt{10}}$$

例題 2.16

平らな紙の上に円が描かれている．この円の周上にない点Pをとる．この紙を折って円周がPが通過するようにしたとき，折目の直線がつくる包絡線はいかなる線か．（xy 平面上において媒介変数 α を含む方程式 $f(x, y, \alpha) = 0 \cdots$ ①によって曲線が表わされる．α を固定すれば①は1曲線を表わし，α を連続的に変えれば曲線も連続的に変わる．いま1曲線 E が①の各曲線に接し，しかもその接点の軌跡であるとき，E を①の包絡線という.）（東大理）

【解答】 右図のように，円の中心を原点O，OP を x 軸にとる．円の方程式を $x^2 + y^2 = r^2\ (r > 0)$ とし，点Pの座標を $(a, 0)$ とする $(a \neq r)$．

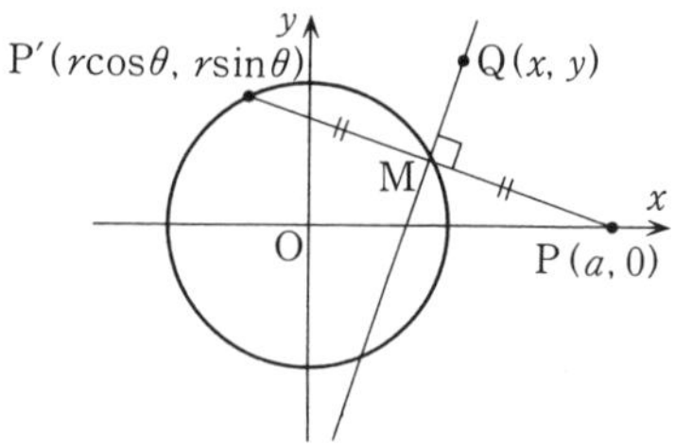

円上の点を $\mathrm{P}'(r\cos\theta, r\sin\theta)$ とすると，折目の直線MQは，線分PP′の垂直2等分線となるから，$(\overrightarrow{\mathrm{MQ}}, \overrightarrow{\mathrm{PP'}}) = 0$ より

$$\left\{x - \frac{1}{2}(r\cos\theta + a)\right\}(r\cos\theta - a) + \left\{y - \frac{1}{2}(r\sin\theta + 0)\right\}(r\sin\theta - 0)$$
$$= 0$$
$$\therefore\quad x(r\cos\theta - a) + yr\sin\theta - \frac{1}{2}(r^2 - a^2) = 0$$

この直線群の包絡線は

$$\begin{cases} F(x, y, \theta) = x(r\cos\theta - a) + yr\sin\theta - \dfrac{1}{2}(r^2 - a^2) = 0 \\ F_\theta(x, y, \theta) = -xr\sin\theta + yr\cos\theta = 0 \end{cases}$$

から θ を消去したものである．したがって $(x^2 + y^2)r^2 = \left\{\dfrac{1}{2}(r^2 - a^2) + ax\right\}^2$

すなわち，

$$(r^2 - a^2)x^2 - a(r^2 - a^2)x + r^2y^2 = \frac{1}{4}(r^2 - a^2)^2$$

$$(r^2 - a^2)\left(x - \frac{a}{2}\right)^2 + r^2y^2 = \frac{r^2}{4}(r^2 - a^2) \qquad \therefore\quad \frac{\left(x - \dfrac{a}{2}\right)^2}{\dfrac{r^2}{4}} + \frac{y^2}{\dfrac{r^2 - a^2}{4}} = 1$$

ゆえに，$r^2 > a^2$（点Pが円の内部）のとき楕円，$r^2 < a^2$（点Pが円の外部）のとき双曲線である．

例題 2.17

n は正の整数，a, b, c, d は実数で $a^2 + b^2 + c^2 > 0$ をみたすものとする．実数 x, y, z が

$$x^n + y^n + z^n = 1$$

をみたすとき，関数

$$f = ax + by + cz + d$$

について，次の問に答えよ．

（a）f が最大値および最小値をもつのは，n がどのような整数の場合か．

（b）$n = 2$ に対して，f の最大値および最小値を求めよ．

（c）一般の n に対して，n が（a）の条件をみたすとき，f の最大値および最小値を求めよ．また，その場合の x, y, z を計算せよ．（東大理）

【解答】（1）ラグランジュの乗数法を用いて，

$$F = ax + by + cz + d - \lambda(x^n + y^n + z^n - 1)$$

とおく．

$$\begin{cases} \dfrac{\partial F}{\partial x} = a - \lambda n x^{n-1} = 0 & ① \\ \dfrac{\partial F}{\partial y} = b - \lambda n y^{n-1} = 0 & ② \\ \dfrac{\partial F}{\partial z} = c - \lambda n z^{n-1} = 0 & ③ \\ x^n + y^n + z^n = 1 & ④ \end{cases}$$

この連立方程式が二つ以上の異なる解をもつためには，$n = 2, 4, 6, \cdots$．このとき f が最大値および最小値をもつ．

（2）$n = 2$ の場合，

$$\begin{cases} \dfrac{\partial F}{\partial x} = a - 2\lambda x = 0 & ⑤ \\ \dfrac{\partial F}{\partial y} = b - 2\lambda y = 0 & ⑥ \\ \dfrac{\partial F}{\partial z} = c - 2\lambda z = 0 & ⑦ \\ x^2 + y^2 + z^2 = 1 & ⑧ \end{cases}$$

⑤〜⑦より，$x = \dfrac{a}{2\lambda}$，$y = \dfrac{b}{2\lambda}$，$z = \dfrac{c}{2\lambda}$．これを⑧に代入すると，

$$(2\lambda)^2 = a^2 + b^2 + c^2$$

$$\therefore \quad 2\lambda = \pm k \quad (\text{ただし，} k = \sqrt{a^2 + b^2 + c^2})$$

このとき，

$$x = \pm \frac{a}{k}, \quad y = \pm \frac{b}{k}, \quad z = \pm \frac{c}{k}$$

したがって，

$$f\left(\frac{a}{k}, \frac{b}{k}, \frac{c}{k}\right) = \frac{a^2 + b^2 + c^2}{k} + d = \sqrt{a^2 + b^2 + c^2} + d \quad (\text{最大値})$$

$$f\left(-\frac{a}{k}, -\frac{b}{k}, -\frac{c}{k}\right) = -\frac{a^2 + b^2 + c^2}{k} + d = -\sqrt{a^2 + b^2 + c^2} + d$$

（最小値）

（3） ①～③より

$$x = \left(\frac{a}{\lambda n}\right)^{1/(n-1)}, \quad y = \left(\frac{b}{\lambda n}\right)^{1/(n-1)}, \quad z = \left(\frac{c}{\lambda n}\right)^{1/(n-1)}$$

④に代入すると，

$$\frac{a^{n/(n-1)} + b^{n/(n-1)} + c^{n/(n-1)}}{(\lambda n)^{n/(n-1)}} = 1$$

$$(\lambda n)^{1/(n-1)} = \pm (a^{n/(n-1)} + b^{n/(n-1)} + c^{n/(n-1)})^{1/n} \equiv \pm k(n)$$

$$\therefore \quad x = \pm \frac{a^{1/(n-1)}}{k(n)}, \quad y = \pm \frac{b^{1/(n-1)}}{k(n)}, \quad z = \pm \frac{c^{1/(n-1)}}{k(n)}$$

したがって

$$f\left(\frac{a^{1/(n-1)}}{k(n)}, \frac{b^{1/(n-1)}}{k(n)}, \frac{c^{1/(n-1)}}{k(n)}\right)$$

$$= \frac{1}{k(n)} (a^{n/(n-1)} + b^{n/(n-1)} + c^{n/(n-1)}) + d$$

$$= (a^{n/(n-1)} + b^{n/(n-1)} + c^{n/(n-1)})^{(n-1)/n} + d \quad (\text{最大値})$$

$$f\left(-\frac{a^{1/(n-1)}}{k(n)}, -\frac{b^{1/(n-1)}}{k(n)}, -\frac{c^{1/(n-1)}}{k(n)}\right)$$

$$= -\frac{1}{k(n)} (a^{n/(n-1)} + b^{n/(n-1)} + c^{n/(n-1)}) + d$$

$$= -(a^{n/(n-1)} + b^{n/(n-1)} + c^{n/(n-1)})^{(n-1)/n} + d \quad (\text{最小値})$$

例題 2.18

（1）　直交座標系 O-xyz で表わされる 3 次元空間内の 1 点 P(α, β, γ) から各座標平面に下した垂線の足を通る平面の方程式を求めよ．ただし，$\alpha\beta\gamma \neq 0$ とする．

（2）　点 P が楕円面 $\dfrac{x^2}{a^2}+\dfrac{y^2}{b^2}+\dfrac{z^2}{c^2}=1$ の上を動くとき，（1）で求めた平面の形成する包絡面の方程式を求めよ．

ここで包絡面とは一定の条件に従う一群の平面のすべてに接する曲面をいう．（東大工）

【解答】（1）　三つの垂線の足は $(\alpha, \beta, 0)$, $(\alpha, 0, \gamma)$, $(0, \beta, \gamma)$ であるから，これらの垂線の足を通る平面の方程式は

$$\begin{vmatrix} x-\alpha & 0-\alpha & \alpha-\alpha \\ y-\beta & \beta-\beta & 0-\beta \\ z-0 & \gamma-0 & \gamma-0 \end{vmatrix}=0$$

すなわち，

$$\beta\gamma x+\alpha\gamma y+\alpha\beta z-2\alpha\beta\gamma=0$$

（2）　$F(x, y, z, \alpha, \beta)=\beta\gamma x+\alpha\gamma y+\alpha\beta z-2\alpha\beta\gamma$

とおく．ただし，γ は α, β に関する関数で，

$$\frac{\alpha^2}{a^2}+\frac{\beta^2}{b^2}+\frac{\gamma^2}{c^2}=1 \qquad ①$$

をみたす．

$$\begin{aligned} F_\alpha &= \beta\frac{\partial\gamma}{\partial\alpha}x+\gamma y+\alpha\frac{\partial\gamma}{\partial\alpha}y+\beta z-2\beta\gamma-2\alpha\beta\frac{\partial\gamma}{\partial\alpha} \\ &= \beta\left(-\frac{\alpha c^2}{\gamma a^2}\right)x+\gamma y+\alpha\left(-\frac{\alpha c^2}{\gamma a^2}\right)y+\beta z-2\beta\gamma-2\alpha\beta\left(-\frac{\alpha c^2}{\gamma a^2}\right) \\ &= -\frac{\alpha\beta c^2}{\gamma a^2}x+\gamma y-\frac{\alpha^2c^2}{\gamma a^2}y+\beta z-2\beta\gamma+\frac{2\alpha^2\beta c^2}{\gamma a^2} \\ &= -\frac{\alpha c^2}{\gamma^2 a^2}(\beta\gamma x+\alpha\gamma y-2\alpha\beta\gamma)+\frac{1}{\alpha}(\alpha\gamma y+\alpha\beta z-2\alpha\beta\gamma) \\ &= \beta\left(\frac{c^2}{\gamma^2}\frac{\alpha^2}{a^2}z-\frac{\gamma}{\alpha}x\right) \end{aligned}$$

同様にして，

$$F_\beta = \alpha\left(\frac{c^2}{\gamma^2}\frac{\beta^2}{b^2}z - \frac{\gamma}{\beta}y\right)$$

したがって，$F=0, F_\alpha=0, F_\beta=0$ は次式になる．

$$\beta\gamma x + \alpha\gamma y + \alpha\beta z - 2\alpha\beta\gamma = 0 \qquad ②$$

$$\frac{c^2}{\gamma^2}\frac{\alpha^2}{a^2}z - \frac{\gamma}{\alpha}x = 0 \qquad ③$$

$$\frac{c^2}{\gamma^2}\frac{\beta^2}{b^2}z - \frac{\gamma}{\beta}y = 0 \qquad ④$$

①，②，③，④から，α, β, γ を消去するために，次の計算を行う．③+④より，

$$\frac{c^2}{\gamma^2}\left(\frac{\alpha^2}{a^2} + \frac{\beta^2}{b^2}\right)z - \frac{\beta\gamma x + \gamma\alpha y}{\alpha\beta} = 0$$

これに①，②を代入すると

$$\frac{c^2}{\gamma^2}\left(1 - \frac{\gamma^2}{c^2}\right)z + \frac{\alpha\beta z - 2\alpha\beta\gamma}{\alpha\beta} = 0 \quad \text{すなわち} \quad \frac{c^2}{\gamma^2}z - z + z - 2\gamma = 0$$

$$\therefore \quad \gamma^3 = \frac{c^2}{2}z \qquad ⑤$$

⑤を③に代入すると，

$$\alpha^3 = \frac{a^2}{2}x$$

同様にして，

$$\beta^3 = \frac{b^2}{2}y$$

すなわち，

$$\alpha = \left(\frac{a^2}{2}x\right)^{1/3}, \quad \beta = \left(\frac{b^2}{2}y\right)^{1/3}, \quad \gamma = \left(\frac{c^2}{2}z\right)^{1/3}$$

これを①に代入すると，

$$\frac{\left(\frac{a^2}{2}x\right)^{2/3}}{a^2} + \frac{\left(\frac{b^2}{2}y\right)^{2/3}}{b^2} + \frac{\left(\frac{c^2}{2}z\right)^{2/3}}{c^2} = 1$$

すなわち，

$$\left(\frac{x}{2a}\right)^{2/3} + \left(\frac{y}{2b}\right)^{2/3} + \left(\frac{z}{2c}\right)^{2/3} = 1 \quad \text{（包絡面の方程式）}$$

例題 2.19

関数 $f(x, y)$ は全平面で 2 回連続偏微分可能で，しかもいたる所で

$$f_{xx} > 0,\quad f_{yy} > 0,\quad f_{xx} + f_{yy} - 2f_{xy} > 0$$

をみたすものとする．また D を

$$x \geqq 0,\quad y \geqq 0,\quad x + y \leqq 1$$

で定義された閉領域とする．このとき $f(x, y)$ の D における最大値は，$f(0, 0)$，$f(0, 1), f(1, 0)$ のどれかであることを証明せよ．　（東大工）

【解答】 関数 $f(x, y)$ が $(x_0, y_0) \in$ D の内部において最大値をとると仮定すると，

$$f_x(x_0, y_0) = f_y(x_0, y_0) = 0$$

また，

$$f(x, y) = f(x_0, y_0) + \frac{1}{2}\{f_{xx}(\xi, \eta)(x - x_0)^2 + 2f_{xy}(\xi, \eta)(x - x_0)(y - y_0) + f_{yy}(\xi, \eta)(y - y_0)^2\}$$

なる x, y による点 (ξ, η) が存在する．点 (x_0, y_0) の近傍における (x_1, y_0) $(x_1 \neq x_0)$ を P と書くと，

$$f(x, y)|_{\mathrm{P}} = f(x_0, y_0) + \frac{1}{2}f_{xx}(\xi(\mathrm{P}), \eta(\mathrm{P}))(x_1 - x_0)^2 > f(x_0, y_0)$$

ここで，$\xi(\mathrm{P}), \eta(\mathrm{P})$ は ξ, η が点 P の座標によることを表わす．これは $f(x_0, y_0)$ が最大値であることと矛盾する．よって，$f(x, y)$ は D の内部で最大値をとれない．したがって，$f(x, y)$ は D の境界だけで最大値をとる．

境界Ⅰ：$0 < x < 1, y = 0$ において，$f_{xx}(x, 0) > 0$ より，境界Ⅰにおいて $f(x, y)$ は最大値をもたない．

同様に，境界Ⅱ：$x = 0, 0 < y < 1$ において $f(x, y)$ は最大値をもたない．

境界Ⅲ：$x + y = 1, 0 < x < 1$ において，

$$f(x, y) = f(x, 1 - x) \equiv \varphi(x) \quad (0 < x < 1)$$

$$\varphi'(x) = \left[\frac{\partial f}{\partial x} - \frac{\partial f}{\partial y}\right]_{y=1-x}$$

$$\varphi''(x) = \left[\left(\frac{\partial^2 f}{\partial x^2} - \frac{\partial^2 f}{\partial x \partial y}\right) - \left(\frac{\partial^2 f}{\partial y \partial x} - \frac{\partial^2 f}{\partial y^2}\right)\right]_{y=1-x}$$

$$= [f_{xx} + f_{yy} - 2f_{xy}]_{y=1-x} > 0$$

よって，$\varphi(x)$ は $(0, 1)$ において最大値をもたない．すなわち，境界Ⅲにおいて $f(x, y)$ は最大値をもたない．したがって，$f(x, y)$ の D における最大値は $f(0, 0)$，$f(0, 1), f(1, 0)$ のいずれかである．

例題 2.20

θ_1, θ_2 は，$0 < \theta_1 < \pi, 0 < \theta_2 < \pi$ の実数とする．ただし，$\theta_1 \neq \dfrac{\pi}{2}, \theta_2 \neq \dfrac{\pi}{2}$ である．また a, b, c, d を正の実数とする．さらに，$f(\theta_1, \theta_2), g_1(\theta_1), g_2(\theta_2), g(\theta_1, \theta_2), L(\theta_1, \theta_2, \lambda)$ を，次のように定義する．

$$f(\theta_1, \theta_2) = \frac{1}{2}(ad\sin\theta_1 + bc\sin\theta_2)$$

$$g_1(\theta_1) = a^2 + d^2 - 2ad\cos\theta_1$$

$$g_2(\theta_2) = b^2 + c^2 - 2bc\cos\theta_2$$

$$g(\theta_1, \theta_2) = g_1(\theta_1) - g_2(\theta_2)$$

$$L(\theta_1, \theta_2, \lambda) = f(\theta_1, \theta_2) - \lambda g(\theta_1, \theta_2)$$

ただし，λ は未定の実数である．このとき，拘束条件 $g(\theta_1, \theta_2) = 0$ のもとで，$f(\theta_1, \theta_2)$ に最大値を与える $\theta_1, \theta_2, \lambda$ は次式を満足する．

$$\frac{\partial L}{\partial \theta_1} = 0, \quad \frac{\partial L}{\partial \theta_2} = 0, \quad \frac{\partial L}{\partial \lambda} = 0$$

以下の問に答えよ．

（1） 拘束条件 $g(\theta_1, \theta_2) = 0$ のもとで，$f(\theta_1, \theta_2)$ に最大値を与える θ_1, θ_2 に対して，$\tan\theta_1 + \tan\theta_2$ の値を，$\dfrac{\partial L}{\partial \theta_1} = 0$, $\dfrac{\partial L}{\partial \theta_2} = 0$ を用いて求めよ．

（2） 問（1）の結果を用いて，$\theta_1 + \theta_2$ の値を求めよ．

（3） 拘束条件 $g(\theta_1, \theta_2) = 0$ のもとで，$f(\theta_1, \theta_2)$ の最大値を $f_{\max}$ とする．問（2）の結果と $\dfrac{\partial L}{\partial \lambda} = 0$ を用いて，$f_{\max}$ を a, b, c, d で表わせ．

（長崎大，東大*，東北大*，電通大*）

【解答】 （1） 与式より

$$L = f - \lambda g = \frac{1}{2}(ad\sin\theta_1 + bc\sin\theta_2) - \lambda[(a^2 + d^2 - 2ad\cos\theta_1) - (b^2 + c^2 - 2bc\cos\theta_2)]$$

$$\frac{\partial L}{\partial \theta_1} = \frac{1}{2}(ad\cos\theta_1) - \lambda(2ad\sin\theta_1) = 0, \quad \cos\theta_1 - 4\lambda\sin\theta_1 = 0,$$

$$\therefore \quad \tan\theta_1 = \frac{1}{4\lambda} \qquad ①$$

$$\frac{\partial L}{\partial \theta_2} = \frac{1}{2}(bc\cos\theta_2) - \lambda(-2bc\sin\theta_2) = 0, \quad \cos\theta_2 + 4\lambda\sin\theta_2 = 0,$$

$$\therefore \quad \tan\theta_2 = -\frac{1}{4\lambda} \qquad ②$$

よって①，②より $\tan\theta_1 + \tan\theta_2 = \dfrac{1}{4\lambda} - \dfrac{1}{4\lambda} = 0$

（2）　$\tan\theta_1 + \tan\theta_2 = \dfrac{\sin\theta_1}{\cos\theta_1} + \dfrac{\sin\theta_2}{\cos\theta_2} = \dfrac{\sin\theta_1\cos\theta_2 + \cos\theta_1\sin\theta_2}{\cos\theta_1\cos\theta_2}$

$$= \frac{\sin(\theta_1 + \theta_2)}{\cos\theta_1\cos\theta_2} = 0$$

$\therefore \quad \theta_1 + \theta_2 = n\pi, \quad \theta_2 = n\pi - \theta_1$　（ただし，$0 < \theta_1, \theta_2 < \pi$ だから，$n = 1$）

（3）　$\dfrac{\partial L}{\partial \lambda} = 0$，すなわち

$$g = g_1 - g_2 = (a^2 + d^2 - 2ad\cos\theta_1) - (b^2 + c^2 - 2bc\cos\theta_2) = 0 \qquad ③$$

に③の θ_2 を代入すると，

$$a^2 + d^2 - 2ad\cos\theta_1 = b^2 + c^2 - 2bc\cos(n\pi - \theta_1)$$

$$= b^2 + c^2 - 2bc(\cos n\pi\cos\theta_1 + \sin n\pi\sin\theta_1)$$

$$= b^2 + c^2 - 2bc\cos n\pi\cos\theta_1$$

$$\cos\theta_1 = \frac{b^2 + c^2 - a^2 - d^2}{2(bc\cos n\pi - ad)}$$

$$\sin\theta_1 = \frac{\sqrt{4(bc\cos n\pi - ad)^2 - (b^2 + c^2 - a^2 - d^2)^2}}{2|bc\cos n\pi - ad|} \qquad ④$$

このとき，

$$f_{\max} = \frac{1}{2}(ad\sin\theta_1 + bc\sin\theta_2)$$

$$= \frac{1}{2}\{ad\sin\theta_1 + bc(\sin n\pi\cos\theta_1 - \cos n\pi\sin\theta_1)\}$$

$$= \frac{1}{2}(ad - bc\cos n\pi)\sin\theta_1$$

$$= \frac{1}{2}(ad - bc\cos n\pi)\frac{\sqrt{4(bc\cos n\pi - ad)^2 - (b^2 + c^2 - a^2 - d^2)^2}}{\pm 2(bc\cos n\pi - ad)}$$

$$= \mp\frac{1}{4}\sqrt{4(bc\cos n\pi - ad)^2 - (b^2 + c^2 - a^2 - d^2)^2}$$

$$= \mp\frac{1}{4}\sqrt{4(bc + ad)^2 - (b^2 + c^2 - a^2 - d^2)^2}$$

問題研究

2.25 ラプラシアン$\Delta = \dfrac{\partial^2}{\partial x^2} + \dfrac{\partial^2}{\partial y^2} + \dfrac{\partial^2}{\partial z^2}$を極座標を使って表わせ．

（都立大，東京理科大*）

2.26 長さa, b, c, dの4辺で構成される．図のような凸四辺形ABCDについて，次の問に答えよ．

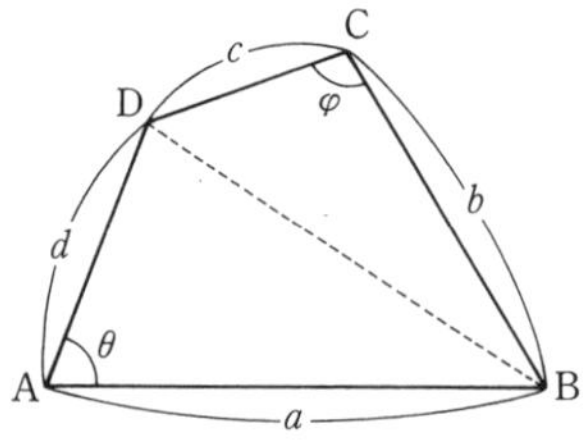

（1） $\angle$A, $\angle$Cをそれぞれθ, φとするとき，四辺形ABCDの面積Sをθとφを用いて表わせ．

（2） θとφの間に成立する関係式を示せ．

（3） $\theta + \varphi = \pi$のとき，Sが最大になることを証明せよ．

（4） Sの最大値をa, b, c, dで表わせ． （東大工）

2.27 x軸，y軸および直線$x + y = \pi$により囲まれる三角形領域における関数$f(x, y) = \sin^2 x - \cos y$の最大および最小を求めよ． （東大工）

2.28 （1） 次の関係で結ばれた実変数x, y, zがある．

$$K = \frac{z}{(x - mz)^m (y - nz)^n} \quad (K, m, n \text{は正の定数})$$

いま，$x + y = c$（cは正の定数）の条件のもとで変化させる．zが極値をもつときのxおよびyを求めよ．

（2） 方程式$\left(\dfrac{|x|}{a}\right)^{2/3} + \left(\dfrac{|y|}{b}\right)^{2/3} = 1$ （a, bは正の定数）

の表わす曲線がある．いま，この曲線の接線とx, y両座標軸との交点をそれぞれA, Bとする．線分ABをy軸に関して回転することにより得られる円錐の最大体積を求めよ． （東大工）

2.29 デカルト座標(x, y, z)を用いて

$$\frac{x^2}{A^2} + \frac{y^2}{B^2} + \frac{z^2}{C^2} = 1 \quad (A, B, C > 0) \qquad ①$$

と表わされる楕円面，および，これと交わらない平面

$$ax + by + cz = d \quad (a, b, c, d > 0) \qquad ②$$

がある．

（1） 楕円面上の点から平面上の点までの最短距離を求めよ．

（2） 式①で表わされる曲面によって囲まれる楕円体の体積 V を一定とし，A, B，および C を変化させるとき，（1）で求めた最短距離の最大値を求めよ．　（東大工）

2.30 $-\infty < x < \infty$ に対して $f(x) = \int_0^\infty e^{-t^2-(x^2/t^2)}\,dt$ と定義する．

（1） $f(x)$ をみたす微分方程式を導け．

（2） $f(x)$ を求めよ．　（阪市大，津田塾大）

2.31 一つの頂点から出る3辺の長さが等しい四面体の中で，最大の体積を有するものの形とその体積の値とを求めよ．さらに，この体積最大の四面体に外接する球の半径を求めよ．ただし，等しい3辺の長さを R とする．　（東大工）

2.32 次の各関数の極大・極小を求めよ．

（a） $f(x, y) = x^3 - 3axy + y^3 \quad (a > 0)$

（b） $f(x, y) = (ax^2 + by^2)\exp(-x^2 - y^2) \quad (b > a > 0)$

（東大理，九大）

2.33 次の関数の極値を求めよ： $f(x, y) = xy(a - x - y)$　（早大）

2.34 次の問に答えよ．

（1） 2変数関数 $z = f(x, y)$ は無限回微分可能であるとする．2つの1変数関数 $x = t - 1, y = 1/t$ との合成関数 $z = f(t - 1, 1/t)$ について，dz/dt と d^2z/dt^2 とを f の2次以下の偏導関数を用いて表わせ．

（2） 2変数関数 $g(x, y) = x^2 - 6x + \dfrac{2x}{y} + 4\log y$ の停留点を求め，その停留点における関数の様子を調べ，極値を求めよ．

（3） （2）の2変数関数 $g(x, y)$ を用いてできる1変数関数 $z = g(t - 1, 1/t)$ について，（1）を利用してその極値を求めよ．　（名工大）

2.35 $\boldsymbol{r} = (x, y, z)$ を位置ベクトル，$r = |\boldsymbol{r}|$ を位置ベクトルの大きさ，$\boldsymbol{A} = (0, 0, A)$ を定ベクトルとする．次の量を計算せよ．ただし，スカラー関数 $f(r)$ は r の関数とする．

（1） $\nabla \cdot \boldsymbol{r}$　　（2） $\nabla \dfrac{1}{r}$

（3） $\nabla \times (\boldsymbol{A} \times \boldsymbol{r})$　　（4） $\nabla \times [f(r)\boldsymbol{r}]$　（阪大）

5 重　積　分

§1　2 重 積 分

1.1　2 重積分の定義

有界集合（有界閉領域）A において定義された関数 $f(x, y)$ が与えられたとき A を含む長方形 $k = \{(x, y) \mid a \leqq x \leqq b; c \leqq y \leqq d\}$ をとり，$a = x_0 < x_1 < x_2 < \cdots < x_m = b$, $c = y_0 < y_1 < \cdots < y_n = d$ となるような分点 (x_i, y_j) により k を mn 個の小さな長方形 $\omega_{ij} = \{(x, y) \mid x_{i-1} \leqq x \leqq x_i; y_{j-1} \leqq y \leqq y_j\}$ に分割する．また，(ξ_{ij}, η_{ij}) を ω_{ij} に属する任意の代表点としてリーマンの和

$$\sum_{\substack{1 \leqq i \leqq m \\ 1 \leqq j \leqq n}} f(\xi_{ij}, \eta_{ij})(x_i - x_{i-1})(y_j - y_{j-1})$$

を考える．いま $x_i - x_{i-1}, y_j - y_{j-1}$ の最大値を δ とし，$\delta \to 0$ のとき，上式が分点 (x_i, y_j) と代表点 (ξ_{ij}, η_{ij}) のとり方に関係なく一定の極限値に収束するならば，$f(x, y)$ は A において積分可能であるといい，この極限値を A における **2 重積分**と呼んで次のように表わす：

$$\lim_{\delta \to 0} \sum_{\substack{1 \leqq i \leqq m \\ 1 \leqq j \leqq n}} f(\xi_{ij}, \eta_{ij})(x_i - x_{i-1})(y_j - y_{j-1}) = \iint_A f(x, y)\, dx\, dy \tag{2.123}$$

$f(x, y) = 1$ となる関数が A で積分可能のとき，A を**面積確定**といい，その積分値を A の面積と呼んで記号 $|A|$ で表わす．長方形の面積の代わりに直方体の体積を考えることによって 2 重積分の 3 重積分への拡張が得られる．多重積分も同様．

1.2　2 重積分の性質

c, α, β を定数，f, g を有界閉領域 A で連続な関数とすると，

1.2.1　$$\iint_A c\, dx\, dy = c|A| \tag{2.124}$$

1.2.2　$$\iint_A \{\alpha f(x, y) + \beta g(x, y)\}\, dx\, dy = \alpha \iint_A f(x, y)\, dx\, dy + \beta \iint_A g(x, y)\, dx\, dy \tag{2.125}$$

1.2.3　$$f(x, y) \leqq g(x, y) \Rightarrow \iint_A f(x, y)\, dx\, dy \leqq \iint_A g(x, y)\, dx\, dy \tag{2.126}$$

1.2.4　$$\left| \iint_A f(x, y)\, dx\, dy \right| \leqq \iint_A |f(x, y)|\, dx\, dy \tag{2.127}$$

1.2.5　$$\iint_A f(x, y)\, dx\, dy = |A| f(\xi, \eta) \quad ((\xi, \eta) \text{ は } A \text{ 内}) \tag{2.128}$$

(2 重積分に関する平均値の定理)

1.2.6 A が内点を共有しない A_1 と A_2 に分割されるとき，

$$\iint_A f(x,y)\,dx\,dy = \iint_{A_1} f(x,y)\,dx\,dy + \iint_{A_2} f(x,y)\,dx\,dy \tag{2.129}$$

1.3　2, 3 重積分の計算と積分順序の変更

1.3.1　2 重積分

(1)　$A : a \leqq x \leqq b;\ c \leqq y \leqq d$ において $f(x,y)$ が連続であるとき

$$\iint_A f(x,y)\,dx\,dy = \int_c^d \left(\int_a^b f(x,y)\,dx\right) dy = \int_c^d dy \int_a^b f(x,y)\,dx$$

$$= \int_a^b \left(\int_c^d f(x,y)\,dy\right) dx = \int_a^b dx \int_c^d f(x,y)\,dy \tag{2.130}$$

(2)　$A : a \leqq x \leqq b;\ c \leqq y \leqq d$ において $f(x,y) = f_1(x)\,f_2(y)$ のように変数分離されるとき

$$\iint_A f(x,y)\,dx\,dy = \iint_A f_1(x) f_2(y)\,dx\,dy = \int_a^b f_1(x)\,dx \int_c^d f_2(y)\,dy \tag{2.131}$$

(3)　$A : a \leqq x \leqq b;\ \varphi_1(x) \leqq y \leqq \varphi_2(x)$ のとき

$$\iint_A f(x,y)\,dx\,dy = \int_a^b \left(\int_{\varphi_1(x)}^{\varphi_2(x)} f(x,y)\,dy\right) dx = \int_a^b dx \int_{\varphi_1(x)}^{\varphi_2(x)} f(x,y)\,dy \tag{2.132}$$

(4)　$A : c \leqq y \leqq d;\ \phi_1(y) \leqq x \leqq \phi_2(y)$ のとき

$$\iint_A f(x,y)\,dx\,dy = \int_c^d \left(\int_{\phi_1(y)}^{\phi_2(y)} f(x,y)\,dx\right) dy = \int_c^d dy \int_{\phi_1(y)}^{\phi_2(y)} f(x,y)\,dx \tag{2.133}$$

これらを**累次積分**または**逐次積分**という．

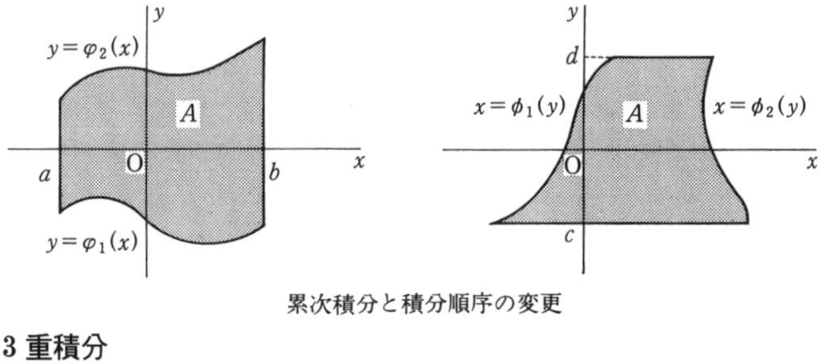

累次積分と積分順序の変更

1.3.2　3 重積分

(1)　$A : a \leqq x \leqq b;\ c \leqq y \leqq d;\ e \leqq z \leqq f$ のとき

$$\iiint_A f(x,y,z)\,dx\,dy\,dz = \int_a^b dx \int_c^d dy \int_e^f f(x,y,z)\,dz$$

$$= \int_a^b dx \iint_{\substack{c \leqq y \leqq d \\ e \leqq z \leqq f}} f(x, y, z)\, dy\, dz$$

$$= \iint_{\substack{a \leqq x \leqq b \\ c \leqq y \leqq d}} dx\, dy \int_e^f f(x, y, z)\, dz \tag{2.134}$$

（2） $A : a \leqq x \leqq b; \phi_1(x) \leqq y \leqq \phi_2(x); \psi_1(x, y) \leqq z \leqq \psi_2(x, y)$のとき，

$$\iiint_A f(x, y, z)\, dx\, dy\, dz = \int_a^b dx \int_{\phi_1(x)}^{\phi_2(x)} dy \int_{\psi_1(x, y)}^{\psi_2(x, y)} f(x, y, z)\, dz \tag{2.135}$$

1.4 変数変換

1.4.1 2重積分

（1） $x = \phi(u, v), y = \psi(u, v)$ により uv 平面上の有界閉領域 B から xy 平面上の有界閉領域 A への写像が与えられており，この対応は1対1で，ϕ, ψ が u, v に関して連続微分可能であるとする．

$$J(u, v) = \begin{vmatrix} \dfrac{\partial x}{\partial u} & \dfrac{\partial x}{\partial v} \\ \dfrac{\partial y}{\partial u} & \dfrac{\partial y}{\partial v} \end{vmatrix} = \frac{\partial(x, y)}{\partial(u, v)} \neq 0$$

とすると

$$\iint_A f(x, y)\, dx\, dy = \iint_B f(\phi(u, v), \psi(u, v))\, |J(u, v)|\, du\, dv \tag{2.136}$$

（2） 極座標表示 $x = r\cos\theta, y = r\sin\theta$ のとき $J = r$

$$\iint_A f(x, y)\, dx\, dy = \iint_B f(r\cos\theta, r\sin\theta) r\, dr\, d\theta \tag{2.137}$$

1.4.2 3重積分

（1） $x = \varphi(u, v, w), y = \psi(u, v, w), z = \phi(u, v, w)$ とし，

$$J = \begin{vmatrix} \dfrac{\partial x}{\partial u} & \dfrac{\partial x}{\partial v} & \dfrac{\partial x}{\partial w} \\ \dfrac{\partial y}{\partial u} & \dfrac{\partial y}{\partial v} & \dfrac{\partial y}{\partial w} \\ \dfrac{\partial z}{\partial u} & \dfrac{\partial z}{\partial v} & \dfrac{\partial z}{\partial w} \end{vmatrix} = \frac{\partial(x, y, z)}{\partial(u, v, w)}$$

とすると，

$$\iiint_A f(x, y, z)\, dx\, dy\, dz$$

$$= \iiint_B f(\varphi(u, v, w), \psi(u, v, w), \phi(u, v, w)) \cdot |J| \, du \, dv \, dw \tag{2.138}$$

（2） 極座標表示 $x = r\sin\theta\cos\phi,\ y = r\sin\theta\sin\phi,\ z = r\cos\theta$ のとき，$J = r^2\sin\theta$

$$\iiint_A f(x, y, z) \, dx \, dy \, dz$$

$$= \iiint_B f(r\sin\theta\cos\phi, r\sin\theta\sin\phi, r\cos\theta) \cdot r^2 \sin\theta \, dr \, d\theta \, d\phi \tag{2.139}$$

（3） 円柱座標表示 $x = r\cos\theta, y = r\sin\theta, z = z$ のとき，$J = r$

$$\iiint_A f(x, y, z) \, dx \, dy \, dz = \iiint_B f(r\cos\theta, r\sin\theta, z) r \, dr \, d\theta \, dz \tag{2.140}$$

1.5 多重積分の応用

1.5.1 平面図形の面積

平面有界閉領域を A，面積を $|A|$ とすると

（1） $$|A| = \iint_A dx \, dy \tag{2.141}$$

（2） $$|A| = \iint_A r \, dr \, d\theta \quad \text{（極座標）} \tag{2.142}$$

1.5.2 空間図形の体積

（1） 空間有界閉領域を D，体積を $|V|$ とすると

$$|V| = \iiint_D dx \, dy \, dz \tag{2.143}$$

（2） $f(x, y) \leqq z \leqq g(x, y)$ （$x, y \in B$）のとき，

$$|V| = \iint_B (g(x, y) - f(x, y)) \, dx \, dy \tag{2.144}$$

（3） $f_1(\theta, \phi) \leqq r \leqq f_2(\theta, \phi)$ （$\theta, \phi \in B$）のとき

$$|V| = \frac{1}{3} \iint_B (f_2^3(\theta, \phi) - f_1^3(\theta, \phi)) \sin\theta \, d\theta \, d\phi \quad \text{（極座標）} \tag{2.145}$$

（4） $f_1(r, \theta) \leqq z \leqq f_2(r, \theta)$ （$r, \theta \in B$）のとき

$$|V| = \iint_B (f_2(r, \theta) - f_1(r, \theta)) r \, dr \, d\theta \quad \text{（円柱座標）} \tag{2.146}$$

1.5.3 曲面積（表面積）

平面有界閉領域を A，表面積を $|S|$ とすると

（1） $z = f(x, y)$ （$x, y \in A$）のとき

$$|S| = \iint_A \sqrt{1 + \left(\frac{\partial f}{\partial x}\right)^2 + \left(\frac{\partial f}{\partial y}\right)^2}\, dx\, dy \tag{2.147}$$

（2） $r = f(\theta, \phi)$ $(\theta, \phi \in A)$ のとき

$$|S| = \iint_A \sqrt{r^2 \sin^2\theta + \sin^2\theta \left(\frac{\partial r}{\partial \theta}\right)^2 + \left(\frac{\partial r}{\partial \phi}\right)^2}\, r\, d\theta\, d\phi \quad \text{（極座標）} \tag{2.148}$$

（3） $z = f(r, \theta)$ $(r, \theta \in A)$ のとき

$$|S| = \iint_A \sqrt{r^2 + r^2 \left(\frac{\partial f}{\partial r}\right)^2 + \left(\frac{\partial f}{\partial \theta}\right)^2}\, dr\, d\theta \quad \text{（円柱座標）} \tag{2.149}$$

1.5.4　線積分と面積分

（1） 線積分

$\boldsymbol{A} = A_x\boldsymbol{i} + A_y\boldsymbol{j} + A_z\boldsymbol{k},\ \boldsymbol{r} = x\boldsymbol{i} + y\boldsymbol{j} + z\boldsymbol{k}$ とすると

$$\int_C \boldsymbol{A}\cdot d\boldsymbol{r} = \int_C \boldsymbol{A}\cdot\boldsymbol{t}\, ds = \int_C \boldsymbol{A}\cdot\frac{d\boldsymbol{r}}{ds}\, ds = \int_C (A_x\, dx + A_y\, dy + A_z\, dz) \tag{2.150}$$

を**線積分**という．ただし，$\boldsymbol{t} = d\boldsymbol{r}/ds$ は単位接線ベクトル，$ds = |d\boldsymbol{r}|$ は線素.

（2） 面積分

$$\iint_S \boldsymbol{A}\cdot d\boldsymbol{S} = \iint_S \boldsymbol{A}\cdot\boldsymbol{n}\, dS = \iint_S (A_x\, dy\, dz + A_y\, dz\, dx + A_z\, dx\, dy) \tag{2.151}$$

を**面積分**という．ただし，$\boldsymbol{n}$ は単位法線ベクトル.

1.5.5　ガウスの発散定理

$$\iint_S \boldsymbol{A}\cdot d\boldsymbol{S} = \iint_S \boldsymbol{A}\cdot\boldsymbol{n}\, dS = \iint_S A_n\, dS = \iiint_V \mathrm{div}\,\boldsymbol{A}\, dV \tag{2.152}$$

ただし，V は閉曲面 S の内部，$\boldsymbol{n}$ は S の外向き単位法線ベクトル，$\mathrm{div}\,\boldsymbol{A} = \nabla\cdot\boldsymbol{A}$, ∇ はナブラ.

1.5.6　グリーンの定理

$$\iiint_V (u\Delta v - v\Delta u)\, dV = \iint_S (u\,\mathrm{grad}\, v - v\,\mathrm{grad}\, u)\cdot d\boldsymbol{S}$$

$$= \iint_S \left(u\frac{\partial v}{\partial n} - v\frac{\partial u}{\partial n}\right)\cdot dS \tag{2.153}$$

ただし，$\mathrm{grad}\, v = \nabla v,\ \Delta = \nabla^2$ はラプラシアン.

1.5.7　ストークスの定理

$$\int_C \boldsymbol{A}\cdot d\boldsymbol{r} = \int_C \boldsymbol{A}\cdot\boldsymbol{t}\, ds = \iint_S \mathrm{rot}\,\boldsymbol{A}\cdot d\boldsymbol{S} = \iint_S \mathrm{rot}\,\boldsymbol{A}\cdot\boldsymbol{n}\, dS$$

$$= \iint_S (\mathrm{rot}\,\boldsymbol{A})_n\, dS \tag{2.154}$$

ただし，$\mathrm{rot}\,\boldsymbol{A} = \nabla \times \boldsymbol{A}$.

1.5.8 重　心

物体 A の重心を $\mathrm{G}(a, b, c)$, A 上の点 $\mathrm{P}(x, y, z)$ における密度を $\rho(x, y, z)$ とすると

$$a = \frac{\iiint_A \rho x\,dx\,dy\,dz}{M}, \quad b = \frac{\iiint_A \rho y\,dx\,dy\,dz}{M}, \quad c = \frac{\iiint_A \rho z\,dx\,dy\,dz}{M} \tag{2.155}$$

ただし，$M = \iiint_A dx\,dy\,dz$ とする.

1.5.9 慣性能率（慣性モーメント）

点 P から定直線 l までの距離を r とすると，慣性能率 I は

$$I = \iiint_A \rho r^2\,dx\,dy\,dz \tag{2.156}$$

$R = \sqrt{I/M}$ を l の周りの**回転半径**という.

1.5.10 力とポテンシャル

物体 A 上の $\mathrm{P}(x, y, z)$ における密度を $\rho(x, y, z)$ とするとき，点 $\mathrm{Q}(\xi, \eta, \zeta)$ にある質量 m の質点に A の及ぼす力を $\boldsymbol{F}(F_x, F_y, F_z)$，ポテンシャルを U とすると，$\boldsymbol{F} = -\mathrm{grad}\,U$ より

$$F_x = km\iiint_A \frac{\rho(x-\xi)}{r^3}\,dx\,dy\,dz, \quad F_y = km\iiint_A \frac{\rho(y-\eta)}{r^3}\,dx\,dy\,dz,$$

$$F_z = km\iiint_A \frac{\rho(z-\zeta)}{r^3}\,dx\,dy\,dz \tag{2.157}$$

$$U = km\iiint \frac{\rho}{r}\,dx\,dy\,dz \quad (k : \text{定数}) \tag{2.158}$$

ただし，$\overline{\mathrm{PQ}} = r = \sqrt{(x-\xi)^2 + (y-\eta)^2 + (z-\zeta)^2}$ とする.

例題 2.21

$x(t), f(t), \alpha(t)$ を区間 $I: a \leqq t \leqq b$ で実数値をとる連続関数とする．さらに $\alpha(t)$ は区間 I で正とする．このとき，区間 I で不等式

$$x(t) \leqq f(t) + \int_a^t \alpha(\xi)x(\xi)\,d\xi$$

をみたす $x(t)$ は次を超えないことを示せ．

$$f(t) + \int_a^t \alpha(s)f(s)\exp\left\{\int_s^t \alpha(u)\,du\right\}ds \qquad \text{（東大工）}$$

【解答】 $a \leqq s \leqq b$ に対して，与式より

$$x(s) \leqq f(s) + \int_a^s \alpha(\xi)x(\xi)\,d\xi \qquad ①$$

$a \leqq t \leqq b$ に対して，$\alpha(s)\exp\left\{\int_s^t \alpha(u)\,du\right\} > 0$ であるから，これを①に掛けると

$$x(s)\alpha(s)\exp\left\{\int_s^t \alpha(u)\,du\right\} \leqq f(s)\alpha(s)\exp\left\{\int_s^t \alpha(u)\,du\right\}$$
$$+\int_a^s \alpha(\xi)x(\xi)\,d\xi\cdot\alpha(s)\exp\left\{\int_s^t \alpha(u)\,du\right\}$$

両辺を積分すると，

$$\int_a^t \alpha(s)x(s)\exp\left\{\int_s^t \alpha(u)\,du\right\}ds$$
$$\leqq \int_a^t \alpha(s)f(s)\exp\left\{\int_s^t \alpha(u)\,du\right\}ds$$
$$+\int_a^t \alpha(s)\left(\int_a^s \alpha(\xi)x(\xi)\,d\xi\right)\exp\left\{\int_s^t \alpha(u)\,du\right\}ds \qquad ②$$

右辺第 2 項を変形すると，

$$\int_a^t \alpha(s)\left(\int_a^s \alpha(\xi)x(\xi)\,d\xi\right)\exp\left\{\int_s^t \alpha(u)\,du\right\}ds$$
$$= -\int_a^t \left(\int_a^s \alpha(\xi)x(\xi)\,d\xi\right)\left(\frac{d}{ds}\exp\left\{\int_s^t \alpha(u)\,du\right\}\right)ds$$
$$= -\left[\left(\int_a^s \alpha(\xi)x(\xi)\,d\xi\right)\exp\left\{\int_s^t \alpha(u)\,du\right\}\right]_a^t$$
$$+\int_a^t \alpha(s)x(s)\exp\left\{\int_s^t \alpha(u)\,du\right\}ds$$

$$= -\left(\int_a^t \alpha(\xi)x(\xi)\,d\xi\right)\exp\left\{\int_s^t \alpha(u)\,du\right\}$$

$$+\left(\int_a^t \alpha(\xi)x(\xi)\,d\xi\right)\exp\left\{\int_a^t \alpha(u)\,du\right\}+\int_a^t \alpha(s)x(s)\exp\left\{\int_s^t \alpha(u)\,du\right\}ds$$

$$= -\int_a^t \alpha(\xi)x(\xi)\,d\xi+\int_a^t \alpha(s)x(s)\exp\left\{\int_s^t \alpha(u)\,du\right\}ds \qquad ③$$

③を②に代入すると，

$$\int_a^t \alpha(s)x(s)\exp\left\{\int_s^t \alpha(u)\,du\right\}ds \leqq \int_a^t \alpha(s)f(s)\exp\left\{\int_s^t \alpha(u)\,du\right\}ds$$

$$-\int_a^t \alpha(\xi)x(\xi)\,d\xi+\int_a^t \alpha(s)x(s)\exp\left\{\int_s^t \alpha(u)\,du\right\}ds$$

$$\therefore\ \int_a^t \alpha(\xi)x(\xi)\,d\xi \leqq \int_a^t \alpha(s)f(s)\exp\left\{\int_s^t \alpha(u)\,du\right\}ds \qquad ④$$

ゆえに，①，④より

$$x(t) \leqq f(t)+\int_a^t \alpha(\xi)x(\xi)\,d\xi \leqq f(t)+\int_a^t \alpha(s)f(s)\exp\left\{\int_s^t \alpha(u)\,du\right\}ds$$

例題 2.22

直角座標系(x, y, z)において

$$5x^2 + 12y^2 + z^2 + 12xy + 6yz + 4zx = 2$$

で表わされる図形に外接し，z 軸を軸とする円筒の半径を求めよ．また，この図形によって囲まれる領域の体積を求めよ．　　　　（東大工）

【解答】 $z^2 + 2(2x + 3y)z + 5x^2 + 12y^2 + 12xy - 2 = 0$ を z について解くと，

$$z = -(2x + 3y) \pm \sqrt{-x^2 - 3y^2 + 2}$$

ゆえに，与式によって囲まれた部分の xy 平面への正射影は

$$-x^2 - 3y^2 + 2 \geqq 0 \qquad \therefore \quad \frac{x^2}{(\sqrt{2})^2} + \frac{y^2}{(\sqrt{2/3})^2} \leqq 1$$

したがって，求める円筒の半径は $\sqrt{2}$ である．

次に，この楕円の内部を D とすると，与式によって囲まれる領域の体積 V は

$$V = \iint_D [\{-(2x + 3y) + \sqrt{-x^2 - 3y^2 + 2}\} - \{-(2x + 3y)$$
$$- \sqrt{-x^2 - 3y^2 + 2}\}]\,dx\,dy$$
$$= \iint_D 2\sqrt{-x^2 - 3y^2 + 2}\,dx\,dy$$

D は $-\sqrt{2/3} \leqq y \leqq \sqrt{2/3},\ -\sqrt{2 - 3y^2} \leqq x \leqq \sqrt{2 - 3y^2}$ であるから，

$$V = 2\int_{-\sqrt{2/3}}^{\sqrt{2/3}} dy \int_{-\sqrt{2-3y^2}}^{\sqrt{2-3y^2}} \sqrt{(2 - 3y^2) - x^2}\,dx$$
$$= 2\int_{-\sqrt{2/3}}^{\sqrt{2/3}} dy\,\frac{1}{2}\left[x\sqrt{(2 - 3y^2) - x^2} + (2 - 3y^2)\sin^{-1}\frac{x}{\sqrt{2 - 3y^2}}\right]_{-\sqrt{2-3y^2}}^{\sqrt{2-3y^2}}$$
$$= \pi\int_{-\sqrt{2/3}}^{\sqrt{2/3}} (2 - 3y^2)\,dy = \frac{8\pi\sqrt{6}}{9}$$

〈注〉 $x = \sqrt{2}\,r\cos\theta,\ y = \sqrt{\dfrac{2}{3}}\,r\sin\theta$ と変換してもよい．

例題 2.23

$$x^2 + y^2 + z^2 + u^2 \leqq r^2$$

で定義される．半径 r の 4 次元の球（超球）の体積

$$V = \iiiint_{x^2+y^2+z^2+u^2 \leqq r^2} dx\, dy\, dz\, du$$

を求めよ．（東大工，阪市大*）

【解答】
$$V = \int_{-r}^{r} du \int_{-\sqrt{r^2-u^2}}^{\sqrt{r^2-u^2}} dz \int_{-\sqrt{r^2-u^2-z^2}}^{\sqrt{r^2-u^2-z^2}} dy \int_{-\sqrt{r^2-u^2-z^2-y^2}}^{\sqrt{r^2-u^2-z^2-y^2}} dx$$

$$= 2\int_{-r}^{r} du \int_{-\sqrt{r^2-u^2}}^{\sqrt{r^2-u^2}} dz \int_{-\sqrt{r^2-u^2-z^2}}^{\sqrt{r^2-u^2-z^2}} \sqrt{r^2 - u^2 - z^2 - y^2}\, dy$$

$$= 2\int_{-r}^{r} du \int_{-\sqrt{r^2-u^2}}^{\sqrt{r^2-u^2}} dz \cdot \frac{1}{2} \left[y\sqrt{r^2 - u^2 - z^2 - y^2} + (r^2 - u^2 - z^2) \sin^{-1} \frac{y}{\sqrt{r^2 - u^2 - z^2}} \right]_{-\sqrt{r^2-u^2-z^2}}^{\sqrt{r^2-u^2-z^2}}$$

$$= \int_{-r}^{r} du \int_{-\sqrt{r^2-u^2}}^{\sqrt{r^2-u^2}} ((r^2 - u^2 - z^2)\pi)\, dz$$

$$= 2\pi \int_{-r}^{r} du \left[(r^2 - u^2)z - \frac{z^3}{3} \right]_0^{\sqrt{r^2-u^2}}$$

$$= \frac{8\pi}{3} \int_0^r (r^2 - u^2)^{3/2}\, du = \frac{8\pi}{3} \cdot r^4 \cdot \frac{1 \cdot 3}{2 \cdot 4} \cdot \frac{\pi}{2} = \frac{\pi^2}{2} r^4$$

ただし，$I_0 = \int \sqrt{r^2 - u^2 - z^2 - y^2}\, dy = \int \sqrt{a^2 - y^2}\, dy \quad (a^2 = r^2 - u^2 - z^2)$

$$I_0 = \int \sqrt{a^2 - a^2 \sin\theta}\, a \cos\theta\, d\theta = a^2 \int \cos^2\theta\, d\theta = a^2 \int \frac{1 + \cos 2\theta}{2}\, d\theta$$

$$= \frac{a^2}{2} \left(\theta + \frac{\sin 2\theta}{2} \right) \quad (y = a \sin\theta)$$

$$= \frac{1}{2} \left\{ (r^2 - u^2 - z^2) \sin^{-1} \frac{y}{\sqrt{r^2 - u^2 - z^2}} + y\sqrt{r^2 - u^2 - z^2 - y^2} \right\}$$

$$I_1 = \int_0^r (r^2 - u^2)^{3/2}\, du = \int_0^{\pi/2} r\cos\theta (r^2 - r^2 \sin^2\theta)^{3/2}\, d\theta \quad (u = r\sin\theta)$$

$$= r^4 \int_0^{\pi/2} \cos^4\theta\, d\theta = r^4 I_2$$

$$= r^4 \cdot \int_0^{\pi/2} \cos^4 \theta \, d\theta = \int_0^{\pi/2} \left(\frac{1 + \cos 2\theta}{2} \right)^2 d\theta$$

$$= r^4 \cdot \frac{1}{4} \int_0^{\pi/2} (1 + 2 \operatorname{coo} 2\theta + \cos^2 2\theta) \, d\theta$$

$$= r^4 \cdot \frac{1}{4} \int_0^{\pi/2} \left(1 + 2 \cos 2\theta + \frac{1 + \cos 4\theta}{2} \right) d\theta$$

$$= r^4 \cdot \frac{1}{4} \left[\frac{3}{2} \theta + 2 \frac{\sin 2\theta}{2} + \frac{1}{2} \cdot \frac{\sin 4\theta}{4} \right]_0^{\pi/2}$$

$$= r^4 \cdot \frac{1}{4} \cdot \frac{3}{2} \cdot \frac{\pi}{2}$$

【別解】 $V = \iiint_{x^2+y^2+z^2 \leqq r^2} dx \, dy \, dz \int_{-\sqrt{r^2-x^2-y^2-z^2}}^{\sqrt{r^2-x^2-y^2-z^2}} du$

$$= 2 \iiint_{x^2+y^2+z^2 \leqq r^2} \sqrt{r^2-x^2-y^2-z^2} \, dx \, dy \, dz$$

$$= 2 \int_0^{2\pi} d\phi \int_0^{\pi} \sin \theta \, d\theta \int_0^r \sqrt{r^2-\rho^2} \rho^2 \, d\rho$$

（$x = \rho \cos \phi \sin \theta, y = \rho \sin \phi \sin \theta, z = \rho \cos \theta$ とおく）

$$= 2 \cdot 2\pi [- \cos \theta]_0^{\pi} \cdot r^4 \int_0^1 \sqrt{1 - \left(\frac{\rho}{r} \right)^2} \left(\frac{\rho}{r} \right)^2 d \left(\frac{\rho}{r} \right)$$

$$= 8\pi r^4 \int_0^1 \sqrt{1 - \left(\frac{\rho}{r} \right)^2} \left(\frac{\rho}{r} \right)^2 d \left(\frac{\rho}{r} \right)$$

$$= 8\pi r^4 \cdot \frac{1}{2} \int_0^1 (1 - t)^{1/2} t^{1/2} \, dt \quad \left(t = \left(\frac{\rho}{r} \right)^2 \text{とおく} \right)$$

$$= 4\pi r^4 \int_0^1 (1 - t)^{3/2-1} t^{3/2-1} \, dt$$

$$= 4\pi r^4 \cdot \frac{\Gamma\left(\frac{3}{2}\right) \Gamma\left(\frac{3}{2}\right)}{\Gamma\left(\frac{3}{2} + \frac{3}{2}\right)}$$

$$= 4\pi r^4 \cdot \frac{\frac{1}{2}\sqrt{\pi} \cdot \frac{1}{2}\sqrt{\pi}}{2!} \quad \left(\because \ \Gamma\left(\frac{3}{2}\right) = \frac{1}{2} \Gamma\left(\frac{1}{2}\right) = \frac{1}{2}\sqrt{\pi} \right)$$

$$= \frac{\pi^2}{2} r^4$$

例題 2.24

単位球面上の点 (x, y, z) が $(\sin\theta\cos\varphi, \sin\theta\sin\varphi, \cos\theta)$ で表わされるとき

（1）　$0 \leqq \theta \leqq \dfrac{\pi}{4}$, $0 \leqq \varphi \leqq \theta$ なる部分 A の面積を求めよ.

（2）　面積分 $\displaystyle\int_A (x+y+z)\,dS$ を求めよ.　（東大工）

【解答】（1）　A の面積要素は $dS = \sin\theta d\varphi d\theta$ であるから,

$$S = \iint_A dS = \int_0^{\pi/4} d\theta \int_0^{\theta} \sin\theta\,d\varphi$$

$$= \int_0^{\pi/4} \theta\sin\theta\,d\theta = [-\theta\cos\theta]_0^{\pi/4} + \int_0^{\pi/4}\cos\theta\,d\theta$$

$$= -\frac{\pi}{4}\cdot\frac{\sqrt{2}}{2} + [\sin\theta]_0^{\pi/4} = \frac{\sqrt{2}}{2}\left(1-\frac{\pi}{4}\right)$$

（2）　面積分 S_A は

$$S_A = \int_A (x+y+z)\,dS$$

$$= \int_0^{\pi/4}\sin\theta\,d\theta\int_0^{\theta}(\sin\theta\cos\varphi + \sin\theta\sin\varphi + \cos\theta)\,d\varphi$$

$$= \int_0^{\pi/4}\sin\theta\,d\theta[\sin\theta\sin\varphi - \sin\theta\cos\varphi + \varphi\cos\theta]_0^{\theta}$$

$$= \int_0^{\pi/4}\sin\theta(\sin^2\theta - \sin\theta\cos\theta + \theta\cos\theta + \sin\theta)\,d\theta$$

$$= \int_0^{\pi/4}(\sin^3\theta - \sin^2\theta\cos\theta + \theta\sin\theta\cos\theta + \sin^2\theta)\,d\theta$$

$$= \int_0^{\pi/4}\sin^3\theta\,d\theta - \int_0^{\pi/4}\sin^2\theta\cos\theta\,d\theta + \int_0^{\pi/4}\theta\sin\theta\cos\theta\,d\theta + \int_0^{\pi/4}\sin^2\theta\,d\theta$$

$$= I_1 - I_2 + I_3 + I_4 \qquad ①$$

次に, I_1, I_2, I_3, I_4 をそれぞれ計算すると

$$I_1 \equiv -\int_0^{\pi/4}(1-\cos^2\theta)\,d\cos\theta = -\left[\cos\theta - \frac{1}{3}\cos^3\theta\right]_0^{\pi/4} = \frac{2}{3} - \frac{5\sqrt{2}}{12} \qquad ②$$

$$I_2 \equiv \int_0^{\pi/4}\sin^2\theta\,d\sin\theta = \left[\frac{1}{3}\sin^3\theta\right]_0^{\pi/4} = \frac{\sqrt{2}}{12} \qquad ③$$

$$I_3 \equiv \frac{1}{2}\int_0^{\pi/4} \theta \sin 2\theta \, d\theta = -\frac{1}{4}\int_0^{\pi/4} \theta \, d\cos 2\theta$$

$$= -\frac{1}{4}\left\{[\theta \cos 2\theta]_0^{\pi/4} - \int_0^{\pi/4} \cos 2\theta \, d\theta\right\}$$

$$= \frac{1}{4}\int_0^{\pi/4} \cos 2\theta \, d\theta = \frac{1}{8}[\sin 2\theta]_0^{\pi/4} = \frac{1}{8} \qquad ④$$

$$I_4 \equiv \frac{1}{2}\int_0^{\pi/4} (1 - \cos 2\theta) \, d\theta = \frac{1}{2}\left[\theta - \frac{1}{2}\sin 2\theta\right]_0^{\pi/4} = \frac{\pi}{8} - \frac{1}{4} \qquad ⑤$$

②，③，④，⑤を①に代入すると，

$$S_A = \frac{13}{24} - \frac{\sqrt{2}}{2} + \frac{\pi}{8}$$

例題 2.25

下図のような内径 a，外径 b，密度 ρ の一様な球殻が及ぼす万有引力について考える．

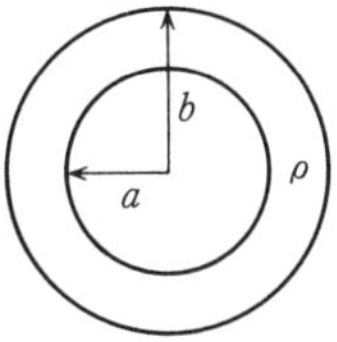

（1） 半径 a より内側の任意の点では，この球殻による引力が 0 になることを証明せよ．

（2） 半径 b より外側の任意の点では，この球殻による引力は，球殻の質量と等価な質点が球心にある場合の引力と等しいことを証明せよ．

（東大理，東大理*）

【解答】 中心とその外側にある 1 点 P とを通る直線を z 軸にとり，P$(0, 0, c)$ に対する球殻の引力の分力を X, Y, Z とすると，明らかに Z のみを考えればよい．図より

$$Z = G\iiint \frac{m\rho r^2\,dr\sin\theta\,d\theta\,d\phi}{(c^2 + r^2 - 2cr\cos\theta)}\frac{c - r\cos\theta}{\sqrt{c^2 + r^2 - 2cr\cos\theta}}$$

$\left(\begin{array}{l} G：万有引力数, \\ m：点 P の質点の質量 \end{array}\right)$

$$\frac{Z}{Gm} = \int_0^{2\pi} d\phi \int_a^b \rho r^2\,dr \int_0^{\pi} \frac{(c - r\cos\theta)\sin\theta\,d\theta}{(c^2 + r^2 - 2cr\cos\theta)^{3/2}}$$

$(c^2 + r^2 - 2cr\cos\theta)^{1/2} = l$ とおくと，$c - r\cos\theta = \dfrac{c^2 - r^2 + l^2}{2c}$

$$\frac{dl}{d\theta} = \frac{1}{2}(c^2 + r^2 - 2cr\cos\theta)^{-1/2}(2cr\cos\theta) = \frac{cr\sin\theta}{l}$$

$$\therefore\quad \frac{Z}{Gm} = \int_0^{2\pi} d\phi \int_a^b \rho r^2\,dr \int_\alpha^\beta \frac{1}{l^3}\frac{c^2 - r^2 + l^2}{2c}\frac{l\,dl}{cr}$$

$$= \frac{\pi\rho}{c^2}\int_a^b r\,dr \int_\alpha^\beta \left(\frac{c^2 - r^2}{l^2} + 1\right) dl$$

$$= \frac{\pi\rho}{c^2}\int_a^b \left[\frac{r^2 - c^2}{l} + l\right]_\alpha^\beta r\,dr$$

ただし，$\alpha = |c - r|, \beta = |c + r|$ とする．

（1） P が球殻の内側にある場合 $(c < a \leqq r)$ に相当するから，

$$\alpha = r - c, \quad \beta = r + c$$

$$\frac{Z}{Gm} = \frac{\pi\rho}{c^2}\int_a^b \left\{ \frac{r^2 - c^2}{r + c} + r + c - \frac{r^2 - c^2}{r - c} - (r - c) \right\} r\,dr$$

$$= \frac{\pi\rho}{c^2}\int_a^b (-2c + 2c) r\,dr = 0$$

（2） Pが球殻の外側にある場合 ($c > b \geqq r$) に相当するから，

$$\alpha = c - r, \quad \beta = c + r$$

$$\frac{Z}{Gm} = \frac{\pi\rho}{c^2}\int_a^b \left\{ \frac{r^2 - c^2}{c + r} + c + r - \frac{r^2 - c^2}{c - r} - (c - r) \right\} r\,dr$$

$$= \frac{\pi\rho}{c^2}\int_a^b 4r^2\,dr$$

$$= \frac{1}{c^2}\left(\frac{4\pi}{3} b^3\rho - \frac{4\pi}{3} a^3\rho \right)$$

球殻の全質量を $M \left(= \dfrac{1}{c^2}\rho\displaystyle\int_a^b 4\pi r^2\,dr \right)$ とすると，$Z = GmM/c^2$. ゆえに球殻の質量と等価な質点が球心にある場合の引力と等しい．

例題 2.26

$$I_n = \int_{-\infty}^{\infty} \cdots \int_{-\infty}^{\infty} e^{-a(x_1^2+\cdots+x_n^2)}\, dx_1 \cdots dx_n \quad (a > 0)$$

を 2 通りの方法で計算することによって n 次元空間における半径 r の球の体積 $V_n(r)$ を求める．以下の問に答えよ．

（1）$\displaystyle\int_{-\infty}^{\infty} e^{-ax^2}\, dx$ の値を求めよ．

（2）（1）の結果を用いて I_n の値を求めよ．

（3）$V_n(r) = C_n r^n$ と表わされるとすると，その球の表面積 $S_n(r)$ は $S_n(r) = nC_n r^{n-1}$ と表わされる．このことを用いて I_n の値を求めよ．ただし，結果には Γ 関数 $\Gamma(m) = \displaystyle\int_0^{\infty} e^{-x} x^{m-1} dx$ を含んでよい．

（4）（2），（3）の結果より，$V_n(r)$ の値を求めよ．　（東大工）

【解答】（1）

$$\left(\int_{-\infty}^{\infty} e^{-ax^2}\, dx\right)^2 = \int_{-\infty}^{\infty} e^{-ax^2}\, dx \cdot \int_{-\infty}^{\infty} e^{-ay^2}\, dy$$

$$= \iint_{xy\text{ 平面}} e^{-a(x^2+y^2)}\, dx\, dy$$

$$= \lim_{R\to\infty} \iint_{x^2+y^2 \leqq R^2} e^{-a(x^2+y^2)}\, dx\, dy$$

$$= \lim_{R\to\infty} \int_0^{2\pi} d\theta \int_0^R e^{-ar^2} r\, dr$$

（$x = r\cos\theta,\ y = r\sin\theta$ とおく）

$$= 2\pi \int_0^{\infty} e^{-ar^2} r\, dr$$

$$= 2\pi \cdot \frac{-1}{2a} \int_0^{\infty} e^{-ar^2}\, d(-ar^2)$$

$$= -\frac{\pi}{a} \left[e^{-ar^2}\right]_0^{\infty}$$

$$= -\frac{\pi}{a}(0 - 1) = \frac{\pi}{a}$$

$$\therefore \int_{-\infty}^{\infty} e^{-ax^2}\, dx = \sqrt{\frac{\pi}{a}}$$

（2）　$I_n = \int_{-\infty}^{\infty} \cdots \int_{-\infty}^{\infty} e^{-a(x_1^2+\cdots+x_n^2)}\,dx_1 \cdots dx_n$

$$= \left(\int_{-\infty}^{\infty} e^{-ax_1^2}\,dx_1\right)^n = \left(\frac{\pi}{a}\right)^{n/2}$$

（3）　$I_n = \lim_{R\to\infty} \int \cdots \int_{x_1^2+\cdots+x_n^2 \leqq R^2} e^{-a(x_1^2+\cdots+x_n^2)}\,dx_1 \cdots dx_n$

$$= \lim_{R\to\infty} \int \cdots \int_S f(\theta_1, \cdots, \theta_{n-1})\,d\theta_1 \cdots d\theta_{n-1} \cdot \int_0^R e^{-ar^2} r^{n-1}\,dr$$

（ここで，直交座標 $(x_1, \cdots, x_n) \to$ 極座標 $(r, \theta_1, \cdots, \theta_{n-1})$ のとき，$dx_1 \cdots dx_n = f(\theta_1, \cdots, \theta_{n-1})\,d\theta_1 \cdots d\theta_{n-1} \cdot r^{n-1}\,dr$，$S$ は n 次元空間における半径 1 の球の表面）

$$= nC_n \int_0^{\infty} e^{-ar^2} r^{n-1}\,dr$$

（ここで，$\int \cdots \int_S f(\theta_1, \cdots, \theta_{n-1})\,d\theta_1 \cdots d\theta_{n-1} = S$ の表面積 $= nC_n \cdot 1^{n-1} = nC_n$）

$$= \frac{nC_n}{2a^{n/2}} \int_0^{\infty} e^{-t}\,t^{n/2-1}\,dt \quad (t = ar^2 \text{ とおく})$$

$$= \frac{nC_n}{2a^{n/2}} \Gamma\left(\frac{n}{2}\right)$$

（4）　（2），（3）により，

$$\left(\frac{\pi}{a}\right)^{n/2} = \frac{nC_n \Gamma\left(\frac{n}{2}\right)}{2a^{n/2}} \qquad \therefore\quad C_n = \frac{2\pi^{n/2}}{n\Gamma\left(\frac{n}{2}\right)}$$

したがって，

$$V_n(r) = \frac{\pi^{n/2}}{\frac{n}{2}\Gamma\left(\frac{n}{2}\right)} r^n$$

〈注〉（i）　$V_n(r)$ を直接計算する方法．

$$V_n(r) = \int_{x_1^2+\cdots+x_n^2 \leqq r^2} dx_1 \cdots dx_n$$

$$= 2^n \int_{x_1^2+\cdots+x_n^2 \leqq r^2,\, x_i \geqq 0} dx_1 \cdots dx_n$$

ここで，$(x_1/r)^2 = X_1, \cdots, (x_n/r)^2 = X_n$, $dx_1 = 2^{-1} r X_1{}^{-1/2} dX_1, \cdots$ という変換を行えば，$D = \{X_1 \geqq 0, \cdots, X_n \geqq 0, X_1 + \cdots + X_n \leqq 1\}$ として，

$$V_n(r) = 2^n \int_D 2^{-n} r^n X_1^{-1/2} \cdots X_n^{-1/2}\,dX_1 \cdots dX_n$$

$$= r^n \int X_n^{-1/2} \cdots X_n^{-1/2}\, dX_1 \cdots dX_n$$

この積分はディリクレ積分公式

$$\int_D x_1^{p_1-1} \cdots x_n^{p_n-1}(1 - x_1 - \cdots - x_n)^{p_0-1}\, dx_1 \cdots dx_n = \frac{\Gamma(p_0) - \Gamma(p_n)}{\Gamma(p_0 + \cdots + p_n)}$$

において，$p_1 = \cdots = p_n = 1/2$, $p_0 = 1$ とおいたものである．ゆえに，$\Gamma(1/2) = \sqrt{\pi}$, $\Gamma(z+1) = z\Gamma(z)$ を用いると，

$$V_n(r) = \frac{\Gamma(1/2)^n}{\Gamma\left(\dfrac{n+2}{2}\right)} r^n = \frac{\pi^{n/2}}{\dfrac{n}{2}\Gamma\left(\dfrac{n}{2}\right)} r^n$$

（ii）　帰納法による方法．$n = 1$ のとき，$V_1(r) =$ 閉区間 $[-r, r]$ の長さ $= 2r = \sqrt{\pi}r/\Gamma(3/2)$．$n = n$ のとき，$V_n(r) = \pi^{n/2}r^n/\Gamma(n/2+1)$ が成立すると仮定すると，

$$\begin{aligned}
V_{n+1}(r) &= \int_{-r}^{r} dx_{n+1} \int \cdots \int V_n(\sqrt{r^2 - x_{n+1}^2})\, dx_1 \cdots dx_n \\
&= \frac{\pi^{n/2}}{\Gamma(n/2+1)} \int_{-r}^{r} (r^2 - x_{n+1}^2)^{n/2}\, dx_{n+1} \\
&= \frac{\pi^{n/2}}{\Gamma(n/2+1)} r^{n+1} \int_0^1 (1-t)^{n/2} t^{-1/2}\, dt \\
&= \frac{\pi^{n/2}}{\Gamma(n/2+1)} r^{n+1} \int_0^1 (1-t)^{(n/2+1)-1} t^{1/2-1}\, dt \\
&= \frac{\pi^{n/2}}{\Gamma(n/2+1)} r^{n+1} B\left(\frac{n}{2}+1, \frac{1}{2}\right) \\
&= \frac{\pi^{n/2}}{\Gamma(n/2+1)} \frac{\Gamma(n/2+1)\Gamma(1/2)}{\Gamma(n/2+1+1/2)} r^{n+1} \\
&= \frac{\pi^{(n+1)/2}}{\Gamma\left(\dfrac{n+1}{2}+1\right)} r^{n+1} = \frac{\pi^{(n+1)/2}}{\dfrac{n+1}{2}\Gamma\left(\dfrac{n+1}{2}\right)}
\end{aligned}$$

$$\therefore \quad V_n(r) = \frac{\pi^{n/2}}{\dfrac{n}{2}\Gamma\left(\dfrac{n}{2}\right)} r^n$$

または，

$$\begin{aligned}
V_n &= \int_{-r}^{r} dx_n \int \cdots \int_{x_1^2+\cdots+x_{n-1}^2 \leqq r^2 - x_n^2} dx_1 \cdots dx_{n-1} \\
&= \int_{-r}^{r} V_{n-1}(r^2 - x_n^2)^{(n-1)/2}\, dx_n \\
&= 2V_{n-1} \int_0^{\pi/2} \sin^n \theta\, d\theta
\end{aligned}$$

とし，（3）の $\sin^n \theta$ の定積分を用いる．

（iii）　極座標による方法．$x_1 = \rho\cos\theta_1$, $x_2 = \rho\sin\theta_1\cos\theta_2$, $\cdots$,

$$x_n = \rho\sin\theta_1 \cdots \sin\theta_{n-2}\sin\theta_{n-1}$$

$$J(\rho, \theta_1, \cdots, \theta_{n-1}) = \rho^{n-1}\sin^{n-2}\theta_1 \sin^{n-3}\theta_2 \cdots \sin\theta_{n-2}$$

となるから

$$
\begin{aligned}
V_n(r) &= \int_0^r \int_0^\pi \cdots \int_0^\pi \int_0^{2\pi} \rho^{n-1} \sin^{n-2}\theta_1 \cdots \sin\theta_{n-2}\, dr\, d\theta_1 \cdots d\theta_{n-1} \\
&= \frac{r^n}{n} \cdot 2\pi \cdot 2 \int_0^{\pi/2} \sin^{n-2}\theta_1\, d\theta_1 \cdot 2 \int_0^{\pi/2} \sin^{n-2}\theta_2\, d\theta_2 \cdots 2 \int_0^{\pi/2} \sin\theta_{n-2}\, d\theta_{n-2} \\
&= \frac{\pi r^n}{n} \cdot 2^{n-1} \prod_{k=1}^{n-2} \int_0^{\pi/2} \sin^k\theta\, d\theta \\
&= \frac{\pi r^n}{n} 2^{n-1} \prod_{k=1}^{n-2} \int_0^1 t^k (1-t^2)^{-1/2}\, dt \quad (t = \sin\theta \text{ とおく}) \\
&= \frac{\pi r^n}{n} \cdot 2^{n-1} \prod_{k=1}^{n-2} \frac{1}{2} \int_0^1 u^{k/2-1/2} (1-u)^{-1/2}\, du \\
&= \frac{\pi r^n}{n} \cdot 2^{n-1} \prod_{k=1}^{n-2} \frac{1}{2} \int_0^1 u^{(k/2+1/2)-1} (1-u)^{1/2-1}\, du \\
&= \frac{\pi r^n}{n} \cdot 2^{n-1} \prod_{k=1}^{n-2} \frac{1}{2} \frac{\Gamma\left(\frac{k}{2}+\frac{1}{2}\right) \Gamma\left(\frac{1}{2}\right)}{\Gamma\left(\frac{k}{2}+1\right)} \\
&= \frac{\pi r^n}{n} \cdot 2^{n-1} \left\{ \frac{\Gamma\left(\frac{1}{2}\right)}{2} \right\}^{n-2} \prod_{k=1}^{n-2} \frac{\Gamma\left(\frac{k}{2}+\frac{1}{2}\right)}{\Gamma\left(\frac{k}{2}+1\right)} \\
&= \frac{\pi r^n}{n} \cdot 2\pi^{n/2-1} \cdot \frac{\Gamma(1)}{\Gamma\left(\frac{3}{2}\right)} \cdot \frac{\Gamma\left(\frac{3}{2}\right)}{\Gamma(2)} \cdots \frac{\Gamma\left(\frac{n}{2}-\frac{1}{2}\right)}{\Gamma\left(\frac{n}{2}\right)} \\
&= \frac{\pi^{n/2}}{\frac{n}{2}\Gamma\left(\frac{n}{2}\right)} r^n
\end{aligned}
$$

例題 2.27

3 次元直交座標系 O$-xyz$ において，xz 平面内の曲線 $z = \cos x^2$ を z 軸のまわりに回転して得られる曲面と平面 $z = 0$ で囲まれた立体を A とする．外径 $2a$，肉厚 t の管 $(a-t)^2 \leqq x^2 + y^2 \leqq a^2 (0 < t < a < \sqrt{\pi/2})$ と A との共通部分を B のとする．このとき次の問に答えよ．

（1） B の体積を求めよ．

（2） z 軸から距離 r の点の密度が $\rho(r) = \dfrac{2-r}{\cos r^2}$ で表わされるとき，与えられた t のもとで，B の質量が最大になる a を求めよ．（東大工）

【解答】（1） B の体積を V_B とおくと，回転して得られる曲面方程式は

$$z = \cos(x^2 + y^2)$$

だから，

$$\begin{aligned}V_B &= \iint_{(a-t)^2 \leqq x^2+y^2 \leqq a^2} z\,dx\,dy = \iint_{(a-t)^2 \leqq x^2+y^2 \leqq a^2} \cos(x^2+y^2)\,dx\,dy \\ &= \int_0^{2\pi} d\theta \int_{a-t}^{a} \cos r^2 \cdot r\,dr = 2\pi \cdot \left[\frac{1}{2}\sin r^2\right]_{a-t}^{a} \\ &= \pi[\sin a^2 - \sin(a-t)^2]\end{aligned}$$

（2） B の質量を $M_B(a)$ とおくと，

$$\begin{aligned}M_B(a) &= \iint_{(a-t)^2 \leqq x^2+y^2 \leqq a^2} \rho(r) z\,dx\,dy \\ &= \iint_{(a-t)^2 \leqq x^2+y^2 \leqq a^2} \rho(r)\cos(x^2+y^2)\,dx\,dy \\ &= \int_0^{2\pi} d\theta \int_{a-t}^{a} \frac{2-r}{\cos r^2}\cos r^2 \cdot r\,dr = 2\pi \cdot \left[r^2 - \frac{1}{3}r^3\right]_{a-t}^{a} \\ &= 2\pi\left\{a^2 - \frac{1}{3}a^3 - (a-t)^2 + \frac{1}{3}(a-t)^3\right\}\end{aligned}$$

$$\begin{aligned}\frac{dM_B}{da} &= 2\pi\{2a - a^2 - 2(a-t) + (a-t)^2\} \\ &= 2\pi t(2 - 2a + t) = 0 \qquad \therefore\ a = 1 + \frac{t}{2}\end{aligned}$$

与式より，$t < a$.

（i） $0 < t < 2\left(\sqrt{\dfrac{\pi}{2}} - 1\right)$ のとき，$a = 1 + \dfrac{t}{2} < \sqrt{\dfrac{\pi}{2}}$.

よって，$M_{\mathrm{B}}(a)$ は唯一の点 $a = 1 + \dfrac{t}{2}$ で極大値をとるから，$M_{\mathrm{B}}(a)$ が最大になるのは $a = 1 + \dfrac{t}{2}$．

（ii）$2\left(\sqrt{\dfrac{\pi}{2}} - 1\right) \leqq t < \sqrt{\dfrac{\pi}{2}}$ のとき，$a = 1 + \dfrac{t}{2} \geqq \sqrt{\dfrac{\pi}{2}}$．

よって，$t < a < \sqrt{\dfrac{\pi}{2}}$ に対して，$\dfrac{dM_{\mathrm{B}}}{da} < 0$．すなわち，$M_{\mathrm{B}}(a)$ は単調増加．ゆえに，$M_{\mathrm{B}}(a)$ が最大になる a はない．

例題 2.28

平面上の関数

$$f(x, y) = (x^4 - y^2)\exp(-r^4), \quad r = \sqrt{x^2 + y^2}$$

について以下の設問に答えよ.

（a）　最大値と最小値の存在を示し，これらを求めよ.

（b）　積分 $I = \int_{-\infty}^{\infty}\int_{-\infty}^{\infty} f(x, y)\,dx\,dy$ を求めよ. ただし, $\int_0^{\infty} \exp(-t^2)\,dt = \dfrac{\sqrt{\pi}}{2}$ である.　（東大理）

【解答】（a）

$$\begin{cases} \dfrac{\partial f}{\partial x} = 4x\,e^{-r^4}[x^2 - (x^4 - y^2)(x^2 + y^2)] = 0 \\ \dfrac{\partial f}{\partial y} = -2y\,e^{-r^4}[1 + 2(x^4 - y^2)(x^2 + y^2)] = 0 \end{cases}$$

$$\therefore \quad \begin{cases} x = 0 \quad \text{あるいは} \quad x^2 - (x^4 - y^2)(x^2 + y^2) = 0 \\ y = 0 \quad \text{あるいは} \quad 1 + 2(x^4 - y^2)(x^2 + y^2) = 0 \end{cases}$$

$$\therefore \quad (x, y) = (0, 0),\ \left(0, \left(\frac{1}{2}\right)^{1/4}\right),\ \left(0, -\left(\frac{1}{2}\right)^{1/4}\right),\ (1, 0),\ (-1, 0)$$

これを与式に代入すると,

$$f(0, 0) = 0$$

$$f\left(0, \left(\frac{1}{2}\right)^{1/4}\right) = f\left(0, -\left(\frac{1}{2}\right)^{1/4}\right) = -\frac{1}{\sqrt{2}}e^{-1/2}$$

$$f(1, 0) = f(-1, 0) = e^{-1}$$

よって, $f(x, y)$ は最大値と最小値が存在し,

$$f_{\max} = f(1, 0) = f(-1, 0) = e^{-1}$$

$$f_{\min} = f\left(0, \left(\frac{1}{2}\right)^{1/4}\right) = f\left(0, -\left(\frac{1}{2}\right)^{1/4}\right) = -\frac{1}{\sqrt{2}}e^{-1/2}$$

（b） $$I = \int_{-\infty}^{\infty}\int_{-\infty}^{\infty} f(x, y)\, dx\, dy = \int_0^{2\pi} d\theta \int_0^{\infty} (r^4\cos^4\theta - r^2\sin^2\theta)\, e^{-r^4} r\, dr$$

（$x = r\cos\theta,\quad y = r\sin\theta$ とおく）

$$= \int_0^{2\pi} d\theta \int_0^{\infty} r^5 e^{-r^4}\cos^4\theta\, dr - \int_0^{2\pi} d\theta \int_0^{\infty} r^3 e^{-r^4}\sin^2\theta\, dr$$

$$= 4\int_0^{\pi/2} \cos^4\theta\, d\theta \int_0^{\infty} r^5 e^{-r^4}\, dr - 4\int_0^{\pi/2} \sin^2\theta\, d\theta \int_0^{\infty} r^3 e^{-r^4}\, dr$$

$$= 4\cdot\frac{1\cdot 3}{2\cdot 4}\cdot\frac{\pi}{2}\cdot\frac{1}{4}\int_0^{\infty} t^{1/2} e^{-t}\, dt - 4\cdot\frac{1}{2}\cdot\frac{\pi}{2}\cdot\frac{1}{4}\int_0^{\infty} e^{-t}\, dt$$ （$t = r^4$ とおく）

$$= \frac{3\pi}{16}\int_0^{\infty} t^{3/2-1} e^{-t}\, dt - \frac{\pi}{4}$$

$$= \frac{3\pi}{16}\Gamma\left(\frac{3}{2}\right) - \frac{\pi}{4}$$

$$= \frac{3\pi}{16}\cdot\frac{1}{2}\Gamma\left(\frac{1}{2}\right) - \frac{\pi}{4}$$

$$= \frac{3\pi}{32}\sqrt{\pi} - \frac{\pi}{4}$$

例題 2.29

図のように閉じた有界な領域 1, 2 がある．領域 1, 2，それぞれ内部の点を A(x_1, y_1), B(x_2, y_2) とし，AB 間の距離 (r_{AB}) を以下のように定義する．

$$r_{AB} = \sqrt{(x_1 - x_2)^2 + (y_1 - y_2)^2}$$

さらに，領域 1, 2 の間の平均距離 (r_a) を以下のように定義する．

$$r_a = \frac{1}{S_1 \cdot S_2}\iint_1 \iint_2 r_{AB}\, dx_2\, dy_2\, dx_1\, dy_1$$

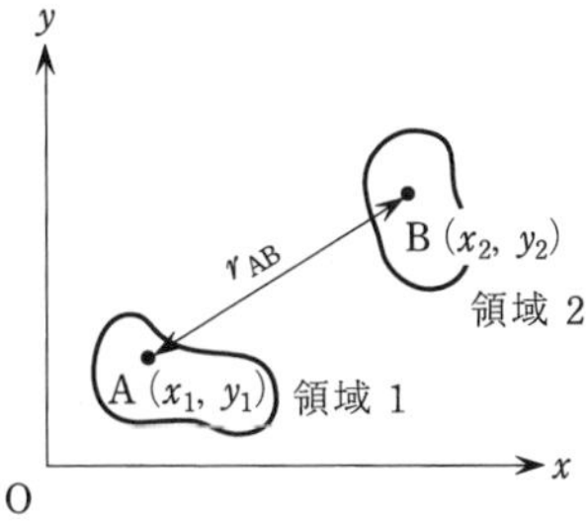

ただし，

$$S_1 = \iint_1 dx_1\, dy_1 \quad (\text{領域 1 の面積，} S_1 > 0)$$

$$S_2 = \iint_2 dx_2\, dy_2 \quad (\text{領域 2 の面積，} S_2 > 0)$$

ところで，領域 1, 2 のそれぞれの重心間の距離 (r_c) は以下のとおりである．

$$r_c = \sqrt{(\bar{x}_1 - \bar{x}_2)^2 + (\bar{y}_1 - \bar{y}_2)^2}$$

ただし，

$(\bar{x}_1, \bar{y}_1)$: 領域 1 の重心　　$(\bar{x}_2, \bar{y}_2)$: 領域 2 の重心

$$\bar{x}_1 = \frac{1}{S_1}\iint_1 x_1\, dx_1\, dy_1 \qquad \bar{x}_2 = \frac{1}{S_2}\iint_2 x_2\, dx_2\, dy_2$$

$$\bar{y}_1 = \frac{1}{S_1}\iint_1 y_1\, dx_1\, dy_1 \qquad \bar{y}_2 = \frac{1}{S_2}\iint_2 y_2\, dx_2\, dy_2$$

領域 1, 2 の形状にかかわらず，$r_a > r_c$ であることを示せ．　（東大工）

【解答】 連続関数 $f(x), g(x) \geqq 0$ かつ，$\int_a^b (f(x))^{-1}\, dx, \int_a^b (g(x))^{-1}\, dx$ が存在するとすると，

$$\int_a^b f(x) g(x)\, dx \leqq \left(\int_a^b f^2(x)\, dx\right)^{1/2} \left(\int_a^b g^2(x)\, dx\right)^{1/2}$$

が成立する．したがって

$$\int_a^b (f^{1/2}(x) g^{1/2}(x)) \cdot (g(x))^{-1/2}\, dx$$

$$\leqq \left(\int_a^b (f^{1/2}(x) g^{1/2}(x))^2\, dx\right)^{1/2} \left(\int_a^b ((g(x))^{-1/2})^2\, dx\right)^{1/2}$$

すなわち，

$$\int_a^b f^{1/2}(x)\, dx \leqq \left(\int_a^b f(x) g(x)\, dx\right)^{1/2} \left(\int_a^b (g(x))^{-1}\, dx\right)^{1/2}$$

あるいは,

$$\left(\int_a^b f(x)g(x)\,dx\right)^{1/2} \geqq \int_a^b f^{1/2}(x)\,dx\cdot\left(\int_a^b (g(x))^{-1}\,dx\right)^{-1/2}$$

$$\int_a^b f(x)g(x)\,dx \geqq \left(\int_a^b f^{1/2}(x)\,dx\right)^2\cdot\left(\int_a^b (g(x))^{-1}\,dx\right)^{-1} \qquad ①$$

したがって

$$\begin{aligned}\int_a^b (f(x)+g(x))^{1/2}\,dx &= \int_a^b f(x)(f(x)+g(x))^{-1/2}\,dx \\ &\quad + \int_a^b g(x)(f(x)+g(x))^{-1/2}\,dx \\ &\geqq \left(\int_a^b f^{1/2}(x)\,dx\right)^2\cdot\left(\int_a^b (f(x)+g(x))^{-1/2}\,dx\right)^{-1} \\ &\quad + \left(\int_a^b g^{1/2}(x)\,dx\right)^2\cdot\left(\int_a^b (f(x)+g(x))^{-1/2}\,dx\right)^{-1} \\ &\qquad\qquad (\because\ ①) \\ &= \left[\left(\int_a^b f^{1/2}(x)\,dx\right)^2 + \left(\int_a^b g^{1/2}(x)\,dx\right)^2\right] \\ &\quad \times \left(\int_a^b (f(x)+g(x))^{1/2}\,dx\right)^{-1}\end{aligned}$$

$$\therefore\quad \left(\int_a^b (f(x)+g(x))^{1/2}\,dx\right)^2 \geqq \left(\int_a^b f^{1/2}(x)\,dx\right)^2 + \left(\int_a^b g^{1/2}(x)\,dx\right)^2$$

また，f, g が4次元の関数であるとき，同様にして

$$\begin{aligned}&\left(\iiiint_D (f+g)^{1/2}\,dx_1\,dx_2\,dx_3\,dx_4\right)^2 \\ &\geqq \left(\iiiint_D f^{1/2}\,dx_1\,dx_2\,dx_3\,dx_4\right)^2 + \left(\iiiint_D g^{1/2}\,dx_1\,dx_2\,dx_3\,dx_4\right)^2 \qquad ②\end{aligned}$$

が成立することを証明できる．

$$\begin{aligned}\therefore\quad &\left(\iint_1\iint_2 [(x_1-x_2)^2+(y_1-y_2)^2]^{1/2}\,dx_1\,dx_2\,dy_1\,dy_2\right)^2 \\ &\geqq \left(\iint_1\iint_2 [(x_1-x_2)^2]^{1/2}\,dx_1\,dx_2\,dy_1\,dy_2\right)^2 \\ &\quad + \left(\iint_1\iint_2 [(y_1-y_2)^2]^{1/2}\,dx_1\,dx_2\,dy_1\,dy_2\right)^2 \quad (\because\ ②)\end{aligned}$$

$$= \left(\iint_1 \iint_2 |x_1 - x_2|\, dx_1\, dx_2\, dy_1\, dy_2\right)^2$$

$$+ \left(\iint_1 \iint_2 |y_1 - y_2|\, dx_1\, dx_2\, dy_1\, dy_2\right)^2$$

$$\geqq \left(\left|\iint_1 \iint_2 (x_1 - x_2)\, dx_1\, dx_2\, dy_1\, dy_2\right|\right)^2$$

$$+ \left(\left|\iint_1 \iint_2 (y_1 - y_2)\, dx_1\, dx_2\, dy_1\, dy_2\right|\right)^2$$

$$= \left(\iint_1 \iint_2 (x_1 - x_2)\, dx_1\, dx_2\, dy_1\, dy_2\right)^2$$

$$+ \left(\iint_1 \iint_2 (y_1 - y_2)\, dx_1\, dx_2\, dy_1\, dy_2\right)^2$$

ゆえに

$$\frac{1}{S_1 S_2}\iint_1 \iint_2 [(x_1 - x_2)^2 + (y_1 - y_2)^2]^{1/2}\, dx_1\, dx_2\, dy_1\, dy_2$$

$$\geqq \left\{\frac{1}{S_1^2 S_2^2}\left[\iint_1 \iint_2 (x_1 - x_2)\, dx_1\, dx_2\, dy_1\, dy_2\right]^2\right.$$

$$\left. + \frac{1}{S_1^2 S_2^2}\left[\iint_1 \iint_2 (y_1 - y_2)\, dx_1\, dx_2\, dy_1\, dy_2\right]^2\right\}^{1/2}$$

$$= \left\{\left[\frac{1}{S_1 S_2}\iint_1 \iint_2 x_1\, dx_1\, dx_2\, dy_1\, dy_2 - \frac{1}{S_1 S_2}\iint_1 \iint_2 x_2\, dx_1\, dx_2\, dy_1\, dy_2\right]^2\right.$$

$$\left. + \left[\frac{1}{S_1 S_2}\iint_1 \iint_2 y_1\, dx_1\, dx_2\, dy_1\, dy_2 - \frac{1}{S_1 S_2}\iint_1 \iint_2 y_2\, dx_1\, dx_2\, dy_1\, dy_2\right]^2\right\}^{1/2}$$

$$= \left\{\left[\frac{1}{S_1}\iint_1 x_1\, dx_1\, dy_1 - \frac{1}{S_2}\iint_2 x_2\, dx_2\, dy_2\right]^2\right.$$

$$\left. + \left[\frac{1}{S_1}\iint_1 y_1\, dx_1\, dy_1 - \frac{1}{S_2}\iint_2 y_2\, dx_2\, dy_2\right]^2\right\}^{1/2}$$

$$\therefore\quad r_a \geqq r_c$$

例題 2.30

ベクトル$\boldsymbol{F}$の発散に関するガウスの定理は

$$\iint_S \boldsymbol{F}\cdot d\boldsymbol{A} = \iiint_V \mathrm{div}\,\boldsymbol{F}\,dv$$

と書かれる．ここで体積 V，体積要素 dv，表面積 S，表面要素 $d\boldsymbol{A}$，ベクトルの向きは面に垂直外向きである．この定理を証明せよ．　（東大理，立教大）

【解答】 簡単のため，曲面 S と z 軸に平行な直線がたかだか 2 点で交わるとして証明する．点 $\mathrm{P}_0(x, y, 0)$ を通り z 軸に平行な一つの直線 S との交点を $\mathrm{P}_1(x, y, z_1)$, $\mathrm{P}_2(x, y, z_2)$ とし，$z_1 \leqq z_2$ とする．ここで，z_1 と z_2 は (x, y) の関数である．P_1 と P_2 における S の単位法線ベクトルをそれぞれ $\boldsymbol{n}_1, \boldsymbol{n}_2$ とする（ただし，$\boldsymbol{n}_1, \boldsymbol{n}_2 = \cos\alpha\boldsymbol{i} + \cos\beta\boldsymbol{j} + \cos\gamma\boldsymbol{k}$）．下図で S の下半分を S_1，上半分を S_2 とする．$\boldsymbol{F} = F_x\boldsymbol{i} + F_y\boldsymbol{j} + F_z\boldsymbol{k}$ とすると，

$$\int_{z_1}^{z_2} \frac{\partial F_z}{\partial z}\,dz = [\boldsymbol{F}(x, y, z)]_{z=z_1}^{z=z_2} = \boldsymbol{F}(x, y, z_2(x, y)) - \boldsymbol{F}(x, y, z_1(x, y)) \quad ①$$

両辺を積分すると，

$$\iiint_V \frac{\partial F_z}{\partial z}\,dx\,dy\,dz = \iint_{S_2} F_z(x, y, z_2(x, y))\,dx\,dy - \iint_{S_1} F_z(x, y, z_1(x, y))\,dx\,dy \quad ②$$

ところで，S_2 で $dxdy = d\boldsymbol{A}\cos\gamma$, S_1 で $dxdy = d\boldsymbol{A}\cos(\pi - \gamma) = -d\boldsymbol{A}\cos\gamma$ であるから，

$$\iiint_V \frac{\partial F_z}{\partial z}\,dx\,dy\,dz = \iint_{S_2} F_z\cos\gamma\,d\boldsymbol{A} + \iint_{S_1} F_z\cos\gamma\,d\boldsymbol{A} = \iint_S F_z\cos\gamma\,d\boldsymbol{A} \quad ③$$

同様にして，

$$\iiint_V \frac{\partial F_x}{\partial x}\,dx\,dy\,dz = \iint_S F_x\cos\alpha\,d\boldsymbol{A}, \quad \iiint_V \frac{\partial F_y}{\partial y}\,dx\,dy\,dz = \iint_S F_y\cos\beta\,d\boldsymbol{A}$$

①，②，③を加えれば，

$$\iiint_V \left(\frac{\partial F_x}{\partial x} + \frac{\partial F_y}{\partial y} + \frac{\partial F_z}{\partial z}\right) dx\,dy\,dz$$

$$= \int_S (F_x\cos\alpha + F_y\cos\beta + F_z\cos\gamma)\,d\boldsymbol{A}$$

$$\therefore \quad \iint_S \boldsymbol{F}\cdot d\boldsymbol{A} = \iiint_V \mathrm{div}\,\boldsymbol{F}\,dv$$

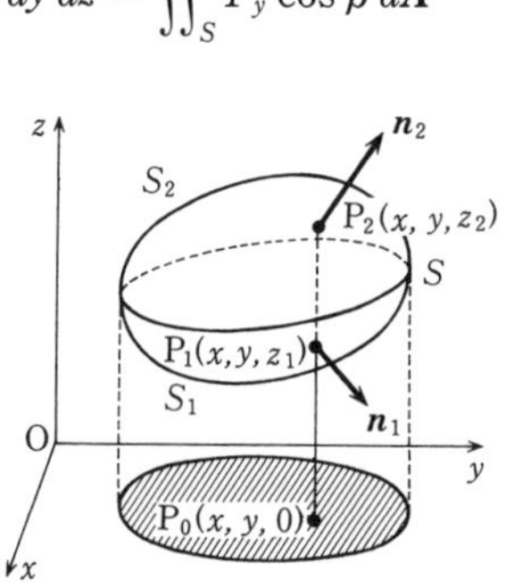

例題 2.31

以下の設問に答えよ．

フェルマは，「光が点Aを通って点Bに到達するとき，線積分（光路長という）$\int_A^B n\,ds$ が，極値（最小値）をとる光路が実際の光線により実現される」と主張した（フェルマの原理）．ここで n は媒質の屈折率である．これに関する以下の設問に答えよ．

（a） 図1のように屈折率 n_1 と n_2 の媒質が $x=0$ を境界として接しており，$P_1(x_1, 0)$ から出た光線が $P_2(x_2, y_2)$ を通過している．フェルマの原理を用いてスネルの法則

$$n_1 \sin i_1 = n_2 \sin i_2$$

を証明せよ．なお，i_1, i_2 は，図のように定義された入射角，出射角である．

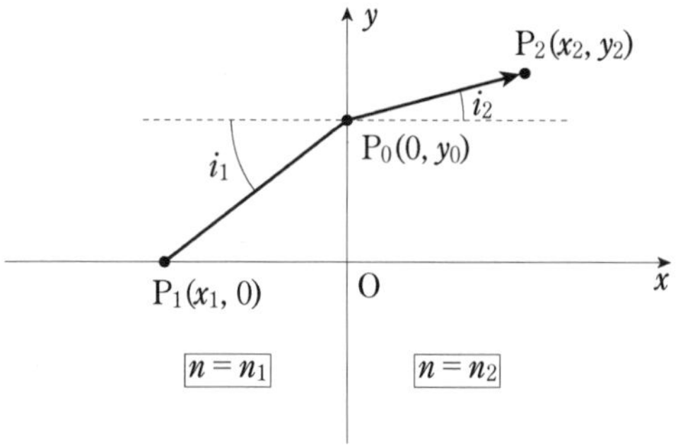

屈折率の異なる媒質中の光路

（b） P_1 の座標を $(-1, 0)$, P_2 の座標を $(2, 2)$ とする．$n_1 = 1.0$, $n_2 = \sqrt{2.5}$ の場合に，光線が通過する媒質の境界面の座標 P_0 を，フェルマの原理を用いて求めよ．なお，空間座標の単位は m（メートル）である．

（東大†，京大*）

【解答】（a） フェルマの原理と図より，光路長は

$$I = n_1\sqrt{x_1^2 + y_0^2} + n_2\sqrt{x_2^2 + (y_2 - y_0)^2}$$
$$= n_1(y_0 + x_1^2)^{1/2} + n_2\{(y_0 - y_2)^2 + x_2^2\}^{1/2}$$

極値をとるから，

$$\frac{dI}{dy_0} = n_1\frac{1}{2}(y_0^2 + x_1^2)^{-1/2}(2y_0) + n_2\frac{1}{2}\{(y_0 - y_2)^2 + x_2^2)2(y_0 - y_2)$$

$$= n_1 \frac{y_0}{\sqrt{y_0^2 + x_1^2}} + n_2 \frac{y_0 - y_2}{\sqrt{(y_0 - y_2)^2 + x_2^2}} = 0 \qquad ①$$

図より，

$$\sin i_1 = \frac{y_0}{\sqrt{x_1^2 + y_0^2}}, \quad \sin i_2 = \frac{y_2 - y_0}{\sqrt{x_2^2 + (y_0 - y_2)^2}} \qquad ②$$

①，②より，

$$n_1 \sin i_1 = n_2 \sin i_2$$

【別解】ラグランジュの未定乗数法を使う．光学距離は

$$L = n_1 \mathrm{P_1P_0} + n_2 \mathrm{P_0P_2} = \frac{n_1 x_1}{\cos i_1} + \frac{n_2 x_2}{\cos i_2} \qquad ③$$

付加条件は

$$y_2 = x_1 \tan i_1 + x_2 \tan i_2 = \text{一定} \qquad ④$$

Lの変分は

$$\delta L + \lambda \delta y_2 = 0$$

③，④を代入すると，

$$n_1 x_1 \frac{\sin i_1}{\cos^2 i_1} \delta\theta_1 + n_2 x_2 \frac{\sin i_2}{\cos^2 i_2} \delta\theta_2$$

$$+ \lambda \left(x_1 \frac{\cos i_1 \cos i_1 + \sin i_1 \sin i_1}{\cos^2 i_1} \delta\theta_1 + x_2 \frac{\cos i_2 \cos i_2 + \sin i_2 \sin i_2}{\cos^2 i_2} \delta\theta_2 \right)$$

$$= x_1 \left(\frac{n_1 \sin i_1}{\cos^2 i_1} + \lambda \frac{1}{\cos^2 i_1} \right) \delta\theta_1 + x_2 \left(\frac{n_2 \sin i_2}{\cos^2 i_2} + \lambda \frac{1}{\cos^2 i_2} \right) \delta\theta_2$$

任意の変分について成立するには各係数が 0 でなければならないから

$$n_1 \sin \theta_1 + \lambda = 0, \quad n_2 \sin \theta_2 + \lambda = 0$$

$$\therefore \quad n_1 \sin i_1 = n_2 \sin i_2$$

（b） $x_1 = -1, x_2 = 2, y_2 = 2, n_1 = 1.0, n_2 = \sqrt{2.5}$ を①に代入すると，

$$1 \frac{y_0}{\sqrt{y_0^2 + (-1)^2}} = \sqrt{2.5} \frac{2 - y_0}{\sqrt{2^2 + (y_0 - 2)^2}}$$

$$(3y_0 - 2)(y_0 + 2) = 0$$

$$\therefore \quad y_0 = \frac{2}{3} \,[\mathrm{m}]$$

問題研究

2.36　直角座標系 xyz における x–y 平面上の 2 定点 $(-a, 0)$ と $(a, 0)$ からの距離の積が a^2 である点の軌跡について，次の問に答えよ．

（1）　この平面図形の方程式を求めよ．

（2）　（1）の図形を x 軸のまわりに回転してできる立体の表面積を求めよ．

（3）　（1）の図形を z 軸に平行に移動してできる柱面の内部で，原点を中心とする半径 $\sqrt{2}a$ の球で囲まれる部分の体積を求めよ．　（東大工）

2.37　平面上で定点 $\mathrm{P}(x_0, y_0)$ と動点 $\mathrm{Q}(x, y)$ との距離を r とする．$\mathrm{Q}(x, y)$ が楕円 $\dfrac{x^2}{a^2}+\dfrac{y^2}{b^2}=1$ の内部 E を動くとき，定積分 $\iint_E r^2\,dx\,dy$ の値を求めよ．

（東大工，新潟大*）

2.38　2 重積分

$$I=\iint_D (x-y)^2 \sin^2 (x+y)\,dx\,dy$$

の値を求めよ．ただし，D は $(\pi, 0)$, $(2\pi, \pi)$, $(\pi, 2\pi)$, $(0, \pi)$ を 4 頂点とする正方形とする．　（東大工）

2.39　柱面

$$x^2+y^2=a^2/2+ax/2 \quad (a>0)$$

が球面

$$x^2+y^2+z^2=a^2$$

によって切り取られる部分の側面積を求めよ．　（東大工）

2.40　滑らかな境界 S をもつ $\boldsymbol{R}^3$ の有界領域を Ω とする．ガウスの発散定理から，次のグリーンの定理を導け．

$$\iiint_\Omega \{f\Delta g-g\Delta f\}\,dv=\iint_S \left\{f\frac{\partial g}{\partial n}-g\frac{\partial f}{\partial n}\right\} d\sigma$$

ただし，n は単位外法線ベクトル，$f, g \in C^2(\bar{\Omega})$ とする．　（早大）

2.41　S を領域 V の境界とする．$\boldsymbol{r}=x\boldsymbol{i}+y\boldsymbol{j}+z\boldsymbol{k}$, $|\boldsymbol{r}|=r$ とするとき閉曲線 S の内部に原点があれば $\displaystyle\int_S \frac{\boldsymbol{r}}{r^3}\cdot\boldsymbol{n}dS=4\pi$ であることを示せ．ただし，$\boldsymbol{n}$ は S の法線単位ベクトルで，外側に向くようにとるものとする．　（岡山大）

2.42　（1）　$s>0$ に対し $a_n=\displaystyle\int_0^n x^{s-1}e^{-x}dx$ とおく．$\{a_n\}$ は収束することを示せ．

（2） $\Gamma(s)=\lim_{n\to\infty}\int_0^n x^{s-1}e^{-x}\,dx=\int_0^\infty x^{s-1}e^{-x}\,dx$ とおく．このとき，$p, q>0$ に対し $\dfrac{\Gamma(p)\Gamma(q)}{\Gamma(p+q)}=B(p,q)$ を示せ．

ここで，$B(p,q)=\int_0^1 x^{p-1}(1-x)^{q-1}\,dx$ とする． （津田塾大）

2.43 （1） 極座標を利用して $\int_0^\infty\int_0^\infty e^{-a(x^2+y^2)}\,dx\,dy$ を計算せよ．ただし，$a>0$ とする．

（2） $f(a)=\int_0^\infty e^{-ax^2}\,dx$ であるとき，$f(1), f'(1)$ の値を求めよ．

（3） $\int_0^\infty e^{-x^2}x^{2n}\,dx$ の値を求めよ．ただし，n は正の整数とする．

（東大工，新潟大*，山梨大*，北大*）

2.44 3次元空間の単連結な領域においてベクトル関数 $\boldsymbol{A}$ とその1階の偏導関数が連続であるとする．この領域内において以下の問に答えよ．

（1） 「任意の点 P_a，点 P_b について，線積分 $\int_{\mathrm{P}_a}^{\mathrm{P}_b}\boldsymbol{A}\cdot d\boldsymbol{r}$ の値が点 P_a，点 P_b の座標によってのみ定まり途中の経路の選び方によらない」ための必要十分条件は，「任意の閉曲線の上で $\oint\boldsymbol{A}\cdot d\boldsymbol{r}=0$ である」ことを示せ．

また，このことを使って「$\mathrm{rot}\,\boldsymbol{A}=0$ のとき，任意の点 P_a，点 P_b について，線積分 $\int_{\mathrm{P}_a}^{\mathrm{P}_b}\boldsymbol{A}\cdot d\boldsymbol{r}$ の値は点 P_a，点 P_b の座標によってのみ定まり途中の経路の選び方によらない」ことを示せ．

（2） $\mathrm{rot}\,\boldsymbol{A}=0$ のとき，$\phi(x,y,z)=\int_{\mathrm{P}_0}^{\mathrm{P}}\boldsymbol{A}\cdot d\boldsymbol{r}$ は $\mathrm{grad}\,\phi=\boldsymbol{A}$ をみたすことを示せ．ただし点 P_0，点 P の座標をそれぞれ $(0,0,0)$, (x,y,z) とする．

（3） $\boldsymbol{A}=(2xy, x^2+z^2, 2yz)$ のとき，$\int_{\mathrm{P}_1}^{\mathrm{P}_2}\boldsymbol{A}\cdot d\boldsymbol{r}$ を求めよ．ただし，点 P_1，点 P_2 の座標をそれぞれ $(1,1,1)$, $(2,2,2)$ とする．（東大工，金沢大*）

2.45 （1） 自然数 n に対して，関数 $f(x)$ の n 回の繰返し積分を

$$I^n f(x)=\int_a^x dx_n\int_a^{x_n}dx_{n-1}\cdots\int_a^{x_3}dx_2\int_a^{x_2}dx_1 f(x_1)$$

と定義する（a は定数，$x \geqq a$）.

$$I^n f(x) = \frac{1}{(n-1)!}\int_a^x ds (x-s)^{n-1} f(s)$$

を証明せよ.

（2） $I^n f(x)$ の定義を一般化し，正の実数 ν に対して

$$I^\nu f(x) = \frac{1}{\Gamma(\nu)}\int_a^x ds (x-s)^{\nu-1} f(s)$$

と定義する（$\Gamma(\nu)$ はガンマ関数）. $f(x) = x, a = 0$ のとき，$I^2 f(x)$ と $I^{1/2} f(x)$ を求めよ.　（東大理）

2.46 次の広義積分 (improper integral) を求めよ.

$$A = \iint_D \frac{dx\,dy}{\sqrt{x^2+y^2}}$$

ここで，$D = \{(x, y) \,|\, 0 \leqq x \leqq y \leqq 1, y > 0\}$ である.　（早大）

2.47 （1） アステロイド $x^{2/3} + y^{2/3} = a^{2/3} (a > 0)$ の概形を描け.

（2） アステロイドによって囲まれる図形の面積を求めよ.

（3） アステロイドの全長を求めよ.

（4） アステロイドが x 軸の回りを回転してできる回転体の体積と表面積を求めよ.

（5） 立体アステロイド $x^{2/3} + y^{2/3} + z^{2/3} = a^{2/3} (a > 0)$ の体積を求めよ.

（6） 立体アステロイド $x^{2/3} + y^{2/3} + z^{2/3} = a^{2/3} (a > 0)$ の曲面積を求めよ.

（東大*，名大*，東工大*，首都大*）

2.48 a, b および ε を正の定数として以下の問に答えよ.

（1） 次の積分の値を求めよ.

$$I_1 = \int_0^\infty \int_0^\infty e^{-(ax^2+by^2)}\,dx\,dy$$ （ヒント：$p = \sqrt{a}\,x, q = \sqrt{b}\,y$ とおけ.）

（2） 次の積分の値を求めよ.

$$I_2 = \int_0^\infty \int_0^\infty (ax^2+by^2)\,e^{-(ax^2+by^2)}\,dx\,dy$$

（3） 次の無限級数の和を求めよ.　$s_1 = \sum_{n=0}^{\infty} e^{-n\varepsilon}$

（4） 次の無限級数の和を求めよ.　$s_2 = \sum_{n=0}^{\infty} n\varepsilon\, e^{-n\varepsilon}$

（5） 次式の値を求めよ.　$\lim_{\varepsilon \to 0} \frac{s_2}{s_1}$　（東北大）

3編　微分方程式

1　常微分方程式

§1　1階常微分方程式

1.1　変数分離形

$$\frac{dy}{dx} = f(x)\,g(y) \tag{3.1}$$

の形の微分方程式を**変数分離形**という．一般解は

$$\int \frac{dy}{g(y)} = \int f(x)\,dx + c \quad (c：定数) \tag{3.2}$$

$g(y_0) = 0$ となる y_0 が存在すれば，$y = y_0$ も解である．

1.2　同次形（1階の場合）

$$\frac{dy}{dx} = f\left(\frac{y}{x}\right) \tag{3.3}$$

の形の微分方程式を**同次形**という．また，$\dfrac{y}{x} = z$ とおくと，変数分離形 $\dfrac{dz}{f(z) - z} = \dfrac{dx}{x}$ となるので，1.1 の方法で解くことができる．一般解は，

$$x = C\exp\left\{\int \frac{dz}{f(z) - z}\right\},\quad y = xz \quad (C：定数) \tag{3.4}$$

$\dfrac{dy}{dx} = f\left(\dfrac{ax + by + c}{Ax + By + C}\right)$ は適当な変数で，変数分離形か同次形に帰着できる．

1.3　1階線形微分方程式

$$\frac{dy}{dx} + P(x)y = Q(x) \tag{3.5}$$

の形の微分方程式は**1階線形微分方程式**と呼ばれる（未知関数およびすべての導関数について1次または0次の微分方程式は**線形**と呼ばれる）．$Q = 0$ の場合は変数分離形であるので，解は $y = C\,e^{-\int P\,dx}$（C：定数）．$Q \neq 0$ の場合は，C を $C(x)$ とみなして（変数変化法），$C(x)\,e^{-\int P\,dx}$ を(3.5)に代入すると，$C(x) = \displaystyle\int Q\,e^{P\,dx}\,dx + c$．したがって，一般解は

$$y = e^{-\int P\,dx}\left\{\int Q\,e^{\int P\,dx}\,dx + c\right\} \quad (c：定数) \tag{3.6}$$

1.4　ベルヌーイの微分方程式

$$\frac{dy}{dx}+P(x)y=Q(x)y^n \quad (n \neq 0,\,1) \tag{3.7}$$

の形の微分方程式を**ベルヌーイの微分方程式**という．また，$\dfrac{y}{y^n}=y^{1-n}=z$ とおくと，

$$\frac{dz}{dx}+(1-n)P(x)z=(1-n)Q(x)$$

となる．これは 1 階線形であるので 1.3 の方法で解くことができる．一般解は

$$y^{1-n}=z=\left\{-(n-1)\int Q\,e^{-(n-1)\int P\,dx}\,dx+c\right\}e^{(n-1)\int P\,dx} \tag{3.8}$$

1.5　リッカチの微分方程式

$$\frac{dy}{dx}+P(x)+Q(x)y+R(x)y^2=0 \tag{3.9}$$

の形の微分方程式は（**広義の**）**リッカチの微分方程式**と呼ばれる．一つの解（特殊解）$y_1(x)$ が既知ならば，$y=y_1+z$ とおくと

$$\frac{dz}{dx}+\{Q(x)+2R(x)y_1\}z+R(x)z^2=0 \tag{3.10}$$

これはベルヌーイ形（$n=2$）であるので，1.4 の方法で解くことができる．一般解は

$$\frac{1}{y-y_1}=z=\exp\left\{\int(Q+2Ry_1)\,dx\right\}$$
$$\times\left[\int R\exp\left\{-\int(Q+2Ry_1)\,dx\right\}dx+c\right] \tag{3.11}$$

1.6　完全微分方程式（1 階の場合）

1.6.1　$P(x,y)\,dx+Q(x,y)\,dy=0$　(3.12)

は，$\dfrac{\partial P}{\partial y}=\dfrac{\partial Q}{\partial x}$ を満足するとき，**完全微分方程式**と呼ばれ，適当な関数 $u(x,y)$ が存在し，$du(x,y)=0$ の形に書ける．一般解は

$$u(x,y)=\int P\,dx+\int\left(Q-\frac{\partial}{\partial y}\int P\,dx\right)dy=c \tag{3.13}$$

または

$$\int_{x_0}^{x}P(x,y)\,dx+\int_{y_0}^{y}Q(x_0,y)\,dy=c \quad (c：定数) \tag{3.14}$$

1.6.2　積分因数

（i）　$\lambda(x,y)P(x,y)\,dx+\lambda(x,y)Q(x,y)\,dy=0$　(3.15)

が完全微分方程式になるとき，$\lambda(x,y)$ を**積分因数**という．

（ii）　λ が積分因数 $\iff \dfrac{\partial(\lambda P)}{\partial y} = \dfrac{\partial(\lambda Q)}{\partial x}$　(3.16)

（iii）　$d(xy) = y\,dx + x\,dy,\quad d(x^2 \pm y^2) = 2x\,dx \pm 2y\,dy,$

$$d\left(\frac{y}{x}\right) = \frac{x\,dy - y\,dx}{x^2},\quad d\left(\tan^{-1}\frac{y}{x}\right) = \frac{x\,dy - y\,dx}{x^2 + y^2}, \tag{3.17}$$

$$d\left(\log\frac{x+y}{x-y}\right) = \frac{2x\,dy - 2y\,dx}{x^2 - y^2},\quad d\left(\frac{x+y}{x-y}\right) = \frac{2x\,dy - 2y\,dx}{(x-y)^2}$$

1.7　クレイローの微分方程式

$$y = xp + g(p) \quad (p = dy/dx) \tag{3.18}$$

の形の微分方程式を**クレイローの微分方程式**という．両辺を x で微分すると

$$\frac{dp}{dx}\cdot(x + g'(p)) = 0$$

したがって，

（i）　$\dfrac{dp}{dx} = 0$ のとき，$p = c$. これを(3.18)に代入すると，一般解は $y = cx + g(c)$

（ii）　$x + g'(p) = 0$ のとき，これと(3.18)から p を消去すると，特殊解（一般解の包絡線）は次の形になる：$F(x, y) = 0$

1.8　ダランベールの微分方程式

$$y = xf(p) + g(p) \quad (p = dy/dx) \tag{3.19}$$

の形の微分方程式の**ダランベール（広義のクレイロー**，または**ラグランジュ）の微分方程式**と呼ばれる．両辺を x で微分すると

（i）　$f(p) \neq p$ のとき，$\dfrac{dx}{dp} + \dfrac{f'(p)}{f(p) - p}x = \dfrac{-g'(p)}{f(p) - p}$ となり，1 階線形であるから

$$x = \exp\left(-\int\frac{f'(p)}{f(p) - p}dp\right)\left\{\int\frac{-g'(p)}{f(p) - p}\exp\left(\int\frac{f'(p)}{f(p) - p}dp\right)dp + c\right\}$$

これと(3.19)から p を消去すれば一般解が得られる．

（ii）　$f(p) = p$ のとき，これを満足する p の値 p_0 を(3.19)に代入すると，特異解または特殊解が得られる：

$$y = xf(p_0) + g(p_0)$$

1.9　1 階高次微分方程式

$$p^n + P_1(x, y)p^{n-1} + P_2(x, y)p^{n-2} + \cdots + P_{n-1}(x, y)p + P_n(x, y) = 0 \quad (p = dy/dx) \tag{3.20}$$

の形の微分方程式を **1 階高次微分方程式**という．左辺を因数分解して

$$(p - f_1(x, y))(p - f_2(x, y))\cdots(p - f_n(x, y)) = 0$$

と変形し，各因数を 0 とした解を $\phi_i(x, y, c_i) = 0$ $(i = 1, 2, \cdots, n)$ とおくと一般解は

$$\phi_1(x, y, c_1)\phi_2(x, y, c_2) \cdots \phi_n(x, y, c_n) = 0 \tag{3.21}$$

1.10　y または x について解ける場合

$$y = f(x, p) \quad (p = dy/dx) \tag{3.22}$$

の形に 1 階微分方程式が解かれた場合，両辺を x で微分すると

$$p = \frac{\partial f}{\partial x} + \frac{\partial f}{\partial p}\frac{\partial p}{\partial x} \tag{3.23}$$

(3.23)の一般解を $F(x, p, c) = 0$ とすれば，これと(3.22)から p を消去して(3.22)の一般解が得られる．

$x = g(y, p)$ の場合は，y で微分し，同様にして一般解を得る．

§2　高階微分方程式（階数を下げ得る場合）

高階微分方程式

$$F(x, y, y', \cdots, y^{(n)}) = 0 \tag{3.24}$$

において，適当な方法でその階数を下げることができるものを取扱う．

2.1　$x, y, y', \cdots, y^{(n-1)}$ の一部を含まない場合

2.1.1　$F(x, y^{(n)}) = 0$ の場合

$$y^{(n)} = f(x) \tag{3.25}$$

に変形する．不定積分を n 回繰り返せば，一般解は

$$y = \int dx \cdots \int f(x)\, dx + c_1 x^{n-1} + \cdots + c_{n-1}x + c_n \quad (c_k : \text{任意定数}) \tag{3.26}$$

2.1.2　$F(y, y^{(n)}) = 0$ の場合

$$y^{(n)} = f(y) \tag{3.27}$$

に変形する．

（i）　$n = 1$ のとき，変数分離形である．

（ii）　$n = 2$ のとき，$y'' = f(y)$．$\dfrac{dy}{dx} = p$ とおくと，$y'' = \dfrac{dp}{dy}p = f(y)$．これは変数分離形であるから，積分すれば

$$p^2 = 2\int f(y)\, dy + c_1$$

平方根をとり，さらに積分すれば，一般解は

$$\int \frac{dy}{\sqrt{2\int f(y)\, dy + c_1}} = \pm x - c_2 \quad (c_1, c_2 : \text{定数}) \tag{3.28}$$

2.1.3 $F(x, y', \cdots, y^{(n)}) = 0$, $F(y, y', \cdots, y^{(n)}) = 0$, $F(y^{(n-1)}, y^{(n)}) = 0$, $F(y^{(n-2)}, y^{(n)}) = 0$ の場合

それぞれ，$y' = p$, $y^{(n-1)} = p$, $y^{(n-2)} = p$ のように，階数の低いものを p に置換する．

2.2 同次形（高階の場合）

高階微分方程式 $F(x, y, y', \cdots, y^{(n)}) = 0$ が次の条件を満足するとき，**同次形**であるといい，以下のような変数変換によって階数を一つ下げることができる．ただし，$\rho(>0)$, r は定数とする．

2.2.1 $F(x, \rho y, \rho y', \cdots, \rho y^{(n)}) = \rho^r F(x, y, y', \cdots, y^{(n)})$

$y = e^z$ とおき，$y' = e^z z', y'' = e^z(z'' + z'^2), \cdots$ を代入すると，

$$F(x, y, y', \cdots) = e^{rz} F(x, 1, z', z'' + z'^2, \cdots) = 0 \quad (z = p \text{ とおく})$$

2.2.2 $F\left(\rho x, y, \dfrac{y'}{\rho}, \cdots, \dfrac{y^{(n)}}{\rho^n}\right) = \rho^r F(x, y, y', \cdots, y^{(n)})$

$x = e^t$ とおき，$y' = e^{-t}\dfrac{dy}{dt}$, $y'' = e^{-2t}\left(\dfrac{d^2y}{dt^2} - \dfrac{dy}{dt}\right)$, $\cdots$ を代入すると

$$F(x, y, y', \cdots) = e^{rt} F\left(1, y, \frac{dy}{dt}, \frac{d^2y}{dt^2} - \frac{dy}{dt}, \cdots\right) = 0 \quad \left(\frac{dy}{dt} = p \text{ とおく}\right)$$

2.2.3 $F(\rho x, \rho^m y, \rho^{m-1} y', \cdots, \rho^{m-n} y^{(n)}) = \rho^r F(x, y, y', \cdots, y^{(n)})$

$x = e^t, y = z^{mt}$ とおき，$y' = e^{(m-1)t}\left(\dfrac{dz}{dt} + mz\right), y'' = e^{(m-2)t}\left\{\dfrac{d^2z}{dt^2} + (2m-1)\dfrac{dz}{dt} + m(m-1)z\right\}$, $\cdots$ を代入すると，

$$F(x, y, y', \cdots) = e^{rt} F\left(1, z, \frac{dz}{dt} + mz, \cdots\right) = 0 \quad \left(\frac{dz}{dt} = p \text{ とおく}\right)$$

2.3 完全微分方程式（高階の場合）

2.3.1 $F(x, y, y', \cdots, y^{(n)}) = 0$ に対して

$$F(x, y, y', \cdots, y^{(n)}) = \frac{d}{dx} G(x, y, \cdots, y^{(n-1)})$$

$$= \frac{\partial G}{\partial x} + \frac{\partial G}{\partial y} y' + \cdots + \frac{\partial G}{\partial y^{(n-1)}} y^{(n)} \qquad (3.29)$$

が成立する（完全微分形である）とき，$F = 0$ を**完全微分方程式**という．$G = c$ を $F = 0$ の第 1 積分という．

2.3.2 $p_0(x)y^{(n)} + p_1(x)y^{(n-1)} + \cdots + p_{n-1}(x)y' + p_n(x)y = X(x) \qquad (3.30)$

が完全微分方程式である必要十分条件は

$$p_n - p'_{n-1} + \cdots + (-1)^n p_0^{(n)} = 0 \tag{3.31}$$

で，(3.30)の第 1 積分は

$$q_0 y^{(n-1)} + q_1 y^{(n-2)} + \cdots + q_{n-2} y' + q_{n-1} y = \int X(x)\,dx + c \tag{3.32}$$

ただし，$q_0 = p_0, q_1 = p_1 - q_0, \cdots,$

$$q_{n-1} = p_{n-1} - q'_{n-2} = p_{n-1} - p'_{n-2} + p''_{n-3} - \cdots + (-1)^{n-1} p_0^{(n-1)}$$

2.3.3　関数 $\lambda(x)$ が線形微分方程式

$$p_0(x)y^{(n)} + p_1(x)y^{(n-1)} + \cdots + p_{n-1}(x)y' + p_n(x)y = 0 \tag{3.33}$$

の積分因数である（両辺に λ を掛けると完全微分方程式になる）ための必要十分条件である

$$p_n\lambda - (p_{n-1}\lambda)' + \cdots + (-1)^n (p_0\lambda)^{(n)} = 0 \tag{3.34}$$

を**随伴方程式**という．

§3　高階線形微分方程式

3.1　基本的性質

3.1.1　$L(y) = y^{(n)} + P_1(x)y^{(n-1)} + \cdots + P_{n-1}(x)y' + P_n(x)y = X(x)$　(3.35)

において，$X(x) \neq 0$ の場合を（n 階）**非斉次微分方程式**，$X(x) = 0$ の場合を**斉次微分方程式**という．

3.1.2　斉次微分方程式 $L(y) = 0$ の n 個の解 $u_1, u_2, \cdots, u_n$ が 1 次独立

ロンスキアン

$$\Longleftrightarrow W(u_1, \cdots, u_n) \equiv \begin{vmatrix} u_1 & u_2 & \cdots & u_n \\ u'_1 & u'_2 & \cdots & u'_n \\ \cdots & \cdots & \cdots & \cdots \\ u_1^{(n-1)} & u_2^{(n-1)} & \cdots & u_n^{(n-1)} \end{vmatrix} \neq 0 \tag{3.36}$$

3.1.3　斉次微分方程式の n 個の解でつくった $W(u_1, \cdots, u_n)$ がある 1 点 a で 0 になる

⇨ $u_1, u_2, \cdots, u_n$ が 1 次従属（(3.36)の対偶）

3.1.4　斉次微分方程式 $L(y) = X(x)$ の n 個の 1 次独立な解が $u_1, u_2, \cdots, u_n$

⇨斉次微分方程式の一般解 $= c_1u_1 + c_2u_2 + \cdots + c_nu_n$　(3.37)

3.1.5　y_0 が非斉次微分方程式 $L(y) = 0$ の一つの特殊解で，u が斉次微分方程式 $L(y) = 0$ の一般解（余関数）

⇨非斉次微分方程式の一般解 $y = y_0 + u$　(3.38)

3.1.6　y_1 が $L(y) = X_1(x)$ の解，y_2 が $L(y) = X_2(x)$ の解

⇨ $y_1 + y_2$ は $L(y) = X_1(x) + X_2(x)$ の解　(3.39)

§4 2 階線形微分方程式

2 階線形非斉次微分方程式は次のように表わされる：

$$L(y) = y'' + P(x)y' + Q(x) = R(x) \tag{3.40}$$

4.1 斉次微分方程式 $L(y) = 0$ の一つの特殊解 v_1 がわかった場合

$$v_1'' + P(x)v_1' + Q(x)v_1 = 0$$

$y = uv_1$ とおき，y', y''を $L(y) = R$ に代入して上式に注目すると，

$$u'' + \left(P + \frac{2}{v_1}v_1'\right)u' = \frac{R}{v_1}$$

これは u' に関する 1 階線形微分方程式であるので

$$u' = e^{-\int (P+2v_1'/v_1)\,dx}\left\{\int e^{\int (P+2v_1'/v_1)\,dx}\frac{R}{v_1}dx + c_1\right\}$$

$$= \frac{e^{-\int P\,dx}}{v_1^2}\left\{\int e^{\int P\,dx}Rv_1\,dx + c_1\right\}$$

ゆえに，一般解は

$$y = \left[\int \frac{e^{-\int P\,dx}}{v_1^2}\left\{\int e^{\int P\,dx}Rv_1\,dx + c_1\right\}dx + c_2\right]v_1 \tag{3.41}$$

4.2 斉次微分方程式 $L(y) = 0$ の二つの特殊解 u_1, u_2 がわかった場合

A_1, A_2 を定数とすると，$y = A_1u_1 + A_2u_2$ は $L(y) = 0$ の一般解である．**定数変化法**により，

$$y = A_1(x)u_1 + A_2(x)u_2 \tag{3.42}$$

とおき，$A_1'(x)u_1 + A_2'(x)u_2 = 0$ の条件をおくと，$L(y) = R$ は

$$A_1'(x)u_1' + A_2'(x)u_2' = R \tag{3.43}$$

両式より $A_1(x), A_2(x)$ を求めると，c_1, c_2 を定数として

$$A_1'(x) = \frac{-Ru_2}{W(u_1, u_2)},\quad A_2'(x) = \frac{Ru_1}{W(u_1, u_2)},\quad W(u_1, u_2) = \begin{vmatrix} u_1 & u_2 \\ u_1' & u_2' \end{vmatrix} \neq 0$$

ゆえに，$L(y) = R$ の一般解は，

$$y = c_1u_1 + c_2u_2 + u_1\int \frac{-Ru_2}{W(u_1, u_2)}dx + u_2\int \frac{Ru_1}{W(u_1, u_2)}dx \tag{3.44}$$

4.3 標準形

4.3.1 従属変数の変換

$y'' + Py' + Qy = R$ において，$y = uv$ とおけば，

$$u''v + u'(2v' + Pv) + u(v'' + Pv' + Q) = R \tag{3.45}$$

$$2v' + Pv = 0 \quad すなわち \quad v = e^{-(1/2)\int P\,dx} \tag{3.46}$$

となるように v を選ぶと，(3.45)は標準形

$$u'' + Iu = \frac{R}{v} = R\, e^{(1/2)\int P\,dx} \tag{3.47}$$

ただし，$I = Q - \dfrac{1}{2}P' - \dfrac{1}{4}P^2$

となる．この方程式は，（ i ）$I = k$（定数）の場合，$u'' + Iu = 0$ が定数係数形，（ ii ）$I = k/x^2$ の場合，$u'' + Iu = 0$ が同次形（$x = e^{-t}$ とおく）となり，特殊解を求めることができる．

4.3.2　独立変数の変換

$y'' + Py' + Qy = R$ において，$t = f(x)$ に変換したとすれば，

$$\frac{dy}{dx} = \frac{dy}{dt}\frac{dt}{dx},\quad \frac{d^2y}{dx^2} = \frac{d^2y}{dt^2}\left(\frac{dt}{dx}\right)^2 + \frac{dy}{dt}\frac{d^2t}{dx^2}$$

となるから，次式は

$$\frac{d^2y}{dt^2} + \frac{\dfrac{d^2t}{dx^2} + P\dfrac{dt}{dx}}{\left(\dfrac{dt}{dx}\right)^2}\frac{dy}{dt} + \frac{Q}{\left(\dfrac{dt}{dx}\right)^2}y = \frac{R}{\left(\dfrac{dt}{dx}\right)^2} \tag{3.48}$$

となる．この方程式は，（ i ）$\dfrac{dt}{dx} = \sqrt{\dfrac{Q}{k}}$ とすれば $\dfrac{dy}{dt}$ の係数が定数となる．（ ii ）$\dfrac{d^2t}{dx^2} + P\dfrac{dt}{dx} = 0$，すなわち $t = e^{-\int P\,dx}$ とすれば，y の係数が定数になる．

4.4　定数係数斉次 2 階線形微分方程式

$$ay'' + by' + cy = 0 \quad (a, b, c : 定数) \tag{3.49}$$

特性方程式 $a\lambda^2 + b\lambda + c = 0$ の根を λ_1, λ_2 とすると，一般解は

（ i ）　$\lambda_1 \neq \lambda_2$ の 2 実根のとき，$y = c_1e^{\lambda_1 x} + c_2e^{\lambda_2 x}$

（ ii ）　$\lambda_1 = \lambda_2$ の 2 実根のとき，$y = e^{\lambda_1 x}(c_1 + c_2x) = c_1e^{\lambda_1 x} + c_2xe^{\lambda_1 x}$

（iii）　$\lambda_1, \lambda_2 = \alpha \pm i\beta$ の 2 虚根のとき，

$$y = e^{\alpha x}(c_1e^{i\beta x} + c_2e^{-i\beta x}) = e^{\alpha x}(k_1\cos\beta x + k_2\sin\beta x) \quad (c_1, c_2, k_1, k_2 : 定数) \tag{3.50}$$

§5　定数係数高階線形微分方程式

5.1　*n* 階定数係数線形微分方程式の特性方程式

$$y^{(n)} + a_1y^{(n-1)} + \cdots + a_{n-1}y' + a_ny = X(x) \tag{3.51}$$

において，$\dfrac{d}{dx} = D, \cdots, \dfrac{d^n}{dx^n} = D^n$（微分演算子）とおくと

$$f(D)y = (D^n + a_1D^{n-1} + \cdots + a_{n-1}D + a_n)y = X(x) \tag{3.52}$$

と表わされる．これに対応して

$$f(\lambda) = \lambda^n + a_1\lambda^{n-1} + \cdots + a_{n-1}\lambda + a_n = 0 \tag{3.53}$$

を $f(\lambda)y = 0$ の**特性方程式**または**補助方程式**という．

5.2　定数係数高次微分方程式

特性方程式を因数分解し，

$$f(\lambda) = (\lambda - b_1)^{m_1} \cdots (\alpha - b_j)^{m_j}\{(\lambda - \alpha_1)^2 + \beta_1^2\}^{n_1} \cdots \{(\lambda - \alpha_k)^2 + \beta_k^2\}^{n_k} = 0 \tag{3.54}$$

のすべての根を $b_1, \cdots, b_j, \alpha_1 \pm i\beta_1, \cdots, \alpha_k \pm i\beta_k$ とすると（m_j, n_k：重複度），高次方程式 $f(D) = 0$ の一般解は

$$y = P_1(x)\,e^{b_1x} + \cdots + P_j(x)\,e^{b_jx} + Q_1(x)\,e^{\alpha_1x}\cos\beta_1x + R_1(x)\,e^{\alpha_1x}\sin\beta_1x + \cdots + Q_k(x)\,e^{\alpha_kx}\cos\beta_kx + R_k(x)\,e^{\alpha_kx}\sin\beta_kx \tag{3.55}$$

ただし，$P_1(x), \cdots, P_j(x)$ はそれぞれ $(m_1 - 1), \cdots, (m_j - 1)$ 次以下の多項式で，$Q_1(x), R_1(x), \cdots, Q_k(x), R_k(x)$ はそれぞれ $(n_1 - 1), \cdots, (n_k - 1)$ 次以下の多項式である．

5.3　定数係数非斉次微分方程式

5.3.1　微分演算子の諸公式

微分演算子を，$D^ny = \dfrac{d^ny}{dx^n}\ (n = 1, 2, \cdots),\ D^0y = y,\ \dfrac{1}{D}y = D^{-1}y = \displaystyle\int y\,dx$ と定義すると，

（i）　$\dfrac{1}{D - a}F(x) = e^{ax}\displaystyle\int e^{-ax}F(x)\,dx$

（ii）　$\dfrac{1}{(D - a)^n}F(x) = e^{ax}\displaystyle\int \frac{1}{D^n}e^{-ax}F(x) = e^{ax}\underbrace{\int\cdots\int}_{(n\text{ 回積分})} e^{-ax}f(x)\,dx\cdots dx$

（iii）　$\dfrac{1}{D^2 + b^2}F(x) = \dfrac{1}{b}\displaystyle\int \sin b(x - \xi)F(\xi)\,d\xi$

（iv）　$\dfrac{1}{(D - a)^2 + b^2}F(x) = \dfrac{e^{ax}}{b}\displaystyle\int e^{-a\xi}\sin b(x - \xi)F(\xi)\,d\xi$

（v）　$\dfrac{1}{f(D)}e^{ax} = \dfrac{1}{f(a)}e^{ax}\quad (f(a) \neq 0)$

（vi）　$\dfrac{1}{(D - a)^n}e^{ax} = \dfrac{x^ne^{ax}}{n!}$

（vii）　$\dfrac{1}{(D - a)^nf(D)}e^{ax} = \dfrac{x^ne^{ax}}{n!f(a)}\quad (f(a) \neq 0)$

(viii)　$\dfrac{1}{f(D)}(e^{ax}F(x)) = e^{ax}\dfrac{1}{f(D+a)}F(x)$

(ix)　$\dfrac{1}{f(D^2)}\cos(ax+b) = \dfrac{1}{f(-a^2)}\cos(ax+b) \quad (f(-a^2) \neq 0)$

(x)　$\dfrac{1}{f(D^2)}\sin(ax+b) = \dfrac{1}{f(-a^2)}\sin(ax+b) \quad (f(-a^2) \neq 0)$

(xi)　$\dfrac{1}{D^2+a^2}\cos(ax+b) = \dfrac{1}{2a}x\sin(ax+b),$

$$\frac{1}{D^2+a^2}\sin(ax+b) = \frac{-1}{2a}x\cos(ax+b)$$

(xii)　$\dfrac{1}{D^2+a^2}\cos(bx+c) = \dfrac{\cos(bx+c)}{a^2-b^2},$

$$\frac{1}{D^2+a^2}\sin(bx+c) = \frac{\sin(bx+c)}{a^2-b^2} \quad (a \neq b)$$

5.3.2　演算子法による定数係数非斉次微分方程式の解法

（i）　$X(x)$ が多項式（n 次）の場合

（a）　未定係数法

$f(\lambda)=0$ の根の 0 の重複度を l とすると，$y = x^l P(x)\,(P(x) = b_0x^n + \cdots + b_{n-1}x + b_n)$ の形の特殊解をもつ．$f(D)(x^lP(x)) = X(x)$ を計算し，各項の係数を比較する．

（b）　級数展開法

$$y = \frac{1}{f(D)}X(x) = \frac{1}{D^l}(b_0 + b_1D + \cdots + b_nD^n)X(x) \tag{3.56}$$

と変形し $DX(x)$, $\dfrac{1}{D}X(x)$ を繰返し使用する．

（ii）　$X(x) = e^{ax}$ の場合

（a）　$f(\lambda)=0$ の根 a の重複度が r のとき，$f(\lambda) = (\lambda - a)^r g(\lambda)$ とおいて，

$$y = \frac{1}{f(D)}X(x) = \frac{1}{g(a)}\frac{x^r}{r!}e^{ax} \tag{3.57}$$

（b）　未定係数法

$y = Ax^re^{ax}$ とおき，$f(D)(Ax^re^{ax}) = X(x)$ を計算し，係数を比較する．

（iii）　$X(x) = e^{ax}P(x)$ の場合

$$y = \frac{1}{f(D)}e^{ax}P(x) = e^{ax}\frac{1}{f(D+a)}P(x) \tag{3.58}$$

これは(ｉ)の場合に帰着する.

(iv)　$X(x) = \cos ax \cdot P(x)$ または $\sin ax \cdot P(x)$ の場合

$$\frac{1}{f(D)} e^{iax} P(x) = \frac{1}{f(D)} \cos ax \cdot P(x) + i \frac{1}{f(D)} \sin ax \cdot P(x) \tag{3.59}$$

$$= \frac{1}{f(D)} e^{iax} \frac{1}{f(D+ia)} P(x)$$

を(ｉ)により計算し，実数部と虚数部をとる.

(ｖ)　$X(x) = \cos(ax+b)$ または $\sin(ax+b)$ の場合

(ａ)　演算子法

$$y = \frac{1}{f(D)} X(x) = f(-D) \frac{1}{f(-D)f(D)} \cos(ax+b)$$

$$= G(D) \frac{1}{h(D^2)} \cos(ax+b)$$

$$= G(D) \frac{1}{(D^2+a^2)^r H(D^2)} \cos(ax+b)$$

$$= G(D) \frac{1}{(D^2+a^2)^r H(-a^2)} \cos(ax+b)$$

$$= \frac{1}{H(-a^2)} G(D) \frac{1}{(D^2+a^2)^r} \cos(ax+b) \tag{3.60}$$

(r : 特性方程式の根 ia の重複度)

と変形し,

$$\frac{1}{D^2+a^2} F(x) = \frac{1}{a} \sin ax \int \cos ax \cdot F(x)\, dx$$

$$- \frac{1}{a} \cos ax \int \sin ax \cdot F(x)\, dx$$

または

$$\frac{1}{D^2+a^2} \cos(ax+b) = \frac{x}{2a} \sin(ax+b)$$

$$\frac{1}{D^2+a^2} \sin(ax+b) = \frac{-x}{2a} \cos(ax+b)$$

を繰返し使用する.

(ｂ)　$\displaystyle \frac{1}{f(D)} e^{i(ax+b)} = \frac{1}{f(D)} \cos(ax+b) + i \frac{1}{f(D)} \sin(ax+b)$

$$= \frac{1}{g(ia)} \frac{x^r}{r!} e^{i(ax+b)} \tag{3.61}$$

の実数部または虚数部をとる．

（c）　未定係数法

$y = Ax^r \cos(ax + c)$ とおき，$f(D)(Ax^r \cos(ax + c)) = X(x)$ を計算し，係数を比較する．

（vi）　$X(x) = e^{ax} \cos(bx + c)$ または $e^{ax} \sin(bx + c)$ の場合

$$y = \frac{1}{f(D)} e^{ax} \cos(bx + c) = e^{ax} \frac{1}{f(D + a)} \cos(bx + c) \tag{3.62}$$

これは（v）の場合に帰着する．

（vii）　$X(x) = P(x)\, e^{ax} \cos bx$ または $P(x)\, e^{ax} \sin bx$ の場合

$$\frac{1}{f(D)} P(x)\, e^{(a+ib)x} = \frac{1}{f(D)} P(x)\, e^{ax} \cos bx + i \frac{1}{f(D)} P(x)\, e^{ax} \sin bx$$

$$= e^{(a+ib)x} \frac{1}{f(D + a + ib)} P(x) \tag{3.63}$$

を（i）により計算し，実数部と虚数部をとる．

5.3.3　同次線形微分方程式

$$(x^n y^{(n)} + a_1 x^{n-1} y^{(n-1)} + \cdots + a_{n-1} x y' + a_n) y = X(x) \quad (a_1, \cdots, a_n : \text{定数}) \tag{3.64}$$

の形の微分方程式を**同次線形（オイラーの，またはコーシーの）微分方程式**という．

$x = e^t, D = \dfrac{d}{dx}, \delta = \dfrac{d}{dt}$ とおくと

$$xD = \delta, \quad x^2 D^2 = \delta(\delta - 1), \cdots, \quad x^n D^n = \delta(\delta - 1) \cdots (\delta - (n - 1))$$

となり，(3.64)は次の定数係数線形微分方程式に帰着する：

$$\{\delta(\delta - 1) \cdots (\delta - n + 1) + \cdots + a_{n-2}\delta(\delta - 1) + a_{n-1}\delta + a_n\} y = X(e^t) \tag{3.65}$$

5.4　定数係数連立微分方程式

定数係数連立微分方程式

$$\sum_{j=1}^{n} f_{ij}(t) y_j = X_i(x) \quad (i = 1, \cdots, m) \tag{3.66}$$

において，未知数 2 個の場合を考える（3 個以上の場合も同様である）：

$$\begin{cases} f_{11}(D) y_1 + f_{12}(D) y_2 = X_1(x) \\ f_{21}(D) y_1 + f_{22}(D) y_2 = X_2(x) \end{cases} \tag{3.67}$$

ただし，$f_{ij}(D)$ は定数係数の D に関する多項式，y_1, y_2 は未知数，$X_i(x)$ は与えられ

た関数とする．クラーメルの公式より

$$y_1 = \frac{1}{\varDelta(D)} \begin{vmatrix} x_1 & f_{12}(D) \\ x_2 & f_{22}(D) \end{vmatrix} = \frac{1}{\varDelta(D)} \{f_{22}(D)X_1 - f_{12}(D)X_2\}$$

$$y_2 = \frac{1}{\varDelta(D)} \begin{vmatrix} f_{11}(D) & X_1 \\ f_{21}(D) & X_2 \end{vmatrix} = \frac{1}{\varDelta(D)} \{-f_{12}(D)X_1 + f_{11}(D)X_2\} \tag{3.68}$$

$$\varDelta(D) = \begin{vmatrix} f_{11}(D) & f_{12}(D) \\ f_{21}(D) & f_{22}(D) \end{vmatrix} = f_{11}(D)f_{22}(D) - f_{12}(D)f_{21}(D)$$

から，前述の方法を用いて，$y_1(x), y_2(x)$ を決定する．

5.5 ラプラス変換の応用

定数係数高階線形微分方程式および定数係数連立微分方程式の初期値問題には，ラプラス変換（次編参照）を応用することもできる．

§6 ルンゲ・クッタ法による常微分方程式の解法

常微分方程式 $y' = f(x, y)$ を初期条件 $y(x_0) = y_0$ のもとで解く計算手順は，$k = 0, 1, 2, \cdots$ の順に

$$\varDelta y_1 = \varDelta x \cdot f(x_k, y_k)$$

$$\varDelta y_2 = \varDelta x \cdot f(x_k + \varDelta x/2, y_k + \varDelta y_1/2)$$

$$\varDelta y_3 = \varDelta x \cdot f(x_k + \varDelta x/2, y_k + \varDelta y_2/2)$$

$$\varDelta y_4 = \varDelta x \cdot f(x_k + \varDelta x, y_k + \varDelta y_3)$$

$$\varDelta y_{k+1} = y_k + \frac{\varDelta y_1 + 2\varDelta y_2 + 2\varDelta y_3 + \varDelta y_4}{6}$$

例題 3.1

（1） 次の微分方程式を解け．

$$t^2\frac{dx}{dt}-2tx=3$$

（2） 次の微分方程式は適当な変換によって線形微分方程式になることを示せ．

$$\frac{dy}{dt}+P(t)y=Q(t)y^n$$

（3） （2）において，次のときの解を求めよ．

$$P(t)=\frac{2}{t},\quad Q(t)=t^2\sin t,\quad n=2$$ （東大工）

【解答】（1） 与式より，$\dfrac{dx}{dt}-\dfrac{2}{t}x=\dfrac{3}{t^2}$

$$\therefore\quad x(t)=e^{\int(2/t)\,dt}\left(\int\frac{3}{t^2}e^{-\int(2/t)\,dt}dt+c\right)=e^{2\log t}\left(\int\frac{3}{t^2}e^{-2\log t}dt+c\right)$$

$$=t^2\left(\int\frac{3}{t^4}dt+c\right)=t^2(-t^{-3}+c)=-\frac{1}{t}+ct^2\quad(c:\text{定数})$$

（2） $n=1$ のとき，与式は次の線形微分方程式になる．

$$\frac{dy}{dt}+\{P(t)-Q(t)\}y=0$$

$n\neq1$ のとき，$z=y^{1-n}$ とおくと，与式は線形微分方程式（ベルヌーイの方程式）

$$\frac{dz}{dt}+(1-n)P(t)z=(1-n)Q(t)\qquad ①$$

になる．

（3） ①に $P(t)=\dfrac{2}{t}$, $Q(t)=t^2\sin t$, $n=2$ を代入すると，

$$\frac{dz}{dt}-\frac{2}{t}z=-t^2\sin t\quad（ただし，z=y^{-1}）$$

$$\therefore\quad y^{-1}(t)=z(t)=e^{\int(2/t)\,dt}\left(\int-t^2\sin t\cdot e^{-\int(2/t)\,dt}+c\right)$$

$$=e^{2\log t}\left(\int-t^2\sin t\cdot e^{-2\log t}+c\right)=t^2\left(\int(-\sin t)\,dt+c\right)$$

$$=t^2(\cos t+c)$$

$$\therefore\quad y(t)=\frac{1}{t^2(\cos t+c)}\quad(c:\text{定数})$$

例題 3.2

（1） 微分方程式

$$\frac{d^2x}{dt^2} + 2\gamma\frac{dx}{dt} + \omega_0^2 x = 0$$

の解で，$t = 0$ のときの初期値 $x(0) = a$, $(dx/dt)_0 = 0$ に対するものの大体のありさまを，次の二つの場合について図示せよ．

（i） $\gamma < \omega_0$ （ii） $\gamma > \omega_0$

（2） 微分方程式

$$\frac{d^2x}{dt^2} + 2\gamma\frac{dx}{dt} + \omega_0^2 x = f\sin\omega t$$

の定常的な特解を求めよ．$\gamma, \omega_0, a, f, \omega$ はすべて正の定数とする．

（東大理，北大*）

【解答】（1） 特性方程式 $\lambda^2 + 2\gamma\lambda + \omega_0^2 = 0$ より，$\lambda = -\gamma \pm \sqrt{\gamma^2 - \omega_0^2}$

（i） $\gamma < \omega_0$ のとき

$\lambda = -\gamma \pm \sqrt{\omega_0^2 - \gamma^2}\, i \equiv -\gamma \pm \nu i$ とおくと

$$x(t) = e^{-\gamma t}(c_1 \cos\nu t + c_2 \sin\nu t) \qquad ①$$

初期条件 $x(0) = a$, $\left(\dfrac{dx}{dt}\right)_0 = 0$ より

$$\begin{cases} a = c_1 \\ 0 = -\gamma c_1 + \nu c_2 \end{cases} \Longrightarrow c_1 = a, \quad c_2 = \frac{\gamma}{\nu}a$$

①に代入すると，

$$x(t) = a\,e^{-\gamma t}\left(\cos\nu t + \frac{\gamma}{\nu}\sin\nu t\right)$$

$$= a\frac{\sqrt{\nu^2 + \gamma^2}}{\nu}e^{-\gamma t}\sin\left(\nu t + \tan^{-1}\frac{\nu}{\gamma}\right) \qquad ②$$

（ii） $\gamma > \omega_0$ のとき

$\lambda = -\gamma \pm \sqrt{\gamma^2 - \omega_0^2} \equiv -\gamma \pm \mu$

$$x(t) = c_1 e^{(-\gamma+\mu)t} + c_2 e^{(-\gamma-\mu)t} \qquad ③$$

初期条件 $x(0) = a$, $\left(\dfrac{dx}{dt}\right)_0 = 0$ より

$$\begin{cases} a = c_1 + c_2 \\ 0 = (-\gamma + \mu)c_1 + (-\gamma - \mu)c_2 \end{cases} \Longrightarrow c_1 = \frac{a(\gamma + \mu)}{2\mu}, \quad c_2 = \frac{a(-\gamma + \mu)}{2\mu}$$

②に代入すると，

$$x(t) = e^{-\gamma t}\left[\frac{a(\gamma+\mu)}{2\mu}e^{\mu t} + \frac{a(-\gamma+\mu)}{2\mu}e^{-\mu t}\right]$$

$$= \frac{a}{2\mu}e^{-\gamma t}[(\gamma+\mu)e^{\mu t} + (-\gamma+\mu)e^{-\mu t}]$$

$$= a\,e^{-\gamma t}\left(\frac{\gamma}{\sqrt{\gamma^2-\omega_0^2}}\sinh\sqrt{\gamma^2-\omega_0^2}\,t + \cosh\sqrt{\gamma^2-\omega_0^2}\,t\right)$$

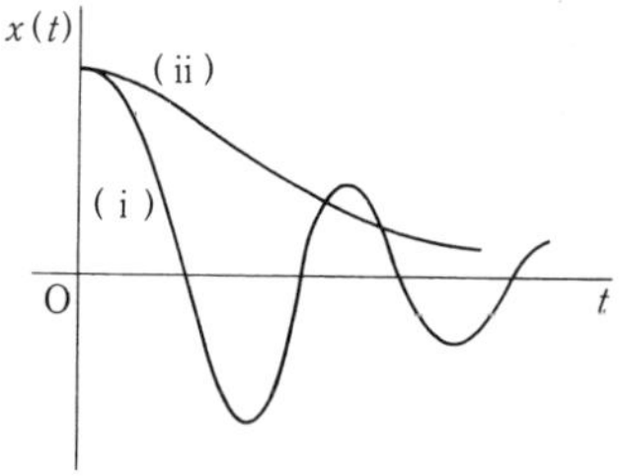

（2） $\gamma > 0$ の場合で対応する斉次微分方程式は $\sin\omega t$, $\cos\omega t$ の形の解がないので，与式の特解は

$$x = \alpha\sin\omega t + \beta\cos\omega t \qquad ④$$

よって

$$\frac{dx}{dt} = \omega\alpha\cos\omega t - \omega\beta\sin\omega t,\quad \frac{d^2x}{dt^2} = -\omega^2\alpha\sin\omega t - \omega^2\beta\cos\omega t$$

これを与式に代入して整理すると，

$$\{(\omega_0^2-\omega^2)\alpha - 2\gamma\omega\beta\}\sin\omega t + \{(\omega_0^2-\omega^2)\beta + 2\gamma\omega\alpha\}\cos\omega t = f\sin\omega t$$

$$\therefore\quad \begin{cases}(\omega_0^2-\omega^2)\alpha - 2\gamma\omega\beta = f\\ 2\gamma\omega\alpha + (\omega_0^2-\omega^2)\beta = 0\end{cases}$$

$$\Longrightarrow \alpha = \frac{(\omega_0^2-\omega^2)f}{(\omega_0^2-\omega^2)^2+(2\gamma\omega)^2},\quad \beta = \frac{-2\gamma\omega f}{(\omega_0^2-\omega^2)^2+(2\gamma\omega)^2}$$

④に代入すると，

$$x(t) = \frac{1}{(\omega_0^2-\omega^2)^2+(2\gamma\omega)^2}\{(\omega_0^2-\omega^2)f\sin\omega t - 2\gamma\omega f\cos\omega t\}$$

$$= \frac{f}{\sqrt{(\omega_0^2-\omega^2)^2+(2\gamma\omega)^2}}\sin(\omega t+\delta)$$

ただし，$\delta = \tan^{-1}\left(\dfrac{-2\gamma\omega}{\omega_0^2-\omega^2}\right)$ とする．

〈注〉 ③ に お い て ， $\sinh\sqrt{\gamma^2-\omega_0^2}\,t = \sinh i\sqrt{\omega_0^2-\gamma^2}\,t = i\sin\sqrt{\omega_0^2-\gamma^2}\,t$, $\cosh\sqrt{\gamma^2-\omega_0^2}\,t = \cosh i\sqrt{\omega_0^2-\gamma^2}\,t = \cos\sqrt{\omega_0^2-\gamma^2}\,t$ とおくと，②となる．また，$\gamma = \omega_0$ のときは，$\lim_{\gamma\to\omega_0} x(t) = ae^{-\gamma t}(\gamma t+1)$ となる．

例題 3.3

（1） 微分方程式

$$\frac{d^2y}{dx^2}+P(x)\frac{dy}{dx}+Q(x)y=R(x)$$

の独立変数を x から t に変え，y の t に関する微分方程式

$$\frac{d^2y}{dt^2}+S(t)y=T(t)$$

に変換したい．このときの x から t への変換は

$$t=\int \exp\left(-\int P(x)\,dx\right)dx$$

で与えられることを示せ．このとき，$S(t)$, $T(t)$ を P, Q, R を用いて表わせ．

（2） （1）で得た変数を利用して，次の微分方程式の解で $x=0$ において $y=1$，$x=\frac{\pi}{2}$ において $y=\frac{\sin n}{2n}$ となるものを求めよ．

$$\frac{d^2y}{dx^2}+\tan x\frac{dy}{dx}+(n^2\cos^2 x)y=\cos^2 x\cdot\cos(n\cdot\sin x)\quad(n\neq 0)$$

（東大工）

【解答】 （1） $$\frac{dy}{dx}=\frac{dy}{dt}\frac{dt}{dx} \qquad ①$$

$$\frac{d^2y}{dx^2}=\frac{d}{dx}\left(\frac{dy}{dt}\frac{dt}{dx}\right)=\frac{d}{dx}\left(\frac{dy}{dt}\right)\frac{dt}{dx}+\frac{dy}{dt}\frac{d^2t}{dx^2}$$

$$=\frac{d}{dt}\left(\frac{dy}{dt}\right)\cdot\frac{dt}{dx}\frac{dt}{dx}+\frac{dy}{dt}\frac{d^2t}{dx^2}=\frac{d^2y}{dt^2}\left(\frac{dt}{dx}\right)^2+\frac{dy}{dt}\frac{d^2t}{dx^2} \qquad ②$$

①，②を与式に代入すると，

$$\frac{d^2y}{dt^2}\left(\frac{dt}{dx}\right)^2+\frac{dy}{dt}\frac{d^2t}{dx^2}+P(x)\frac{dy}{dt}\frac{dt}{dx}+Q(x)y=R(x)$$

$$\therefore\quad \frac{d^2y}{dt^2}+\frac{\dfrac{d^2t}{dx^2}+P(x)\dfrac{dt}{dx}}{\left(\dfrac{dt}{dx}\right)^2}\frac{dy}{dt}+\frac{Q(x)}{\left(\dfrac{dt}{dx}\right)^2}y=\frac{R(x)}{\left(\dfrac{dt}{dx}\right)^2} \qquad ③$$

$\dfrac{dy}{dt}$ の係数が 0 になるようにすると，

$$\frac{d^2t}{dx^2}+P(x)\frac{dt}{dx}=0$$

$\dfrac{dt}{dx}=\tau$ とおくと，$\dfrac{d\tau}{dx}+P(x)\tau=0,\ \tau=e^{-\int P(x)\,dx}$ であるから，

$$t=\int e^{-\int P(x)\,dx}dx$$

このとき，

$$S(t)=\frac{Q(x)}{(e^{-\int P(x)\,dx})^2}=Q(x)\,e^{2\int P(x)\,dx}$$

$$T(t)=\frac{R(x)}{(e^{-\int P(x)\,dx})^2}=R(x)\,e^{2\int P(x)\,dx}$$

（2）$\dfrac{dt}{dx}=\tau=e^{-\int P(x)\,dx}=e^{-\int \tan x\,dx}=e^{\log\cos x}=\cos x$　④

$\therefore\quad t=\displaystyle\int\cos x\,dx=\sin x$　⑤

④，⑤を③に代入すると，

$$\frac{d^2y}{dt^2}+n^2y=\cos nt \qquad ⑥$$

対応する斉次方程式の一般解は

$$y_1=c_1\cos nt+c_2\sin nt$$

演算子法の公式より，非斉次方程式⑥は次の特殊解 y_2 をもつ．

$$y_2=\frac{1}{D^2+n^2}\cos nt=\frac{t}{2n}\sin nt$$

したがって，⑥の一般解は

$$y=y_1+y_2=c_1\cos nt+c_2\sin nt+\frac{t}{2n}\sin nt$$

与式の一般解は

$$y=c_1\cos(n\sin x)+c_2\sin(n\sin x)+\frac{\sin x}{2n}\sin(n\sin x)$$

条件 $y(0)=1,\ y\left(\dfrac{\pi}{2}\right)=\dfrac{\sin n}{2n}$ より

$$\begin{cases}1=c_1\\ \dfrac{\sin n}{2n}=c_1\cos n+c_2\sin n+\dfrac{1}{2n}\sin n\end{cases}\Longrightarrow c_1=1,\quad c_2=-\cot n$$

$$\therefore\quad y=\cos(n\sin x)-\cot n\cdot\sin(n\sin x)+\frac{\sin x}{2n}\sin(n\sin x)$$

例題 3.4

2 階常微分方程式

$$\frac{d}{dx}\left(p(x)\frac{dy}{dx}\right) - q(x)y + \lambda\rho(x)y = 0 \quad (0 < x < 1)$$

の固有値 λ に対する，$x = 0, x = 1$ でそれぞれ $y = 0$ になる解（恒等的に 0 になるものは除く）について，次のことを証明せよ．

（1）　λ は常に正である．

（2）　一つの λ に対して定数倍を除いてただ一つの y が存在する．

（3）　$\lambda_1, \lambda_2 (\lambda_1 \neq \lambda_2)$ に対する解を y_1, y_2 としたとき

$$\int_0^1 \rho\bar{y}_1 y_2\,dx = 0$$

である．ただし，$p(x) > 0, q(x) > 0, \rho(x) > 0$.　　（東大理，富山大*）

【解答】（1）　$L(y) = L_0(y) + \lambda\rho y,\quad L_0(y) = (py')' - qy$

とおく．固有値 λ に対応する，$y(0) = y(1) = 0$ をみたす解を $y(x)$ とすると，

$$L_0(y(x)) = -\lambda\rho y(x) \qquad ①$$

すなわち

$$(py')' - qy = -\lambda\rho y \qquad ②$$

両辺に y を掛けて積分すると，

$$\int_0^1 y(py')'\,dx - \int_0^1 yqy\,dx = -\lambda\int_0^1 y\rho y\,dx$$

左辺を部分積分すると，

$$[y(py')]_0^1 - \int_0^1 y'(py')\,dx - \int_0^1 qy^2\,dx = -\lambda\int_0^1 \rho y^2\,dx$$

$y(0) = y(1) = 0$ より，

$$\int_0^1 p(y')^2\,dx + \int_0^1 qy^2\,dx = \lambda\int_0^1 \rho y^2\,dx$$

$p > 0, q > 0, \rho > 0$ であるから，$\int_0^1 p(y')^2\,dx, \int_0^1 qy^2\,dx, \int_0^1 \rho y^2\,dx > 0$. ゆえに，$\lambda > 0$.

（2）　y_1, y_2 を共に λ に対応する $x = 0, x = 1$ でそれぞれ 0 になる解であるとすると，①をみたす．

$$\therefore\quad L_0(y_1) = -\lambda\rho y_1,\quad L_0(y_2) = -\lambda\rho y_2$$

$$\therefore\quad L_0(y_1)y_2 - L_0(y_2)y_1 = -\lambda\rho y_1 y_2 + \lambda\rho y_2 y_1 = 0$$

②を代入すると

$$(py_1')'y_2 - qy_1y_2 - (py_2')'y_1 + qy_2y_1 = p(y_1''y_2 - y_1y_2'') + p'(y_1'y_2 - y_1y_2') = 0$$

$y_1'y_2 - y_1y_2' = u$ とおくと，$u' = y_1''y_2 - y_1y_2''$.

$$\therefore \quad pu' + p'u = 0$$

すなわち

$$(pu)' = 0$$

$$\therefore \quad pu = c_1 \quad (c_1 : \text{定数}) \Longrightarrow p(y_1'y_2 - y_1y_2') = c_1$$

境界条件を代入すると

$$p(0)\{y_1'(0)y_2(0) - y_1(0)y_2'(0)\} = 0$$

$$\therefore \quad c_1 = 0$$

したがって

$$y_1'y_2 - y_1y_2' = 0 \Longrightarrow \frac{y_1'}{y_1} = \frac{y_2'}{y_2} \Longrightarrow \log y_1 = \log c_1y_2$$

$$\therefore \quad y_1 = c_1y_2 \quad (c_1 : \text{定数})$$

ゆえに，一つの λ に対して定数倍を除いてただ一つの y が存在する.

（3） λ_1, λ_2 に対応する $x=0, x=1$ で 0 になる解をそれぞれ y_1, y_2 とすると，

$$L(\bar{y}_1) = L_0(\bar{y}_1) + \lambda_1\rho\bar{y}_1 = 0, \quad L_0(\bar{y}_1) = (p\bar{y}_1')' - q\bar{y}_1 \qquad ③$$

$$L(y_2) = L_0(y_2) + \lambda_2\rho y_2 = 0, \quad L_0(y_2) = (py_2')' - qy_2 \qquad ④$$

$\bar{y}_1 \times ④ - ③ \times y_2$ を $[0, 1]$ に渡って積分すると，

$$\int_0^1 \{\bar{y}_1L_0(y_2) - L_0(\bar{y}_1)y_2\}\,dx + (\lambda_2 - \lambda_1)\int_0^1 \rho\bar{y}_1y_2\,dx = 0$$

$$\therefore \quad \int_0^1 \{\bar{y}_1(py_2')' - (p\bar{y}_1')'y_2\}\,dx + (\lambda_2 - \lambda_1)\int_0^1 \rho\bar{y}_1y_2\,dx = 0$$

第 1 項を部分積分すると

$$[\bar{y}_1(py_2')]_0^1 - \int_0^1 \bar{y}_1'(py_2')\,dx - [(p\bar{y}_1')y_2]_0^1 + \int_0^1 (p\bar{y}_1')y_2'\,dx$$

$$+ (\lambda_2 - \lambda_1)\int_0^1 p\bar{y}_1y_2\,dx = 0$$

$$\therefore \quad [\bar{y}_1(py_2')]_0^1 - [(p\bar{y}_1')y_2]_0^1 + (\lambda_1 - \lambda_2)\int_0^1 \rho\bar{y}_1y_2\,dx = 0$$

$y(0) = y(1) = 0$ より，左辺第 1 項 = 第 2 項 = 0 であるから

$$(\lambda_2 - \lambda_1)\int_0^1 \rho\bar{y}_1y_2\,dx = 0$$

$$\therefore \quad \int_0^1 \rho\bar{y}_1y_2\,dx = 0 \quad (\because \quad \lambda_2 \neq \lambda_1)$$

例題 3.5

随伴 (adjoint) 微分方程式の解を利用して微分方程式を解く方法を，次の方程式の一般解を求める場合を例として説明し，一般解を示せ．

$$L(y) = x^2y'' + 4xy' + (2 - a^2x^2)y = 0$$ （東大理）

【解答】 随伴方程式は

$$(x^2\lambda)'' - (4x\lambda)' + (2\lambda - a^2x^2\lambda) = 0$$

すなわち，

$$x^2(\lambda'' - a^2\lambda) = 0 \qquad \therefore \quad \lambda = A\,e^{\pm ax}$$

（i） $a \neq 0$ のとき，$\lambda = e^{ax}$（特殊解）を与式に掛けると，次式は完全微分方程式になる：

$$e^{ax}x^2y'' + 4e^{ax}xy' + e^{ax}(2 - a^2x^2)y = 0$$

両辺を積分し，部分積分を適用すると，

$$y'\,e^{ax}x^2 - \int y'(a\,e^{ax}x^2 + 2x\,e^{ax})\,dx + 4e^{ax}xy - 4\int y(a\,e^{ax}x + e^{ax})\,dx$$

$$+ \int e^{ax}(2 - a^2x^2)y\,dx = k_1 \quad (k_1 : 定数)$$

再度部分積分を適用すると，第 1 積分は

$$e^{ax}x^2y' + e^{ax}(2x - ax^2)y = k_1$$

$$y' + (2x^{-1} - a)y = k_1\,e^{-ax}x^{-2}$$

$$\therefore \quad y = \exp\left(-\int\left(\frac{2}{x} - a\right)dx\right)$$

$$\times \left\{\int \exp\left(\int\left(\frac{2}{x} - a\right)dx\right)k_1\,e^{-ax}x^{-2}\,dx + k_2\right\}$$

$$= e^{ax}x^{-2}\left\{k_1\int e^{-ax}x^2\cdot e^{-ax}x^{-2}\,dx + k_2\right\}$$

$$= \frac{e^{ax}}{x^2}\left(-\frac{k_1}{2a}e^{-2ax} + k_2\right) \quad (k_2 : 定数)$$

（ii） $a = 0$ のとき，与式は $x^2y'' + 4xy' + 2y = 0$（完全微分方程式）であるから，第 1 積分は

$$y'x^2 - \int y'\cdot 2x\,dx + 4xy - \int 4y\,dx + 2\int y\,dx = y'x^2 + 4xy - 2\int d(xy) = c_1$$

より

$$y' + 2x^{-1}y = c_1x^{-2}$$

$$y = \frac{1}{x^2}(c_1 x + c_2) \quad (c_1, c_2 : \text{定数})$$

【別解】 与式は特殊解 $y_1 = \dfrac{e^{ax}}{x^2}$ があるから，$y = y_1 u$ とおくと．与式は

$$u'' + 2au' = 0$$

ゆえに，

$$u' = \begin{cases} k_1 e^{-2ax} & (a \neq 0) \\ c_1 & (a = 0) \end{cases}$$

$$\therefore \quad u = \begin{cases} -\dfrac{k_1}{2a} e^{-2ax} & (a \neq 0) \\ c_1 x + c_2 & (a = 0) \end{cases}$$

したがって

$$y = \frac{e^{ax}}{x^2} u = \begin{cases} \dfrac{1}{x^2}\left(-\dfrac{k_1}{2a} e^{-ax} + k_2 e^{ax}\right) & (a \neq 0) \\ \dfrac{1}{x^2}(c_1 x + c_2) & (a = 0) \end{cases} \quad (k_1, k_2, c_1, c_2 : \text{定数})$$

例題 3.6

平面 (x, y) 上の点 P の位置が，時間 t の関数として $(x(t), y(t))$ と表わされ，次の微分方程式にしたがって運動するものとする．

$$\dot{x} = (\lambda - x^2 - y^2)x - y$$

$$\dot{y} = x + (\lambda - x^2 - y^2)y$$

ただし，上つきの点は時間微分を表わし（$\dot{x} = dx/dt$ 等），λ は実数の定数である．

（1）極座標 (r, θ) を $x = r\cos\theta, y = r\sin\theta$ によって導入するとき，$r(t)$，$\theta(t)$ のみたす微分方程式を導け．

（2）初期条件，

$$t = 0 \text{ で，} r = r_0,\quad \theta = \theta_0$$

をみたす解を求めよ．ただし，$r_0 \geqq 0$.

（3）点 P の運動がパラメータ λ の値によってどのように違うかを，(x, y) 面での軌道の概略図で示し，必要なら簡単な説明をつけよ．　　（東大理）

【解答】（1）$x = r\cos\theta, y = r\sin\theta, r^2 = x^2 + y^2$ とおくと，

$$r\frac{dr}{dt} = x\frac{dx}{dt} + y\frac{dy}{dt} = x[(\lambda - x^2 - y^2)x - y] + y[x + (\lambda - x^2 - y^2)y]$$

（∵　与式）

$$= (x^2 + y^2)(\lambda - x^2 - y^2) = r^2(\lambda - r^2)$$

$$\therefore\quad \frac{dr}{dt} = r(\lambda - r^2) \qquad ①$$

一方，

$$\tan\theta = \frac{y}{x}$$

$$\frac{1}{\cos^2\theta}\frac{d\theta}{dt} = \frac{x\dfrac{dy}{dt} - y\dfrac{dx}{dt}}{x^2} = \frac{x[x + (\lambda - x^2 - y^2)y] - y[(\lambda - x^2 - y^2)x - y]}{x^2}$$

$$= \frac{x^2 + y^2}{x^2} = \frac{1}{\cos^2\theta}$$

$$\therefore\quad \frac{d\theta}{dt} = 1 \qquad ②$$

（2）②を積分すると，$\theta = t + c_1$（c_1：定数）

初期条件 $t = 0$ で $\theta = \theta_0$ より，

$$\theta = t + \theta_0 \qquad ③$$

（ i ）　$\lambda = 0$ のとき，①は

$$\frac{dr}{dt} = -r^3$$

になるから，$r^2 = 2t + c$．初期条件 $t = 0$ で $r = r_0$ より，$r = \dfrac{r_0}{\sqrt{2r_0^2 t + 1}}$

（ii）　$\lambda \neq 0$ のとき，

$r_0^2 = \lambda$ の場合，明らかに $r = r_0$

$r_0^2 \neq \lambda$ の場合，$dt = \dfrac{dr}{r(\lambda - r^2)}$

$$t = \int \frac{dr}{r(\lambda - r^2)} = \frac{-1}{2\lambda}\int \frac{d\left(\dfrac{\lambda}{r^2} - 1\right)}{\dfrac{\lambda}{r^2} - 1} = -\frac{1}{2\lambda}\log\left|\frac{\lambda}{r^2} - 1\right| + c$$

$$\therefore \quad \frac{\lambda}{r^2} - 1 = \begin{cases} \exp\{-2\lambda(t - c)\} & (r_0^2 < \lambda) \\ -\exp\{-2\lambda(t - c)\} & (r_0^2 > \lambda) \end{cases}$$

$$r^2 = \begin{cases} \dfrac{\lambda}{e^{-2\lambda(t-c)} + 1} & (r_0^2 < \lambda) \\[2ex] \dfrac{\lambda}{-e^{-2\lambda(t-c)} + 1} & (r_0^2 > \lambda) \end{cases}$$

初期条件より

$$e^{2\lambda c} = \begin{cases} \dfrac{\lambda}{r_0^2} - 1 & (r_0^2 < \lambda) \\[2ex] -\left(\dfrac{\lambda}{r_0^2} - 1\right) & (r_0^2 > \lambda) \end{cases}$$

$$\therefore \quad r^2 = \frac{\lambda}{\left(\dfrac{\lambda}{r_0^2} - 1\right)e^{-2\lambda t} + 1}$$

したがって，

$$r = \begin{cases} \sqrt{\dfrac{\lambda}{\left(\dfrac{\lambda}{r_0^2} - 1\right)e^{-2\lambda t} + 1}} & (r_0^2 \neq \lambda) \\[2ex] r_0 \quad (r_0^2 = \lambda) \end{cases}$$

$$= \begin{cases} r_0\sqrt{\dfrac{\lambda}{r_0^2 - (r_0^2 - \lambda)\,e^{-2\lambda t}}} & (r_0^2 \neq \lambda) \\[2ex] r_0 \quad (r_0^2 = \lambda) \end{cases}$$

（3）（i）$\lambda > r_0^2$ のとき，$r = r_0, \theta = \theta_0$ から外側に反時計方向に $r = \sqrt{\lambda}$ の円に近づく．

（ii）$\lambda = r_0^2$ のとき，$r = r_0, \theta = \theta_0$ の円上を反時計方向に等速円運動する．

（iii）$0 < \lambda < r_0^2$ のとき，$r = r_0, \theta = \theta_0$ から内側に反時計方向に $r = \sqrt{\lambda}$ の円に近づく．

（iv）$\lambda \leqq 0$ のとき，$r = r_0, \theta = \theta_0$ から内側に反時計方向に原点に近づく．

概略図は右図のようになる．

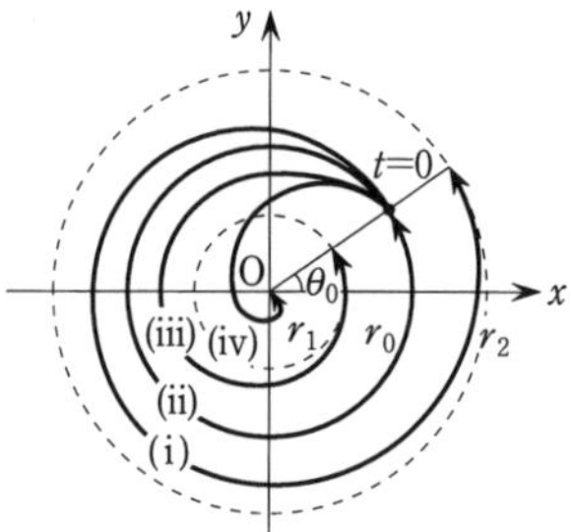

$r_1 = \sqrt{\lambda} < r_0$

$r_2 = \sqrt{\lambda} > r_0$

例題 3.7

関数 $y(x)$ に対する次の常微分方程式について以下の設問に答えよ．

$$\frac{1}{x^2}\frac{d}{dx}\left(x^2\frac{dy}{dx}\right) = -y^n$$

ただし，$y(0) = 1, \left.\frac{dy}{dx}\right|_{x=0} = 0$ とする．

（a）　$n = 0$ の場合の解を求めよ．

（b）　$y = \dfrac{z}{x}$ とおいて，z に対する微分方程式を導き，$n = 1$ の場合の解を求めよ．

（c）　$n = 0, n = 1$ の場合のほかに，ある整数 n に対して次の形の解

$$y = (1 + ax^2)^m$$

が存在することが知られている．その整数 n と，定数 m, a を求めよ．

（d）　$x = 0$ の近傍の解を x に関するべき級数に展開し，x^4 の項まで求めよ．

（東大理）

【解答】（1）　$n = 0$ のとき，微分方程式は

$$\frac{1}{x^2}\frac{d}{dx}\left(x^2\frac{dy}{dx}\right) = -1$$

すなわち，

$$\frac{d}{dx}\left(x^2\frac{dy}{dx}\right) = -x^2$$

$$\Longrightarrow x^2\frac{dy}{dx} = -\frac{1}{3}x^3 + c$$

$$\therefore\quad \frac{dy}{dx} = -\frac{1}{3}x + \frac{c}{x^2} \qquad ①$$

$\left.\dfrac{dy}{dx}\right|_{x=0} = 0$ より，$c = 0$．①に代入すると，

$$\frac{dy}{dx} = -\frac{1}{3}x$$

$$\therefore\quad y = -\frac{1}{6}x^2 + c_1$$

$y(0) = 1$ より，$c_1 = 1$．

$$\therefore\quad y = -\frac{1}{6}x^2 + 1$$

（2）　$y = \dfrac{z}{x}$ とおくと，$\dfrac{dy}{dx} = \left(x\dfrac{dz}{dx} - z\right)\Big/x^2$．元の微分方程式に代入すると，

$$\frac{1}{x^2}\frac{d}{dx}\left(x\frac{dz}{dx} - z\right) = -\left(\frac{z}{x}\right)^n$$

すなわち，

$$\frac{1}{x}\frac{d^2z}{dx^2} = -\left(\frac{z}{x}\right)^n$$

$n = 1$ のとき，この方程式は

$$\frac{d^2z}{dx^2} = -z$$

になるから，

$$z = A\cos x + B\sin x$$

$$\therefore\quad y = \frac{A\cos x}{x} + \frac{B\sin x}{x}$$

$y(0) = 1$ より，$A = 0, B = 1$．

$$\therefore\quad y = \frac{\sin x}{x}\quad \left(\text{この } y \text{ は } \left.\frac{dy}{dx}\right|_{x=0} = 0 \text{ をみたす}\right)$$

（3）　$y = (1 + ax^2)^m$ を元の微分方程式に代入すると，

$$\frac{1}{x^2}\frac{d}{dx}\{2amx^3(1 + ax^2)^{m-1}\} = -(1 + ax^2)^{mn}$$

$$2am\frac{1}{x^2}\{3x^2(1 + ax^2)^{m-1} + 2(m-1)ax^4(1 + ax^2)^{m-2}\} = -(1 + ax^2)^{mn}$$

$$2am(1 + ax^2)^{m-2}\{3(1 + ax^2) + 2(m-1)ax^2\} = -(1 + ax^2)^{mn}$$

$$2am\{3 + a(2m+1)x^2\} = -(1 + ax^2)^{mn-m+2}$$

$$= -\left\{1 + \binom{mn-m+2}{1}ax^2 + \cdots + \binom{mn-m+2}{2}(ax^2)^2 + \cdots\right\}$$

$$\therefore\quad \begin{cases} 6am = -1 & ① \\ 2a^2m(2m+1) = -\dbinom{mn-m+2}{1}a & ② \\ 0 = -\dbinom{mn-m+2}{2}a^2 & ③ \end{cases}$$

$\left(\dbinom{mn-m+2}{2}a^2 = 0\right.$ の場合，$(1 + ax^2)^{mn-m+2}$ の展開式の中に $x^4, x^6, \cdots$ に関

する項の係数が共に 0 になる$\Big)$

③より，$a \neq 0 \Longrightarrow mn - m + 2 = 0$ あるいは $mn - m + 1 = 0$.

（i）　$mn - m + 2 = 0$ のとき，$m \neq 0$．よって②より

$$m = -\frac{1}{2} \qquad \therefore \quad n = 5$$

①より

$$a = \frac{1}{3}$$

（ii）　$mn - m + 1 = 0$ のとき，$mn - m + 2 = 1$．これを②に代入すると，

$$2am(2m + 1) = -1 \qquad ④$$

①を④に代入すると，

$$2m + 1 = 3 \qquad \therefore \quad m = 1 \qquad \therefore \quad n = 0 \quad (\because \quad mn - m + 1 = 0)$$

これは適当でない．ゆえに

$$n = 5, \quad m = -\frac{1}{2}, \quad a = \frac{1}{3}$$

（4）　$y = y(0) + y'(0)x + \dfrac{y''(0)}{2!}x^2 + \dfrac{y^{(3)}(0)}{3!}x^3 + \dfrac{y^{(4)}(0)}{4!}x^4 + \cdots$

$= 1 + a_2x^2 + a_3x^3 + a_4x^4 + \cdots$　($x = 0$ の近傍で)

とおき，元の微分方程式に代入すると，

$$\frac{1}{x^2}\frac{d}{dx}\{x^2(2a_2x + 3a_3x^2 + 4a_4x^3 + \cdots)\} = (1 + a_2x^2 + \cdots)^n$$

$$\frac{1}{x^2}\{6a_2x^2 + 12a_3x^3 + 20a_4x^4 + \cdots\} = 1 + na_2x^2 + \cdots$$

$$6a_2 + 12a_3x + 20a_4x^2 + \cdots = 1 + na_2x^2 + \cdots$$

$$\therefore \quad \begin{cases} 6a_2 = 1 \\ 12a_3 = 0 \\ 20a_4 = na_2 \end{cases} \Longrightarrow \begin{cases} a_2 = \dfrac{1}{6} \\ a_3 = 0 \\ a_4 = \dfrac{na_2}{20} = \dfrac{n}{120} \end{cases}$$

したがって

$$y = 1 + \frac{1}{6}x^2 + \frac{n}{120}x^4 + \cdots$$

例題 3.8

積分方程式

$$f(t)+\int_0^t e^x\{f(t-x)\}^3\,dx=a\,e^t \qquad (*)$$

について，次の問に答えよ．ただし，a は実定数とする．

（1）　$(*)$ の解 $f=f(t)$ は，次の微分方程式をみたすことを示せ．

$$\frac{df}{dt}=f-f^3$$

（2）　$(*)$ の解 $f(t)$ を求めよ．

（3）　$(*)$ の解 $f(t)$ について，$\lim_{t\to\infty}f(t)$ が a によってどのように変わるかを図示せよ．　　　　（東大理）

【解答】（1）　$t-x=y$ とおくと

$$\int_0^t e^x\{f(t-x)\}^3\,dx=\int_0^t e^{t-y}\{f(y)\}^3\,dy=e^t\int_0^t e^{-y}\{f(y)\}^3\,dy$$

$(*)$ に代入して，

$$f(t)+e^t\int_0^t e^{-y}\{f(y)\}^3\,dy=a\,e^t \qquad ①$$

両辺を t で微分して

$$\frac{df(t)}{dt}+e^t\int_0^t e^{-y}\{f(y)\}^3\,dy+\{f(t)\}^3=a\,e^t \qquad ②$$

②−①より

$$\frac{df}{dt}=f-f^3 \qquad ③$$

（2）　③を

$$\frac{df^{-2}}{dt}+2f^{-2}=2$$

に変形すると，

$$f^{-2}=e^{-\int 2\,dt}\left(\int 2\,e^{\int 2\,dt}dt+c\right)=e^{-2t}(e^{2t}+c)=1+c\,e^{-2t}$$

が得られる．$(*)$ より，

$$f(0)=a \Longrightarrow a^{-2}=1+c \Longrightarrow c=a^{-2}-1$$

$$\therefore\quad \{f(t)\}^2=\frac{a^2}{a^2-(a^2-1)\,e^{-2t}}$$

(*) より，$t=0$ のとき，$f>0 \Longrightarrow a=1, f<0 \Longrightarrow a<0, f=0 \Longrightarrow a=0$ であるから，

$$f(t)=\frac{a}{\sqrt{a^2-(a^2-1)e^{-2t}}}$$

（3）　$\lim_{t\to\infty} f(t)=\begin{cases} 1 & (a>0) \\ 0 & (a=0) \\ -1 & (a<0) \end{cases}$，図は省略.

〈注〉 積分方程式 $x(t)=f(t)+\int_a^t K(t,s)\,ds$ を**ボルテラ型の積分方程式**という．③より，

$$\frac{df}{f^3-f}=\frac{df}{f(f+1)(f-1)}=\left(\frac{-1}{f}+\frac{1/2}{f+1}+\frac{1/2}{f-1}\right)df=-dt$$

$$\therefore\quad -\log|f|+\frac{1}{2}\log|f+1|+\frac{1}{2}\log|f-1|=\log\frac{\sqrt{f^2-1}}{|f|}=-t+c_1$$

$$\therefore\quad f(t)^2=\frac{a^2}{1-c_2e^{-2t}}\quad (c_1, c_2：定数)$$

例題 3.9

実数値関数 $f(x)$ は $-\infty < x < \infty$ で連続であり，次の関係式をみたすとする．

$$f(x) = 1 + \int_0^x (t - x) f(t)\, dt$$

次の問に答えよ．

（1） $f(0), f'(0)$ を求めよ．また $f(x)$ のみたす微分方程式を求めよ．

（2） $f(x)$ を求めよ．　　（九大，立教大*）

【解答】（1）与式より

$$f(0) = 1 \qquad ①$$

$$f(x) = 1 + \int_0^x t f(t)\, dt - x \int_0^x f(t)\, dt$$

$$f'(x) = x f(x) - \int_0^x f(t)\, dt - x f(x) = -\int_0^x f(t)\, dt \qquad ②$$

②より，

$$f'(0) = 0$$

$$f''(x) = -f(x) \qquad ③$$

ゆえに，③は $f(x)$ がみたす微分方程式である．

（2）③より，

$$f(x) = A \cos x + B \sin x$$

初期条件①と②より

$$\begin{cases} 1 = A \\ 0 = B \end{cases} \Longrightarrow A = 1, \quad B = 0$$

$$\therefore \quad f(x) = \cos x$$

【別解】（2） $f(x) = 1 - \int_0^x (x - t) f(t) dt$ に重畳定理を使えば $f = 1 - x * f$ と書ける．$\mathscr{L}\{f(x)\} = F(s)$ として，上式の両辺をラプラス変換し，初期条件を代入すると

$$F(s) = \frac{1}{s} - \frac{1}{s^2} F(s)$$

$$\therefore \quad F(s) = \frac{s}{s^2 + 1}$$

逆ラプラス変換すれば

$$f(x) = \mathscr{L}\{F(s)\} = \cos x$$

例題 3.10

次の2階の線形微分方程式を，係数 $p_1(x), p_2(x)$ が連続であるような x の区間 I で考える．

$$\frac{d^2y}{dx^2} + p_1(x)\frac{dy}{dx} + p_2(x)y = 0 \qquad (*)$$

これについて以下の問に答えよ．

（1）方程式 $(*)$ の二つの解 $y_1(x), y_2(x)$ に対して

$$W(x) = y_1(x)\frac{dy_2(x)}{dx} - y_2(x)\frac{dy_1(x)}{dx}$$

を定義する．C を x によらない定数，x_0 を I の中のある点として

$$W(x) = C\exp\left[-\int_{x_0}^{x} p_1(t)\,dt\right]$$

となることを示せ．

（2）x の区間 I として $x > 0$ を考える．$p_1(x) = x^2, p_2(x) = x - \dfrac{2}{x^2}$ に対して，

（a）$y_1(x) = \dfrac{1}{x}$ が方程式 $(*)$ の解であることを使い，それと線形独立な解 $y_2(x)$ を求めよ．

（b）$\displaystyle\lim_{x\to+0}\frac{d^2y(x)}{dx^2} = 1$ をみたす方程式 $(*)$ の解を求めよ．ただし，$\displaystyle\lim_{x\to+0}$ は x を正の側から0に近づけた極限を意味する．（東大工）

【解答】（1）

$$\frac{dW}{dx} = y_1'y_2' + y_1y_2'' - (y_2'y_1' + y_2y_1'')$$
$$= y_1y_2'' - y_2y_1''$$
$$= y_1(-p_1y_2' - p_2y_2) - y_2(-p_1y_1' - p_2y_1) \quad (\because \ (*))$$
$$= -p_1(y_1y_2' - y_2y_1') = -p_1W$$

よって，

$$W = C\exp\left\{-\int_{x_0}^{x} p_1(t)\,dt\right\} \quad (C = W(x_0))$$

（2）（a）$p_1(x) = x^2, p_2(x) = x - \dfrac{2}{x^2}$ のとき，$(*)$ は

$$\frac{d^2y}{dx^2} + x^2\frac{dy}{dx} + \left(x - \frac{2}{x^2}\right)y = 0 \qquad ①$$

になる．$y_2 = y_1u = \dfrac{u}{x}$ とおくと，

$$\frac{dy_2}{dx} = \frac{u'}{x} - \frac{u}{x^2}$$

$$\frac{d^2y_2}{dx^2} = \frac{u''}{x} - \frac{2}{x^2}u' + \frac{2}{x^3}u$$

これらを①に代入すると，

$$\left(\frac{1}{x}u'' - \frac{2}{x^2}u' + \frac{2}{x^3}u\right) + x^2\left(\frac{1}{x}u' - \frac{1}{x^2}u\right) + \left(x - \frac{2}{x^2}\right)\frac{1}{x}u = 0$$

すなわち，

$$u'' + \left(x^2 - \frac{2}{x}\right)u' = 0$$

$$u' = \exp\left\{-\int\left(x^2 - \frac{2}{x}\right)dx\right\} = x^2 e^{(-1/3)x^3}$$

$$u = \int x^2 e^{(-1/3)x^3}dx = -e^{(-1/3)x^3}$$

$$\therefore\quad y_2 = y_1 u = \frac{-1}{x}e^{(-1/3)x^3} \quad (\text{特殊解})$$

$$\because\quad \frac{y_2}{y_1} = u = -e^{(-1/3)x^3} \neq 0$$

ゆえに，y_1, y_2 は二つの線形独立な解である．

（b） ①の一般解は

$$\begin{aligned} y &= c_1y_1 + c_2y_2 \\ &= c_1\frac{1}{x} + c_2\left(-\frac{1}{x}e^{(-1/3)x^3}\right) \\ &= \frac{1}{x}\left(c_1 - c_2 e^{(-1/3)x^3}\right) \end{aligned} \qquad ②$$

と書けるから，

$$\frac{dy}{dx} = \frac{x^2c_2e^{(-1/3)x^3}x + c_2e^{(-1/3)x^3} - c_1}{x^2} = \frac{c_2x^3e^{(-1/3)x^3} - c_1 + c_2e^{(-1/3)x^3}}{x^2} \qquad ②'$$

①，②，②′より，$x > 0$ のとき

$$\begin{aligned} \frac{d^2y}{dx^2} &= -x^2\frac{dy}{dx} - \left(x - \frac{2}{x^2}\right)y \\ &= -x^2\frac{c_2x^3e^{(-1/3)x^3} - c_1 + c_2e^{(-1/3)x^3}}{x^2} - \left(x - \frac{2}{x^2}\right)\frac{c_1 - c_2e^{(-1/3)x^3}}{x} \\ &= -c_2x^3e^{(-1/3)x^3} + c_1 - c_2e^{(-1/3)x^3} + \frac{2 - x^3}{x^3}\left(c_1 - c_2e^{(-1/3)x^3}\right) \end{aligned}$$

$$= -c_2x^3e^{(-1/3)x^3} + c_1 - c_2e^{(-1/3)x^3} - (c_1 - c_2e^{(-1/3)x^3}) + 2\frac{c_1 - c_2e^{(-1/3)x^3}}{x^3}$$

$$= -c_2x^3e^{(-1/3)x^3} + 2\frac{c_1 - c_2e^{(-1/3)x^3}}{x^3}$$

$\displaystyle\lim_{x\to+0}\frac{d^2y}{dx^2} = 1$ より

$$\lim_{x\to+0}\left\{-c_2x^3 e^{(-1/3)x^3} + \frac{2}{x^3}(c_1 - c_2 e^{(-1/3)x^3})\right\} = 1$$

$$0 + 2\lim_{x\to+0}\frac{c_1 - c_2 e^{(-1/3)x^3}}{x^3} = 1 \qquad ③$$

$c_1 = c_2$ のときだけ $\displaystyle\lim_{x\to+0}\frac{c_1 - c_2 e^{(-1/3)x^3}}{x^3}$ が存在するから，

$$\lim_{x\to+0}\frac{c_1 - c_2 e^{(-1/3)x^3}}{x^3} = c_1\lim_{x\to+0}\frac{1 - e^{(-1/3)x^3}}{x^3}$$

$$= c_1\lim_{x\to+0}\frac{e^{(-1/3)x^3}x^2}{3x^2} = \frac{c_1}{3} \qquad ④$$

$c_1 = c_2$ および④を③に代入すると

$$\frac{2c_1}{3} = 1 \qquad \therefore\ c_1 = c_2 = \frac{3}{2}$$

したがって，$\displaystyle\lim_{x\to+0}\frac{d^2y}{dx^2} = 1$ をみたす解は②より $y = \dfrac{3}{2x}(1 - e^{(-1/3)x^3})$

例題 3.11

t の関数である x, y についての連立微分方程式

$$\begin{cases} 5x' + y' - 8y = t\,e^t & ① \\ x' + x - y = 2\,e^t & ② \end{cases}$$

に関して，以下の問に答えよ．ただし x', y' はそれぞれ $\dfrac{dx}{dt}, \dfrac{dy}{dt}$ を意味する．

（1）①，②の右辺を 0 とおいた連立微分方程式の一般解を求めよ．

（2）微分演算子 $\dfrac{d}{dt}$ を D とすると，連立微分方程式①，②の特解はどのような形に書けるか．

（3）$\phi(D)$ が微分演算子 D の多項式関数，$F(t)$ が t の関数であるとき，

$$\frac{1}{\phi(D)}\{e^{\alpha t}F(t)\} = e^{\alpha t}\frac{1}{\phi(D+\alpha)}F(t)$$

であることを証明せよ．ただし α は定数とする．

（4）（1）～（3）を使って連立微分方程式①，②の一般解を求めよ．

（東大工）

【解答】（1）

$$\begin{cases} 5x' + y' - 8y = 0 & ③ \\ x' + x - y = 0 & ④ \end{cases}$$

④の $y = x' + x$ を③に代入すると

$$x'' - 2x' - 8x = 0$$

が得られる．この微分方程式の特性方程式は

$$\lambda^2 - 2\lambda - 8 = 0 \qquad \therefore\ \ \lambda = 4,\ -2$$

ゆえに，一般解は

$$x = A\,e^{4t} + B\,e^{-2t}$$

$$y = x' + x = 5A\,e^{4t} - B\,e^{-2t} \quad (A, B : \text{定数})$$

（2）

$$\begin{cases} 5Dx + (D-8)y = t\,e^t & ⑤ \\ (D+1)x - y = 2\,e^t & ⑥ \end{cases}$$

⑤ $+ (D-8)\cdot$⑥：

$$5Dx + (D-8)(D+1)x = t\,e^t + (D-8)2\,e^t$$

すなわち，

$$(D^2 - 2D - 8)x = (t - 14)\,e^t$$

$$x = \frac{1}{D^2 - 2D - 8}(t - 14)\,e^t$$

$$= e^t \frac{1}{(D+1)^2 - 2(D+1) - 8}(t-14) = e^t \frac{1}{D^2-9}(t-14)$$

$$= -\frac{1}{9} e^t \frac{1}{1-\dfrac{D^2}{9}}(t-14) = -\frac{1}{9} e^t \left(1 + \frac{D^2}{9} + \cdots\right)(t-14)$$

$$= -\frac{1}{9} t e^t + \frac{14}{9} e^t$$

これを②に代入すると，

$$y = x' + x - 2e^t = -\frac{2}{9} t e^t + e^t$$

（3）　$\phi(D) = a_0 D^n + a_1 D^{n-1} + \cdots + a_{n-1} D + a_n$ および $F_1(t) - \dfrac{1}{\phi(D+\alpha)} F(t)$ とすると，

$$a_n\{e^{\alpha t} F_1(t)\} = e^{\alpha t} a_n F_1(t)$$

$$\begin{aligned} a_{n-1} D\{e^{\alpha t} F_1(t)\} &= a_{n-1}\{e^{\alpha t} D F_1(t) + \alpha e^{\alpha t} F_1(t)\} \\ &= a_{n-1} e^{\alpha t}(D F_1(t) + \alpha F_1(t)) \\ &= e^{\alpha t} a_{n-1}(D+\alpha) F_1(t) \end{aligned}$$

同様にして

$$a_{n-2} D^2\{e^{\alpha t} F_1(t)\} = e^{\alpha t} a_{n-2}(D+\alpha)^2 F_1(t)$$

$$\cdots\cdots\cdots\cdots\cdots\cdots\cdots\cdots\cdots\cdots\cdots\cdots$$

$$a_0 D^n\{e^{\alpha t} F_1(t)\} = e^{\alpha t} a_0 (D+\alpha)^n F_1(t)$$

$$\begin{aligned} \therefore\quad \phi(D)\{e^{\alpha t} F_1(t)\} &= e^{\alpha t}\{a_0(D+\alpha)^n \\ &\qquad + \cdots + a_{n-2}(D+\alpha)^2 + a_{n-1}(D+\alpha) + a_n\} F_1(t) \\ &= e^{\alpha t} \phi(D+\alpha) F_1(t) = e^{\alpha t} F(t) \end{aligned}$$

すなわち，

$$e^{\alpha t} F_1(t) = \frac{1}{\phi(D)}\{e^{\alpha t} F(t)\}$$

$F_1(t) = \dfrac{1}{\phi(D+\alpha)} F(t)$ を代入すると，

$$e^{\alpha t} \frac{1}{\phi(D+\alpha)} F(t) = \frac{1}{\phi(D)}\{e^{\alpha t} F(t)\}$$

（4）　（1），（2）の結果より，①，②の一般解は

$$x = A e^{4t} + B e^{-2t} - \frac{1}{9} t e^t + \frac{14}{9} e^t, \quad y = 5A e^{4t} - B e^{-2t} - \frac{2}{9} t e^t + e^t$$

例題 3.12

2 階の線形常微分方程式

$$\frac{d^2x}{dt^2} + p^2x = 0 \tag{a}$$

の解を数値的に求めるための差分（階差）方程式として以下のものを考える．

$$x_{n+1} - (2 - \alpha^2)x_n + x_{n-1} = 0 \tag{b}$$

ここで，p は正の定数，α はパラメータ $\beta \left(0 \leqq \beta < \dfrac{1}{4}\right)$ に依存する正の数であり

$$\alpha^2 = \frac{\theta^2}{1 + \beta\theta^2}, \quad \theta^2 = p^2h^2$$

で与えられる．また，h は差分化する際の時間幅である $(t = nh)$．

（1）（b）の解として，

$$x_n = C_1 e^{\lambda_1 n} + C_2 e^{\lambda_2 n} \tag{c}$$

の形のものを考える．ただし，C_1, C_2 は同時に 0 でない任意の定数，λ_1, λ_2 は α によって定まる相異なる定数である．解（c）が $n \to \pm\infty$ で発散しないためには，α はどのような範囲であればよいか．また，α がこの範囲にあるとき，時間幅 h と（a）を解析的に解いて得られる解の振動周期 T との比 h/T の値の範囲を β を用いて表わせ．

（2）α が（1）で与えられた範囲にあるとき，適当な初期条件のもとで（b）の解を数値的に求める．得られる解の周期 $\bar{T}$ の相対誤差 $(\bar{T} - T)/T$ を求めよ．

（東大工）

【解答】（1）（b）の特性方程式は

$$\lambda^2 - (2 - \alpha^2)\lambda + 1 = 0 \tag*{①}$$

解（c）が $n \to \pm\infty$ で発散しないためには，①に対して

$$(2 - \alpha^2)^2 - 4 < 0 \implies 0 < \alpha < 2$$

一方，（a）の特性方程式は

$$\lambda^2 + p^2 = 0 \implies \lambda = \pm ip$$

$$\therefore \text{（a）の解の角振動数} = p \implies \text{振動周期 } T = \frac{2\pi}{p}$$

ゆえに，

$$\frac{h}{T} = \frac{hp}{2\pi} = \frac{\theta}{2\pi} \quad (\because \text{ 与式}) \tag*{②}$$

他方,

$$\alpha^2 = \frac{\theta^2}{1 + \beta\theta^2} \Longrightarrow \theta^2 = \frac{\alpha^2}{1 - \beta\alpha^2} \Longrightarrow \theta = \frac{\alpha}{\sqrt{1 - \beta\alpha^2}}$$

これを②に代入すると,

$$\frac{h}{T} = \frac{\alpha}{2\pi\sqrt{1 - \beta\alpha^2}} \qquad ③$$

$f(\alpha) = \dfrac{\alpha}{\sqrt{1 - \beta\alpha^2}}\ (0 < \alpha < 2)$ とおくと,

$$f'(\alpha) = \frac{\sqrt{1 - \beta\alpha^2} - \dfrac{-\beta\alpha^2}{\sqrt{1 - \beta\alpha^2}}}{1 - \beta\alpha^2} = \frac{1}{(1 - \beta\alpha^2)^{3/2}} > 0$$

であるから, $f(0) < f(\alpha) < f(2)\ (0 < \alpha < 2)$, すなわち,

$$0 < f(\alpha) < \frac{2}{\sqrt{1 - 4\beta}}$$

③を代入すると,

$$0 < \frac{h}{T} < \frac{1}{\pi\sqrt{1 - 4\beta}}$$

（2） $0 < \alpha < 2$ のとき, ①の解は

$$\lambda = \frac{2 - \alpha^2}{2} \pm \frac{1}{2}\sqrt{4 - (2 - \alpha^2)^2}\, i$$

$$= \cos\varphi + i\sin\varphi \quad \left(\text{ただし, } \varphi = \tan^{-1}\frac{\sqrt{4 - (2 - \alpha^2)^2}}{2 - \alpha^2}\right)$$

であるから, (b)の一般解は

$$x_{n+1} = A\cos n\varphi + B\sin n\varphi$$

$x_0 = 1, x_1 = 0$ とおくと,

$$\begin{cases} 1 = A\cos\varphi - B\sin\varphi \\ 0 = A \end{cases} \Longrightarrow A = 0, \quad B = -\frac{1}{\sin\varphi}$$

$$\therefore \quad x_{n+1} = -\frac{\sin n\varphi}{\sin\varphi} \quad (n = -1, 0, 1, \cdots)$$

この数値的に求めた解の周期は $\bar{T} = \dfrac{2\pi}{\varphi}$ であるから, 相対誤差は

$$\frac{\bar{T} - T}{T} = \frac{\dfrac{2\pi}{\varphi} - \dfrac{2\pi}{p}}{\dfrac{2\pi}{p}} = \frac{p - \varphi}{\varphi} = \frac{p}{\varphi} - 1$$

例題 3.13

（1） 行列表示の線形微分方程式

$$\frac{d\boldsymbol{W}}{dt} = \boldsymbol{u}\boldsymbol{W} \qquad \text{(a)}$$

の解は，

$$Q\boldsymbol{u} = \int_0^t \boldsymbol{u}\,dt$$

で定義された Q というオペレーターを使って

$$\begin{aligned}\boldsymbol{W} &= \boldsymbol{\Omega}(\boldsymbol{u})\boldsymbol{W}_0\\ &= [\mathbf{1} + Q\boldsymbol{u} + Q(\boldsymbol{u}Q\boldsymbol{u}) + Q\{\boldsymbol{u}Q(\boldsymbol{u}Q\boldsymbol{u})\} + \cdots]\boldsymbol{W}_0\end{aligned}$$

と無限級数で表わされることを示せ．なお，$\boldsymbol{W}_0$ は $t=0$ での $\boldsymbol{W}$ の値，$\mathbf{1}$ は単位行列である．

（2） 線形微分方程式

$$\frac{d\boldsymbol{W}}{dt} = (\boldsymbol{u} + \boldsymbol{v})\boldsymbol{W} \qquad \text{(b)}$$

の解は

$$\boldsymbol{W} = \boldsymbol{\Omega}(\boldsymbol{u})\boldsymbol{\Omega}\{\boldsymbol{\Omega}^{-1}(\boldsymbol{u})\boldsymbol{v}\boldsymbol{\Omega}(\boldsymbol{u})\}\boldsymbol{W}_0$$

となることを証明せよ．なお $\boldsymbol{\Omega}^{-1}(\boldsymbol{u})$ は $\boldsymbol{\Omega}(\boldsymbol{u})$ の逆行列で，$|\boldsymbol{\Omega}(\boldsymbol{u})| \neq 0$ である． （東大理）

【解答】 （1） $\boldsymbol{\Omega}(\boldsymbol{u}) = \mathbf{1} + Q\boldsymbol{u} + Q(\boldsymbol{u}Q\boldsymbol{u}) + Q\{\boldsymbol{u}Q(\boldsymbol{u}Q\boldsymbol{u})\} + \cdots$ より

$$\begin{aligned}\frac{d\boldsymbol{\Omega}(\boldsymbol{u})}{dt} &= \boldsymbol{u} + \boldsymbol{u}Q\boldsymbol{u} + \boldsymbol{u}Q(\boldsymbol{u}Q\boldsymbol{u}) + \cdots\\ &= \boldsymbol{u}\{\mathbf{1} + Q\boldsymbol{u} + Q(\boldsymbol{u}Q\boldsymbol{u}) + \cdots\}\\ &= \boldsymbol{u}\boldsymbol{\Omega}(\boldsymbol{u}) \qquad ①\end{aligned}$$

$$\begin{aligned}\frac{d\boldsymbol{W}}{dt} &= \frac{d}{dt}\{\boldsymbol{\Omega}(\boldsymbol{u})\boldsymbol{W}_0\} = \{\boldsymbol{u}\boldsymbol{\Omega}(\boldsymbol{u})\}\boldsymbol{W}_0\\ &= \boldsymbol{u}\{\boldsymbol{\Omega}(\boldsymbol{u})\boldsymbol{W}_0\} = \boldsymbol{u}\boldsymbol{W}\end{aligned}$$

$$\begin{aligned}\boldsymbol{W}|_{t=0} &= [\boldsymbol{\Omega}(\boldsymbol{u})\boldsymbol{W}_0]_{t=0} = \boldsymbol{\Omega}(\boldsymbol{u})|_{t=0}\cdot\boldsymbol{W}_0\\ &= \left\{\mathbf{1} + \int_0^0 \boldsymbol{u}\,dt + \int_0^0 \boldsymbol{u}Q\boldsymbol{u}\,dt + \cdots\right\}\cdot\boldsymbol{W}_0\\ &= \mathbf{1}\cdot\boldsymbol{W}_0 = \boldsymbol{W}_0\end{aligned}$$

ゆえに，$\boldsymbol{W} = \boldsymbol{\Omega}(\boldsymbol{u})\cdot\boldsymbol{W}_0$ は（a）の初期条件 $\boldsymbol{W}|_{t=0} = \boldsymbol{W}_0$ をみたす解である．

（2）（b）より，

$$\frac{d\boldsymbol{W}}{dt} - \boldsymbol{u}\boldsymbol{W} = \boldsymbol{v}\boldsymbol{W}$$

$$\therefore \quad \boldsymbol{\Omega}^{-1}\frac{d\boldsymbol{W}}{dt} - \boldsymbol{\Omega}^{-1}(\boldsymbol{u})\boldsymbol{W} = \boldsymbol{\Omega}^{-1}(\boldsymbol{v})\boldsymbol{\Omega}(\boldsymbol{\Omega}^{-1}\boldsymbol{W}) \qquad ②$$

一方，

$$\frac{d\boldsymbol{\Omega}^{-1}\boldsymbol{W}}{dt} = \boldsymbol{\Omega}^{-1}\frac{d\boldsymbol{W}}{dt} + \frac{d\boldsymbol{\Omega}^{-1}}{dt}\boldsymbol{W}$$

$$= \boldsymbol{\Omega}^{-1}\frac{d\boldsymbol{W}}{dt} - \boldsymbol{\Omega}^{-1}\frac{d\boldsymbol{\Omega}}{dt}\boldsymbol{\Omega}^{-1}\boldsymbol{W}$$

$$= \boldsymbol{\Omega}^{-1}\frac{d\boldsymbol{W}}{dt} - \boldsymbol{\Omega}^{-1}(\boldsymbol{u})\boldsymbol{\Omega}\boldsymbol{\Omega}^{-1}\boldsymbol{W} \quad (①\text{より})$$

$$= \boldsymbol{\Omega}^{-1}\frac{d\boldsymbol{W}}{dt} - \boldsymbol{\Omega}^{-1}(\boldsymbol{u})\boldsymbol{W}$$

よって，②は

$$\frac{d\boldsymbol{\Omega}^{-1}\boldsymbol{W}}{dt} = (\boldsymbol{\Omega}^{-1}(\boldsymbol{v})\boldsymbol{\Omega})(\boldsymbol{\Omega}^{-1}\boldsymbol{W}) \qquad ③$$

を書ける．（1）より，③の解は

$$\boldsymbol{\Omega}^{-1}\boldsymbol{W} = \boldsymbol{\Omega}(\boldsymbol{\Omega}^{-1}(\boldsymbol{v})\boldsymbol{\Omega})\cdot(\boldsymbol{\Omega}^{-1}\boldsymbol{W})_0$$

（ただし，$(\boldsymbol{\Omega}^{-1}\boldsymbol{W})_0 = (\boldsymbol{\Omega}^{-1}\boldsymbol{W})_{t=0} = (\boldsymbol{\Omega}|_{t=0})^{-1}\cdot\boldsymbol{W}_0 = \boldsymbol{W}_0$）

$$\therefore \quad \boldsymbol{W} = \boldsymbol{\Omega}(\boldsymbol{u})\boldsymbol{\Omega}(\boldsymbol{\Omega}^{-1}(\boldsymbol{v})\boldsymbol{\Omega})\cdot(\boldsymbol{\Omega}^{-1}\boldsymbol{W})_0$$

$$= \boldsymbol{\Omega}(\boldsymbol{u})\boldsymbol{\Omega}(\boldsymbol{\Omega}^{-1}(\boldsymbol{v})\boldsymbol{\Omega})\boldsymbol{W}_0$$

例題 3.14

次の連立微分方程式を以下の設問に従って解け．

$$\frac{d}{dt}\boldsymbol{x} = A\boldsymbol{x} \qquad ①$$

ただし，$\boldsymbol{x} = \begin{bmatrix} x_1 \\ x_2 \\ x_3 \end{bmatrix}, A = \begin{bmatrix} 1-\alpha & 1 & 2 \\ 0 & 1-\alpha & 3 \\ 0 & 0 & -2 \end{bmatrix}$, α は実数で $\alpha \neq 3$ とする．

（1） 行列 A の固有値およびそれに対応する線形独立な固有ベクトルをすべて求めよ．

（2） 変数変換 $\boldsymbol{z} = T\boldsymbol{x}$（行列 T は 3×3 の正則行列）によって①が

$$\frac{d}{dt}\boldsymbol{z} = \hat{A}\boldsymbol{z}$$

となるような変換行列 T および行列 $\hat{A}$ を求めよ．ただし，行列 $\hat{A}$ を行列 A のジョルダンの標準形とする．

（3） 行列 $e^{\hat{A}t}$ を計算せよ．

（4） 時刻 $t = 0$ での初期値を $\boldsymbol{x}^0 = \begin{bmatrix} 1 \\ 1 \\ 1 \end{bmatrix}$ とするとき，①の解 $\boldsymbol{x}$ を求めよ．

また，$t \to \infty$ のとき $\boldsymbol{x}$ が $\begin{bmatrix} 0 \\ 0 \\ 0 \end{bmatrix}$ に限りなく近づくための条件を示せ．

（東大工）

【解答】（1）

$$|\lambda E - A| = \begin{vmatrix} \lambda - 1 + \alpha & -1 & -2 \\ 0 & \lambda - 1 + \alpha & -3 \\ 0 & 0 & \lambda + 2 \end{vmatrix}$$

$$= (\lambda - 1 + \alpha)^2(\lambda + 2) = 0$$

より，A の固有値 $\lambda = 1 - \alpha$（2 重），-2 が得られる．

$\lambda = 1 - \alpha$ に対応する固有ベクトルを $\boldsymbol{a} = \begin{bmatrix} a_1 \\ a_2 \\ a_3 \end{bmatrix}$ とおくと，

$$\begin{bmatrix} 0 & -1 & -2 \\ 0 & 0 & -3 \\ 0 & 0 & 3-\alpha \end{bmatrix} \begin{bmatrix} a_1 \\ a_2 \\ a_3 \end{bmatrix} = 0 \qquad \therefore \quad \boldsymbol{a} = c_1 \begin{bmatrix} 1 \\ 0 \\ 0 \end{bmatrix}$$

（c_1 は任意の 0 にならない数）

$\lambda = -2$ に対応する固有ベクトルを $\boldsymbol{b} = \begin{bmatrix} b_1 \\ b_2 \\ b_3 \end{bmatrix}$ とおくと，

$$\begin{bmatrix} \alpha-3 & -1 & -2 \\ 0 & \alpha-3 & -3 \\ 0 & 0 & 0 \end{bmatrix} \begin{bmatrix} b_1 \\ b_2 \\ b_3 \end{bmatrix} = 0 \qquad \therefore \quad \boldsymbol{b} = c_2 \begin{bmatrix} \dfrac{2\alpha-3}{(\alpha-3)^2} \\ \dfrac{3}{\alpha-3} \\ 1 \end{bmatrix}$$

（c_2 は任意の 0 にならない数）

したがって，線形独立な固有ベクトルは

$$\begin{bmatrix} 1 \\ 0 \\ 0 \end{bmatrix}, \quad \begin{bmatrix} \dfrac{2\alpha-3}{(\alpha-3)^2} \\ \dfrac{3}{\alpha-3} \\ 1 \end{bmatrix}$$

（2） A のジョルダンの標準形は

$$\hat{A} = \begin{bmatrix} 1-\alpha & 1 & 0 \\ 0 & 1-\alpha & 0 \\ 0 & 0 & -2 \end{bmatrix}$$

また，変換行列

$$T = \begin{bmatrix} 1 & t_{12} & \dfrac{2\alpha-3}{(\alpha-3)^2} \\ 0 & t_{22} & \dfrac{3}{\alpha-3} \\ 0 & t_{32} & 1 \end{bmatrix}$$

とおくと，$T\hat{A} = \hat{A}T$，すなわち

$$\begin{bmatrix} 1 & t_{12} & \dfrac{2\alpha-3}{(\alpha-3)^2} \\ 0 & t_{22} & \dfrac{3}{\alpha-3} \\ 0 & t_{32} & 1 \end{bmatrix} \begin{bmatrix} 1-\alpha & 1 & 0 \\ 0 & 1-\alpha & 0 \\ 0 & 0 & -2 \end{bmatrix}$$

$$= \begin{bmatrix} 1-\alpha & 1 & 0 \\ 0 & 1-\alpha & 0 \\ 0 & 0 & -2 \end{bmatrix} \begin{bmatrix} 1 & t_{12} & \dfrac{2\alpha-3}{(\alpha-3)^2} \\ 0 & t_{22} & \dfrac{3}{\alpha-3} \\ 0 & t_{32} & 1 \end{bmatrix}$$

により，

$$1+(1-\alpha)t_{12}=(1-\alpha)t_{12}+t_{22} \Rightarrow t_{22}=1$$

$$(1-\alpha)t_{32}=-2t_{32} \Rightarrow t_{32}=0$$

$$2+3t_{12}-2\cdot\frac{2\alpha-3}{(\alpha-3)^2}=\frac{(1-\alpha)(2\alpha-3)}{(\alpha-3)^2}+\frac{3}{\alpha-3} \Rightarrow t_{12}=-\frac{4}{3}$$

$$\therefore\quad T=\begin{bmatrix} 1 & -\dfrac{4}{3} & \dfrac{2\alpha-3}{(\alpha-3)^2} \\ 0 & 1 & \dfrac{3}{\alpha-3} \\ 0 & 0 & 1 \end{bmatrix} \quad \text{（正則行列）}$$

（3）　$$\hat{A}t=\begin{bmatrix} (1-\alpha)t & 0 & 0 \\ 0 & (1-\alpha)t & 0 \\ 0 & 0 & -2t \end{bmatrix}+\begin{bmatrix} 0 & t & 0 \\ 0 & 0 & 0 \\ 0 & 0 & 0 \end{bmatrix}$$

$$(\hat{A}t)^n=\begin{bmatrix} (1-\alpha)t & 0 & 0 \\ 0 & (1-\alpha)t & 0 \\ 0 & 0 & -2t \end{bmatrix}^n$$

$$+\binom{n}{1}\begin{bmatrix} (1-\alpha)t & 0 & 0 \\ 0 & (1-\alpha)t & 0 \\ 0 & 0 & -2t \end{bmatrix}^{n-1}\begin{bmatrix} 0 & t & 0 \\ 0 & 0 & 0 \\ 0 & 0 & 0 \end{bmatrix}$$

$$=\begin{bmatrix} ((1-\alpha)t)^n & 0 & 0 \\ 0 & ((1-\alpha)t)^n & 0 \\ 0 & 0 & (-2t)^n \end{bmatrix}$$

$$+n\begin{bmatrix} ((1-\alpha)t)^{n-1} & 0 & 0 \\ 0 & ((1-\alpha)t)^{n-1} & 0 \\ 0 & 0 & (-2t)^{n-1} \end{bmatrix}\begin{bmatrix} 0 & t & 0 \\ 0 & 0 & 0 \\ 0 & 0 & 0 \end{bmatrix}$$

$$=\begin{bmatrix} ((1-\alpha)t)^n & nt((1-\alpha)t)^{n-1} & 0 \\ 0 & ((1-\alpha)t)^n & 0 \\ 0 & 0 & (-2t)^n \end{bmatrix} \quad (n \geqq 1)$$

したがって

$$e^{\hat{A}t} = E + \sum_{n=1}^{\infty} \frac{1}{n!}(\hat{A}t)^n \quad \left(ここで，E = \begin{bmatrix} 1 & & O \\ & 1 & \\ O & & 1 \end{bmatrix}\right)$$

$$= \begin{bmatrix} 1 + \sum_{n=1}^{\infty} \frac{1}{n!}[(1-\alpha)t]^n & t\sum_{n=1}^{\infty} \frac{1}{n!} n[(1-\alpha)t]^{n-1} & 0 \\ 0 & 1 + \sum_{n=1}^{\infty} \frac{1}{n!}[(1-\alpha)t]^n & 0 \\ 0 & 0 & 1 + \sum_{n=1}^{\infty} \frac{1}{n!}(-2t)^n \end{bmatrix}$$

$$= \begin{bmatrix} e^{(1-\alpha)t} & t\,e^{(1-\alpha)t} & 0 \\ 0 & e^{(1-\alpha)t} & 0 \\ 0 & 0 & e^{-2t} \end{bmatrix}$$

（4） 連立微分方程式

$$\frac{d}{dt}\boldsymbol{z} = \hat{A}\boldsymbol{z}$$

の一般解は

$$\boldsymbol{z} = e^{\hat{A}t}\boldsymbol{C} \quad （ここで，\boldsymbol{C} は列ベクトル）$$

であるから，①の一般解は

$$\boldsymbol{x} = T^{-1}\boldsymbol{z} = T^{-1}e^{\hat{A}t}\boldsymbol{C}$$

初期値条件を利用して

$$\boldsymbol{x}^0 = T^{-1}\boldsymbol{C}$$

$$\boldsymbol{C} = T\boldsymbol{x}^0$$

したがって，

$$\boldsymbol{x} = T^{-1}e^{\hat{A}t}T\boldsymbol{x}^0$$

$$= \begin{bmatrix} 1 & -\frac{4}{3} & \frac{2\alpha-3}{(\alpha-3)^2} \\ 0 & 1 & \frac{3}{\alpha-3} \\ 0 & 0 & 1 \end{bmatrix}^{-1} \begin{bmatrix} e^{(1-\alpha)t} & t\,e^{(1-\alpha)t} & 0 \\ 0 & e^{(1-\alpha)t} & 0 \\ 0 & 0 & e^{-2t} \end{bmatrix}$$

$$\times \begin{bmatrix} 1 & -\frac{4}{3} & \frac{2\alpha-3}{(\alpha-3)^2} \\ 0 & 1 & \frac{3}{\alpha-3} \\ 0 & 0 & 1 \end{bmatrix} \begin{bmatrix} 1 \\ 1 \\ 1 \end{bmatrix}$$

$$= \begin{bmatrix} 1 & \dfrac{4}{3} & -\dfrac{4}{\alpha-3}-\dfrac{2\alpha-3}{(\alpha-3)^2} \\ 0 & 1 & -\dfrac{3}{\alpha-3} \\ 0 & 0 & 1 \end{bmatrix} \begin{bmatrix} e^{(1-\alpha)t} & t\,e^{(1-\alpha)t} & 0 \\ 0 & e^{(1-\alpha)t} & 0 \\ 0 & 0 & e^{-2t} \end{bmatrix}$$

$$\times \begin{bmatrix} -\dfrac{1}{3}+\dfrac{2\alpha-3}{(\alpha-3)^2} \\ \dfrac{\alpha}{\alpha-3} \\ 1 \end{bmatrix}$$

$$= \begin{bmatrix} 1 & \dfrac{4}{3} & -\dfrac{4}{\alpha-3}-\dfrac{2\alpha-3}{(\alpha-3)^2} \\ 0 & 1 & -\dfrac{3}{\alpha-3} \\ 0 & 0 & 1 \end{bmatrix}$$

$$\times \begin{bmatrix} \left[-\dfrac{1}{3}+\dfrac{2\alpha-3}{(\alpha-3)^2}\right]e^{(1-\alpha)t}+\dfrac{\alpha}{\alpha-3}t\,e^{(1-\alpha)t} \\ \dfrac{\alpha}{\alpha-3}e^{(1-\alpha)t} \\ e^{-2t} \end{bmatrix}$$

$$= \begin{bmatrix} \left[-\dfrac{1}{3}+\dfrac{2\alpha-3}{(\alpha-3)^2}+\dfrac{4}{3}\cdot\dfrac{\alpha}{\alpha-3}\right]e^{(1-\alpha)t} \\ \qquad +\dfrac{\alpha}{\alpha-3}t\,e^{(1-\alpha)t}-\left[\dfrac{4}{\alpha-3}+\dfrac{2\alpha-3}{(\alpha-3)^2}\right]e^{-2t} \\ \dfrac{\alpha}{\alpha-3}e^{(1-\alpha)t}-\dfrac{3}{\alpha-3}e^{-2t} \\ e^{-2t} \end{bmatrix}$$

$\boldsymbol{x}$ の各成分量の表示式により，$t\to\infty$ のとき，$\boldsymbol{x}$ が $\begin{bmatrix} 0 \\ 0 \\ 0 \end{bmatrix}$ に限りなく近づく条件は

$$\alpha > 1 \quad (\alpha \neq 3)$$

である．

問題研究

3.1　次の微分方程式を解け．

$$\frac{dy}{dx} + y\sin x = \sin x$$　（東大）

3.2　（1）　微分方程式

$$\frac{dy}{dx} + P(x) + Q(x)y + R(x)y^2 = 0 \quad (R(x) \neq 0)$$

は，$y = \dfrac{1}{R(x)u}\dfrac{du}{dx}$ なる変換で u に関する線形微分方程式となることを示せ．

（2）　次の微分方程式の解で，$x = 0$ において $y = -\dfrac{4}{3}$ となるものを求めよ．

$$\frac{dy}{dx} + 2e^{2x} + y + e^{-2x}y^2 = 0$$　（東大工）

3.3　常微分方程式

$$\frac{dy}{dx} - y^2 + (2x+1)y - (1 + x + x^2) = 0$$

の一つの特解を利用して，一般解を求めよ．　（東大理）

3.4　以下の常微分方程式の一般解 $y = f(x)$ をそれぞれ求めよ．

（1）　$y\dfrac{dy}{dx} = e^{-x}$　　（2）　$\dfrac{dy}{dx} = x + y$　　（3）　$\dfrac{d^2y}{dx^2} - \left(\dfrac{dy}{dx}\right)^2 = 0$

（4）　$\dfrac{d^2y}{dx^2} + 2\dfrac{dy}{dx} + 2y = 0$　　（5）　$\dfrac{d^2y}{dx^2} + 2\dfrac{dy}{dx} + 2y = xe^{-2x}$

（6）　$\dfrac{d^2y}{dx^2} + 2\dfrac{dy}{dx} + 2y = 2e^x\cos x$　（東大†，電通大*，東工大*）

3.5　実変数 x についての次の無限級数

$$F(x) = 1 + \frac{1}{2}x^2 + \frac{1}{2}\frac{3}{4}x^4 + \cdots + \frac{1\cdot 3\cdot\cdots\cdot(2n-1)}{2\cdot 4\cdot\cdots\cdot(2n)}x^{2n} + \cdots$$

を $F(x) = \displaystyle\sum_{n=0}^{\infty} a_n x^{2n}$ と書くことにする．以下の問に答えよ．

（1）　級数 $F(x)$ の収束半径，または収束する x の範囲を求めよ．

（2）　係数 a_n の間に

$2na_n = (2n-1)a_{n-1}$ $(n \geqq 1)$，　$a_0 = 1$

なる関係がある．これを使って関数 $F(x)$ のみたす微分方程式を求めよ．

（3） 前問で求めた微分方程式を解いて，$F(0)=1$ をみたす解を初等関数で表わせ． （東大理）

3.6 $\dfrac{d^2y}{dx^2}+a^2y=ax^2$ の一般解を導き，かつ境界条件

$$y(0)=\frac{-2}{a^3},\quad y\left(\frac{\pi}{2a}\right)=\frac{-2}{a^3}+\frac{\pi^2}{4a^3}$$

をみたす解を求めよ．ただし，a^2 は正の定数とする． （東大理）

3.7 関数 $y(x)$ についての以下の二つの微分方程式の一般解を求めよ．なお，$y'\equiv\dfrac{dy}{dx}$，$y''\equiv\dfrac{d^2y}{dx^2}$ の意味である．

（a） $y''+2y'-3y=9e^{2x}$

（b） $x^2y''-6y=5x^4$ （京大）

3.8 微分方程式

$$\ddot{x}+x+\mathrm{sgn}(\dot{x})=0$$

の解を $x(t)$ とする $(0\leqq t<\infty)$．ここで $\dot{x}=\dfrac{dx}{dt},\ddot{x}=\dfrac{d^2x}{dt^2}$ である．また

$$\mathrm{sgn}\,(x)=\begin{cases}1 & (x>0)\\ -1 & (x<0)\end{cases}$$

で $\mathrm{sgn}(0)$ は -1 から 1 の間の任意の値をとり得るものとする．$x(0)=4,\dot{x}(0)=0$ の初期条件のもとで $x(t)$ を求め図示せよ． （東大工†）

3.9 次の微分方程式の一般解を求めよ．

$$x^2\frac{d^2y}{dx^2}+2x\frac{dy}{dx}-6y=x\log x$$ （東工大）

3.10 t を時間とし，次の方程式に従って xy 平面上を運動する点Pがある．

$$\frac{dx}{dt}=x-xy,\quad \frac{dy}{dt}=-y+xy$$

（1） 時間が経過しても，Pがそのまま静止し続けるような位置（平衡点）を求めよ．

（2） （1）の平衡点からわずかにはずれたときのPの運動を，微小変位に関する線形近似を用いて調べよ．

（3） Pの軌跡を表わす x と y の間の関係式を求めよ． （東大理）

3.11 微分方程式

$$y\,dx+(x-x^3y^2)\,dy=0 \tag{A}$$

について，次の問に答えよ．

（1）（A）の両辺に $x^m y^n$ を乗じたとき，微分方程式が

$$\frac{\partial f}{\partial x}dx + \frac{\partial f}{\partial y}dy = 0 \qquad \text{(B)}$$

の形になるための m, n の条件を求めよ．ただし，$f = f(x, y)$ である．

（2）（A）の微分方程式を解け．　（東大工）

3.12 以下の問題において，$'$ は $\dfrac{d}{dx}$，$''$ は $\dfrac{d^2}{dx^2}$ を表わすものとする．

（1）線形微分方程式

$$P_0(x)y'' + P_1(x)y' + P_2(x)y = 0$$

が完全微分形，すなわち，

$$P_0(x)y'' + P_1(x)y' + P_2(x)y \equiv \frac{d}{dx}Q(x, y(x), y'(x)) = 0$$

となるための十分条件は

$$P_0''(x) - P_1'(x) + P_2(x) = 0 \qquad \text{(A)}$$

であることを示せ．

（2）（1）における（A）の条件は必要条件でもあることを示せ．

（3）次の微分方程式

$$x(x+1)y'' + 4(x+1)y' + 2y = 0$$

を初期条件

$$x = -\frac{3}{2} \text{ のとき；} y = 1,\quad y' = 0$$

のもとで解け．　（東大工）

3.13 微分方程式

$$\frac{d^2y}{dx^2} + (d - \lambda)y = 0 \quad (0 < x < 1), \quad \frac{d^2y}{dx^2} - \lambda y = 0 \quad (1 < x)$$

および境界条件

$$\lim_{x \to +0} y(x) = \lim_{x \to +\infty} y(x) = 0$$

を満足し，$x > 0$ において $y(x)$ も $\dfrac{dy}{dx}$ も連続であるような恒等的に 0 ではない解 $y(x)$ を求める問題について，以下の問に答えよ．ただし，定数 d, λ は $d > \lambda > 0$ という関係にあるとする．

（i）解が存在するためには定数 d と λ はいかなる関係をみたさなければならないか．

（ii）与えられた一つの d に対して（i）の条件を満足する λ が何個あるかを調べよ．　（東大工†）

3.14　a, b は正の定数である．微分方程式

$$\frac{d^2y}{dx^2} + a\left(\frac{dy}{dx}\right)^2 = b$$

を初期条件 $x = 0$ のとき $y = 0$, $\dfrac{dy}{dx} = 0$ の条件下で解き，かつその解の x が大きいときに通用する近似式を導け．（東大工）

3.15　次の微分方程式系で定義される実変数 t の実関数 x, y および z を考える．

$$\frac{dx}{dt} = yz, \quad \frac{dy}{dt} = -zx, \quad \frac{dz}{dt} = -\lambda xy$$

ただし，初期条件は $t = 0$ で $x = 0, y = z = 1$ とする．

以下の問いに答えよ．

（1）x, y および z の $t = 0$ のまわりの展開式を t^2 まで求めよ．

（2）y および z を x の関数として表わせ．ただし，y および z は正とする．

（3）$\lambda = 0$ および $\lambda = 1$ の場合に，x, y および z を t の関数として求めよ．

（東大理）

3.16　微分方程式

$$\frac{d^2y}{dx^2} + k^2 e^y = 0 \quad (0 \leqq x \leqq 1, \quad k > 0)$$

の解を求めよ．（東大工†）

3.17　（1）$I(0) = \displaystyle\int_0^\infty e^{-x^2}\,dx$ を求めよ．

（2）$I(\beta) = \displaystyle\int_0^\infty e^{-x^2}\cos\beta x\,dx$

を β について微分して $\dfrac{dI}{d\beta} + \dfrac{\beta}{2}I = 0$ を示せ．

（3）（1），（2）の結果を用いて $I(\beta)$ を求めよ．

（東大理，阪市大，新潟大）

3.18　A を $n \times n$ の対角化可能な行列とするとき，ベクトル $\boldsymbol{x}$ の微分方程式

$$\frac{d\boldsymbol{x}}{dt} = A\boldsymbol{x} \qquad ①$$

について次の問に答えよ．

（a）Λ を対角行列として，$P^{-1}AP = \Lambda$ が成り立つとき，$\boldsymbol{y} = P^{-1}\boldsymbol{x}$ とすると，

$$\frac{d\boldsymbol{y}}{dt} = \Lambda\boldsymbol{y}$$

が成立することを示せ．

（b）A の固有値を $\lambda_1, \lambda_2, \cdots, \lambda_n$ とすると，

$$\boldsymbol{y} = \begin{bmatrix} c_1 \exp(\lambda_1 t) \\ c_2 \exp(\lambda_2 t) \\ \vdots \\ c_n \exp(\lambda_n t) \end{bmatrix}$$

となることを示せ.

（c）　$A = \begin{bmatrix} 1 & 0 & 0 \\ 0 & 3 & 2 \\ 1 & 2 & 3 \end{bmatrix}$ としたときの①の微分方程式の一般解を求めよ.

（東大理）

3.19　x の関数 $y_1(x), y_2(x), y_3(x)$ についての微分方程式

$$\frac{d}{dx}\begin{bmatrix} y_1 \\ y_2 \\ y_3 \end{bmatrix} = A(y_1, y_2, y_3)\begin{bmatrix} y_1 \\ y_2 \\ y_3 \end{bmatrix} \qquad ①$$

において，$A(y_1, y_2, y_3)$ は 3 行 3 列の反対称行列 $(a_{ij} = -a_{ji})$ で，それぞれの成分は

$$\sum_{k=1}^{3} \partial a_{ik}/\partial y_k = 0 \quad (i = 1, 2, 3) \qquad ②$$

を満足している．次の設問に答えよ.

（a）　$y_1^2 + y_2^2 + y_3^2$ は x によらないことを示せ.

（b）　$b_k = a_{ij}$($i, j, k = 1, 2, 3$ およびその循環置換) と置き，②を書きかえることによって，ある関数 $B(y_1, y_2, y_3)$ が存在し，$b_k = \partial B/\partial y_k$ で表わされることを示せ.

（c）（b）の結果を使って，$B(y_1, y_2, y_3)$ も x によらないことを示せ.

（d）　$B = \dfrac{1}{2}C(y_1^2 + y_2^2) + \dfrac{1}{2}Dy_3^2$($C, D$ は定数) のとき，微分方程式①を解け.

（東大理）

3.20　xy−平面上の動点 $\mathrm{P} = \mathrm{P}(x, y)$ の座標 x, y は時間 t に対して

$$\left.\begin{aligned} \frac{dx}{dt} &= -|y| \\ \frac{dy}{dt} &= |x| \end{aligned}\right\} \quad (t \geqq 0)$$

をみたし，かつ，$t = 0$ において $x = a, y = b$ なるものとする.

（i）　特に $b = 0$ であるとき，動点 P が点 $(-1, 2)$ を通るためには，a がどのような値でなくてはならないか.

（ii）　$t \to +\infty$ につれて，動点 P が有限確定な 1 点に限りなく近づくのは，a, b がいかなる条件を満足するときか.

（東大工，東工大*）

3.21 $y' + p(x)y = q(x)y^n \quad (n \neq 0, 1)$　①

をベルヌーイの微分方程式と呼ぶ.

（1） $z = y^{1-n}$ とおくことによって，①は線形微分方程式

$$z' + (1-n)p(x)z = (1-n)q(x) \quad ②$$

に変換されることを示せ.

（2） $(x^2 + a^2)y' + xy = bxy^2$　③

を線形微分方程式に変換せよ.

（3） （2）で求めた線形微分方程式の斉次線形微分方程式を解け.

（4） ③の解を求めよ.　（東大工）

3.22 2 次元 (x, y) 平面の上半面 $(-\infty < x < \infty, y > 0)$ における，なめらかな曲線を考える．曲線は，実数パラメータ s によって $(x(s), y(s))$ と表わされ，次の微分方程式をみたすものとする.

$$\left.\begin{aligned} yx'' - 2x'y' &= 0 \\ yy'' + x'^2 - y'^2 &= 0 \end{aligned}\right\} \quad (1)$$

ただし，関数 $x(s)$ は 2 階微分可能で，$x' = dx/ds, x'' = d^2x/ds^2$ および $x'^2 = (dx/ds)^2$ である．関数 $y(s)$ についても同様である．以下の設問に答えよ.

（a） 新しい変数

$$X = \frac{x'}{y}, \quad Y = \frac{y'}{y} \quad (2)$$

を導入して，変数 $X(s)$ と $Y(s)$ のみたすべき方程式を求めよ．さらに，次の関係

$$X^2 + Y^2 = C \quad (3)$$

が成り立つことを示せ．ただし，C は定数である.

（b） （1）をみたす $(x(s), y(s))$ はどのような曲線群を表わすか．$X = 0$ と $X \neq 0$ の場合に分けて，それぞれについて求めよ．ただし，$C = 1$ としてよい.　（東大理）

3.23 時間 t の関数 $y(t)$ に関する非線形常微分方程式

$$\frac{d^2y}{dt^2} + y = \varepsilon y^3$$

を，$t = 0$ における初期条件

$$y = 1, \quad \frac{dy}{dt} = 0$$

のもとで考察する．ただし，ε は微小な正の定数とする．必要なら，i を虚数単位として，恒等式

$$(\cos\theta + i\sin\theta)^3 = \cos 3\theta + i\sin 3\theta$$

を用いて，以下の設問に答えよ．

（a）y を ε に関し，

$$y(t\,;\,\varepsilon) = \sum_{n=0}^{\infty} \varepsilon^n y_n(t)$$

と展開するとき，y_0, y_1 に対する方程式および初期条件を求めよ．

（b）前問の各方程式を解き，y_0, y_1 を求めよ．

（c）前問の結果より，この展開にもとづく解の適否を，t が大きくなった場合について論ぜよ．（東大理）

3.24 以下の常微分方程式の一般解を求めよ．

（1）$\dfrac{dy}{dx} + y\cos x = \sin x \cos x$

（2）$\dfrac{dy}{dx} + y = 3e^x y^3$

（3）$(1+x)\dfrac{d^2y}{dx^2} + x\dfrac{dy}{dx} - y = 0$ （東北大）

3.25 微分方程式に関する以下の問に答えよ．必要であれば，公式 $\displaystyle\int_{-\infty}^{\infty} \exp(-x^2)\,dx = \sqrt{\pi}$ を用いてよい．

関数 $f(u)$ を

$$f(u) = \int_{-\infty}^{\infty} \exp(-ax^2 + iux)\,dx$$

で定義する．ただし，u は実数であり，$a > 0$ とする．i は虚数単位である．

（a）関数 $f(u)$ が，次の微分方程式をみたすことを示せ．

$$\frac{d}{du}f(u) + \frac{u}{2a}f(u) = 0$$

（b）微分方程式を解いて，$f(u)$ を求めよ．

（阪大，熊大*，筑大*，阪市大*）

3.26 連立微分方程式

$$\begin{cases} \dfrac{dx(t)}{dt} = iAx(t) + iBy(t) \\[2ex] \dfrac{dy(t)}{dt} = iBx(t) - iAy(t) \end{cases}$$

を，初期条件 $x(0) = 1, y(0) = 0$ として解き，解 $x(t), y(t)\,(t > 0)$ を求めよ．ただし，i は虚数単位，A, B は実数の定数である．（阪大）

2　偏微分方程式

§1　1 階偏微分方程式

1.1　偏微分方程式

独立変数 $x_1, x_2, \cdots, x_n$ と，それらの関数 $z(x_1, x_2, \cdots, x_n)$ およびその偏導関数を含む方程式

$$F\left(x_i, y, \frac{\partial z}{\partial x_i}, \frac{\partial^2 z}{\partial x_i \partial x_j}, \frac{\partial^3 z}{\partial x_i \partial x_j \partial x_k}, \cdots\right) = 0 \tag{3.69}$$

を**偏微分方程式**，その中に含まれる最高階偏導関数の階数を，偏微分方程式の**階数**と呼ぶ．

1.2　1 階偏微分方程式

独立変数を $x_1 \equiv x$, $x_2 \equiv y$，未知関数を $z(x, y)$, $\dfrac{\partial z}{\partial x} = p$, $\dfrac{\partial z}{\partial y} = q$ とおくと，1 階偏微分方程式は次のように表わされる：

$$F(x, y, z, p, q) = 0 \tag{3.70}$$

1.3　1 階準線形偏微分方程式

$$P(x, y, z)p + Q(x, y, z)q = R(x, y, z) \tag{3.71}$$

の形の偏微分方程式を**ラグランジュの偏微分方程式**ともいう．これを解くには，まず

$$\frac{dx}{P} = \frac{dy}{Q} = \frac{dz}{R} \tag{3.72}$$

を解く．その解 $u(x, y, z) = a$, $v(x, y, z) = b$ と，任意の 2 変数の積 f からつくった

$$f(u, v) = 0 \tag{3.73}$$

が求める一般解である．

§2　2 階偏微分方程式

2.1　独立変数を x, y，未知関数を $z(x, y)$, $\dfrac{\partial z}{\partial x} = p$, $\dfrac{\partial z}{\partial y} = q$, $\dfrac{\partial^2 z}{\partial x^2} = r$, $\dfrac{\partial^2 z}{\partial x \partial y} = s$, $\dfrac{\partial^2 z}{\partial y^2} = t$ とおくと，2 階偏微分方程式は次のように表わされる：

$$F(x, y, z, p, q, r, s, t) = 0 \tag{3.74}$$

または

$$A\frac{\partial^2 z}{\partial x^2} + 2B\frac{\partial^2 z}{\partial x \partial y} + C\frac{\partial^2 z}{\partial y^2} + D\frac{\partial z}{\partial x} + E\frac{\partial z}{\partial y} + Fz + G(x, y) = 0 \quad (A\sim F：\text{係数}) \tag{3.75}$$

$G = 0$ の場合を**斉次**，$G \neq 0$ の場合を**非斉次**という．適当な変数変換を行えば，判別式 $\varDelta(x, y) = B^2 - AC$ により，以下のような標準形に分離される：

2.2　双曲形 $(\varDelta > 0)$

（1）　標準形

$$\frac{\partial^2 z}{\partial x^2} - \frac{\partial^2 z}{\partial y^2} = F_1\left(x, y, z, \frac{\partial z}{\partial x}, \frac{\partial z}{\partial y}\right) \tag{3.76}$$

（2）　波動方程式

$$u_{tt}(x, t) = a^2 u_{xx}(x, t) \tag{3.77}$$

2.3　放物形 $(\varDelta = 0)$

（1）　標準形

$$\frac{\partial^2 z}{\partial x^2} \quad \text{または} \quad \frac{\partial^2 z}{\partial y^2} = F_2\left(x, y, z, \frac{\partial z}{\partial x}, \frac{\partial z}{\partial y}\right) \tag{3.78}$$

（2）　熱伝導（または拡散）方程式

$$u_t(x, t) = k u_{xx}(x, t) \tag{3.79}$$

2.4　楕円形 $(\varDelta < 0)$

（1）　標準形

$$\frac{\partial^2 z}{\partial x^2} \quad \text{または} \quad \frac{\partial^2 z}{\partial y^2} = F_3\left(x, y, z, \frac{\partial z}{\partial x}, \frac{\partial z}{\partial y}\right) \tag{3.80}$$

（2）　ラプラスの方程式

$$u_{xx}(x, y) + u_{yy}(x, y) = 0 \tag{3.81}$$

（3）　ポアッソンの方程式

$$u_{xx}(x, y) + u_{yy}(x, y) = f(x, y) \tag{3.82}$$

2.5　変数分離形

2 階偏微分方程式の一つで，$u(x, t) = X(x)T(t)$ のように変数分離を行えば，フーリエ級数等を用いて解くことができる．ラプラス変換，グリーン関数を用いて解くことも解法の一つである．詳しい解法は例題にて述べる．

§3　偏微分方程式の差分解法

3.1　差分方程式

$u(x, y)$ の偏微分商 $\dfrac{\partial u}{\partial x}, \dfrac{\partial u}{\partial y}, \dfrac{\partial^2 u}{\partial x^2}, \dfrac{\partial^2 u}{\partial x \partial y}, \dfrac{\partial^2 u}{\partial y^2}$ は差分を用いて，次のように近似する：

前進差分を用いると

$$\frac{\partial u}{\partial x} = \frac{u(x + \varDelta x, y) - u(x, y)}{\varDelta x} \tag{3.83}$$

以下，中心差分を用いると

$$\frac{\partial u}{\partial x} = \frac{u(x + \Delta x, y) - u(x - \Delta x, y)}{2\Delta x}$$

$$\frac{\partial u}{\partial y} = \frac{u(x, y + \Delta y) - u(x, y - \Delta y)}{2\Delta y}$$

$$\frac{\partial^2 u}{\partial x^2} = \frac{u(x + \Delta x, y) - 2u(x, y) + u(x - \Delta x, y)}{\Delta x^2} \tag{3.84}$$

$$\frac{\partial^2 u}{\partial x \partial y} = \frac{\begin{array}{l} u(u + \Delta x, y + \Delta y) - u(x + \Delta x, y - \Delta y) \\ \quad - u(x - \Delta x, y + \Delta y) + u(x - \Delta x, y - \Delta y) \end{array}}{\Delta x \Delta y}$$

$$\frac{\partial^2 u}{\partial y^2} = \frac{u(x, y + \Delta y) - 2u(x, y) + u(x, y - \Delta y)}{\Delta y^2}$$

3.2 1次元の熱伝導方程式

$$\frac{\partial u}{\partial t} = k\frac{\partial^2 u}{\partial x^2} \quad (k:\text{定数}) \tag{3.85}$$

$$\frac{u(u + \Delta t, x)u(t, x)}{\Delta t} = k\frac{u(t, x + \Delta x) - 2u(t, x) + u(t, x - \Delta x)}{(\Delta x)^2} \tag{3.86}$$

t, x のきざみをそれぞれ i, j とし，$u_{i,j} = (t_i, x_j) = u(t_0 + i\Delta t, x_0 + j\Delta x)$ とおくと

$$u_{i+1,j} - u_{i,j} = \frac{k\Delta t}{(\Delta x)^2}(u_{i,j+1} - 2u_{i,j} + u_{i,j-1}) \tag{3.87}$$

$$u_{i+1,j} - u_{i,j} = \frac{k\Delta t}{(\Delta x)^2}(u_{i,j+1} - 2u_{i,j} + u_{i,j-1})$$

	Δt	Δt	
Δx	$(i-1,\ j+1)$	$(i,\ j+1)$	$(i+1,\ j+1)$
Δx	$(i-1,\ j)$	$(i,\ j)$	$(i+1,\ j)$
	$(i-1,\ j-1)$	$(i,\ j-1)$	$(i+1,\ j-1)$

格子のとり方

例題 3.15

（1）μ に関する方程式 $\dfrac{\tan\mu}{\mu}+\nu=0$（$\nu$ は正の定数）の，小さい方から n 番目の正根を μ_n とする．このとき

$$\int_0^1 \sin(\mu_n x)\sin(\mu_m x)\,dx=\begin{cases}\dfrac{1}{2}(1+\nu\cos^2\mu_n) & (n=m)\\ 0 & (n\neq m)\end{cases}$$

であることを示せ．

（2）（1）の関係を用いて次の偏微分方程式を解け．

$$\frac{\partial y}{\partial t}=\frac{\partial^2 y}{\partial x^2}$$

境界条件：$x=0$ で $y=0$，$x=1$ で $\dfrac{\partial y}{\partial x}=-\dfrac{1}{\nu}y$

初期条件：$t=0$ で $y=\sin\dfrac{\pi x}{2}$　（東大工）

【解答】（1）$n\neq m$ のとき，

$$\int_0^1 \sin(\mu_n x)\sin(\mu_m x)\,dx=-\frac{1}{2}\int_0^1\{\cos(\mu_n+\mu_m)x-\cos(\mu_n-\mu_m)x\}\,dx$$

$$=-\frac{1}{2}\left[\frac{\sin(\mu_n+\mu_m)x}{\mu_n+\mu_m}-\frac{\sin(\mu_n-\mu_m)x}{\mu_n-\mu_m}\right]_0^1$$

$$=-\frac{1}{2}\left(\frac{\sin(\mu_n+\mu_m)}{\mu_n+\mu_m}-\frac{\sin(\mu_n-\mu_m)}{\mu_n-\mu_m}\right)$$

$$=-\frac{1}{2}[(\mu_n-\mu_m)(\sin\mu_n\cos\mu_m+\cos\mu_n\sin\mu_m)$$

$$-(\mu_n+\mu_m)(\sin\mu_n\cos\mu_m-\cos\mu_n\sin\mu_m)]/(\mu_n^2-\mu_m^2)$$

$$=\frac{\mu_n\cos\mu_n\sin\mu_m-\mu_m\cos\mu_m\sin\mu_n}{\mu_n^2-\mu_m^2}\quad ①$$

一方，$\dfrac{\tan\mu}{\mu}+\nu=0$ より，

$$\begin{cases}-(\sin\mu_n\sin\mu_m)/\nu=\mu_n\cos\mu_n\sin\mu_m\\ -(\sin\mu_m\sin\mu_n)/\nu=\mu_m\cos\mu_m\sin\mu_n\end{cases}$$

ゆえに，① $=0$.

$n=m$ のとき，

$$\int_0^1 \sin^2 \mu_n x\, dx = \frac{1}{2}\int_0^1 (1 - \cos 2\mu_n x)\, dx = \frac{1}{2}\left[x - \frac{\sin 2\mu_n x}{2\mu_n}\right]_0^1$$

$$= \frac{1}{2}\left(1 - \frac{\sin 2\mu_n x}{2\mu_n}\right) = \frac{1}{2}\left(1 - \frac{2\sin\mu_n \cos\mu_n}{2\mu_n}\right)$$

$$= \frac{1}{2}\left(1 - \frac{\tan\mu_n}{\mu_n}\cos^2\mu_n\right) = \frac{1}{2}(1 + \nu\cos^2\mu_n)$$

（2） $y = X(x)T(t)$ とおくと，境界条件より，

$$y(0, t) = X(0)T(t) = 0 \qquad \therefore \quad X(0) = 0 \qquad ②$$

$$y'(1, t) = X'(1)T(t) = \frac{-1}{\nu}X(1)T(t) \qquad \therefore \quad X'(1) = -\frac{1}{\nu}X(1) \qquad ②'$$

偏微分方程式より，$XT' = X''T$ が得られる．

ゆえに，

$$\frac{T'}{T} = \frac{X''}{X} = -\mu^2 \quad (\mu > 0) \qquad ③$$

とおくと，③より

$$X'' = -\mu^2 X \qquad \therefore \quad X = c_1\cos\mu x + c_2\sin\mu x \qquad ④$$

②，②′ より

$$\begin{cases} 0 = c_1 \\ -\mu c_1\sin\mu + \mu c_2\cos\mu = -\dfrac{1}{\nu}(c_1\cos\mu + c_2\sin\mu) \end{cases}$$

$$\therefore \quad c_1 = 0, \quad \frac{\tan\mu}{\mu} + \nu = 0 \quad (n\ \text{番目の正根}: \mu_n)$$

これを④に代入すると，

$$X = X_n(x) = B_n\sin\mu_n x \quad (B_n : \text{定数})$$

③より

$$T' = -\mu_n^2 T$$

$$\therefore \quad T = T_n(t) = K_n e^{-\mu_n^2 t} \quad (K_n : \text{定数})$$

$$\therefore \quad X_n T_n = B_n K_n e^{-\mu_n^2 t}\sin\mu_n x$$

$$y = \sum_{n=1}^{\infty} B_n K_n e^{-\mu_n^2 t}\sin\mu_n x \qquad ⑤$$

とすると，初期条件より

$$\sum_{n=1}^{\infty} B_n K_n \sin\mu_n x = \sin\frac{\pi}{2}x$$

両辺に $\sin\mu_n x$ を掛けて 0 から 1 に渡って積分し，左辺に(1)の結果を用いると，

$$B_nK_n\frac{1+\nu\cos^2\mu_n}{2}=\int_0^1\sin\frac{\pi}{2}x\sin\mu_n x\,dx$$

$$=\int_0^1\left(-\frac{1}{2}\right)\left\{\cos\left(\frac{\pi}{2}+\mu_n\right)x-\cos\left(\frac{\pi}{2}-\mu_n\right)x\right\}dx$$

$$=-\frac{1}{2}\left[\frac{\sin(\pi/2+\mu_n)x}{\pi/2+\mu_n}-\frac{\sin(\pi/2-\mu_n)x}{\pi/2-\mu_n}\right]_0^1$$

$$=-\frac{1}{2}\left(\frac{\cos\mu_n}{\pi/2+\mu_n}-\frac{\cos\mu_n}{\pi/2-\mu_n}\right)$$

$$=\frac{4\mu_n\cos\mu_n}{\pi^2-4\mu_n^2}$$

$$\therefore\quad B_nK_n=\frac{8\mu_n}{\pi^2-4\mu_n^2}\frac{\cos\mu_n}{1+\nu\cos^2\mu_n}\quad(n=1,2,\cdots)$$

⑤に代入すると

$$y(x,t)=\sum_{n=1}^{\infty}\frac{8\mu_n}{\pi^2-4\mu_n^2}\frac{\cos\mu_n}{1+\nu\cos^2\mu_n}e^{-\mu_n^2t}\sin\mu_n x$$

〈注〉 一般に，$\dfrac{T'}{T}=\dfrac{X''}{X}=\lambda$.

$\lambda>0$ のとき $X''=\lambda X \Longrightarrow X=Ae^{\sqrt{\lambda}x}+Be^{-\sqrt{\lambda}x}$

②より

$$\begin{cases}0=A+B\\ \sqrt{\lambda}\,A\,e^{\sqrt{\lambda}}-\sqrt{\lambda}\,B\,e^{-\sqrt{\lambda}}=-\dfrac{1}{\nu}(A\,e^{\sqrt{\lambda}}+B\,e^{-\sqrt{\lambda}})\end{cases}\Longrightarrow A=B=0$$

このとき，解は $y(x,t)\equiv 0$ なので，これは適当ではない．

$\lambda=0$ のとき $X''=0 \Longrightarrow X=c_1x+c_2$

③より

$$\begin{cases}0=c_2\\ c_1=-\dfrac{1}{\nu}(c_1+c_2)\end{cases}\Longrightarrow c_1=c_2=0$$

このときも同様に適当ではない．したがって，$\lambda<0$. ゆえに，$\lambda=-\mu^2(\mu>0)$ となる．

例題 3.16

（1） 偏微分方程式

$$\frac{\partial y(x, t)}{\partial t} = \alpha \frac{\partial^2 y(x, t)}{\partial x^2} \quad (0 \leqq t,\ \ 0 \leqq x \leqq l,\ \ \alpha \text{は正の定数})$$

を，初期条件：$t = 0$ で $y = A$

境界条件：$x = 0$ で $y = B$

$x = l$ で $y = C$

のもとで解け．ただし，A, B, C は正の定数である．

（2） 変数 $x_i(t), y(x_i)$ が偏微分方程式

$$\frac{dx_i}{dt} = -\frac{\partial y}{\partial x_i} \quad (i = 1, 2, 3, 4)$$

をみたしており，その初期条件を

$$x_1(0) = 1,\ \ x_2(0) = 2,\ \ x_3(0) = 2,\ \ x_4(0) = 1$$

とする．いま，

$$y = x_1^4 + 2x_2^3 + 3x_3^2 + 4x_4$$

であるとき，$x_i (i = 1, 2, 3, 4)$ を求めよ．　（東大工）

【解答】 （1） $y = \eta + B + \dfrac{C - B}{l} x$

とおくと，$\dfrac{\partial y}{\partial t} = \dfrac{\partial \eta}{\partial t}, \dfrac{\partial^2 y}{\partial x^2} = \dfrac{\partial^2 \eta}{\partial x^2}$．ゆえに与式は

$$\frac{\partial \eta}{\partial t} = \alpha \frac{\partial^2 \eta}{\partial x^2}$$

初期条件，境界条件は

$$\eta(x, 0) = y(x, 0) - B - \frac{C - B}{l} x = A - B - \frac{C - B}{l} x \qquad ①$$

$$\eta(0, t) = y(0, t) - B - \frac{C - B}{l} \times 0 = 0 \qquad ②$$

$$\eta(l, t) = y(l, t) - B - \frac{C - B}{l} \times l = 0 \qquad ③$$

そこで $\eta(x, t) = X(x) T(t)$ とおくと，

$$XT' = \alpha X'' T \qquad \therefore\ \ \frac{X''}{X} = \frac{1}{\alpha} \frac{T'}{T} = -\lambda^2 \quad (\lambda > 0) \qquad ④$$

とおくと，$X'' = -\lambda^2 X \qquad \therefore\ \ X = C_1 \cos \lambda x + C_2 \sin \lambda x$　⑤

②，③より $X(0)=X(l)=0$

⑤に代入すると

$$\begin{cases} 0 = C_1 \\ 0 = C_1 \cos \lambda l + C_2 \sin \lambda l \end{cases} \Longrightarrow C_1 = 0, \quad \sin \lambda l = 0$$

$$\sin \lambda l = 0 \Longrightarrow \lambda = \lambda_n = \frac{n\pi}{l} \quad (n = 1, 2, \cdots)$$

⑤に代入すると

$$X = X_n(x) = B_n \sin \lambda_n x = B_n \sin \frac{n\pi}{l} x \quad (B_n : \text{定数})$$

④より

$$T' = -\alpha\lambda^2 T \Longrightarrow T = D\, e^{-\alpha\lambda^2 t}$$

$$T_n = D_n\, e^{-\alpha\lambda_n^2 t} = D_n \exp\left\{-\alpha\left(\frac{n\pi}{l}\right)^2 t\right\} \quad (D_n : \text{定数})$$

$$\eta(x, t) = \sum_{n=1}^{\infty} X_n(x)\, T_n(t)$$

$$= \sum_{n=1}^{\infty} B_n D_n \exp\left\{-\alpha\left(\frac{n\pi}{l}\right)^2 t\right\} \sin \frac{n\pi}{l} x \qquad ⑥$$

①より $\sum_{n=1}^{\infty} B_n D_n \sin \frac{n\pi}{l} x = A - B - \frac{C-B}{l} x$

$B_n D_n$ は $A - B - \frac{C-D}{l} x$ のフーリエ正弦級数の係数なので，

$$B_n D_n = \frac{2}{l}\int_0^l \left\{A - B - \frac{C-B}{l}x\right\} \sin \frac{n\pi}{l} x\, dx$$

$$= \frac{2}{l}(A-B)\int_0^l \sin\frac{n\pi}{l}x\,dx - \frac{2}{l}\cdot\frac{C-B}{l}\int_0^l x \sin\frac{n\pi}{l}x\,dx$$

$$= \frac{2}{l}(A-B)\left[-\frac{l}{n\pi}\cos\frac{n\pi}{l}x\right]_0^l$$

$$-\frac{2}{l}\cdot\frac{C-B}{l}\left\{\left[-\frac{l}{n\pi}\cos\frac{n\pi}{l}x\cdot x\right]_0^l + \frac{l}{n\pi}\int_0^l \cos\frac{n\pi}{l}x\,dx\right\}$$

$$= \frac{2}{n\pi}[A - B + (-1)^n (C - A)]$$

⑥に代入すると

$$\eta(x, t) = \sum_{n=1}^{\infty} \frac{2}{n\pi}[A - B + (-1)^n(C - A)] \exp\left\{-\alpha\left(\frac{n\pi}{l}\right)^2 t\right\} \sin\frac{n\pi}{l}x$$

$$\therefore \quad y(x,t)=\eta(x,t)+B+\frac{C-B}{l}x$$

$$=B+\frac{C-B}{l}x+\sum_{n=1}^{\infty}\frac{2}{n\pi}[A-B+(-1)^n(C-A)]$$

$$\times\exp\left\{-\alpha\left(\frac{n\pi}{l}\right)^2t\right\}\sin\frac{n\pi}{l}x$$

（2） $y=x_1^4+2x_2^3+3x_3^2+4x_4$

$\dfrac{dx_1}{dt}=-\dfrac{\partial y}{\partial x_1}$ より，

$$\frac{dx_1}{dt}=-4x_1^3 \Longrightarrow -\frac{1}{8}x_1^{-2}=-t+C_1 \quad (C_1：定数)$$

$x_1(0)=1$ より，

$$-\frac{1}{8}=C_1 \Longrightarrow C_1=-\frac{1}{8} \qquad \therefore \quad x_1(t)=\frac{1}{\sqrt{8t+1}}$$

$\dfrac{dx_2}{dt}=-\dfrac{\partial y}{\partial x_2}$ より，

$$\frac{dx_2}{dt}=-6x_2^2 \Longrightarrow -\frac{1}{x_2}=-6t+C_2 \quad (C_2：定数)$$

$x_2(0)=2$ より，

$$-\frac{1}{2}=C_2 \Longrightarrow C_2=-\frac{1}{2} \qquad \therefore \quad x_2(t)=\frac{1}{12t+1}$$

$\dfrac{dx_3}{dt}=-\dfrac{\partial y}{\partial x_3}$ より，

$$\frac{dx_3}{dt}=-6x_3 \Longrightarrow x_3=C_3e^{-6t} \quad (C_3：定数)$$

$x_3(0)=2$ より，

$$2=C_3 \Longrightarrow C_3=2 \qquad \therefore \quad x_3(t)=2e^{-6t}$$

$\dfrac{dx_4}{dt}=-\dfrac{\partial y}{\partial x_4}$ より，

$$\frac{dx_4}{dt}=-4 \Longrightarrow x_4=-4t+C_4 \quad (C_4：定数)$$

$x_4(0)=1$ より，

$$1=C_4 \Longrightarrow C_4=1 \qquad \therefore \quad x_4(t)=-4t+1$$

例題 3.17

偏微分方程式

$$\frac{\partial^2 f(x, t)}{\partial t^2} = c^2 \frac{\partial^2 f(x, t)}{\partial x^2} \quad (0 \leqq t, 0 \leqq x \leqq l, c \text{ は正の常数}) \tag{a}$$

を境界条件,

$$f(0, t) = 0, \quad f(l, t) = 0 \quad (0 < t) \tag{b}$$

初期条件,

$$f(x, 0) = a\left(\sin\frac{\pi x}{l} - \sin\frac{3\pi x}{l}\right)$$

$$\frac{\partial f(x, 0)}{\partial t} = 0 \tag{c}$$

$(0 \leqq x \leqq l, a$ は正の常数$)$

の下で，変数分離法で解いてみよう．

(1) $f(x, t) = A(x)B(t)$ とおくと，(a)より $A(x), B(t)$ に関する二つの線形常微分方程式が得られることを示せ．

(2) (1)で求めた二つの常微分方程式より得られる $f(x, t)$ の一般解をすべて求めよ．

(3) (2)で求めた解のうち，(b)の境界条件を満足する解を求めよ．

(4) (3)で求めた解を重ね合わせて，(c)の初期条件を満足する解を求めよ．

(東大工，立命大*，法大*)

【解答】 (1) $f(x, t) = A(x)B(t)$ とおくと，

$$\frac{A''}{A} = \frac{1}{c^2}\frac{B''}{B} = -\lambda^2 \quad (\lambda > 0)$$

であるから，$A(x), B(t)$ に関する二つの線形常微分方程式

$$A'' = -\lambda^2 A \tag{①}$$

$$B'' = -\lambda^2 c^2 B \tag{②}$$

(2) ①より　$A(x) = c_1 \cos\lambda x + c_2 \sin\lambda x$
　　②より　$B(t) = c_3 \cos\lambda ct + c_4 \sin\lambda ct$　③

ゆえに，一般解は

$$f(x, t) = A(x)B(t) = (c_1 \cos\lambda x + c_2 \sin\lambda x)(c_3 \cos\lambda ct + c_4 \sin\lambda ct)$$

(3) (b)の境界条件より

$$A(0) = A(l) = 0$$

これを③に代入すると

$$\begin{cases} 0 = c_1 \\ 0 = c_1 \cos \lambda l + c_2 \sin \lambda l \end{cases}$$

$$\therefore \quad c_1 = 0, \quad \sin \lambda l = 0$$

$\sin \lambda l = 0$ より

$$\lambda = \lambda_n = \frac{n\pi}{l} \quad (n = 1, 2, \cdots)$$

③に代入すると

$$A(x) = A_n(x) = A_n \sin \frac{n\pi}{l} x \quad (A_n : \text{定数})$$

これに対応して，

$$B(t) = B_n(t) = B_n \cos \frac{n\pi c}{l} t + B_n' \sin \frac{n\pi c}{l} t \quad (B_n, B_n' : \text{定数})$$

よって，(b)の境界条件をみたす解は

$$f(x, t) = A_n \sin \frac{n\pi}{l} x \left(B_n \cos \frac{n\pi c}{l} t + B_n' \sin \frac{n\pi c}{l} t \right)$$

（4）（3）で求めた解を重ね合わせて，

$$f(x, t) = \sum_{n=1}^{\infty} A_n \sin \frac{n\pi}{l} x \left(B_n \cos \frac{n\pi c}{l} t + B_n' \sin \frac{n\pi c}{l} t \right) \qquad ④$$

$$\frac{\partial f(x, t)}{\partial t} = \sum_{n=1}^{\infty} A_n \sin \frac{n\pi}{l} x \left(- B_n \frac{n\pi c}{l} \sin \frac{n\pi c}{l} t + B_n' \frac{n\pi c}{l} \cos \frac{n\pi c}{l} t \right)$$

ここで，(c)の初期条件より

$$\begin{cases} a \left(\sin \dfrac{\pi x}{l} - \sin \dfrac{3\pi x}{l} \right) = \displaystyle\sum_{n=1}^{\infty} A_n B_n \sin \frac{n\pi}{l} x \\ 0 = \displaystyle\sum_{n=1}^{\infty} A_n B_n' \frac{n\pi c}{l} \sin \frac{n\pi}{l} x \end{cases}$$

$$\therefore \quad A_1 B_1 = a, \quad A_3 B_3 = - a, \quad A_n B_n = 0 \quad (n \neq 1, 3), \quad A_n B_n' = 0$$

④に代入すると，

$$f(x, t) = A_1 B_1 \sin \frac{\pi x}{l} \cos \frac{\pi c}{l} t + A_3 B_3 \sin \frac{3\pi x}{l} \cos \frac{3\pi c}{l} t$$

$$= a \sin \frac{\pi x}{l} \cos \frac{\pi c}{l} t - a \sin \frac{3\pi x}{l} \cos \frac{3\pi c}{l} t$$

例題 3.18

$u = u(x, y)$ に関する偏微分方程式

$$\frac{\partial^2 u}{\partial x^2} + \frac{\partial^2 u}{\partial y^2} = 0 \quad (0 < x < a,\quad 0 < y < b)$$

を境界条件

$$u(x, 0) = \frac{x}{a},\quad u(0, y) = 0,\quad u(x, b) = 0,\quad u(a, y) = \cos\left(\frac{\pi y}{2b}\right)$$

のもとで解け.　(東大工，千葉大*)

【解答】 $u(x, y) + \dfrac{x(y-b)}{ab} = v(x, y)$ とおくと，偏微分方程式は次のようになる：

$$\frac{\partial^2 v}{\partial x^2} + \frac{\partial^2 v}{\partial y^2} = 0$$

境界条件はそれぞれ次のようになる：

$$v(x, 0) = v(0, y) = v(x, b) = 0$$

$$v(a, y) = \cos\left(\frac{\pi y}{2b}\right) + \frac{y-b}{b} \qquad ①$$

$v(x, y) = X(x)Y(y)$ とおくと

$$-\frac{X''}{X} = \frac{Y''}{Y} = -\lambda^2 \quad (\lambda > 0)$$

$$\therefore \quad Y'' + \lambda^2 Y = 0 \Longrightarrow Y = A_1 \cos \lambda y + B_1 \sin \lambda y$$

境界条件 $Y(0) = Y(b) = 0$ より

$$\begin{cases} 0 = A_1 \\ 0 = A_1 \cos \lambda b + B_1 \sin \lambda b \end{cases} \Longrightarrow A_1 = 0,\quad \sin \lambda b = 0$$

$\sin \lambda b = 0$ より

$$\lambda = \lambda_n = \frac{n\pi}{b} \quad (n = 1, 2, \cdots)$$

$$\therefore \quad Y = Y_n = c_n \sin \lambda_n b = c_n \sin \frac{n\pi}{b} y \quad (c_n: \text{定数})$$

一方，$X'' - \lambda^2 X = 0 \Longrightarrow X = A_2 e^{\lambda x} + B_2 e^{-\lambda x}$

境界条件 $X(0) = 0$ より

$$A_2 + B_2 = 0 \Longrightarrow B_2 = -A_2 \qquad \therefore \quad X = 2A_2 \sinh \lambda x$$

ゆえに $X_n = d_n \sinh \lambda_n x = d_n \sinh \dfrac{n\pi}{b} x \quad (d_n: \text{定数})$

したがって，$v(x,y)=\sum_{n=1}^{\infty}X_nY_n=\sum_{n=1}^{\infty}c_nd_n\sinh\frac{n\pi}{b}x\cdot\sin\frac{n\pi}{b}y$ ②

①より

$$\cos\frac{\pi y}{2b}+\frac{y-b}{b}=\sum_{n=1}^{\infty}c_nd_n\sinh\frac{n\pi}{b}a\cdot\sin\frac{n\pi}{b}y$$

であるから，$c_nd_n\sinh\frac{n\pi}{b}a$ は $\cos\frac{\pi y}{2b}+\frac{y-b}{b}$ の $[0,\,b]$ におけるフーリエ正弦級数の係数である．ゆえに

$$c_nd_n\sinh\frac{n\pi}{b}a=\frac{2}{b}\int_0^b\left(\cos\frac{\pi}{2b}y+\frac{y-b}{b}\right)\sin\frac{n\pi}{b}y\,dy$$

$$=\frac{2}{b}\int_0^b\cos\frac{\pi}{2b}y\cdot\sin\frac{n\pi}{b}y\,dy+\frac{2}{b^2}\int_0^b y\sin\frac{n\pi}{b}y\,dy-\frac{2}{b}\int_0^b\sin\frac{n\pi}{b}y\,dy$$

$$=\frac{1}{b}\int_0^b\left\{\sin\frac{(2n+1)\pi}{2b}y+\sin\frac{(2n-1)\pi}{2b}y\right\}dy$$

$$+\frac{2}{b^2}\left\{\left[-\frac{b}{n\pi}y\cos\frac{n\pi}{b}y\right]_0^b+\int_0^b\left(-\frac{b}{n\pi}\cos\frac{n\pi}{b}y\right)dy\right\}$$

$$-\frac{2}{b}\left[-\frac{b}{n\pi}\cos\frac{n\pi}{b}y\right]_0^b$$

$$=-\frac{1}{b}\left[\frac{2b}{(2n+1)\pi}\cos\frac{(2n+1)\pi}{2b}y+\frac{2b}{(2n-1)\pi}\cos\frac{(2n-1)\pi}{2b}y\right]_0^b$$

$$+\frac{2}{b^2}\left\{-\frac{b^2}{n\pi}(-1)^n+\left[\frac{b^2}{(n\pi)^2}\sin\frac{n\pi}{b}y\right]_0^b\right\}+\frac{2}{n\pi}[(-1)^n-1]$$

$$=\frac{2}{\pi}\left[\frac{1}{2n+1}+\frac{1}{2n-1}\right]-\frac{2}{n\pi}=\frac{2}{n(4n^2-1)\pi}$$

すなわち，$c_nd_n=\frac{2}{n(4n^2-1)\pi}\cdot\frac{1}{\sinh\frac{n\pi}{b}a}$

②に代入すると

$$v=\sum_{n=1}^{\infty}\frac{2}{n(4n^2-1)\pi\sinh\frac{n\pi}{b}a}\sinh\frac{n\pi}{b}x\cdot\sin\frac{n\pi}{b}y$$

$$\therefore\quad u(x,y)=v(x,y)-\frac{x(y-b)}{ab}$$

$$=\frac{x(b-y)}{ab}+\sum_{n=1}^{\infty}\frac{2}{n(4n^2-1)\pi\sinh\frac{n\pi}{b}a}\sinh\frac{n\pi}{b}x\cdot\sin\frac{n\pi}{b}y$$

例題 3.19

2 次元ラプラスの方程式 $\dfrac{\partial^2 f}{\partial x^2}+\dfrac{\partial^2 f}{\partial y^2}=0$ の内部解を次の条件のもとで求めよ.

（1） 半径 R の円周 $(x=R\cos\theta, y=R\sin\theta)$ 上で $f=|\sin\theta|$.

（2） f の偏導関数 $\dfrac{\partial f}{\partial x}$, $\dfrac{\partial f}{\partial y}$, $\dfrac{\partial^2 f}{\partial x^2}$, $\dfrac{\partial^2 f}{\partial y^2}$ は内部で存在し，かつ内部および境界で連続.

（東大理）

【解答】 $x=r\cos\theta, y=r\sin\theta$ を用いて極座標に変換すると，

$$\frac{\partial^2 f}{\partial x^2}+\frac{\partial^2 f}{\partial y^2}=\frac{\partial^2 f}{\partial r^2}+\frac{1}{r}\frac{\partial f}{\partial r}+\frac{1}{r^2}\frac{\partial^2 f}{\partial \theta^2}=0 \quad (r<R,\quad 0\leqq\theta\leqq\pi)$$

$$f(r,\theta)=R(r)\Theta(\theta)$$

とおいて，変数分離すると，

$$R''\Theta+\frac{1}{r}R'\Theta+\frac{1}{r^2}R\Theta''=0$$

すなわち

$$\left(R''+\frac{1}{r}R'\right)\frac{r^2}{R}=-\frac{\Theta''}{\Theta}=\lambda^2 \quad （定数）\quad (-\lambda^2, 0 \text{ は不適})$$

$$\therefore\quad \begin{cases}\Theta''+\lambda^2\Theta=0 & ①\\ r^2R''+rR'-\lambda^2R=0 & ②\end{cases}$$

①より

$$\Theta(\theta)=A\cos\lambda\theta+B\sin\lambda\theta$$

$|\sin\theta|$ が θ について周期 $\pi(\Theta(\theta))=\Theta(\theta+\pi)$ をもつので，$\lambda=2n(n=1,2,\cdots)$ でなければならない．したがって，

$$\Theta(\theta)=A_n\cos 2n\theta+B_n\sin 2n\theta \quad (n>0)$$

次に，②はオイラーの微分方程式だから ($\lambda=0$ は不適)，$r=e^t$ とおくと，

$$\left.\begin{aligned}\frac{dR}{dr}&=\frac{dR}{dt}\frac{dt}{dr}=\frac{dR}{dt}\frac{1}{e^t}=e^{-t}\frac{dR}{dt}\\ \frac{d^2R}{dr^2}&=\frac{d}{dr}\left(e^{-t}\frac{dR}{dt}\right)=\frac{dt}{dr}\frac{d}{dt}\left(e^{-t}\frac{dR}{dt}\right)\\ &=e^{-t}\left(-e^{-t}\frac{dR}{dt}+e^{-t}\frac{d^2R}{dt^2}\right)=e^{-2t}\left(\frac{d^2R}{dt^2}-\frac{dR}{dt}\right)\end{aligned}\right\}$$

これを②に代入すると，$\dfrac{d^2R}{dt^2}-(2n)^2R=0$ となる.

よって，

$$R(t) = C_1 e^{2nt} + C_2 e^{-2nt}, \quad R(r) = C_1 r^{2n} + \frac{C_2}{r^{2n}}$$

$r = 0$ でも連続だから，$C_2 = 0$.

$$\therefore \quad R(r) = C_1 r^{2n}$$

これらを重ね合わせて，（定数を改めれば）

$$f(r, \theta) = \sum_{n=0}^{\infty} r^{2n}(A_n \cos 2n\theta + B_n \sin 2n\theta)$$

$r = R$ における境界条件から

$$f(R, \theta) = |\sin\theta| = \sum_{n=0}^{\infty} R^{2n}(A_n \cos 2n\theta + B_n \sin 2n\theta)$$

$|\sin\theta|$ をフーリエ展開して

$$|\sin\theta| = \frac{a_0}{2} + \sum_{n=1}^{\infty} (a_n \cos 2n\theta + b_n \sin 2n\theta)$$

$$a_n = \frac{1}{\pi}\int_{-\pi}^{\pi} f(\theta) \cos 2n\theta \, d\theta, \quad b_n = \frac{1}{\pi}\int_{-\pi}^{\pi} f(\theta) \sin 2n\theta \, d\theta$$

と比較すると，$A_0 = a_0/2$, $R^{2n}A_n = a_n$, $R^{2n}B_n = b_n$

$$\therefore \quad f(r, \theta) = \frac{a_0}{2} + \sum_{n=1}^{\infty} \left(\frac{r}{R}\right)^{2n} (a_n \cos 2n\theta + b_n \sin 2n\theta)$$

$$\therefore \quad a_0 = \frac{1}{\pi}\int_{-\pi}^{\pi} |\sin\theta| \, d\theta = \frac{2}{\pi}\int_0^{\pi} \sin\theta \, d\theta = \frac{4}{\pi}$$

$$a_n = \frac{1}{\pi}\int_{-\pi}^{\pi} |\sin\theta| \cos 2n\theta \, d\theta = \frac{2}{n}\int_0^{\pi} \sin\theta \cos 2n\theta \, d\theta$$

$$= \frac{1}{\pi}\int_0^{\pi} \{\sin(2n+1)\theta - \sin(2n-1)\theta\} \, d\theta$$

$$= \frac{-1}{\pi}\left[\frac{\cos(2n+1)\theta}{2n+1} - \frac{\cos(2n-1)\theta}{2n-1}\right]_0^{\pi}$$

$$= \frac{-1}{\pi}\left(\frac{\cos(2n+1)\pi}{2n+1} - \frac{\cos(2n-1)\pi}{2n-1} - \frac{1}{2n+1} + \frac{1}{2n-1}\right)$$

$$= \frac{-4}{\pi}\frac{1}{4n^2-1}$$

$$b_n = \frac{1}{\pi}\int_{-\pi}^{\pi} |\sin\theta| \sin 2n\theta \, d\theta = 0$$

$$\therefore \quad f(r, \theta) = \frac{2}{\pi} - \frac{4}{\pi}\sum_{n=1}^{\infty} \left(\frac{r}{R}\right)^{2n} \frac{1}{4n^2-1} \cos 2n\theta$$

〈注〉　これは円に関する**ディリクレ問題**と呼ばれる．

例題 3.20

独立変数 x, y の関数 $\psi(x, y)$ は次の 2 階線形偏微分方程式を満足する.

$$A\frac{\partial^2\psi}{\partial x^2} + B\frac{\partial^2\psi}{\partial y^2} + C\frac{\partial\psi}{\partial x} + D\frac{\partial\psi}{\partial y} + E\psi = 0 \qquad (*)$$

ここに, A, B, C, D および E は定数とする.

（1） 偏微分方程式 $(*)$ が楕円形であるための条件を示せ.

（2） $A = B = 1, C = D = 0, E > 0$ の場合を考える. 領域 $\mathscr{D}$ は $-1 \leqq x \leqq 1$, $-1 \leqq y \leqq 1$ とする. $\psi(x, y)$ は領域 $\mathscr{D}$ の境界上では 0 である. $\mathscr{D}$ の内部で $\psi(x, y)$ が 0 にならず, $(x, y) = (0, 0)$ において正の最大値（または負の最小値）をとる解を求めよ. また, そのような解が得られるための E の値を求めよ.　（京大）

【解答】（1） 定義より $AB > 0$ のとき楕円形.

（2） $A = B = 1, C = D = 0$ を与式に代入すると,

$$\frac{\partial^2\psi}{\partial x^2} + \frac{\partial^2\psi}{\partial y^2} + E\psi = 0 \quad (E > 0)$$

$\psi = X(x)Y(y)$ とおくと,

$$X''Y + XY'' + EXY = 0, \quad \frac{X''}{X} = -\left(\frac{Y''}{Y} + E\right) = -\lambda^2 \quad (\lambda > 0)$$

$\dfrac{X''}{X} = -\lambda^2$ より

$$X'' = -\lambda^2 X, \quad X = A\cos\lambda x + B\sin\lambda x$$

境界条件 $X(-1) = X(1) = 0$ より

$$\begin{cases} 0 = A\cos(-\lambda) + B\sin(-\lambda) \\ 0 = A\cos\lambda + B\sin\lambda \end{cases} \Longrightarrow \begin{cases} A\cos\lambda - B\sin\lambda = 0 \\ A\cos\lambda + B\sin\lambda = 0 \end{cases} \qquad ①$$

①の 0 でない解をもつ必要十分条件は

$$\begin{vmatrix} \cos\lambda & -\sin\lambda \\ \cos\lambda & \sin\lambda \end{vmatrix} = 2\sin 2\lambda = 0 \Longrightarrow \lambda = \lambda_n = \frac{n\pi}{2} \quad (n = 1, 2, \cdots)$$

$n = 1$ のとき, $\lambda = \lambda_1 = \dfrac{\pi}{2}$. ①より $B = 0$ なので,

$$X = X_1 = A_1\cos\lambda_1 x = A_1\cos\frac{\pi}{2}x \quad (\text{定数 } A_1 \neq 0)$$

明らかに区間 $(-1, 1)$ において X_1 は 0 にならない.

$n = 2$ のとき, $\lambda = \lambda_2 = \pi$. ①より $A = 0$ なので,

$$X = X_2 = B_2 \sin \lambda_2 x = B_2 \sin \pi x \quad (\text{定数}\, B_2 \neq 0)$$

明らかに $X_2(0) = 0$.

$n = 3$ のとき，$\lambda = \lambda_3 = \dfrac{3\pi}{2}$．①より $B = 0$ なので，

$$X = X_3 = A_3 \cos \lambda_3 x = A_3 \cos \frac{3\pi}{2} x \quad (\text{定数}\, A_3 \neq 0)$$

明らかに $X_3\left(\dfrac{1}{3}\right) = 0$．したがって $n \geqq 2$ のとき $X = X_n(x)$ は適当でない．ゆえに $X = A_1 \cos \dfrac{\pi}{2} x$ となる．ここで，$\dfrac{Y''}{Y} + E = \lambda^2$ より

$$Y'' = -\,(E - \lambda^2)\, Y$$

$\lambda = \lambda_1 = \dfrac{\pi}{2}$ だから，

$$Y'' = -\left\{E - \left(\frac{\pi}{2}\right)^2\right\} Y \qquad ②$$

$$\therefore \quad E - \left(\frac{\pi}{2}\right)^2 < 0 \quad \left(\text{そうでなければ，}\ Y'' = -\left\{E - \left(\frac{\pi}{2}\right)^2\right\} Y\ \text{および}\right.$$

$$\left. Y(-1) = Y(0) = 0\ \text{をみたす解は}\ (-1, 1)\ \text{において}\ 0\ \text{になる．}\right)$$

$-\mu^2 = E - \left(\dfrac{\pi}{2}\right)^2$ とおくと，前と同様にして，②が $(-1, 1)$ において 0 にならない解は

$$Y(y) = C_1 \cos \frac{\pi}{2} y \quad \left(\mu = \frac{\pi}{2},\ \text{定数}\, C_1 \neq 0\right)$$

したがって，

$$\psi(x, y) = X(x)\, Y(y) = A_1 C_1 \cos \frac{\pi}{2} x \cdot \cos \frac{\pi}{2} y = K \cos \frac{\pi}{2} x \cdot \cos \frac{\pi}{2} y$$

これは $\mathscr{D}$ の内部で 0 にならず，$(0, 0)$ において正の最大値（$K > 0$ のとき）あるいは負の最小値（$K < 0$ のとき）をとる解である．よって，そのような解が得られるためには，

$$q = \left(\frac{\pi}{2}\right)^2 + \mu^2 = \left(\frac{\pi}{2}\right)^2 + \left(\frac{\pi}{2}\right)^2 = \frac{\pi^2}{2}$$

〈注〉 これは長方形に関する**ディリクレ問題**と呼ばれる．

例題 3.21

（1）　$f(x) = 1 (0 < x < 1)$ を正弦級数に展開せよ．

（2）　境界条件

$$y(0, t) = y(1, t) = 0$$

$$\left.\frac{\partial^2 y}{\partial x^2}\right|_{x=0} = \left.\frac{\partial^2 y}{\partial x^2}\right|_{x=1} = 0$$

をみたす偏微分方程式

$$\frac{\partial^4 y(x, t)}{\partial x^4} + \frac{\partial y(x, t)}{\partial t} = 0$$

の一般解を求めよ．

（3）　さらに，（2）の条件に，初期条件

$$y(x, 0) = 0$$

を付加し

$$\frac{\partial^4 y(x, t)}{\partial x^4} + \frac{\partial y(x, t)}{\partial t} = 1$$

を解け．　（東大工）

【解答】　（1）　$b_n = \dfrac{2}{1}\displaystyle\int_0^1 \sin n\pi x\, dx = 2\left[-\dfrac{1}{n\pi}\cos n\pi x\right]_0^1 = \dfrac{2}{n\pi}\{1-(-1)^n\}$

$$= \begin{cases} \dfrac{4}{n\pi} & (n：奇数) \\ 0 & (n：偶数) \end{cases}$$

であるから，$f(x)$ の正弦級数は

$$f(x) = \frac{4}{\pi}\sin \pi x + \frac{4}{3\pi}\sin 3\pi x + \cdots + \frac{4}{(2n+1)\pi}\sin (2n+1)\pi x + \cdots$$

$$(0 < x < 1)$$

（2）　$y = Y(x)T(t)$ とおくと，与式（2）は

$$Y^{(4)}T + YT' = 0$$

となるから

$$-\frac{Y^{(4)}}{Y} = \frac{T'}{T} = \mu \qquad ①$$

とおくと，

$$Y^{(4)} + \mu Y = 0 \qquad ②$$

境界条件は

$$Y(0) = Y(1) = 0 \qquad ③$$

$$Y^{(2)}(0) = Y^{(2)}(1) = 0 \qquad ④$$

$\mu = 0$ のとき，②，③，④より，$Y(x) \equiv 0$ であるから，$\mu \neq 0$.

$\mu > 0$ のとき，$\mu = \lambda^4 (\lambda > 0)$ とおくと，②より

$$Y(x) = e^{(\sqrt{2}/2)\lambda x}\left(C_1 \cos\frac{\sqrt{2}}{2}\lambda x + C_2 \sin\frac{\sqrt{2}}{2}\lambda x\right) + e^{(-\sqrt{2}/2)\lambda x}\left(D_1 \cos\frac{\sqrt{2}}{2}\lambda x + D_2 \sin\frac{\sqrt{2}}{2}\lambda x\right)$$

③，④より

$$C_1 + D_1 = 0 \qquad ⑤$$

$$e^{(\sqrt{2}/2)\lambda}\left(C_1 \cos\frac{\sqrt{2}}{2}\lambda + C_2 \sin\frac{\sqrt{2}}{2}\lambda\right) + e^{(-\sqrt{2}/2)\lambda}\left(D_1 \cos\frac{\sqrt{2}}{2}\lambda + D_2 \sin\frac{\sqrt{2}}{2}\lambda\right) = 0 \qquad ⑥$$

$$C_2 - D_2 = 0 \qquad ⑦$$

$$e^{(\sqrt{2}/2)\lambda}\left(C_2 \cos\frac{\sqrt{2}}{2}\lambda - C_1 \sin\frac{\sqrt{2}}{2}\lambda\right) + e^{(-\sqrt{2}/2)\lambda}\left(-D_2 \cos\frac{\sqrt{2}}{2}\lambda + D_1 \sin\frac{\sqrt{2}}{2}\lambda\right) = 0 \qquad ⑧$$

⑤，⑦より

$$D_1 = -C_1, \quad D_2 = C_2$$

これを⑥，⑧に代入すると，

$$C_1 \sinh\frac{\sqrt{2}}{2}\lambda \cos\frac{\sqrt{2}}{2}\lambda + C_2 \cosh\frac{\sqrt{2}}{2}\lambda \sin\frac{\sqrt{2}}{2}\lambda = 0$$

$$-C_1 \cosh\frac{\sqrt{2}}{2}\lambda \sin\frac{\sqrt{2}}{2}\lambda + C_2 \sinh\frac{\sqrt{2}}{2}\lambda \cos\frac{\sqrt{2}}{2}\lambda = 0$$

$$\therefore \quad \begin{vmatrix} \sinh\frac{\sqrt{2}}{2}\lambda \cos\frac{\sqrt{2}}{2}\lambda & \cosh\frac{\sqrt{2}}{2}\lambda \sin\frac{\sqrt{2}}{2}\lambda \\ -\cosh\frac{\sqrt{2}}{2}\lambda \sin\frac{\sqrt{2}}{2}\lambda & \sinh\frac{\sqrt{2}}{2}\lambda \cos\frac{\sqrt{2}}{2}\lambda \end{vmatrix}$$

$$= \sinh^2\frac{\sqrt{2}}{2}\lambda \cos^2\frac{\sqrt{2}}{2}\lambda + \cosh^2\frac{\sqrt{2}}{2}\lambda \sin^2\frac{\sqrt{2}}{2} \neq 0$$

よって，⑥，⑧より，$C_1 = C_2 = D_1 = D_2 = 0$，すなわち $Y(x) \equiv 0$ となる．したがって，$\mu > 0$ も不適である．

$\mu < 0$ のとき，$\mu = -\gamma^4 (\gamma > 0)$ とおくと，②より

$$Y(x) = C_1 e^{\gamma x} + C_2 e^{-\gamma x} + D_1 \cos \gamma x + D_2 \sin \gamma x \quad ⑨$$

③，④より

$$C_1 + C_2 + D_1 = 0 \quad ⑩$$

$$C_1 e^{\gamma} + C_2 e^{-\gamma} + D_1 \cos \gamma + D_2 \sin \gamma = 0 \quad ⑪$$

$$C_1 + C_2 - D_1 = 0 \quad ⑫$$

$$C_1 e^{\gamma} + C_2 e^{-\gamma} - D_1 \cos \gamma - D_2 \sin \gamma = 0 \quad ⑬$$

⑩，⑫より

$$C_1 + C_2 = 0$$

⑪，⑬より

$$C_1 e^{\gamma} + C_2 e^{-\gamma} = 0$$

$$\therefore \quad C_1 = C_2 = 0$$

⑩に代入すると，

$$D_1 = 0$$

⑪に代入すると，

$$D_2 \sin \gamma = 0, \quad D_2 \neq 0 \Longrightarrow \sin \gamma = 0$$

$$\therefore \quad \gamma = \gamma_n = n\pi \quad (n = 1, 2, \cdots)$$

ゆえに，⑨より

$$Y_n(x) = D^{(n)} \sin \gamma_n x = D^{(n)} \sin n\pi x$$

$\mu = -\gamma_n^4 = -(n\pi)^4$ を①に代入すると，

$$T' + (n\pi)^4 T = 0 \Longrightarrow T_n(t) = C^{(n)} e^{-(n\pi)^4 t}$$

したがって

$$y = \sum_{n=1}^{\infty} Y_n(x) T_n(t) = \sum_{n=1}^{\infty} C^{(n)} D^{(n)} e^{-(n\pi)^4 t} \sin n\pi x$$

$$= \sum_{n=1}^{\infty} B^{(n)} e^{-(n\pi)^4 t} \sin n\pi x \quad (B^{(n)} = C^{(n)} D^{(n)}, \quad n = 1, 2, \cdots) \quad ⑮$$

（３）　$y_1 = y - \dfrac{1}{24} x(x-1)(x^2 - x - 1)$ とおくと（〈注〉参照），

$$y = y_1 + \frac{1}{24} x(x-1)(x^2 - x - 1)$$

与式（３）に代入すると，

$$\frac{\partial^4 y_1}{\partial x^4} + 1 + \frac{\partial y_1}{\partial t} = 1$$

$$\frac{\partial^4 y_1}{\partial x^4}+\frac{\partial y_1}{\partial t}=0$$

および

$$y_1(0,t)=y_1(1,t)=0,\quad \left.\frac{\partial^2 y_1}{\partial x^2}\right|_{x=0}=\left.\frac{\partial^2 y_1}{\partial x^2}\right|_{x=1}=0$$

$$y_1(x,0)=-\frac{1}{24}x(x-1)(x^2-x-1) \qquad ⑯$$

⑮より

$$y_1(x,t)=\sum_{n=1}^{\infty}B^{(n)}e^{-(n\pi)^4 t}\sin n\pi x$$

⑯より

$$-\frac{1}{24}x(x-1)(x^2-x-1)=\sum_{n=1}^{\infty}B^{(n)}\sin n\pi x$$

$$\therefore\quad B^{(n)}=\int_0^1\frac{-1}{24}x(x-1)(x^2-x-1)\sin n\pi x\,dx$$

$$=\frac{-1}{24}\int_0^1(x^4-2x^3+x)\sin n\pi x\,dx$$

$$=\frac{-1}{24}\left\{\left[(x^4-2x^3+x)\left(-\frac{1}{n\pi}\cos n\pi x\right)\right]_0^1-\int_0^1(4x^3-6x^2+1)\left(-\frac{1}{n\pi}\cos n\pi x\right)dx\right\}$$

$$=-\frac{1}{24n\pi}\int_0^1(4x^3-6x^2+1)\cos n\pi x\,dx$$

$$=-\frac{1}{24n\pi}\left\{\left[(4x^3-6x^2+1)\frac{1}{n\pi}\sin n\pi x\right]_0^1-\int_0^1(12x^2-12x)\frac{1}{n\pi}\sin n\pi x\,dx\right\}$$

$$=\frac{1}{2(n\pi)^2}\int_0^1(x^2-x)\sin n\pi x\,dx$$

$$=\frac{1}{2(n\pi)^2}\left\{\left[(x^2-x)\left(-\frac{1}{n\pi}\cos n\pi x\right)\right]_0^1-\int_0^1(2x-1)\left(-\frac{1}{n\pi}\cos n\pi x\right)dx\right\}$$

$$= \frac{1}{2(n\pi)^3}\int_0^1 (2x-1)\cos n\pi x\,dx$$

$$= \frac{1}{2(n\pi)^3}\left\{\left[(2x-1)\frac{1}{n\pi}\sin n\pi x\right]_0^1 - \int_0^1 2\cdot\frac{1}{n\pi}\sin n\pi x\,dx\right\}$$

$$= -\frac{1}{(n\pi)^4}\int_0^1 \sin n\pi x\,dx = \frac{1}{(n\pi)^5}[\cos n\pi x]_0^1 = \frac{1}{(n\pi)^5}\{(-1)^n - 1\}$$

$$= \begin{cases} -\dfrac{2}{(n\pi)^5} & (n：奇数) \\ 0 & (n：偶数) \end{cases}$$

ゆえに，

$$y_1 = \sum_{k=0}^{\infty}\frac{-2}{[(2k+1)\pi]^5}e^{-[(2k+1)\pi]^4 t}\sin(2k+1)\pi x$$

したがって

$$y = \frac{1}{24}x(x-1)(x^2-x-1) - \sum_{k=0}^{\infty}\frac{2}{[(2k+1)\pi]^5}e^{-[(2k+1)\pi]^4 t}\sin(2k+1)\pi x$$

〈**注**〉 $y = (a_0 + a_1x + a_2x^2 + a_3x^3 + a_4x^4)(A_0 + A_1t + A_2t^2 + \cdots) \equiv F(x)G(t)$ とおき，

$$y(0,t) = y(1,t) = 0,\quad \left.\frac{\partial^2 y}{\partial x^2}\right|_{x=0} = \left.\frac{\partial^2 y}{\partial x^2}\right|_{x=1} = 0,\quad y(x,0) = 0$$

とおくと，

$$y = a_1x(x-1)(x^2-x-1)$$

さらに，

$$y^{(4)} = 24a\psi = 1$$

とおく．

例題 3.22

次の 1 次元拡散方程式を解け：

$$\frac{\partial q}{\partial t} = \frac{\partial^2 q}{\partial x^2} \quad (-l < x < l,\quad 0 < t)$$

ただし，

$x = \pm l$ および $x = 0$ において常に $q = 0$.

$t = 0$ においては $q = Q(x)$

$$= \begin{cases} -1 & (-l < x < 0) \\ 0 & (x = 0) \\ 1 & (0 < x < l) \end{cases}$$

とする． (東大理†)

【解答】 $q(x, t) = R(x)T(t)$ とおくと，

$$\frac{R''}{R} = -\frac{T'}{T} = -\lambda^2 \quad (\lambda > 0) \qquad ①$$

$$\therefore\quad R'' + \lambda^2 R = 0 \qquad ②$$

$$R(0) = R(\pm l) = 0 \qquad ③$$

②より

$$R(x) = A\cos\lambda x + B\sin\lambda x$$

③より

$$\begin{cases} 0 = A \\ 0 = A\cos\{\lambda(\pm l)\} + B\sin\{\lambda(\pm l)\} \end{cases} \Longrightarrow A = 0,\quad \sin\{\lambda(\pm l)\} = 0$$

$\sin\{\lambda(\pm l)\} = 0$ より

$$\lambda = \lambda_n = \frac{n\pi}{l} \quad (n = 1, 2, \cdots)$$

$$\therefore\quad R = R_n(x) = B_n \sin\lambda_n x = B_n \sin\frac{n\pi}{l}x$$

①より

$$T' = -\lambda_n^2 T$$

$$T = T_n(x) = C_n e^{-\lambda_n^2 t}$$

したがって，

$$q(x, t) = \sum_{n=1}^{\infty} T_n(t) R_n(x)$$

$$= \sum_{n=1}^{\infty} C_n B_n e^{-(n\pi/l)^2 t} \sin\frac{n\pi}{l}x$$

$$= \sum_{n=1}^{\infty} D_n e^{-(n\pi/l)^2 t} \sin\frac{n\pi}{l}x \quad (D_n = C_n B_n, \quad n = 1, 2, \cdots)$$

初期条件を用いて，

$$Q(x) = \sum_{n=1}^{\infty} D_n \sin\frac{n\pi}{l}x$$

すなわち，D_n は $Q(x)$ のフーリエ係数 $b_n = \dfrac{1}{l}\displaystyle\int_{-l}^{l} Q(x) \sin\frac{n\pi}{l}x\,dx$ である．ゆえに

$$D_n = \frac{2}{l}\int_0^l 1\cdot\sin\frac{n\pi}{l}x\,dx = \frac{2}{l}\left[\frac{-l}{n\pi}\cos\frac{n\pi}{l}x\right]_0^l = \frac{-2}{n\pi}[-1 + (-1)^n]$$

$$= \begin{cases} \dfrac{4}{(2k-1)\pi} & (n = 2k-1) \\ 0 & (n = 2k) \end{cases}$$

したがって

$$q(x, t) = \sum_{k=1}^{\infty} \frac{4}{(2k-1)\pi} e^{-[(2k-1)\pi/l]^2 t} \sin\frac{2k-1}{l}\pi x$$

例題 3.23

$F(x, y)$ に関する偏微分方程式

$$\frac{\partial^3 F}{\partial y^3} + 6\frac{\partial F}{\partial x}\cdot\frac{\partial^2 F}{\partial y^2} + 6\frac{\partial F}{\partial y}\cdot\frac{\partial^2 F}{\partial x \partial y} = 0 \qquad ①$$

について，以下の問に答えよ．ただし $x > 0$ とする．

（1）　$\eta = x^m y$（m：定数）として，変数 (x, y) の代わりに新しい変数 (x, η) を用いることにする．いま①の解として

$$F = x^p f(\eta) \qquad ②$$

の形の解を求めることにする（p：は定数）．

（a）　②を①に代入して $f(\eta)$ についての常微分方程式を求めよ．

（b）　f は η のみの関数なので，（a）で得られた常微分方程式には x が含まれてはいけない．このことから m と p の関係式を求めよ．

（c）　積分 $\int_{-\infty}^{\infty}\left(\frac{\partial F}{\partial y}\right)^2 dy$ が x に依存しないような m と p の関係式を求めよ．

（d）（b）と（c）で得られた m と p についての関係式を同時にみたす m と p の値を求めよ．

（2）（1）の（d）で得られた m と p の値を用いて（1）の（a）の常微分方程式を解き，$f(\eta)$ を求めよ．また，この結果を用いて $F(x, y)$ を書け．

ただし，境界条件は，$y = 0$ で

$$\frac{\partial F}{\partial x} = \frac{\partial^2 F}{\partial y^2} = 0, \quad \frac{\partial F}{\partial y} = x^{-1/3}$$

で与えられるものとする．　　　　（東大工）

【解答】（1）（a）　$\eta = x^m y,\ y = x^{-m}\eta$ を①に代入すると

$$x^m \frac{\partial^3 F}{\partial \eta^3} + 6\frac{\partial F}{\partial x}\cdot\frac{\partial^2 F}{\partial \eta^2} + 6\frac{\partial F}{\partial \eta}\cdot\frac{\partial^2 F}{\partial x \partial \eta} = 0 \qquad ③$$

になる．$F = x^p f(\eta)$ を③に代入すると $x^{m+p} f''' + 6px^{2p-1} f'' f + 6px^{2p-1}(f')^2 = 0$ が得られる．したがって，f についての常微分方程式は

$$x^{m-p+1} f''' + 6pf''f + 6p(f')^2 = 0 \qquad ④$$

（b）　④が x を含まない方程式である条件は

$$m - p + 1 = 0 \qquad ⑤$$

（c）　$y = x^{-m}\eta,\ F = x^p f(\eta)$ を与式に代入すると

$$\int_{-\infty}^{\infty}\left(\frac{\partial F}{\partial y}\right)^2 dy = \int_{-\infty}^{\infty} x^m \left(\frac{\partial F}{\partial \eta}\right)^2 d\eta = x^{m+2p}\int_{-\infty}^{+\infty}(f'(\eta))^2\, d\eta$$

これが x に依存しない条件は

$$m + 2p = 0 \qquad ⑥$$

（d）⑤と⑥をみたす m, p は

$$m = -\frac{2}{3},\quad p = \frac{1}{3} \qquad ⑦$$

（2）⑦の m, p に対して，④は

$$f''' + 2[f''f + (f')^2] = 0$$

すなわち

$$\frac{d}{d\eta}[f'' + 2f'f] = 0 \qquad \therefore\quad f'' + 2f'f = C_1 \qquad ⑧$$

境界条件

$$\left.\frac{\partial F}{\partial x}\right|_{y=0} = \left.\frac{\partial^2 F}{\partial y^2}\right|_{y=0} = 0$$

により

$$f(0) = 0 \quad ⑨,\qquad f''(0) = 0 \quad ⑩$$

が得られる．⑨，⑩を⑧に代入すると，$C_1 = 0$ となるから，⑧は

$$f'' + 2f'f = 0 \qquad ⑪$$

$u = f'$ とおくと，⑪は

$$u\frac{du}{df} + 2uf = 0 \quad \text{すなわち} \quad \frac{du}{df} + 2f = 0$$

その解は

$$u = C_2 - f^2 \quad \text{すなわち} \quad f' = C_2 - f^2 \qquad ⑫$$

境界条件 $\left.\dfrac{\partial F}{\partial y}\right|_{y=0} = x^{-1/3}$ により

$$x^{-1/3}f'(0) = x^{-1/3} \Longrightarrow f'(0) = 1 \qquad ⑬$$

⑨と⑬を⑫に代入して，$C_2 = 1$ が得られる．したがって

$$f' = 1 - f^2,\quad -d\eta = \frac{df}{(f+1)(f-1)} = \frac{1}{2}\left(\frac{1}{f-1} - \frac{1}{f+1}\right)df$$

すなわち，$\dfrac{1+f}{1-f} = C_3 e^{2\eta}$

⑨を利用すると，$C_3 = 1$ が得られる．$\therefore\ \dfrac{1+f}{1-f} = e^{2\eta}$

すなわち，

$$f = \tanh\eta \qquad \therefore\quad F(x, y) = x^{1/3}\tanh(x^{-2/3}y)$$

例題 3.24

$u(x,t)$ に対する放物型偏微分方程式 $\dfrac{\partial u(x,t)}{\partial t} = D\dfrac{\partial^2 u}{\partial x^2}$ （ただし，D は正の定数，$0 \leqq x \leqq 1, 0 \leqq t$）…（Ⅰ）を，境界条件 $u(0,t) = u(1,t) = 0$ と初期条件 $u(x,0) = u_0(x)$ の下で解くことを考える．以下の問 1～4 に答えよ．

問 1　$u(x,t) = A(x)B(t)$ と置き，偏微分方程式（Ⅰ）から，A, B それぞれについての線形常微分方程式を導け．

問 2　問 1 で導いた二つの常微分方程式から得られる偏微分方程式（Ⅰ）の解で，境界条件をみたすものをすべて求めよ．

問 3　$u_0(x)$ が $u_0(x) = \sum_{k=0}^{\infty}\{E_k \sin(k\pi x) + F_k \cos(k\pi x)\}$ で与えられるときに，$u(x,t)$ を求めよ．ただし，E_k, F_k は定数とする．

問 4　問 3 の結果を用いて，$u_0(x) = \dfrac{1}{2} - \left|x - \dfrac{1}{2}\right|$ のときに $u(x,t)$ を求めよ．

（東大）

【解答】　問 1　$u(x,t) = A(x)B(t)$ とおくと，$u_t = AB'$，$u_{xx} = A''B$　①

①を（Ⅰ）に代入し，変数分離すると，$AB' = DA''B$，$\dfrac{B'(t)}{DB(t)} = \dfrac{A''(t)}{A(x)}$

左辺は t のみ，右辺は x のみの関数で，これが等しくなるのは定数の場合だけである．この定数を $-\lambda$ とおくと，

$B'(t) = -\lambda DB(t) = 0$，$B'(t) + \lambda DB(t) = 0$　②

$A''(x) = -\lambda A(x)$，$A''(x) + \lambda A(x) = 0$　③

境界条件より，$A(0) = A(1) = 0$．③の一般解は

（ⅰ）$\lambda > 0$ のとき，$A(x) = K_1 e^{i\sqrt{\lambda}x} + K_2 e^{-i\sqrt{\lambda}x} = A_1 \cos\sqrt{\lambda}\,x + B_1 \sin\sqrt{\lambda}\,x$

（ⅱ）$\lambda = 0$ のとき，$A(x) = A_2 x + B_2$

（ⅲ）$\lambda < 0$ のとき，$A(x) = A_3 e^{\sqrt{-\lambda}x} + B_3 e^{-\sqrt{-\lambda}x}$

境界条件④をみたすのは明らかに $\lambda > 0$ のときだけだから，

$A(0) = A_1 = 0$，$A(1) = B_1 \sin\sqrt{\lambda} = 0$，$\sqrt{\lambda} = n\pi$　$(n = 1, 2, \cdots)$

このとき，$A \to A_n$ などと書くと，$A_n(x) = B_n \sin n\pi x$　④

一方，②より，$\dfrac{B'(t)}{B(t)} = -\lambda D$，$\log B = -\lambda Dt + C_1$，$B = C_2 e^{-\lambda Dt} = C_2 e^{-(n\pi)^2 Dt}$

$\therefore$　$B_n(t) = C_n e^{-(n\pi)^2 Dt}$　⑤

問 2　④，⑤より，$u_n(x,t) = A_n(x)B_n(t)$

u_n を重ね合わせると，$u(x, t) = \sum_{n=1}^{\infty} A_n e^{-(n\pi)^2Dt} \sin n\pi x$

問 3　与式において，$k = n$ とおくと，

$$u_0(x) = \sum_{n=0}^{\infty} \{E_n \sin(n\pi x) + F_n \cos(n\pi x)\} \equiv f(x), \quad u(x, 0) = \sum_{n=1}^{\infty} A_n \sin n\pi x$$

ただし $u(x, 0) = u_0(x)$．A_n を決定するには $f(x)$ をフーリエ級数展開すればよいから，

$$A_n = 2\int_0^1 f(x) \sin n\pi x\, dx$$

$$\therefore \quad u(x, t) = 2\sum_{n=1}^{\infty} \left\{\int_0^1 f(x) \sin n\pi x\, dx\right\} \cdot \sin n\pi x \cdot e^{-(n\pi)^2Dt}$$

問 4　$u_0(x) = \frac{1}{2} - \left|x - \frac{1}{2}\right| = \begin{cases} x & (0 \leqq x \leqq 1/2) \\ 1 - x & (1/2 \leqq x \leqq 1) \end{cases}$ だから，奇関数展開して，

$$I_1 \equiv \int_0^1 f(x) \sin nx\, dx = \int_0^{1/2} x \sin n\pi x\, dx + \int_{1/2}^1 (1 - x) \sin \pi x\, dx$$

ここで，$1 - x = X, x = 1 - X, dx = -dX$ とおくと，

$$I_2 \equiv \int_{1/2}^1 (1 - x) \sin n\pi x\, dx = \int_{1/2}^0 X \sin n\pi (1 - X)(-dX)$$

$$= \int_0^{1/2} X \sin n\pi (1 - X)\, dX = \int_0^{1/2} X(\sin n\pi \cos n\pi X - \cos n\pi \sin n\pi X)\, dX$$

$$= -\int_0^{1/2} X \cos n\pi \sin n\pi X\, dX$$

$$\therefore \quad I_1 = \int_0^{1/2} x \sin n\pi x\, dx - \cos n\pi \int_0^{1/2} X \sin n\pi X\, dX$$

$$= \{1 + (-1)^{n+1}\} \int_0^{1/2} x \sin n\pi x\, dx$$

$$I_3 \equiv \int_0^{1/2} x \sin n\pi x\, dx = \left[\frac{\cos n\pi x}{-n\pi} x\right]_0^{1/2} - \int_0^{1/2} \frac{\cos n\pi x}{-n} dx$$

$$= \frac{(1/2) \cos(n\pi/2)}{-n\pi} + \frac{1}{n}\left[\frac{\sin n\pi x}{n\pi}\right]_0^{1/2} = \frac{\cos(n\pi/2)}{-2n\pi} + \frac{\sin(n\pi/2)}{n^2\pi}$$

$n = 2m$（偶数）のとき，$I_3 = \frac{\cos(n\pi/2)}{-2n\pi}$，　$I_1 = 0$

$n = 2m + 1$（奇数）のとき，$I_3 = \frac{\sin(n\pi/2)}{n^2\pi}$，　$I_1 = 2\frac{\sin(n\pi/2)}{n^2\pi} = 2\frac{(-1)^m}{(2m + 1)^2\pi}$

$$\therefore \quad u(x, t) = 4\sum_{m=0}^{\infty} \frac{(-1)^m}{(2m + 1)^2\pi} \sin(2m + 1)\pi x e^{-(2m+1)^2\pi^2Dt}$$

例題 3.25

（1） 偏微分方程式

$$\frac{\partial}{\partial t}g(x,t) = c\frac{\partial}{\partial x}g(x,t) + D\frac{\partial^2}{\partial x^2}g(x,t) \quad (-\infty < x < \infty, 0 < t < \infty)$$

をみたし，$-\infty < x < \infty$ で有界であり

$$g(x,0) = \exp(-x^2) \quad (-\infty < x < \infty)$$

となる関数 $g(x,t)$ を考える．ただし，c は実数であり，$D > 0$ とする．

（a） $g(x,t)$ を変数 x についてフーリエ変換したものを $G(k,t)$ とする．$G(k,t)$ がみたす，変数 t についての常微分方程式を求めよ．

（b） 常微分方程式を解いて，$G(k,t)$ を求めよ．

（c） $G(k,t)$ を逆変換して，$g(x,t)$ を求めよ．

（2） 関数 $g(x,t)$ を変数 x に関してフーリエ変換し，次の等式が成り立つことを示せ．

（a） $\mathscr{F}\left\{\dfrac{\partial g}{\partial x}\right\} = ik\mathscr{F}\{g\}$ （b） $\mathscr{F}\left\{\dfrac{\partial^2 g}{\partial x^2}\right\} = -k^2\mathscr{F}\{g\}$

（c） $\mathscr{F}\left\{\dfrac{\partial g}{\partial t}\right\} = \dfrac{\partial}{\partial t}\mathscr{F}\{g\}$ （阪大†）

【解答】（1） 設問（2）の結果を適用すると，

$$\frac{\partial}{\partial t}G(k,t) = c\frac{\partial}{\partial x}G(k,t) + D\frac{\partial^2}{\partial x^2}G(k,t) = cikG(k,t) + D(ik)^2G(k,t)$$

$$= (ick - Dk^2)G(k,t) \quad ①$$

（b） ①を変数分離し，積分すると，

$$\frac{dG}{G} = (ick - Dk^2)\,dt, \quad \log G = (ick - Dk^2)t + C_1$$

$$G(k,t) = C_2\,e^{(ick - Dk^2)t} \quad ②$$

条件は，

$$g(x,0) = e^{-x^2}$$

だから，フーリエ変換して，

$$G(k,0) = \int_{-\infty}^{\infty} e^{-x^2}e^{-ikx}\,dx = \int_{-\infty}^{\infty} e^{-(x^2+ikx)}\,dx = \int_{-\infty}^{\infty} e^{-\{(x+ik/2)^2-(ik/2)^2\}}\,dx$$

$$= \int_{-\infty}^{\infty} e^{-(x+ik/2)^2-(k/2)^2}\,dx = e^{-(k/2)^2}\int_{-\infty}^{\infty} e^{-X^2}\,dX = e^{-(k^2/4)}\sqrt{\pi} \quad ③$$

②より，

$$G(k, 0) = C_2 \qquad ④$$

③，④より，

$$C_2 = \sqrt{\pi}\, e^{-(k^2/4)} \qquad ⑤$$

⑤を②に代入して，

$$G(k, t) = \sqrt{\pi}\, e^{-(k^2/4)}\, e^{(ick-Dk^2)t} = \sqrt{\pi}\, e^{-(k^2/4)+(ick-Dk^2)t} \qquad ⑥$$

（c）　⑥を逆変換すると，

$$g(x, t) = \frac{1}{2\pi}\int_{-\infty}^{\infty} \sqrt{\pi}\, e^{-(k^2/4)+(ick-Dk^2)t} e^{ikx}\, dk = \frac{1}{2\sqrt{\pi}}\int_{-\infty}^{\infty} e^{-\{(1/4)+DT\}k^2+i(ct+x)k}\, dk$$

$$= \frac{1}{2\sqrt{\pi}}\int_{-\infty}^{\infty} e^{-(1+4Dt)/4[\{k-2i(ct+x)/(1+4Dt)\}^2-\{2i(ct+x)/(1+4Dt)\}^2]}\, dk$$

$$= \frac{1}{2\sqrt{\pi}}\int_{-\infty}^{\infty} e^{-\{(1+4Dt)/4\}X^2}\, dX \cdot e^{-\{(1+4Dt)/4\}\{4(ct+x)^2/(1+4Dt)^2\}}$$

$$= \frac{1}{2\sqrt{\pi}}\sqrt{\frac{4\pi}{1+4Dt}}\, e^{-(ct+x)^2/(1+4Dt)} = \frac{1}{\sqrt{1+4Dt}}\, e^{-(ct+x)^2/(1+4Dt)}$$

（2）　（a）　フーリエ変換，逆変換を

$$G(k, t) = \int_{-\infty}^{\infty} g(x, t)\, e^{-ikx}\, dx, \quad g(x, t) = \int_{-\infty}^{\infty} G(k, t)\, e^{ixk}\, dk$$

とし，部分積分を用いると，

$$\mathscr{F}\left\{\frac{\partial g}{\partial x}\right\} = \int_{-\infty}^{\infty} \frac{\partial g}{\partial x} e^{-ikx}\, dx = [ge^{-ikx}]_{-\infty}^{\infty} + ik\int_{-\infty}^{\infty} ge^{-ikx}\, dx$$

$$\left\{\frac{\partial^2 h}{\partial x^2}\right\} = ik\int_{-\infty}^{\infty} ge^{-ikx}\, dx = ik\,\mathscr{F}\{g\}$$

ただし，$x \to \pm\infty$のとき，$g \to 0$が成り立つと仮定した．

（b）　（a）において，$g = \dfrac{\partial h}{\partial x}$とおくと，

$$\mathscr{F}\left\{\frac{\partial^2 h}{\partial x^2}\right\} = ik\mathscr{F}\left\{\frac{\partial h}{\partial x}\right\} = (ik)^2\mathscr{F}\{h\}$$

hをgに置き換えると，

$$\mathscr{F}\left\{\frac{\partial^2 g}{\partial x^2}\right\} = (ik)^2\mathscr{F}\{g\} = -k^2\mathscr{F}\{g\}$$

ただし，$x \to \pm\infty$のとき，$g \to 0, \dfrac{\partial g}{\partial x} \to 0$が成り立つと仮定した．

（c）　フーリエ変換の定義によって，

$$\mathscr{F}\left\{\frac{\partial g}{\partial t}\right\} = \int_{-\infty}^{\infty} \frac{\partial g}{\partial t} e^{-ikx}\, dx = \frac{\partial}{\partial t}\int_{-\infty}^{\infty} ge^{-ikx}\, dx = \frac{\partial}{\partial t}\mathscr{F}\{g\}$$

問題研究

3.27　線形偏微分方程式 $x\dfrac{\partial z}{\partial x} - y\dfrac{\partial z}{\partial y} + \dfrac{y^2}{x} = 0$ の一般解を求めよ．　(東大理†)

3.28　直角座標 (x, y, z) の関数

$$\phi(x, y, z) = \left(1 + \frac{x^2 - y^2}{a^2}\right) f(z) \quad (a > 0)$$

について次の問に答えよ．

(1)　上の関数がラプラスの方程式

$$\left(\frac{\partial^2}{\partial x^2} + \frac{\partial^2}{\partial y^2} + \frac{\partial^2}{\partial z^2}\right)\phi(x, y, z) = 0$$

をみたし，$\phi(0, 0, 0) = 0, \phi(0, 0, h) = \dfrac{V}{2}\ (V \neq 0)$，を満足するように $f(z)$ を決めよ．

(2)　(1)で求めた関数 ϕ について，$\phi(x, y, z) = V$ の等高面を表わす式を求め，$z = \dfrac{h}{2}$ の面上での等高線を描け．　(東大理)

3.29　拡散型偏微分方程式 $\dfrac{\partial f(x, t)}{\partial t} = \dfrac{\partial^2 f(x, t)}{\partial x^2}$　$(0 \leqq x \leqq \pi,\ \ t \geqq 0)$ を，次の条件のもとで解け．

$$\frac{\partial f(0, t)}{\partial x} = \frac{\partial f(\pi, t)}{\partial x} = 0 \quad (t > 0)$$

$$f(x, 0) = \sin^2 x \quad (0 \leqq x \leqq \pi)$$

(東大工)

3.30　偏微分方程式

$$\frac{\partial^2 f}{\partial x \partial y} + \frac{\partial f}{\partial y} = x$$

の一般解 $f(x, y)$ を求めよ．　(京大)

3.31　$f(x)$ を周期2の C^1 級奇関数とし，$f(x) = \displaystyle\sum_{n=1}^{\infty} b_n \sin(n\pi x)$ をその正弦級数展開とする．初期値・境界値問題

$$\frac{\partial u}{\partial t} = \frac{\partial^2 u}{\partial x^2},\quad u(0, t) = u(1, t) = 0,\quad u(x, 0) = f(x)$$

の解 $u(x, t)$ を b_n を用いて級数で表わせ．　(九大)

3.32　平面上の円環領域 $1 \leqq r \leqq e$，(e は自然対数の底)，$0 \leqq \theta \leqq 2\pi$ において，関数 $\phi(r, \theta)$ に対する微分方程式

$$\frac{\partial^2\phi}{\partial r^2}+\frac{1}{r}\frac{\partial\phi}{\partial r}+\frac{1}{r^2}\frac{\partial^2\phi}{\partial\theta^2}=0$$

を考える．これについて以下の問に答えよ．

（ i ）境界条件 $\phi(1,\theta)=1,\ \phi(e,\theta)=0\ (0\leqq\theta\leqq 2\pi)$ をみたす解 $\phi=\phi_1(r,\theta)$ を求めよ．

（ ii ）境界条件 $\phi(1,\theta)=\cos\theta,\ \phi(e,\theta)=0\ (0\leqq\theta\leqq 2\pi)$ をみたす解 $\phi=\phi_2(r,\theta)$ を求めよ．

（iii）上で求めた解は，円環領域の内部で，不等式

$\phi_1(r,\theta)\geqq\phi_2(r,\theta)$

をみたすことを示せ．（東大工）

3.33 偏微分方程式

$$\frac{\partial u}{\partial t}=a\frac{\partial^2 u}{\partial x^2}\quad (a\text{ は正の定数},\ 0\leqq x\leqq l,\ \ 0\leqq t)$$

を，次の境界条件および初期条件のもとで解け．

$$u(0,t)=u(l,t)=0,\quad u(x,0)=\sin^3\frac{\pi x}{l}$$（東大理）

3.34 $\boldsymbol{R}^2$ を (x,y) 平面，f を $\boldsymbol{R}^2-\{(0,0)\}$ 上の実数値 C^2 関数とする．

（ i ）次の条件（1）をみたす f はどのような関数か．

（1）$-y\dfrac{\partial f}{\partial x}+x\dfrac{\partial f}{\partial y}=0$

（ ii ）条件（1）とさらに次の条件（2）を同時にみたす f の一般形を求めよ．

（2）$\dfrac{\partial^2 f}{\partial x^2}+\dfrac{\partial^2 f}{\partial y^2}=0$（東大理，早大*）

3.35 $\boldsymbol{R}^2$ 上の実数値 C^2 級関数 $f(x,y)$ が方程式

$f_{xx}f_{yy}-f_{xy}^2=1$

をみたし，$r=\sqrt{x^2+y^2}$ のみに依存するとする．

（1）$f=g(r)$ とおくとき g はいかなる常微分方程式をみたすか．

（2）$x^2+y^2=1$ 上で $f=0$ をみたすような f をすべて求めよ．

（東大理，東大理*）

3.36 $u(t,x)$ に関する微分方程式

$$\frac{\partial u}{\partial t}-6u\frac{\partial u}{\partial x}+\frac{\partial^3 u}{\partial x^3}=0 \qquad ①$$

に対して以下の問に答えよ．

（1）$u(t,x)$ の変数 x に関する下記の積分量 $A(t)$ が，変数 t に対して不変

$\left(\dfrac{d}{dt}A(t) = 0\right)$ であることを示せ．ただし，$x = \pm\infty$ で，$u, \dfrac{\partial u}{\partial x}, \dfrac{\partial^2 u}{\partial x^2}$，$\dfrac{\partial^3 u}{\partial x^3}$，… 等がすべて 0 であるとする．

（a）$A_1 = \displaystyle\int_{-\infty}^{\infty} u(t, x)\, dx$

（b）$A_2 = \displaystyle\int_{-\infty}^{\infty} \frac{u^2}{2}\, dx$

（2）偏微分方程式①の解が

$$u(t, x) = -\frac{c}{2}\,\mathrm{sech}^2\left(\frac{\sqrt{c}}{2}(x - ct - x_0)\right)$$

となることを以下の順序に従って導け．ただし c は正の定数，x_0 は積分定数であり，$\mathrm{sech}\,(x) = \dfrac{2}{e^x + e^{-x}}$ である．

（a）$u(t, x) = u(x - ct)$ という形の解があると仮定し，独立変数 $z \equiv x - ct$ の関数として $u(z)$ に対する常微分方程式に変換せよ．

（b）$z = \pm\infty$ で，$u, \dfrac{du}{dz}, \dfrac{d^2u}{dz^2}$，… がすべて 0 であるという境界条件を利用して，$u(z)$ に対する常微分方程式を 2 回積分し，$\dfrac{du}{dz}$ に関する微分方程式を導け．

（c）変数変換 $w = \sqrt{u + \dfrac{c}{2}}$ を行い，$-\sqrt{\dfrac{c}{2}} \leqq u \leqq 0$ として，w に対する常微分方程式を解き，$u(t, x)$ を求めよ．　　（東大工）

3.37　関数 $y(x, t)$ に対する偏微分方程式

$$\frac{\partial y}{\partial t} = D\frac{\partial^2 y}{\partial x^2} \quad (D > 0)$$

について，境界条件を

$$y\left(\frac{\pi}{2}, t\right) = y\left(-\frac{\pi}{2}, t\right) = 0$$

とするとき，以下の初期条件をみたす解をそれぞれ求めよ．

（1）$y(x, 0) = \cos x \quad \left(-\dfrac{\pi}{2} \leqq x \leqq \dfrac{\pi}{2}\right)$

（2）$y(x, 0) = 2\cos x + \cos 3x \quad \left(-\dfrac{\pi}{2} \leqq x \leqq \dfrac{\pi}{2}\right)$　　（阪大）

問題解答

1 編解答

1.1 $\boldsymbol{x} = (x_1, x_2, x_3)$, $\boldsymbol{y} = (y_1, y_2, y_3)$

$$A = \begin{bmatrix} a_{11} & a_{12} & a_{13} \\ a_{21} & a_{22} & a_{23} \\ a_{31} & a_{32} & a_{33} \end{bmatrix}, \quad B = \begin{bmatrix} b_{11} & b_{12} & b_{13} \\ b_{21} & b_{22} & b_{23} \\ b_{31} & b_{32} & b_{33} \end{bmatrix}$$

とすると,

$$\begin{aligned} \boldsymbol{x}A &= (x_1, x_2, x_3) \begin{bmatrix} a_{11} & a_{12} & a_{13} \\ a_{21} & a_{22} & a_{23} \\ a_{31} & a_{32} & a_{33} \end{bmatrix} \\ &= (x_1a_{11} + x_2a_{21} + x_3a_{31}, x_1a_{12} + x_2a_{22} + x_3a_{32}, x_1a_{13} + x_2a_{23} + x_3a_{33}) \end{aligned}$$

$$\begin{aligned} \boldsymbol{y}A &= (y_1, y_2, y_3) \begin{bmatrix} a_{11} & a_{12} & a_{13} \\ a_{21} & a_{22} & a_{23} \\ a_{31} & a_{32} & a_{33} \end{bmatrix} \\ &= (y_1a_{11} + y_2a_{21} + y_3a_{31}, y_1a_{12} + y_2a_{22} + y_3a_{32}, y_1a_{13} + y_2a_{23} + y_3a_{33}) \end{aligned}$$

$[\boldsymbol{a}]_i$ がベクトル $\boldsymbol{a}$ の第 i 要素を表わすとすると，ベクトル積（外積）の定義より

$$\begin{aligned} [(\boldsymbol{x}A) \times (\boldsymbol{y}A)]_1 &= (x_1a_{12} + x_2a_{22} + x_3a_{32})(y_1a_{13} + y_2a_{23} + y_3a_{33}) \\ &\quad - (x_1a_{13} + x_2a_{23} + x_3a_{33})(y_1a_{12} + y_2a_{22} + y_3a_{32}) \\ &= \begin{vmatrix} x_2 & x_3 \\ y_2 & y_3 \end{vmatrix} \varDelta_{11} + \begin{vmatrix} x_3 & x_1 \\ y_3 & y_1 \end{vmatrix} \varDelta_{21} + \begin{vmatrix} x_1 & x_2 \\ y_1 & y_2 \end{vmatrix} \varDelta_{31} \\ &= (x \times y)_1\varDelta_{11} + (x \times y)_2\varDelta_{21} + (x \times y)_3\varDelta_{31} \end{aligned}$$

（$\varDelta_{ij}$ は A の (i, j) の余因子）

同様にして,

$$[(\boldsymbol{x}A) \times (\boldsymbol{y}A)]_2 = (\boldsymbol{x} \times \boldsymbol{y})_1\varDelta_{12} + (\boldsymbol{x} \times \boldsymbol{y})_2\varDelta_{22} + (\boldsymbol{x} \times \boldsymbol{y})_3\varDelta_{32}$$

$$[(\boldsymbol{x}A) \times (\boldsymbol{y}A)]_3 = (\boldsymbol{x} \times \boldsymbol{y})_1\varDelta_{13} + (\boldsymbol{x} \times \boldsymbol{y})_2\varDelta_{23} + (\boldsymbol{x} \times \boldsymbol{y})_3\varDelta_{33}$$

$$\therefore \quad (\boldsymbol{x}A) \times (\boldsymbol{y}A) = (\boldsymbol{x} \times \boldsymbol{y}) \begin{bmatrix} \varDelta_{11} & \varDelta_{12} & \varDelta_{13} \\ \varDelta_{21} & \varDelta_{22} & \varDelta_{23} \\ \varDelta_{31} & \varDelta_{32} & \varDelta_{33} \end{bmatrix}$$

したがって

$$B = \begin{bmatrix} \varDelta_{11} & \varDelta_{12} & \varDelta_{13} \\ \varDelta_{21} & \varDelta_{22} & \varDelta_{23} \\ \varDelta_{31} & \varDelta_{32} & \varDelta_{33} \end{bmatrix} = {}^t(\mathrm{adj}\, A)$$

以上の計算より，B は A によって唯一に定められるものである．

$$|B| = |{}^t(\mathrm{adj}\,A)| = |\mathrm{adj}\,A| = |A|^{3-1} = a^2$$

1.2 $n=1$ のとき，明らかに成立する．

$n=2$ のとき，

$$\begin{bmatrix} a & b & b \\ b & a & b \\ b & b & a \end{bmatrix}\begin{bmatrix} a & b & b \\ b & a & b \\ b & b & a \end{bmatrix} = \begin{bmatrix} a^2+2b^2 & 2ab+b^2 & 2ab+b^2 \\ 2ab+b^2 & a^2+2b^2 & 2ab+b^2 \\ 2ab+b^2 & 2ab+b^2 & a^2+2b^2 \end{bmatrix} \equiv \begin{bmatrix} A & B & B \\ B & A & B \\ B & B & A \end{bmatrix}$$

$$\therefore \quad A-B = a^2+2b^2-(2ab+b^2) = a^2-2ab+b^2 = (a-b)^2$$

$$A+2B = a^2+2b^2+2(2ab+b^2) = a^2+4ab+4b^2 = (a+2b)^2$$

$n=k$ のとき，

$$\begin{bmatrix} a & b & b \\ b & a & b \\ b & b & a \end{bmatrix}^k = \begin{bmatrix} A & B & B \\ B & A & B \\ B & B & A \end{bmatrix}$$

の形をもち，

$$A-B = (a-b)^k, \quad A+2B = (a+2b)^k$$

が成立するとすると，

$n=k+1$ のとき，

$$\begin{bmatrix} a & b & b \\ b & a & b \\ b & b & a \end{bmatrix}^{k+1} = \begin{bmatrix} A & B & B \\ B & A & B \\ B & B & A \end{bmatrix}\begin{bmatrix} a & b & b \\ b & a & b \\ b & b & a \end{bmatrix}$$

$$= \begin{bmatrix} Aa+2Bb & Ab+B(a+b) & Ab+B(a+b) \\ Ab+B(a+b) & Aa+2Bb & Ab+B(a+b) \\ Ab+B(a+b) & Ab+B(a+b) & Aa+2Bb \end{bmatrix} \equiv \begin{bmatrix} A' & B' & B' \\ B' & A' & B' \\ B' & B' & A' \end{bmatrix}$$

$$A'-B' = Aa+2Bb-\{Ab+B(a+b)\} = A(a-b)-B(a-b)$$

$$= (A-B)(a-b) = (a-b)^k(a-b) = (a-b)^{k+1}$$

$$A'+2B' = Aa+2Bb+2\{Ab+B(a+b)\} = A(a+2b)+2B(a+2b)$$

$$= (A+2B)(a+2b) = (a+2b)^k(a+2b) = (a+2b)^{k+1}$$

（別解） A の固有多項式は

$$\begin{vmatrix} \lambda-a & -b & -b \\ -b & \lambda-a & -b \\ -b & -b & \lambda-a \end{vmatrix} = \begin{vmatrix} \lambda-a-2b & -b & -b \\ \lambda-a-2b & \lambda-a & -b \\ \lambda-a-2b & -b & \lambda-a \end{vmatrix}$$

$$= (\lambda-a-2b)\begin{vmatrix} 1 & -b & -b \\ 1 & \lambda-a & -b \\ 1 & -b & \lambda-a \end{vmatrix}$$

$$= (\lambda - a - 2b)\begin{vmatrix} 1 & -b & -b \\ 0 & \lambda - a + b & 0 \\ 0 & 0 & \lambda - a + b \end{vmatrix}$$

$$= (\lambda - (a - b))^2(\lambda - (a + 2b))$$

$\therefore$ A の固有値 $= a - b$(2 重), $a + 2b$

$\lambda = a - b$ に対応する固有ベクトルを $\boldsymbol{x} = {}^t(x_1, x_2, x_3)$ であるとすると,

$$\begin{bmatrix} -b & -b & -b \\ -b & -b & -b \\ -b & -b & -b \end{bmatrix}\begin{bmatrix} x_1 \\ x_2 \\ x_3 \end{bmatrix} = 0 \Longrightarrow x_1 + x_2 + x_3 = 0$$

$$\Longrightarrow \boldsymbol{x} = \boldsymbol{\alpha}_1 = {}^t(-1, 0, 1), \quad \boldsymbol{x} = \boldsymbol{\alpha}_2 = {}^t(-1, 1, 0)$$

$\lambda = a + 2b$ に対応する固有ベクトルを $\boldsymbol{x} = {}^t(x_1, x_2, x_3)$ であるとすると,

$$\begin{bmatrix} 2b & -b & -b \\ -b & 2b & -b \\ -b & -b & 2b \end{bmatrix}\begin{bmatrix} x_1 \\ x_2 \\ x_3 \end{bmatrix} = 0 \Longrightarrow \boldsymbol{x} = \boldsymbol{\alpha}_3 = {}^t(1, 1, 1)$$

$P = (\boldsymbol{\alpha}_1, \boldsymbol{\alpha}_2, \boldsymbol{\alpha}_3) = \begin{bmatrix} -1 & -1 & 1 \\ 0 & 1 & 1 \\ 1 & 0 & 1 \end{bmatrix}$ とおくと,

$$P^{-1}AP = \begin{bmatrix} a - b & & \\ & a - b & \\ & & a + 2b \end{bmatrix}$$

$$A = P\begin{bmatrix} a - b & & \\ & a - b & \\ & & a + 2b \end{bmatrix}P^{-1}$$

$$A^n = \left(P\begin{bmatrix} a - b & & \\ & a - b & \\ & & a + 2b \end{bmatrix}P^{-1}\right)^n = P\begin{bmatrix} a - b & & \\ & a - b & \\ & & a + 2b \end{bmatrix}^n P^{-1}$$

$$= P\begin{bmatrix} (a - b)^n & & \\ & (a - b)^n & \\ & & (a + 2b)^n \end{bmatrix}P^{-1} \qquad ①$$

$A = \dfrac{1}{3}\{(a + 2b)^n + 2(a - b)^n\}$, $B = \dfrac{1}{3}\{(a + 2b)^n - (a - b)^n\}$ とおくと, $A - B = (a - b)^n$, $A + 2B = (a + 2b)^n$ および①より

$$A^n = P\begin{bmatrix} A-B & & \\ & A-B & \\ & & A+2B \end{bmatrix} P^{-1} = \begin{bmatrix} A & B & B \\ B & A & B \\ B & B & A \end{bmatrix}$$

1.3 （1） $A = \begin{bmatrix} a & 1 & 0 \\ 0 & a & 1 \\ 0 & 0 & a \end{bmatrix}$ （ただし，$a=2$）とおくと，

$$A^2 = \begin{bmatrix} a & 1 & 0 \\ 0 & a & 1 \\ 0 & 0 & a \end{bmatrix}\begin{bmatrix} a & 1 & 0 \\ 0 & a & 1 \\ 0 & 0 & a \end{bmatrix} = \begin{bmatrix} a^2 & 2a & 1 \\ 0 & a^2 & 2a \\ 0 & 0 & a^2 \end{bmatrix}$$

$$A^3 = \begin{bmatrix} a^2 & 2a & 1 \\ 0 & a^2 & 2a \\ 0 & 0 & a^2 \end{bmatrix}\begin{bmatrix} a & 1 & 0 \\ 0 & a & 1 \\ 0 & 0 & a \end{bmatrix} = \begin{bmatrix} a^3 & 3a^2 & 3a \\ 0 & a^3 & 3a^2 \\ 0 & 0 & a^3 \end{bmatrix}$$

$$A^4 = \begin{bmatrix} a^3 & 3a^2 & 3a \\ 0 & a^3 & 3a^2 \\ 0 & 0 & a^3 \end{bmatrix}\begin{bmatrix} a & 1 & 0 \\ 0 & a & 1 \\ 0 & 0 & a \end{bmatrix} = \begin{bmatrix} a^4 & 4a^3 & 6a^2 \\ 0 & a^4 & 4a^3 \\ 0 & 0 & a^4 \end{bmatrix}$$

A^n の 1 行 3 列の要素は，$a_n a^{n-2}$, $a_n = (n-1) + a_{n-1} (a_1 = 0)$ であるから

$$a_n = 0 + \sum_{k=1}^{n-1} k = 1 + 2 + \cdots + (n-1) = \frac{1}{2} n(n-1)$$

$$\therefore \quad A^n = \begin{bmatrix} a^n & na^{n-1} & \dfrac{n(n-1)}{2} a^{n-2} \\ 0 & a^n & na^{n-1} \\ 0 & 0 & a^n \end{bmatrix} = \begin{bmatrix} 2^n & n2^{n-1} & n(n-1)2^{n-3} \\ 0 & 2^n & n2^{n-1} \\ 0 & 0 & 2^n \end{bmatrix}$$

（別解） $A = \begin{bmatrix} 2 & & \\ & 2 & \\ & & 2 \end{bmatrix} + \begin{bmatrix} 0 & 1 & 0 \\ 0 & 0 & 1 \\ 0 & 0 & 0 \end{bmatrix} \equiv A_1 + A_2$ とおくと，

$$A^n = (A_1 + A_2)^n = A_1^n + \binom{n}{1} A_1^{n-1} A_2 + \binom{n}{2} A_1^{n-2} A_2^2$$

$$+ \binom{n}{3} A_1^{n-3} A_2^3 + \cdots + \binom{n}{n} A_2^n$$

ここで，$A_2^k = 0 (k \geqq 3)$ だから

$$A^n = A_1^n + nA_1^{n-1}A_2 + \frac{1}{2} n(n-1) A_1^{n-2} A_2^2$$

$$= \begin{bmatrix} 2^n & & \\ & 2^n & \\ & & 2^n \end{bmatrix} + \begin{bmatrix} n2^{n-1} & & \\ & n2^{n-1} & \\ & & n2^{n-1} \end{bmatrix} \begin{bmatrix} 0 & 1 & 0 \\ 0 & 0 & 1 \\ 0 & 0 & 0 \end{bmatrix}$$

$$+ \begin{bmatrix} \frac{n(n-1)}{2}2^{n-2} & & \\ & \frac{n(n-1)}{2}2^{n-2} & \\ & & \frac{n(n-1)}{2}2^{n-2} \end{bmatrix} \begin{bmatrix} 0 & 1 & 0 \\ 0 & 0 & 1 \\ 0 & 0 & 0 \end{bmatrix}^2$$

$$= \begin{bmatrix} 2^n & & \\ & 2^n & \\ & & 2^n \end{bmatrix} + \begin{bmatrix} 0 & n2^{n-1} & 0 \\ 0 & 0 & n2^{n-1} \\ 0 & 0 & 0 \end{bmatrix} + \begin{bmatrix} 0 & 0 & \frac{1}{2}n(n-1)2^{n-2} \\ 0 & 0 & 0 \\ 0 & 0 & 0 \end{bmatrix}$$

$$= \begin{bmatrix} 2^n & n2^{n-1} & n(n-1)2^{n-3} \\ 0 & 2^n & n2^{n-1} \\ 0 & 0 & 2^n \end{bmatrix}$$

（2） $|\boldsymbol{x}| = \sqrt{x_1^2 + x_2^2} = 1$ ①

$$\|A\| = \max_{|\boldsymbol{x}|=1} |A\boldsymbol{x}| = \max_{\sqrt{x_1^2+x_2^2}=1} \left| \begin{bmatrix} 2 & 3 \\ 0 & 2 \end{bmatrix} \begin{bmatrix} x_1 \\ x_2 \end{bmatrix} \right|$$

$$= \max_{\sqrt{x_1^2+x_2^2}=1} \left| \begin{bmatrix} 2x_1 + 3x_2 \\ 2x_2 \end{bmatrix} \right| = \max_{\sqrt{x_1^2+x_2^2}=1} \sqrt{(2x_1+3x_2)^2 + (2x_2)^2}$$

ここで，$F(x_1, x_2) \equiv (2x_1+3x_2)^2 + (2x_2)^2$ とおき，未定係数 λ を用いると，

$$G(x_1, x_2) = F(x_1, x_2) - \lambda(x_1^2 + x_2^2 - 1)$$

$$\begin{cases} \dfrac{\partial G}{\partial x_1} = 2\{(4-\lambda)x_1 + 6x_2\} \\ \dfrac{\partial G}{\partial x_2} = 2\{6x_1 + (13-\lambda)x_2\} \end{cases} \quad ②$$

x_1, x_2 は $x_1^2 + x_2^2 = 1$ をみたすから，②は自明でない解をもっている．ゆえに

$$\begin{vmatrix} 4-\lambda & 6 \\ 6 & 13-\lambda \end{vmatrix} = 0 \Longrightarrow \lambda = 16, 1$$

$\lambda = 16$のとき，②より

$$2x_1 - x_2 = 0 \Longrightarrow 2x_1 = x_2$$

これを①に代入すると

$$5x_1^2 = 1 \Longrightarrow F(x_1, x_2) = (2x_1+3x_2)^2 + (2x_2)^2 = 80x_1^2 = 16$$

$\lambda = 1$ のとき，②より

$$x_1 + 2x_2 = 0 \Longrightarrow x_1 = -2x_2$$

これを①に代入すると

$$5x_2^2 = 1 \Longrightarrow F(x_1, x_2) = (2x_1 + 3x_2)^2 + (2x_2)^2 = 5x_2^2 = 1$$

$$\therefore \quad \|A\| = \max_{|\boldsymbol{x}|=1} \sqrt{F(x_1, x_2)} = 4$$

1.4 （1） $A = \begin{bmatrix} 1 & -1 \\ 1 & -2 \\ 1 & 1 \end{bmatrix}, \boldsymbol{x} = \begin{bmatrix} x \\ y \end{bmatrix}, \boldsymbol{b} = \begin{bmatrix} -1 \\ -6 \\ 8 \end{bmatrix}$ とすると，

$$A^T = \begin{bmatrix} 1 & 1 & 1 \\ -1 & -2 & 1 \end{bmatrix}, \quad A^TA = \begin{bmatrix} 1 & 1 & 1 \\ -1 & -2 & 1 \end{bmatrix} \begin{bmatrix} 1 & -1 \\ 1 & -2 \\ 1 & 1 \end{bmatrix} = \begin{bmatrix} 3 & -2 \\ -2 & 6 \end{bmatrix}$$

$$A^T\boldsymbol{b} = \begin{bmatrix} 1 & 1 & 1 \\ -1 & -2 & 1 \end{bmatrix} \begin{bmatrix} -1 \\ -6 \\ 8 \end{bmatrix} = \begin{bmatrix} 1 \\ 21 \end{bmatrix}$$

（2） $$(A^TA)^{-1} = \begin{bmatrix} 3 & -2 \\ -2 & 6 \end{bmatrix}^{-1} = \frac{1}{\begin{vmatrix} 3 & -2 \\ -2 & 6 \end{vmatrix}} \begin{bmatrix} 6 & -(-2) \\ -(-2) & 3 \end{bmatrix}$$

$$= \frac{1}{14} \begin{bmatrix} 6 & 2 \\ 2 & 3 \end{bmatrix} = \begin{bmatrix} \frac{3}{7} & \frac{1}{7} \\ \frac{1}{7} & \frac{3}{14} \end{bmatrix}$$

（3） $$A\boldsymbol{x} - \boldsymbol{b} = \begin{bmatrix} 1 & -1 \\ 1 & -2 \\ 1 & 1 \end{bmatrix} \begin{bmatrix} x \\ y \end{bmatrix} - \begin{bmatrix} -1 \\ -6 \\ 8 \end{bmatrix} = \begin{bmatrix} x - y \\ x - 2y \\ x + y \end{bmatrix} - \begin{bmatrix} -1 \\ -6 \\ 8 \end{bmatrix}$$

$$= \begin{bmatrix} x - y + 1 \\ x - 2y + 6 \\ x + y - 8 \end{bmatrix}$$

$$(A\boldsymbol{x} - \boldsymbol{b})^T(A\boldsymbol{x} - \boldsymbol{b}) = (x - y + 1, x - 2y + 6, x + y - 8) \begin{bmatrix} x - y + 1 \\ x - 2y + 6 \\ x + y - 8 \end{bmatrix}$$

$$= (x - y + 1)^2 + (x - 2y + 6)^2 + (x + y - 8)^2$$

$z = (x - y + 1)^2 + (x - 2y + b)^2 + (x + y - 8)^2$ とおくと

$$\begin{cases} \dfrac{\partial z}{\partial x} = 2(x-y+1) + 2(x-2y+6) + 2(x+y-8) \\ \quad = 2(3x-2y-1) = 0 \\ \dfrac{\partial z}{\partial y} = -2(x-y+1) - 2\cdot 2(x-2y+6) + 2(x+y-8) \\ \quad = 2(-2x+6y-21) = 0 \end{cases}$$

$$\therefore \quad x = \frac{24}{7}, \quad y = \frac{65}{14}$$

これは $(A\boldsymbol{x}-\boldsymbol{b})^T(A\boldsymbol{x}-\boldsymbol{b})$ を最小にする実数組である.

〈注〉 このとき, $\Delta(x, y) = \begin{vmatrix} z_{xx} & z_{xy} \\ z_{yx} & z_{yy} \end{vmatrix} = 2\begin{vmatrix} 3 & -2 \\ -2 & 6 \end{vmatrix} = 28 > 0 \rightarrow$ 極値あり. $z_{zz} = 6 > 0 \rightarrow$ 極小値あり. $z\left(\dfrac{24}{7}, \dfrac{65}{14}\right) = \dfrac{1}{14} \rightarrow$ 極小値.

1.5 （1） A が実の交代行列だから, ${}^tA = -A$

$$\therefore \quad {}^t(E-A) = {}^t(E+{}^tA) = E+A$$

よって, $E+A$ が正則であるとき, $E-A$ も正則である.

$$\begin{aligned} \therefore \quad {}^tSS &= {}^t\{(E+A)^{-1}(E-A)\}\{(E+A)^{-1}(E-A)\} \\ &= (E-{}^tA)(E+{}^tA)^{-1}(E+A)^{-1}(E-A) \\ &= (E+A)(E-A)^{-1}(E+A)^{-1}(E-A) \\ &= (E+A)\{(E+A)(E-A)\}^{-1}(E-A) \\ &= (E+A)\{(E-A)(E+A)\}^{-1}(E-A) \\ &\quad (\because \quad (E+A)(E-A) = E-A^2 = (E-A)(E+A)) \\ &= \{(E+A)(E+A)^{-1}\}\{(E-A)^{-1}(E-A)\} = E \qquad \text{①} \end{aligned}$$

よって, S は直交行列である.

（2） ①より, ${}^tSS = E$, ${}^tS = S^{-1}$ となる.

$$\begin{aligned} \therefore \quad {}^tA &= {}^t\{(E+S)^{-1}(E-S)\} = {}^t(E-S)\{{}^t(E+S)\}^{-1} \\ &= (E-{}^tS)(E+{}^tS)^{-1} = (E-{}^tS)SS^{-1}(E+{}^tS)^{-1} \\ &= \{(E-S^{-1})S\}\{S^{-1}(E+S^{-1})^{-1}\} = (S-E)\{(E+S^{-1})S\}^{-1} \\ &= (S-E)(S+E)^{-1} = -(E-S)(E+S)^{-1} \\ &= -(E+S)^{-1}(E-S) \\ &\quad (\because \quad (E+S)(E-S) = (E-S)(E+S)) \\ &= -A \end{aligned}$$

よって, A は交代行列である.

（3） 2次直交行列を $S = \begin{bmatrix} a & b \\ c & d \end{bmatrix}$ とおくと，

$$\begin{bmatrix} a & c \\ b & d \end{bmatrix}\begin{bmatrix} a & b \\ c & d \end{bmatrix} = \begin{bmatrix} a^2 + c^2 & ab + cd \\ ab + cd & b^2 + \mathrm{d}^2 \end{bmatrix} = \begin{bmatrix} 1 & 0 \\ 0 & 1 \end{bmatrix}$$

$$\therefore \quad a^2 + c^2 = 1, \quad b^2 + d^2 = 1, \quad ab + cd = 0$$

第1式より，$a = \cos\theta$，$c = \sin\theta$ となり，これを第3式に代入すると，

$$b\cos\theta + d\sin\theta = 0 \qquad \therefore \quad b = t\sin\theta, \quad d = -t\cos\theta$$

これを第2式に代入すると，

$$t^2(\sin^2\theta + \cos^2\theta) = t^2 = 1 \qquad \therefore \quad t = \pm 1$$

$$\therefore \quad S = \begin{bmatrix} \cos\theta & -\sin\theta \\ \sin\theta & \cos\theta \end{bmatrix} \quad \text{または} \quad \begin{bmatrix} \cos\theta & \sin\theta \\ \sin\theta & -\cos\theta \end{bmatrix}$$

なお，（1），（2）の結果を使うことにより同様に求めることができる．

〈注〉 $E + A$ が正則のとき，正方行列 A に行列 $(E - A)(E + A)^{-1}$ を対応させる変換を**ケイリー変換**という．

1.6 （1） x, y, z に関する連立1次方程式

$$\begin{bmatrix} a & 1 & 2 \\ 1 & 2 & 1 \\ 2 & 1 & 1 \end{bmatrix}\begin{bmatrix} x \\ y \\ z \end{bmatrix} = \begin{bmatrix} -1 \\ 2 \\ b \end{bmatrix} \qquad ①$$

の係数行列，拡大係数行列をそれぞれ

$$A = \begin{bmatrix} a & 1 & 2 \\ 1 & 2 & 1 \\ 2 & 1 & 1 \end{bmatrix}, \quad B = \begin{bmatrix} a & 1 & 2 & -1 \\ 1 & 2 & 1 & 2 \\ 2 & 1 & 1 & b \end{bmatrix}$$

とおき，B に行基本変形を施す：

$$B \xrightarrow{1\text{行},\ 2\text{行交換}} \begin{bmatrix} 1 & 2 & 1 & 2 \\ a & 1 & 2 & -1 \\ 2 & 1 & 1 & b \end{bmatrix}$$

$$\xrightarrow[3\text{行} + (-2) \times 1\text{行}]{2\text{行} + (-a) \times 1\text{行}} \begin{bmatrix} 1 & 2 & 1 & 2 \\ 0 & 1 - 2a & 2 - a & -1 - 2a \\ 0 & -3 & -1 & b - 4 \end{bmatrix}$$

$$\xrightarrow{2\text{行},\ 3\text{行交換}} \begin{bmatrix} 1 & 2 & 1 & 2 \\ 0 & -3 & -1 & b - 4 \\ 0 & 1 - 2a & 2 - a & -1 - 2a \end{bmatrix}$$

$$\xrightarrow{-\frac{1}{3}\times 2\text{行}}\begin{bmatrix}1 & 2 & 1 & 2\\ 0 & 1 & \frac{1}{3} & \frac{4-b}{3}\\ 0 & 1-2a & 2-a & -1-2a\end{bmatrix}$$

$$\xrightarrow{3\text{行}+(2a-1)\times 2\text{行}}\begin{bmatrix}1 & 2 & 1 & 2\\ 0 & 1 & \frac{1}{3} & \frac{4-b}{3}\\ 0 & 0 & \frac{1}{3}(5-a) & \frac{1}{3}(-7+2a+b-2ab)\end{bmatrix}$$

$$\xrightarrow{3\times 2\text{行},\ 3\times 3\text{行}}\begin{bmatrix}1 & 2 & 1 & 2\\ 0 & 3 & 1 & 4-b\\ 0 & 0 & 5-a & -7+2a+b-2ab\end{bmatrix} \qquad ②$$

（i） $a \neq 5$ のとき，rank (A) = rank $(B) = 3$ となるから，b の値にかかわらず①の解が存在する．

（ii） $a = 5$ のとき，$-7+2a+b-2ab = 0$ すなわち $b = \frac{1}{3}$ ならば，rank (A) = rank $(B) = 2$ となるから，①の解が存在する．

（2） $a = 5,\ b = \frac{1}{3}$ のとき，②より

$$B \longrightarrow \begin{bmatrix}1 & 2 & 1 & 2\\ 0 & 3 & 1 & \frac{11}{3}\\ 0 & 0 & 0 & 0\end{bmatrix}$$

①は

$$\begin{bmatrix}1 & 2 & 1\\ 0 & 3 & 1\\ 0 & 0 & 0\end{bmatrix}\begin{bmatrix}x\\ y\\ z\end{bmatrix} = \begin{bmatrix}2\\ \frac{11}{3}\\ 0\end{bmatrix}, \qquad \begin{cases}x + 2y = 2 - z\\ 3y = \frac{11}{3} - z\end{cases}$$

$$\Longrightarrow \begin{cases}x = -\frac{4}{9} - \alpha\\ y = \frac{11}{9} - \alpha\\ z = 3\alpha\end{cases} \qquad \therefore\ \begin{bmatrix}x\\ y\\ z\end{bmatrix} = \begin{bmatrix}-\frac{4}{9}\\ \frac{11}{9}\\ 0\end{bmatrix} + \alpha\begin{bmatrix}-1\\ -1\\ 3\end{bmatrix} \quad (\alpha : \text{定数})$$

1.7 $A=(\boldsymbol{a}_1, \boldsymbol{a}_2, \cdots, \boldsymbol{a}_n), B=(\boldsymbol{b}_1, \boldsymbol{b}_2, \cdots, \boldsymbol{b}_n)$ とおくと,

$$\begin{aligned}\text{rank}\,(A)+\text{rank}\,(B) &= \text{rank}\,(\boldsymbol{a}_1, \boldsymbol{a}_2, \cdots, \boldsymbol{a}_n)+\text{rank}\,(\boldsymbol{b}_1, \boldsymbol{b}_2, \cdots, \boldsymbol{b}_n) \\ &\geqq \text{rank}\,(\boldsymbol{a}_1, \boldsymbol{a}_2, \cdots, \boldsymbol{a}_n, \boldsymbol{b}_1, \boldsymbol{b}_2, \cdots, \boldsymbol{b}_n) \\ &\geqq \text{rank}\,(\boldsymbol{a}_1+\boldsymbol{b}_1, \boldsymbol{a}_2+\boldsymbol{b}_2, \cdots, \boldsymbol{a}_n+\boldsymbol{b}_n) \\ &= \text{rank}\,(A+B)=\text{rank}\,(E)=n \qquad ①\end{aligned}$$

$$AB=O \Longrightarrow A(\boldsymbol{b}_1, \boldsymbol{b}_2, \cdots, \boldsymbol{b}_n)=O$$

よって，$\boldsymbol{b}_1, \boldsymbol{b}_2, \cdots, \boldsymbol{b}_n$ はいずれも斉次連立1次方程式 $A\boldsymbol{x}=\boldsymbol{o}$ の解ベクトルである．したがって

$$\text{rank}\,(B)=\text{rank}\,(\boldsymbol{b}_1, \boldsymbol{b}_2, \cdots, \boldsymbol{b}_n) \leqq n-\text{rank}\,(A)$$

すなわち,

$$\text{rank}\,(A)+\text{rank}\,(B) \leqq n \qquad ②$$

①, ②より，$\text{rank}\,(A)+\text{rank}\,(B)=n$ となる．

（別解1） $A+B$ の列ベクトルは，A の列ベクトルと B の列ベクトルの和の形に表わされる．ゆえに $A+B$ の列空間は A の列空間と B の列空間の和空間に含まれる．よって,

$$\begin{aligned}\dim\,((A+B)\text{ の列空間}) &\leqq \dim\,(A\text{ の列空間}+B\text{ の列空間}) \\ &\leqq \dim\,(A\text{ の列空間})+\dim\,(B\text{ の列空間})\end{aligned}$$

$$\therefore\quad \text{rank}\,(A+B) \leqq \text{rank}\,A+\text{rank}\,B$$

$$\therefore\quad \text{rank}\,A+\text{rank}\,B \geqq \text{rank}\,(A+B)=\text{rank}\,E=n \qquad ③$$

また，B の列ベクトルを $\boldsymbol{b}_1, \boldsymbol{b}_2, \cdots, \boldsymbol{b}_n$ とすると,

$$O=AB=(A\boldsymbol{b}_1, A\boldsymbol{b}_2, \cdots, A\boldsymbol{b}_n) \Longrightarrow A\boldsymbol{b}_j=\boldsymbol{o} \quad (j=1, 2, \cdots, n)$$

すなわち $A=(a_{ij})$ とすると，$\boldsymbol{b}_j$ はいずれも次の連立斉次1次方程式の解ベクトルである．

$$\begin{bmatrix} a_{11} & a_{12} & \cdots & a_{1n} \\ a_{21} & a_{22} & \cdots & a_{2n} \\ & \cdots\cdots & & \\ a_{n1} & a_{n2} & \cdots & a_{nn} \end{bmatrix} \begin{bmatrix} x_1 \\ x_2 \\ \vdots \\ x_n \end{bmatrix} = \mathbf{0}$$

しかるに，この解空間の次元は $n-\text{rank}\,A$ であるから,

$$\text{rank}\,B=\dim\,(\boldsymbol{b}_1, \boldsymbol{b}_2, \cdots, \boldsymbol{b}_n) \leqq n-\text{rank}\,A$$

$$\therefore\quad \text{rank}\,A+\text{rank}\,B \leqq n \qquad ④$$

③, ④より，$\text{rank}\,A+\text{rank}\,B=n$ となる．

（別解2） $A+B=E, \quad AB=O$

$$\therefore\quad O=A(E-A)=A-A^2 \Longrightarrow A^2-A=O \qquad ⑤$$

A の固有値を λ とすると，⑤より

$$\lambda^2 - \lambda = 0 \Longrightarrow \lambda = 0, 1$$

A に対して，適当な正則行列 P をとって，

$$P^{-1}AP = \begin{bmatrix} J_1 & & & \\ & J_2 & & \\ & & \ddots & \\ & & & J_k \end{bmatrix} \quad (J_1, \cdots, J_k \text{はジョルダン細胞})$$

とすることができる．次に，$\lambda = 0$ に対応するジョルダン細胞が零行列であることを証明する．そうでなければ，J_1 が $\lambda = 0$ に対応するジョルダン細胞であるとすると，

$$P^{-1}AP = \begin{bmatrix} J_1 & & & \\ & \ddots & & \\ & & \ddots & \\ & & & \ddots \end{bmatrix} = \begin{bmatrix} 0 & 1 & & & \\ & 0 & \ddots & & \\ & & \ddots & 1 & \\ & & & 0 & \\ & & & & \ddots \end{bmatrix}$$

$$P^{-1}AP + P^{-1}BP = P^{-1}(A + B)P = E$$

$$\therefore \quad P^{-1}BP = \begin{bmatrix} 1 & -1 & & & \\ & 1 & -1 & & \\ & & \ddots & -1 & \\ & & & 1 & \\ & & & & \ddots \end{bmatrix}$$

したがって，

$$AB = P^{-1}(AB)P = (P^{-1}AP)(P^{-1}BP) = \begin{bmatrix} 0 & 1 & \\ & \ddots & \\ & & \ddots \end{bmatrix} \neq O$$

これは $AB = O$ に矛盾する．ゆえに，

$$\begin{aligned} \text{rank}\,(A) &= \text{rank}\,(P^{-1}AP) = P^{-1}AP \text{の零ベクトルでない行の個数} \\ &= P^{-1}AP \text{の固有値 1 の個数} = A \text{の固有値 1 の個数} \\ \text{rank}\,(B) &= \text{rank}\,(P^{-1}BP) = P^{-1}BP \text{の固有値 1 の個数} \\ &= P^{-1}AP \text{の固有値 0 の個数} = A \text{の固有値 0 の個数} \end{aligned}$$

$$\therefore \quad \text{rank}\,(A) + \text{rank}\,(B) = A \text{の固有値の個数} = n$$

1.8 $A = \begin{bmatrix} 1 & 1 \\ 0 & 0 \end{bmatrix}$, $B = \begin{bmatrix} 0 & 0 \\ 1 & 1 \end{bmatrix}$ とおくと，

$$X_0 = \begin{bmatrix} A & B \\ A & B \end{bmatrix}$$

明らかに，$A^2 = A, AB = A, BA = B, B^2 = B, A + B = \begin{bmatrix} 1 & 1 \\ 1 & 1 \end{bmatrix}$.

よって，A, B を用いて，4 次正方行列を構成するとき，

$$X^2 = \begin{bmatrix} A+B & A+B \\ A+B & A+B \end{bmatrix}$$

をみたすものでよい．したがって，

$$X_1 = \begin{bmatrix} -A & -B \\ -A & -B \end{bmatrix},\quad X_2 = \begin{bmatrix} A & B \\ B & A \end{bmatrix},\quad X_3 = \begin{bmatrix} -A & -B \\ -B & -A \end{bmatrix}$$

$$X_4 = \begin{bmatrix} B & A \\ A & B \end{bmatrix},\quad X_5 = \begin{bmatrix} -B & -A \\ -A & -B \end{bmatrix},\quad X_6 = \begin{bmatrix} {}^tA & {}^tA \\ {}^tB & {}^tB \end{bmatrix}$$

$$X_7 = \begin{bmatrix} -{}^tA & -{}^tA \\ -{}^tB & -{}^tB \end{bmatrix},\quad X_8 = \begin{bmatrix} {}^tA & {}^tB \\ {}^tB & {}^tA \end{bmatrix},\quad X_9 = \begin{bmatrix} -{}^tA & -{}^tB \\ -{}^tB & -{}^tA \end{bmatrix}$$

$$X_{10} = \begin{bmatrix} {}^tB & {}^tA \\ {}^tA & {}^tB \end{bmatrix},\quad X_{11} = \begin{bmatrix} -{}^tB & -{}^tA \\ -{}^tA & -{}^tB \end{bmatrix}$$

などが，X_0 が方程式の解の一つであることを利用して求めた行列である．

1.9 行列 A の固有値を λ，λ に対応するベクトルを $\boldsymbol{x}\,(\neq \boldsymbol{o})$ とすると，$A^3 + A = O$ に右から $\boldsymbol{x}$ を掛けると，

$$(A^3 + A)\boldsymbol{x} = O\boldsymbol{x} = \boldsymbol{o},\quad A^3\boldsymbol{x} + A\boldsymbol{x} = \boldsymbol{o}$$

$$\therefore\quad \lambda^3\boldsymbol{x} + \lambda\boldsymbol{x} = (\lambda^3 + \lambda)\boldsymbol{x} = \boldsymbol{o}$$

$\boldsymbol{x} \neq \boldsymbol{o}$ であるから，$\lambda^3 + \lambda = \lambda(\lambda^2 + 1) = \lambda(\lambda - i)(\lambda + i) = 0$

$$\therefore\quad \lambda = 0, \pm i \qquad ①$$

一方，行列 A の固有方程式 $\varDelta(\lambda)$ は

$$\varDelta(\lambda) = |\lambda E - A| = (\lambda - \lambda_1)(\lambda - \lambda_2)\cdots(\lambda - \lambda_n)$$

$$(\lambda_i (i = 1, \cdots, n) \text{ は固有値})$$

$$= (\lambda - \lambda_1)\cdots(\lambda - \lambda_n) = \lambda^n - (\lambda_1 + \lambda_2 + \cdots + \lambda_n)\lambda^{n-1}$$
$$+ (\lambda \text{ の } (n-2) \text{ 次以下の項}) \qquad ②$$

$$|\lambda E - A| = \begin{vmatrix} \lambda - a_{11} & -a_{11} & \cdots & a_{1n} \\ -a_{21} & \lambda - a_{22} & \cdots & a_{2n} \\ \cdots & \cdots & \cdots & \cdots \\ -a_{n1} & -a_{n2} & \cdots & \lambda - a_{nn} \end{vmatrix}$$

$$= (\lambda - a_{11})(\lambda - a_{22})\cdots(\lambda - a_{nn}) + (\lambda \text{ の } (n-2) \text{ 次以下の項})$$
$$= \lambda^n - (a_{11} + a_{22} + \cdots + a_{nn})\lambda^{n-1} + (\lambda \text{ の } (n-2) \text{ 次以下の項})$$
$$③$$

そこで，②，③の $(n-1)$ 次の係数を比較し，①を代入すると，

$$a_{11} + a_{22} + \cdots + a_{nn} = \sum_{n=1}^{n} \lambda_n = 0 + \cdots + (i - i) = 0$$

1.10 $\lambda_1, \lambda_2, \cdots, \lambda_k$ を相異なる固有値，$\boldsymbol{x}_1, \boldsymbol{x}_2, \cdots, \boldsymbol{x}_k$ を対応する固有ベクトルとする．$\boldsymbol{x}_1, \boldsymbol{x}_2, \cdots, \boldsymbol{x}_k$ が1次従属であると仮定すれば，$\boldsymbol{x}_1, \boldsymbol{x}_2, \cdots, \boldsymbol{x}_{i-1}$ は1次独立であるが，$\boldsymbol{x}_1, \boldsymbol{x}_2, \cdots, \boldsymbol{x}_{i-1}, \boldsymbol{x}_i$ は1次従属であるような $i(2 \leqq i \leqq k)$ が存在する．したがって，$\boldsymbol{x}_i$ は $\boldsymbol{x}_1, \boldsymbol{x}_2, \cdots, \boldsymbol{x}_{i-1}$ の1次結合として，

$$\boldsymbol{x}_i = c_1\boldsymbol{x}_1 + c_2\boldsymbol{x}_2 + \cdots + c_{i-1}\boldsymbol{x}_{i-1} \qquad ①$$

と表わされる．この両辺に A を左から施し，$A\boldsymbol{x}_j = \lambda_j\boldsymbol{x}_j (1 \leqq j \leqq k)$ に注意すると，

$$\begin{aligned}\lambda_i\boldsymbol{x}_i = A\boldsymbol{x}_i &= c_1A\boldsymbol{x}_1 + c_2A\boldsymbol{x}_2 + \cdots + c_{i-1}A\boldsymbol{x}_{i-1} \\ &= c_1\lambda_1\boldsymbol{x}_1 + c_2\lambda_2\boldsymbol{x}_2 + \cdots + c_{i-1}\lambda_{i-1}\boldsymbol{x}_{i-1} \qquad ②\end{aligned}$$

② $-\lambda_i \times$ ①より

$$c_1(\lambda_1 - \lambda_i)\boldsymbol{x}_1 + c_2(\lambda_2 - \lambda_i)\boldsymbol{x}_2 + \cdots + c_{i-1}(\lambda_{i-1} - \lambda_i)\boldsymbol{x}_{i-1} = \boldsymbol{o}$$

しかるに，$\boldsymbol{x}_1, \boldsymbol{x}_2, \cdots, \boldsymbol{x}_{i-1}$ は1次独立であるから，$c_j(\lambda_j - \lambda_i) = 0 (j = 1, 2, \cdots, i-1)$．ところが，仮定 $\lambda_j \neq \lambda_i$ により，$c_j = 0$．したがって，$\boldsymbol{x}_i = \boldsymbol{o}$ となり，$\boldsymbol{x}_i$ が固有ベクトル $(\neq\boldsymbol{o})$ であるという仮定に反する．

（別解） $\lambda_1, \lambda_2, \cdots, \lambda_k$ を相異なる固有値，$\boldsymbol{x}_1, \boldsymbol{x}_2, \cdots, \boldsymbol{x}_k$ を対応する固有ベクトルとする．

$$c_1\boldsymbol{x}_1 + c_2\boldsymbol{x}_2 + c_3\boldsymbol{x}_3 + \cdots + c_{k-1}\boldsymbol{x}_{k-1} + c_k\boldsymbol{x}_k = \boldsymbol{o} \quad (c_1, c_2, \cdots, c_k \text{は定数}) \qquad ③$$

とすると，③の両辺に A を左から施し，$A\boldsymbol{x}_k = \lambda_k\boldsymbol{x}_k$ を考慮すると

$$c_1\lambda_1\boldsymbol{x}_1 + c_2\lambda_2\boldsymbol{x}_2 + c_3\lambda_3\boldsymbol{x}_3 + \cdots + c_{k-1}\lambda_{k-1}\boldsymbol{x}_{k-1} + c_k\lambda_k\boldsymbol{x}_k = \boldsymbol{o} \qquad ④$$

④ $-\lambda_1 \times$ ③より

$$\begin{aligned}&c_2(\lambda_2 - \lambda_1)\boldsymbol{x}_2 + c_3(\lambda_3 - \lambda_1)\boldsymbol{x}_3 + \cdots + c_{k-1}(\lambda_{k-1} - \lambda_1)\boldsymbol{x}_{k-1} + c_k(\lambda_k - \lambda_1)\boldsymbol{x}_k \\ &\quad = \boldsymbol{o} \qquad ⑤\end{aligned}$$

⑤の両辺に A を左から施すと

$$\begin{aligned}&c_2(\lambda_2 - \lambda_1)\lambda_2\boldsymbol{x}_2 + c_3(\lambda_3 - \lambda_1)\lambda_3\boldsymbol{x}_3 + \cdots + c_{k-1}(\lambda_{k-1} - \lambda_1)\lambda_{k-1}\boldsymbol{x}_{k-1} \\ &\quad + c_k(\lambda_k - \lambda_1)\lambda_k\boldsymbol{x}_k = \boldsymbol{o} \qquad ⑥\end{aligned}$$

⑥ $-\lambda_2 \times$ ⑤より

$$\begin{aligned}&c_3(\lambda_3 - \lambda_1)(\lambda_3 - \lambda_2)\boldsymbol{x}_3 + \cdots + c_{k-1}(\lambda_{k-1} - \lambda_1)(\lambda_{k-1} - \lambda_2)\boldsymbol{x}_{k-1} \\ &\quad + c_k(\lambda_k - \lambda_1)(\lambda_k - \lambda_2)\boldsymbol{x}_k = \boldsymbol{o}\end{aligned}$$

このように続けていくと

$$\begin{aligned}&c_{k-1}(\lambda_{k-1} - \lambda_1)(\lambda_{k-1} - \lambda_2)\cdots(\lambda_{k-1} - \lambda_{k-2})\boldsymbol{x}_{k-1} + c_k(\lambda_k - \lambda_1)(\lambda_k - \lambda_2) \\ &\quad \cdots(\lambda_k - \lambda_{k-2})\boldsymbol{x}_k = \boldsymbol{o} \qquad ⑦\end{aligned}$$

⑦の両辺に A を左から施すと

$$\begin{aligned}&c_{k-1}(\lambda_{k-1} - \lambda_1)(\lambda_{k-1} - \lambda_2)\cdots(\lambda_{k-1} - \lambda_{k-2})\lambda_{k-1}\boldsymbol{x}_{k-1} \\ &\quad + c_k(\lambda_k - \lambda_1)(\lambda_k - \lambda_2)\cdots(\lambda_{k-1} - \lambda_{k-2})\lambda_k\boldsymbol{x}_k = \boldsymbol{o} \qquad ⑧\end{aligned}$$

⑧ $-\lambda_{k-1} \times$ ⑦より

$$c_k(\lambda_k-\lambda_1)(\lambda_k-\lambda_2)\cdots(\lambda_k-\lambda_{k-2})(\lambda_k-\lambda_{k-1})\boldsymbol{x}_k=\boldsymbol{o} \qquad ⑨$$

しかし,

$$(\lambda_k-\lambda_1)(\lambda_k-\lambda_2)\cdots(\lambda_k-\lambda_{k-1})\neq 0,\quad \boldsymbol{x}_k\neq\boldsymbol{o}$$

よって, ⑨より $c_k=0$.

同様にして, $c_{k-1}=\cdots=c_2=c_1=0$. ③より, $\boldsymbol{x}_1, \boldsymbol{x}_2, \cdots, \boldsymbol{x}_k$ は1次独立である.

1.11 A が実対称だから, A の固有値 $\lambda_1, \cdots, \lambda_n$ はすべて実数である. A^2 のすべての固有値は $\lambda_1^2, \cdots, \lambda_n^2$ であるから, A^2 の固有値はすべて負でない.

(別解) μ を A^2 の固有値とし, μ に対応する固有ベクトルを $\boldsymbol{y}$ とすると,

A は実対称 $\Longrightarrow$ A^2 は実対称 $\Longrightarrow$ μ は実数, $\boldsymbol{y}$ は零でない実ベクトル

$$\therefore\quad {}^t\boldsymbol{y}A^2\boldsymbol{y}={}^t(A\boldsymbol{y})(A\boldsymbol{y})=\|A\boldsymbol{y}\|^2\geqq 0 \qquad ①$$

一方,

$${}^t\boldsymbol{y}A^2\boldsymbol{y}={}^t\boldsymbol{y}\mu\boldsymbol{y}=\mu\|\boldsymbol{y}\|^2 \qquad ②$$

①, ②より, $\mu\|\boldsymbol{y}\|^2\geqq 0 \Longrightarrow \mu\geqq 0$

1.12 (1) H の固有方程式は

$$\begin{vmatrix}\lambda-1 & -\sqrt{5} & -1\\ -\sqrt{5} & \lambda & 0\\ -1 & 0 & \lambda\end{vmatrix}=\lambda(\lambda-3)(\lambda+2)=0 \Longrightarrow \lambda=-2, 0, 3$$

$\lambda=-2$ に対応する固有ベクトルを $\boldsymbol{p}_1={}^t(x_1, x_2, x_3)$ とすると,

$$\begin{bmatrix}-3 & -\sqrt{5} & -1\\ -\sqrt{5} & -2 & 0\\ -1 & 0 & -2\end{bmatrix}\begin{bmatrix}x_1\\ x_2\\ x_3\end{bmatrix}=\boldsymbol{0},\quad \begin{cases}\sqrt{5}\,x_1+2x_2=0\\ x_1+2x_3=0\end{cases}$$

$$\therefore\quad \boldsymbol{p}_1={}^t(-2, \sqrt{5}, 1),\quad \boldsymbol{u}_1=\frac{\boldsymbol{p}_1}{\|\boldsymbol{p}_1\|}={}^t\!\left(\frac{-2}{\sqrt{10}}, \frac{1}{\sqrt{2}}, \frac{1}{\sqrt{10}}\right)$$

$\lambda=0$ に対応する固有ベクトルを $\boldsymbol{p}_2={}^t(x_1, x_2, x_3)$ とすると,

$$\begin{bmatrix}-1 & -\sqrt{5} & -1\\ -\sqrt{5} & 0 & 0\\ -1 & 0 & 0\end{bmatrix}\begin{bmatrix}x_1\\ x_2\\ x_3\end{bmatrix}=\boldsymbol{0},\quad \begin{cases}x_1+\sqrt{5}\,x_2+x_3=0\\ x_1=0\end{cases}$$

$$\therefore\quad \boldsymbol{p}_2={}^t(0, 1, -\sqrt{5}),\quad \boldsymbol{u}_2=\frac{\boldsymbol{p}_2}{\|\boldsymbol{p}_2\|}={}^t\!\left(0, \frac{1}{\sqrt{6}}, -\sqrt{\frac{5}{6}}\right)$$

$\lambda=3$ に対応する固有ベクトルを $\boldsymbol{p}_3={}^t(x_1, x_2, x_3)$ とすると,

$$\begin{bmatrix}2 & -\sqrt{5} & -1\\ -\sqrt{5} & 3 & 0\\ -1 & 0 & 3\end{bmatrix}\begin{bmatrix}x_1\\ x_2\\ x_3\end{bmatrix}=\boldsymbol{0},\quad \begin{cases}-\sqrt{5}\,x_1+3x_2=0\\ -x_1+3x_3=0\end{cases}$$

$$\therefore\quad \boldsymbol{p}_3={}^t(3, \sqrt{5}, 1),\quad \boldsymbol{u}_3=\frac{\boldsymbol{p}_3}{\|\boldsymbol{p}_3\|}={}^t\!\left(\frac{3}{\sqrt{15}}, \frac{1}{\sqrt{3}}, \frac{1}{\sqrt{15}}\right)$$

したがって

$$U=\begin{bmatrix} \frac{-2}{\sqrt{10}} & 0 & \frac{3}{\sqrt{15}} \\ \frac{1}{\sqrt{2}} & \frac{1}{\sqrt{6}} & \frac{1}{\sqrt{3}} \\ \frac{1}{\sqrt{10}} & -\sqrt{\frac{5}{6}} & \frac{1}{\sqrt{15}} \end{bmatrix}, \quad D=\begin{bmatrix} -2 & 0 & 0 \\ 0 & 0 & 0 \\ 0 & 0 & 3 \end{bmatrix}$$

（2） $$|C|=\begin{vmatrix} 1 & 1 & 1 & 1 & \cdots & 1 \\ b_1 & a_1 & a_1 & a_1 & \cdots & a_1 \\ b_1 & b_2 & a_2 & a_2 & \cdots & a_2 \\ b_1 & b_2 & b_3 & a_3 & \cdots & a_3 \\ & & & & \ddots & \\ b_1 & b_2 & b_3 & b_4 & \cdots & a_n \end{vmatrix}$$

第 $(i+1)$ 列から第 i 列を順次 $(i=1, \cdots, n)$ に引けば，右上の部分が全部 0 になる（下三角行列式）．

$$\therefore \quad |C|=\begin{vmatrix} 1 & 0 & 0 & 0 & 0 & \cdots & 0 \\ b_1 & a_1-b_1 & 0 & 0 & 0 & \cdots & 0 \\ b_1 & b_2-b_1 & a_2-b_2 & 0 & 0 & \cdots & 0 \\ b_1 & b_2-b_1 & b_3-b_2 & a_3-b_3 & 0 & \cdots & 0 \\ \vdots & & & & & \ddots & \vdots \\ \vdots & & & & & & 0 \\ b_1 & b_2-b_1 & b_3-b_2 & b_4-b_3 & \cdots & \cdots & a_n-b_n \end{vmatrix}$$

$$=(a_1-b_1)(a_2-b_2)\cdots(a_n-b_n)$$

1.13 （1） $$A=\begin{bmatrix} 1 & 2 & 3 & \cdots & n \\ 0 & 2 & 3 & \cdots & n \\ & & \ddots & \ddots & \\ 0 & 0 & 0 & \cdots & n \\ 0 & 0 & 0 & \cdots & n \end{bmatrix}$$ であるから，$(A \vdots E)$ に基本変形を $(n-1)$ 回繰り返す：

$$(A \vdots E)=\left[\begin{array}{ccccc|ccccc} 1 & 2 & 3 & \cdots & n & 1 & 0 & 0 & \cdots & 0 \\ 0 & 2 & 3 & \cdots & n & 0 & 1 & 0 & \cdots & 0 \\ 0 & 0 & 3 & \cdots & n & 0 & 0 & 1 & \cdots & 0 \\ & & & \ddots & & & & & \ddots & \\ 0 & 0 & 0 & \cdots & n & 0 & \cdots & \cdots & \cdots & 1 \end{array}\right]$$

$$
\xrightarrow{1\,\text{行}-2\,\text{行}}
\left[\begin{array}{ccccc|ccccc}
1 & 0 & 0 & \cdots & 0 & 1 & -1 & 0 & \cdots & 0 \\
0 & 2 & 3 & \cdots & n & 0 & 1 & 0 & \cdots & 0 \\
0 & 0 & 3 & \cdots & n & 0 & 0 & 1 & \cdots & 0 \\
 & & & \ddots & & & & & \ddots & \\
0 & 0 & 0 & \cdots & n & 0 & 0 & 0 & \cdots & 1
\end{array}\right]
$$

$$
\xrightarrow{2\,\text{行}-3\,\text{行}}
\left[\begin{array}{ccccccc|cccccc}
1 & 0 & 0 & 0 & \cdots & \cdots & n & 1 & -1 & 0 & 0 & \cdots & 0 \\
0 & 2 & 0 & 0 & \cdots & \cdots & 0 & 0 & 1 & -1 & 0 & \cdots & 0 \\
0 & 0 & 3 & 4 & \cdots & \cdots & 0 & 0 & 0 & 1 & 0 & \cdots & 0 \\
0 & 0 & 0 & 4 & \cdots & \cdots & 0 & 0 & 0 & 0 & 1 & \cdots & 0 \\
 & & & & \ddots & & 0 & & & & & & \\
0 & 0 & 0 & 0 & \cdots & n-1 & n & & & & & \ddots & \\
0 & 0 & 0 & 0 & \cdots & 0 & n & 0 & 0 & 0 & 0 & \cdots & 1
\end{array}\right]
$$

$$
\xrightarrow{3\,\text{行}-4\,\text{行}} \quad \cdots\cdots\cdots\cdots\cdots\cdots
$$

$$
\xrightarrow{(n-1)\,\text{行}-n\,\text{行}}
\left[\begin{array}{ccccccc|ccccccc}
1 & 0 & 0 & 0 & \cdots & \cdots & 0 & 1 & -1 & 0 & 0 & \cdots & \cdots & 0 \\
0 & 2 & 0 & 0 & \cdots & \cdots & 0 & 0 & 1 & -1 & 0 & \cdots & \cdots & 0 \\
0 & 0 & 3 & 0 & \cdots & \cdots & 0 & 0 & 0 & 1 & -1 & \cdots & \cdots & 0 \\
0 & 0 & 0 & 4 & \cdots & \cdots & 0 & & & & & & & \\
 & & & & \ddots & & & & & & \ddots & \ddots & \ddots & \\
0 & 0 & 0 & 0 & \cdots & n-1 & 0 & 0 & 0 & 0 & 0 & \cdots & 1 & -1 \\
0 & 0 & 0 & 0 & \cdots & 0 & n & 0 & 0 & 0 & 0 & \cdots & 0 & 1
\end{array}\right]
$$

$$
\xrightarrow{2\,\text{行}/2,\ 3\,\text{行}/3,\ \cdots,\ n\,\text{行}/n}
$$

$$
\left[\begin{array}{cccccc|cccccc}
1 & 0 & 0 & 0 & \cdots & 0 & 1 & -1 & 0 & 0 & \cdots & 0 \\
0 & 1 & 0 & 0 & \cdots & 0 & 0 & 1/2 & -1/2 & 0 & \cdots & 0 \\
0 & 0 & 1 & 0 & \cdots & 0 & 0 & 0 & 1/3 & -1/3 & \cdots & 0 \\
 & & & & & & & & & \ddots & \ddots & \\
 & & & & \ddots & & & & & & 1/(n-1) & -1/(n-1) \\
0 & & \cdots & \cdots & \cdots & 1 & 0 & 0 & 0 & 0 & 0 & 1/n
\end{array}\right]
$$

$$
\therefore \quad A^{-1} =
\left[\begin{array}{ccccccc}
1 & -1 & 0 & 0 & \cdots & \cdots & 0 \\
0 & 1/2 & -1/2 & 0 & \cdots & \cdots & 0 \\
0 & 0 & 1/3 & -1/3 & \cdots & \cdots & 0 \\
 & & & \ddots & \ddots & & \vdots \\
 & & & & \ddots & \ddots & 0 \\
0 & 0 & 0 & 0 & \cdots & 1/(n-1) & -1/(n-1) \\
0 & 0 & 0 & 0 & \cdots & 0 & 1/n
\end{array}\right]
$$

（2） A^{-1} の固有方程式は

$$|\lambda E - A^{-1}| = \begin{vmatrix} \lambda - 1 & 1 & 0 & \cdots & 0 & 0 \\ 0 & \lambda - \frac{1}{2} & \frac{1}{2} & \cdots & 0 & 0 \\ & & \cdots\cdots & & & \\ 0 & 0 & 0 & \cdots & \lambda - \frac{1}{n-1} & \frac{1}{n-1} \\ 0 & 0 & 0 & \cdots & 0 & \lambda - \frac{1}{n} \end{vmatrix}$$

$$= (\lambda - 1)\left(\lambda - \frac{1}{2}\right)\cdots\left(\lambda - \frac{1}{n}\right) = 0$$

よって，A^{-1} の固有値は $1, \frac{1}{2}, \cdots, \frac{1}{n}$．

最大固有値 $\lambda = 1$ に対応する固有ベクトルを $\boldsymbol{x}_1 = {}^t(x_1, \cdots, x_n)$ とすると，

$$\begin{bmatrix} 0 & 1 & 0 & \cdots & 0 & 0 \\ 0 & \frac{1}{2} & \frac{1}{2} & \cdots & 0 & 0 \\ & & \cdots\cdots & & & \\ & 0 & 0 & \cdots & \frac{n-2}{n} & \frac{1}{n-1} \\ 0 & 0 & 0 & \cdots & 0 & \frac{n-1}{n} \end{bmatrix} \begin{bmatrix} x_1 \\ x_2 \\ \vdots \\ x_{n-1} \\ x_n \end{bmatrix} = \boldsymbol{0} \Longrightarrow \boldsymbol{x}_1 = {}^t(1, 0, \cdots, 0)$$

最小固有値 $\lambda = \frac{1}{n}$ に対応する固有ベクトルを $\boldsymbol{x}_n = {}^t(x_1, \cdots, x_n)$ とすると，

$$\begin{bmatrix} \frac{1}{n} - 1 & 1 & 0 & \cdots & 0 & 0 \\ 0 & \frac{1}{n} - \frac{1}{2} & \frac{1}{2} & \cdots & 0 & 0 \\ & & \cdots\cdots & & & \\ 0 & 0 & 0 & \cdots & \frac{1}{n} - \frac{1}{n-1} & \frac{1}{n-1} \\ 0 & 0 & 0 & \cdots & 0 & 0 \end{bmatrix} \begin{bmatrix} x_1 \\ x_2 \\ \vdots \\ x_{n-1} \\ x_n \end{bmatrix} = \boldsymbol{0}$$

$$\Longrightarrow \boldsymbol{x}_n = {}^t\left(\frac{n^{n-1}}{(n-1)!}, \frac{n^{n-2}}{(n-2)!}, \cdots, \frac{n}{1!}, 1\right)$$

（3） $\boldsymbol{x}$ を $\boldsymbol{x}_1$ と直交するベクトルとすると，$\boldsymbol{x} = c_2\boldsymbol{x}_2 + c_3\boldsymbol{x}_3 + \cdots + c_n\boldsymbol{x}_n$（$\boldsymbol{x}_2, \boldsymbol{x}_3, \cdots, \boldsymbol{x}_n$ はそれぞれ $\lambda = \dfrac{1}{2}, \dfrac{1}{3}, \cdots, \dfrac{1}{n}$ に対応する A^{-1} の固有ベクトルで，$c_2, c_3, \cdots, c_n$ は定数）．また，

$$A^{-1}\boldsymbol{x}_i = \frac{1}{i}\boldsymbol{x}_i, \quad A^{-k}\boldsymbol{x}_i = \left(\frac{1}{i}\right)^k \boldsymbol{x}_i \quad (i = 2, 3, \cdots, n)$$

したがって，

$$\begin{aligned} A^{-k}\boldsymbol{x} &= A^{-k}(c_2\boldsymbol{x}_2 + c_3\boldsymbol{x}_3 + \cdots + c_n\boldsymbol{x}_n) = c_2A^{-k}\boldsymbol{x}_2 + c_3A^{-k}\boldsymbol{x}_3 + \cdots + c_nA^{-k}\boldsymbol{x}_n \\ &= c_2\left(\frac{1}{2}\right)^k\boldsymbol{x}_2 + c_3\left(\frac{1}{3}\right)^k\boldsymbol{x}_3 + \cdots + c_n\left(\frac{1}{n}\right)^k\boldsymbol{x}_n \end{aligned}$$

ゆえに，

$$\lim_{k\to\infty} A^{-k}\boldsymbol{x} = \sum_{i=2}^{n} c_i \lim_{k\to\infty}\left(\frac{1}{i}\right)^k \boldsymbol{x}_i = \boldsymbol{o}$$

1.14 （1） H を n 次エルミート行列，$\boldsymbol{x}$ を H の固有値 λ に対応する固有ベクトルとすると，

$$H\boldsymbol{x} = \lambda\boldsymbol{x} \qquad ①$$

①の両辺の複素共役に左側から ${}^t\boldsymbol{x}$ を掛ければ，

$${}^t\boldsymbol{x}\bar{H}\bar{\boldsymbol{x}} = {}^t\boldsymbol{x}\overline{H\boldsymbol{x}} = {}^t\boldsymbol{x}\overline{\lambda\boldsymbol{x}} = \bar{\lambda}{}^t\boldsymbol{x}\bar{\boldsymbol{x}} = \bar{\lambda}(\boldsymbol{x}, \boldsymbol{x})$$

ここで，$H^* = {}^t\bar{H} = H$．したがって，${}^tH = \bar{H}$ に注意すれば，

$${}^t\boldsymbol{x}\bar{H}\bar{\boldsymbol{x}} = {}^t\boldsymbol{x}{}^tH\bar{\boldsymbol{x}} = {}^t(H\boldsymbol{x})\bar{\boldsymbol{x}} = {}^t(\lambda\boldsymbol{x})\bar{\boldsymbol{x}} = \lambda{}^t\boldsymbol{x}\bar{\boldsymbol{x}} = \lambda(\boldsymbol{x}, \boldsymbol{x})$$

$$\therefore \quad \bar{\lambda}(\boldsymbol{x}, \boldsymbol{x}) = \lambda(\boldsymbol{x}, \boldsymbol{x}) \quad \text{すなわち} \quad (\bar{\lambda} - \lambda)(\boldsymbol{x}, \boldsymbol{x}) = 0$$

$\boldsymbol{x}$ は固有ベクトルだから，

$$\boldsymbol{x} \neq \boldsymbol{o} \Longrightarrow (\boldsymbol{x}, \boldsymbol{x}) \neq 0$$

よって，$\bar{\lambda} = \lambda$，すなわち，λ は実数である．

（2） $\boldsymbol{x}_1, \boldsymbol{x}_2$ を H の固有値 λ_1, λ_2（$\lambda_1 \neq \lambda_2$）にそれぞれ対応する固有ベクトルとすると，

$$H\boldsymbol{x}_1 = \lambda_1\boldsymbol{x}_1, \quad H\boldsymbol{x}_2 = \lambda_2\boldsymbol{x}_2 \qquad ②$$

②と $\bar{\lambda} = \lambda$ より，

$${}^t\boldsymbol{x}_1\bar{H}\bar{\boldsymbol{x}}_2 = {}^t\boldsymbol{x}_1\overline{H\boldsymbol{x}_2} = {}^t\boldsymbol{x}_1\overline{\lambda_2\boldsymbol{x}_2} = \lambda_2{}^t\boldsymbol{x}_1\bar{\boldsymbol{x}}_2 = \lambda_2(\boldsymbol{x}_1, \boldsymbol{x}_2)$$

②と ${}^tH = \bar{H}$ より，

$${}^t\boldsymbol{x}_1\bar{H}\bar{\boldsymbol{x}}_2 = {}^t(H\boldsymbol{x}_1)\bar{\boldsymbol{x}}_2 = {}^t(\lambda_1\boldsymbol{x}_1)\bar{\boldsymbol{x}}_2 = \lambda_1{}^t\boldsymbol{x}_1\bar{\boldsymbol{x}}_2 = \lambda_1(\boldsymbol{x}_1, \boldsymbol{x}_2)$$

$$\therefore \quad \lambda_2(\boldsymbol{x}_1, \boldsymbol{x}_2) = \lambda_1(\boldsymbol{x}_1, \boldsymbol{x}_2) \quad \text{すなわち} \quad (\lambda_2 - \lambda_1)(\boldsymbol{x}_1, \boldsymbol{x}_2) = 0$$

$\lambda_2 - \lambda_1 \neq 0$ だから，$(\boldsymbol{x}_1, \boldsymbol{x}_2) = 0$．すなわち，$\boldsymbol{x}_1, \boldsymbol{x}_2$ は直交する．

1.15 （i） 任意の n 次正方行列 A は，適当なユニタリー行列 U を用いて，

$U^*AU = B$ を上三角行列にすることができる．したがって，

$$B^*B = (U^*AU)^*U^*AU = (U^*A^*U)(U^*AU) = U^*A^*AU$$
$$= U^{-1}A^*AU \quad (\because \quad U^*U = E)$$
$$\therefore \quad \mathrm{Tr}\,(B^*B) = \mathrm{Tr}\,(U^{-1}A^*AU) = \mathrm{Tr}\,(A^*A)$$

（ii） $B = (b_{kl})$ とすると，$b_{kk} = \alpha_k (k = 1, 2, \cdots, n)$ であるから，

$$\sum_{k,\,l=1}^{n} |a_{kl}|^2 = \mathrm{Tr}\,(A^*A) = \mathrm{Tr}\,(B^*B) = \sum_{k,\,l=1}^{n} |b_{kl}|^2 \geqq \sum_{k=1}^{n} |b_{kk}|^2 = \sum_{k=1}^{n} |\alpha_k|^2$$

（iii） A を正規行列とすると，$U^*AU = \mathrm{diag}(\alpha_1, \cdots, \alpha_n) = B$ となるユニタリー行列 U が存在するから，

$$\sum_{k,\,l}^{n} |a_{kl}|^2 = \mathrm{Tr}\,(A^*A) = \mathrm{Tr}\,(B^*B) = \sum_{k=1}^{n} |\alpha_k|^2$$

逆に（ii）において，等号が成立するならば，$|b_{kl}|^2 = 0 (k \neq l)$．

$$\therefore \quad b_{kl} = 0 \quad (k \neq l)$$

したがって，A はユニタリー行列 U によって対角化される．すなわち，等号が成立するのは A が正規行列のときに限る．

1.16 （1） $\varphi_1(t) = \det\,(tI_1 - A_1) = t - a_1$

$$\varphi_2(t) = \det\,(tI_2 - A_2) = \begin{vmatrix} t - a_1 & -b_1 \\ -c_1 & t - a_2 \end{vmatrix} = \varphi_1(t)(t - a_2) - b_1c_1$$

$n \geqq 3$ のとき，

$$\varphi_n(t) = \det\,(tI_n - A_n) = \begin{vmatrix} t - a_1 & -b_1 & & & & \\ -c_1 & t - a_2 & -b_2 & & O & \\ & \ddots & \ddots & \ddots & & \\ & & \ddots & \ddots & \ddots & \\ & O & & -c_{n-2} & t - a_{n-1} & -b_{n-1} \\ & & & & -c_{n-1} & t - a_n \end{vmatrix}$$

$$= (t - a_n)\varphi_{n-1}(t) + (-1)^{n+(n-1)}(-c_{n-1})$$

$$\times \begin{vmatrix} t - a_1 & -b_1 & & & \\ -c_1 & t - a_2 & -b_2 & O & \\ & \ddots & \ddots & \ddots & \\ & & \ddots & \ddots & \ddots \\ & O & & \ddots & t - a_{n-2} & -b_{n-2} \\ & & & & -c_{n-2} & -b_{n-1} \end{vmatrix} \quad \text{（第 } n \text{ 行で展開）}$$

$$= (t - a_n)\varphi_{n-1}(t) + c_{n-1}(-1)^{(n-1)+(n-1)}(-b_{n-1})\varphi_{n-2}(t)$$
$$= (t - a_n)\varphi_{n-1}(t) - b_{n-1}c_{n-1}\varphi_{n-2}(t)$$

すなわち，$\varphi_n(t)$ の漸化式は

$$\varphi_n(t) = (t - a_n)\varphi_{n-1}(t) - b_{n-1}c_{n-1}\varphi_{n-2}(t)$$

（２） $S_1(x) = 1, S_2(x) = 2x.\ n \geqq 3$ のとき

$$2xS_{n-1}(x) - S_{n-2}(x) = 2\cos\theta\frac{\sin(n-1)\theta}{\sin\theta} - \frac{\sin(n-2)\theta}{\sin\theta}$$

（$x = \cos\theta$ とおく）

$$= \frac{\sin n\theta + \sin(n-2)\theta - \sin(n-2)\theta}{\sin\theta}$$

$$= \frac{\sin n\theta}{\sin\theta} = \frac{\sin(n\cos^{-1}x)}{\sqrt{1-x^2}} = S_n(x)$$

（３） （１）と同様にして，

$$\omega_n(t-a) = (t-a)\omega_{n-1}(t-a) - \omega_{n-2}(t-a)$$

（ただし，$\omega_n(t-a) = \varphi_n(t)$）

$2X = t - a,\ f_n(X) = \omega_n(2X)$ とおくと，

$$f_n(X) = 2Xf_{n-1}(X) - f_{n-2}(X)$$

は（２）の漸化式と同形である．X を $-1 < X < 1,\ 0 < \cos^{-1}X < \pi$ をみたすものとすると，

$$f_1(X) = \omega_1(2X) = \omega_1(t-a) = \varphi_1(t) = t - a = 2X = \frac{\sin(2\cos^{-1}X)}{\sqrt{1-X^2}}$$

$$f_2(X) = \omega_2(2X) = \omega_2(t-a) = \omega_2(t) = (t-a)^2 - 1 = 4X^2 - 1$$

$$= \frac{\sin(3\cos^{-1}X)}{\sqrt{1-X^2}}$$

$\left(\text{ここで，次の公式，} \dfrac{\sin 3\theta}{\sin\theta} = \dfrac{2\sin\theta\cos^2\theta + \cos 2\theta\sin\theta}{\sin\theta} = 4\cos^2\theta - 1 \text{ を用いた}\right)$

$$\therefore\ f_n(X) = S_{n+1}(X)$$

$$\varphi_n(t) = \omega_n(t-a) = \omega_n(2X) = f_n(X) = S_{n+1}(X)$$

$$= \frac{\sin((n+1)\cos^{-1}X)}{\sqrt{1-X^2}}$$

$$= \frac{\sin\left[(n+1)\cos^{-1}\dfrac{t-a}{2}\right]}{\sqrt{1-\left(\dfrac{t-a}{2}\right)^2}}$$

$$\varphi_n(t) = 0 \Longrightarrow t = a + 2\cos\frac{k\pi}{n+1} \quad (k = 1, 2, \cdots, n)$$

また，$\varphi_n(t)=0$ は n 個の根をもつ．

よって，$t=a+2\cos\dfrac{k\pi}{n+1}\ (k=1,2,\cdots,n)$ は $\varphi_n(t)=0$ のすべての根，すなわち A のすべての固有値である．

1.17 （1） 固有値 λ とすると，

$$|A-\lambda E|=\begin{vmatrix} p-\lambda & 1-p \\ 1-q & q-\lambda \end{vmatrix}=\begin{vmatrix} p-\lambda & 1-\lambda \\ 1-q & 1-\lambda \end{vmatrix}=(1-\lambda)\begin{vmatrix} p-\lambda & 1 \\ 1-q & 1 \end{vmatrix}$$
$$=(1-\lambda)(p+q-1-\lambda)=0$$

$$\therefore\quad 固有値\ \lambda=1,\ p+q-1$$

次に，$\lambda=1$ のとき，固有ベクトルを $\boldsymbol{x}_1={}^t(x_1,y_1)$ とすると，

$$\begin{bmatrix} p-1 & 1-p \\ 1-q & q-1 \end{bmatrix}\begin{bmatrix} x_1 \\ y_1 \end{bmatrix}=\begin{bmatrix} x_1 \\ y_1 \end{bmatrix},\quad \begin{cases}(p-1)x_1+(1-p)y_1=0 \\ (1-q)x_1+(q-1)y_1=0\end{cases}$$

$$\therefore\quad \boldsymbol{x}_1=\begin{bmatrix} 1 \\ 1 \end{bmatrix}$$

$\lambda=p+q-1$ のとき，$\boldsymbol{x}_2={}^t(x_2,y_2)$ とすると，

$$\begin{bmatrix} 1-q & 1-p \\ 1-q & 1-p \end{bmatrix}\begin{bmatrix} x_2 \\ y_2 \end{bmatrix}=(p+q-1)\begin{bmatrix} x_2 \\ y_2 \end{bmatrix}$$

$$\begin{cases}(1-q)x_2+(1-p)y_2=0 \\ (1-q)x_2+(1-p)y_2=0\end{cases}\qquad \therefore\quad \boldsymbol{x}_2=\begin{bmatrix} 1-p \\ -(1-q) \end{bmatrix}$$

$\alpha=-(1-p-q)$ とおくと，条件より，$-1<\alpha<1$．

また，$T=\begin{bmatrix} 1 & 1-p \\ 1 & -(1-q) \end{bmatrix}$ とおくと，T は正則で，$T^{-1}AT=\mathrm{diag}\,\{1,\alpha\}$．

（2） $$A^n=T\,\mathrm{diag}\,\{1,\alpha^n\}T^{-1}=\begin{bmatrix} 1 & 1-p \\ 1 & -(1-q) \end{bmatrix}\begin{bmatrix} 1 & 0 \\ 0 & \alpha^n \end{bmatrix}\begin{bmatrix} 1 & 1-p \\ 1 & -(1-q) \end{bmatrix}^{-1}$$

$$=\begin{bmatrix} 1 & 1-p \\ 1 & -(1-q) \end{bmatrix}\begin{bmatrix} 1 & 0 \\ 0 & \alpha^n \end{bmatrix}\begin{bmatrix} -(1-q) & -(1-p) \\ -1 & 1 \end{bmatrix}\Bigg/\begin{vmatrix} 1 & 1-p \\ 1 & -(1-q) \end{vmatrix}$$

$$=\frac{1}{p+q-2}\begin{bmatrix} 1 & 1-p \\ 1 & -(1-q) \end{bmatrix}\begin{bmatrix} -(1-q) & -(1-p) \\ -\alpha^n & \alpha^n \end{bmatrix}$$

$$=\frac{1}{p+q-2}\begin{bmatrix} -(1-q)-(1-p)\alpha^n & -(1-p)+(1-p)\alpha^n \\ -(1-q)+(1-q)\alpha^n & -(1-p)-(1-q)\alpha^n \end{bmatrix}$$

(3) $\lim_{n\to\infty} A^n = \dfrac{1}{p+q-2}\begin{bmatrix} -(1-q) & -(1-p) \\ -(1-q) & -(1-p) \end{bmatrix}$

$$= \frac{1}{2-p-q}\begin{bmatrix} 1-q & 1-p \\ 1-q & 1-p \end{bmatrix}$$

1.18 (a) $|M-\lambda E| = \begin{vmatrix} a-\lambda & b \\ \bar{b} & \bar{a}-\lambda \end{vmatrix} = (a-\lambda)(\bar{a}-\lambda) - b\bar{b}$

$$= \lambda^2 - (a+\bar{a})\lambda + (a\bar{a} - b\bar{b}) = \lambda^2 - 2(\mathrm{Re}\, a)\lambda + (|a|^2 - |b|^2)$$

$$= \lambda^2 - 2(\mathrm{Re}\, a)\lambda + 1 = 0 \quad (a = \alpha + j\beta)$$

$D/4 = (\mathrm{Re}\, a)^2 - 1 > 0$ だから，二つの異なる実数固有値

$$\lambda_1 = \mathrm{Re}\, a + \sqrt{(\mathrm{Re}\, a)^2 - 1}, \quad \lambda_2 = \mathrm{Re}\, a - \sqrt{(\mathrm{Re}\, a)^2 - 1}$$

をもつ．特性方程式

$$\lambda^2 - 2(\mathrm{Re}\, a)\lambda + 1 = 0$$

より，

$$f(\lambda) = \lambda + \frac{1}{\lambda} = 2\,\mathrm{Re}\, a$$

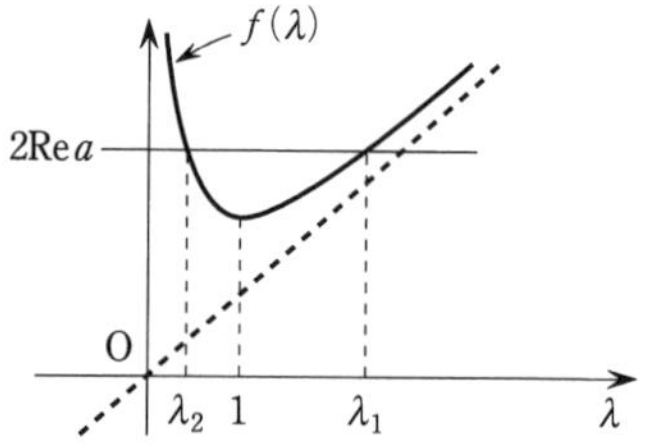

これを右図のように描くと，

$$0 < \lambda_2 < 1, \quad 1 < \lambda_1$$

(b) $\lambda = \lambda_1$ の固有ベクトルを $\boldsymbol{p}_1 = {}^t(p, q)$ とすると，

$$\begin{bmatrix} a & b \\ \bar{b} & \bar{a} \end{bmatrix}\begin{bmatrix} p \\ q \end{bmatrix} = \lambda_1 \begin{bmatrix} p \\ q \end{bmatrix}, \quad \begin{cases} (a-\lambda_1)p + bq = 0 \\ \bar{b}p + (\bar{a}-\lambda_1)q = 0 \end{cases}$$

$$\therefore \quad \boldsymbol{p}_1 = \begin{bmatrix} b \\ \lambda_1 - a \end{bmatrix}$$

同様にして，$\lambda = \lambda_2$ のとき，$\boldsymbol{p}_2 = \begin{bmatrix} b \\ \lambda_2 - a \end{bmatrix}$ である．

(c) $\boldsymbol{r}_n = M\boldsymbol{r}_{n-1} = \cdots = M^n \boldsymbol{r}_0$ だから，

$$P = \begin{bmatrix} b & b \\ \lambda_1 - a & \lambda_2 - a \end{bmatrix}, \quad Q = \begin{bmatrix} \lambda_1 & 0 \\ 0 & \lambda_2 \end{bmatrix}$$

とおくと，

$$P^{-1}MP = Q \qquad \therefore \quad M = PQP^{-1} \qquad \therefore \quad M^n = PQ^nP^{-1}$$

$$Q^n = \begin{bmatrix} \lambda_1^n & 0 \\ 0 & \lambda_2^n \end{bmatrix}$$

$$\therefore \quad \boldsymbol{r}_n = M^n \boldsymbol{r}_0 = PQ^nP^{-1}\boldsymbol{r}_0$$

$$= \begin{bmatrix} b & b \\ \lambda_1 - a & \lambda_2 - a \end{bmatrix}\begin{bmatrix} \lambda_1^n & 0 \\ 0 & \lambda_2^n \end{bmatrix}\begin{bmatrix} b & b \\ \lambda_1 - a & \lambda_2 - a \end{bmatrix}^{-1}\begin{bmatrix} 0 \\ 1 \end{bmatrix}$$

$$= \begin{bmatrix} b & b \\ \lambda_1 - a & \lambda_2 - a \end{bmatrix} \begin{bmatrix} \lambda_1^n & 0 \\ 0 & \lambda_2^n \end{bmatrix}$$

$$\times \left(\begin{bmatrix} \lambda_2 - a & -b \\ -(\lambda_1 - a) & b \end{bmatrix} \Big/ \left| \begin{matrix} b & b \\ \lambda_1 - a & \lambda_2 - a \end{matrix} \right| \right) \begin{bmatrix} 0 \\ 1 \end{bmatrix}$$

$$= \frac{1}{\lambda_2 - \lambda_1} \begin{bmatrix} -\lambda_1^n + \lambda_2^n \\ -\lambda_1^n(\lambda_1 - a) + \lambda_2^n(\lambda_2 - a) \end{bmatrix}$$

$$\therefore \quad \begin{cases} x_n = \dfrac{-b(\lambda_1^n - \lambda_2^n)}{\lambda_2 - \lambda_1} \\ y_n = \dfrac{-\lambda_1^n(\lambda_1 - a) + \lambda_2^n(\lambda_2 - a)}{\lambda_2 - \lambda_1} \end{cases}$$

(d) $z_n = \dfrac{az_{n-1} + b}{\bar{b}z_{n-1} + \bar{a}} \longleftrightarrow \begin{bmatrix} az_{n-1} + b \\ \bar{b}z_{n-1} + \bar{a} \end{bmatrix} = \begin{bmatrix} a & b \\ \bar{b} & \bar{a} \end{bmatrix} \begin{bmatrix} z_{n-1} \\ 1 \end{bmatrix} = M\boldsymbol{z}_{n-1}$

……………

$$z_1 = \frac{az_0 + b}{\bar{b}z_0 + \bar{a}} \longleftrightarrow \begin{bmatrix} az_0 + b \\ \bar{b}z_0 + \bar{a} \end{bmatrix} = \begin{bmatrix} a & b \\ \bar{b} & \bar{a} \end{bmatrix} \begin{bmatrix} z_0 \\ 1 \end{bmatrix} = M\boldsymbol{z}_0$$

$$z_2 = \frac{az_1 + b}{\bar{b}z_1 + \bar{a}} \longleftrightarrow \begin{bmatrix} az_1 + b \\ \bar{b}z_1 + \bar{a} \end{bmatrix} = \begin{bmatrix} a & b \\ \bar{b} & \bar{a} \end{bmatrix} \begin{bmatrix} z_1 \\ 1 \end{bmatrix} = M\boldsymbol{z}_1$$

……………

と対応づけると

$$z_n = \frac{az_{n-1} + b}{\bar{b}z_{n-1} + \bar{a}} \longleftrightarrow \begin{bmatrix} a & b \\ \bar{b} & \bar{a} \end{bmatrix}^n \begin{bmatrix} 0 \\ 1 \end{bmatrix}$$

となり，(c)の場合の $\boldsymbol{r}_n = M^n \boldsymbol{r}_0 = {}^t(x_n, y_n)$ と同一となる．

$$\therefore \quad z_n = \frac{-b(\lambda_1^n - \lambda_2^n)/(\lambda_2 - \lambda_1)}{\{-\lambda_1^n(\lambda_1 - a) + \lambda_2^n(\lambda_2 - a)\}/(\lambda_2 - \lambda_1)}$$

(e) $\lambda_2 < \lambda_1, \lambda_2/\lambda_1 < 1$ だから，

$$z_n = \frac{-b\left(1 - \left(\dfrac{\lambda_2}{\lambda_1}\right)^n\right)}{-(\lambda_1 - a) + \left(\dfrac{\lambda_2}{\lambda_1}\right)^n (\lambda_2 - a)} \longrightarrow \frac{b}{\lambda_1 - a} \quad (n \to \infty)$$

よって，$z_\infty = \dfrac{b}{\lambda_1 - a}$

$$\therefore \quad |z_\infty| = \left| \frac{b}{\lambda_1 - a} \right| = \frac{|b|}{|\lambda_1 - a|} = \frac{\sqrt{|a|^2 - 1}}{|\lambda_1 - a|} = \frac{\sqrt{\alpha^2 + \beta^2 - 1}}{\sqrt{\alpha^2 + \beta^2 - 1}} = 1$$

$(n \to \infty)$ （ただし，$a = \alpha + j\beta$）

1.19 （a） 仮定より，$A^T = (U\Lambda V^T)^T = V(U\Lambda)^T = V(\Lambda^T U^T) = V\Lambda U^T$

$$\therefore \quad A^T \cdot A = V\Lambda U^T \cdot U\Lambda V^T = V\Lambda^2 V^T$$

$$= V \begin{bmatrix} \lambda_1^2 & 0 \\ 0 & \lambda_2^2 \end{bmatrix} V^T = (V^T)^{-1} \begin{bmatrix} \lambda_1^2 & 0 \\ 0 & \lambda_2^2 \end{bmatrix} (V^T)$$

ゆえに，$A^T A$ の固有値は λ_1^2, λ_2^2

λ_1^2 に対応する固有ベクトル $=$ V^T の第 1 列ベクトル $= V^T \boldsymbol{e}_1$

λ_2^2 に対応する固有ベクトル $=$ V^T の第 2 列ベクトル $= V^T \boldsymbol{e}_2$

（b）

$$A^T \cdot A = \begin{bmatrix} \frac{3+\sqrt{2}}{2} & \frac{3-\sqrt{2}}{2} & \frac{3\sqrt{2}}{2} \\ \frac{3-\sqrt{2}}{2} & \frac{3+\sqrt{2}}{2} & \frac{3\sqrt{2}}{2} \end{bmatrix} \begin{bmatrix} \frac{3+\sqrt{2}}{2} & \frac{3-\sqrt{2}}{2} \\ \frac{3-\sqrt{2}}{2} & \frac{3+\sqrt{2}}{2} \\ \frac{3\sqrt{2}}{2} & \frac{3\sqrt{2}}{2} \end{bmatrix}$$

$$= \begin{bmatrix} 10 & 8 \\ 8 & 10 \end{bmatrix}$$

$$|\lambda E - A^T \cdot A| = \begin{vmatrix} \lambda - 10 & -8 \\ -8 & \lambda - 10 \end{vmatrix} = \begin{vmatrix} \lambda - 18 & -8 \\ \lambda - 18 & \lambda - 10 \end{vmatrix}$$

$$= (\lambda - 18)(\lambda - 2) = 0$$

$$\therefore \quad \lambda = 18, 2$$

すなわち，固有値 λ は18, 2 である．

$\lambda = 18$に対応する固有ベクトル（長さは 1，第 1 要素は非負）を $\boldsymbol{\alpha} = \begin{bmatrix} \alpha_1 \\ \alpha_2 \end{bmatrix}$ とすると，

$$\begin{bmatrix} 10 & 8 \\ 8 & 10 \end{bmatrix} \begin{bmatrix} \alpha_1 \\ \alpha_2 \end{bmatrix} = 18 \begin{bmatrix} \alpha_1 \\ \alpha_2 \end{bmatrix} \Longrightarrow \alpha_1 = \alpha_2 = \frac{1}{\sqrt{2}}$$

$$\therefore \quad \boldsymbol{\alpha} = \begin{bmatrix} \frac{1}{\sqrt{2}} \\ \frac{1}{\sqrt{2}} \end{bmatrix}$$

$\lambda = 2$ に対応する固有ベクトル（長さは 1，第 1 要素は非負）を $\boldsymbol{\beta} = \begin{bmatrix} \beta_1 \\ \beta_2 \end{bmatrix}$ とすると，

$$\begin{bmatrix} 10 & 8 \\ 8 & 10 \end{bmatrix} \begin{bmatrix} \beta_1 \\ \beta_2 \end{bmatrix} = \begin{bmatrix} \beta_1 \\ \beta_2 \end{bmatrix} \Longrightarrow \beta_1 = \frac{1}{\sqrt{2}}, \quad \beta_2 = -\frac{1}{\sqrt{2}}$$

$$\therefore \quad \boldsymbol{\beta} = \begin{bmatrix} \dfrac{1}{\sqrt{2}} \\ \dfrac{-1}{\sqrt{2}} \end{bmatrix}$$

（c）（a）より，

$$\Lambda = \begin{bmatrix} \lambda_1 & 0 \\ 0 & \lambda_2 \end{bmatrix} = \begin{bmatrix} \sqrt{18} & 0 \\ 0 & \sqrt{2} \end{bmatrix} = \begin{bmatrix} 3\sqrt{2} & 0 \\ 0 & \sqrt{2} \end{bmatrix}$$

$$V^T = (\boldsymbol{\alpha}, \boldsymbol{\beta}) = \begin{bmatrix} \dfrac{1}{\sqrt{2}} & \dfrac{1}{\sqrt{2}} \\ \dfrac{1}{\sqrt{2}} & \dfrac{-1}{\sqrt{2}} \end{bmatrix} \qquad \therefore \quad V = \begin{bmatrix} \dfrac{1}{\sqrt{2}} & \dfrac{1}{\sqrt{2}} \\ \dfrac{1}{\sqrt{2}} & \dfrac{-1}{\sqrt{2}} \end{bmatrix}$$

（1）式より，

$$U = A(V^T)^{-1}\Lambda^{-1} = AV\Lambda^{-1}$$

$$= \begin{bmatrix} \dfrac{3+\sqrt{2}}{2} & \dfrac{3-\sqrt{2}}{2} \\ \dfrac{3-\sqrt{2}}{2} & \dfrac{3+\sqrt{2}}{2} \\ \dfrac{3\sqrt{2}}{2} & \dfrac{3\sqrt{2}}{2} \end{bmatrix} \begin{bmatrix} \dfrac{1}{\sqrt{2}} & \dfrac{1}{\sqrt{2}} \\ \dfrac{1}{\sqrt{2}} & \dfrac{-1}{\sqrt{2}} \end{bmatrix} \begin{bmatrix} \dfrac{1}{3\sqrt{2}} & 1 \\ 0 & \dfrac{1}{\sqrt{2}} \end{bmatrix}$$

$$= \begin{bmatrix} \dfrac{3}{\sqrt{2}} & 1 \\ \dfrac{3}{\sqrt{2}} & -1 \\ 3 & 0 \end{bmatrix} \begin{bmatrix} \dfrac{1}{3\sqrt{2}} & 0 \\ 0 & \dfrac{1}{\sqrt{2}} \end{bmatrix} = \begin{bmatrix} \dfrac{1}{2} & 1 \\ \dfrac{1}{2} & -1 \\ \dfrac{1}{\sqrt{2}} & 0 \end{bmatrix}$$

1.20 （1）${}^tLAL = \mathrm{diag}(\lambda_1, \cdots, \lambda_n)$ となる直交行列 L が存在する．この L によって $\boldsymbol{u} = L\boldsymbol{y}$ と変換すれば，

$$\sum_{i,j=1}^{n} a_{ij}u_iu_j = \boldsymbol{u}A{}^t\boldsymbol{u} = (L\boldsymbol{y})A{}^t(L\boldsymbol{y}) = \boldsymbol{y}LA{}^tL{}^t\boldsymbol{y}$$

$$= (y_1, \cdots, y_n)\ \mathrm{diag}\ (\lambda_1, \cdots, \lambda_n){}^t(y_1, \cdots, y_n)$$

$$= \lambda_1 y_1^2 + \cdots + \lambda_n y_n^2 \qquad ①$$

となる．ここで，$\lambda_1, \cdots, \lambda_n$ は A の固有値である．ゆえに，すべての $\boldsymbol{u} \neq \boldsymbol{o}$ すなわち $\boldsymbol{y} \neq \boldsymbol{o}$ に対してこれが正の定符号であるための必要十分条件は，$\lambda_1, \cdots, \lambda_n > 0$ である．

（2） ①において，$\lambda_1, \cdots, \lambda_n > 0$ であるから，正則行列 P によって，

$$\sum a_{ij}u_iu_j = z_1^2 + \cdots + z_n^2$$

とできる．このとき，${}^tPAP = E$ が成立する．ゆえに，$A = ({}^tP)^{-1}P^{-1} = {}^t(P^{-1})P^{-1}$．そこで $P^{-1} = Q$ と書けば

$$A = {}^tQQ \qquad ②$$

一方，与えられた2次形式が正の定符号であるとすれば，特に $u_{k+1} = \cdots = u_k = 0$ とおいてできる2次形式 $\sum_{i,j=1}^{n} a_{ij}u_iu_j$ も正の定符号である．ゆえに②より，

$$\begin{bmatrix} a_{11} & a_{12} & \cdots & a_{1n} \\ a_{21} & a_{22} & \cdots & a_{2n} \\ & & \ddots & \\ a_{k1} & \cdots & \cdots & a_{kk} \end{bmatrix} = {}^tQQ$$

にならしめる $k \times k$ の正則行列 Q が存在する．よって両辺の行列式をとると，

$$\begin{vmatrix} a_{11} & a_{12} & \cdots & a_{1n} \\ a_{21} & a_{22} & \cdots & a_{2n} \\ & & \ddots & \\ a_{k1} & a_{k2} & \cdots & a_{kk} \end{vmatrix} = \det A_k = |{}^tQQ| = |Q|^2 > 0$$

ゆえに必要条件が証明された．逆に，十分条件を証明するために，

$$\left.\begin{aligned} \sum_{i,j=1}^{n} a_{ij}u_iu_j &= \frac{1}{a_{11}}(a_{11}u_1 + a_{12}u_2 + \cdots + a_{1n}u_n)^2 + \sum_{i,j=2}^{n} a'_{ij}u_iu_j \\ a'_{ij} &= a_{ij} - \frac{a_{1i}a_{1j}}{a_{11}} \end{aligned}\right\}$$

と書き直すと，

$$\begin{vmatrix} a_{11} & a_{12} & \cdots & a_{1k} \\ a_{21} & a_{22} & \cdots & a_{2k} \\ & & \ddots & \\ a_{k1} & a_{k2} & \cdots & a_{kk} \end{vmatrix} = \begin{vmatrix} a_{11} & a_{12} & \cdots & a_{1k} \\ 0 & a'_{22} & \cdots & a'_{2k} \\ & & \ddots & \\ 0 & a'_{k2} & \cdots & a'_{kk} \end{vmatrix} = a_{11} \begin{vmatrix} a'_{22} & \cdots & a'_{2k} \\ & \ddots & \\ a'_{k2} & \cdots & a'_{kk} \end{vmatrix}$$

ゆえに，

$$\begin{vmatrix} a_{11} & a_{12} & \cdots & a_{1k} \\ a_{21} & a_{22} & \cdots & a_{2k} \\ & & \ddots & \\ a_{k1} & a_{k2} & \cdots & a_{kk} \end{vmatrix} > 0 \quad (k = 1, 2, \cdots, n)$$

とすれば，

$$\begin{vmatrix} a'_{22} & a'_{23} & \cdots & a'_{2k} \\ a'_{32} & a'_{33} & \cdots & a'_{3k} \\ & & \ddots & \\ a'_{k2} & a'_{k3} & \cdots & a'_{kk} \end{vmatrix} > 0 \quad (k = 2, 3, \cdots, n)$$

これは $n-1$ 個の変数 $u_2, \cdots, u_n$ に関する 2 次形式 $\sum_{i,j=2}^{n} a'_{ij}u_iu_j(a'_{ji} = a'_{ij})$ についての条件を表わしている．ゆえに，帰納法によって，一般に n 個について証明されることになる．

1.21 （1） $A\boldsymbol{x} = \boldsymbol{o} \Longrightarrow \|{}^tA\boldsymbol{x}\|^2 = {}^t({}^tA\boldsymbol{x})({}^tA\boldsymbol{x}) = {}^t\boldsymbol{x}A{}^tA\boldsymbol{x}$

$$= {}^t\boldsymbol{x}{}^tA(A\boldsymbol{x}) \quad (\because \ A{}^tA = {}^tAA)$$

$$= {}^t(A\boldsymbol{x})(A\boldsymbol{x}) = 0 \Longrightarrow {}^tA\boldsymbol{x} = \boldsymbol{o}$$

また，${}^tA\boldsymbol{x} = \boldsymbol{o} \Longrightarrow A\boldsymbol{x} = \boldsymbol{o}$ も同様に証明される．

（2） $A^2\boldsymbol{x} = \boldsymbol{o} \Longrightarrow A(A\boldsymbol{x}) = \boldsymbol{o} \Longrightarrow {}^tA(A\boldsymbol{x}) = \boldsymbol{o} \quad (\because \ (1))$

$$\Longrightarrow {}^t\boldsymbol{x}{}^tA(A\boldsymbol{x}) = \boldsymbol{o} \Longrightarrow {}^t(A\boldsymbol{x})(A\boldsymbol{x}) = \boldsymbol{o} \Longrightarrow A\boldsymbol{x} = \boldsymbol{o}$$

$$\therefore \ A^2\boldsymbol{x} = \boldsymbol{o} \Longleftrightarrow A\boldsymbol{x} = \boldsymbol{o}$$

ゆえに，

$$\{\boldsymbol{x} \in \boldsymbol{R}^n \mid A^2\boldsymbol{x} = \boldsymbol{o}\} = \{\boldsymbol{x} \in \boldsymbol{R}^n \mid A\boldsymbol{x} = \boldsymbol{o}\}$$

したがって，

$$\ker A^2 = \ker A$$

1.22 線形変換 $L_A(\boldsymbol{x}) = A\boldsymbol{x}$ の核 $\ker(L_A)$ は $\{\boldsymbol{x} \mid A\boldsymbol{x} = \boldsymbol{o}, \boldsymbol{x} \in \boldsymbol{R}^n\}$ であるから，核 $\ker(L_A) \neq \{0\}$ とすると，$A\boldsymbol{x} = \boldsymbol{o}$ は自明でない解 $\boldsymbol{x} = {}^t(x_1, x_2, \cdots, x_n)$ をもつ．

$|\boldsymbol{x}_k| = \max\{|x_1|, |x_2|, \cdots, |x_n|\}$ とすると，$A\boldsymbol{x} = \boldsymbol{o}$ の k 番目の方程式

$$a_{k1}x_1 + \cdots + a_{kk-1}x_{k-1} + x_k + a_{kk+1}x_{k+1} + \cdots + a_nx_n = 0$$

$$\Longrightarrow x_k = -\sum_{i \neq k} a_{ki}x_i$$

より，

$$|\boldsymbol{x}_k| = \left|\sum_{i \neq k} a_{ki}\boldsymbol{x}_i\right| \leqq \sum_{i \neq k} |a_{ki}|\,|\boldsymbol{x}_i| \leqq \left(\sum_{i \neq k} |a_{ki}|\right) |\boldsymbol{x}_k|$$

$$< (n-1)\frac{1}{n-1}|\boldsymbol{x}_k| \quad \left(\because \ |a_{ij}| < \frac{1}{n-1}, \ \ i \neq j\right)$$

$$= |\boldsymbol{x}_k|$$

これは矛盾する．

$$\therefore \ \ker(L_A) = \{0\}$$

1.23 （1） A の固有方程式は

$$\begin{vmatrix} \lambda-5 & -1 & \sqrt{2} \\ -1 & \lambda-5 & \sqrt{2} \\ \sqrt{2} & \sqrt{2} & \lambda-6 \end{vmatrix} = \begin{vmatrix} \lambda-4 & -(\lambda-4) & 0 \\ -1 & \lambda-5 & \sqrt{2} \\ \sqrt{2} & \sqrt{2} & \lambda-6 \end{vmatrix}$$

$$= \begin{vmatrix} \lambda-4 & 0 & 0 \\ -1 & \lambda-6 & \sqrt{2} \\ \sqrt{2} & 2\sqrt{2} & \lambda-6 \end{vmatrix}$$

$$= (\lambda-4)\begin{vmatrix} \lambda-6 & \sqrt{2} \\ 2\sqrt{2} & \lambda-6 \end{vmatrix} = (\lambda-4)^2(\lambda-8) = 0$$

$\therefore$ 固有値 $\lambda = 4$(2 重根), 8

$\lambda = 4$ に対応する固有ベクトルを $\boldsymbol{p} = {}^t(p_1, p_2, p_3)$ とすると,

$$\begin{bmatrix} -1 & -1 & \sqrt{2} \\ -1 & -1 & \sqrt{2} \\ \sqrt{2} & \sqrt{2} & -2 \end{bmatrix}\begin{bmatrix} p_1 \\ p_2 \\ p_3 \end{bmatrix} = \boldsymbol{0} \qquad \therefore \quad p_1 + p_2 - \sqrt{2}\,p_3 = 0$$

$$\Longrightarrow \boldsymbol{p} = \boldsymbol{\alpha}_1 = {}^t(-1, 1, 0), \quad \boldsymbol{p} = \boldsymbol{\alpha}_2 = {}^t(\sqrt{2}, 0, 1)$$

$\lambda = 8$ に対応する固有ベクトルを $\boldsymbol{q} = {}^t(q_1, q_2, q_3)$ とすると,

$$\begin{bmatrix} 3 & -1 & \sqrt{2} \\ -1 & 3 & \sqrt{2} \\ \sqrt{2} & \sqrt{2} & 2 \end{bmatrix}\begin{bmatrix} q_1 \\ q_2 \\ q_3 \end{bmatrix} = \boldsymbol{0}, \qquad \begin{cases} q_1 - q_2 = 0 \\ 2q_1 + \sqrt{2}\,q_3 = 0 \end{cases}$$

$$\left(\because \begin{bmatrix} 3 & -1 & \sqrt{2} \\ -1 & 3 & \sqrt{2} \\ \sqrt{2} & \sqrt{2} & 2 \end{bmatrix} \xrightarrow{\frac{1}{\sqrt{2}} \times 3\text{行}} \begin{bmatrix} 3 & -1 & \sqrt{2} \\ -1 & 3 & \sqrt{2} \\ 1 & 1 & \sqrt{2} \end{bmatrix}\right.$$

$$\left.\xrightarrow[-\frac{1}{2}\times(2\text{行}-3\text{行})]{\frac{1}{2}\times(1\text{行}-3\text{行})} \begin{bmatrix} 1 & -1 & 0 \\ 1 & -1 & 0 \\ 1 & 1 & \sqrt{2} \end{bmatrix} \xrightarrow[3\text{行}+1\text{行}]{2\text{行}-1\text{行}} \begin{bmatrix} 1 & -1 & 0 \\ 0 & 0 & 0 \\ 2 & 0 & \sqrt{2} \end{bmatrix}\right)$$

$$\Longrightarrow \boldsymbol{q} = \boldsymbol{\alpha}_3 = {}^t(-1, -1, \sqrt{2})$$

（2） A の 3 個の固有ベクトル $\boldsymbol{\alpha}_1, \boldsymbol{\alpha}_2, \boldsymbol{\alpha}_3$ を正規直交化する.

$$\boldsymbol{\beta}_1 = \boldsymbol{\alpha}_1, \quad \boldsymbol{u}_1 = \frac{\boldsymbol{\beta}_1}{\|\boldsymbol{\beta}_1\|} = {}^t\!\left(-\frac{1}{\sqrt{2}}, \frac{1}{\sqrt{2}}, 0\right)$$

$$\boldsymbol{\beta}_2 = \boldsymbol{\alpha}_2 - \frac{(\boldsymbol{\beta}_1, \boldsymbol{\alpha}_2)}{(\boldsymbol{\beta}_1, \boldsymbol{\beta}_1)}\boldsymbol{\beta}_1 = {}^t(\sqrt{2}, 0, 1) - \frac{(-1)\sqrt{2} + 1\cdot 0 + 0\cdot 1}{(-1)^2 + 1^2 + 0^2}\,{}^t(-1, 1, 0)$$

$$= {}^t\!\left(\frac{1}{\sqrt{2}}, \frac{1}{\sqrt{2}}, 1\right)$$

$$\boldsymbol{u}_2 = \frac{\boldsymbol{\beta}_2}{\|\boldsymbol{\beta}_2\|} = {}^t\!\left(\frac{1}{2}, \frac{1}{2}, \frac{1}{\sqrt{2}}\right)$$

$$\boldsymbol{\beta}_3 = \alpha_3, \quad \boldsymbol{u}_3 = \frac{\boldsymbol{\beta}_3}{\|\boldsymbol{\beta}_3\|} = {}^t\!\left(-\frac{1}{2}, -\frac{1}{2}, \frac{1}{\sqrt{2}}\right)$$

$$\therefore \quad T = (\boldsymbol{u}_1, \boldsymbol{u}_2, \boldsymbol{u}_3) = \begin{bmatrix} -\dfrac{1}{\sqrt{2}} & \dfrac{1}{2} & -\dfrac{1}{2} \\ \dfrac{1}{\sqrt{2}} & \dfrac{1}{2} & -\dfrac{1}{2} \\ 0 & \dfrac{1}{\sqrt{2}} & \dfrac{1}{\sqrt{2}} \end{bmatrix}$$

$$\boldsymbol{x} = T\boldsymbol{y} \quad (\text{ただし，} \boldsymbol{x} = {}^t(x_1, x_2, x_3), \boldsymbol{y} = {}^t(y_1, y_2, y_3)) \qquad ①$$

とおくと，

$$a^2 = \frac{1}{2}\sum_{i,j=1}^{3} x_i A_{ij} x_j = \frac{1}{2}\,{}^t\boldsymbol{x}A\boldsymbol{x} = \frac{1}{2}\,{}^t\boldsymbol{y}({}^tTAT)\boldsymbol{y} = \frac{1}{2}\,{}^t\boldsymbol{y}\,\mathrm{diag}\,(4, 4, 8)\boldsymbol{y}$$
$$= 2y_1^2 + 2y_2^2 + 4y_3^2$$

すなわち，

$$\frac{y_1^2}{\left(\dfrac{a}{\sqrt{2}}\right)^2} + \frac{y_2^2}{\left(\dfrac{a}{\sqrt{2}}\right)^2} + \frac{y_3^2}{\left(\dfrac{a}{2}\right)^2} = 1 \qquad ②$$

②は y_3 軸を回転軸とする回転楕円面の方程式である．この回転軸と直交し，回転楕円面と接する平面の方程式は

$$\left|\frac{y_3}{\dfrac{a}{2}}\right| = 1 \qquad \therefore \quad y_3 = \frac{a}{2}, \quad y_3 = -\frac{a}{2} \qquad ③$$

①より，

$$\boldsymbol{y} = {}^tT\boldsymbol{x} \qquad \therefore \quad y_3 = -\frac{1}{2}x_1 - \frac{1}{2}x_2 + \frac{1}{\sqrt{2}}x_3$$

これを③に代入すると，3 次元空間 (x_1, x_2, x_3) において，回転楕円面と接する平面の方程式は

$$x_1 + x_2 - \sqrt{2}\,x_3 = -a \quad \text{あるいは} \quad x_1 + x_2 - \sqrt{2}\,x_3 = a$$

（3） ①を用いて

$$\exp\left\{-\frac{1}{2}\sum_{i,j=1}^{3} x_i a_{ij} x_j + \sum_{i=1}^{3} b_i x_i\right\} = \exp\{-2y_1^2 - 2y_2^2 - 4y_3^2 + y_2 - y_3\}$$

$$\left(\because\quad x_1 = -\frac{1}{\sqrt{2}}y_1 + \frac{1}{2}y_2 - \frac{1}{2}y_3,\quad x_2 = \frac{1}{\sqrt{2}}y_1 + \frac{1}{2}y_2 - \frac{1}{2}y_3\right.$$

$$\left.\therefore\quad \sum_{i=1}^{3} b_i x_i = x_1 + x_2 = y_2 - y_3\right)$$

$$= e^{3/16}\cdot e^{-2y_1^2}\cdot e^{-2(y_2-(1/4))^2}\cdot e^{-4(y_3+(1/8))^2}$$

かつ $dx_1dx_2dx_3 = dy_1dy_2dy_3$ ($\because$ $\boldsymbol{x} = T\boldsymbol{y}$ は直交変換である) が得られるから

$$I = e^{3/16}\int_{-\infty}^{\infty} e^{-2y_1^2}\,dy_1\cdot\int_{-\infty}^{\infty} e^{-2(y_2-(1/4))^2}\,dy_2\cdot\int_{-\infty}^{\infty} e^{-4(y_3+(1/8))^2}\,dy_3$$

$$= e^{3/16}\left(\int_{-\infty}^{\infty} e^{-2\boldsymbol{y}^2}\,dy\right)^2\cdot\int_{-\infty}^{\infty} e^{-4\boldsymbol{y}^2}\,dy = e^{3/16}\cdot\left(\sqrt{\frac{\pi}{2}}\right)^2\cdot\frac{\sqrt{\pi}}{2} = e^{3/16}\,\frac{\pi^{3/2}}{4}$$

1.24 (1) $R = \begin{bmatrix} t_1 & t_1 & t_1 & \cdots & t_1 & t_1 \\ t_1 & t_2 & t_2 & \cdots & t_2 & t_2 \\ & & & \cdots\cdots & & \\ t_1 & t_2 & t_3 & \cdots & t_{n-1} & t_{n-1} \\ t_1 & t_2 & t_3 & \cdots & t_{n-1} & t_n \end{bmatrix}$ (実対称行列)

R の k 次主対角線小行列を R_k とすると,

$$|R_k| = \begin{vmatrix} t_1 & t_1 & t_1 & \cdots & t_1 & t_1 \\ t_1 & t_2 & t_2 & \cdots & t_2 & t_2 \\ & & & \cdots\cdots & & \\ t_1 & t_2 & t_3 & \cdots & t_{k-1} & t_{k-1} \\ t_1 & t_2 & t_3 & \cdots & t_{k-1} & t_k \end{vmatrix} = \begin{vmatrix} t_1 & 0 & 0 & \cdots & 0 & 0 \\ t_1 & t_2-t_1 & 0 & \cdots & 0 & 0 \\ & & & \cdots\cdots & & \\ t_1 & t_2-t_1 & t_3-t_2 & \cdots & t_{k-1}-t_{k-2} & 0 \\ t_1 & t_2-t_1 & t_3-t_2 & \cdots & t_{k-1}-t_{k-2} & t_k-t_{k-1} \end{vmatrix}$$

$$= t_1(t_2-t_1)\cdots(t_{k-1}-t_{k-2})(t_k-t_{k-1}) > 0 \quad (k = 1, 2, \cdots, n)$$

$\therefore$ 2 次形式 ${}^t\boldsymbol{x}R\boldsymbol{x} \geqq \boldsymbol{0}$(かつ, ${}^t\boldsymbol{x}R\boldsymbol{x} = \boldsymbol{0} \Longleftrightarrow \boldsymbol{x} = \boldsymbol{0}$)

(2) $(R \,\vdots\, E)$ (E は n 次単位行列)

$$\left[\begin{array}{cccccc:ccccc} t_1 & t_1 & t_1 & \cdots & t_1 & t_1 & 1 & & & & \\ t_1 & t_2 & t_2 & \cdots & t_2 & t_2 & & 1 & & & \\ & & & \cdots\cdots & & & & & \ddots & & \\ t_1 & t_2 & t_3 & \cdots & t_{n-1} & t_{n-1} & & & & 1 & \\ t_1 & t_2 & t_3 & \cdots & t_{n-1} & t_n & & & & & 1 \end{array}\right]$$ (以下で行基本変形を行う)

$$\longrightarrow \left[\begin{array}{cccccc:ccccc} t_1 & t_1 & t_1 & \cdots & t_1 & t_1 & 1 & & & & \\ 0 & t_2-t_1 & t_2-t_1 & \cdots & t_2-t_1 & t_2-t_1 & -1 & 1 & & & \\ & & & \cdots\cdots & & & & \ddots & \ddots & & \\ 0 & 0 & 0 & \cdots & t_{n-1}-t_{n-2} & t_{n-1}-t_{n-2} & & & -1 & 1 & \\ 0 & 0 & 0 & \cdots & 0 & t_n-t_{n-1} & & & & -1 & 1 \end{array}\right]$$

$$\longrightarrow \left[\begin{array}{cccccc:cccccc} 1 & 1 & 1 & \cdots & 1 & 1 & \frac{1}{t_1} & & & & & \\ & 1 & 1 & \cdots & 1 & 1 & \frac{-1}{t_2-t_1} & \frac{1}{t_2-t_1} & & & & \\ & & \ddots & & & & & \ddots & \ddots & & & \\ & & & & 1 & 1 & & & \frac{-1}{t_{n-1}-t_{n-2}} & \frac{1}{t_{n-1}-t_{n-2}} & & \\ & & & & & 1 & & & & \frac{-1}{t_n-t_{n-1}} & \frac{1}{t_n-t_{n-1}} & \end{array}\right]$$

$$\longrightarrow \left[\begin{array}{ccccc:ccccc} 1 & & & & & \frac{t_2}{(t_2-t_1)t_1} & \frac{-1}{t_2-t_1} & & & \\ & 1 & & & & \frac{-1}{t_2-t_1} & \frac{t_3-t_1}{(t_3-t_2)(t_2-t_1)} & \frac{-1}{t_3-t_2} & & \\ & & \ddots & & & & \ddots & \ddots & \ddots & \\ & & & 1 & & & & \frac{-1}{t_{n-1}-t_{n-2}} & \frac{t_n-t_{n-2}}{(t_n-t_{n-1})(t_{n-1}-t_{n-2})} & \frac{-1}{t_n-t_{n-1}} \\ & & & & 1 & & & & \frac{-1}{t_n-t_{n-1}} & \frac{1}{t_n-t_{n-1}} \end{array}\right]$$

$$\therefore\quad R^{-1} = \begin{bmatrix} \frac{t_2}{(t_2-t_1)t_1} & \frac{-1}{t_2-t_1} & & & \\ \frac{-1}{t_2-t_1} & \frac{t_3-t_1}{(t_3-t_2)(t_2-t_1)} & \frac{-1}{t_3-t_2} & & \\ & \ddots & \ddots & \ddots & \\ & & \frac{-1}{t_{n-1}-t_{n-2}} & \frac{t_n-t_{n-2}}{(t_n-t_{n-1})(t_{n-1}-t_{n-2})} & \frac{-1}{t_n-t_{n-1}} \\ & & & \frac{-1}{t_n-t_{n-1}} & \frac{1}{t_n-t_{n-1}} \end{bmatrix}$$

（3）（2）の R^{-1} より

$$\int_{-\infty}^{x_n} \exp\left\{-\frac{1}{2}{}^t\boldsymbol{x}R^{-1}\boldsymbol{x}\right\}dx_n = \int_{-\infty}^{x_n} \exp\left\{B(x_1, \cdots, x_{n-1}) - \frac{1}{2}\left[\frac{1}{t_n-t_{n-1}}x_{n-1}^2 - \frac{2}{t_n-t_{n-1}}x_{n-1}x_n + \frac{1}{t_n-t_{n-1}}x_n^2\right]\right\}dx_n$$

（ここで，[…] は $-\frac{1}{2}{}^t\boldsymbol{x}R^{-1}\boldsymbol{x}$ における x_n に関する部分と $\frac{1}{t_n-t_{n-1}}x_{n-1}^2$ との和，$B(x_1, \cdots, x_{n-1})$ は $-\frac{1}{2}{}^t\boldsymbol{x}R^{-1}\boldsymbol{x}$ における x_n によらない部分と $\frac{1}{2}\frac{1}{t_n-t_{n-1}}$

x_{n-1}^2 との和を表わす．)

$$= e^B \int_{-\infty}^{x_n} \exp\left\{-\frac{(x_n - x_{n-1})^2}{2(t_n - t_{n-1})}\right\} dx_n$$

また，

$$\int_{-\infty}^{\infty} \exp\left\{-\frac{1}{2}\,{}^t\boldsymbol{x}R^{-1}\boldsymbol{x}\right\} dx_n = e^B \int_{-\infty}^{\infty} \exp\left\{-\frac{(x_n - x_{n-1})^2}{2(t_n - t_{n-1})}\right\} dx_n$$

$$= e^B \sqrt{2\pi(t_n - t_{n-1})}$$

したがって，

$$\frac{\int_{-\infty}^{x_n} \exp\left\{-\frac{1}{2}\,{}^t\boldsymbol{x}R^{-1}\boldsymbol{x}\right\} dx_n}{\int_{-\infty}^{\infty} \exp\left\{-\frac{1}{2}\,{}^t\boldsymbol{x}R^{-1}\boldsymbol{x}\right\} dx_n} = \int_{-\infty}^{x_n} \frac{\exp\left\{-\frac{(x_n - x_{n-1})^2}{2(t_n - t_{n-1})}\right\}}{\sqrt{2\pi(t_n - t_{n-1})}} dx_n$$

1.25 （a） 固有値を λ とすると，固有方程式は

$$\begin{vmatrix} 1-\lambda & 1 & 0 \\ 1 & -\lambda & 1 \\ 0 & 1 & -1-\lambda \end{vmatrix} = -\lambda^3 + 3\lambda = \lambda(\sqrt{3} - \lambda)(\sqrt{3} + \lambda) = 0$$

$\therefore\ \ \lambda = 0, \pm\sqrt{3}$

（b） （1） $\begin{bmatrix} 1 & 1 & 0 \\ 1 & 0 & 1 \\ 0 & 1 & -1 \end{bmatrix}$ は $\begin{bmatrix} 0 & & O \\ & \sqrt{3} & \\ O & & -\sqrt{3} \end{bmatrix}$ と相似．

$\therefore\ \ \dim W_1 = \operatorname{rank} A = 2$

（2） $\lambda = 0$ のとき，$\begin{bmatrix} 1 & 1 & 0 \\ 1 & 0 & 1 \\ 0 & 1 & -1 \end{bmatrix}\begin{bmatrix} x_1 \\ x_2 \\ x_3 \end{bmatrix} = 0\begin{bmatrix} x_1 \\ x_2 \\ x_3 \end{bmatrix}$ より，$\begin{cases} x_2 = -x_1 \\ x_3 = -x_1 \end{cases}$

$\therefore\ \ {}^t(1, -1, -1) \equiv \boldsymbol{a}$ （固有ベクトル）

$\lambda = \sqrt{3}$ のとき，同様にして，

${}^t(1, \sqrt{3} - 1, 2 - \sqrt{3}) \equiv \boldsymbol{b}$

$\lambda = -\sqrt{3}$ のとき，同様にして，

${}^t(1, -(\sqrt{3} + 1), 2 + \sqrt{3}) \equiv \boldsymbol{c}$

ところで，任意の $\boldsymbol{x} \in V$ は，$\boldsymbol{x} = x_1\boldsymbol{a} + x_2\boldsymbol{b} + x_3\boldsymbol{c}$ と書ける．

$\therefore\ \ \boldsymbol{x}\cdot\boldsymbol{a} = (x_1\boldsymbol{a} + x_2\boldsymbol{b} + x_3\boldsymbol{c})\cdot\boldsymbol{a} = x_1\|\boldsymbol{a}\|^2 = 0 \Longrightarrow x_1 = 0$

$\therefore\ \ \boldsymbol{x} = x_2\boldsymbol{b} + x_3\boldsymbol{c}$

$$\therefore \quad A\boldsymbol{x} = \begin{bmatrix} 1 & 1 & 0 \\ 1 & 0 & 1 \\ 0 & 1 & -1 \end{bmatrix} (x_2\boldsymbol{b} + x_3\boldsymbol{c})$$

$$= \begin{bmatrix} 1 & 1 & 0 \\ 1 & 0 & 1 \\ 0 & 1 & -1 \end{bmatrix} \left(x_2 \begin{bmatrix} 1 \\ \sqrt{3} - 1 \\ 2 - \sqrt{3} \end{bmatrix} + x_3 \begin{bmatrix} 1 \\ -\sqrt{3} - 1 \\ 2 + \sqrt{3} \end{bmatrix} \right)$$

$$= \sqrt{3} \left\{ x_2 \begin{bmatrix} 1 \\ \sqrt{3} - 1 \\ 2 - \sqrt{3} \end{bmatrix} - x_3 \begin{bmatrix} 1 \\ \sqrt{3} + 1 \\ 2 + \sqrt{3} \end{bmatrix} \right\}$$

$$= \sqrt{3}\,(x_2\boldsymbol{b} - x_3\boldsymbol{c})$$

$\therefore \quad \dim W_2 = 2$

（3） $\boldsymbol{x}\cdot\boldsymbol{b} = (x_1\boldsymbol{a} + x_2\boldsymbol{b} + x_3\boldsymbol{c})\cdot\boldsymbol{b} = x_2\|\boldsymbol{b}\|^2 = 0 \Longrightarrow x_2 = 0$

$\therefore \quad \boldsymbol{x} = x_1\boldsymbol{a} + x_3\boldsymbol{c}$

$$\therefore \quad A\boldsymbol{x} = \begin{bmatrix} 1 & 1 & 0 \\ 1 & 0 & 1 \\ 0 & 1 & -1 \end{bmatrix} (x_1\boldsymbol{a} + x_3\boldsymbol{c})$$

$$= \begin{bmatrix} 1 & 1 & 0 \\ 1 & 0 & 1 \\ 0 & 1 & -1 \end{bmatrix} \left(x_1 \begin{bmatrix} 1 \\ -1 \\ -1 \end{bmatrix} + x_3 \begin{bmatrix} 1 \\ -\sqrt{3} - 1 \\ 2 + \sqrt{3} \end{bmatrix} \right)$$

$$= -\sqrt{3} \begin{bmatrix} 1 \\ -\sqrt{3} - 1 \\ 2 + \sqrt{3} \end{bmatrix} x_3$$

$$= -\sqrt{3}\,x_3\boldsymbol{c}$$

$\therefore \quad \dim W_3 = 1$

（c） $(\boldsymbol{a}, \boldsymbol{b}, \boldsymbol{c}) \equiv P$ とおくと，

$$\mathrm{tr}\,(A - \lambda E)^{-1} = \mathrm{tr}\,[P^{-1}(A - \lambda E)P]^{-1}$$

$$= \mathrm{tr} \left[\begin{bmatrix} 0 & & O \\ & \sqrt{3} & \\ O & & -\sqrt{3} \end{bmatrix} - \lambda \begin{bmatrix} 1 & & O \\ & 1 & \\ O & & 1 \end{bmatrix} \right]^{-1}$$

$$= \mathrm{tr} \begin{bmatrix} -\lambda & 0 & 0 \\ 0 & \sqrt{3} - \lambda & 0 \\ 0 & 0 & -\sqrt{3} - \lambda \end{bmatrix}^{-1}$$

$$= \mathrm{tr}\begin{bmatrix} -\dfrac{1}{\lambda} & & O \\ & \dfrac{1}{\sqrt{3}-\lambda} & \\ O & & \dfrac{1}{-\sqrt{3}-\lambda} \end{bmatrix}$$

$$= \frac{1}{-\lambda} + \frac{1}{\sqrt{3}-\lambda} - \frac{1}{\sqrt{3}+\lambda} = \frac{-3(\lambda^2-1)}{\lambda(\lambda^2-3)}$$

1.26 与式より，* を複素共役とすると，

$$\boldsymbol{a}_k = \frac{1}{\sqrt{N}}\left[1, \exp\left(-i\frac{2\pi k}{N}\right), \exp\left(-i2\frac{2\pi k}{N}\right), \cdots, \exp\left(-i(N-1)\frac{2\pi k}{N}\right)\right] \quad ①$$

$$\boldsymbol{a}_l{}^* = \frac{1}{\sqrt{N}}\left[1, \exp\left(i\frac{2\pi l}{N}\right), \exp\left(i2\frac{2\pi l}{N}\right), \cdots, \exp\left(i(N-1)\frac{2\pi l}{N}\right)\right] \quad ②$$

内積の定義より，

$$(\boldsymbol{a}_k, \boldsymbol{a}_l) = \boldsymbol{a}_k\boldsymbol{a}_l{}^*$$

$$= \frac{1}{N}\left[1 + \exp\left(i\frac{2\pi}{N}(l-k)\right) + \exp\left(i2\frac{2\pi}{N}(l-k)\right) + \cdots + \exp\left(i(N-1)\frac{2\pi}{N}(l-k)\right)\right]$$

$$= \frac{1}{N}\frac{1-\exp\left(i\frac{2\pi}{N}(l-k)N\right)}{1-\exp\left(i\frac{2\pi}{N}(l-k)\right)}$$

$$= \frac{1}{N}\frac{1-\exp\left(-i\frac{2\pi}{N}(k-l)N\right)}{1-\exp\left(-i\frac{2\pi}{N}(k-l)\right)}\left(=\frac{1}{N}\frac{1-W^{N(k-l)}}{1-W^{(k-l)}}\right) \quad ③$$

$-i\dfrac{2\pi}{N}(k-l) = x$ とおくと，

$k = l$ のとき，

$$③ = \frac{1}{N}\lim_{x\to 0}\frac{1-e^{Nx}}{1-e^x} = \frac{1}{N}\lim_{x\to 0}\frac{-Ne^{Nx}}{-e^x} = 1$$

$k \neq l$ のとき，

$$分子 = 1 - e^{-i2\pi(k-l)} = 1 - 1 = 0$$

よって，$\boldsymbol{a}_k$ は正規直交系をなす．

1.27 （1） $x\boldsymbol{v} + yA\boldsymbol{v} + zA^2\boldsymbol{v}$

$$= x\begin{bmatrix} 1 \\ 1 \\ -1 \end{bmatrix} + y\begin{bmatrix} 2 & 0 & 0 \\ 0 & 2 & 1 \\ 0 & 1 & 2 \end{bmatrix}\begin{bmatrix} 1 \\ 1 \\ -1 \end{bmatrix} + z\begin{bmatrix} 2 & 0 & 0 \\ 0 & 2 & 1 \\ 0 & 1 & 2 \end{bmatrix}\begin{bmatrix} 2 & 0 & 0 \\ 0 & 2 & 1 \\ 0 & 1 & 2 \end{bmatrix}\begin{bmatrix} 1 \\ 1 \\ -1 \end{bmatrix}$$

$$= \begin{bmatrix} x \\ x \\ -x \end{bmatrix} + y\begin{bmatrix} 2 \\ 1 \\ -1 \end{bmatrix} + z\begin{bmatrix} 4 & 0 & 0 \\ 0 & 5 & 4 \\ 0 & 4 & 5 \end{bmatrix}\begin{bmatrix} 1 \\ 1 \\ -1 \end{bmatrix}$$

$$= \begin{bmatrix} x \\ x \\ -x \end{bmatrix} + \begin{bmatrix} 2y \\ y \\ -y \end{bmatrix} + z\begin{bmatrix} 4 \\ 1 \\ -1 \end{bmatrix} = \begin{bmatrix} x + 2y + 4z \\ x + y + z \\ -x - y - z \end{bmatrix} = \begin{bmatrix} 0 \\ 0 \\ 0 \end{bmatrix}$$

$$\Longrightarrow \begin{cases} x + 2y + 4z = 0 \\ x + \ \ y + \ \ z = 0 \end{cases}$$

式数が未知数より少ない．これを x, y について解くと，

$$x = 2z, \quad y = -3z$$

$$\begin{bmatrix} x \\ y \\ z \end{bmatrix} = \begin{bmatrix} 2z \\ -3z \\ z \end{bmatrix} \Longrightarrow \begin{bmatrix} 2 \\ -3 \\ 1 \end{bmatrix} \text{の定数倍}$$

（2） $$A\boldsymbol{w} = \begin{bmatrix} 2 & 0 & 0 \\ 0 & 2 & 1 \\ 0 & 1 & 2 \end{bmatrix}\begin{bmatrix} 1 \\ 1 \\ 0 \end{bmatrix} = \begin{bmatrix} 2 \\ 1 \\ 1 \end{bmatrix}$$

$$A^2\boldsymbol{w} = \begin{bmatrix} 4 & 0 & 0 \\ 0 & 5 & 4 \\ 0 & 4 & 5 \end{bmatrix}\begin{bmatrix} 1 \\ 1 \\ 0 \end{bmatrix} = \begin{bmatrix} 4 \\ 5 \\ 4 \end{bmatrix}$$

$$a\boldsymbol{w} + bA\boldsymbol{w} + cA^2\boldsymbol{w} = a\begin{bmatrix} 1 \\ 1 \\ 0 \end{bmatrix} + b\begin{bmatrix} 2 \\ 1 \\ 1 \end{bmatrix} + c\begin{bmatrix} 4 \\ 5 \\ 4 \end{bmatrix} = 0$$

$$\Longrightarrow \begin{cases} a + 2b + 4c = 0 \\ a + \ \ b + 5c = 0 \\ 0a + \ \ b + 4c = 0 \end{cases} \qquad ①$$

a, b, c を未知数と考えて行列式を作ると，

$$\varDelta \equiv \begin{vmatrix} 1 & 2 & 4 \\ 1 & 1 & 5 \\ 0 & 1 & 4 \end{vmatrix} = \begin{vmatrix} 1 & 0 & 0 \\ 1 & -1 & 1 \\ 0 & 1 & 4 \end{vmatrix} = \begin{vmatrix} -1 & 1 \\ 1 & 4 \end{vmatrix} = -5 \neq 0$$

したがって，①の解は$a = b = c = 0$〈注〉．よって，$\boldsymbol{w}, A\boldsymbol{w}, A^2\boldsymbol{w}$は1次独立．

〈注〉 $a = \dfrac{\begin{vmatrix} 0 & 2 & 4 \\ 0 & 1 & 5 \\ 0 & 1 & 4 \end{vmatrix}}{\varDelta} = 0$

（3） $x\boldsymbol{w} + yA\boldsymbol{w} + zA^2\boldsymbol{w}$

$$= x\begin{bmatrix} 1 \\ 1 \\ 0 \end{bmatrix} + y\begin{bmatrix} 2 & 0 & 0 \\ 0 & 2 & 1 \\ 0 & 1 & 2 \end{bmatrix}\begin{bmatrix} 1 \\ 1 \\ 0 \end{bmatrix} + z\begin{bmatrix} 4 & 0 & 0 \\ 0 & 5 & 4 \\ 0 & 4 & 5 \end{bmatrix}\begin{bmatrix} 1 \\ 1 \\ 0 \end{bmatrix}$$

$$= \begin{bmatrix} x \\ x \\ 0 \end{bmatrix} + y\begin{bmatrix} 2 \\ 2 \\ 1 \end{bmatrix} + z\begin{bmatrix} 4 \\ 5 \\ 4 \end{bmatrix} = \begin{bmatrix} x \\ x \\ 0 \end{bmatrix} + \begin{bmatrix} 2y \\ 2y \\ y \end{bmatrix} + \begin{bmatrix} 4z \\ 5z \\ 4z \end{bmatrix}$$

$$= \begin{bmatrix} x + 2y + 4z \\ x + 2y + 5z \\ y + 4z \end{bmatrix} = A^3\boldsymbol{w} = \begin{bmatrix} 4 & 0 & 0 \\ 0 & 5 & 4 \\ 0 & 4 & 5 \end{bmatrix}\begin{bmatrix} 2 & 0 & 0 \\ 0 & 2 & 1 \\ 0 & 1 & 2 \end{bmatrix}\begin{bmatrix} 1 \\ 1 \\ 0 \end{bmatrix}$$

$$= \begin{bmatrix} 8 & 0 & 0 \\ 0 & 14 & 13 \\ 0 & 13 & 14 \end{bmatrix}\begin{bmatrix} 1 \\ 1 \\ 0 \end{bmatrix} = \begin{bmatrix} 8 \\ 14 \\ 13 \end{bmatrix}$$

$$\Longrightarrow \begin{cases} x + 2y + 4z = 8 \\ x + 2y + 5z = 14 \\ 0x + y + 4z = 13 \end{cases}$$

$$x = \frac{\begin{vmatrix} 8 & 2 & 4 \\ 14 & 2 & 5 \\ 13 & 1 & 4 \end{vmatrix}}{\begin{vmatrix} 1 & 2 & 4 \\ 1 & 2 & 5 \\ 0 & 1 & 4 \end{vmatrix}} = \frac{\begin{vmatrix} 0 & 2 & 0 \\ 6 & 2 & 1 \\ 9 & 1 & 2 \end{vmatrix}}{\begin{vmatrix} 1 & 0 & 0 \\ 1 & 0 & 1 \\ 0 & 1 & 4 \end{vmatrix}} = \frac{-2\begin{vmatrix} 6 & 1 \\ 9 & 2 \end{vmatrix}}{\begin{vmatrix} 0 & 1 \\ 1 & 4 \end{vmatrix}} = \frac{-2(12-9)}{-1} = 6$$

同様にして，$y = -11, z = 6$.

〈参考〉 Mathematica による計算を下に示す.

```
In[2]:= Solve[{x + 2 * y + 4 * z == 0, x + y + z == 0}, {x, y, z}]

Out[2]= {{x → 2 z, y → -3 z}}

In[1]:= Solve[{x + 2 * y + 4 * z == 8, x + 2 * y + 5 * z == 14, 0 * x + y + 4 * z == 13},
         {x, y, z}]

Out[1]= {{x → 6, y → -11, z → 6}}
```

1.28 （1） $A = (a_{ij}), \quad B = (b_{ij})$

とすると，一般に $\mathrm{Tr}\,A = \sum_{i=1}^{N} a_{ii}$ だから，

$$\begin{aligned}\mathrm{Tr}\,(AB) &= a_{11}b_{11} + a_{12}b_{21} + \cdots + a_{1N}b_{N1} \\ &\quad + a_{21}b_{12} + a_{22}b_{22} + \cdots + a_{2N}b_{N2} \\ &\quad + \cdots \\ &= \sum_{k=1}^{N} a_{1k}b_{k1} + \sum_{k=1}^{N} a_{2k}b_{k2} + \cdots + \sum_{k=1}^{N} a_{Nk}b_{kN} \\ &= \sum_{l=1}^{N}\sum_{k=1}^{N} a_{lk}b_{kl} \qquad ①\end{aligned}$$

同様にして，

$$\begin{aligned}\mathrm{Tr}\,(BA) &= b_{11}a_{11} + b_{12}a_{21} + \cdots + b_{1N}a_{N1} \\ &\quad + b_{21}a_{12} + b_{22}a_{22} + \cdots + b_{2N}a_{N2} \\ &\quad + \cdots \\ &= \sum_{l=1}^{N} b_{1l}a_{l1} + \sum_{l=1}^{N} b_{2l}a_{l2} + \cdots + \sum_{l=1}^{N} b_{Nl}a_{lN} = \sum_{k=1}^{N}\sum_{l=1}^{N} b_{kl}a_{lk} \qquad ②\end{aligned}$$

①，②より，行列要素は可換だから，

$$\mathrm{Tr}\,(AB) = \mathrm{Tr}\,(BA) \qquad ③$$

（別解） $\mathrm{Tr}\,(AB) = \sum_{i=1}^{N}\left(\sum_{k=1}^{N} a_{ik}b_{ki}\right) = \sum_{i=1}^{N}\sum_{j=1}^{N} a_{ij}b_{ji}$ （k を j に取り換えた）

$\mathrm{Tr}\,(BA) = \sum_{i=1}^{N}\left(\sum_{k=1}^{N} b_{ik}a_{ki}\right) = \sum_{i=1}^{N}\sum_{j=1}^{N} b_{ji}a_{ij} = \sum_{i=1}^{N}\sum_{j=1}^{N} a_{ij}b_{ji}$

（i を j に，k を i に取り換え，$b_{ji}a_{ij}$ を交換した）

$\therefore \quad \mathrm{Tr}\,(AB) = \mathrm{Tr}\,(BA)$

（2） ③を利用すると，

$$\mathrm{Tr}\,(C) = \mathrm{Tr}\,((UD)U^{-1}) = \mathrm{Tr}\,(U^{-1}UD) = \mathrm{Tr}\,(D)$$
$$= \sum_{k=1}^{N} d_k$$

また，

$$C^M = (UDU^{-1})^M = (UDU^{-1})(UDU^{-1})\cdots(UDU^{-1})$$
$$= UD^MU^{-1}$$

だから，

$$\mathrm{Tr}\,(C^M) = \mathrm{Tr}\,((UD^M)U^{-1}) = \mathrm{Tr}\,(D^M) = d_1^M + \cdots + d_N^M$$
$$= \sum_{k=1}^{N} d_k^M$$

1.29 （1） 転置を ^{t}，複素共役を $^-$ で示すとき，

$$^t\bar{A} = \begin{bmatrix} 0 & 1 & 0 \\ 1 & 0 & -i \\ 0 & i & 0 \end{bmatrix}$$

これは与式と一致し，$^t\bar{A} = A$ となるから，A はエルミート行列．

（2） 固有方程式より，固有値を λ とすると，

$$|\lambda E - A| = \begin{vmatrix} \lambda & -1 & 0 \\ -1 & \lambda & i \\ 0 & -i & \lambda \end{vmatrix} = \lambda(\lambda^2 - 2) = 0 \qquad \therefore\quad \lambda = 0, \pm\sqrt{2}$$

$\lambda = 0$ のとき，固有ベクトルを $^t(x_1, x_2, x_3)$ とすると，

$$\begin{bmatrix} 0 & 1 & 0 \\ 1 & 0 & -i \\ 0 & i & 0 \end{bmatrix}\begin{bmatrix} x_1 \\ x_2 \\ x_3 \end{bmatrix} = \begin{bmatrix} x_2 \\ x_1 - ix_3 \\ ix_2 \end{bmatrix} = 0\begin{bmatrix} x_1 \\ x_2 \\ x_3 \end{bmatrix} = \mathbf{0}$$

$$\Longrightarrow \begin{cases} x_2 = 0 \\ x_1 = ix_3 \\ x_3 = -ix_1 \end{cases}$$

$$\therefore \begin{bmatrix} x_1 \\ x_2 \\ x_3 \end{bmatrix} = k\begin{bmatrix} 1 \\ 0 \\ -i \end{bmatrix}$$

$k\sqrt{|1|^2 + |0|^2 + |-i|^2} = \sqrt{2}\,k = 1, k = 1/\sqrt{2}$ より

$$\begin{bmatrix} x_1 \\ x_2 \\ x_3 \end{bmatrix} \equiv \boldsymbol{u}_1 = \frac{1}{\sqrt{2}} \begin{bmatrix} 1 \\ 0 \\ -i \end{bmatrix} \qquad ①$$

$\lambda = \sqrt{2}$ のとき，

$$\begin{bmatrix} 0 & 1 & 0 \\ 1 & 0 & -i \\ 0 & i & 0 \end{bmatrix} \begin{bmatrix} x_1 \\ x_2 \\ x_3 \end{bmatrix} = \begin{bmatrix} x_2 \\ x_1 - ix_3 \\ ix_2 \end{bmatrix} = \sqrt{2} \begin{bmatrix} x_1 \\ x_2 \\ x_3 \end{bmatrix} = \begin{bmatrix} \sqrt{2}\,x_1 \\ \sqrt{2}\,x_2 \\ \sqrt{2}\,x_3 \end{bmatrix}$$

$$\Longrightarrow \begin{cases} x_2 = \sqrt{2}\,x_1 \\ x_3 = \dfrac{i}{\sqrt{2}} x_2 = ix_1 \end{cases}$$

$$\therefore \begin{bmatrix} x_1 \\ x_2 \\ x_3 \end{bmatrix} = l \begin{bmatrix} 1 \\ \sqrt{2} \\ i \end{bmatrix}$$

$k\sqrt{1 + (\sqrt{2})^2 + 1} = 2l = 1,\ l = 1/2$ より

$$\begin{bmatrix} x_1 \\ x_2 \\ x_3 \end{bmatrix} \equiv \boldsymbol{u}_2 = \frac{1}{2} \begin{bmatrix} 1 \\ \sqrt{2} \\ i \end{bmatrix} \qquad ②$$

$\lambda = -\sqrt{2}$ のとき，同様にして，

$$\begin{bmatrix} x_1 \\ x_2 \\ x_3 \end{bmatrix} \equiv \boldsymbol{u}_3 = \frac{1}{2} \begin{bmatrix} 1 \\ -\sqrt{2} \\ i \end{bmatrix} \qquad ③$$

（3） ①，②，③より，

$$(\boldsymbol{u}_1, \boldsymbol{u}_2, \boldsymbol{u}_3) \equiv P = \begin{bmatrix} 1/\sqrt{2} & 1/2 & 1/2 \\ 0 & 1/\sqrt{2} & -1/\sqrt{2} \\ -i/\sqrt{2} & i/2 & i/2 \end{bmatrix}$$

与式より，$AP = PB$

左から P^{-1} を掛けると，

$$B = P^{-1}AP = \mathrm{diag}\,\{0, \sqrt{2}, -\sqrt{2}\} = \begin{bmatrix} 0 & 0 & 0 \\ 0 & \sqrt{2} & 0 \\ 0 & 0 & -\sqrt{2} \end{bmatrix} \qquad ④$$

〈**注**〉 固有値を使わないで $P^{-1}AP$ を直接計算してもよい．

〈参考〉 ④を Mathematica で計算すると以下のようになる.

```
In[1]:= m1={{1/√2 ,1/2,1/2},
           {0,1/√2 ,-1/√2 },
           {-i/√2 ,i/2,i/2}};
        m2=Inverse[m1]
```

$$\text{Out[2]=}\ \left\{\left\{\frac{1}{\sqrt{2}},\ 0,\ \frac{i}{\sqrt{2}}\right\},\ \left\{\frac{1}{2},\ \frac{1}{\sqrt{2}},\ -\frac{i}{2}\right\},\ \left\{\frac{1}{2},\ -\frac{1}{\sqrt{2}},\ -\frac{i}{2}\right\}\right\}$$

```
In[4]:= m3={{0,1,0},
           {1,0,-i},
           {0,i,0}};
        MatrixForm[m2.m3.m1]
```

Out[5]//MatrixForm=

$$\begin{pmatrix} 0 & 0 & 0 \\ 0 & \sqrt{2} & 0 \\ 0 & 0 & -\sqrt{2} \end{pmatrix}$$

1.30　(1)　A がユニタリー行列 U で対角化されたとする.

$$D = U^{-1}AU = U^{\dagger}AU$$

とすると, D は対角行列だから, $D^{\dagger} = U^{\dagger}A^{\dagger}U$ も対角行列で, $D, D^{\dagger}$ が対角行列だから, $DD^{\dagger} = D^{\dagger}D$. ゆえに,

$$U^{\dagger}AUU^{\dagger}A^{\dagger}U = U^{\dagger}A^{\dagger}UU^{\dagger}AU, \quad U^{\dagger}AA^{\dagger}U = U^{\dagger}A^{\dagger}AU$$

左から U, 右から $U^{\dagger}$ を掛けると, $AA^{\dagger} = A^{\dagger}A$.

(2)　エルミート行列 A の固有値の 1 つを λ とすると,

$$A\boldsymbol{x} = \lambda\boldsymbol{x} \quad (\boldsymbol{x} \neq \boldsymbol{0}) \qquad \therefore \quad \bar{A}\bar{\boldsymbol{x}} = \bar{\lambda}\bar{\boldsymbol{x}} \qquad ①$$

よって,

$${}^{t}\bar{\boldsymbol{x}}A\boldsymbol{x} = {}^{t}\bar{\boldsymbol{x}}(A\boldsymbol{x}) = {}^{t}\bar{\boldsymbol{x}}(\lambda\boldsymbol{x}) = \lambda{}^{t}\bar{\boldsymbol{x}}\boldsymbol{x} \qquad ②$$

一方, $A = A^{\dagger}$ だから,

②の左辺 $= {}^{t}\bar{\boldsymbol{x}}A^{\dagger}\boldsymbol{x} = {}^{t}\bar{\boldsymbol{x}}\,{}^{t}\bar{A}\boldsymbol{x} = {}^{t}(\bar{A}\bar{\boldsymbol{x}})\boldsymbol{x} = {}^{t}(\bar{\lambda}\bar{\boldsymbol{x}})\boldsymbol{x} = \bar{\lambda}{}^{t}\bar{\boldsymbol{x}}\boldsymbol{x}$

${}^{t}\bar{\boldsymbol{x}}\boldsymbol{x} = (\boldsymbol{x}, \boldsymbol{x}) \neq 0$ だから,

$\bar{\lambda} = \lambda$　　∴　λ は実数

(3)　特性方程式は

$$\begin{vmatrix} \lambda & i & 0 \\ -i & \lambda & i \\ 0 & -i & \lambda \end{vmatrix} = \lambda(\lambda^2 - 2) = 0$$

固有値 $\lambda = 0, \pm\sqrt{2}$

（i） $\lambda = 0$ のとき，

$$\begin{bmatrix} 0 & -i & 0 \\ i & 0 & -i \\ 0 & i & 0 \end{bmatrix}\begin{bmatrix} x_1 \\ x_2 \\ x_3 \end{bmatrix} = \begin{bmatrix} -ix_2 \\ ix_1 - ix_3 \\ ix_2 \end{bmatrix} = 0\begin{bmatrix} x_1 \\ x_2 \\ x_3 \end{bmatrix}$$

$$\Longrightarrow \begin{cases} x_2 = 0 \\ x_3 = x_1 \end{cases}$$

固有ベクトル $\boldsymbol{p} = \begin{bmatrix} 1 \\ 0 \\ 0 \end{bmatrix}$ ③

（ii） $\lambda = \sqrt{2}$ のとき，

$$\begin{bmatrix} 0 & -i & 0 \\ i & 0 & -i \\ 0 & i & 0 \end{bmatrix}\begin{bmatrix} x_1 \\ x_2 \\ x_3 \end{bmatrix} = \begin{bmatrix} -ix_2 \\ ix_1 - ix_3 \\ ix_2 \end{bmatrix} = \sqrt{2}\begin{bmatrix} x_1 \\ x_2 \\ x_3 \end{bmatrix}$$

$$\Longrightarrow \begin{cases} -ix_2 = \sqrt{2}\,x_1 \\ ix_2 = \sqrt{2}\,x_3 \end{cases} \quad \therefore \begin{cases} x_2 = i\sqrt{2}\,x_1 \\ x_3 = -x_1 \end{cases}$$

固有ベクトル $\boldsymbol{q} = \begin{bmatrix} 1 \\ i\sqrt{2} \\ -1 \end{bmatrix}$ ④

（iii） $\lambda = -\sqrt{2}$ のとき，

$$\begin{bmatrix} 0 & -i & 0 \\ i & 0 & -i \\ 0 & i & 0 \end{bmatrix}\begin{bmatrix} x_1 \\ x_2 \\ x_3 \end{bmatrix} = \begin{bmatrix} -ix_2 \\ ix_1 - ix_3 \\ ix_2 \end{bmatrix} = -\sqrt{2}\begin{bmatrix} x_1 \\ x_2 \\ x_3 \end{bmatrix}$$

$$\Longrightarrow \begin{cases} -ix_2 = -\sqrt{2}\,x_1 \\ ix_2 = -\sqrt{2}\,x_3 \end{cases} \quad \therefore \begin{cases} x_2 = -i\sqrt{2}\,x_1 \\ x_3 = -x_1 \end{cases}$$

固有ベクトル $\boldsymbol{r} = \begin{bmatrix} 1 \\ -i\sqrt{2} \\ -1 \end{bmatrix}$ ⑤

よって，③，④，⑤より

ユニタリー行列 $U = \begin{bmatrix} 1 & 1 & 1 \\ 0 & i\sqrt{2} & -i\sqrt{2} \\ 0 & -1 & -1 \end{bmatrix}$，対角行列 $D = \begin{bmatrix} 0 & 0 & 0 \\ 0 & \sqrt{2} & 0 \\ 0 & 0 & -\sqrt{2} \end{bmatrix}$

1.31 （1） $P^{-1}=\dfrac{1}{\begin{vmatrix}1 & -1\\ 1 & 1\end{vmatrix}}\begin{bmatrix}1 & -(-1)\\ -1 & 1\end{bmatrix}=\dfrac{1}{2}\begin{bmatrix}1 & 1\\ -1 & 1\end{bmatrix}$

$$\therefore\ \ P^{-1}AP=\frac{1}{2}\begin{bmatrix}1 & 1\\ -1 & 1\end{bmatrix}\begin{bmatrix}3 & 1\\ -1 & 5\end{bmatrix}\begin{bmatrix}1 & -1\\ 1 & 1\end{bmatrix}=\begin{bmatrix}1 & 3\\ -2 & 2\end{bmatrix}\begin{bmatrix}1 & -1\\ 1 & 1\end{bmatrix}$$
$$=\begin{bmatrix}4 & 2\\ 0 & 4\end{bmatrix}$$

（2） $(P^{-1}AP)^n=(P^{-1}AP)(P^{-1}AP)\cdots(P^{-1}AP)(P^{-1}AP)$
$$=P^{-1}A^nP$$

（別解） $B=P^{-1}AP$ とおくと

$$B^2=BB=P^{-1}APP^{-1}AP=P^{-1}AEAP=P^{-1}A^2P$$
$$B^3=BB=P^{-1}APP^{-1}A^3P=P^{-1}AEA^2\mathrm{P}=P^{-1}A^3P$$

…………………………

ここで，$B^{n-1}=P^{-1}A^{n-1}P=(P^{-1}AP)^{n-1}$ が成立すると仮定すると

$$B^n=BB^{n-1}=P^{-1}APP^{-1}A^{n-1}P=P^{-1}AEA^{n-1}P=P^{-1}A^nP=(P^{-1}AP)^n$$

（3） $P^{-1}AP=\begin{bmatrix}4 & 2\\ 0 & 4\end{bmatrix}=\begin{bmatrix}4 & 0\\ 0 & 4\end{bmatrix}+\begin{bmatrix}0 & 2\\ 0 & 0\end{bmatrix}$ より，$B=\begin{bmatrix}4 & 0\\ 0 & 4\end{bmatrix}, C=\begin{bmatrix}0 & 2\\ 0 & 0\end{bmatrix}$

とおくと，

$$A=P(B+C)P^{-1}=PBP^{-1}+PCP^{-1}=B+PCP^{-1}$$
$$\therefore\ \ e^A=e^{B+PCP^{-1}}=e^B\cdot e^{PCP^{-1}}\quad(\because\ \ B(PCP^{-1})=(PCP^{-1})B)$$
$$=e^B\cdot P\,e^CP^{-1}$$

一方，

$$e^B=e^{\left[\begin{smallmatrix}4 & 0\\ 0 & 4\end{smallmatrix}\right]}=\begin{bmatrix}e^4 & 0\\ 0 & e^4\end{bmatrix}$$

$$e^C=E+C=\begin{bmatrix}1 & 2\\ 0 & 1\end{bmatrix}\quad(\because\ \ n\geqq 2\text{ のとき，}C^n=0)$$

$$\therefore\ \ e^A=\begin{bmatrix}e^4 & 0\\ 0 & e^4\end{bmatrix}\cdot\begin{bmatrix}1 & -1\\ 1 & 1\end{bmatrix}\begin{bmatrix}1 & 2\\ 0 & 1\end{bmatrix}\begin{bmatrix}1 & -1\\ 1 & 1\end{bmatrix}^{-1}$$
$$=\begin{bmatrix}e^4 & 0\\ 0 & e^4\end{bmatrix}\begin{bmatrix}1 & 1\\ 1 & 3\end{bmatrix}\cdot\frac{1}{2}\begin{bmatrix}1 & 1\\ -1 & 1\end{bmatrix}$$
$$=\begin{bmatrix}e^4 & 0\\ 0 & e^4\end{bmatrix}\begin{bmatrix}0 & 1\\ -1 & 2\end{bmatrix}=\begin{bmatrix}0 & e^4\\ -e^4 & 2e^4\end{bmatrix}$$

1.32 （1） 固有値を λ とすると，固有方程式は，

$$\begin{vmatrix} \lambda-1 & -1 \\ 2 & \lambda-4 \end{vmatrix} = (\lambda-1)(\lambda-4)+2=(\lambda-2)(\lambda-3)=0$$

$$\therefore \quad \lambda = 2, 3$$

$\lambda = 2$ のとき，固有ベクトルを ${}^t(x_1, x_2)$ とすると，

$$\begin{bmatrix} 1 & 1 \\ -2 & 4 \end{bmatrix}\begin{bmatrix} x_1 \\ x_2 \end{bmatrix} = \begin{bmatrix} x_1+x_2 \\ -2x_1+4x_2 \end{bmatrix} = 2\begin{bmatrix} x_1 \\ x_2 \end{bmatrix} = \begin{bmatrix} 2x_1 \\ 2x_2 \end{bmatrix}, \quad x_2 = x_1$$

よって $\boldsymbol{x}_1 = \begin{bmatrix} x_1 \\ x_2 \end{bmatrix}$ となり，固有ベクトルは $\begin{bmatrix} 1 \\ 1 \end{bmatrix}$

$\lambda = 3$ のとき，

$$\begin{bmatrix} x_1+x_2 \\ -2x_1+4x_2 \end{bmatrix} = 3\begin{bmatrix} x_1 \\ x_2 \end{bmatrix} = \begin{bmatrix} 3x_1 \\ 3x_2 \end{bmatrix}, \quad x_2 = 2x_1$$

よって $\boldsymbol{x}_1 = \begin{bmatrix} x_1 \\ 2x_2 \end{bmatrix}$ となり，固有ベクトルは $\begin{bmatrix} 1 \\ 2 \end{bmatrix}$

ここで正則行列 $P = \begin{bmatrix} 1 & 1 \\ 1 & 2 \end{bmatrix}$，$P^{-1} = \dfrac{\begin{bmatrix} 2 & -1 \\ -1 & 1 \end{bmatrix}}{\begin{bmatrix} 1 & 1 \\ 1 & 2 \end{bmatrix}} = \dfrac{\begin{bmatrix} 2 & -1 \\ -1 & 1 \end{bmatrix}}{2-1} = \begin{bmatrix} 2 & -1 \\ -1 & 1 \end{bmatrix}$

をとると，

$$P^{-1}AP = \text{diag}\,\{\lambda_1, \lambda_2\} = \text{diag}\,\{2, 3\} = \begin{bmatrix} 2 & 0 \\ 0 & 3 \end{bmatrix} \equiv \varDelta \qquad ①$$

$$\because \quad \begin{bmatrix} 2 & -1 \\ -1 & 1 \end{bmatrix}\begin{bmatrix} 1 & 1 \\ -2 & 4 \end{bmatrix}\begin{bmatrix} 1 & 1 \\ 1 & 2 \end{bmatrix} = \begin{bmatrix} 2 & -1 \\ -1 & 1 \end{bmatrix}\begin{bmatrix} 2 & 3 \\ 2 & 6 \end{bmatrix} = \begin{bmatrix} 2 & 0 \\ 0 & 3 \end{bmatrix}$$

①に，左から P，右から P^{-1} をそれぞれ掛けると，

$$PP^{-1}AP = AP = P\,\text{diag}\,\{2, 3\}, \quad APP^{-1} = A = P\,\text{diag}\,\{2, 3\}P^{-1}$$

$$\because \quad PP^{-1} = I$$

$$\begin{aligned} \therefore \quad A^N &= P\,\text{diag}\,\{2, 3\}P^{-1}\cdot P\,\text{diag}\,\{2, 3\}P^{-1} \cdots P\,\text{diag}\,\{2, 3\}P^{-1} \\ &= P\,\text{diag}\,\{2^N, 3^N\}P^{-1} \\ &= \begin{bmatrix} 1 & 1 \\ 1 & 2 \end{bmatrix}\begin{bmatrix} 2^N & 0 \\ 0 & 3^N \end{bmatrix}\begin{bmatrix} 2 & -1 \\ -1 & 1 \end{bmatrix} = \begin{bmatrix} 1 & 1 \\ 1 & 2 \end{bmatrix}\begin{bmatrix} 2^N+1 & -2^N \\ -3^N & 3^N \end{bmatrix} \\ &= \begin{bmatrix} 2^{N+1}-3^N & -2^N+3^N \\ 2^{N+1}-2\times 3^N & -2^N+2\times 3^N \end{bmatrix} \end{aligned}$$

（2） 指数の定義より，

$$e^A = I + A + \frac{1}{2!}A^2 + \frac{1}{3!}A^3 + \cdots$$

$$(P^{-1}AP)^N = P^{-1}AP \cdots P^{-1}AP = P^{-1}A^NP = \varDelta^N = \mathrm{diag}\,\{2^N, 3^N\}$$

を用いると，

$$P^{-1}e^AP = I + P^{-1}AP + \frac{1}{2!}(P^{-1}AP)^2 + \cdots$$

$$= I + \varDelta + \frac{1}{2!}\varDelta^2 + \cdots = \begin{bmatrix} 1 & 0 \\ 0 & 1 \end{bmatrix} + \begin{bmatrix} 2 & 0 \\ 0 & 3 \end{bmatrix} + \frac{1}{2!}\begin{bmatrix} 2 & 0 \\ 0 & 3 \end{bmatrix}^2 + \cdots$$

$$= \begin{bmatrix} 1 + 2 + \frac{1}{2!}2^2 + \cdots & 0 \\ 0 & 1 + 3 + \frac{1}{2!}3^2 + \cdots \end{bmatrix} = \begin{bmatrix} e^2 & 0 \\ 0 & e^3 \end{bmatrix}$$

$$= \mathrm{diag}\,\{e^2, e^3\}$$

なぜなら，

$$\begin{bmatrix} 2 & 0 \\ 0 & 3 \end{bmatrix}\begin{bmatrix} 2 & 0 \\ 0 & 3 \end{bmatrix} = \begin{bmatrix} 2^2 & 0 \\ 0 & 3^2 \end{bmatrix}, \quad \begin{bmatrix} 2^2 & 0 \\ 0 & 3^2 \end{bmatrix}\begin{bmatrix} 2 & 0 \\ 0 & 3 \end{bmatrix} = \begin{bmatrix} 2^3 & 0 \\ 0 & 3^3 \end{bmatrix}, \quad \cdots$$

よって，

$$e^A = P\,\mathrm{diag}\,\{e^2, e^3\}\,P^{-1} = \begin{bmatrix} 1 & 1 \\ 1 & 2 \end{bmatrix}\begin{bmatrix} e^2 & 0 \\ 0 & e^3 \end{bmatrix}\begin{bmatrix} 2 & -1 \\ -1 & 1 \end{bmatrix}$$

$$= \begin{bmatrix} 1 & 1 \\ 1 & 2 \end{bmatrix}\begin{bmatrix} 2e^2 & -e^2 \\ -e^3 & e^3 \end{bmatrix} = \begin{bmatrix} 2e^2 - e^3 & -e^2 + e^3 \\ 2e^2 - 2e^3 & -e^2 + 2e^3 \end{bmatrix}$$

〈参考〉 Mathematica で計算すると以下のようになる．

```
In[4]:= A={{1,1},{-2,4}};
        P=Transpose[Eigenvectors[A]];
        AA=Inverse[P].A.P;
        P.MatrixPower[AA,n].Inverse[P]

Out[7]= {{2^(1+n) - 3^n, -2^n + 3^n}, {2^(1+n) - 2 3^n, -2^n + 2 3^n}}

In[8]:= MatrixExp[A]

Out[8]= {{2 e^2 - e^3, -e^2 + e^3}, {-2 (-e^2 + e^3), -e^2 + 2 e^3}}
```

1.33 （1） $X = \begin{bmatrix} a & b \\ c & d \end{bmatrix}$ とおくと，

$$X^2 - 2X + E = \begin{bmatrix} a & b \\ c & d \end{bmatrix} \begin{bmatrix} a & b \\ c & d \end{bmatrix} - 2 \begin{bmatrix} a & b \\ c & d \end{bmatrix} + \begin{bmatrix} 1 & 0 \\ 0 & 1 \end{bmatrix}$$

$$= \begin{bmatrix} a^2 + bc - 2a + 1 & ab + bd - 2b \\ ac + cd - 2c & bc + d^2 + 2d + 1 \end{bmatrix}$$

$$= O$$

$$\Longrightarrow \begin{cases} a^2 + bc - 2a + 1 = 0 \\ b(a + d - 2) = 0 \\ c(a + d - 2) = 0 \\ bc + d^2 - 2d + 1 = 0 \end{cases}$$

(i) $b = 0$ のとき,

$$\begin{cases} a^2 - 2a + 1 = 0 \\ c(a + d - 2) = 0 \\ d^2 - 2d + 1 = 0 \end{cases} \Longrightarrow \begin{cases} a = 1 \\ c = \text{任意} \\ d = 1 \end{cases} \quad \therefore \quad X = \begin{bmatrix} 1 & 0 \\ c & 1 \end{bmatrix} \quad (c : \text{任意})$$

(ii) $b \neq 0$ のとき,

$$\begin{cases} a^2 + bc - 2a + 1 = 0 \\ a + d - 2 = 0 \\ bc + d^2 - 2d + 1 = 0 \end{cases} \Longrightarrow \begin{cases} (a - 1)^2 = (d - 1)^2 \\ a + d - 2 = 0 \\ bc + (a - 1)^2 = 0 \end{cases}$$

$$\Longrightarrow \begin{cases} a = d \\ a + d - 2 = 0 \\ bc + (a - 1)^2 = 0 \end{cases} \quad \text{あるいは} \quad \begin{cases} a + d - 2 = 0 \\ bc + (a - 1)^2 = 0 \end{cases}$$

$$\Longrightarrow \begin{cases} a = 1 \\ c = 0 \\ d = 1 \end{cases} \text{あるいは} \quad \begin{cases} c = -\dfrac{(a - 1)^2}{b} \\ d = 2 - a \end{cases}$$

$$\therefore \quad X = \begin{bmatrix} 1 & b \\ 0 & 1 \end{bmatrix} \quad (b : \text{任意の } 0 \text{ でない定数}) \quad \text{あるいは}$$

$$X = \begin{bmatrix} a & b \\ -\dfrac{(a - 1)^2}{b} & 2 - a \end{bmatrix} \quad (a : \text{任意},\ b : \text{任意でない定数})$$

c に対して同様にすると,

$$X = \begin{bmatrix} 1 & b \\ 0 & 1 \end{bmatrix} \quad (b : \text{任意})$$

あるいは

$$X = \begin{bmatrix} 1 & 0 \\ c & 1 \end{bmatrix} \quad (c : \text{任意の } 0 \text{ でない定数})$$

あるいは

$$X=\begin{bmatrix} a & -\dfrac{(a-1)^2}{c} \\ c & 2-a \end{bmatrix} \quad (a：任意，c：任意の 0 でない定数)$$

以上をまとめると

$$X=\begin{bmatrix} 1 & 0 \\ \alpha & 1 \end{bmatrix}, \begin{bmatrix} 1 & \beta \\ 0 & 1 \end{bmatrix}, \begin{bmatrix} \lambda_1 & \mu_1 \\ -\dfrac{(\lambda_1-1)^2}{\mu_1} & 2-\lambda_1 \end{bmatrix}, \begin{bmatrix} \lambda_2 & -\dfrac{(\lambda_2-1)^2}{\mu_2} \\ \mu_2 & 2-\lambda_2 \end{bmatrix}$$

（ここで，$\alpha, \beta, \lambda_1, \lambda_2$：任意，$\mu_1, \mu_2$：任意の 0 でない定数）

（2） $X^2 = X$

$\therefore$ X の固有値 λ は $\lambda^2=\lambda$ をみたす $\Longrightarrow \lambda = 0$ あるいは 1

すなわち，

X の固有値は 0, 0 あるいは 0, 1 あるいは 1, 1

X の固有方程式は

$$\begin{vmatrix} \lambda-a & -b \\ -c & \lambda-d \end{vmatrix} = 0 \Longrightarrow \lambda^2-(a+d)\lambda+\cdots=0$$

根と係数の関係より，$a+d=0+0$，あるいは $0+1$，あるいは $1+1$

$\therefore$ $\mathrm{tr}\,(X)=a+d=0$ あるいは 1 あるいは 2

（3） $$\lambda e^{i\theta X} = \lambda\left\{E + i\theta X + \frac{1}{2!}(i\theta X)^2 + \frac{1}{3!}(i\theta X)^3 + \frac{1}{4!}(i\theta X)^4 + \frac{1}{5!}(i\theta X)^5 + \cdots\right\}$$

$$= \lambda\left\{E - \frac{1}{2!}(\theta X)^2 + \frac{1}{4!}(\theta X)^4 - \cdots\right\} + \lambda i\left\{\theta X - \frac{1}{3!}(\theta X)^3 + \frac{1}{5!}(\theta X)^5 - \cdots\right\}$$

$$= \lambda E\left\{1 - \frac{1}{2!}\theta^2 + \frac{1}{4!}\theta^4 - \cdots\right\} + i\lambda X\left\{\theta - \frac{1}{3!}\theta^3 + \frac{1}{5!}\theta^5 - \cdots\right\} \quad (\because\ X^2=E)$$

$$= \lambda(\cos\theta)E + i\lambda(\sin\theta)X = E + iX$$

$$\Longrightarrow \lambda\cos\theta = 1,\quad \lambda\sin\theta = 1 \Longrightarrow \lambda^2 = 2,\quad \lambda = \sqrt{2} \quad (\because\ \lambda > 0)$$

$$\therefore\ \cos\theta = \frac{1}{\sqrt{2}},\quad \sin\theta = \frac{1}{\sqrt{2}} \qquad \therefore\ \theta = \frac{\pi}{4}$$

1.34 (1) $A = \begin{bmatrix} 0 & 0 & 0 \\ 0 & 0 & a \\ 0 & -a & 0 \end{bmatrix}$

$$A^2 = \begin{bmatrix} 0 & 0 & 0 \\ 0 & 0 & a \\ 0 & -a & 0 \end{bmatrix} \begin{bmatrix} 0 & 0 & 0 \\ 0 & 0 & a \\ 0 & -a & 0 \end{bmatrix} = \begin{bmatrix} 0 & 0 & 0 \\ 0 & -a^2 & 0 \\ 0 & 0 & -a^2 \end{bmatrix}$$

$$A^3 = \begin{bmatrix} 0 & 0 & 0 \\ 0 & -a^2 & 0 \\ 0 & 0 & -a^2 \end{bmatrix} \begin{bmatrix} 0 & 0 & 0 \\ 0 & 0 & a \\ 0 & -a & 0 \end{bmatrix} = \begin{bmatrix} 0 & 0 & 0 \\ 0 & 0 & -a^3 \\ 0 & a^3 & 0 \end{bmatrix}$$

$$A^4 = \begin{bmatrix} 0 & 0 & 0 \\ 0 & 0 & -a^3 \\ 0 & a^3 & 0 \end{bmatrix} \begin{bmatrix} 0 & 0 & 0 \\ 0 & 0 & a \\ 0 & -a & 0 \end{bmatrix} - \begin{bmatrix} 0 & 0 & 0 \\ 0 & a^4 & 0 \\ 0 & 0 & a^4 \end{bmatrix}$$

$$A^5 = \begin{bmatrix} 0 & 0 & 0 \\ 0 & a^4 & 0 \\ 0 & 0 & a^4 \end{bmatrix} \begin{bmatrix} 0 & 0 & 0 \\ 0 & 0 & a \\ 0 & -a & 0 \end{bmatrix} = \begin{bmatrix} 0 & 0 & 0 \\ 0 & 0 & a^5 \\ 0 & -a^5 & 0 \end{bmatrix}$$

$$A^6 = \begin{bmatrix} 0 & 0 & 0 \\ 0 & 0 & a^5 \\ 0 & -a^5 & 0 \end{bmatrix} \begin{bmatrix} 0 & 0 & 0 \\ 0 & 0 & a \\ 0 & -a & 0 \end{bmatrix} = \begin{bmatrix} 0 & 0 & 0 \\ 0 & -a^6 & 0 \\ 0 & 0 & -a^6 \end{bmatrix}$$

$$\exp A = E + A + \frac{1}{2!}A^2 + \frac{1}{3!}A^3 + \cdots + \frac{1}{n!}A^n + \cdots$$

$$= \begin{bmatrix} 1 & 0 & 0 \\ 0 & 1 - \frac{1}{2!}a^2 + \frac{1}{4!}a^4 - \frac{1}{6!}a^6 + \cdots & a - \frac{1}{3!}a^3 + \frac{1}{5!}a^5 - \cdots \\ 0 & -\left(a - \frac{1}{3!}a^3 + \frac{1}{5!}a^5 - \cdots\right) & 1 - \frac{1}{2!}a^2 + \frac{1}{4!}a^4 - \frac{1}{6!}a^6 + \cdots \end{bmatrix}$$

$$= \begin{bmatrix} 1 & 0 & 0 \\ 0 & \cos a & \sin a \\ 0 & -\sin a & \cos a \end{bmatrix}$$

(別解) A の固有方程式

$$\begin{vmatrix} \lambda & 0 & 0 \\ 0 & \lambda & -a \\ 0 & a & \lambda \end{vmatrix} = \lambda(\lambda^2 + a^2) = 0 \Longrightarrow \lambda = 0, -ia, ia$$

$\lambda = 0$ に対応するベクトルを $\boldsymbol{x} = {}^t(x_1, x_2, x_3)$ とすると

$$\begin{bmatrix} 0 & 0 & 0 \\ 0 & 0 & -a \\ 0 & a & 0 \end{bmatrix} \begin{bmatrix} x_1 \\ x_2 \\ x_3 \end{bmatrix} = 0 \Longrightarrow \boldsymbol{x} = \boldsymbol{p}_1 = {}^t(1, 0, 0)$$

$\lambda = -ia$ に対応する固有ベクトルを $\boldsymbol{x} = {}^t(x_1, x_2, x_3)$ とすると

$$\begin{bmatrix} -ia & 0 & 0 \\ 0 & -ia & -a \\ 0 & a & -ia \end{bmatrix} \begin{bmatrix} x_1 \\ x_2 \\ x_3 \end{bmatrix} = 0 \Longrightarrow \boldsymbol{x} = \boldsymbol{p}_2 = {}^t(0, i, 1)$$

$\lambda = ia$ に対応する固有ベクトルを $\boldsymbol{x} = {}^t(x_1, x_2, x_3)$ とすると

$$\begin{bmatrix} ia & 0 & 0 \\ 0 & ia & -a \\ 0 & a & ia \end{bmatrix} \begin{bmatrix} x_1 \\ x_2 \\ x_3 \end{bmatrix} = 0 \Longrightarrow \boldsymbol{x} = \boldsymbol{p}_3 = {}^t(0, 1, i)$$

$P = (\boldsymbol{p}_1, \boldsymbol{p}_2, \boldsymbol{p}_3) = \begin{bmatrix} 1 & 0 & 0 \\ 0 & i & 1 \\ 0 & 1 & i \end{bmatrix}$ とおくと，

$$P^{-1}AP = \begin{bmatrix} 0 & & \\ & -ia & \\ & & ia \end{bmatrix} \quad \text{すなわち} \quad A = P \begin{bmatrix} 0 & & \\ & -ia & \\ & & ia \end{bmatrix} P^{-1}$$

$$\begin{aligned} \therefore \quad \exp A &= P \exp \begin{bmatrix} 0 & & \\ & -ia & \\ & & ia \end{bmatrix} P^{-1} \\ &= \begin{bmatrix} 1 & 0 & 0 \\ 0 & i & 1 \\ 0 & 1 & i \end{bmatrix} \begin{bmatrix} 1 & & \\ & e^{-ia} & \\ & & e^{ia} \end{bmatrix} \begin{bmatrix} 1 & 0 & 0 \\ 0 & i & 1 \\ 0 & 1 & i \end{bmatrix}^{-1} \\ &= \begin{bmatrix} 1 & 0 & 0 \\ 0 & i\,e^{-ia} & e^{ia} \\ 0 & e^{-ia} & i\,e^{ia} \end{bmatrix} \left(-\frac{1}{2}\right) \begin{bmatrix} -2 & 0 & 0 \\ 0 & i & -1 \\ 0 & -1 & i \end{bmatrix} \\ &= \begin{bmatrix} 1 & 0 & 0 \\ 0 & \cos a & \sin a \\ 0 & -\sin a & \cos a \end{bmatrix} \end{aligned}$$

（2） $e^{(t_1+t_2)A} = e^{t_1A+t_2A} = e^{t_1A} \cdot e^{t_2A} \quad (\because \quad (t_1A) \cdot (t_2A) = (t_2A) \cdot (t_1A))$

したがって，

$$\begin{aligned} f(t_1 + t_2) &= \det e^{(t_1+t_2)A} = \det (e^{t_1A}) \cdot \det (e^{t_2A}) \\ &= f(t_1) \cdot f(t_2) \end{aligned}$$

（3） 例題 1.2 の結果より

$$\frac{d}{dt}(\det B) = \det B \cdot \mathrm{tr}\left\{B^{-1}\frac{d}{dt}B\right\}$$

一方，$\dfrac{d}{dt}\log f(t) = \dfrac{1}{f(t)}f'(t)$ だから，

$$\frac{d}{dt}\log f(t) = \frac{1}{\det(e^{tA})}\det(e^{tA})\ \mathrm{tr}\left\{(e^{tA})^{-1}\frac{d}{dt}e^{tA}\right\}$$

$$= \mathrm{tr}\left\{(e^{tA})^{-1}\frac{d}{dt}e^{tA}\right\} = \mathrm{tr}\,(e^{-tA}\cdot A\,e^{tA})$$

$$= \mathrm{tr}\,(e^{-tA}\cdot e^{tA}\cdot A) = \mathrm{tr}\,(A)$$

（4）（3）の結果より，

$$\log f(1) - \log f(0) = \int_0^1 f(t)dt = \mathrm{tr}(A)$$

すなわち，$\log\det(\exp A) - \log\det(E) = \mathrm{tr}\,(A)$

$$\therefore\quad \log\det(\exp A) = \mathrm{tr}\,(A)$$

すなわち，$\det(\exp A) = \exp(\mathrm{tr}\,A)$

1.35　（1）$\lambda_1 \neq \lambda_2$ より，$\boldsymbol{e}_1, \boldsymbol{e}_2$ は線形独立であるから，任意の 2 次元ベクトル $\boldsymbol{x}$ に対して，$\boldsymbol{x}, \boldsymbol{e}_1, \boldsymbol{e}_2$ は線形従属，すなわち，少なくとも一つは 0 でない数 c, c_1, c_2 が存在して，

$$c\boldsymbol{x} + c_1\boldsymbol{e}_1 + c_2\boldsymbol{e}_2 = \boldsymbol{o} \qquad ①$$

が成立する．①において $c \neq 0$ である．そうでなければ，$c = 0$ より，

$$c_1\boldsymbol{e}_1 + c_2\boldsymbol{e}_2 = \boldsymbol{o} \qquad ②$$

になる，c, c_1, c_2 は少なくとも一つは 0 でないので，c_1, c_2 は少なくとも一つは 0 でない．ゆえに，②より $\boldsymbol{e}_1, \boldsymbol{e}_2$ は線形従属である．これは矛盾する．$c \neq 0$ より

$$\boldsymbol{x} = -\frac{c_1}{c}\boldsymbol{e}_1 - \frac{c_2}{c}\boldsymbol{e}_2 = \alpha\boldsymbol{e}_1 + \beta\boldsymbol{e}_2 \quad \left(\alpha = -\frac{c_1}{c},\ \ \beta = -\frac{c_2}{c}\right)$$

$$= \boldsymbol{x}_1 + \boldsymbol{x}_2 \quad (\boldsymbol{x}_1 = \alpha\boldsymbol{e}_1,\ \ \boldsymbol{x}_2 = \beta\boldsymbol{e}_2)$$

（2）
$$\begin{aligned}
f(A)\cdot\boldsymbol{x} &= f(A)\cdot(\boldsymbol{x}_1 + \boldsymbol{x}_2) = f(A)\cdot\boldsymbol{x}_1 + f(A)\cdot\boldsymbol{x}_2 \\
&= (a_0 I + a_1 A + a_2 A^2 + \cdots)\cdot\boldsymbol{x}_1 + (a_0 I + a_1 A + a_2 A^2 + \cdots)\cdot\boldsymbol{x}_2 \\
&= (a_0 I\cdot\boldsymbol{x}_1 + a_1 A\cdot\boldsymbol{x}_1 + a_2 A^2\cdot\boldsymbol{x}_1 + \cdots) \\
&\quad + (a_0 I\cdot\boldsymbol{x}_2 + a_1 A\cdot\boldsymbol{x}_2 + a_2 A^2\cdot\boldsymbol{x}_2 + \cdots) \\
&= (a_0\boldsymbol{x}_1 + a_1\lambda_1\boldsymbol{x}_1 + a_2\lambda_1^2\boldsymbol{x}_1 + \cdots) \\
&\quad + (a_0\boldsymbol{x}_2 + a_1\lambda_2\boldsymbol{x}_2 + a_2\lambda_2^2\boldsymbol{x}_2 + \cdots) \\
&= (a_0 + a_1\lambda_1 + a_2\lambda_1^2 + \cdots)\cdot\boldsymbol{x}_1 + (a_0 + a_1\lambda_2 + a_2\lambda_2^2 + \cdots)\cdot\boldsymbol{x}_2 \\
&= f(\lambda_1)\cdot\boldsymbol{x}_1 + f(\lambda_2)\cdot\boldsymbol{x}_2
\end{aligned}$$

（3） A の固有方程式は

$$\begin{vmatrix} \lambda & -1 \\ -1 & \lambda \end{vmatrix} = 0 \Longrightarrow \lambda = -1, 1$$

$\lambda_1 = -1$ に対応するベクトルを $\boldsymbol{x} = {}^t(x_1, x_2)$ とすると

$$\begin{bmatrix} -1 & -1 \\ -1 & -1 \end{bmatrix} \begin{bmatrix} x_1 \\ x_2 \end{bmatrix} = \boldsymbol{0} \Longrightarrow \boldsymbol{x} = \boldsymbol{e}_1 = {}^t(1, -1)$$

$\lambda_2 = 1$ に対応するベクトルを $\boldsymbol{x} = {}^t(x_1, x_2)$ とすると

$$\begin{bmatrix} 1 & -1 \\ -1 & 1 \end{bmatrix} \begin{bmatrix} x_1 \\ x_2 \end{bmatrix} = \boldsymbol{0} \Longrightarrow \boldsymbol{x} = \boldsymbol{e}_2 = {}^t(1, 1)$$

$f(A) = e^{tA}$ とおくと，（2）より

$$f(A)\cdot\boldsymbol{e}_1 = e^{-t}\boldsymbol{e}_1, \quad f(A)\cdot\boldsymbol{e}_2 = e^{t}\boldsymbol{e}_2$$

$$\therefore \quad f(A)\cdot(\boldsymbol{e}_1, \boldsymbol{e}_2) = (e^{-t}\boldsymbol{e}_1, e^{t}\boldsymbol{e}_2)$$

$$f(A) = (e^{-t}\boldsymbol{e}_1, e^{t}\boldsymbol{e}_2)(\boldsymbol{e}_1, \boldsymbol{e}_2)^{-1} = \begin{bmatrix} e^{-t} & e^{t} \\ -e^{-t} & e^{t} \end{bmatrix} \begin{bmatrix} 1 & 1 \\ -1 & 1 \end{bmatrix}^{-1}$$

$$= \begin{bmatrix} e^{-t} & e^{t} \\ -e^{-t} & e^{t} \end{bmatrix} \cdot \frac{1}{2} \begin{bmatrix} 1 & -1 \\ 1 & 1 \end{bmatrix} = \begin{bmatrix} \cosh t & \sinh t \\ \sinh t & \cosh t \end{bmatrix}$$

1.36 （1） $\boldsymbol{x}_0 = \begin{bmatrix} a_0 \\ b_0 \\ c_0 \end{bmatrix}$ とおくと，

$$\boldsymbol{x}_{n+1} = \begin{bmatrix} 0.7 & 0.2 & 0.1 \\ 0.2 & 0.7 & 0.1 \\ 0.1 & 0.1 & 0.8 \end{bmatrix} \boldsymbol{x}_n \quad (n = 0, 1, 2, \cdots)$$

（2） $M = \begin{bmatrix} 0.7 & 0.2 & 0.1 \\ 0.2 & 0.7 & 0.1 \\ 0.1 & 0.1 & 0.8 \end{bmatrix}$ とおくと，

$$\begin{aligned} \boldsymbol{x}_n &= M\boldsymbol{x}_{n-1} \\ &= M^2\boldsymbol{x}_{n-2} \\ &= \cdots \\ &= M^n\boldsymbol{x}_0 \end{aligned} \qquad ①$$

一方，

$$|\lambda E - M| = \begin{vmatrix} \lambda - 0.7 & -0.2 & -0.1 \\ -0.2 & \lambda - 0.7 & -0.1 \\ -0.1 & -0.1 & \lambda - 0.8 \end{vmatrix}$$

$$= (\lambda - 0.5)(\lambda - 0.7)(\lambda - 1) = 0$$

$$\Longrightarrow \lambda = 0.5, 0.7, 1$$

0.5に対応する固有ベクトルを $\boldsymbol{x} = \begin{bmatrix} x_1 \\ x_2 \\ x_3 \end{bmatrix}$ とすると，

$$(0.5E - M)\boldsymbol{x} = \boldsymbol{0}$$

$$\Longrightarrow \begin{bmatrix} -0.2 & -0.2 & -0.1 \\ -0.2 & -0.2 & -0.1 \\ -0.1 & -0.1 & -0.3 \end{bmatrix} \begin{bmatrix} x_1 \\ x_2 \\ x_3 \end{bmatrix} = \boldsymbol{0}$$

$$\Longrightarrow \begin{cases} 2x_1 + 2x_2 + x_3 = 0 \\ x_1 + x_2 + 3x_3 = 0 \end{cases}$$

$$\Longrightarrow \boldsymbol{x} = \boldsymbol{\alpha} = \begin{bmatrix} 1 \\ -1 \\ 0 \end{bmatrix}$$

0.7に対応する固有ベクトルを $\boldsymbol{x} = \begin{bmatrix} x_1 \\ x_2 \\ x_3 \end{bmatrix}$ とすると，

$$(0.7E - M)\boldsymbol{x} = \boldsymbol{0}$$

$$\Longrightarrow \begin{bmatrix} 0 & -0.2 & -0.1 \\ -0.2 & 0 & -0.1 \\ -0.1 & -0.1 & 0.1 \end{bmatrix} \begin{bmatrix} x_1 \\ x_2 \\ x_3 \end{bmatrix} = \boldsymbol{0}$$

$$\Longrightarrow \begin{cases} 2x_2 + x_3 = 0 \\ 2x_1 + x_3 = 0 \end{cases}$$

$$\Longrightarrow \boldsymbol{x} = \boldsymbol{\beta} = \begin{bmatrix} 1 \\ 1 \\ -2 \end{bmatrix}$$

1 に対応する固有ベクトルを $\boldsymbol{x} = \begin{bmatrix} x_1 \\ x_2 \\ x_3 \end{bmatrix}$ とすると，

$$(E - M)\boldsymbol{x} = \boldsymbol{0}$$

$$\Longrightarrow \begin{bmatrix} 0.3 & -0.2 & -0.1 \\ -0.2 & 0.3 & -0.1 \\ -0.1 & -0.1 & 0.2 \end{bmatrix} \begin{bmatrix} x_1 \\ x_2 \\ x_3 \end{bmatrix} = \boldsymbol{0}$$

$$\Longrightarrow \begin{cases} 3x_1 - 2x_2 - x_3 = 0 \\ x_1 + x_2 - 2x_3 = 0 \end{cases}$$

$$\Longrightarrow \boldsymbol{x} = \gamma = \begin{bmatrix} 1 \\ 1 \\ 1 \end{bmatrix}$$

$$P = (\boldsymbol{\alpha}, \boldsymbol{\beta}, \boldsymbol{\gamma}) = \begin{bmatrix} 1 & 1 & 1 \\ -1 & 1 & 1 \\ 0 & -2 & 1 \end{bmatrix}$$ とおくと，

$$P^{-1} = \begin{bmatrix} \frac{1}{2} & -\frac{1}{2} & 0 \\ \frac{1}{6} & \frac{1}{6} & -\frac{1}{3} \\ \frac{1}{3} & \frac{1}{3} & \frac{1}{3} \end{bmatrix}$$

$$P^{-1}MP = \begin{bmatrix} 0.5 & & \\ & 0.7 & \\ & & 1 \end{bmatrix}$$

すなわち，

$$M = P \begin{bmatrix} 0.5 & & \\ & 0.7 & \\ & & 1 \end{bmatrix} P^{-1}$$

$$M^n = P \begin{bmatrix} 0.5 & & \\ & 0.7 & \\ & & 1 \end{bmatrix}^n P^{-1} = P \begin{bmatrix} 0.5^n & & \\ & 0.7^n & \\ & & 1 \end{bmatrix} P^{-1}$$

$$= \begin{bmatrix} 1 & 1 & 1 \\ -1 & 1 & 1 \\ 0 & -2 & 1 \end{bmatrix} \begin{bmatrix} 0.5^n & & \\ & 0.7^n & \\ & & 1 \end{bmatrix} \begin{bmatrix} \frac{1}{2} & -\frac{1}{2} & 0 \\ \frac{1}{6} & \frac{1}{6} & -\frac{1}{3} \\ \frac{1}{3} & \frac{1}{3} & \frac{1}{3} \end{bmatrix}$$

$$= \begin{bmatrix} 0.5^n & 0.7^n & 1 \\ -0.5^n & 0.7^n & 1 \\ 0 & -2 \times 0.7^n & 1 \end{bmatrix} \begin{bmatrix} \frac{1}{2} & -\frac{1}{2} & 0 \\ \frac{1}{6} & \frac{1}{6} & -\frac{1}{3} \\ \frac{1}{3} & \frac{1}{3} & \frac{1}{3} \end{bmatrix}$$

$$
= \begin{bmatrix} \frac{1}{2} \times 0.5^n + \frac{1}{6} \times 0.7^n + \frac{1}{3} & -\frac{1}{2} \times 0.5^n + \frac{1}{6} \times 0.7^n + \frac{1}{3} & -\frac{1}{3} \times 0.7^n + \frac{1}{3} \\ -\frac{1}{2} \times 0.5^n + \frac{1}{6} \times 0.7^n + \frac{1}{3} & \frac{1}{2} \times 0.5^n + \frac{1}{6} \times 0.7^n + \frac{1}{3} & -\frac{1}{3} \times 0.7^n + \frac{1}{3} \\ -\frac{1}{3} \times 0.7^n + \frac{1}{3} & -\frac{1}{3} \times 0.7^n + \frac{1}{3} & \frac{2}{3} \times 0.7^n + \frac{1}{3} \end{bmatrix} \quad ②
$$

①, ②より

$$
\boldsymbol{x}_n = \begin{bmatrix} \left(\frac{1}{2} \times 0.5^n + \frac{1}{6} \times 0.7^n + \frac{1}{3}\right) a_0 + \left(-\frac{1}{2} \times 0.5^n + \frac{1}{6} \times 0.7^n + \frac{1}{3}\right) b_0 + \left(-\frac{1}{3} \times 0.7^n + \frac{1}{3}\right) c_0 \\ \left(-\frac{1}{2} \times 0.5^n + \frac{1}{6} \times 0.7^n + \frac{1}{3}\right) a_0 + \left(\frac{1}{2} \times 0.5^n + \frac{1}{6} \times 0.7^n + \frac{1}{3}\right) b_0 + \left(-\frac{1}{3} \times 0.7^n + \frac{1}{3}\right) c_0 \\ \left(-\frac{1}{3} \times 0.7^n + \frac{1}{3}\right) a_0 + \left(-\frac{1}{3} \times 0.7^n + \frac{1}{3}\right) b_0 + \left(\frac{2}{3} \times 0.7^n + \frac{1}{3}\right) c_0 \end{bmatrix}
$$

（3）

$$\lim_{n\to\infty}\boldsymbol{x}_n=\begin{bmatrix}\displaystyle\lim_{n\to\infty}\left\{\left(\frac{1}{2}\times 0.5^n+\frac{1}{6}\times 0.7^n+\frac{1}{3}\right)a_0+\left(-\frac{1}{2}\times 0.5^n+\frac{1}{6}\times 0.7^n+\frac{1}{3}\right)b_0+\left(-\frac{1}{3}\times 0.7^n+\frac{1}{3}\right)c_0\right. \\ \displaystyle\lim_{n\to\infty}\left\{\left(-\frac{1}{2}\times 0.5^n+\frac{1}{6}\times 0.7^n+\frac{1}{3}\right)a_0+\left(\frac{1}{2}\times 0.5^n+\frac{1}{6}\times 0.7^n+\frac{1}{3}\right)b_0+\left(-\frac{1}{3}\times 0.7^n+\frac{1}{3}\right)c_0\right. \\ \displaystyle\lim_{n\to\infty}\left\{\left(-\frac{1}{3}\times 0.7^n+\frac{1}{3}\right)a_0+\left(-\frac{1}{3}\times 0.7^n+\frac{1}{3}\right)b_0+\left(\frac{2}{3}\times 0.7^n+\frac{1}{3}\right)c_0\right.\end{bmatrix}$$

$$=\begin{bmatrix}\frac{1}{3}(a_0+b_0+c_0)\\ \frac{1}{3}(a_0+b_0+c_0)\\ \frac{1}{3}(a_0+b_0+c_0)\end{bmatrix}$$

1.37 （1） 固有値をλ，固有ベクトルを$^t(x_1, x_2)$とすると，

$$\begin{bmatrix}0 & 1\\ 1 & 0\end{bmatrix}\begin{bmatrix}x_1\\ x_2\end{bmatrix}=\lambda\begin{bmatrix}x_1\\ x_2\end{bmatrix}$$

固有多項式は，

$$|\lambda E-S|=\begin{vmatrix}\lambda & -1\\ -1 & \lambda\end{vmatrix}=\lambda^2-1=0$$

よって，固有値は，$\lambda=\pm 1$

$\lambda=1$のとき，

$$\begin{bmatrix}0 & 1\\ 1 & 0\end{bmatrix}\begin{bmatrix}x_1\\ x_2\end{bmatrix}=\begin{bmatrix}x_2\\ x_1\end{bmatrix}=1\begin{bmatrix}x_1\\ x_2\end{bmatrix}=\begin{bmatrix}x_1\\ x_2\end{bmatrix}\implies\begin{cases}x_2=x_1\\ x_2=x_1\end{cases}$$

よって，固有ベクトルは（係数を除き），$\boldsymbol{p} \equiv \begin{bmatrix} x_1 \\ x_2 \end{bmatrix} = \begin{bmatrix} 1 \\ 1 \end{bmatrix}$

$\lambda = -1$ のとき，同様にして，$\boldsymbol{q} \equiv \begin{bmatrix} x_1 \\ x_2 \end{bmatrix} = \begin{bmatrix} 1 \\ -1 \end{bmatrix}$

（2） 設問（3）の結果より，$\exp(xS)$ の固有多項式は，

$$\begin{vmatrix} \lambda - \cosh x & -\sinh x \\ -\sinh x & \lambda - \cosh x \end{vmatrix} = (\lambda - \cosh x)^2 - \sinh^2 x$$

$$= \lambda^2 - 2\cosh x\lambda + \cosh^2 x - \sinh^2 x$$

$$= \lambda^2 - 2\cosh x \cdot \lambda + 1 = 0$$

固有値は，

$$\lambda = \cosh x \pm \sqrt{\cosh^2 x - 1} = \cosh x \pm \sinh x$$

$\lambda = \cosh x + \sinh x$ のとき，

$$\begin{bmatrix} \cosh x & \sinh x \\ \sinh x & \cosh x \end{bmatrix} \begin{bmatrix} x_1 \\ x_2 \end{bmatrix} = \begin{bmatrix} x_1 \cosh x + x_2 \sinh x \\ x_1 \sinh x + x_2 \cosh x \end{bmatrix}$$

$$= (\cosh x + \sinh x) \begin{bmatrix} x_1 \\ x_2 \end{bmatrix}$$

$$= \begin{bmatrix} x_1(\cosh x + \sinh x) \\ x_2(\cosh x + \sinh x) \end{bmatrix} \Longrightarrow \begin{cases} x_2 = x_1 \\ x_2 = x_1 \end{cases}$$

よって，固有ベクトルは，

$$\boldsymbol{r} \equiv \begin{bmatrix} x_1 \\ x_2 \end{bmatrix} = \begin{bmatrix} 1 \\ 1 \end{bmatrix} \qquad ①$$

$\lambda = \cosh x - \sinh x$ のとき，同様にして，

$$\boldsymbol{s} \equiv \begin{bmatrix} 1 \\ -1 \end{bmatrix} \qquad ②$$

（3） 正攻法．行列の指数関数の定義より，

$$e^{xS} = E + xS + \frac{1}{2!}(xS)^2 + \frac{1}{3!}(xS)^3 + \cdots + \frac{1}{n!}(xS)^n + \cdots$$

$$= \begin{bmatrix} 1 & 0 \\ 0 & 1 \end{bmatrix} + x \begin{bmatrix} 0 & 1 \\ 1 & 0 \end{bmatrix} + \frac{1}{2!} x^2 \begin{bmatrix} 0 & 1 \\ 1 & 0 \end{bmatrix}^2 + \frac{1}{3!} x^3 \begin{bmatrix} 0 & 1 \\ 1 & 0 \end{bmatrix}^3 + \cdots$$

$$= \begin{bmatrix} 1 & 0 \\ 0 & 1 \end{bmatrix} + x \begin{bmatrix} 0 & 1 \\ 1 & 0 \end{bmatrix} + \frac{1}{2!} x^2 \begin{bmatrix} 0 & 1 \\ 1 & 0 \end{bmatrix} \begin{bmatrix} 0 & 1 \\ 1 & 0 \end{bmatrix}$$

$$+ \frac{1}{3!} x^3 \begin{bmatrix} 0 & 1 \\ 1 & 0 \end{bmatrix} \begin{bmatrix} 0 & 1 \\ 1 & 0 \end{bmatrix} \begin{bmatrix} 0 & 1 \\ 1 & 0 \end{bmatrix} + \cdots$$

$$= \begin{bmatrix} 1 & 0 \\ 0 & 1 \end{bmatrix} + x \begin{bmatrix} 0 & 1 \\ 1 & 0 \end{bmatrix} + \frac{1}{2!}x^2 \begin{bmatrix} 1 & 0 \\ 0 & 1 \end{bmatrix} + \frac{1}{3!}x^3 \begin{bmatrix} 0 & 1 \\ 1 & 0 \end{bmatrix} + \cdots$$

$$= \begin{bmatrix} 1 + \frac{1}{2!}x^2 + \cdots & x + \frac{1}{3!}x^3 + \cdots \\ x + \frac{1}{3!}x^3 + \cdots & 1 + \frac{1}{2!}x^2 + \cdots \end{bmatrix} = \begin{bmatrix} \cosh x & \sinh x \\ \sinh x & \cosh x \end{bmatrix} \qquad ③$$

（別解） 技巧的方法．①，②より，

$$P = (\boldsymbol{r}, \boldsymbol{s}) = \begin{bmatrix} 1 & 1 \\ 1 & -1 \end{bmatrix}$$

とおくと，

$$P^{-1}AP = \begin{bmatrix} 1 & 1 \\ 1 & -1 \end{bmatrix}^{-1} \begin{bmatrix} 0 & 1 \\ 1 & 0 \end{bmatrix} \begin{bmatrix} 1 & 1 \\ 1 & -1 \end{bmatrix} = \frac{\begin{bmatrix} -1 & -1 \\ -1 & 1 \end{bmatrix}}{-1-1} \begin{bmatrix} 0 & 1 \\ 1 & 0 \end{bmatrix} \begin{bmatrix} 1 & 1 \\ 1 & -1 \end{bmatrix}$$

$$= \frac{1}{2} \begin{bmatrix} 1 & 1 \\ 1 & -1 \end{bmatrix} \begin{bmatrix} 0 & 1 \\ 1 & 0 \end{bmatrix} \begin{bmatrix} 1 & 1 \\ 1 & -1 \end{bmatrix} = \frac{1}{2} \begin{bmatrix} 1 & 1 \\ -1 & 1 \end{bmatrix} \begin{bmatrix} 1 & 1 \\ 1 & -1 \end{bmatrix}$$

$$= \frac{1}{2} \begin{bmatrix} 2 & 0 \\ 0 & -2 \end{bmatrix} = \begin{bmatrix} 1 & 0 \\ 0 & -1 \end{bmatrix}$$

$$= \mathrm{diag}\,\{1, -1\} \equiv \varDelta$$

$$(P^{-1}AP)^n = \varDelta^n = P^{-1}APP^{-1}AP \cdots P^{-1}AP = P^{-1}A^nP$$

$$= \mathrm{diag}\,\{(1)^n, (-1)^n\}$$

$$S_n = E + xS + \frac{1}{2!}(xS)^2 + \cdots + \frac{1}{n!}(xS)^n$$

とおき，左から P^{-1}，右から P を掛けると，

$$P^{-1}S_nP = E + P^{-1}(xS)P + \frac{1}{2!}P^{-1}(xS)^2P + \cdots + \frac{1}{n!}P^{-1}(xA)^nP$$

$$= E + P^{-1}(xS)P + \frac{1}{2!}\{P^{-1}(xS)P\}^2 + \cdots + \frac{1}{n!}\{P^{-1}(xA)P\}^n$$

$$= E + x\varDelta + \frac{1}{2!}x^2\varDelta^2 + \cdots + \frac{1}{n!}x^n\varDelta^n$$

$$= \mathrm{diag}\left\{1 + x\cdot 1 + \frac{1}{2!}x^2\cdot 1^2 + \cdots + \frac{1}{n!}x^n\cdot 1^n,\right.$$

$$\left. 1 + x(-1) + \frac{1}{2!}x^2(-1)^2 + \cdots + \frac{1}{n!}x^n(-1)^n\right\}$$

ゆえに，

$$e^{xS}=\lim_{n\to\infty}S_n=P\,\mathrm{diag}\,\{e^x,e^{-x}\}P^{-1}$$

$$=\begin{bmatrix}1&1\\1&-1\end{bmatrix}\begin{bmatrix}e^x&0\\0&e^{-x}\end{bmatrix}\begin{bmatrix}1&1\\1&-1\end{bmatrix}^{-1}$$

$$=\begin{bmatrix}1&1\\1&-1\end{bmatrix}\begin{bmatrix}e^x&0\\0&e^{-x}\end{bmatrix}\frac{\begin{bmatrix}-1&-1\\-1&1\end{bmatrix}}{-1-1}=\begin{bmatrix}1&1\\1&-1\end{bmatrix}\begin{bmatrix}e^x&0\\0&e^{-x}\end{bmatrix}$$

$$=\frac{1}{2}\begin{bmatrix}e^x&e^{-x}\\e^x&-e^{-x}\end{bmatrix}=\frac{1}{2}\begin{bmatrix}e^x+e^{-x}&e^x-e^{-x}\\e^x-e^{-x}&e^x+e^{-x}\end{bmatrix}$$

$$=\begin{bmatrix}\cosh x&\sinh x\\\sinh x&\cosh x\end{bmatrix}$$ （③に一致）

1.38　（1）　$F(x,y,z)=a_{11}x^2+a_{22}y^2+a_{33}z^2+2a_{12}xy+2a_{23}yz+2a_{31}zx+2a_{14}x+2a_{24}y+2a_{34}z+a_{44}=0$

の $P_0(x_0,y_0,z_0)$ における法線の方程式は一般に

$$\frac{x-x_0}{F_x(x_0,y_0,z_0)}=\frac{y-y_0}{F_y(x_0,y_0,z_0)}=\frac{z-z_0}{F_z(x_0,y_0,z_0)}$$

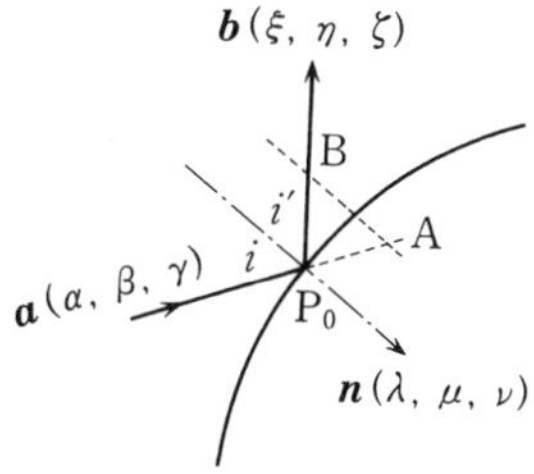

これを与式に適用すると，

$$\frac{x-x_0}{Ax_0}=\frac{y-y_0}{By_0}=\frac{z-z_0}{Cz_0}$$

$$\therefore\quad \boldsymbol{n}(\lambda,\mu,\nu)=\frac{(Ax_0,By_0,Cz_0)}{\sqrt{A^2{x_0}^2+B^2{y_0}^2+C^2{z_0}^2}}$$

（別解）　$F(x,y,z)=Ax^2+By^2+Cz^2-1$ とおくと，

$$\frac{\partial F}{\partial x}=2Ax,\quad \frac{\partial F}{\partial y}=2By,\quad \frac{\partial F}{\partial z}=2Cz$$

よって，外向き法線ベクトル $\boldsymbol{n}(\lambda,\mu,\nu)$ の成分は

$$\lambda=\frac{2Ax_0}{\sqrt{(2Ax_0)^2+(2By_0)^2+(2Cz_0)^2}}$$

$$=\frac{Ax_0}{\sqrt{A^2{x_0}^2+B^2{y_0}^2+C^2{z_0}^2}}$$

同様に，$\mu=\dfrac{By_0}{\sqrt{A^2{x_0}^2+B^2{y_0}^2+C^2{z_0}^2}}$，$\nu=\dfrac{Cz_0}{\sqrt{A^2{x_0}^2+B^2{y_0}^2+C^2{z_0}^2}}$

(2)も同様にして求められる.

(2) $P_0(x_0, y_0, z_0)$ における接平面の方程式は一般に

$$\frac{1}{2}F_x(x_0, y_0, z_0)x + \frac{1}{2}F_y(x_0, y_0, z_0)y + \frac{1}{2}F_z(x_0, y_0, z_0)z$$
$$+ (a_{14}x_0 + a_{24}x_0 + a_{34}z_0 + a_{44}) = 0$$

これを与式に適用すると

$$a_{11}x_0x + a_{22}y_0y + a_{33}z_0z + (a_{14}x_0 + a_{24}y_0 + a_{34}z_0 + a_{44})$$
$$= Ax_0x + By_0y + Cz_0z - 1 = 0$$
$$\therefore \quad Ax_0x + By_0y + Cz_0z = 1$$

(3) 上図より

$$i = i', \quad \mathrm{P_0A} = \mathrm{P_0B}, \quad \overrightarrow{\mathrm{P_0A}} + \overrightarrow{\mathrm{AB}} = \overrightarrow{\mathrm{P_0B}}$$

第3式の x 成分をとり，第1式，第2式を考慮すると，

$$\mathrm{P_0A}\alpha + \mathrm{AB}\lambda = \mathrm{P_0B}\xi,$$
$$\mathrm{P_0A}\alpha + (\mathrm{P_0B}\cos i' + \mathrm{P_0A}\cos i)\lambda = \mathrm{P_0B}\xi$$
$$\mathrm{P_0A}\alpha + (\mathrm{P_0A}\cos i + \mathrm{P_0A}\cos i)\lambda = \mathrm{P_0A}\xi$$
$$\therefore \quad \alpha + 2\lambda\cos i = \xi$$

一方，$-\boldsymbol{a}\cdot\boldsymbol{n} = -|\boldsymbol{a}||\boldsymbol{n}|\cos i = -\cos i = \alpha\lambda + \beta\mu + \gamma\nu$

$$\therefore \quad \xi = \alpha + 2\lambda\cos i = \alpha - 2\lambda(\alpha\lambda + \beta\mu + \gamma\nu)$$

1.39 (1) 原点と点 (1,2,1) を結ぶ直線：$\dfrac{x-0}{1-0} = \dfrac{y-0}{2-0} = \dfrac{z-0}{1-0}$

$$\therefore \quad \frac{x}{1} = \frac{y}{2} = \frac{z}{1}$$

ゆえに

直線 I：$\dfrac{x-(-2)}{1} = \dfrac{y-(-4)}{2} = \dfrac{z-0}{1}$

直線 II：$\dfrac{x-2}{2} = \dfrac{y-3}{1} = \dfrac{z-0}{1}$

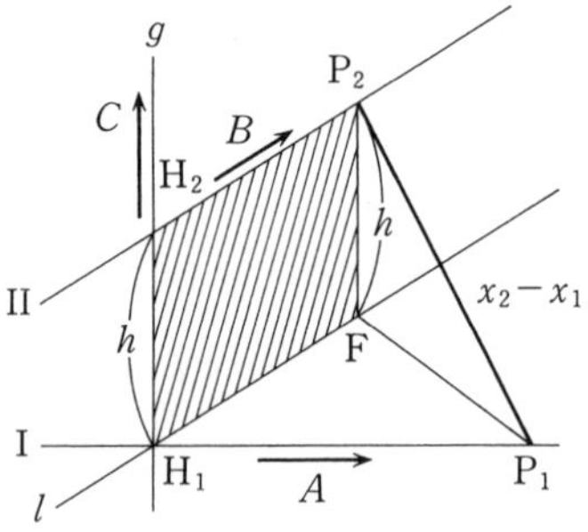

(2) 最短距離 h は，公式より

$$h=\frac{\begin{vmatrix} x_2-x_1 & y_2-y_1 & z_2-z_1 \\ a_1 & b_1 & c_1 \\ a_2 & b_2 & c_2 \end{vmatrix}}{\sqrt{\begin{vmatrix} a_1 & b_1 \\ a_2 & b_2 \end{vmatrix}^2+\begin{vmatrix} b_1 & c_1 \\ b_2 & c_2 \end{vmatrix}^2+\begin{vmatrix} c_1 & a_1 \\ c_2 & a_2 \end{vmatrix}^2}}=\frac{\begin{vmatrix} (-2-2) & (-4-3) & (0-0) \\ 1 & 2 & 1 \\ 2 & 1 & 1 \end{vmatrix}}{\sqrt{\begin{vmatrix} 1 & 2 \\ 2 & 1 \end{vmatrix}^2+\begin{vmatrix} 2 & 1 \\ 1 & 1 \end{vmatrix}^2+\begin{vmatrix} 1 & 1 \\ 1 & 2 \end{vmatrix}^2}}$$

$$=\sqrt{11}$$

1.40　(1)　曲面の方程式：$2z=x^2+y^2+3$

$$\therefore\quad \frac{dz}{dx}=x,\quad \frac{dz}{dy}=y,\quad \left.\frac{dz}{dx}\right|_{x=2}=2,\quad \left.\frac{dz}{dy}\right|_{y=3}=3$$

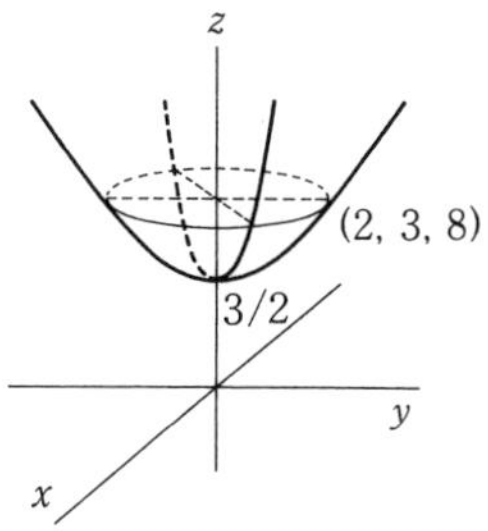

よって，(2, 3, 8) における接平面の方程式：

$$z-8=2(x-2)+3(y-3)$$

すなわち，

$$2x+3y-z-5=0$$

(2)　接平面と (0,1,0) 間の最短距離：

$$h=\frac{|2\times 0+3\times 1+(-1)\times 0-5|}{\sqrt{2^2+3^2+(-1)^2}}=\frac{2}{\sqrt{14}}$$

1.41　(1)　固有値を λ とすると，

$$\begin{vmatrix} 1-\lambda & 1 & -1 \\ 1 & 1-\lambda & 1 \\ -1 & 1 & 1-\lambda \end{vmatrix}=\begin{vmatrix} 1-\lambda & 1-\lambda & 1-\lambda \\ 1 & -1-\lambda & 1 \\ -1 & 1 & 1-\lambda \end{vmatrix}$$

$$=(1-\lambda)\begin{vmatrix} 1 & 1 & 1 \\ 1 & -1-\lambda & 1 \\ -1 & 1 & 1-\lambda \end{vmatrix}$$

$$=(1-\lambda)\begin{vmatrix} 1 & 1 & 1 \\ 0 & -2-\lambda & 0 \\ 0 & 1 & 2-\lambda \end{vmatrix}=-(1-\lambda)(2+\lambda)(2-\lambda)=0$$

$$\therefore\quad \lambda=-2,1,2$$

$\lambda=1$ のとき，

$$\begin{bmatrix} 1 & 1 & -1 \\ 1 & -1 & 1 \\ -1 & 1 & 1 \end{bmatrix}\begin{bmatrix} x_1 \\ x_2 \\ x_3 \end{bmatrix}=\begin{bmatrix} x_1 \\ x_2 \\ x_3 \end{bmatrix}\Longrightarrow\begin{cases} x_1+x_2-x_3=x_1 \\ x_1-x_2+x_3=x_2 \\ -x_1+x_2+x_3=x_3 \end{cases}$$

$\therefore\quad x_1=x_2=x_3\qquad\therefore$　固有ベクトル $\boldsymbol{x}_1={}^t(1,1,1)$

$\lambda=2$ のとき，

$$\begin{bmatrix} 1 & 1 & -1 \\ 1 & -1 & 1 \\ -1 & -1 & 1 \end{bmatrix} \begin{bmatrix} x_1 \\ x_2 \\ x_3 \end{bmatrix} = 2 \begin{bmatrix} x_1 \\ x_2 \\ x_3 \end{bmatrix} \Longrightarrow \begin{cases} x_1 + x_2 - x_3 = 2x_1 \\ x_1 - x_2 + x_3 = 2x_2 \\ -x_1 + x_2 + x_3 = 2x_3 \end{cases}$$

$$\therefore \quad \begin{cases} x_2 = 0 \\ x_3 = -x_1 \end{cases} \qquad \therefore \quad \boldsymbol{x}_2 = {}^t(1, 0, -1)$$

$\lambda = -2$ のとき,

$$\begin{bmatrix} 1 & 1 & -1 \\ 1 & -1 & 1 \\ -1 & 1 & 1 \end{bmatrix} \begin{bmatrix} x_1 \\ x_2 \\ x_3 \end{bmatrix} = -2 \begin{bmatrix} x_1 \\ x_2 \\ x_3 \end{bmatrix} \Longrightarrow \begin{cases} x_1 + x_2 - x_3 = -2x_1 \\ x_1 - x_2 + x_3 = -2x_2 \\ -x_1 + x_2 + x_3 = -2x_3 \end{cases}$$

$$\therefore \quad \begin{cases} x_1 = -x_2/2 \\ x_3 = -x_2/2 \end{cases} \qquad \therefore \quad \boldsymbol{x}_3 = {}^t(1, -2, 1)$$

単位ベクトルは

$$\boldsymbol{e}_1 = \frac{\boldsymbol{x}_1}{\|\boldsymbol{x}_1\|} = \frac{1}{\sqrt{3}} \begin{bmatrix} 1 \\ 1 \\ 1 \end{bmatrix}, \quad \boldsymbol{e}_2 = \frac{\boldsymbol{x}_2}{\|\boldsymbol{x}_2\|} = \frac{1}{\sqrt{2}} \begin{bmatrix} 1 \\ 0 \\ -1 \end{bmatrix},$$

$$\boldsymbol{e}_3 = \frac{\boldsymbol{x}_3}{\|\boldsymbol{x}_3\|} = \frac{1}{\sqrt{6}} \begin{bmatrix} 1 \\ -2 \\ 1 \end{bmatrix}$$

$$\therefore \quad R = (\boldsymbol{e}_1, \boldsymbol{e}_2, \boldsymbol{e}_3) = \begin{bmatrix} 1/\sqrt{3} & 1/\sqrt{2} & 1/\sqrt{6} \\ 1/\sqrt{3} & 0 & -2/\sqrt{6} \\ 1/\sqrt{3} & -1/\sqrt{2} & 1/\sqrt{6} \end{bmatrix}$$

(2) $\boldsymbol{a} = {}^t(x, y, z)$, $\boldsymbol{b} = {}^t(b_1, b_2, b_3)$ とおくと，題意より

$$b_1^2 + b_2^2 + b_3^2 = 1 \qquad ①$$

$\boldsymbol{a} = C\boldsymbol{b}$ より,

$$\begin{bmatrix} x \\ y \\ z \end{bmatrix} = \begin{bmatrix} 1 & 1 & -1 \\ 1 & -1 & 1 \\ -1 & 1 & 1 \end{bmatrix} \begin{bmatrix} b_1 \\ b_2 \\ b_3 \end{bmatrix} = \begin{bmatrix} b_1 + b_2 - b_3 \\ b_1 - b_2 + b_3 \\ -b_1 + b_2 + b_3 \end{bmatrix}$$

$$\therefore \quad b_1 = \frac{\begin{vmatrix} x & 1 & -1 \\ y & -1 & 1 \\ z & 1 & 1 \end{vmatrix}}{\begin{vmatrix} 1 & 1 & -1 \\ 1 & -1 & 1 \\ -1 & 1 & 1 \end{vmatrix}} = \frac{x+y}{2}, \quad b_2 = \frac{x+z}{2}, \quad b_3 = \frac{y+z}{2} \qquad ②$$

①，②より，$\left(\dfrac{x+y}{2}\right)^2+\left(\dfrac{y+z}{2}\right)^2+\left(\dfrac{z+x}{2}\right)^2=1$

$$\therefore\quad x^2+y^2+z^2+xy+yz+zx=2 \qquad ③$$

（3）　③の 2 次形式に対する行列は

$$A=\begin{bmatrix} 1 & \frac{1}{2} & \frac{1}{2} \\ \frac{1}{2} & 1 & \frac{1}{2} \\ \frac{1}{2} & \frac{1}{2} & 1 \end{bmatrix}$$

$$\begin{vmatrix} 1-\lambda & \frac{1}{2} & \frac{1}{2} \\ \frac{1}{2} & 1-\lambda & \frac{1}{2} \\ \frac{1}{2} & \frac{1}{2} & 1-\lambda \end{vmatrix}=(2-\lambda)\left(\frac{1}{2}-\lambda\right)^2=0$$

$$\therefore\quad \lambda=\frac{1}{2},\frac{1}{2},2$$

$\lambda=\dfrac{1}{2},\dfrac{1}{2},2$ に対する固有ベクトルは，$\boldsymbol{x}_1={}^t(1,\,-1,\,0),\ \boldsymbol{x}_2={}^t(1,\,0,\,-1),\ \boldsymbol{x}_3={}^t(1,1,1)$．シュミットの直交化法を適用すると，次の正規直交系を得る：

$$\boldsymbol{y}_1=\boldsymbol{x}_1=\begin{bmatrix} 1 \\ -1 \\ 0 \end{bmatrix}$$

$$\boldsymbol{y}_2=\boldsymbol{x}_2-\frac{(\boldsymbol{y}_1,\boldsymbol{x}_2)}{(\boldsymbol{y}_1,\boldsymbol{y}_1)}\boldsymbol{y}_1=\begin{bmatrix} 1 \\ 0 \\ -1 \end{bmatrix}-\frac{1}{2}\begin{bmatrix} 1 \\ -1 \\ 0 \end{bmatrix}=\begin{bmatrix} \frac{1}{2} \\ \frac{1}{2} \\ -1 \end{bmatrix}$$

$$\boldsymbol{y}_3=\boldsymbol{x}_3=\begin{bmatrix} 1 \\ 1 \\ 1 \end{bmatrix}$$

$$\boldsymbol{e}_1 = \frac{1}{\sqrt{2}}\begin{bmatrix} 1 \\ -1 \\ 0 \end{bmatrix}$$

$$\boldsymbol{e}_2 = \frac{1}{\sqrt{\left(\frac{1}{2}\right)^2 + \left(\frac{1}{2}\right)^2 + (-1)^2}}\begin{bmatrix} \frac{1}{2} \\ \frac{1}{2} \\ -1 \end{bmatrix} = \frac{1}{\sqrt{6}}\begin{bmatrix} 1 \\ 1 \\ -2 \end{bmatrix}$$

$$\boldsymbol{e}_3 = \frac{1}{\sqrt{3}}\begin{bmatrix} 1 \\ 1 \\ 1 \end{bmatrix}$$

直交行列 $P = \begin{bmatrix} \frac{1}{\sqrt{2}} & \frac{1}{\sqrt{6}} & \frac{1}{\sqrt{3}} \\ \frac{-1}{\sqrt{2}} & \frac{1}{\sqrt{6}} & \frac{1}{\sqrt{3}} \\ 0 & \frac{-2}{\sqrt{6}} & \frac{1}{\sqrt{3}} \end{bmatrix}$ を用いれば,

$${}^tPAP = \begin{bmatrix} \frac{1}{2} & 0 & 0 \\ 0 & \frac{1}{2} & 0 \\ 0 & 0 & 2 \end{bmatrix}$$

$$\boldsymbol{x} = {}^t(x, y, z), \quad \boldsymbol{X} = {}^t(X, Y, Z), \quad \boldsymbol{x} = P\boldsymbol{X}$$

とおくと, ③より

$$2 = x^2 + y^2 + z^2 + xy + yz + zx$$

$$= (x, y, z)\begin{bmatrix} 1 & \frac{1}{2} & \frac{1}{2} \\ \frac{1}{2} & 1 & \frac{1}{2} \\ \frac{1}{2} & \frac{1}{2} & 1 \end{bmatrix}\begin{bmatrix} x \\ y \\ z \end{bmatrix} = {}^t\boldsymbol{x}A\boldsymbol{x} = {}^t\boldsymbol{X}{}^tPAP\boldsymbol{X} = {}^t\boldsymbol{X}({}^tPAP)\boldsymbol{X}$$

$$= {}^t\boldsymbol{X} \begin{bmatrix} \frac{1}{2} & 0 & 0 \\ 0 & \frac{1}{2} & 0 \\ 0 & 0 & 2 \end{bmatrix} \boldsymbol{X} = (X, Y, Z) \begin{bmatrix} \frac{1}{2} & 0 & 0 \\ 0 & \frac{1}{2} & 0 \\ 0 & 0 & 2 \end{bmatrix} \begin{bmatrix} X \\ Y \\ Z \end{bmatrix}$$

$$= \frac{1}{2} X^2 + \frac{1}{2} Y^2 + 2Z^2$$

ただし，$\begin{bmatrix} X \\ Y \\ Z \end{bmatrix} = P^{-1} \begin{bmatrix} x \\ y \\ z \end{bmatrix}$

1.42 （1） 直線：$\dfrac{x-x_1}{l} = \dfrac{y-y_1}{m} = \dfrac{z-z_1}{n} \,(=t)$ ①

$\therefore \quad x = lt + x_1, \quad y = mt + y_1, \quad z = nt + z_1$ ②

球面 $S : x^2 + y^2 + z^2 = R^2$ ③

②を③に代入すれば，

$$(lt + x_1)^2 + (mt + y_1)^2 + (nt + z_1)^2 = R^2$$

すなわち，

$$t^2 + 2(lx_1 + my_1 + nz_1)t + (x_1^2 + y_1^2 + z_1^2) - R^2 = 0 \qquad ④$$

が等根または実根をもつとき，直線が交わるから，

$$D \equiv (lx_1 + my_1 + nz_1)^2 + R^2 - (x_1^2 + y_1^2 + z_1^2) \geqq 0$$

$$\therefore \quad L^2 - (lx_1 + my_1 + nz_1)^2 \leqq R^2$$

（2） ④が等根をもつとき，接線となる．

$$\therefore \quad D \equiv (lx_1 + my_1 + nz_1)^2 + R^2 - L^2 = 0 \qquad ⑤$$

このとき，④の根 $t = -(lx_1 + my_1 + nz_1)$ を①に代入すれば，

$$\frac{x-x_1}{l} = \frac{y-y_1}{m} = \frac{z-z_1}{n} = -(lx_1 + my_1 + nz_1)$$

$$\therefore \quad l = \frac{-(x-x_1)}{lx_1 + my_1 + nz_1}, \quad m = \frac{-(y-y_1)}{lx_1 + my_1 + nz_1}, \quad n = \frac{-(z-z_1)}{lx_1 + my_1 + nz_1} \qquad ⑥$$

しかるに，

$$l^2 + m^2 + n^2 = 1 \qquad ⑦$$

よって，⑥を⑦に代入すれば，

$$(x-x_1)^2 + (y-y_1)^2 + (z-z_1)^2 = (lx_1 + my_1 + nz_1)^2 \qquad ⑧$$

⑧に⑤を代入すれば，

$$(x-x_1)^2+(y-y_1)^2+(z-z_1)^2+R^2-L^2=0$$

1.43 (1) 右図より,

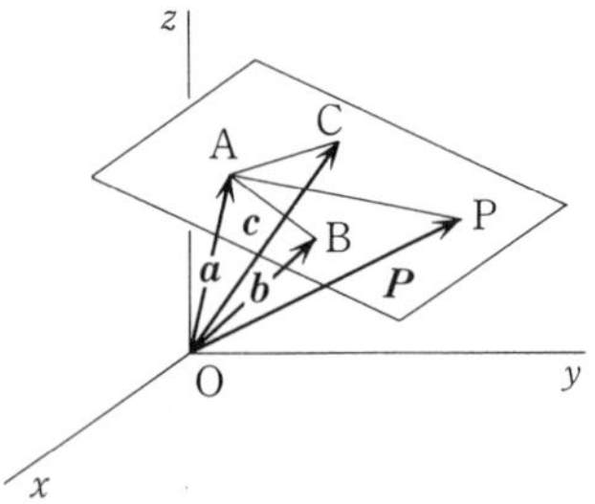

$$\boldsymbol{P}=t(\boldsymbol{c}-\boldsymbol{a})+s(\boldsymbol{b}-\boldsymbol{a})+\boldsymbol{a}$$
$$=(1-s-t)\boldsymbol{a}+s\boldsymbol{b}+\boldsymbol{c}$$

(2) 原点Oの平面 π 上への垂線の足をHとすれば，OHは $\boldsymbol{b}-\boldsymbol{a}, \boldsymbol{c}-\boldsymbol{a}$ に直交しているから，$(\boldsymbol{b}-\boldsymbol{a})\times(\boldsymbol{c}-\boldsymbol{a})$ のスカラー倍である：

$$\overrightarrow{\mathrm{OH}}=\rho(\boldsymbol{b}-\boldsymbol{a})\times(\boldsymbol{c}-\boldsymbol{a})\quad(\rho:\text{実数})\quad ①$$

一方，Hは π 上にあるから，$\overrightarrow{\mathrm{AH}}$ は $\boldsymbol{b}-\boldsymbol{a}, \boldsymbol{c}-\boldsymbol{a}$ の1次結合である：

$$\overrightarrow{\mathrm{AH}}=\lambda(\boldsymbol{b}-\boldsymbol{a})+\mu(\boldsymbol{c}-\boldsymbol{a})\quad(\lambda,\mu:\text{実数})$$
$$\therefore\quad \overrightarrow{\mathrm{OH}}=\overrightarrow{\mathrm{AH}}+\overrightarrow{\mathrm{OA}}=\lambda(\boldsymbol{b}-\boldsymbol{a})+\mu(\boldsymbol{c}-\boldsymbol{a})+\boldsymbol{a}\quad ②$$

①，②より，

$$\rho(\boldsymbol{b}-\boldsymbol{a})\times(\boldsymbol{c}-\boldsymbol{a})=\lambda(\boldsymbol{b}-\boldsymbol{a})+\mu(\boldsymbol{c}-\boldsymbol{a})+\boldsymbol{a}$$

この両辺と $(\boldsymbol{b}-\boldsymbol{a})\times(\boldsymbol{c}-\boldsymbol{a})$ の内積をつくれば，$((\boldsymbol{b}-\boldsymbol{a})\times(\boldsymbol{c}-\boldsymbol{a}),\boldsymbol{b}-\boldsymbol{a})=((\boldsymbol{b}-\boldsymbol{a})\times(\boldsymbol{c}-\boldsymbol{a}),\boldsymbol{c}-\boldsymbol{a})=0$ により

$$\rho((\boldsymbol{b}-\boldsymbol{a})\times(\boldsymbol{c}-\boldsymbol{a}),(\boldsymbol{b}-\boldsymbol{a})\times(\boldsymbol{c}-\boldsymbol{a}))=((\boldsymbol{b}-\boldsymbol{a})\times(\boldsymbol{c}-\boldsymbol{a}),\boldsymbol{a})$$
$$\therefore\quad \rho=\frac{((\boldsymbol{b}-\boldsymbol{a})\times(\boldsymbol{c}-\boldsymbol{a}),\boldsymbol{a})}{\|(\boldsymbol{b}-\boldsymbol{a})\times(\boldsymbol{c}-\boldsymbol{a})\|^2}$$

ゆえに，原点からこの平面に至る距離 h は

$$h=\overrightarrow{\mathrm{OH}}=|\rho|\|(\boldsymbol{b}-\boldsymbol{a})\times(\boldsymbol{c}-\boldsymbol{a})\|$$
$$=|((\boldsymbol{b}-\boldsymbol{a})\times(\boldsymbol{c}-\boldsymbol{a}),\boldsymbol{a})|/\|(\boldsymbol{b}-\boldsymbol{a})\times(\boldsymbol{c}-\boldsymbol{a})\|$$

1.44 (1) 空間の4点 $\mathrm{P}_i(x_i, y_i, z_i)\,(1\leqq i\leqq 4)$ が同一平面上にないとき，斉次連立方程式

$$\begin{cases} ax_1+by_1+cz_1+d=0\\ ax_2+by_2+cz_2+d=0\\ ax_3+by_3+cz_3+d=0\\ ax_4+by_4+cz_4+d=0\end{cases}$$

が自明な解 a, b, c, d をもたない．すなわち，この4点は同一平面上に存在しない．

$$\therefore\quad \begin{vmatrix} x_1 & y_1 & z_1 & 1\\ x_2 & y_2 & z_2 & 1\\ x_3 & y_3 & z_3 & 1\\ x_4 & y_4 & z_4 & 1\end{vmatrix}\neq 0$$

(2) 空間の4点を $\mathrm{P}_i(x_i, y_i, z_i)\,(1\leqq i\leqq 4)$ とするとき，$\overrightarrow{\mathrm{P}_4\mathrm{P}_1}, \overrightarrow{\mathrm{P}_4\mathrm{P}_2}, \overrightarrow{\mathrm{P}_4\mathrm{P}_3}$ を隣り合う平行六面体の体積 V_6 は

$$V_6 = |(\overrightarrow{P_4P_1}, \overrightarrow{P_4P_2}, \overrightarrow{P_4P_3})|$$

$$= \left| \begin{vmatrix} x_1 - x_4 & x_2 - x_4 & x_3 - x_4 \\ y_1 - y_4 & y_2 - y_4 & y_3 - y_4 \\ z_1 - z_4 & z_2 - z_4 & z_3 - z_4 \end{vmatrix} \right| = \left| \begin{vmatrix} x_1 - x_4 & x_2 - x_4 & x_3 - x_4 & x_4 \\ y_1 - y_4 & y_2 - y_4 & y_3 - y_4 & y_4 \\ z_1 - z_4 & z_2 - z_4 & z_3 - z_4 & z_4 \\ 0 & 0 & 0 & 1 \end{vmatrix} \right|$$

$$= \left| \begin{vmatrix} x_1 & x_2 & x_3 & x_4 \\ y_1 & y_2 & y_3 & y_4 \\ z_1 & z_2 & z_3 & z_4 \\ 1 & 1 & 1 & 1 \end{vmatrix} \right| = \left| \begin{vmatrix} x_1 & y_1 & z_1 & 1 \\ x_2 & y_2 & z_2 & 1 \\ x_3 & y_3 & z_3 & 1 \\ x_4 & y_4 & z_4 & 1 \end{vmatrix} \right| \equiv |D|$$

ゆえに，四面体の体積 V_4 は，平行六面体の体積 V_6 の 1/6 であるから，

$$V_4 = \frac{|D|}{6}$$

1.45 （a） 固有値を λ とすると，

$$|A - \lambda E| = \begin{vmatrix} 1-\lambda & 1 & 0 \\ 1 & -1-\lambda & 2 \\ 0 & 2 & -2-\lambda \end{vmatrix} = -\lambda(\lambda^2 + 2\lambda - 6) = 0$$

$$\therefore \quad \lambda = 0, -1 \pm \sqrt{7}$$

（b） $\lambda = 0$ のときの固有値を $\boldsymbol{p}_1 = {}^t(x_1, y_1, z_1)$ とすると

$$\begin{bmatrix} 1 & 1 & 0 \\ 1 & -1 & 2 \\ 0 & 2 & -2 \end{bmatrix} \begin{bmatrix} x_1 \\ y_1 \\ z_1 \end{bmatrix} = 0 \begin{bmatrix} x_1 \\ y_1 \\ z_1 \end{bmatrix} \Longrightarrow \begin{cases} y_1 = -x_1 \\ z_1 = y_1 \end{cases}$$

$$\therefore \quad \boldsymbol{p}_1 = \begin{bmatrix} 1 \\ -1 \\ -1 \end{bmatrix}$$

同様にして，$\lambda = -1 + \sqrt{7}$ のとき，$\boldsymbol{p}_2 = \begin{bmatrix} 1 \\ -2 + \sqrt{7} \\ 3 - \sqrt{7} \end{bmatrix}$.

$\lambda = -1 - \sqrt{7}$ のとき，$\boldsymbol{p}_3 = \begin{bmatrix} 1 \\ -2 - \sqrt{7} \\ 3 + \sqrt{7} \end{bmatrix}$.

（c） $\boldsymbol{p}_1, \boldsymbol{p}_2, \boldsymbol{p}_3$ は異なる固有値に対する固有ベクトルであるから，1 次独立で，$\boldsymbol{x} \in \boldsymbol{R}^3$ に対して，

$$\boldsymbol{x} = \alpha\boldsymbol{p}_1 + \beta\boldsymbol{p}_2 + \gamma\boldsymbol{p}_3$$

と表わせる．このとき，

$$Ax = A(\alpha \boldsymbol{p}_1 + \beta \boldsymbol{p}_2 + \gamma \boldsymbol{p}_3) = \alpha A\boldsymbol{p}_1 + \beta A\boldsymbol{p}_2 + \gamma A\boldsymbol{p}_3$$
$$= \alpha\cdot 0\cdot \boldsymbol{p}_1 + \beta(-1+\sqrt{7})\boldsymbol{p}_2 + \gamma(-1-\sqrt{7})\boldsymbol{p}_3$$
$$= \beta(-1+\sqrt{7})\boldsymbol{p}_2 + \gamma(-1-\sqrt{7})\boldsymbol{p}_3$$

となるから，$\{A\boldsymbol{x}\}$ は $\boldsymbol{p}_2$ と $\boldsymbol{p}_3$ で張られる平面となる．

（d） この平面は点 (0, 0, 0) を通り，法線ベクトルは

$$\boldsymbol{p}_2 \times \boldsymbol{p}_3 = {}^t\left[\begin{vmatrix} -2+\sqrt{7} & 3+\sqrt{7} \\ -2-\sqrt{7} & 3+\sqrt{7} \end{vmatrix}, \begin{vmatrix} 1 & 3-\sqrt{7} \\ 1 & 3+\sqrt{7} \end{vmatrix}, \begin{vmatrix} 1 & -2+\sqrt{7} \\ 1 & -2-\sqrt{7} \end{vmatrix} \right]$$
$$= \begin{bmatrix} 2\sqrt{7} \\ -2\sqrt{7} \\ -2\sqrt{7} \end{bmatrix} = 2\sqrt{7}\begin{bmatrix} 1 \\ -1 \\ -1 \end{bmatrix}$$

であるから，この平面の方程式は

$$x - y - z = 0$$

よって，この平面と点 (1, 1, 1) との距離 d は

$$d = \frac{|1-1-1|}{\sqrt{(1)^2+(-1)^2+(-1)^2}} = \frac{1}{\sqrt{3}}$$

1.46 （i） $\boldsymbol{y} = A\boldsymbol{x}$ とすると，

$$\|\boldsymbol{y}\|^2 = (\boldsymbol{y}, \boldsymbol{y}) = (A\boldsymbol{x}, A\boldsymbol{x}) = {}^t(A\boldsymbol{x})(A\boldsymbol{x})$$
$$= ({}^t\boldsymbol{x}{}^tA)(A\boldsymbol{x}) = {}^t\boldsymbol{x}({}^tAA)\boldsymbol{x} = {}^t\boldsymbol{x}\boldsymbol{x} \quad (A \text{ は直交行列} \Longrightarrow {}^tAA = I)$$
$$= (\boldsymbol{x}, \boldsymbol{x}) = \|\boldsymbol{x}\|^2$$

が成立するから，任意のベクトルは直交行列 A による 1 次変換を行ってもこの大きさは不変である．

（ii） 求める 1 次変換の直交行列を A_3 とすると，

$$\boldsymbol{x}_2 = A_3\boldsymbol{x}_1$$

すなわち，

$$\begin{bmatrix} -\dfrac{1}{\sqrt{2}} \\ 0 \\ -\dfrac{1}{\sqrt{2}} \end{bmatrix} = \begin{bmatrix} a_{11} & a_{12} & a_{13} \\ a_{21} & a_{22} & a_{23} \\ a_{31} & a_{32} & a_{33} \end{bmatrix} \begin{bmatrix} \dfrac{1}{2} \\ \dfrac{1}{2} \\ \dfrac{1}{\sqrt{2}} \end{bmatrix}$$

$a_{11} = a_{12} = 0, a_{13} = -1, a_{21} = \dfrac{1}{\sqrt{2}}, a_{22} = -\dfrac{1}{\sqrt{2}}, a_{23} = 0$ をとると，a_{31}, a_{32}, a_{33} は（i）の結果より

$$-\frac{1}{\sqrt{2}} = \frac{1}{2}(a_{31} + a_{32}) + \frac{1}{\sqrt{2}}a_{33} \qquad ①$$

また,

$$0\cdot a_{31} + 0\cdot a_{32} + (-1)\cdot a_{33} = 0 \qquad ②$$

$$\frac{1}{\sqrt{2}}a_{31} + \left(-\frac{1}{\sqrt{2}}\right)a_{32} + 0\cdot a_{33} = 0 \qquad ③$$

$$a_{31}^2 + a_{32}^2 + a_{33}^2 = 1 \qquad ④$$

をみたさなければならない.

②より　$a_{33} = 0$　⑤

③より　$a_{31} = a_{32}$　⑥

⑤, ⑥を①に代入すると, $a_{31} = a_{32} = -\dfrac{1}{\sqrt{2}}$. 明らかに, $a_{31} = a_{32} = -\dfrac{1}{\sqrt{2}}$, $a_{33} = 0$ も④をみたすから,

$$A = \begin{bmatrix} 0 & 0 & -1 \\ \frac{1}{\sqrt{2}} & -\frac{1}{\sqrt{2}} & 0 \\ -\frac{1}{\sqrt{2}} & -\frac{1}{\sqrt{2}} & 0 \end{bmatrix}$$

(iii)　省略

1.47　(a)　固有値は $\lambda_1 = 1, \lambda_2 = 3, \lambda_3 = 5$. 単位固有ベクトルは

$$\boldsymbol{p}_1 = \begin{bmatrix} 3/4 \\ \sqrt{6}/4 \\ -1/4 \end{bmatrix},\quad \boldsymbol{p}_2 = \begin{bmatrix} -\sqrt{6}/4 \\ 1/2 \\ -\sqrt{6}/4 \end{bmatrix},\quad \boldsymbol{p}_3 = \begin{bmatrix} -1/4 \\ \sqrt{6}/4 \\ 3/4 \end{bmatrix}$$

(b)　$f(x, y, z) = x'^2 + 3y'^2 + 5z'^2$

$\boldsymbol{r}\cdot\boldsymbol{r} = \boldsymbol{r}'^T\boldsymbol{r} \Longrightarrow$ 大きさ不変

(c)　方向ベクトルは

$$\boldsymbol{a} = c\begin{bmatrix} 1 \\ 0 \\ -1 \end{bmatrix} \quad (c：定数)$$

(d)　$n = 6$

2編解答

2.1 問1 (a) 曲線を $y=f(x)$ とすると，$\mathrm{P}(\xi,\eta)$ における接線は

$$y-\eta=f'(\xi)(x-\xi)$$

ここで，傾きは

$$f'(\xi)=\frac{d\eta}{d\xi}$$

x 切片を $\mathrm{Q}(x_{\mathrm{Q}},0)$ とすると，

$$0-\eta=\frac{d\eta}{d\xi}(x_{\mathrm{Q}}-\xi) \qquad \therefore\quad x_{\mathrm{Q}}=\xi-\eta\frac{1}{d\eta/d\xi}$$

(b) 距離は

$$\overline{\mathrm{PQ}}=\sqrt{(\xi-x_{\mathrm{Q}})^2+\eta^2}$$
$$=\sqrt{\left(\xi-\xi+\frac{\eta}{d\eta/d\xi}\right)^2+\eta^2}=\sqrt{\left(\frac{\eta}{d\eta/d\xi}\right)^2+\eta^2}$$

問2 (a) 距離が1だから

$$\sqrt{\left(\frac{\eta}{d\eta/d\xi}\right)^2+\eta^2}=1$$

$$\eta^2+\eta^2\left(\frac{d\eta}{d\xi}\right)^2=\left(\frac{d\eta}{d\xi}\right)^2 \qquad ①$$

(b) (1) $y=\dfrac{1}{\cosh t}$ …(I)

より，

$$\frac{dy}{dt}=\frac{-\sinh t}{(\cosh t)^2} \qquad ②$$

(2) (I)式，②を代入すると，

$$\frac{\sqrt{1-y^2}}{y}=\frac{\sqrt{1-\left(\dfrac{1}{\cosh t}\right)^2}}{\dfrac{1}{\cosh t}}=\sinh t \quad (\because\quad \cosh^2 t-\sinh^2 t=1)$$

(3) $$\frac{d}{dt}\tanh t=\frac{d}{dt}\frac{\sinh t}{\cosh t}=\frac{\cosh t\cosh t-\sinh t\sinh t}{\cosh^2 t}$$
$$=\frac{1}{\cosh^2 t}$$

（c） ①より，

$$\frac{d\eta}{d\xi} = \pm\frac{\eta}{\sqrt{1-\eta^2}},$$

$$d\xi = \pm\sinh t\frac{-\sinh t}{\cosh^2 t}dt = \pm\frac{\sinh^2 t}{\cosh^2 t}dt = \mp\tanh^2 t\,dt$$

$$\xi = \mp\int\tanh^2 t\,dt + C_1 = \mp(t-\tanh t) + C_1 \quad \langle\text{注}\rangle$$

ここで，$\xi \to x$ と置き換える．曲線は $(0,1)$ を通るから，$C_1 = 0$．＋を採用すると，

$$x = t - \tanh t \quad ③, \qquad y = \frac{1}{\cosh t} \quad ④ \quad \cdots(\text{II})$$

〈注〉 $\displaystyle\int\tanh^2 t\,dt = \int\frac{\sinh^2 t}{\cosh^2 t}dt = \int\frac{\cosh^2 t - 1}{\cosh^2 t}dt = \int\left(1-\frac{1}{\cosh^2 t}\right)dt = t - \tanh t$

問3 （a） 法線の勾配を m とすると，接線との垂直条件は

$$-1 = m\frac{d\eta}{d\xi}, \quad m = \frac{-1}{d\eta/d\xi}$$

よって，$(\xi(t), \eta(t))$ における法線は

$$y = \frac{-1}{d\eta/d\xi}(x-\xi) + \eta = \frac{-1}{d\eta(t)/d\xi}x + \frac{\xi(t)}{d\eta(t)/d\xi} + \eta(t) = \alpha(t)x + \beta(t)$$

$$\therefore \quad \alpha(t) = \frac{-1}{d\eta/d\xi}, \quad \beta(t) = \frac{\xi}{d\eta/d\xi} + \eta$$

（b） 法線の勾配を m とすると，法線との垂直条件より，

$$m\frac{dy}{dx} = -1$$

③より，

$$\frac{dx}{dt} = 1 - (\tanh t)' = 1 - \frac{1}{\cosh^2 t} = \frac{\sinh^2 t}{\cosh^2 t}$$

$$m\frac{dy/dt}{dx/dt} = m\frac{-\sinh t/\cosh^2 t}{\sinh^2 t/\cosh^2 t} = -1, \quad m = \sinh t$$

よって，法線は，

$$y = \sinh t(x-\xi) + \eta = \sinh t\cdot x - \sinh t\cdot\xi + \eta \qquad ⑤$$

$$\alpha(t) = \sinh t \qquad ⑥$$

$$\beta(t) = -\xi(t)\sinh t\cdot\xi(t) + \eta(t) = -\sinh t(t-\tanh t) + \frac{1}{\cosh t}$$

$$= -t\sinh t + \sinh t\frac{\sinh t}{\cosh t} + \frac{1}{\cosh t}$$

$$= -t\sinh t + \frac{\sinh^2 t + 1}{\cosh t}$$

$$= -t\sinh t + \cosh t \qquad ⑦$$

（c） $y = \alpha(t)x + \beta(t) \quad \cdots(\text{Ⅲ})$

の両辺を t で偏微分すると，$0 = \alpha'(t)x + \beta(t)$

$\alpha(t) \neq 0$ のとき，

$$x = -\frac{\beta'(t)}{\alpha'(t)} \qquad ⑧$$

これを(Ⅲ)式に代入すると，

$$y = -\frac{\alpha(t)\beta'(t)}{\alpha'(t)} + \beta(t) \qquad ⑨$$

（d） $\alpha(t), \beta(t)$は，⑥，⑦より，

$$\begin{cases} \alpha(t) = \sinh t \\ \beta(t) = -t\sinh t\cosh t \end{cases}$$

$$\Longrightarrow \begin{cases} \alpha'(t) = \cosh t \\ \beta'(t) = -t\cosh t \end{cases} \qquad ⑩$$

よって，

$$\frac{\beta'(t)}{\alpha'(t)} = -t \qquad ⑪$$

⑩，⑪を⑧，⑨に代入すると，

$$\begin{cases} x = -\dfrac{-t\cosh t}{\cosh t} = t \\ y = -\dfrac{\sinh t(-t\cosh t)}{\cosh t} - t\sinh t + \cosh t = \cosh t = \cosh x \end{cases}$$

〈**参考**〉（Ⅱ）は牽引線（けんいんせん）（人が物を引きずりながら移動するときの物の軌跡），犬線(犬を散歩に連れて行ったとき犬が人を追跡する軌跡)などと呼ばれる．トラクトリクス（tractrix）ともいう．

2.2 （1） (A)より，

$$y = Y + Xx \qquad ①$$

$$\therefore \quad \frac{dy}{dx} = \frac{d}{dx}(Y + Xx) = \frac{dY}{dx} + \frac{dX}{dx}x + X$$

(A)の第1式に代入すると

$$X = \frac{dY}{dx} + \frac{dX}{dx}x + X \qquad \therefore \quad x = -\frac{dY}{dX}$$

これを①に代入すると，

$$y = Y + X\left(-\frac{dY}{dX}\right) = Y - \frac{dY}{dX}X$$

（2） 原点を中心とする単位円 $x^2 + y^2 = 1$ に対して，

$$x + y\frac{dy}{dx} = 0 \Longrightarrow \frac{dy}{dx} = -\frac{x}{y} \qquad \therefore \quad X = \frac{dy}{dx} = -\frac{x}{y}$$

$$Y = y - \frac{dy}{dx}x = y - \left(-\frac{x}{y}\right)x = \frac{x^2 + y^2}{y} = \frac{1}{y}$$

ゆえに，$x^2 + y^2 = 1$ の (X, Y) 座標系における図形は双曲線：

$$X^2 - Y^2 = -1$$

2.3 （1） 接線の方程式は

$$\frac{x - \cos\omega t}{-\omega\sin\omega t} = \frac{y - \sin\omega t}{\omega\cos\omega t} = \frac{z - vt}{v}$$

（2） 接線に垂直な平面（法平面）の方程式は

$$-\omega\sin\omega t(x - \cos\omega t) + \omega\cos\omega t(y - \sin\omega t) + v(z - vt) = 0$$

すなわち，

$$-\omega\sin\omega t\cdot x + \omega\cos\omega t\cdot y + v(z - vt) = 0$$

（3） 接点以外の交点に対応する助変数を t_1 とすると

$$-\omega\sin\omega t\cdot\cos\omega t_1 + \omega\cos\omega t\cdot\sin\omega t_1 + v(vt_1 - vt) = 0$$

すなわち，$\omega\sin\omega(t_1 - t) + v^2(t_1 - t)$ において，$u = t_1 - t$ とおくと

$$\omega\sin\omega u + v^2 u = 0$$

$\alpha = \omega u$ とおくと

$$\frac{\sin\alpha}{\alpha} = -\frac{v^2}{\omega^2}$$

$f(\alpha) = \dfrac{\sin\alpha}{\alpha}$ とおくと，$f(\alpha)$ は偶関数なので，$\alpha > 0$ の部分だけ考える．

$$f'(\alpha) = \frac{\alpha\cos\alpha - \sin\alpha}{\alpha^2} = \frac{\cos\alpha\,(\alpha - \tan\alpha)}{\alpha^2} = 0$$

より，$f(\alpha)$ が最小値になる点 α_0 は次式をみたす．

$$\alpha_0 = \tan\alpha_0 \quad \left(\alpha_0 \in \left(\pi, \frac{3\pi}{2}\right)\right)$$

したがって，$f(\alpha_0) > -\dfrac{v^2}{\omega^2}$，すなわち $\omega^2 < -\dfrac{v^2}{\cos\alpha_0}$ (〈注〉参照) のとき，この法平面はもとの曲線と接点以外で交わらない．

〈注〉 $f(\alpha_0) > -\dfrac{v^2}{\omega^2} \Longleftrightarrow \dfrac{\sin\alpha_0}{\alpha_0} > -\dfrac{v^2}{\omega^2} \Longleftrightarrow \cos\alpha_0 > -\dfrac{v^2}{\omega^2}$ ($\alpha_0 = \tan\alpha_0$ を用いる)

$$\Longleftrightarrow -\omega^2\cos\alpha_0 < v^2 \Longleftrightarrow \omega^2 < -\frac{v^2}{\cos\alpha_0}$$

2.4 $f(x) = \sum_{n=1}^{\infty}\left(\dfrac{1}{2}\right)^{n-1}\cos nx = 2\sum_{n=1}^{\infty}\left(\dfrac{1}{2}\right)^{n}\mathrm{Re}\,(e^{inx}) = 2\,\mathrm{Re}\left\{\sum_{n=1}^{\infty}\left(\dfrac{e^{ix}}{2}\right)^n\right\}$

$$= 2\,\mathrm{Re}\left\{\frac{\frac{e^{ix}}{2}}{1-\frac{e^{ix}}{2}}\right\} = 2\,\mathrm{Re}\left\{\frac{\cos x + i\sin x}{(2-\cos x) - i\sin x}\right\}$$

$$= 2\,\mathrm{Re}\left\{\frac{(\cos x + i\sin x)[(2-\cos x)+i\sin x]}{(2-\cos x)^2+\sin^2 x}\right\}$$

$$= 2\,\mathrm{Re}\left\{\frac{\cos x(2-\cos x) - \sin^2 x + i[\sin x(2-\cos x)+\sin x\cos x]}{5-4\cos x}\right\}$$

$$= \frac{2(2\cos x - 1)}{5-4\cos x} \qquad ①$$

$f(x) = 0$，すなわち，$2\cos x - 1 = 0$ の根は $x = 2n\pi \pm \dfrac{\pi}{3}$ ($n = 0, \pm 1, \cdots$) である．

$X = \cos x$ とおくと，①は

$$f(X) = \frac{2(2X-1)}{5-4X} = -1 - \frac{\frac{3}{2}}{X-\frac{5}{4}} \quad (-1 \leqq X \leqq 1)$$

$$f'(X) = \frac{\frac{3}{2}}{\left(X-\frac{5}{4}\right)^2} > 0$$

したがって，$f_{\max} = f(X)|_{X=1} = 2$, $f_{\min} = f(X)|_{X=-1} = -\dfrac{2}{3}$ となる．

2.5 (1) $f'(x) = 2\log(x+\sqrt{x^2+1})\dfrac{1}{x+\sqrt{x^2+1}}\left(1+\dfrac{2x}{2\sqrt{x^2+1}}\right)$

$$= 2\frac{\log(x+\sqrt{x^2+1})}{\sqrt{x^2+1}}$$

$f''(x)$

$$= 2\,\frac{\dfrac{1}{x+\sqrt{x^2+1}}\left(1+\dfrac{2x}{2\sqrt{x^2+1}}\right)\cdot\sqrt{x^2+1}-\log\left(x+\sqrt{x^2+1}\right)\cdot\dfrac{2x}{2\sqrt{x^2+1}}}{x^2+1}$$

$$= 2\,\frac{\sqrt{x^2+1}-x\log\left(x+\sqrt{x^2+1}\right)}{(x^2+1)\sqrt{x^2+1}}$$

$$\therefore\quad (x^2+1)f''(x)+xf'(x) = (x^2+1)\cdot 2\,\frac{\sqrt{x^2+1}-x\log\left(x+\sqrt{x^2+1}\right)}{(x^2+1)\sqrt{x^2+1}}$$

$$+\,x\cdot\frac{2\log\left(x+\sqrt{x^2+1}\right)}{\sqrt{x^2+1}} = 2 \qquad ①$$

（2） ①にライプニッツの公式を適用すると，

$$\sum_{k=0}^{n}\binom{n}{k}(x^2+1)^{(k)}(f'')^{(n-k)}+\sum_{k=0}^{n}\binom{n}{k}x^{(k)}(f')^{(n-k)}=0 \quad (n \geqq 1)$$

$$\therefore\quad (x^2+1)f^{(n+2)}+2nxf^{(n+1)}+2\cdot\frac{n(n-1)}{2!}f^{(n)}+xf^{(n+1)}+nf^{(n)}=0$$
$$(n \geqq 1)$$

$x=0$ とおいて整理すれば，

$$f^{(n+2)}(0)+n^2f^{(n)}(0)=0 \quad (n \geqq 1) \qquad \therefore\quad f'(0)=0,\quad f''(0)=2$$

一般に，$n=2m-1$ のとき，

$$f^{(n)}(0)=f^{(2m-1)}(0)=-(2m-3)^2f^{(2m-3)}(0)$$
$$=(-1)^{m-1}(2m-3)^2(2m-5)^2\cdot\cdots\cdot 3^2\cdot 1^2\cdot f'(0)=0$$

$n=2m$ のとき，

$$f^{(n)}(0)=f^{(2m)}(0)=-(2m-2)^2f^{(2m-2)}(0)$$
$$=(-1)^{m-1}(2m-2)^2(2m-4)^2\cdots 2^2f''(0)$$
$$=(-1)^{m-1}(2m-2)^2(2m-4)^2\cdots 2^2\cdot 2$$

2.6 $(\sin x)^{(n)}=\sin\left(\dfrac{n\pi}{2}+x\right)$，$\left(\dfrac{1}{x}\right)^{(n)}=\dfrac{(-1)^n n!}{x^{n+1}}$ であるから，ライプニッツの公式より

$$f^{(n)}(x)=\sum_{k=0}^{n}\binom{n}{k}\frac{(-1)^k k!}{x^{k+1}}\sin\left\{\frac{(n-k)\pi}{2}+x\right\}$$

$$=\sum_{k=0}^{n}\binom{n}{k}\frac{(-1)^k k!}{x^{k+1}}\left\{\sin\frac{(n-k)\pi}{2}\cos x+\cos\frac{(n-k)\pi}{2}\sin x\right\}$$

$$=\sum_{k=0}^{n}\binom{n}{k}\frac{(-1)^k k!}{x^{k+1}}\sin\frac{(n-k)\pi}{2}\cos x$$

$$+ \sum_{k=0}^{n} \binom{n}{k} \frac{(-1)^k k!}{x^{k+1}} \cos \frac{(n-k)\pi}{2} \sin x$$

$$= \frac{(-1)^n n!}{x^{n+1}} \left[\left(\sum_{k=0}^{n} (-1)^{n-k} \frac{1}{(n-k)!} x^{n-k} \sin \frac{n-k}{2} \pi \right) \cos x \right.$$

$$\left. + \left(\sum_{k=0}^{n} (-1)^{n-k} \frac{1}{(n-k)!} x^{n-k} \cos \frac{n-k}{2} \pi \right) \sin x \right]$$

与式と比較すると,

$$p_n(x) = \sum_{k=0}^{n} (-1)^{n-k} \frac{1}{(n-k)!} x^{n-k} \sin \frac{n-k}{2} \pi$$

$$= \sum_{l=0}^{n} (-1)^l \frac{1}{l!} x^l \sin \frac{l}{2} \pi \quad (l = n-k)$$

$$= -x + \frac{1}{3!} x^3 - \frac{1}{5!} x^5 + \cdots + (-1)^n \frac{1}{n!} x^n \sin \frac{n\pi}{2}$$

$$\therefore \quad \lim_{n \to \infty} p_n(x) = -x + \frac{1}{3!} x^3 - \frac{1}{5!} x^5 + \cdots = -\sin x$$

$$q_n(x) = \sum_{k=0}^{n} (-1)^{n-k} \frac{1}{(n-k)!} x^{n-k} \cos \frac{n-k}{2} \pi$$

$$= \sum_{l=0}^{n} (-1)^l \frac{1}{l!} x^l \cos \frac{l}{2} \pi \quad (l = n-k)$$

$$= 1 - \frac{1}{2!} x^2 + \frac{1}{4!} x^4 - \frac{1}{6!} x^6 + \cdots + (-1)^n \frac{1}{n!} x^n \cos \frac{n\pi}{2}$$

$$\therefore \quad \lim_{n \to \infty} q_n(x) = 1 - \frac{1}{2!} x^2 + \frac{1}{4!} x^4 - \frac{1}{6!} x^6 + \cdots = \cos x$$

2.7 パラメータ t と座標 $\boldsymbol{r}(x, y, z)$ の関係は

$x = a \cos t, \quad y = a \sin t, \quad z = bt \quad (a, b：定数)$

$\therefore \quad x' = -a \sin t, \quad y' = a \cos t, \quad z' = b$

$x'' = -a \cos t, \quad y'' = -a \sin t, \quad z'' = 0$

$x''' = a \sin t, \quad y''' = -a \cos t, \quad z''' = 0$

$\therefore \quad x'^2 + y'^2 + z'^2 = a^2 + b^2$

$$\|\boldsymbol{r}' \times \boldsymbol{r}''\|^2 = (y'z'' - z'y'')^2 + (z'x'' - x'z'')^2 + (x'y'' - y'x'')^2$$

$$= (a \cos t \cdot 0 + b \cdot a \sin t)^2 + (-b \cdot a \cos t - a \sin t \cdot 0)^2$$

$$+ (a \sin t \cdot a \sin t + a \cos t \cdot a \cos t)^2$$

$$= a^2(a^2 + b^2)$$

$$\begin{vmatrix} x' & y' & z' \\ x'' & y'' & z'' \\ x''' & y''' & z''' \end{vmatrix} = \begin{vmatrix} -a\sin t & a\cos t & b \\ -a\cos t & -a\sin t & 0 \\ a\sin t & -a\cos y & 0 \end{vmatrix} = a^2 b$$

$$\therefore\quad \text{曲率}\ \frac{1}{R} \equiv \frac{\|\boldsymbol{r}' \times \boldsymbol{r}''\|}{(x'^2 + y'^2 + z'^2)^{3/2}} = \frac{\sqrt{a^2(a^2+b^2)}}{(a^2+b^2)^{3/2}} = \frac{a}{a^2+b^2}$$

$$\text{捩率}\ \frac{1}{T} \equiv \frac{\begin{vmatrix} x' & y' & z' \\ x'' & y'' & z'' \\ x''' & y''' & z''' \end{vmatrix}}{\|\boldsymbol{r}' \times \boldsymbol{r}''\|^2} = \frac{b}{a^2+b^2}$$

2.8 $I = \displaystyle\int_{-1}^{1} \frac{dx}{(a-x)\sqrt{1-x^2}}$

$$= \int_{-\pi/2}^{\pi/2} \frac{\cos\theta\, d\theta}{(a-\sin\theta)\sqrt{1-\sin^2\theta}} \quad (x = \sin\theta,\quad dx = \cos\theta\, d\theta)$$

$$= \int_{-\pi/2}^{\pi/2} \frac{\cos\theta\, d\theta}{(a-\sin\theta)\cos\theta} = \int_{-\pi/2}^{\pi/2} \frac{d\theta}{a-\sin\theta}$$

$$= \int_{-1}^{1} \frac{2\,dt}{t^2+1} \Big/ \left(a - \frac{2t}{t^2+1}\right) \quad \left(t = \tan\frac{\theta}{2},\quad \frac{dt}{d\theta} = \frac{1}{2}\sec^2\frac{\theta}{2} = \frac{t^2+1}{2}\right)$$

$$= \int_{-1}^{1} \frac{2\,dt}{at^2 - 2t + a} = \frac{2}{a}\int_{-1}^{1} \frac{dt}{\left(t - \dfrac{1}{a}\right)^2 + \left(1 - \dfrac{1}{a^2}\right)}$$

$$= \frac{2}{a}\frac{1}{\sqrt{1-\dfrac{1}{a^2}}}\left[\tan^{-1}\frac{t-\dfrac{1}{a}}{\sqrt{1-\dfrac{1}{a^2}}}\right]_{-1}^{1}$$

$$= \frac{2}{\sqrt{a^2-1}}\left(\tan^{-1}\frac{a-1}{\sqrt{a^2-1}} + \tan^{-1}\frac{a+1}{\sqrt{a^2-1}}\right)$$

$$= \frac{2}{\sqrt{a^2-1}}\left(\tan^{-1}\sqrt{\frac{a-1}{a+1}} + \tan^{-1}\sqrt{\frac{a+1}{a-1}}\right)$$

$$= \frac{2}{\sqrt{a^2-1}}\tan^{-1}\left(\frac{\sqrt{\dfrac{a-1}{a+1}} + \sqrt{\dfrac{a+1}{a-1}}}{1 - \sqrt{\dfrac{a-1}{a+1}}\sqrt{\dfrac{a+1}{a-1}}}\right) = \frac{2}{\sqrt{a^2-1}}\cdot\frac{\pi}{2} = \frac{\pi}{\sqrt{a^2-1}}$$

（別解）$I = \displaystyle\int_{-1}^{1} \frac{a+x}{(a^2-x^2)\sqrt{1-x^2}}\,dx$

$$= a\int_{-1}^{1}\frac{dx}{(a^2-x^2)\sqrt{1-x^2}}+\int_{-1}^{1}\frac{x\,dx}{(a^2-x^2)\sqrt{1-x^2}}$$

$$= 2a\int_{0}^{1}\frac{dx}{(a^2-x^2)\sqrt{1-x^2}}+0$$

$$= 2a\int_{0}^{\pi/2}\frac{\cos\theta\,d\theta}{(a^2-\sin^2\theta)\cos\theta}\quad （x=\sin\theta とおく）$$

$$= 2a\int_{0}^{\pi/2}\frac{d\theta}{a^2-\sin^2\theta}=2a\cdot\int_{0}^{\infty}\frac{du}{(a^2-1)u^2+a^2}\quad （u=\tan\theta とおく）$$

$$= 2a\cdot\frac{1}{a^2-1}\int_{0}^{\infty}\frac{du}{u^2+\left(\sqrt{\dfrac{a^2}{a^2-1}}\right)^2}$$

$$= 2a\cdot\frac{1}{a^2-1}\frac{1}{\sqrt{\dfrac{a^2}{a^2-1}}}\left[\tan^{-1}\frac{u}{\sqrt{\dfrac{a^2}{a^2-1}}}\right]_0^{\infty}=\frac{2}{\sqrt{a^2-1}}\cdot\frac{\pi}{2}=\frac{\pi}{\sqrt{a-1}}$$

2.9 $$\int_{-\infty}^{\infty}\frac{dx}{(x^2+1)^n}=2\int_{0}^{\infty}\frac{dx}{(x^2+1)^n}=2\int_{0}^{\pi/2}\frac{\sec^2\theta\,d\theta}{(\tan^2\theta+1)^n}=2\int_{0}^{\pi/2}\frac{\sec^2\theta\,d\theta}{(\sec^2\theta)^n}$$

$$= 2\int_{0}^{\pi/2}\cos^{2n-2}\theta\,d\theta$$

$$\equiv 2J_{2n-2}\quad （ただし，x=\tan\theta,\ dx=\sec^2\theta d\theta）$$

ここで，

$$J_n=\int_{0}^{\pi/2}\cos^n\theta\,d\theta=\int_{0}^{\pi/2}\cos x\cos^{n-1}\theta\,d\theta$$

$$= [\sin\theta\cdot\cos^{n-1}\theta]_0^{\pi/2}-\int_{0}^{\pi/2}\sin\theta\cdot(n-1)\cos^{n-2}\theta(-\sin\theta)\,d\theta$$

$$= (n-1)\int_{0}^{\pi/2}\sin^2\theta\cos^{n-2}\theta\,d\theta=(n-1)\int_{0}^{\pi/2}(1-\cos^2\theta)\cos^{n-2}\theta\,d\theta$$

$$= (n-1)\left\{\int_{0}^{\pi/2}\cos^{n-2}\theta\,d\theta-\int_{0}^{\pi/2}\cos^n\theta\,d\theta\right\}=(n-1)\{J_{n-2}-J_n\}$$

$$\therefore\ J_n=\frac{n-1}{n}J_{n-2}\quad (n\geqq 2)$$

$$J_0=\int_{0}^{\pi/2}dx=\frac{\pi}{2},\quad J_1=\int_{0}^{\pi/2}\cos x=[\sin x]_0^{\pi/2}=1$$

$$\therefore \quad J_n = \begin{cases} \dfrac{n-1}{n}\cdot\cdots\cdot\dfrac{3}{4}\cdot\dfrac{1}{2}\cdot\dfrac{\pi}{2} & (n:\text{偶数}) \\ \dfrac{n-1}{n}\cdot\cdots\cdot\dfrac{4}{5}\cdot\dfrac{2}{3}\cdot 1 & (n:\text{奇数}) \end{cases}$$

$(\theta, \pi/2)$ において，$0 < \cos^{2n}x < \cos^{2n-1}x < \cos^{2n-2}x$

$$\therefore \quad \theta < J_{2n} < J_{2n-1} < J_{2n-2}, \quad 1 > \frac{J_{2n-1}}{J_{2n-2}} > \frac{J_{2n}}{J_{2n-2}} = \frac{2n-1}{2n}$$

$$\therefore \quad \lim_{n\to\infty} \frac{J_{2n-1}}{J_{2n-2}} = 1 \qquad ①$$

また，

$$J_{2n-2}\cdot J_{2n-1} = \frac{\pi}{2}\cdot\frac{1\cdot 3\cdot 5\cdot\cdots\cdot(2n-3)}{2\cdot 4\cdot 6\cdot\cdots\cdot(2n-2)}\cdot 1\cdot\frac{2\cdot 4\cdot 6\cdot\cdots\cdot(2n-2)}{3\cdot 5\cdot 7\cdot\cdots\cdot(2n-1)} = \frac{\pi}{2}\,\frac{1}{2n-1}$$

$$\therefore \quad \sqrt{2(2n-1)J_{2n-2}J_{2n-1}} = \sqrt{\pi} \Longrightarrow \sqrt{\frac{2(2n-1)}{4n}}\,\sqrt{n}\,J_{2n-2}\sqrt{\frac{J_{2n-1}}{J_{2n-2}}} = \frac{\sqrt{\pi}}{2}$$

$$\therefore \quad \lim_{n\to\infty}\sqrt{n}\int_{-\infty}^{\infty}\frac{1}{(1+x^2)^n}\,dx = \lim_{n\to\infty} 2\sqrt{n}\,J_{2n-2} = 2\cdot\frac{\sqrt{\pi}}{2}$$

$$= \sqrt{\pi} \quad (\because \ ①)$$

2.10 （1） $\displaystyle\lim_{a\downarrow 0} f(x\,;a) = \lim_{a\downarrow 0}\frac{a}{x^2+a^2} = \begin{cases}\infty & (x=0)\\ 0 & (x\neq 0)\end{cases}$ （グラフは省略）

（2） $\displaystyle F(x\,;\,a) = \int_{-\infty}^{x} f(x'\,;a)\,dx' = \int_{-\infty}^{x}\frac{a}{(x')^2+a^2}\,dx' = \left[\tan^{-1}\frac{x'}{a}\right]_{-\infty}^{x}$

$$= \tan^{-1}\frac{x}{a} + \frac{\pi}{2}$$

（3） $\displaystyle y = \lim_{a\downarrow 0} F(x\,;a) = \lim_{a\downarrow 0}\left(\tan^{-1}\frac{x}{a}+\frac{\pi}{2}\right) = \begin{cases} 0 & (x<0)\\ \dfrac{\pi}{2} & (x=0)\\ \pi & (x>0)\end{cases}$ （グラフは省略）

（4） $\displaystyle \lim_{a\downarrow 0}\int_{-\infty}^{\infty} f(x\,;a)\,e^{-x^2}dx = \lim_{a\downarrow 0}\int_{-\infty}^{\infty}\frac{a}{x^2+a^2}e^{-x^2}dx = \lim_{a\downarrow 0} 2\int_0^{\infty}\frac{1}{t^2+1}e^{-a^2t^2}dt$

$\displaystyle = 2\int_0^{\infty}\frac{1}{t^2+1}dt \quad \Bigl(\because \ \left|\frac{1}{t^2+1}e^{-a^2t^2}\right| \leqq \frac{1}{t^2+1}$，よって $a\downarrow 0$ のとき

$\displaystyle \frac{e^{-a^2t^2}}{t^2+1}$ は $\displaystyle\frac{1}{t^2+1}$ に一様収束する$\Bigr)$

$$= 2\cdot[\tan^{-1}t]_0^{\infty} = \pi$$

（5） $\displaystyle \lim_{a\downarrow 0}\int_{-\infty}^{\infty} F(x\,;a)\,e^{-x^2}\,dx = \lim_{a\downarrow 0}\int_{-\infty}^{\infty}\left\{\tan^{-1}\frac{x}{a}+\frac{\pi}{2}\right\}e^{-x^2}\,dx$

$$= \lim_{a\downarrow 0}\left\{\int_{-\infty}^{\infty}\tan^{-1}\frac{x}{a}\,e^{-x^2}\,dx + \frac{\pi}{2}\int_{-\infty}^{\infty}e^{-x^2}\,dx\right\}$$

$$= \lim_{a\downarrow 0}\left\{0+\frac{\pi}{2}\cdot\sqrt{\pi}\right\} = \frac{\pi^{3/2}}{2}$$

2.11 （1） 右図のようなアステロイドとなる．

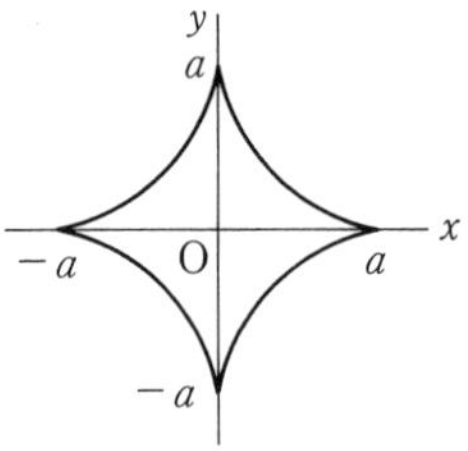

（2） $x = a\cos^3 t,\ y = a\sin^3 t\,(0 \leqq t \leqq 2\pi)$

とおくと，面積 A は

$$A = 4\int_0^a y\,dx$$

$$= 4\int_{\pi/2}^{0} a\sin^3 t\cdot 3a\cos^2 t\cdot(-\sin t)\,dt$$

$$= 12a^2\int_0^{\pi/2}\sin^4 t\cos^2 t\,dt = 12a^2\left\{\int_0^{\pi/2}\sin^4 t\,dt - \int_0^{\pi/2}\sin^6 t\,dt\right\}$$

$$= 12a^2\left\{\frac{1\cdot 3}{2\cdot 4}\cdot\frac{\pi}{2} - \frac{1\cdot 3\cdot 5}{2\cdot 4\cdot 6}\frac{\pi}{2}\right\} = \frac{3}{8}\pi a^2$$

（3） 周の全長 L は

$$L = 4\int_0^{\pi/2}\sqrt{\left(\frac{dx}{dt}\right)^2+\left(\frac{dy}{dt}\right)^2}\,dt$$

$$= 4\int_0^{\pi/2}\sqrt{(-3a\cos^2 t\sin t)^2+(3a\sin^2 t\cos t)^2}\,dt$$

$$= 12a\int_0^{\pi/2}\sqrt{\cos^4 t\sin^2 t+\sin^4 t\cos^2 t}\,dt = 6a\int_0^{\pi/2}\sin 2t\,dt = 6a$$

2.12 $\displaystyle I = \int_0^{\pi/2}\frac{d\theta}{(a^2\cos^2\theta+b^2\sin^2\theta)^2} = \int_0^{\pi/2}\frac{\dfrac{d\theta}{a^4\cos^4\theta}}{\left[1+\left(\dfrac{b}{a}\tan\theta\right)^2\right]^2}$

$$= \frac{1}{ab^3}\int_0^{\pi/2}\frac{\dfrac{b^2}{a^2}+\left(\dfrac{b}{a}\tan\theta\right)^2}{\left[1+\left(\dfrac{b}{a}\tan\theta\right)^2\right]^2}\,d\left(\frac{b}{a}\tan\theta\right)$$

$$= \frac{1}{a^3b^3}\int_0^{\infty}\frac{a^2t^2+b^2}{(t^2+1)^2}\,dt \quad \left(t=\frac{b}{a}\tan\theta \text{ とおく}\right)$$

$I_1 = \int_0^\infty \frac{a^2t^2 + b^2}{(t^2+1)^2}dt$ とおくと，

$$I_1 = \int_0^\infty \frac{a^2 + b^2\tau^2}{(\tau^2+1)^2}d\tau \quad \left(\tau = \frac{1}{t} \text{ とおく}\right)$$

$$= \int_0^\infty \frac{a^2 + b^2t^2}{(t^2+1)^2}dt$$

$$\therefore \quad 2I_1 = \int_0^\infty \frac{a^2t^2 + b^2}{(t^2+1)^2}dt + \int_0^\infty \frac{a^2 + b^2t^2}{(t^2+1)^2}dt$$

$$= (a^2 + b^2)\int_0^\infty \frac{dt}{t^2+1} = \frac{\pi}{2}(a^2+b^2)$$

ゆえに，

$$I_1 = \frac{\pi}{4}(a^2+b^2), \quad I = \frac{\pi}{4}\frac{a^2+b^2}{a^3b^3}$$

（別解）（i） $a = b$ のとき

$$I = \frac{\pi}{2a^4}$$

（ii） $a < b$ のとき，

$$I = \frac{1}{4}\int_0^{2\pi}\frac{d\theta}{(a^2\cos^2\theta + b^2\sin^2\theta)^2}$$

$$= \frac{1}{4}\oint_{|z|=1}\frac{\frac{dz}{iz}}{\left[a^2\left(\frac{z+z^{-1}}{2}\right)^2 + b^2\left(\frac{z-z^{-1}}{2i}\right)^2\right]^2} \quad (z = e^{i\theta} \text{ とおく})$$

$$= \frac{1}{4}\oint_{|z|=1}\frac{-16iz^3}{(a^2-b^2)^2\left(z^2 - \frac{b+a}{b-a}\right)^2\left(z^2 - \frac{b-a}{b+a}\right)^2}dz$$

$$\equiv \frac{1}{4}\oint_{|z|=1} f(z)\,dz$$

$\alpha^2 = \frac{b-a}{b+a}$ とおくと，$f(z)$ の単位円内にある特異点は $z = \pm\alpha$ で，$f(z)$ の 2 倍の極であるから，

$$\mathrm{Res}\,(\alpha) = \lim_{z\to\alpha}\frac{d}{dz}\{(z-\alpha)^2 f(z)\} = \frac{-i(a^2+b^2)}{4a^3b^3}$$

$$\text{Res}\,(-\alpha) = \lim_{z \to -\alpha} \frac{d}{dz}\{(z+\alpha)^2 f(z)\} = \frac{-i(a^2+b^2)}{4a^3b^3}$$

$$\therefore \quad I = \frac{1}{4} \cdot 2\pi i \{\text{Res}\,(\alpha) + \text{Res}\,(-\alpha)\}$$

$$= \frac{1}{4} \cdot 2\pi i \left\{ \frac{-i(a^2+b^2)}{4a^3b^3} + \frac{-i(a^2+b^2)}{4a^3b^3} \right\} = \frac{\pi}{4} \frac{a^2+b^2}{a^3b^3}$$

(iii) $a > b$ のとき，同様にして

$$I = \frac{\pi}{4} \frac{a^2+b^2}{a^3b^3}$$

2.13 （1） $\displaystyle\int_{-\infty}^{\infty} f_A(x)\,dx = \int_{-\infty}^{\infty} \frac{A}{\sqrt{2\pi}} e^{-(A^2x^2)/2}\,dx = \frac{A}{\sqrt{2\pi}} \sqrt{\frac{2\pi}{A^2}} = 1$

ゆえに，

$$\lim_{A \to \infty} \int_a^b \frac{A}{\sqrt{2\pi}} e^{-A^2x^2/2} g(x)\,dx = \lim_{A \to \infty} \frac{A}{\sqrt{2\pi}} \int_{Aa/\sqrt{2}}^{Ab/\sqrt{2}} e^{-\xi^2} g\left(\frac{\sqrt{2}\,\xi}{A}\right) d\left(\frac{\sqrt{2}\,\xi}{A}\right)$$

$$= \lim_{A \to \infty} \frac{A}{\sqrt{2\pi}} \frac{\sqrt{2}}{A} \int_{Aa/\sqrt{2}}^{Ab/\sqrt{2}} e^{-\xi^2} g\left(\frac{\sqrt{2}\,\xi}{A}\right) d\xi$$

$$= \frac{1}{\sqrt{\pi}} \int_{-\infty}^{\infty} e^{-\xi^2} g(0)\,d\xi = \frac{1}{\sqrt{\pi}} g(0)\sqrt{\pi}$$

$$= g(0) \quad (a < 0 < b)$$

（別解） $\displaystyle\lim_{A \to \infty} \int_a^b f_A(x)\,dx = \lim_{A \to \infty} \int_a^b \frac{A}{\sqrt{2\pi}} e^{-A^2x^2/2}\,dx$

$$= \lim_{A \to \infty} \frac{1}{\sqrt{2\pi}} \int_{aA}^{bA} e^{-t^2/2}\,dt \quad (t = Ax \text{ とおく})$$

$$= \frac{1}{\sqrt{2\pi}} \int_{-\infty}^{\infty} e^{-t^2/2}\,dt = \frac{2}{\sqrt{2\pi}} \int_0^{\infty} e^{-t^2/2}\,dt = \frac{2}{\sqrt{2\pi}} \cdot \sqrt{\frac{\pi}{2}} = 1$$

$$\therefore \quad \lim_{A \to \infty} \int_a^b f_A(x) g(x)\,dx - g(0) = \lim_{A \to \infty} \int_a^b f_A(x)(g(x) - g(0))\,dx$$

$g(x)$ は連続なので，任意の $\varepsilon > 0$ に対して適当な $\delta > 0$ をとれて，$x \in (-\delta, \delta) \subset [a, b]$ のとき，

$$|g(x) - g(0)| < \varepsilon/2$$

以上の δ に対して

$$\int_a^b f_A(x)(g(x) - g(0))\,dx = \left(\int_{-\delta}^{\delta} + \int_a^{-\delta} + \int_{\delta}^{b}\right) \{f_A(x)(g(x) - g(0))\}\,dx$$

①

$$\left|\int_{-\delta}^{\delta} f_A(x)(g(x)-g(0))\,dx\right| \leqq \int_{-\delta}^{\delta} f_A(x)\,|g(x)-g(0)|\,dx$$

$$< \frac{\varepsilon}{2}\int_{-\delta}^{\delta} f_A(x)\,dx < \frac{\varepsilon}{2}\int_{-\infty}^{\infty} f_A(x)\,dx = \frac{\varepsilon}{2} \qquad ②$$

$[a, -\delta]$ において，$A \to \infty$ のとき，$f_A(x)$ は 0 に一様収束する．

$$\therefore\quad \lim_{A\to\infty}\int_a^{-\delta} f_A(x)(g(x)-g(0))\,dx = \int_a^{-\delta} 0\cdot(g(x)-g(0))\,dx = 0$$

同様にして

$$\lim_{A\to\infty}\int_{\delta}^{b} f_A(x)(g(x)-g(0))\,dx = 0$$

ゆえに以上の δ に対して適当な $N>0$ をとれて，$A>N$ のとき

$$\left|\left(\int_a^{-\delta}+\int_{\delta}^{b}\right) f_A(x)(g(x)-g(0))\,dx\right| < \frac{\varepsilon}{2} \qquad ③$$

①，②，③をまとめると，$\varepsilon>0$ に対して適当な $N>0$ をとれて，$A>N$ のとき

$$\left|\int_a^b f_A(x)(g(x)-g(0))\,dx\right| < \frac{\varepsilon}{2}+\frac{\varepsilon}{2} = \varepsilon$$

すなわち，

$$\lim_{A\to\infty}\int_a^b f_A(x)(g(x)-g(0))\,dx = 0,\quad \lim_{A\to\infty}\int_a^b f_A(x)g(x)\,dx = g(0)$$

（2） $\displaystyle\int_{-\infty}^{\infty}\frac{\sin Ax}{\pi x}g(x)\,dx = \frac{1}{\pi}\int_{-\infty}^{\infty}\frac{\sin Ax}{Ax}\,d(Ax) = \frac{1}{\pi}\int_{-\infty}^{\infty}\frac{\sin\xi}{\xi}\,d\xi = \frac{1}{\pi}\cdot\pi = 1$

ゆえに，

$$\lim_{A\to\infty}\int_a^b \frac{\sin Ax}{\pi x}g(x)\,dx = \lim_{A\to\infty}\frac{1}{\pi}\int_{Aa}^{Ab}\frac{\sin\xi}{\xi}g\left(\frac{\xi}{A}\right)d\xi$$

$$= \frac{1}{\pi}\int_{-\infty}^{\infty}\frac{\sin\xi}{\xi}g(0)\,d\xi = \frac{1}{\pi}g(0)\pi$$

$$= g(0) \quad (a<0<b)$$

（別解）（1）の別解と同様

2.14 収束する．

$$\prod_{k=2}^{\infty}\left(1-\frac{1}{k^2}\right) = \frac{1}{2}$$

（証明） 公式（下部参照）より

$$\frac{\sin \pi x}{\pi x} = \left(1 - \frac{x^2}{1^2}\right)\left(1 - \frac{x^2}{2^2}\right)\left(1 - \frac{x^2}{3^2}\right)\cdots \qquad ①$$

$$\frac{\sin \pi x}{\pi x(1 - x^2)} = \left(1 - \frac{x^2}{2^2}\right)\left(1 - \frac{x^2}{3^2}\right)\cdots$$

$$\lim_{x\to 1}\frac{\sin \pi x}{\pi x(1 - x^2)} = \lim_{x\to 1}\frac{\pi\cos \pi x}{\pi - 3\pi x^2} = \frac{-\pi}{\pi - 3\pi} = \frac{1}{2}$$

$$= \left(1 - \frac{1}{2^2}\right)\left(1 - \frac{1}{3^2}\right)\cdots$$

$$= \prod_{k=2}^{\infty}\left(1 - \frac{1}{k^2}\right)$$

〈**参考**〉 ①の証明には，

$$f(x) = \cos\alpha x \quad (-\pi \leqq x \leqq \pi,\ \alpha \neq 0,\ \pm 1,\ \pm 2,\ \cdots)$$

のフーリエ級数展開を用いることができる．周期 $2\pi = 2L$, $L = \pi$ とする．$\cos\alpha x$ は偶関数だから，

$$b_n = 0$$

$$a_n = \frac{2}{L}\int_0^L f(x)\cos nx\,dx$$

$$= \frac{2}{\pi}\int_0^L \cos\alpha x\cos nx\,dx$$

$$= \frac{1}{\pi}\int_0^{\pi}\{\cos(\alpha - n)x + \cos(\alpha + n)x\}\,dx$$

$$= \frac{1}{\pi}\left\{\frac{\sin(\alpha - n)\pi}{\alpha - n} + \frac{\sin(\alpha + n)\pi}{\alpha + n}\right\}$$

$$= \frac{2\alpha\sin\alpha\pi\cos n\pi}{\pi(\alpha^2 - n^2)}$$

$$\therefore\quad \cos\alpha x = \frac{\sin\alpha x}{\alpha\pi} + \frac{2\alpha\sin\alpha\pi}{\pi}\sum_{n=1}^{\infty}\frac{\cos n\pi}{\alpha^2 - n^2}\cos nx$$

$$= \frac{\sin\alpha\pi}{\pi}\left(\frac{1}{\alpha} - \frac{2\alpha}{\alpha^2 - 1^2}\cos x + \frac{2\alpha}{\alpha^2 - 2^2}\cos 2x - \frac{2\alpha}{\alpha^2 - 3^2}\cos 3x + \cdots\right) \qquad ②$$

②で，$x = \pi$ とおくと，

$$\cos\alpha x = \frac{\sin\alpha\pi}{\pi}\left(\frac{1}{\alpha} + \frac{2\alpha}{\alpha^2 - 1^2} + \frac{2\alpha}{\alpha^2 - 2^2} + \frac{2\alpha}{\alpha^2 - 3^2} + \cdots\right)$$

$$\pi\cot\alpha\pi - \frac{1}{\alpha} = \frac{2\alpha}{\alpha^2 - 1^2} + \frac{2\alpha}{\alpha^2 - 2^2} + \frac{2\alpha}{\alpha^2 - 3^2} + \cdots \qquad ③$$

詳細な議論を省略して③の両辺を 0 から π まで積分すると，

$$\int_0^x\left(\pi\cot\alpha\pi - \frac{1}{\alpha}\right)d\alpha = \int_0^x\frac{2\alpha}{\alpha^2 - 1^2}\,d\alpha + \int_0^x\frac{2\alpha}{\alpha^2 - 2^2}\,d\alpha + \cdots$$

$$\log\left(\frac{\sin\alpha\pi}{\alpha\pi}\right)\Bigg|_0^x = \log\left(1 - \frac{x^2}{1^2}\right) + \log\left(1 - \frac{x^2}{2^2}\right) + \cdots$$

$$\log\left(\frac{\sin \pi x}{\pi x}\right) = \lim_{n\to 0}\left\{\log\left(1-\frac{x^2}{1^2}\right)+\log\left(1-\frac{x^2}{2^2}\right)+\cdots+\log\left(1-\frac{x^2}{n^2}\right)\right\}$$

$$= \lim_{n\to 0}\log\left\{\left(1-\frac{x^2}{1^2}\right)\left(1-\frac{x^2}{2^2}\right)\cdots\left(1-\frac{x^2}{n^2}\right)\right\}$$

$$= \log\left\{\lim_{n\to 0}\left(1-\frac{x^2}{1^2}\right)\left(1-\frac{x^2}{2^2}\right)\cdots\left(1-\frac{x^2}{n^2}\right)\right\}$$

$$\therefore\quad \frac{\sin \pi x}{\pi x} = \lim_{n\to 0}\left(1-\frac{x^2}{1^2}\right)\left(1-\frac{x^2}{2^2}\right)\cdots\left(1-\frac{x^2}{n^2}\right)$$

$$= \left(1-\frac{x^2}{1^2}\right)\left(1-\frac{x^2}{2^2}\right)\cdots$$

または，$x \to x/\pi$ と置き換えて

$$\sin x = x\left(1-\frac{x^2}{\pi^2}\right)\left(1-\frac{x^2}{(2\pi)^2}\right)\cdots$$

（別解） 無限級数 $\sum_{n=2}^{\infty}\frac{1}{n^2}$ は収束するから，$\prod_{n=2}^{\infty}\left(1-\frac{1}{n^2}\right)$ も収束し，しかも絶対収束する．積を P とすると

$$P = \prod_{n=2}^{\infty}\left(1-\frac{1}{n^2}\right) = \prod_{n=2}^{\infty}\frac{n^2-1}{n^2} = \lim_{m\to\infty}\prod_{n=2}^{m}\frac{(n-1)(n+1)}{n^2}$$

$$= \lim_{m\to\infty}\frac{1\cdot 3}{2\cdot 2}\frac{2\cdot 4}{3\cdot 3}\frac{3\cdot 5}{4\cdot 4}\cdots\frac{(m-2)m}{(m-1)(m-1)}\frac{(m-1)(m+1)}{m\cdot m}$$

$$= \lim_{m\to\infty}\frac{1}{2}\left(\frac{3}{2}\frac{2}{3}\right)\left(\frac{4}{3}\frac{3}{4}\right)\cdots\left(\frac{m}{m-1}\frac{m-1}{m}\right)\frac{m+1}{m}$$

$$= \lim_{m\to\infty}\frac{1}{2}\frac{m+1}{m}$$

$$= \frac{1}{2}$$

2.15 （1） $n=1$ のとき，$f_0(x)=x$ であるから，漸化式より，

$$f_1(x) = f_0\left(\frac{1}{q_1+x}\right) = \frac{1}{q_1+x} = \frac{0\cdot x+1}{x+q_1}$$

$$\therefore\quad |a_1d_1 - b_1c_1| = |0\cdot q_1 - 1\cdot 1| = 1$$

よって，$n=1$ のとき，与式の形に書ける．

$n=k$ のとき，

$$f_k(x) = \frac{a_kx+b_k}{c_kx+d_k}\quad (|a_kd_k - b_kc_k| = 1) \qquad ①$$

が成立すると仮定すると

$$f_{k+1}(x) = f_k\left(\frac{1}{q_{k+1}+x}\right) = \frac{a_k\dfrac{1}{q_{k+1}+x}+b_k}{c_k\dfrac{1}{q_{k+1}+x}+d_k} = \frac{b_kx+(a_k+b_kq_{k+1})}{d_kx+(c_k+d_kq_{k+1})}$$

$$= \frac{a_{k+1}x+b_{k+1}}{c_{k+1}x+d_{k+1}}$$

ここで，$a_{k+1}=b_k,\ b_{k+1}=a_k+b_kq_{k+1},\ c_{k+1}=d_k,\ d_{k+1}=c_k+d_kq_{k+1}$,

$$|a_{k+1}d_{k+1}-b_{k+1}c_{k+1}|$$
$$= |b_k(c_k+d_kq_{k+1})-(a_k+b_kq_{k+1})\,d_k| = |a_kd_k-b_kc_k| = 1 \quad (\because\ ①)$$

よって，$n=k+1$ のときも①と同様に書ける．

（2） $f_0 = f_0(0) = x|_{x=0} = 0$

$$f_1 = f_1(0) = \left.\frac{1}{1+x}\right|_{x=0} = 1$$

$$f_2 = f_2(0) = \left.\frac{1}{1+\dfrac{1}{2+x}}\right|_{x=0} = \frac{2}{3}$$

$$f_3 = f_3(0) = \left.\frac{1}{1+\dfrac{1}{2+\dfrac{1}{1+x}}}\right|_{x=0} = \frac{1}{1+\dfrac{1}{2+f_1}} = 1-\frac{1}{3+f_1} = \frac{3}{4}$$

$$f_4 = f_4(0) = \left.\frac{1}{1+\dfrac{1}{2+\dfrac{1}{1+\dfrac{1}{2+x}}}}\right|_{x=0} = \frac{1}{1+\dfrac{1}{2+f_2}} = 1-\frac{1}{3+f_2} = \frac{8}{11}$$

$$f_5 = f_5(0) = \frac{1}{1+\dfrac{1}{2+f_3}} = 1-\frac{1}{3+f_3}$$

$$f_6 = f_6(0) = \frac{1}{1+\dfrac{1}{2+f_4}} = 1-\frac{1}{3+f_4}$$

……

$$f_{2n-1} = f_{2n-1}(0) = \cfrac{1}{1 + \cfrac{1}{2 + f_{2n-3}}} = 1 - \frac{1}{3 + f_{2n-3}}$$

$$f_{2n} = f_{2n}(0) = \cfrac{1}{1 + \cfrac{1}{2 + f_{2n-2}}} = 1 - \frac{1}{3 + f_{2n-2}}$$

$\varphi(x) = 1 - \dfrac{1}{3+x}$ とおくと，$\varphi'(x) = \dfrac{1}{(3+x)^2} > 0$ であるから，$\varphi(x)$ は単調増加. ゆえに,

$$1 = f_1 > f_3 > f_5 > \cdots > f_{2n-3} > f_{2n-1} > \cdots > 0$$
$$0 = f_0 < f_2 < f_4 < \cdots < f_{2n-2} < f_{2n} < \cdots \leqq 1$$

したがって，$\{f_{2n-1}\}, \{f_{2n}\}$ は共に収束する数列である．極限値を p, q とそれぞれ書くと，p, q は共に方程式 $x = 1 - \dfrac{1}{3+x}$ をみたす．$f_n > 0\ (n = 1, 2, \cdots)$ より，$p = q = \sqrt{3} - 1$. ゆえに

$$\lim_{n\to\infty} f_n(0) = \lim_{n\to\infty} f_n = \sqrt{3} - 1$$

2.16　$f(\alpha) = x\sin^2\alpha - \dfrac{x^2}{2}\sin^2 2\alpha + \dfrac{x^3}{3}\sin^2 3\alpha - \cdots$ とおくと

$$\begin{aligned} f'(\alpha) &= x(2\sin\alpha\cos\alpha) - x^2(2\sin 2\alpha\cos 2\alpha) + x^3(2\sin 3\alpha\cos 3\alpha) - \cdots \\ &= x\sin 2\alpha - x^2\sin 4\alpha + x^3\sin 6\alpha - \cdots \\ &= \mathrm{Im}\,(x\,e^{2i\alpha} - x^2\,e^{4i\alpha} + x^3\,e^{6i\alpha} - \cdots) \\ &= \mathrm{Im}\left(\frac{x\,e^{2i\alpha}}{1 + x\,e^{2i\alpha}}\right) = \frac{x\sin 2\alpha}{x^2 + 2x\cos 2\alpha + 1} \end{aligned}$$

$$\therefore\quad f(\alpha) = \int_0^\alpha f'(t)\,dt = \int_0^\alpha \frac{x\sin 2t}{x^2 + 2x\cos 2t + 1}\,dt$$
$$= \frac{1}{4}\log\frac{(1+x)^2}{x^2 + 2x\cos 2\alpha + 1}\quad (f(0) = 0 \text{ を利用した})$$

2.17　区間 $x > 0$ において $f(x) = 1/x$ は単調に減少する正の連続関数であるので，区間 $[k, k+1]$ において $f(k+1) \leqq f(x) \leqq f(k)$ である．よって，

$$f(k+1) \leqq \int_k^{k+1} f(x)\,dx \leqq f(k) \qquad ①$$

①の右側の不等式を $k = 1, 2, \cdots, n-1$ について加えれば,

$$\int_1^n f(x)\,dx \leqq \sum_{k=1}^{n-1} f(k)$$

そこで，$a_n = \sum_{k=1}^{n} f(k) - \int_1^n f(x)\,dx$ とおけば，

$$a_n = \left(\sum_{k=1}^{n-1} f(k) - \int_1^n f(x)\,dx\right) + f(n) \geqq f(n) > 0$$

$$\begin{aligned}\therefore\quad a_n - a_{n+1} &= \left(\sum_{k=1}^{n} f(k) - \int_1^n f(x)\,dx\right) \\ &\quad - \left(\sum_{k=1}^{n} f(k) - \int_1^{n+1} f(x)\,dx + f(n+1)\right) \\ &= \int_n^{n+1} f(x)\,dx - f(n+1) \geqq 0\end{aligned}$$

すなわち，数列 $\{a_n\}$ は単調に減少し，下界があるので，

$$\lim_{n\to\infty} a_n = \lim_{n\to\infty}\left(1 + \frac{1}{2} + \cdots + \frac{1}{n} - \log n\right) = \gamma \quad \text{（オイラーの定数）}$$

なる極限値が存在する．

2.18 （1） $M > 0$ を十分大きく選び，任意の n に対して $|a_n - \alpha| \leqq M$ とする．任意の $\varepsilon > 0$ に対して正の整数 n_0 を選べて，$n > n_0$ のとき，$|a_n - \alpha| < \dfrac{\varepsilon}{2}$．このとき，

$$\begin{aligned}\left|\frac{a_1 + \cdots + a_n}{n} - \alpha\right| &\leqq \frac{1}{n}\{|a_1 - \alpha| + \cdots + |a_n - \alpha|\} \\ &< \frac{n_0}{n}M + \frac{n - n_0}{n}\frac{\varepsilon}{2}\end{aligned}$$

次に，$n_1 \geqq n_0$, $\dfrac{n_0}{n_1}M < \dfrac{\varepsilon}{2}$ をみたすように正の整数 n_1 を選べば，任意の $n \geqq n_1$ に対して

$$\left|\frac{a_1 + \cdots + a_n}{n} - \alpha\right| < \varepsilon \qquad \therefore\quad \lim_{n\to\infty}\frac{a_1 + a_2 + \cdots + a_n}{n} = \alpha$$

（2） （i） $\alpha \neq 0$ のとき，$\log a_n \to \log \alpha$

$$\therefore\quad \log \sqrt[n]{a_1 a_2 \cdots a_n} = (\log a_1 + \log a_2 + \cdots + \log a_n)/n \to \log \alpha$$

（$\because$ （1）の結果）

ゆえに，

$$\sqrt[n]{a_1 a_2 \cdots a_n} \to \alpha$$

（ii） $\alpha = 0$ のとき，$M > 0$ が選べて，$|a_n| < M$ $(n = 1, 2, \cdots)$ が成立する．任意

の $\varepsilon > 0$ に対して，正の整数 n_0 が選べて，$n > n_0$ のとき，$|a_n| < \dfrac{\varepsilon}{4}$ が成立する．十分大きい正の整数 $n_1 > n_0$ をとって，$n > n_1$ のとき，$M^{n_0/n} < 2$, $\left(\dfrac{\varepsilon}{4}\right)^{(n-n_0)/n} < \dfrac{\varepsilon}{2}$ が成立する．よって，

$$\sqrt[n]{a_1 \cdots a_{n_0} a_{n_0+1} \cdots a_n} \leqq M^{n_0/n} \left(\frac{\varepsilon}{4}\right)^{(n-n_0)/n} < 2 \cdot \frac{\varepsilon}{2} = \varepsilon \quad (n > n_1)$$

すなわち

$$\lim_{n\to\infty} \sqrt[n]{a_1 a_2 \cdots a_n} = \alpha = 0$$

2.19　2.18(1)の結果より，

$$\alpha = \lim_{n\to\infty} \frac{1}{n} \sum_{k=1}^{n} (a_{k+1} - a_k) = \lim_{n\to\infty} \frac{1}{n} (a_{n+1} - a_1) = \lim_{n\to\infty} \frac{a_{n+1}}{n+1}$$

$$\therefore \quad \lim_{n\to\infty} \frac{a_n}{n} = \alpha$$

2.20　(a)　任意の $\varepsilon > 0$ に対して正の整数 N が存在し，$N \leqq n < m$ に対して，

$$s_m - s_n = \sum_{k=n+1}^{m} a_k < \varepsilon \qquad ①$$

とすると，

$$\sum_{k=n+1}^{m} \frac{a_k}{s_k} < \frac{1}{s_N} \sum_{k=n+1}^{m} a_k \qquad ②$$

すなわち，$\displaystyle\sum_{n=1}^{\infty} a_n < \infty$ (①) のとき，$\displaystyle\sum_{n=1}^{\infty} \frac{a_n}{s_n} < \infty$ (②) が成り立つ．

(b)　逆に，$\displaystyle\sum_{k=n+1}^{m} \frac{a_k}{s_k} < \varepsilon$ ならば，

$$\sum_{k=n+1}^{m} \frac{a_k}{s_k} > \frac{1}{s_m} \sum_{k=n+1}^{m} a_k = \frac{s_m - s_n}{s_m} \qquad \therefore \quad s_m < \frac{s_n}{1-\varepsilon}$$

s_m は $(m = n+1, \cdots)$ 有界単調増加だから収束する．すなわち，$\displaystyle\sum_{n=1}^{\infty} \frac{a_n}{s_n} < \infty$ (②) のとき，$\displaystyle\sum_{n=1}^{\infty} a_n < \infty$ (①) が成り立つ．

〈注〉 $\Pi(1+b_n), \Pi(1-b_n)$ の部分積の列をそれぞれ $\{p_n\}, \{q_n\}$ とし，$\sum b_n$ の部分和の列を $\{s_n\}$ とする．$0 < b_n < 1$ だから，$\{q_n\}$ は減少列である．ゆえに，$\Pi(1-b_n)$ の収束は $\{q_n\}$ の下限が正であることと同値である．$0 < (1+b_n)(1-b_n) < 1$ だから，$0 < p_n q_n < 1$．したがって，$\{q_n\}$ が下限ならば，$\{p_n\}$ は有界となり，$\sum b_n$ は収束する．

逆に，$\sum b_n$ が収束するならば，$b_n \to 0\ (n \to \infty)$ だから，一般性を失うことなく，$0 < b_n < 1/3\ (n = 1, 2, \cdots)$ と仮定してよい．

ところで，$1 - x \geqq e^{-3x}(0 \leqq x \leqq 1/3)$ だから，$q_n \geqq e^{-3s_n}$．

したがって，$\sum b_n$ の収束から，$\{s_n\}$ の有界なことがわかり，$\{q_n\}$ の下限が正となる．

（c）右図の $[s_n, s_{n+1}]$ で挟まれた短冊の面積は

$$(s_{n+1} - s_n)\cdot\frac{1}{s_{n+1}^2} = \frac{a_{n+1}}{s_{n+1}^2}$$

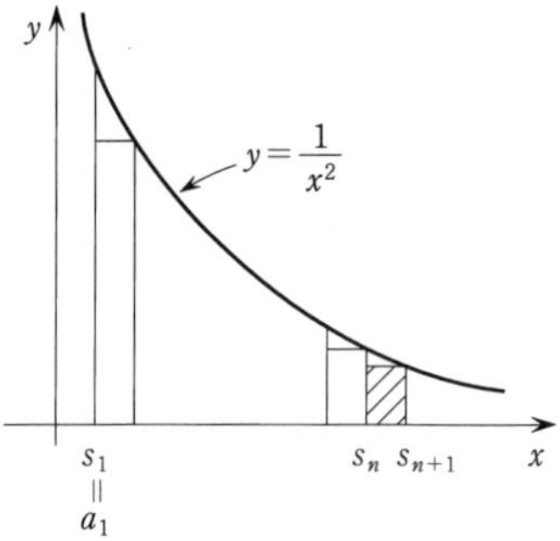

$[a_1, \infty]$ の短冊の全面積

$$\sum_{n=1}^{\infty} \frac{a_{n+1}}{s_{n+1}^2}$$

は，図より明らかに，$[a_1, \infty]$ の曲線 $y = 1/x^2$ の下の面積より小さい．

$$\therefore \quad \sum_{n=1}^{\infty} \frac{a_{n+1}}{s_{n+1}^2} < \int_{a_1}^{\infty} \frac{1}{x^2}\,dx = \left[-\frac{1}{x}\right]_{a_1}^{\infty} = \frac{1}{a_1}$$

$$\therefore \quad \sum_{n=1}^{\infty} \frac{a_n}{s_n^2} < \frac{a_1}{s_1} + \frac{1}{a_1} = 1 + \frac{1}{a_1} < \infty$$

2.21 $I_n = \displaystyle\int_0^n \left(1 + \frac{x}{n}\right)^n e^{-ax}\,dx = \int_0^N \left(1 + \frac{x}{n}\right)^n e^{-ax}\,dx + \int_N^n \left(1 + \frac{x}{n}\right)^n e^{-ax}\,dx$

$[0, N]$ において $\left\{\left(1 + \dfrac{x}{n}\right)^n\right\}$ は e^x に一様収束する．

$$\therefore \quad \lim_{n\to\infty} \int_0^N \left(1 + \frac{x}{n}\right)^n e^{-ax}\,dx = \int_0^N \lim_{n\to\infty} \left(1 + \frac{x}{n}\right)^n e^{-ax}\,dx = \int_0^N e^x \cdot e^{-ax}\,dx$$

$$= \int_0^N e^{(1-a)x}\,dx = \frac{1}{1-a}\,(e^{(1-a)N} - 1)$$

一方，

$$0 \leqq \int_N^n \left(1 + \frac{x}{n}\right)^n e^{-ax}\,dx < \int_N^n e^x\, e^{-ax}\,dx < \int_N^{\infty} e^{(1-a)x}\,dx = \frac{1}{1-a}\,e^{(1-a)N}$$

$$\therefore \quad \int_N^n \left(1 + \frac{x}{n}\right)^n e^{-ax}\,dx = o\,(e^{(1-a)N})$$

したがって，

$$\lim_{n\to\infty} I_n = \frac{1}{1-a}\,(e^{(1-a)N} - 1) + o\,(e^{(1-a)N}) \qquad ①$$

N は十分に大きな数なので，$N \to \infty$ とすると，①より $\displaystyle\lim_{n\to\infty} I_n = \frac{1}{a-1}$ が得られる．

2.22 （1） 与式より

$$0 < \frac{\pi^2}{6} - \sum_{k=1}^{n} \frac{1}{k^2} = \sum_{k=n}^{\infty} \frac{1}{(k+1)^2}$$

ここで,

$$\frac{1}{(k+1)^2} < \frac{1}{\left(k+\frac{1}{2}\right)\left(k+\frac{3}{2}\right)} = \frac{1}{k+\frac{1}{2}} - \frac{1}{k+\frac{3}{2}}$$

$$\therefore \quad \sum_{k=n}^{\infty} \frac{1}{(k+1)^2} < \sum_{k=n}^{\infty} \left(\frac{1}{k+\frac{1}{2}} - \frac{1}{k+\frac{3}{2}} \right) = \frac{1}{n+0.5}$$

したがって, $\dfrac{\pi^2}{6}$ と $\displaystyle\sum_{k=1}^{n} \frac{1}{k^2}$ との差は $\dfrac{1}{n+0.5}$ 程度である.

（2） $$\sum_{k=1}^{n} \frac{1}{k^2} + \frac{1}{n+0.5} - \frac{\pi^2}{6} = -\sum_{k=n}^{\infty} \frac{1}{(k+1)^2} + \frac{1}{n+0.5}$$

ここで,

$$0 < -\sum_{k=n}^{\infty} \frac{1}{(k+1)^2} + \frac{1}{n+0.5}$$

$$< \sum_{k=n}^{\infty} \left\{ \frac{1}{\left(k+\frac{1}{2}\right)\left(k+\frac{3}{2}\right)} - \frac{1}{(k+1)(k+2)} \right\}$$

$$\left(\because \quad \frac{1}{n+0.5} = \sum_{k=n}^{\infty} \frac{1}{\left(k+\frac{1}{2}\right)\left(k+\frac{3}{2}\right)}, \quad \sum_{k=n}^{\infty} \frac{1}{(k+1)^2} > \sum_{k=n}^{\infty} \frac{1}{(k+1)(k+2)} \right)$$

$$= \sum_{k=n}^{\infty} \left\{ \frac{1}{k+\frac{1}{2}} - \frac{1}{k+\frac{3}{2}} \right\} - \sum_{k=n}^{\infty} \left\{ \frac{1}{k+1} - \frac{1}{k+2} \right\}$$

$$= \frac{1}{n+\frac{1}{2}} - \frac{1}{n+1} = \frac{1}{2\left(n+\frac{1}{2}\right)(n+1)} < \frac{1}{2(n+0.5)^2}$$

よって, $\displaystyle\sum_{k=1}^{n} \frac{1}{k^2} + \frac{1}{n+0.5}$ と $\dfrac{\pi^2}{6}$ の差は $\dfrac{1}{2(n+0.5)^2}$ の程度である.

2.23 $n=3k$ のとき，

$$a_n = a_{3k} = \sum_{i=1}^{k}\binom{3k}{3i} = \binom{3k}{3} + \binom{3k}{6} + \binom{3k}{9} + \cdots + \binom{3k}{3k-3} + \binom{3k}{3k}$$

（よって，式 ${}_nC_r = {}_{n-1}C_{r-1} + {}_{n-1}C_r$ を使うと，）

$$\begin{aligned}
a_n &= \binom{3k-1}{3} + \binom{3k-1}{2} + \binom{3k-1}{6} + \binom{3k-1}{5} + \binom{3k-1}{9} \\
&\quad + \binom{3k-1}{8} + \cdots + \binom{3k-1}{3k-3} + \binom{3k-1}{3k-4} + \binom{3k-1}{3k-1} \\
&= \binom{3k-2}{3} + \binom{3k-2}{2} + \binom{3k-2}{2} + \binom{3k-2}{1} + \binom{3k-2}{6} \\
&\quad + \binom{3k-2}{5} + \binom{3k-2}{5} + \binom{3k-2}{4} + \binom{3k-2}{9} \\
&\quad + \binom{3k-2}{8} + \binom{3k-2}{8} + \binom{3k-2}{7} + \cdots + \binom{3k-2}{3k-3} \\
&\quad + \binom{3k-2}{3k-4} + \binom{3k-2}{3k-4} + \binom{3k-2}{3k-5} + \binom{3k-2}{3k-2} \\
&= \left[\binom{3k-2}{0} + \binom{3k-2}{1} + \cdots + \binom{3k-2}{3k-2}\right] - \binom{3k-2}{0} \\
&\quad + \left[\binom{3k-2}{2} + \binom{3k-2}{5} + \cdots + \binom{3k-2}{3k-4}\right] \\
&= 2^{3k-2} - 1 + \binom{3k-2}{2} + \binom{3k-2}{5} + \cdots + \binom{3k-2}{3k-4} \\
&= 2^{3k-2} - 1 + \binom{3k-3}{2} + \binom{3k-3}{1} + \binom{3k-3}{5} + \binom{3k-3}{4} \\
&\quad + \cdots + \binom{3k-3}{3k-4} + \binom{3k-3}{3k-5} \\
&= 2^{3k-2} - 1 + \binom{3k-4}{2} + \binom{3k-4}{1} + \binom{3k-4}{1} + \binom{3k-4}{0} \\
&\quad + \cdots + \binom{3k-4}{3k-4} + \binom{3k-4}{3k-5} + \binom{3k-4}{3k-5} + \binom{3k-4}{3k-6} \\
&= 2^{3k-2} - 1 + \left[\binom{3k-4}{0} + \binom{3k-4}{1} + \binom{3k-4}{2} + \cdots\right.
\end{aligned}$$

$$+\binom{3k-4}{3k-4}\Bigg]+\left[\binom{3k-4}{1}+\binom{3k-4}{4}+\cdots+\binom{3k-4}{3k-5}\right]$$

$$=2^{3k-2}+2^{3k-4}-1+\binom{3k-4}{1}+\binom{3k-4}{4}+\cdots+\binom{3k-4}{3k-5}$$

$$=\cdots=2^{3k-2}+2^{3k-4}+\cdots+2^2+2+2^0+A_k \quad (A_k\text{は有界な定数})$$

$$\sim 2^{3k-2}\left(1+\frac{1}{4}+\frac{1}{4^2}+\cdots\right)=3^{-1}\cdot 2^{3k} \qquad (k\to\infty)$$

$$=\frac{1}{3}\cdot 2^n \quad (n\to\infty)$$

$n=3k+\alpha(\alpha=1,2)$ のとき，同様にして，$a_n\sim\dfrac{1}{3}\cdot 2^n(n\to\infty)$.

よって，整級数 $\sum_{n=0}^{\infty}a_nx^n$ の収束半径 R は次式のようになる.

$$R=\lim_{n\to\infty}\left|\frac{a_n}{a_{n+1}}\right|=\lim_{n\to\infty}\frac{2^n/3}{2^{n+1}/3}=\frac{1}{2}$$

2.24 問1 （a） 図を参照し，曲線 $y=f(x)$ 上の 2 点を

$\mathrm{M}(x,y)$, $\mathrm{M}'(x+\Delta x, y+\Delta y)$

とし，弧 $\mathrm{MM}'=\Delta s$, M における接線が x 軸の正方向となす角を τ, M, M′ における接線のなす角 TNT′ を $\Delta\tau$ とすると，$\mathrm{M}(x,y)$ における $y=f(x)$ の曲率は

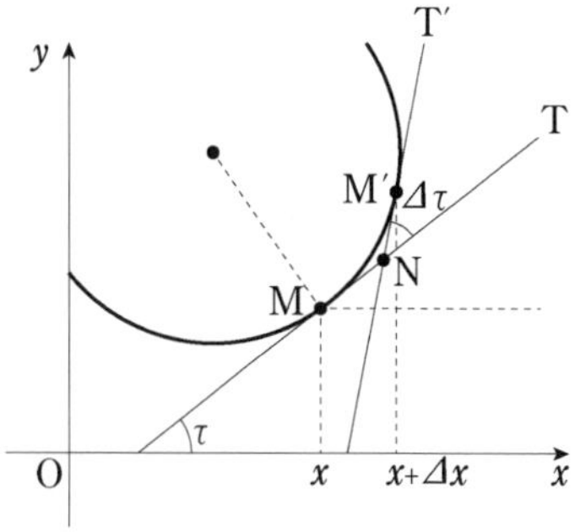

$$k=\lim_{\Delta s\to 0}\frac{\Delta\tau}{\Delta s}=\frac{d\tau}{ds}$$

勾配は

$$\tan\tau=\frac{dy}{dx},\quad \sec^2\tau=\frac{d\tau}{dx}=\frac{d^2y}{dx^2}$$

$$\therefore\quad \frac{d\tau}{dx}=\frac{\dfrac{d^2y}{dx^2}}{\sec^2\tau}=\frac{\dfrac{d^2y}{dx^2}}{1+\tan^2\tau}=\frac{\dfrac{d^2y}{dx^2}}{1+\left(\dfrac{dy}{dx}\right)^2}$$

一方，$f(x+\Delta x)-f(x)=\Delta y$ だから，

$$\overline{\mathrm{MM}'}=\Delta s=\sqrt{(\Delta x)^2+(\Delta y)^2}$$
$$=\sqrt{(\Delta x)^2+\{f(x+\Delta x)-f(x)\}^2}$$

$$= \Delta x \sqrt{1 + \left\{ \frac{f(x+\Delta x) - f(x)}{\Delta x} \right\}^2}$$

$$\cong \Delta x \sqrt{1 + \{f'(x)\}^2} \quad (\because \ f(x+\Delta x) \cong f(x) + f'(x)\Delta x)$$

$$\lim_{\Delta x \to 0} \frac{\Delta s}{\Delta x} = \frac{ds}{dx} = \sqrt{1 + \left(\frac{dy}{dx}\right)\Big\}^2}$$

$$\therefore \quad k = \frac{d\tau}{ds} = \frac{d\tau}{dx}\frac{dx}{ds}$$

$$= \frac{\dfrac{d^2y}{dx^2}}{1 + \left(\dfrac{dy}{dx}\right)^2} \frac{1}{\sqrt{1 + \left(\dfrac{dy}{dx}\right)^2}} = \frac{\dfrac{d^2y}{dx^2}}{\left\{1 + \left(\dfrac{dy}{dx}\right)^2\right\}^{3/2}}$$

曲率半径を ρ とすると，$\Delta s = \rho \Delta \tau$ より，

$$\frac{1}{\rho} = \lim_{\Delta s \to 0} \frac{\Delta \tau}{\Delta s} = \frac{d\tau}{ds}$$

$$\therefore \quad \rho = \frac{\left\{1 + \left(\dfrac{dy}{dx}\right)^2\right\}^{3/2}}{\dfrac{d^2y}{dx^2}} \qquad ①$$

（b） 次に，曲率中心を $C(x_0, y_0)$ とし，CM が x 軸の正方向となす角を γ とすると，

$$x - x_0 = \rho\cos(\pi - \gamma) = -\rho\cos\gamma, \quad x_0 - x = \rho\cos\gamma, \quad y_0 - y = \rho\sin\gamma$$

$$\tan\gamma = -\frac{1}{\dfrac{dy}{dx}}, \quad \sin\gamma = \frac{1}{\sqrt{1 + \left(\dfrac{dy}{dx}\right)^2}}, \quad \cos\gamma = -\frac{\dfrac{dy}{dx}}{\sqrt{1 + \left(\dfrac{dy}{dx}\right)^2}}$$

$$\therefore \quad x_0 = x - \frac{1 + \left(\dfrac{dy}{dx}\right)^2}{\dfrac{d^2y}{dx^2}}\frac{dy}{dx}, \quad y_0 = y + \frac{1 + \left(\dfrac{dy}{dx}\right)^2}{\dfrac{d^2y}{dx^2}} \qquad ②$$

問 2 （a） 与図において，運動中の円の中心から下ろした垂線の足を H とすると，OH = 弧 PH = θ だから，

$$\begin{cases} x = \mathrm{OH} - 1\cdot\sin\theta = \theta - \sin\theta \\ y = 1 - 1\cdot\cos\theta = 1 - \cos\theta \end{cases} \qquad ③$$

（b） 長さを L とすると

$$L \equiv \int_0^{2\pi} \sqrt{\left(\frac{dx}{d\theta}\right)^2 + \left(\frac{dy}{d\theta}\right)^2}\, d\theta = \int_0^{2\pi} \sqrt{(1 - \cos\theta)^2 + (\sin\theta)^2}\, d\theta$$

$$= \sqrt{2} \int_0^{2\pi} \sqrt{1 - \cos\theta}\, d\theta \quad \left(\because \quad \sin^2\frac{\theta}{2} = \frac{1 - \cos\theta}{2}\right)$$

$$= \sqrt{2}\,\sqrt{2} \int_0^{2\pi} \sin\frac{\theta}{2}\, d\theta = -2\left[\, 2\cos\frac{\theta}{2}\,\right]_0^{2\pi}$$

$$= -4[\cos\pi - 1] = 8$$

（c） $y = f(x), x = \phi(\theta), \dfrac{dx}{d\theta} = \phi'(\theta)$ とおくと，

$$\frac{dy}{d\theta} = \frac{dy}{dx}\frac{dx}{d\theta} = \frac{dy}{dx}\phi'(\theta), \quad \frac{d\theta}{dx} = \frac{1}{\phi'(\theta)}$$

$$\therefore \quad \frac{d^2y}{dx^2} = \frac{d}{dx}\frac{dy}{dx} = \frac{d\theta}{dx}\frac{d}{d\theta}\frac{dy}{dx} = \frac{dt}{dx}\frac{d}{d\theta}\left\{\frac{1}{\phi'(\theta)}\frac{dy}{d\theta}\right\} = \frac{1}{\phi'(\theta)}\frac{d}{d\theta}\left\{\frac{1}{\phi'(\theta)}\frac{dy}{d\theta}\right\}$$

$$= \frac{1}{\phi'(\theta)}\left[\frac{1}{\phi'(\theta)}\frac{d^2y}{d\theta^2} + \frac{-\phi''(\theta)}{\{\phi'(\theta)\}^2}\frac{dy}{d\theta}\right] = \frac{\dfrac{dx}{d\theta}\dfrac{d^2y}{d\theta^2} - \dfrac{d^2x}{d\theta^2}\dfrac{dy}{d\theta}}{\left(\dfrac{dx}{d\theta}\right)^3}$$

$$\frac{dy}{dx} = \frac{\dfrac{dy}{d\theta}}{\dfrac{dx}{d\theta}} \qquad \therefore \quad 1 + \left(\frac{dy}{dx}\right)^2 = 1 + \left(\frac{\dfrac{dy}{d\theta}}{\dfrac{dx}{d\theta}}\right)^2 = \frac{\left(\dfrac{dx}{d\theta}\right)^2 + \left(\dfrac{dy}{d\theta}\right)^2}{\left(\dfrac{dx}{d\theta}\right)^2} \qquad ⑤$$

④，⑤を①に代入すると

$$\rho = \frac{\left\{1 + \left(\dfrac{dy}{dx}\right)^2\right\}^{3/2}}{\dfrac{d^2y}{dx^2}} = \frac{\left\{\left(\dfrac{dx}{d\theta}\right)^2 + \left(\dfrac{dy}{d\theta}\right)^2\right\}^{3/2}}{\dfrac{d^2y}{d\theta^2}\dfrac{dx}{d\theta} - \dfrac{dy}{d\theta}\dfrac{d^2x}{d\theta^2}}$$

ここで，③より，

$$\frac{dx}{d\theta} = 1 - \cos\theta, \quad \frac{dy}{d\theta} = \sin\theta, \quad \frac{d^2x}{d\theta^2} = \sin\theta, \quad \frac{d^2y}{d\theta^2} = \cos\theta \qquad ⑥$$

$$\therefore \quad \rho = \frac{\{(1 - \cos\theta)^2 + \sin^2\theta\}^{3/2}}{\cos\theta\,(1 - \cos\theta) - \sin\theta\sin\theta} = \frac{2^{3/2}(1 - \cos\theta)^{3/2}}{\cos\theta - 1}$$

$$= \frac{2^{3/2}\left(2\sin^2\frac{\theta}{2}\right)^{3/2}}{-2\sin^2\frac{\theta}{2}} = -4\sin\frac{\theta}{2}$$

絶対値をとって，$\rho = 4\sin\frac{\theta}{2}$ ⑦

（d） ②，⑥より，

$$x_0 = x - \frac{\left(\frac{dx}{d\theta}\right)^2 + \left(\frac{dy}{d\theta}\right)^2}{\frac{d^2y}{d\theta^2}\frac{dx}{d\theta} - \frac{dy}{d\theta}\frac{d^2x}{d\theta^2}}\frac{dy}{d\theta}$$

$$= \theta - \sin\theta - \frac{(1-\cos\theta)^2 + (\sin\theta)^2}{\cos\theta\,(1-\cos\theta) - \sin\theta\sin\theta}\sin\theta = \theta + \sin\theta \qquad ⑧$$

$$y_0 = y + \frac{\left(\frac{dx}{d\theta}\right)^2 + \left(\frac{dy}{d\theta}\right)^2}{\frac{d^2y}{d\theta^2}\frac{dx}{d\theta} - \frac{dy}{d\theta}\frac{d^2x}{d\theta^2}}\frac{dx}{d\theta} = 1 - \cos\theta + \frac{2-2\cos\theta}{\cos\theta - 1}(1-\cos\theta)$$

$$= -(1-\cos\theta) \qquad ⑨$$

（e） ⑧，⑨より，

$$\begin{cases} x_0 - \pi = (\theta - \pi) - \sin(\theta - \pi) \\ y_0 + 2 = 1 - \cos(\theta - \pi) \end{cases}$$

$\theta - \pi = \nu,\ x_0 - \pi = \xi,\ y_0 + 2 = \eta$ とおくと，

$$\begin{cases} \xi = \nu - \sin\nu \\ \eta = 1 - \cos\nu \end{cases} \quad \text{（縮閉線）} \qquad ⑩$$

よって，⑩は元の曲線と位置を異にしたサイクロイドである．

ゆえに，⑦より，

$$\rho_{\theta=\pi} = 4\sin\frac{\pi}{2} = 4,\quad \rho_{\theta=0} = 0,\quad \rho_{\theta=2\pi} = 4\sin\pi = 0 \qquad \therefore\ \text{弧 OC}' = 4$$

ゆえに，曲率中心の軌跡の全長は 8 になる．

（f） サイクロイド：$\begin{cases} x = \theta - \sin\theta \\ y = 1 - \cos\theta \end{cases}$，縮閉線：$\begin{cases} x = \theta + \sin\theta \\ y = -(1 - \cos\theta) \end{cases}$

だから，それらで囲まれる面積は

$$S = S_1 + S_2 = \int_0^{2\pi} f_1(x)\frac{dx}{d\theta}d\theta + \int_0^{2\pi} f_2(x)\frac{dx}{d\theta}d\theta$$

$$S_1 = \int_0^{2\pi} y \frac{dx}{d\theta} d\theta = \int_0^{2\pi} (1 - \cos\theta)(1 - \cos\theta)\, d\theta = \int_0^{2\pi} (1 - \cos\theta)^2\, d\theta$$

$$= \int_0^{2\pi} (1 - 2\cos\theta + \cos^2\theta)\, d\theta = \int_0^{2\pi} \left(1 - 2\cos\theta + \frac{1 + \cos 2\theta}{2}\right) d\theta$$

$$= \int_0^{2\pi} \left(\frac{3}{2} - 2\cos\theta + \frac{\cos 2\theta}{2}\right) d\theta$$

$$= \left[\frac{3}{2}\theta - 2\sin\theta + \frac{1}{2}\frac{\sin 2\theta}{2}\right]_0^{2\pi} = 3\pi$$

$$S_2 = \int_0^{2\pi} y \frac{dx}{d\theta} d\theta = \int_0^{2\pi} (1 - \cos\theta)(1 - \cos\theta)\, d\theta = \int_0^{2\pi} (1 - \cos^2\theta)\, d\theta$$

$$= \int_0^{2\pi} \left(\frac{2}{2} - \frac{1 + \cos 2\theta}{2}\right) d\theta = \int_0^{2\pi} \left(\frac{1}{2} - \frac{\cos 2\theta}{2}\right) d\theta$$

$$= \frac{1}{2}\left[\theta - \frac{\sin 2\theta}{2}\right]_0^{2\pi} = \pi$$

$$\therefore \quad S = S_1 + S_2 = 4\pi$$

2.25 直角座標 (x, y, z) と円筒座標 (r, φ, z) の関係は

$$x = r\cos\varphi, \quad y = r\sin\varphi, \quad z = z$$

$$r = \sqrt{x^2 + y^2}, \quad \varphi = \tan^{-1}\frac{y}{x}, \quad z = z$$

$$\therefore \quad \frac{\partial\varphi}{\partial x} = \frac{1}{1 + (y/x)^2}\cdot\frac{-y}{x^2} = \frac{-y}{x^2 + y^2} = -\frac{\sin\varphi}{r},$$

$$\frac{\partial^2\varphi}{\partial x^2} = -y\frac{-2x}{(x^2 + y^2)^2} = \frac{2xy}{(x^2 + y^2)^2} = \frac{2\sin\varphi\cos\varphi}{r^2},$$

$$\frac{\partial\varphi}{\partial y} = \frac{1}{1 + (y/x)^2}\cdot\frac{1}{r} = \frac{x}{x^2 + y^2} = \frac{\cos\varphi}{r},$$

$$\frac{\partial^2\varphi}{\partial y^2} = x\frac{-2y}{(x^2 + y^2)^2} = \frac{-2xy}{(x^2 + y^2)^2} = \frac{-2\sin\varphi\cos\varphi}{r^2}$$

$$\frac{\partial r}{\partial x} = \frac{2x}{2\sqrt{x^2 + y^2}} = \frac{x}{r} = \cos\varphi,$$

$$\frac{\partial^2 r}{\partial x^2} = \frac{\sqrt{x^2 + y^2} - x\cdot 2x/2\sqrt{x^2 + y^2}}{x^2 + y^2} = \frac{1}{r} - \frac{x^2}{r^3}$$

$$\frac{\partial r}{\partial y} = \frac{y}{r} = \sin\varphi, \quad \frac{\partial^2 r}{\partial y^2} = \frac{1}{r} - \frac{y^2}{r^3}$$

Uをスカラーとすると,

$$\frac{\partial U}{\partial x}=\frac{\partial U}{\partial r}\frac{\partial r}{\partial x}+\frac{\partial U}{\partial \varphi}\frac{\partial \varphi}{\partial x},\quad \frac{\partial U}{\partial y}=\frac{\partial U}{\partial r}\frac{\partial r}{\partial y}+\frac{\partial U}{\partial \varphi}\frac{\partial \varphi}{\partial y}$$

$$\frac{\partial^2 U}{\partial x^2}=\frac{\partial}{\partial x}\left(\frac{\partial U}{\partial r}\right)\frac{\partial r}{\partial x}+\frac{\partial U}{\partial r}\frac{\partial^2 r}{\partial x^2}+\frac{\partial}{\partial x}\left(\frac{\partial U}{\partial \varphi}\right)\frac{\partial \varphi}{\partial x}+\frac{\partial U}{\partial \varphi}\frac{\partial^2 \varphi}{\partial x^2}$$

$$=\frac{\partial^2 U}{\partial r^2}\left(\frac{\partial r}{\partial x}\right)^2+\frac{\partial^2 U}{\partial \varphi\partial r}\frac{\partial \varphi}{\partial x}\frac{\partial r}{\partial x}+\frac{\partial U}{\partial r}\frac{\partial^2 r}{\partial x^2}$$

$$+\frac{\partial^2 U}{\partial r\partial \varphi}\frac{\partial r}{\partial x}\frac{\partial \varphi}{\partial x}+\frac{\partial^2 U}{\partial \varphi^2}\left(\frac{\partial \varphi}{\partial x}\right)^2+\frac{\partial U}{\partial \varphi}\frac{\partial^2 \varphi}{\partial x^2}$$

$$=\frac{\partial^2 U}{\partial r^2}\left(\frac{x}{r}\right)^2+\frac{\partial U}{\partial r}\left(\frac{1}{r}-\frac{x^2}{r^3}\right)+\frac{\partial^2 U}{\partial \varphi^2}\frac{\sin^2\varphi}{r^2}+\frac{\partial U}{\partial r}\frac{2\sin\varphi\cos\varphi}{r^2}$$

$$-2\frac{\partial^2 U}{\partial r\partial \varphi}\frac{\sin\varphi}{r}\cos\varphi$$

$$\frac{\partial^2 U}{\partial y^2}=\frac{\partial^2 U}{\partial r^2}\left(\frac{y}{r}\right)^2+\frac{\partial U}{\partial r}\left(\frac{1}{r}-\frac{x^2}{r^3}\right)+\frac{\partial^2 U}{\partial \varphi^2}\frac{\cos^2\varphi}{r^2}+\frac{\partial U}{\partial \varphi}\frac{2\sin\varphi\cos\varphi}{r^2}$$

$$+2\frac{\partial^2 U}{\partial \varphi\partial r}\frac{\cos\varphi}{r}\sin\varphi$$

$$\therefore\quad \frac{\partial^2 U}{\partial x^2}+\frac{\partial^2 U}{\partial y^2}=\frac{\partial^2 U}{\partial r^2}+\frac{1}{r}\frac{\partial U}{\partial r}+\frac{1}{r^2}\frac{\partial^2 U}{\partial \varphi^2} \qquad ①$$

一方，直角座標 (x, y, z) と極座標 (r, θ, φ) の関係は

$$x=r\sin\theta\cos\varphi,\quad y=r\sin\theta\sin\varphi,\quad z=r\cos\theta \qquad ②$$

いま，

$$\rho=r\sin\theta,\quad z=r\cos\theta,\quad \varphi=\varphi \qquad ③$$

$$x=\rho\cos\varphi,\quad y=\rho\sin\varphi,\quad z=z$$

とおけば，これらは②の場合と同形であるから，①に対応して

$$\frac{\partial^2 U}{\partial z^2}+\frac{\partial^2 U}{\partial \rho^2}=\frac{\partial^2 U}{\partial r^2}+\frac{1}{r}\frac{\partial U}{\partial r}+\frac{1}{r^2}\frac{\partial^2 U}{\partial \theta^2}$$

$$\frac{\partial^2 U}{\partial x^2}+\frac{\partial^2 U}{\partial y^2}=\frac{\partial^2 U}{\partial \rho^2}+\frac{1}{\rho}\frac{\partial U}{\partial \rho}+\frac{1}{\rho^2}\frac{\partial^2 U}{\partial \varphi^2} \qquad ④$$

また，③より

$$\frac{\partial r}{\partial \rho}=\frac{2\rho}{2\sqrt{\rho^2+z^2}}=\frac{\rho}{r}=\sin\theta,\quad \frac{\partial \theta}{\partial \rho}=\frac{1}{1+(\rho/z)^2}\frac{1}{z}=\frac{z}{\rho^2+z^2}=\frac{\cos\theta}{r}$$

$$\therefore\quad \frac{\partial U}{\partial \rho}=\frac{\partial U}{\partial r}\frac{\partial r}{\partial \rho}+\frac{\partial U}{\partial \theta}\frac{\partial \theta}{\partial \rho}=\frac{\partial U}{\partial r}\sin\theta+\frac{\partial U}{\partial \theta}\frac{\cos\theta}{r} \qquad ⑤$$

④を辺々に加え，⑤を代入すると

$$\frac{\partial^2 U}{\partial x^2}+\frac{\partial^2 U}{\partial y^2}+\frac{\partial^2 U}{\partial z^2}=\frac{\partial^2 U}{\partial r^2}+\frac{1}{r}\frac{\partial U}{\partial r}+\frac{1}{r^2}\frac{\partial^2 U}{\partial \theta^2}+\frac{1}{\rho}\frac{\partial U}{\partial \rho}+\frac{1}{\rho^2}\frac{\partial^2 U}{\partial \varphi^2}$$

$$=\frac{\partial^2 U}{\partial r^2}+\frac{1}{r}\frac{\partial U}{\partial r}+\frac{1}{r^2}\frac{\partial^2 U}{\partial \theta^2}+\frac{1}{r\sin\theta}\left(\frac{\partial U}{\partial r}\sin\theta+\frac{\partial U}{\partial \theta}\frac{\cos\theta}{r}\right)$$

$$+\frac{1}{r^2\sin^2\theta}\frac{\partial^2 U}{\partial \varphi^2}$$

$$=\frac{\partial^2 U}{\partial r^2}+\frac{2}{r}\frac{\partial U}{\partial r}+\frac{1}{r^2}\frac{\partial^2 U}{\partial \theta^2}+\frac{\cot\theta}{r^2}\frac{\partial U}{\partial \theta}+\frac{1}{r^2\sin^2\theta}\frac{\partial^2 U}{\partial \varphi^2}$$

2.26 （1） $S=(ad\sin\theta+bc\sin\varphi)/2$ ①

（2） $a^2+d^2-2ad\cos\theta=b^2+c^2-2bc\cos\varphi$ ②

（3） $f(\theta,\varphi)=S(\theta,\varphi)-\lambda(a^2+d^2-2ad\cos\theta-b^2-c^2+2bc\cos\varphi)$

$$=(ad\sin\theta+bc\sin\varphi)/2$$
$$-\lambda(a^2+d^2-2ad\cos\theta-b^2-c^2+2bc\cos\varphi)$$
$$(0<\theta,\varphi<\pi)$$

$\partial f/\partial\theta=0, \partial f/\partial\varphi=0$ より，それぞれ

$$\frac{1}{2}ad\cos\theta-\lambda(2ad\sin\theta)=0\Longrightarrow\tan\theta=\frac{1}{4\lambda}$$

$$\frac{1}{2}bc\cos\varphi+\lambda(2bc\sin\varphi)=0\Longrightarrow\tan\varphi=-\frac{1}{4\lambda}$$

$$\therefore\quad \tan\theta+\tan\varphi=\frac{\sin\theta}{\cos\theta}+\frac{\sin\varphi}{\cos\varphi}+\frac{\sin\theta\cos\varphi+\cos\theta\sin\varphi}{\cos\theta\cos\varphi}$$

$$=\frac{\sin(\theta+\varphi)}{\cos\theta\cos\varphi}=0$$

したがって，$\theta+\varphi=\pi$ のとき S が最大になる．

（4） $\varphi=\pi-\theta$ を①，②に代入すると，それぞれ

$$S_{\max}=\frac{1}{2}ad\sin\theta+\frac{1}{2}bc\sin(\pi-\theta)=\frac{1}{2}ad\sin\theta+\frac{1}{2}bc\sin\theta$$

$$=\frac{1}{2}(ad+bc)\sin\theta$$

$$a^2+d^2-2ad\cos\theta=b^2+c^2-2bc\cos(\pi-\theta)=b^2+c^2+2bc\cos\theta$$

$$\therefore\quad \cos\theta=\frac{a^2+d^2-b^2-c^2}{2(ad+bc)},\quad \sin\theta=\sqrt{1-\left(\frac{a^2+d^2-b^2-c^2}{2(ad+bc)}\right)^2}$$

$$\therefore\quad S_{\max}=\frac{ad+bc}{2}\sqrt{\frac{4(ad+bc)^2-(a^2+d^2-b^2-c^2)^2}{4(ad+bc)^2}}$$

$$= \frac{1}{4}\sqrt{(a+d+b-c)(a+d-b+c)(b+c+a-d)(b+c-a+d)}$$

2.27 $\begin{cases} f_x = 2\sin x\cos x = \sin 2x = 0 \\ f_y = \sin y = 0 \end{cases}$

は，$x > 0, y > 0, 0 < x + y < \pi$ の三角形領域で解がないので，$f(x, y)$ の最大値および最小値はこの領域の境界だけでとる．

$$\max\,(f(x,y)|_{x=0}) = 1 \quad ①$$

$$\min\,(f(x,y)|_{x=0}) = f(0,0) = -1 \quad ②$$

$$\max\,(f(x,y)|_{y=0}) = 0 \quad ③$$

$$\min\,(f(x,y)|_{y=0}) = f(0,0) = f(\pi,0) = -1 \quad ④$$

$$f(x,y)|_{x+y=\pi} = \sin^2 x + \cos x \equiv \varphi(x) \quad (0 < x < \pi)$$

$$\varphi'(x) = 2\sin x\left(\cos x - \frac{1}{2}\right) = 0 \qquad \therefore\ x = \frac{\pi}{3} \Longrightarrow y = \frac{2\pi}{3}$$

$$f\left(\frac{\pi}{3}, \frac{2\pi}{3}\right) = \frac{5}{4} \quad ⑤$$

よって，①，②，③，④，⑤より

$$\max f(x,y) = f\left(\frac{\pi}{3}, \frac{2\pi}{3}\right) = \frac{5}{4}$$

$$\min f(x,y) = f(0,0) = f(\pi,0) = -1$$

2.28 （１） $z = K(x - mz)^m(c - x - nz)^n$

$$\frac{\partial z}{\partial x} = K\left\{m(x-mz)^{m-1}\left(1 - m\frac{\partial z}{\partial x}\right)(c-x-nz)^n + (x-mz)^m n(c-x-nz)^{n-1}\left(-1 - n\frac{\partial z}{\partial x}\right)\right\} \quad ①$$

関数 z が極値をもつから，$\dfrac{\partial z}{\partial x} = 0$．①より

$$0 = K\{m(x-mz)^{m-1}(c-x-nz)^n + (x-mz)^m n(c-x-nz)^{n-1}(-1)\}$$

すなわち，

$$m(c - x - nz) - n(x - mz) = 0$$

$$\therefore\ x = \frac{cm}{m+n},\quad y = c - x = \frac{cn}{m+n}$$

（２） 曲線 $\left(\dfrac{x}{a}\right)^{2/3} + \left(\dfrac{y}{b}\right)^{2/3} = 1$ は x 軸および y 軸に関して対称であるから，第１象限の部分だけ考えることができる．接点を $\mathrm{P}(x, y)$，流通座標を X, Y とする

と，接線は

$$f_x\cdot(X-x)+f_y\cdot(Y-y)=0$$

ただし，$f(x, y)=\left(\dfrac{x}{a}\right)^{2/3}+\left(\dfrac{y}{b}\right)^{2/3}-1,\ f_x=\dfrac{2}{3a}\left(\dfrac{x}{a}\right)^{-1/3},\ f_y=\dfrac{2}{3a}\left(\dfrac{y}{b}\right)^{-1/3}$

ゆえに，接線は

$$\frac{2}{3a}\left(\frac{x}{a}\right)^{-1/3}(X-x)+\frac{2}{3b}\left(\frac{y}{b}\right)^{-1/3}(Y-y)=0$$

$$\frac{X-x}{a^{2/3}x^{1/3}}+\frac{Y-y}{b^{2/3}y^{1/3}}=0$$

すなわち，

$$\frac{X}{a^{2/3}x^{1/3}}+\frac{Y}{b^{2/3}y^{1/3}}=\left(\frac{x}{a}\right)^{2/3}+\left(\frac{y}{b}\right)^{2/3}=1$$

交点を $\mathrm{A}(X_0, 0)$, $\mathrm{B}(0, Y_0)$ とすると，$X_0=a^{2/3}x^{1/3}$, $Y_0=b^{2/3}y^{1/3}$. 円錐体積 V は

$$V=\frac{\pi}{3}X_0^2Y_0=\frac{\pi}{3}\cdot a^{4/3}x^{2/3}\cdot b^{2/3}y^{1/3}$$

$$=\frac{\pi}{3}a^{4/3}bx^{2/3}\left\{1-\left(\frac{x}{a}\right)^{2/3}\right\}^{1/2}\quad(0\leqq x\leqq a)$$

$$\frac{dV}{dx}=\frac{\pi}{3}a^{4/3}b\left\{\frac{2}{3}x^{-1/3}\left(1-\left(\frac{x}{a}\right)^{2/3}\right)^{1/2}\right.$$

$$\left.+x^{2/3}\frac{1}{2}\left(1-\left(\frac{x}{a}\right)^{2/3}\right)^{-1/2}\left(-\frac{2}{3}\cdot\frac{x^{-1/3}}{a^{2/3}}\right)\right\}$$

$$=\frac{2\pi}{9}a^{4/3}b\frac{1-\dfrac{3}{2}\left(\dfrac{x}{a}\right)^{2/3}}{x^{1/3}\left\{1-\left(\dfrac{x}{a}\right)^{2/3}\right\}^{1/2}}=0$$

したがって，$x=\left(\dfrac{2}{3}\right)^{3/2}a$ のとき，

$$V_{\max}=\frac{\pi}{3}a^{4/3}b\cdot\frac{2}{3}a^{2/3}\cdot\left(1-\frac{2}{3}\right)^{1/2}=\frac{2\sqrt{3}}{27}\pi a^2b$$

2.29 （1） 楕円面上の点 (X, Y, Z) から平面までの距離 h は

$$h=\frac{|aX+bY+cZ-d|}{\sqrt{a^2+b^2+c^2}}$$

ここで，平面は楕円面と交わらない条件より，

$$aX+bY+cZ<d$$

$$\therefore \quad h = \frac{d - (aX + bY + cZ)}{\sqrt{a^2 + b^2 + c^2}} \qquad ①$$

ただし，$\dfrac{X^2}{A^2} + \dfrac{Y^2}{B^2} + \dfrac{Z^2}{C^2} = 1$ である．

$$\Phi(X, Y, Z) = aX + bY + cZ - \lambda\left(\frac{X^2}{A^2} + \frac{Y^2}{B^2} + \frac{Z^2}{C^2} - 1\right)$$

とおくと，ラグランジュの未定乗数法より

$$\begin{cases} \dfrac{\partial \Phi}{\partial X} = a - 2\lambda X/A^2 = 0 \\ \dfrac{\partial \Phi}{\partial Y} = b - 2\lambda Y/B^2 = 0 \\ \dfrac{\partial \Phi}{\partial Z} = c - 2\lambda Z/C^2 = 0 \\ \dfrac{X^2}{A^2} + \dfrac{Y^2}{B^2} + \dfrac{Z^2}{C^2} = 1 \end{cases}$$

$$\therefore \quad \lambda = \sqrt{\left(\frac{aA}{2}\right)^2 + \left(\frac{bB}{2}\right)^2 + \left(\frac{cC}{2}\right)^2}$$

（h が最小をとる点 (X, Y, Z) は $X > 0,\ Y > 0,\ Z > 0$ をみたすから，

$\lambda = -\sqrt{\left(\dfrac{aA}{2}\right)^2 + \left(\dfrac{bB}{2}\right)^2 + \left(\dfrac{cC}{2}\right)^2}$ は捨てる）

$$\begin{cases} X = \dfrac{aA^2}{\sqrt{(aA)^2 + (bB)^2 + (cC)^2}} \\ Y = \dfrac{bB^2}{\sqrt{(aA)^2 + (bB)^2 + (cC)^2}} \\ Z = \dfrac{cC^2}{\sqrt{(aA)^2 + (bB)^2 + (cC)^2}} \end{cases} \qquad ②$$

②を①に代入すると，最短距離 h は次のようになる．

$$h = \frac{d - \sqrt{(aA)^2 + (bB)^2 + (cC)^2}}{\sqrt{a^2 + b^2 + c^2}} \qquad ③$$

（2） $V = \dfrac{4\pi}{3} ABC$

$F(A, B, C) = (aA)^2 + (bB)^2 + (cC)^2$

$$\Phi(A, B, C) = a^2A^2 + b^2B^2 + c^2C^2 - \mu\left(ABC - \frac{3V}{4\pi}\right)$$

とおくと，

$$\begin{cases} \dfrac{\partial \Phi}{\partial A} = 2a^2A - \mu BC = 0 \\ \dfrac{\partial \Phi}{\partial B} = 2b^2B - \mu CA = 0 \\ \dfrac{\partial \Phi}{\partial C} = 2c^2C - \mu AB = 0 \\ \dfrac{\partial \Phi}{\partial \mu} = \dfrac{3V}{\varphi\pi} - AB = 0 \end{cases}$$

$$\therefore \quad \mu = \left(\frac{32\pi a^2b^2c^2}{3V}\right)^{1/3}$$

$$A^2 = \left(\frac{3Vbc}{4\pi a^2}\right)^{2/3}, \quad B^2 = \left(\frac{3Vca}{4\pi b^2}\right)^{2/3}, \quad C^2 = \left(\frac{3Vab}{4\pi c^2}\right)^{2/3} \qquad ④$$

④を③に代入すると，最短距離の最大値 $h_{\max}$ は次のようになる．

$$h_{\max} = \frac{d - \left(\dfrac{9\sqrt{3}\,Vabc}{4\pi}\right)^{1/3}}{\sqrt{a^2 + b^2 + c^2}}$$

2.30 （1） $x = 0$ のとき，

$$f(0) = \int_0^\infty e^{-t^2}\,dt = \frac{\sqrt{\pi}}{2} \qquad ①$$

$x \neq 0$ のとき，$x \in (\alpha, \beta)\,(0 \notin (\alpha, \beta))$ とし，$\min(|\alpha|, |\beta|) = \tau$ とおけば，

$$\int_0^\infty \frac{d}{dx}\left(e^{-t^2 - x^2/t^2}\right)dt = -2x\int_0^\infty \frac{1}{t^2}e^{-t^2-x^2/t^2}\,dt$$

かつ

$$\frac{1}{t^2}e^{-t^2-x^2/t^2} \leqq \frac{1}{t^2}e^{-\tau^2/t^2} \quad (0 < t < \infty)$$

また，$\displaystyle\int_0^\infty \frac{1}{t^2}e^{-\tau^2/t^2}\,dt = \frac{1}{\tau}\int_0^\infty e^{-u^2}\,du$ は収束する．よって，

$$\int_0^\infty \frac{d}{dx}\left(e^{-t^2-x^2/t^2}\right)dt \text{ は一様収束する}$$

$$\therefore \quad \frac{d}{dx}f(x) = \int_0^\infty \frac{d}{dx}\left(e^{-t^2-x^2/t^2}\right)dt = -2x\int_0^\infty \frac{1}{t^2}e^{-t^2-x^2/t^2}\,dt$$

$$= -2\int_0^{\infty} e^{-x^2/\tau^2-\tau^2}\,d\tau = -2f(x) \quad (\tau = x/t \text{ とおく})$$

したがって，$f(x)$ は次の微分方程式をみたす．

$$f'(x) = -2f(x) \qquad ②$$

（2） ②より

$$f(x) = Ce^{-2x} \qquad ③$$

①を③に代入すると，

$$\frac{\sqrt{\pi}}{2} = C \qquad \therefore\ f(x) = \frac{\sqrt{\pi}}{2}e^{-2x}$$

（別解） $f(x) = \int_0^{\infty} e^{-x^2/\tau^2-\tau^2}\cdot\frac{x}{\tau^2}\,d\tau \quad \left(\tau = \frac{x}{t} \text{ とおく}\right)$

$$= \int_0^{\infty} e^{-t^2-x^2/t^2}\cdot\frac{x}{t^2}\,dt$$

$$\therefore\ 2f(x) = \int_0^{\infty} e^{-t^2-x^2/t^2}\,dt + \int_0^{\infty} e^{-t^2-x^2/t^2}\cdot\frac{x}{t^2}\,dt$$

$$= \int_0^{\infty} e^{-t^2-x^2/t^2}\left(1+\frac{x}{t^2}\right)dt = \int_0^{\infty} e^{-(t-x/t)^2-2x}\,d\left(t-\frac{x}{t}\right)$$

$$= e^{-2x}\int_{-\infty}^{\infty} e^{-u^2}\,du \quad \left(u = t-\frac{x}{t} \text{ とおく}\right)$$

$$= e^{-2x}\,2\int_0^{\infty} e^{-u^2}\,du = e^{-2x}\cdot 2\cdot\frac{\sqrt{\pi}}{2} = \sqrt{\pi}\,e^{-2x}$$

$$\therefore\ f(x) = \frac{\sqrt{\pi}}{2}e^{-2x}$$

2.31 頂点Oから出るベクトルを $\boldsymbol{x}_1(x_1, y_1, z_1)$, $\boldsymbol{x}_2(x_2, y_2, z_2)$, $\boldsymbol{x}_3(x_3, y_3, z_3)$ とし，$\boldsymbol{x}_1, \boldsymbol{x}_2, \boldsymbol{x}_3$ からなる四面体の体積 V は

$$V = \frac{1}{6}\left|\ \begin{vmatrix} x_1 & y_1 & z_1 \\ x_2 & y_2 & z_2 \\ x_3 & y_3 & z_3 \end{vmatrix}\ \right|$$

一般に，$x_j^2 + y_j^2 + z_j^2 = R_j^2\,(j = 1, 2, 3)$ のもとで，

$$\varDelta \equiv \begin{vmatrix} x_1 & y_1 & z_1 \\ x_2 & y_2 & z_2 \\ x_3 & y_3 & z_3 \end{vmatrix} = x_1\begin{vmatrix} y_2 & z_2 \\ y_3 & z_3 \end{vmatrix} - y_1\begin{vmatrix} x_2 & z_2 \\ x_3 & z_3 \end{vmatrix} + z_1\begin{vmatrix} x_2 & y_2 \\ x_3 & y_3 \end{vmatrix}$$

$$= x_1\varDelta_{x_1} + y_1\varDelta_{y_1} + z_1\varDelta_{z_1} \qquad ①$$

の最大値を考える．

$$f = \Delta - \sum_{j=1}^{3} \lambda_j (x_j^2 + y_j^2 + z_j^2 - R_j^2)$$

とおくと，

$$f_{x_1} = \Delta_{x_1} - 2\lambda_1 x_1 = 0,\quad f_{y_1} = \Delta_{y_1} - 2\lambda_1 y_1 = 0,\quad f_{z_1} = \Delta_{z_1} - 2\lambda_1 z_1 = 0$$

$$\therefore\quad x_2\Delta_{x_1} + y_2\Delta_{y_1} + z_2\Delta_{z_1} = 2\lambda_1(x_1x_2 + y_1y_2 + z_1z_2) = 2\lambda_1(\boldsymbol{x}_1, \boldsymbol{x}_2)$$

$$x_2\Delta_{x_1} + y_2\Delta_{y_1} + z_2\Delta_{z_1} = 0 \qquad \therefore\quad (\boldsymbol{x}_1, \boldsymbol{x}_2) = 0$$

同様に $(\boldsymbol{x}_2, \boldsymbol{x}_3) = 0$, $(\boldsymbol{x}_3, \boldsymbol{x}_2) = 0$．ゆえに Δ^2 の最大値は

$$\Delta^2 = \begin{vmatrix} x_1 & y_1 & z_1 \\ x_2 & y_2 & z_2 \\ x_3 & y_3 & z_3 \end{vmatrix}\begin{vmatrix} x_1 & y_1 & z_1 \\ x_2 & y_2 & z_2 \\ x_3 & y_3 & z_3 \end{vmatrix} = \begin{vmatrix} (\boldsymbol{x}_1, \boldsymbol{x}_1) & (\boldsymbol{x}_1, \boldsymbol{x}_2) & (\boldsymbol{x}_1, \boldsymbol{x}_3) \\ (\boldsymbol{x}_2, \boldsymbol{x}_1) & (\boldsymbol{x}_2, \boldsymbol{x}_2) & (\boldsymbol{x}_2, \boldsymbol{x}_3) \\ (\boldsymbol{x}_3, \boldsymbol{x}_1) & (\boldsymbol{x}_3, \boldsymbol{x}_2) & (\boldsymbol{x}_3, \boldsymbol{x}_3) \end{vmatrix}$$

$$\therefore\quad \Delta_{\max}^2 = \begin{vmatrix} R_1^2 & 0 & 0 \\ 0 & R_2^2 & 0 \\ 0 & 0 & R_3^2 \end{vmatrix} = (R_1, R_2, R_3)^2$$

ゆえに，任意の Δ に対して，

$$|\Delta| \leqq R_1R_2R_3$$

すなわち，$\boldsymbol{x}_1, \boldsymbol{x}_2, \boldsymbol{x}_3$ が互いに直交するとき，体積が最大となる．したがって，$R_1 = R_2 = R_3 = R$ として，

$$V_{\max} = \frac{1}{6}|\Delta| = \frac{R^3}{6}$$

この四面体に外接する球の半径は明らかに，

$$r = \frac{\sqrt{3}}{2}R$$

2.32　(a)　$f_x = 3(x^2 - ay)$，$f_y = 3(y^2 - ax)$，$f_{xx} = 6x$，$f_{yy} = 6y$，$f_{xy} = -3a$，$f_{yy} = 6y$．極値の候補は $f_x = f_y = 0$ から，$x^2 = ay$，$y^2 = ax$．ゆえに，$(xy)^2 = a^2xy$ から，$xy = 0$，または $xy = a^2$．これから，$x = y = 0$, $x = y = a$．点 $(0, 0)$ では，$\Delta \equiv (f_{xy})^2 - f_{xx}f_{yy} = 9a^2 > 0$ となり，極値をとらない．(a, a) では，$\Delta \equiv (f_{xy})^2 - f_{xx}f_{yy} = -27a^2 < 0$, $f_{xx} = 6a > 0$ となり，極小値 $f(a, a) = -a^3$ をとる．

(b)

$$f_x = 2x(a - ax^2 - by^2)\,e^{-x^2-y^2}$$

$$f_y = 2y(b - ax^2 - by^2)\,e^{-x^2-y^2}$$

$$f_{xx} = 2(a - 5ax^2 - by^2 + 2ax^4 + 2bx^2y^2)\,e^{-x^2-y^2}$$

$$f_{yy} = 2(b - ax^2 - 5by^2 + 2ax^2y^2 + 2by^4)\,e^{-x^2-y^2}$$

$$f_{xy} = 4xy(-b - a + ax^2 + by^2)\,e^{-x_2-y_2}$$

極値の候補は，$f_x = f_y = 0$ の解，$x = y = 0$; $x = 0$, $y = \pm 1$; $x = \pm 1$, $y = 0$ の 3 通り．$x = y = 0$ では，$\Delta \equiv (f_{xy})^2 - f_{xx}f_{yy} = -4ab < 0$, $f_{xx} = 2a > 0$ で，極小値 0 を

とる．$x=0, y=\pm 1$ では，$\Delta = 8(a-b)be^{-2} < 0, f_{xx} = -2(a-b) > 0$ となるから，極小値 be^{-1} をとる．$x=\pm 1$，$y=0$ では，$\Delta = 8(b-a)ae^{-2} > 0$，$f_{xx} = -4a > 0$ となるから極値をとらない．

2.33 $f_x = y(a-x-y) + xy(-1) = y(a-2x-y) = 0$，　$f_y = x(a-x-y) + xy(-1) = x(a-x-2y) = 0$ より，$(x, y) = (0, 0)$，$(0, a)$，$(a, 0)$，$(a/3, a/3)$ が得られる．

（i）$a \neq 0$ のときは，この 4 点における $\Delta \equiv (f_{xy})^2 - f_{xx}f_{yy} = a^2, a^2, a^2, -a^2/3$．ゆえに，はじめの 3 点では f は極値をとらない．$(a/3, a/3)$ において，$a > 0$ ならば，$f_{xx} = -\dfrac{2}{3}a < 0$, f は極大値 $a^3/27$, $a < 0$ ならば，$f_{xx} > 0$，極小値 $a^3/27$ をとる．

（ii）$a = 0$ のときは，$(0, 0)$ において $\Delta = 0$ となり，これだけでは f が極値をとるかどうかは判定できない．このとき，3 直線 $x=0, y=0, x+y=0$ で分けられる 6 個の領域の各々で一定の符号をもつ．原点の任意の近傍は f の正領域とも負領域とも交わるので，f は原点において極値をとらない．ゆえに $a=0$ のときは f は極値をもたない．

2.34（1）与式

$$z = f(x, y) = f\left(t-1, \frac{1}{t}\right),\quad x = t-1,\quad y = \frac{1}{t}$$

より，

$$\frac{dz}{dt} = \frac{\partial z}{\partial x}\frac{\partial x}{\partial t} + \frac{\partial z}{\partial y}\frac{\partial y}{\partial t} = f_x - \frac{1}{t^2}f_y$$

$$\frac{d^2z}{dt^2} = \frac{d}{dt}\frac{dz}{dt} = \frac{d}{dt}\left(f_x - \frac{1}{t^2}f_y\right) = \frac{d}{dt}f_x - \frac{d}{dt}(t^{-2}f_y)$$

$$= \frac{\partial f_x}{\partial x}\frac{\partial x}{\partial t} + \frac{\partial f_x}{\partial y}\frac{\partial y}{\partial t} + 2t^{-3}f_y - t^{-2}\frac{d}{dt}f_y$$

$$= f_{xx} + f_{xy}\left(\frac{-1}{t^2}\right) + \frac{2}{t^3}f_y - t^{-2}\left(\frac{\partial f_y}{\partial x}\frac{\partial x}{\partial t} + \frac{\partial f_y}{\partial y}\frac{\partial y}{\partial t}\right)$$

$$= f_{xx} - \frac{1}{t^2}f_{xy} + \frac{2}{t^3}f_y - \frac{1}{t^2}\left(f_{xy} + f_{yy}\left(\frac{-1}{t^2}\right)\right)$$

$$= f_{xx} - \frac{2}{t^2}f_{xy} + \frac{1}{t^4}f_{yy} + \frac{2}{t^3}f_y$$

（2）与式より，$g_x = 2x - 6 + \dfrac{2}{y}$，　$g_y = -\dfrac{2x}{y^2} + \dfrac{4}{y}$

停留点では $f_x = 0$, $f_y = 0$ だから,

$$\begin{cases} x - 3 + \dfrac{1}{y} = 0 \\ \dfrac{2}{y^2}(-x + 2y) = 0 \end{cases}$$

$$\therefore \quad (3 - x)(x - 2)(x - 1) = 0 \qquad \therefore \quad x = 1, 2 (3 \text{ は不適}), \quad y = \frac{1}{2}, 1 \qquad ①$$

よって, $(2, 1), \left(1, \dfrac{1}{2}\right)$ が停留点.

次に,

$$g_{xx} = 2, \quad g_{xy} = -\frac{2}{y^2}, \quad g_{yy} = -2x(y^{-2})' - \frac{4}{y^2} = -2x(-2y^{-3}) - \frac{4}{y^2} = \frac{4x}{y^3} - \frac{4}{y^2}$$

ヘッセ行列 $H \equiv \begin{vmatrix} g_{xx} & g_{xy} \\ g_{xy} & g_{yy} \end{vmatrix}$

とおくと, $(2, 1)$ のとき,

$$H(2, 1) = \begin{vmatrix} 2 & -2 \\ -2 & 4 \end{vmatrix} = 8 - 4 = 4 > 0, \quad g_{xx}(2, 1) = 2 > 0$$

だから, 次の極小値をとる.

$$g(2, 1) = 4 - 12 + 4 + 4\log 1 = -4$$

$\left(1, \dfrac{1}{2}\right)$ のとき,

$$H\left(1, \frac{1}{2}\right) = \begin{vmatrix} 2 & -8 \\ -8 & 16 \end{vmatrix} = 32 - 64 = -32 < 0$$

だから, $\left(1, \dfrac{1}{2}\right)$ は鞍点.

(3) $\log y = \log \dfrac{1}{t} \Longrightarrow \dfrac{1}{t} > 0, t > 0$ である. ①より,

$$\begin{cases} g_x\left(t - 1, \dfrac{1}{t}\right) = 2(t - 1) - 6 + 2t = 4t - 8 \\ g_y\left(t - 1, \dfrac{1}{t}\right) = -2(t - 1)t^2 + 4t = 2t(2 + t - t^2) \\ g_{xx}\left(t - 1, \dfrac{1}{t}\right) = 2, \quad g_{xy}\left(t - 1, \dfrac{1}{t}\right) = -2t^2 \\ g_{yy}\left(t - 1, \dfrac{1}{t}\right) = 4t^2(t^2 - t - 1) \end{cases} \qquad ②$$

(1)の結果を利用し，②を代入すると，

$$\frac{dz}{dt} = g_x - \frac{1}{t^2} g_y = (4t - 8) - \frac{1}{t^2} \cdot 2t(2 + t - t^2)$$

$$= \frac{2}{t}(3t^2 - 5t - 2) = \frac{2}{t}(3t + 1)(t - 2) \qquad ③$$

したがって，$t = 2$ すなわち $x = 1, y = \dfrac{1}{2}$ で考える．③より，

$$\frac{d^2z}{dt^2} = 2\frac{(6t - 5)t - (3t^2 - 5t - 2)}{t^2} = 2\frac{3t^2 + 2}{t^2}$$

$$\left.\frac{d^2z}{dt^2}\right|_{t=2} > 0$$

よって，$t = 2$ で，極小値 $g\left(1, \dfrac{1}{2}\right) = 1 - 6 + 4 - 4\log 2 = -1 - 4\log 2$ をとる．

2.35 (1) 発散の定義より，

$$\nabla \cdot \boldsymbol{r} = \left(\boldsymbol{i}\frac{\partial}{\partial x} + \boldsymbol{j}\frac{\partial}{\partial y} + \boldsymbol{k}\frac{\partial}{\partial z}\right) \cdot (\boldsymbol{i}x + \boldsymbol{j}y + \boldsymbol{k}z) = 1 + 1 + 2 = 3$$

(2) 勾配の定義より，

$$\nabla \frac{1}{r} = \left(\boldsymbol{i}\frac{\partial}{\partial x} + \boldsymbol{j}\frac{\partial}{\partial y} + \boldsymbol{k}\frac{\partial}{\partial z}\right) \frac{1}{\sqrt{x^2 + y^2 + z^2}}$$

$$= \left(\boldsymbol{i}\frac{\partial}{\partial x} + \boldsymbol{j}\frac{\partial}{\partial y} + \boldsymbol{k}\frac{\partial}{\partial z}\right) (x^2 + y^2 + z^2)^{-1/2}$$

$$= \boldsymbol{i}\left(-\frac{1}{2}\right)(x^2 + y^2 + z^2)^{-3/2}(2x) + \cdots = -\boldsymbol{i}\frac{x}{r^3} + \cdots = -\frac{\boldsymbol{r}}{r^3}$$

(3) 回転，ベクトル積の定義より，

$$\{\mathrm{rot}\,(\boldsymbol{A} \times \boldsymbol{r})\}_x = \frac{\partial(\boldsymbol{A} \times \boldsymbol{r})_z}{\partial y} - \frac{\partial(\boldsymbol{A} \times \boldsymbol{r})_y}{\partial z} = \frac{\partial(A_x y - A_y x)}{\partial y} - \frac{\partial(A_z x - A_x z)}{\partial z}$$

$$= 2A_x$$

y, z 成分も同様.

$$\therefore \quad \nabla \times (\boldsymbol{A} \times \boldsymbol{r}) = 2\boldsymbol{A}$$

(4) ベクトル公式より，

$$\mathrm{rot}\,(f(r)\boldsymbol{r}) = \mathrm{grad}\, f(r) \times \boldsymbol{r} + f(r)\,\mathrm{rot}\,\boldsymbol{r} \qquad ①$$

右辺第 1 項において，

$$(\mathrm{grad}\, f(r))_x = \frac{\partial f(r)}{\partial x} = \frac{df(r)}{dr}\frac{\partial r}{\partial x} = f'(r)\frac{\partial}{\partial x}(x^2+y^2+z^2)^{1/2} = f'(r)\frac{x}{r}$$

$$= \left(f'(r)\frac{\boldsymbol{r}}{r}\right)_x$$

y, z 成分も同様.

$$\therefore \quad \mathrm{grad}\, f(r) = f'(r)\frac{\boldsymbol{r}}{r} \qquad ②$$

右辺第 2 項において,

$$(\mathrm{rot}\, \boldsymbol{r})_x = \frac{\partial z}{\partial y} - \frac{\partial y}{\partial z} = 0$$

y, z 成分も同様.

$$\therefore \quad \mathrm{rot}\, \boldsymbol{r} = 0 \qquad ③$$

②, ③を①に代入すると, $\nabla \times [f(r)\boldsymbol{r}] = 0$

2.36 (1) $\sqrt{(x+a)^2+y^2}\sqrt{(x-a)^2+y^2} = a^2$

$$\therefore \quad \{(x+a)^2+y^2\}\{(x-a)^2+y^2\} = a^4$$

よって, 方程式は

$$(x^2+y^2)^2 = 2a^2(x^2-y^2) \qquad ①$$

$x = r\cos\theta, y = r\sin\theta$ とおくと, ①は

$$r^2 = 2a^2\cos 2\theta$$

$$\left(-\frac{\pi}{4} \leqq \theta \leqq \frac{\pi}{4},\quad \frac{3\pi}{4} \leqq \theta \leqq \frac{5\pi}{4}\right)$$

となる.

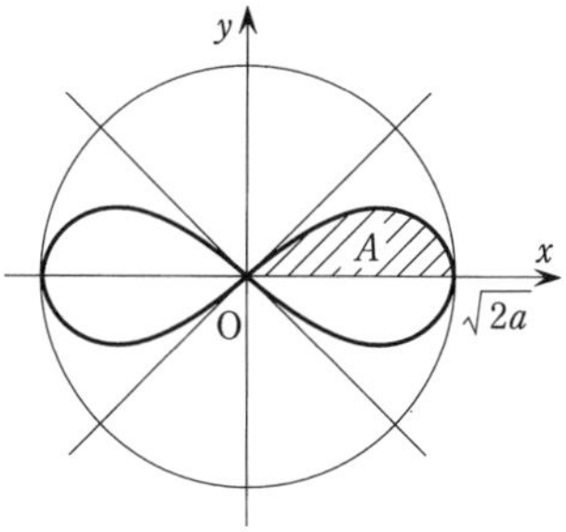

(2) $S = 2\int_0^{\pi/4} 2\pi y\, dS = 4\pi\int_0^{\pi/4} r\sin\theta\sqrt{(r')^2+r^2}\,d\theta$

ここで,

$$\sqrt{(r')^2+r^2} = \sqrt{\frac{4a^4\sin^2 2\theta}{r^2}+r^2} = \frac{\sqrt{4a^4\sin^2 2\theta + r^4}}{r} = \frac{2a^2}{r}$$

$$\therefore \quad S = 4\pi\int_0^{\pi/4} r\sin\theta\cdot\frac{2a^2}{r}\,d\theta = 4\pi\cdot 2a^2\int_0^{\pi/4}\sin\theta\, d\theta$$

$$= -8\pi a^2[\cos\theta]_0^{\pi/4} = 8\pi a^2\left(1-\frac{\sqrt{2}}{2}\right)$$

(3) 球は

$$x^2 + y^2 + z^2 = (\sqrt{2}\,a)^2, \quad z = \sqrt{2a^2 - x^2 - y^2} \quad (x > 0, \quad y > 0, \quad z > 0)$$

$$\therefore \quad V = 8\iint_A z\,dx\,dy = 8\iint_A \sqrt{2a^2 - x^2 - y^2}\,dx\,dy \quad (A\text{ は図を参照})$$

$$= 8\int_0^{\pi/4} d\theta \int_0^{\sqrt{2}\,a\sqrt{\cos 2\theta}} \sqrt{2a^2 - r^2}\,r\,dr$$

$$= 8\int_0^{\pi/4} \left[-\frac{1}{3}(2a^2 - r^2)^{3/2}\right]_0^{\sqrt{2}\,a\sqrt{\cos 2\theta}} d\theta$$

$$= \frac{8}{3}\cdot 2^{3/2}a^3 \int_0^{\pi/4} (1 - \sin^3\theta)\,d\theta = \frac{16\sqrt{2}}{3}a^3\left(\frac{\pi}{4} - \int_0^{\pi/4} \sin^3\theta\,d\theta\right)$$

$$= \frac{16\sqrt{2}}{3}a^3\left(\frac{\pi}{4} + \int_0^{\pi/4} (1 - \cos^2\theta)\,d\cos\theta\right)$$

$$= \frac{16\sqrt{2}}{3}a^3\cdot\left(\frac{\pi}{4} + \left[\cos\theta - \frac{1}{3}\cos^3\theta\right]_0^{\pi/4}\right)$$

$$= \frac{16\sqrt{2}}{3}\left(\frac{\pi}{4} + \frac{5\sqrt{2}}{12} - \frac{2}{3}\right)a^3$$

2.37 $\dfrac{x^2}{a^2} + \dfrac{y^2}{b^2} \leqq 1$ であるから,

$$-\frac{b}{a}\sqrt{a^2 - x^2} \leqq y \leqq \frac{b}{a}\sqrt{a^2 - x^2}, \quad -a \leqq x \leqq a$$

$$\therefore \quad I \equiv \iint_E r^2\,dx\,dy = \iint_{x^2/a^2 + y^2/b^2 \leqq 1} \{(x - x_0)^2 + (y - y_0)^2\}\,dx\,dy$$

$$= \int_{-a}^{a} dx \int_{-Y}^{Y} \{(x - x_0)^2 + (y - y_0)^2\}\,dy \quad \left(\text{ただし } Y = \frac{b}{a}\sqrt{a^2 - x^2}\right)$$

$$= \int_{-a}^{a} dx \int_{-Y}^{Y} \{(x^2 - 2x_0x + x_0^2) + (y^2 - 2y_0y + y_0^2)\}\,dy$$

$$= 2\int_{-a}^{a} dx \left[(x^2 - 2x_0x + x_0^2)y + \left(\frac{y^3}{3} + y_0^2y\right)\right]_0^Y$$

$$= 2\int_{-a}^{a} \left\{(x^2 - 2x_0x + x_0^2)\,Y + \left(\frac{Y^3}{3} + y_0^2Y\right)\right\} dx$$

$$= 4\int_0^a \left\{Yx^2 + Y(x_0^2 + y_0^2) + \frac{Y^3}{3}\right\} dx$$

$$= 4\int_0^a \left\{\frac{b}{a}\sqrt{a^2 - x^2}\,x^2 + (x_0^2 + y_0^2)\frac{b}{a}\sqrt{a^2 - x^2}\right.$$

$$+\frac{1}{3}\left(\frac{b}{a}\right)^3(a^2-x^2)^{3/2}\Bigg\}\,dx$$

$$=4\int_0^a\left\{-\frac{b}{a}\sqrt{a^2-x^2}\,[(a^2-x^2)-a^2]+(x_0^2+y_0^2)\frac{b}{a}\sqrt{a^2-x^2}\right.$$

$$\left.+\frac{1}{3}\left(\frac{b}{a}\right)^3(a^2-x^2)^{3/2}\right\}dx$$

$$=4\left\{(x_0^2+y_0^2+a^2)\frac{b}{a}\int_0^a\sqrt{a^2-x^2}\,dx\right.$$

$$\left.+\left[-\frac{b}{a}+\frac{1}{3}\left(\frac{b}{a}\right)^3\right]\int_0^a(a^2-x^2)^{3/2}\,dx\right\}$$

$$=4\left\{(x_0^2+y_0^2+a^2)\frac{b}{a}\cdot a^2\int_0^{\pi/2}\cos^2\theta\,d\theta\right.$$

$$\left.+\left[-\frac{b}{a}+\frac{1}{3}\left(\frac{b}{a}\right)^3\right]a^4\int_0^{\pi/2}\cos^4\theta\,d\theta\right\}\quad (x=\sin\theta\text{ とおく})$$

$$=4\left\{ab(x_0^2+y_0^2+a^2)\frac{1}{2}\cdot\frac{\pi}{2}+\frac{ab}{3}(b^2-3a^2)\frac{1\cdot 3}{2\cdot 4}\cdot\frac{\pi}{2}\right\}$$

$$=ab\pi\left\{(x_0^2+y_0^2)+\frac{1}{4}(a^2+b^2)\right\}$$

（別解）　$I=\iint_E r^2\,dx\,dy$

$$=\iint_{\substack{0\leqq r\leqq 1\\0\leqq t\leqq 2\pi}}\{(ar\cos t-x_0)^2+(br\sin t-y_0)^2\}\left|\begin{vmatrix}\dfrac{\partial x}{\partial r}&\dfrac{\partial y}{\partial r}\\[2ex]\dfrac{\partial x}{\partial t}&\dfrac{\partial y}{\partial t}\end{vmatrix}\right|dr\,dt$$

（$x=ar\cos t,\ y=br\sin t$ とおく）

ここで，

$$(ar\cos t-x_0)^2+(br\sin t-y_0)^2$$
$$=r^2(a^2\cos^2 t+b^2\sin^2 t)-2r(ax_0\cos t+by_0\sin t)+(x_0^2+y_0^2)$$

$$\begin{vmatrix}\dfrac{\partial x}{\partial r}&\dfrac{\partial y}{\partial r}\\[2ex]\dfrac{\partial x}{\partial t}&\dfrac{\partial y}{\partial t}\end{vmatrix}=\begin{vmatrix}a\cos t&b\sin t\\-ar\sin t&br\cos t\end{vmatrix}=abr$$

$$\therefore\quad I=\int_0^{2\pi}dt\int_0^1\{r^2(a^2\cos^2 t+b^2\sin^2 t)-2r(ax_0\cos t+by_0\sin t)$$

$$+\ (x_0^2+y_0^2)\}abr\,dr$$

$$=ab\int_0^{2\pi}\left\{\frac{1}{4}(a^2\cos^2 t+b^2\sin^2 t)-\frac{2}{3}(ax_0\cos t+by_0\sin t)\right.$$

$$\left.+\frac{1}{2}(x_0^2+y_0^2)\right\}dt$$

$$=ab\left\{\frac{\pi}{4}(a^2+b^2)+\pi(x_0^2+y_0^2)\right\}$$

$$=ab\pi\left\{(x_0^2+y_0^2)+\frac{1}{4}(a^2+b^2)\right\}$$

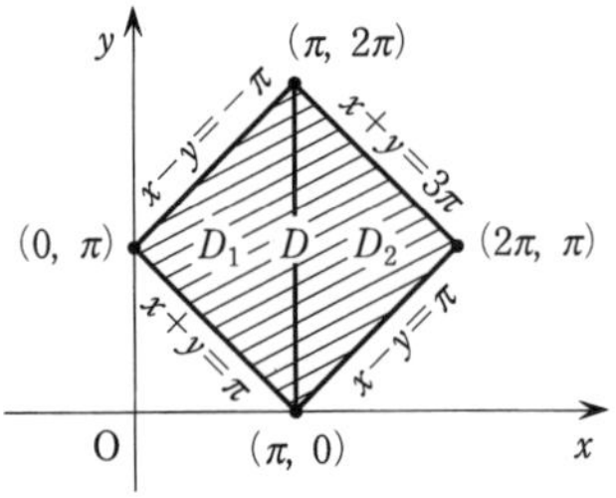

2.38 $I=\iint_D=\iint_{D_1}+\iint_{D_2}$

(D, D_1, D_2 は右図を参照)

$$\iint_{D_1}=\int_0^{\pi}dx\int_{\pi-x}^{\pi+x}(x-y)^2\sin^2(x+y)\,dy$$

$$=\frac{1}{2}\int_0^{\pi}dx\int_{\pi-x}^{\pi+x}(x-y)^2\{1$$

$$-\cos 2(x+y)\}\,dy$$

$$=\frac{1}{2}\int_0^{\pi}dx\left\{-\frac{1}{3}(x-y)^3\Big|_{\pi-x}^{\pi+x}-\frac{1}{2}\int_{\pi-x}^{\pi+x}(x-y)^2\,d\sin 2(x+y)\right\}$$

$$=\frac{1}{2}\int_0^{\pi}dx\left\{\frac{1}{3}\pi^3+\frac{1}{3}(2x-\pi)^3\right.$$

$$\left.-\frac{1}{2}\left[(x-y)^2\sin 2(x+y)\Big|_{\pi-x}^{\pi+x}+2\int_{\pi-x}^{\pi+x}(x-y)\sin 2(x+y)\,dy\right]\right\}$$

$$=\frac{1}{2}\int_0^{\pi}dx\left\{\frac{1}{3}\pi^3+\frac{1}{3}(2x-\pi)^3-\frac{1}{2}\pi^2\sin 2(\pi+2x)\right.$$

$$\left.+\frac{1}{2}\int_{\pi-x}^{\pi+x}(x-y)\,d\cos 2(x+y)\right\}$$

$$=\frac{1}{2}\int_0^{\pi}\left\{\frac{1}{3}\pi^3+\frac{1}{3}(2x-\pi)^3-\frac{1}{2}\pi^2\sin 4x-\frac{\pi}{2}\cos 2(2x+\pi)\right.$$

$$\left.+\frac{1}{2}(2x-\pi)+\frac{1}{4}\sin 2(x+y)\Big|_{\pi-x}^{\pi+x}\right\}dx$$

$$=\frac{1}{2}\int_0^{\pi}\left\{\frac{1}{3}\pi^3+\frac{1}{3}(2x-\pi)^3-\frac{1}{2}\pi^2\sin 4x-\frac{\pi}{2}\cos 4x\right.$$

$$+\frac{1}{2}(2x-\pi)+\frac{1}{4}\sin 4x\Big\}\,dx$$

$$=\frac{1}{2}\left\{\frac{1}{3}\pi^4+\frac{1}{24}(2x-\pi)^4\Big|_0^\pi+\frac{1}{8}\pi^2\cos 4x\Big|_0^\pi-\frac{\pi}{8}\sin 4x\Big|_0^\pi\right.$$

$$\left.+\frac{1}{8}(2x-\pi)^2\Big|_0^\pi-\frac{1}{16}\cos 4x\Big|_0^\pi\right\}=\frac{1}{6}\pi^4$$

同様に計算すると

$$\iint_{D_2}=\frac{1}{6}\pi^4$$

$$\therefore\quad I=\frac{1}{6}\pi^4+\frac{1}{6}\pi^4=\frac{1}{3}\pi^4$$

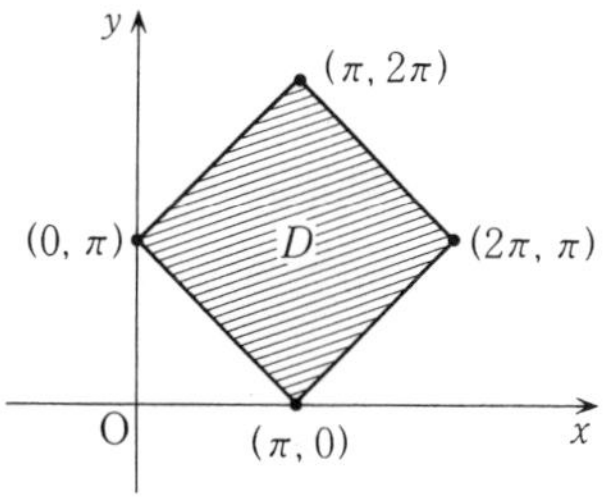

（別解）　変数変換

$$x=\frac{1}{2}(u+v),\quad y=\frac{1}{2}(u-v)$$

によって，

$$D=\{(x,y)\in\boldsymbol{R}^2,\ \ y\geqq x-\pi,\ \ y\leqq -x+3x,$$
$$y\leqq x+\pi,\ \ y\leqq -x+\pi\}$$

が

$$D'=\{(u,v)\in\boldsymbol{R}^2,\ \ \pi\leqq 11\leqq 3\pi,$$
$$-\pi\leqq v\leqq\pi\}$$

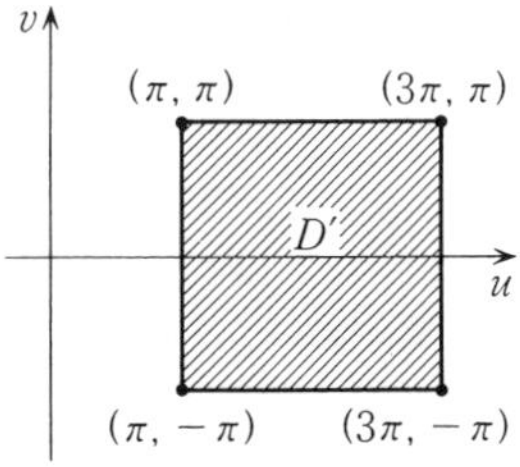

に 1 対 1 に写像され，

$$J(u,v)=\frac{\partial(x,y)}{\partial(u,v)}=\begin{vmatrix}\dfrac{\partial x}{\partial u}&\dfrac{\partial x}{\partial v}\\[2mm]\dfrac{\partial y}{\partial u}&\dfrac{\partial y}{\partial v}\end{vmatrix}=\begin{vmatrix}\dfrac{1}{2}&\dfrac{1}{2}\\[2mm]\dfrac{1}{2}&-\dfrac{1}{2}\end{vmatrix}$$

$$=-\frac{1}{2}$$

よって，

$$I=\iint_D(x-y)^2\sin^2(x+y)\,dx\,dy$$

$$=\iint_{\substack{\pi\leqq u\leqq 3\pi\\ -\pi\leqq v\leqq\pi}}v^2\sin^2 u\left|\ \begin{vmatrix}\dfrac{\partial x}{\partial u}&\dfrac{\partial x}{\partial v}\\[2mm]\dfrac{\partial y}{\partial u}&\dfrac{\partial y}{\partial v}\end{vmatrix}\ \right|du\,dv\quad(u=x+y,\ v=x-y\text{ とおく})$$

$$= \frac{1}{2}\iint_{\substack{\pi \leqq u \leqq 3\pi \\ -\pi \leqq v \leqq \pi}} v^2(1-\cos 2n)\cdot\frac{1}{2}\,du\,dv$$

$$= \frac{1}{4}\int_{-\pi}^{\pi} v^2\,dv \int_{\pi}^{3\pi}(1-\cos 2n)\,du$$

$$= \frac{1}{4}\left[\frac{v^3}{3}\right]_{-\pi}^{\pi}\cdot\left[u-\frac{1}{2}\sin 2u\right]_{\pi}^{3\pi} = \frac{1}{4}\cdot\frac{2}{3}\pi^3\cdot 2\pi = \frac{1}{3}\pi^4$$

2.39 柱面は $\left(x-\frac{a}{4}\right)^2+y^2=\left(\frac{3a}{4}\right)^2$ となるから，右図において，側面Pの1点 (x, y) と原点との距離を r, (x, y) と柱面の中心を結ぶ線分と x 軸のなす角を θ とすると，

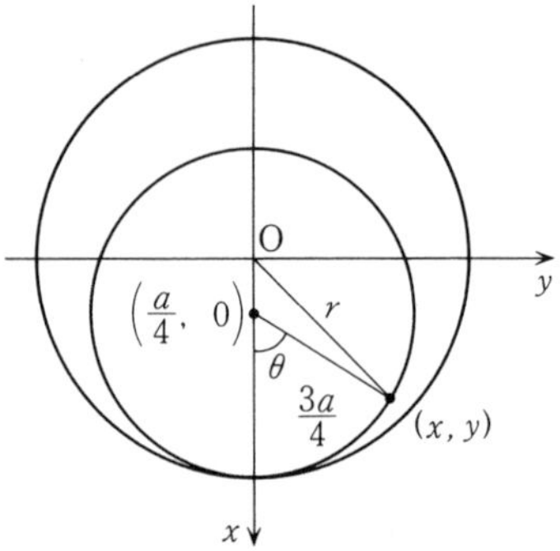

$$r^2 = \left(\frac{a}{4}\right)^2 + \left(\frac{3a}{4}\right)^2 - 2\cdot\frac{a}{4}\cdot\frac{3a}{4}\cos(\pi-\theta)$$

$$= \frac{a^2}{8}(5+3\cos\theta)$$

$$z = \sqrt{a^2-(x^2+y^2)} = \sqrt{a^2-r^2}$$

側面積要素は $dS=\frac{3a}{4}\,d\theta$ となるから，

$$S = 4\int_0^{\pi}\sqrt{a^2-\frac{a^2}{8}(5+3\cos\theta)}\cdot\frac{3a}{4}\,d\theta = 3a^2\cdot\frac{\sqrt{3}}{2}\int_0^{\pi}\sqrt{\frac{1-\cos\theta}{2}}\,d\theta$$

$$= \frac{3\sqrt{3}\,a^2}{2}\int_0^{\pi}\sin\frac{\theta}{2}\,d\theta = \frac{-3\sqrt{3}\,a^2}{2}\left[2\cos\frac{\theta}{2}\right]_0^{\pi} = 3\sqrt{3}\,a^2$$

（別解） 柱面方程式は

$$\left(x-\frac{a}{4}\right)^2+y^2=\left(\frac{3a}{4}\right)^2$$

$y \geqq 0$ の部分は $y=\sqrt{\left(\frac{3a}{4}\right)^2-\left(x-\frac{a}{4}\right)^2}$

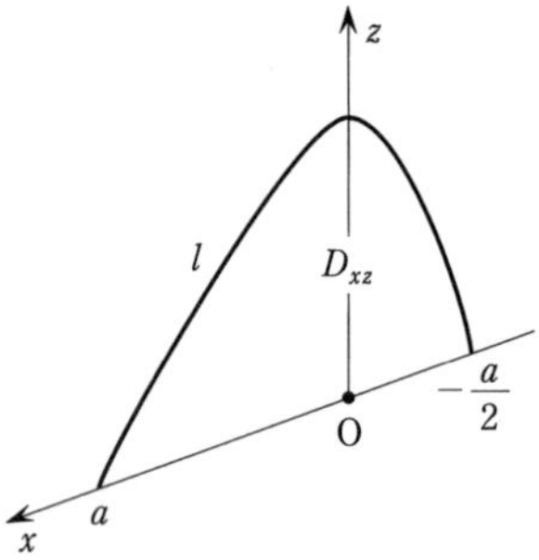

$$\therefore\quad \frac{\partial y}{\partial x} = \frac{-\left(x-\frac{a}{4}\right)}{\sqrt{\left(\frac{3a}{4}\right)^2-\left(x-\frac{a}{4}\right)^2}}$$

$$\frac{\partial y}{\partial z} = 0$$

$$\therefore \quad \sqrt{1 + \left(\frac{\partial y}{\partial x}\right)^2 + \left(\frac{\partial y}{\partial z}\right)^2} = \frac{3a}{4} \frac{1}{\sqrt{\left(\frac{3a}{4}\right)^2 - \left(x - \frac{a}{4}\right)^2}}$$

$$\therefore \quad S = 4 \iint_{D_{xz}} \sqrt{1 + \left(\frac{2y}{\partial x}\right)^2 + \left(\frac{\partial y}{\partial z}\right)^2}\, dx\, dz$$

(D_{xz} は $x > 0, y > 0, z > 0$ の柱面の xz 平面への正射影)

$$= 4 \cdot \frac{3a}{4} \iint_{D_{xz}} \frac{1}{\sqrt{\left(\frac{3a}{4}\right)^2 - \left(x - \frac{a}{4}\right)^2}}\, dx\, dz$$

$$= 3a \iint_{D_{xz}} \frac{1}{\sqrt{\left(\frac{3a}{4}\right)^2 - \left(x - \frac{a}{4}\right)^2}}\, dx\, dz$$

D_{xz} の図形より，l は柱面と球面との交線の xz 平面への正射影である．その方程式は

$$\begin{cases} x^2 + y^2 + z^2 = a^2 \\ x^2 + y^2 = \dfrac{a^2}{2} + \dfrac{a}{2} x \end{cases}$$

から y を消去して得られる．すなわち

$$\frac{a}{2} x + z^2 = \frac{a^2}{2} \quad \left(-\frac{a}{2} \leqq x \leqq a\right)$$

$$\therefore \quad S = 3a \int_{-a/2}^{a} dx \int_0^{\sqrt{a^2/2 - ax/2}} \frac{1}{\sqrt{\left(\frac{3a}{4}\right)^2 - \left(x - \frac{a}{4}\right)^2}}\, dz$$

$$= 3a \int_{-a/2}^{a} \frac{\sqrt{\frac{a}{2}}\sqrt{a - x}}{\sqrt{\left(\frac{3a}{4}\right)^2 - \left(x - \frac{a}{4}\right)^2}}\, dx$$

$$= 3a \cdot \sqrt{\frac{a}{2}} \int_{-\pi/2}^{\pi/2} \frac{\sqrt{\frac{3a}{2}} \sin\left(\frac{\pi}{4} - \frac{t}{2}\right)}{\frac{3a}{4}\cos t} \frac{3a}{4} \cos t\, dt$$

$\left(x - \frac{a}{4} = \frac{3a}{4} \sin t\right.$ とおく$\left.\right)$

$$= \frac{3\sqrt{3}}{2}a^2\int_{-\pi/2}^{\pi/2}\sin\left(\frac{\pi}{4}-\frac{t}{2}\right)dt$$

$$= 3\sqrt{3}\,a^2\left[\cos\left(\frac{\pi}{4}-\frac{t}{2}\right)\right]_{-\pi/2}^{\pi/2} = 3\sqrt{3}\,a^2$$

2.40 $\mathrm{div}\,(f\boldsymbol{A}) = f\nabla\cdot\boldsymbol{A} + \nabla f\cdot\boldsymbol{A}$ であるから，$\boldsymbol{A} = \nabla g$ のときには

$$\mathrm{div}\,(f\nabla g) = f\nabla^2 g + \nabla f\cdot\nabla g$$

$$\therefore\ \iiint_\Omega \mathrm{div}\,(f\nabla g)\,dv = \iiint_\Omega (f\nabla^2 g + \nabla f\cdot\nabla g)\,dv$$

一方，ガウスの発散定理によれば，左辺は

$$\iiint_\Omega \mathrm{div}\,(f\nabla g)\,dv = \iint_S (f\nabla g)\cdot d\boldsymbol{\sigma} = \iint_S f\boldsymbol{n}\cdot\nabla g\,d\sigma = \iint_S f\frac{\partial g}{\partial n}\,d\sigma$$

$$\therefore\ \iiint_\Omega (f\nabla^2 g + \nabla f\cdot\nabla g)\,dv = \iint_S f\frac{\partial g}{\partial n}\,d\sigma \qquad ①$$

次に，①において f と g を入れかえれば，

$$\iiint_\Omega (g\nabla^2 f + \nabla g\cdot\nabla f)\,dv = \iint_S g\frac{\partial f}{\partial n}\,d\sigma \qquad ②$$

①と②の差をとれば，

$$\iiint_\Omega (f\Delta g - g\Delta f)\,dv = \iint_S \left(f\frac{\partial g}{\partial n} - g\frac{\partial f}{\partial n}\right)d\sigma$$

2.41 原点 O 以外では，

$$\nabla\cdot\left(\frac{\boldsymbol{r}}{r^3}\right) = \frac{\partial}{\partial x}\left(\frac{x}{r^3}\right) + \frac{\partial}{\partial y}\left(\frac{y}{r^3}\right) + \frac{\partial}{\partial z}\left(\frac{z}{r^3}\right)$$

$$= \frac{1}{r^2} - \frac{3x^2}{r^5} + \frac{1}{r^3} - \frac{3y^2}{r^5} + \frac{1}{r^3} - \frac{3z^2}{r^5}$$

$$= \frac{3}{r^3} - \frac{3(x^2+y^2+z^2)}{r^5} = 0 \qquad ①$$

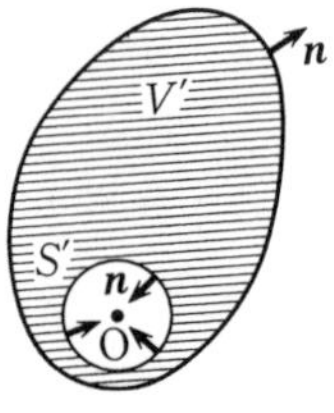

（i） 原点 O が面 S の内部 V にあるとき，ガウスの発散定理を適用し，①を考慮すれば，

$$\int_S \frac{\boldsymbol{r}}{r^3}\cdot\boldsymbol{n}\,dS = \int_V \nabla\cdot\left(\frac{\boldsymbol{r}}{r^3}\right)dV = 0$$

（ii） 原点 O が面 S の内部 V にあるとき，点 O を中心として半径 a の球面 S' を V の内部につくり，S' の法線単位ベクトル $\boldsymbol{n}$ を S' の内側に向って選ぶ．S と S' に挟まれた領域を V' とすれば，V' は O を含まないから，発散定理より，

$$0 = \int \nabla \cdot \frac{\boldsymbol{r}}{r^3} dV = \int_{S+S'} \frac{\boldsymbol{r}}{r^3} \cdot \boldsymbol{n}\, dS = \int_S \frac{\boldsymbol{r}}{r^3} \cdot \boldsymbol{n}\, dS + \int_{S'} \frac{\boldsymbol{r}}{r^3} \cdot \boldsymbol{n}\, dS$$

ところが，S' 上では $r = a,\ \boldsymbol{n} = -\boldsymbol{r}/a$ であるから，

$$\frac{\boldsymbol{r} \cdot \boldsymbol{n}}{r^3} = \frac{\boldsymbol{r} \cdot (-\boldsymbol{r}/a)}{r^3} = -\frac{r^3}{ar^3} = -\frac{1}{a^2}$$

$$\therefore \quad \int_S \frac{\boldsymbol{r}}{r^3} \cdot \boldsymbol{n}\, dS = -\int_{S'} \left(-\frac{1}{a^2} \right) dS = \frac{4\pi a^2}{a^2} = 4\pi$$

2.42 （1） $\displaystyle\int_0^\infty e^{-x} x^{s-1}\, dx$ が収束することを示せばよい．$f(x) = e^{-x} x^{s-1}$ とおき，与えられた積分を $\displaystyle\int_0^1 f(x)\, du$ と $\displaystyle\int_1^{+\infty} f(x)\, dx$ の二つの部分に分けて考察する．前の積分 $\displaystyle\int_0^1 f(x)\, dx$ は，$s \geqq 1$ ならば，被積分関数は連続であるから，この積分は存在する．$0 < s < 1$ ならば，$x \to +0$ のとき $f(x) \to +\infty$ であるから，広義の積分である．しかし $\lambda = 1 - s$ とすると，$0 < \lambda < 1$ となり

$$\lim_{x \to +0} x^\lambda f(x) = \lim_{x \to +0} x^{1-s} e^{-x} x^{s-1} = \lim_{x \to +0} e^{-x} = 1$$

したがって $\displaystyle\int_0^1 f(x)\, dx$ は収束する．後の無限区間における積分 $\displaystyle\int_1^{+\infty} f(x)\, dx$ は，$\lambda = 2$ とすると，

$$\lim_{x \to +\infty} x^\lambda f(x) = \lim_{x \to +\infty} x^2 e^{-x} x^{s-1} = \lim_{x \to +\infty} \frac{x^{s+1}}{e^x} = 0$$

ゆえに，$\displaystyle\int_1^{+\infty} f(x)\, dx$ も収束する．したがって，$\{a_n\}$ は収束する．

（2） $\Gamma(p) = \displaystyle\int_0^\infty e^{-t} t^{p-1}\, dt$ を $t = x^2$ で置換すると，$\Gamma(p) = 2\displaystyle\int_0^\infty e^{-x^2} x^{2p-1}\, dx$．そこで，$A = (0, \infty) \times (0, \infty),\ A_n = [1/n, n] \times [1/n, n]$ とおくと，

$$\begin{aligned}\Gamma(p)\Gamma(q) &= 2\int_0^\infty e^{-x^2} x^{2p-1}\, dx \cdot 2\int_0^\infty e^{-y^2} y^{2q-1}\, dy \\ &= \lim_{n \to \infty} 4 \int_{1/n}^n e^{-x^2} x^{2p-1}\, dx \int_{1/n}^n e^{-y^2} y^{2q-1}\, dy \\ &= \lim_{n \to \infty} 4 \iint_{A_n} e^{-x^2-y^2} x^{2p-1} y^{2q-1}\, dx\, dy = 4 \iint_A e^{-x^2-y^2} x^{2p-1} y^{2q-1}\, dx\, dy\end{aligned}$$

一方，

$$B_n = \{(x, \infty) \in A\ ;\ 1/n^2 \leqq x^2 + y^2 \leqq n^2,\ \tan(1/n) \leqq y/x \leqq \tan(\pi/2 - 1/n)\}$$

とおくと，

$$4\iint_A e^{-x^2-y^2}x^{2p-1}y^{2q-1}\,dx\,dy = \lim_{n\to\infty} 4\iint_{B_n} e^{-x^2-y^2}x^{2p-1}y^{2q-1}\,dx\,dy$$

$$= \lim_{n\to\infty} 4\iint_{1/n\leqq r\leqq n,\ 1/n\leqq\theta\leqq\pi/2-1/n} e^{-r^2}r^{2(p+q-1)}\cos^{2p-1}\theta\sin^{2q-1}\theta r\,d\theta\,dr$$

$$= \lim_{n\to\infty} 4\int_{1/n}^{n} e^{-r^2}r^{2(p+q)-1}\,dr\int_{1/n}^{\pi/2-1/n}\cos^{2p-1}\theta\sin^{2q-1}\theta\,d\theta$$

$$= 4\int_0^\infty e^{-r^2}r^{2(p+q)-1}\,dr\int_0^{\pi/2}\cos^{2p-1}\theta\sin^{2q-1}\theta\,d\theta$$

$$= -4\int_0^\infty e^{-r^2}r^{2(p+q)-1}\,dr\int_0^{\pi/2}\cos^{2p-1}\theta\sin^{2q-1}\theta\,d\theta$$

$$= 2\int_0^\infty e^{-r^2}r^{2(p+q)-1}\,dr\int_0^1 x^{p-1}(1-x)^{q-1}\,dx = \Gamma(p+q)B(p, q)$$

ここで $x = \cos^2\theta$ と置換した.

$$\therefore\quad B(p, q) = \frac{\Gamma(p+q)}{\Gamma(p)\Gamma(q)}$$

2.43 （1） $I = \int_0^\infty e^{-ax^2}\,dx = \int_0^\infty e^{-ay^2}\,dy \qquad \therefore\quad I^2 = \int_0^\infty\int_0^\infty e^{-a(x^2+y^2)}\,dx\,dy$

$x = r\cos\theta,\ \ y = r\sin\theta$ とおくと，ヤコビアンは $\dfrac{\partial(x, y)}{\partial(r, \theta)} = \begin{vmatrix} \cos\theta & -r\sin\theta \\ \sin\theta & r\cos\theta \end{vmatrix} = r$ であるから，

$$I^2 = \int_{r=0}^\infty\int_{\theta=0}^{\pi/2} e^{-ar^2}r\,d\theta\,dr = \frac{\pi}{2}\int_0^\infty e^{-ar^2}r\,dr$$

$r^2 = R$ とおくと

$$I^2 = \frac{\pi}{2}\int_0^\infty e^{-aR}\frac{dR}{2} = \frac{\pi}{4}\left[\frac{e^{-aR}}{-a}\right]_0^\infty = \frac{\pi}{4a}$$

（2） $f(a) = 1 = \dfrac{1}{2}\sqrt{\dfrac{\pi}{a}} = \dfrac{\sqrt{\pi}}{2}a^{-1/2} = \displaystyle\int_0^\infty e^{-ax^2}\,dx \qquad \therefore\quad f(1) = \dfrac{\sqrt{\pi}}{2}$

$$f'(a) = \frac{\pi}{2}\left(-\frac{1}{2}\right)a^{-3/2} = \int_0^\infty(-x^2)\,e^{-ax^2}\,dx \qquad \therefore\quad f'(1) = -\frac{\sqrt{\pi}}{4}$$

（3） $f''(a) = \dfrac{\sqrt{\pi}}{2}\left(-\dfrac{1}{2}\right)\left(-\dfrac{3}{2}\right)a^{-5/2} = \displaystyle\int_0^\infty x^{2\cdot 2}\,e^{-ax^2}\,dx$

$$f'''(a)=\frac{\sqrt{\pi}}{2}\left(-\frac{1}{2}\right)\left(-\frac{1}{3}\right)\left(-\frac{5}{2}\right)a^{-7/2}=\int_0^\infty x^{2\cdot 3}\,e^{-ax^2}\,dx,\ \cdots$$

$$f^{(n)}(a)=\frac{\sqrt{\pi}}{2}\left(-\frac{1}{2}\right)\left(-\frac{3}{2}\right)\left(-\frac{5}{2}\right)\cdots\left(-\frac{2n-1}{2}\right)a^{-(2n+1)/2}$$

$$=\frac{\sqrt{\pi}}{2}(-1)^n\frac{1\cdot3\cdot5\cdots(2n-1)}{2^n}a^{-n-1/2}$$

$$=(-1)^n\frac{1\cdot3\cdot5\cdots(2n-1)}{(2a)^n}\frac{1}{2}\frac{\sqrt{\pi}}{a}=\int_0^\infty(-1)^n x^{2n}\,e^{-ax^2}\,dx$$

$$\therefore\quad \int_0^\infty e^{-x^2}x^{2n}\,dx=\frac{1\cdot3\cdot5\cdots(2n-1)}{2^n}\frac{\sqrt{\pi}}{2}$$

2.44 （1） ベクトル $\boldsymbol{A}$ が $\boldsymbol{A}=\nabla\varphi$ をみたすとき，

$$\int_C \boldsymbol{A}\cdot d\boldsymbol{r}=\int_C(\nabla\varphi)\cdot d\boldsymbol{r}=\int_C\left(\boldsymbol{i}\frac{\partial\varphi}{\partial x}+\boldsymbol{j}\frac{\partial\varphi}{\partial y}+\boldsymbol{k}\frac{\partial\varphi}{dz}\right)\cdot\left(\frac{dx}{dt}\boldsymbol{i}+\frac{dy}{dt}\boldsymbol{j}+\frac{dz}{dt}\boldsymbol{k}\right)dt$$

$$=\int_C\left(\frac{\partial\varphi}{\partial x}\frac{dx}{dt}+\frac{\partial\varphi}{\partial y}\frac{dy}{dt}+\frac{\partial\varphi}{\partial z}\frac{dz}{dt}\right)dt=\int_C\frac{d\varphi}{dt}dt$$

ここで，C の方程式を $\boldsymbol{r}=\boldsymbol{r}(t)$ とし，点 P_a で $t=a$，点 P_b で $t=b$ とすれば，

$$\int_C \boldsymbol{A}\cdot d\boldsymbol{r}=\int_a^b\frac{d\varphi}{dt}dt=[\varphi(x(t),y(t),z(t)]_{t=a}^{t=b}$$

$$=\varphi(\mathrm{P}_b)-\varphi(\mathrm{P}_a) \qquad ①$$

C を特に閉曲線とすれば，①で $\mathrm{P}_a=\mathrm{P}_b$ だから，

$$\int_C \boldsymbol{A}\cdot d\boldsymbol{r}=\oint \boldsymbol{A}\cdot d\boldsymbol{r}=\varphi(\mathrm{P}_b)-\varphi(\mathrm{P}_a)=0$$

逆は明らか.

また，$\mathrm{rot}\,\boldsymbol{A}=0$ のとき，ストークスの定理より，

$$\int \mathrm{rot}\,\boldsymbol{A}\cdot d\boldsymbol{S}=\int_C \boldsymbol{A}\cdot d\boldsymbol{r}=0$$

2 点 P_a, P_b を結ぶ二つの曲線 C_1, C_2 から閉曲線 $C=C_1+(-C_2)$ をつくると，

$$0=\int_C \boldsymbol{A}\cdot d\boldsymbol{r}=\int_{C_1+(-C_2)}\boldsymbol{A}\cdot d\boldsymbol{r}=\int_{C_1}\boldsymbol{A}\cdot d\boldsymbol{r}+\int_{-C_2}\boldsymbol{A}\cdot d\boldsymbol{r}$$

$$=\int_{C_1}\boldsymbol{A}\cdot d\boldsymbol{r}-\int_{C_2}\boldsymbol{A}\cdot d\boldsymbol{r}$$

$$\therefore\quad \int_{C_1}\boldsymbol{A}\cdot d\boldsymbol{r}=\int_{C_2}\boldsymbol{A}\cdot d\boldsymbol{r}$$

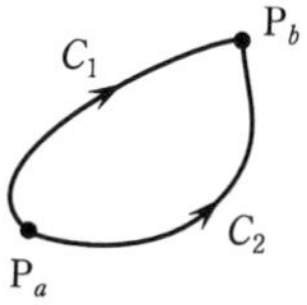

ゆえに，経路の選び方によらない.

（2） rot $\boldsymbol{A}=0$ のとき，点 $\mathrm{P}(x, y, z)$ の近くに点 $\mathrm{Q}(x+h, y, z)$ をとれば，線分 PQ は x 軸に平行である．P_0 と P を結ぶ一つの曲線 C を固定し，これを $\mathrm{P}_0\mathrm{P}$ で表わせば，

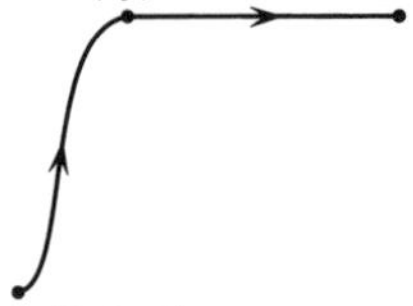

$$\phi(x+h, y, z)=\int_{\mathrm{P}_0\mathrm{PQ}} \boldsymbol{A}\cdot d\boldsymbol{r}$$
$$=\int_{\mathrm{P}_0\mathrm{P}} \boldsymbol{A}\cdot d\boldsymbol{r}+\int_{\mathrm{PQ}} \boldsymbol{A}\cdot d\boldsymbol{r}$$
$$=\phi(x, y, z)+\int_{\mathrm{PQ}} \boldsymbol{A}\cdot d\boldsymbol{r}$$

第 2 項は線分 PQ に沿っての線分だから

$$\int_{\mathrm{PQ}} \boldsymbol{A}\cdot d\boldsymbol{r}=\int_x^{x+h} A_x(X, y, z)\, dX$$

$$\therefore \quad \phi(x+h, y, z)=\phi(x, y, z)+\int_x^{x+h} A_x(X, y, z)\, dX$$

この両辺を h で微分し，$h\to 0$ とすれば，

$$\frac{\partial\phi}{\partial x}=A_x(x, y, z)$$

同様にして，$\dfrac{\partial\varphi}{\partial y}=A_y, \dfrac{\partial\varphi}{\partial z}=A_z$. したがって，$\nabla\varphi=A$ である．

逆に，$\boldsymbol{A}$ がポテンシャル ϕ をもてば，$\boldsymbol{A}=\nabla\phi$. ゆえに，

$$\mathrm{rot}\,\boldsymbol{A}=\mathrm{rot\ grad}\,\phi=0$$

（3） $\boldsymbol{A}(2xy, x^2+z^2, 2yz)$ を，(1, 1, 1) と (2, 2, 2) を結ぶ直線 $x=t, y=t, z=t\ (1\leqq t\leqq 2)$ に沿って積分すると，

$$\int_{\mathrm{P}_1}^{\mathrm{P}_2} \boldsymbol{A}\cdot d\boldsymbol{r}=\int_1^2 (2t^2\boldsymbol{i}+2t^2\boldsymbol{j}+2t^2\boldsymbol{k})\cdot(dt\boldsymbol{i}+dt\boldsymbol{j}+dt\boldsymbol{k})$$
$$=\int_1^2 (2t^2\, dt+2t^2\, dt+2t^2\, dt)=6\int_1^2 t^2\, dt=6\left[\frac{t^2}{3}\right]_1^2$$
$$=14$$

2.45 （1） $n=1$ のとき：$\displaystyle\int_a^x dx_1 f(x_1)=\int_a^x ds f(s)$

$n=n-1$ のとき：$\displaystyle\int_a^x dx_{n-1}\int_a^{x_{n-1}} dx_{n-2}\cdots\int_a^{x_3} dx_2\int_a^{x_2} dx_1 f(x_1)$

$$=\frac{1}{(n-2)!}\int_a^x ds(x-s)^{n-2}f(s)$$

が成立すると仮定すると，$n=n$ のとき，

$$\int_a^x dx_n \int_a^{x_n} dx_{n-1} \int_a^{x_{n-1}} dx_{n-2} \cdots \int_a^{x_3} dx_2 \int_a^{x_2} dx_1 f(x_1)$$

$$= \int_a^x dx_n \int_a^{x_n} \frac{1}{(n-2)!} ds (x_n - s)^{n-2} f(s)$$

$$= \frac{1}{(n-2)!} \int_a^x f(s)\, ds \int_s^x (x_n - s)^{n-2}\, dx_n$$

$$= \frac{1}{(n-1)!} \int_a^x f(s)\, ds (x-s)^{n-1} \equiv I^n f(x)$$

（2） $f(x)=x, a=0$ のとき，$\Gamma(2)=1, \Gamma(1/2)=\sqrt{\pi}$ を用いると

$$I^2 x = \frac{1}{\Gamma(2)} \int_0^x ds (x-s)' s = \int_0^x (xs - s^2)\, ds$$

$$= \int_0^x xs\, ds - \int_0 s^2\, ds = \left[x \cdot \frac{s^2}{2} \right]_0^x - \left[\frac{s^3}{3} \right]_0^x = \frac{x^3}{2} - \frac{x^3}{3} = \frac{x^3}{6}$$

$$I^{1/2} x = \frac{1}{\Gamma(1/2)} \int_0^x ds (x-s)^{-1/2} s = \frac{1}{\sqrt{\pi}} \int_0^x \frac{s}{\sqrt{x-s}} ds$$

$\sqrt{x-s}=t$ とおくと，$x-s=t^2, s=x-t^2, ds=-2t\,dt$ だから

$$I \equiv \int_0^x \frac{s}{\sqrt{x-s}} ds = \int_{\sqrt{x}}^0 \frac{x-t^2}{t} (-2t\,dt) = 2\int_0^{\sqrt{x}} (x-t^2)\, dt$$

$$= 2\left[xt - \frac{t^3}{3} \right]_0^{\sqrt{x}} = 2\left[x^{3/2} - \frac{x^{3/2}}{3} \right] = \frac{4}{3} x^{3/2}$$

$$\therefore \quad I^{1/2} x = \frac{4}{3\sqrt{\pi}} x^{3/2}$$

2.46 $A = \int_D \frac{dx\,dy}{\sqrt{x^2+y^2}} = \lim_{n\to\infty} \int_{1/n}^1 dy \int_0^y \frac{1}{\sqrt{x^2+y^2}} dx$

$$= \lim_{n\to\infty} \int_{1/n}^1 [\log x + \sqrt{x^2+y^2}]_0^y\, dy$$

$$= \lim_{n\to\infty} \int_{1/n}^1 \{\log(1+\sqrt{2})y - \log y\}\, dy$$

$$= \lim_{n\to\infty} \int_{1/n}^1 \log(1+\sqrt{2})\, dy$$

$$= \lim_{n\to\infty} \log(1+\sqrt{2}) \left(1 - \frac{1}{n}\right) = \log(1+\sqrt{2})$$

（別解） 極座標

$$\sqrt{x^2+y^2}=r, \quad dx\,dy = r\,d\theta\,dr$$

を用いると，

$$A=\int_{\pi/4}^{\pi/2}\int_0^{1/\sin\theta}\frac{r\,dr\,d\theta}{r}=\int_{\pi/4}^{\pi/2}\frac{1}{\sin\theta}d\theta$$

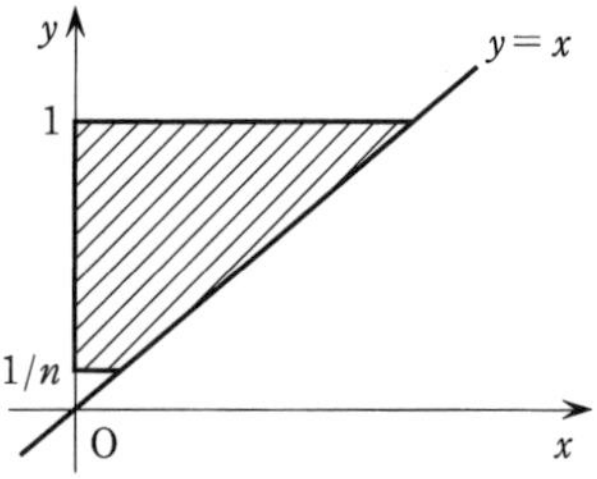

$\tan\dfrac{\theta}{2}=t, \dfrac{dt}{d\theta}=\dfrac{1}{2}\sec^2\dfrac{\theta}{2}$ とおくと

$$A=\int\frac{2\cos^2(\theta/2)\,dt}{2\sin(\theta/2)\cos(\theta/2)}=\int\frac{dt}{\tan(\theta/2)}=\int\frac{dt}{t}=[\log t]_{\tan(\pi/8)}^{\tan(\pi/2)}$$

$$=\log\frac{1}{\tan(\pi/8)}=\log\sqrt{\frac{1+\cos(\pi/4)}{1-\cos(\pi/4)}}=\log(\sqrt{2}+1)$$

2.47 （1） x, y 軸，原点に対称なことは明らかである．また，正方形 $|x| \leqq a, |y| \leqq a$ の内部に曲線が存在することもわかる．座標軸に関して対称だから，第 1 象限で考えると，$y^{2/3}=a^{2/3}-x^{2/3}$，$y=(a^{2/3}-x^{2/3})^{3/2}=a\{1-(x/a)^{2/3}\}^{3/2}$

$$\frac{dy}{dx}=\frac{3}{2}a\left\{1-\left(\frac{x}{a}\right)^{2/3}\right\}^{1/2}\left\{-\frac{2}{3}\frac{1}{a}\left(\frac{x}{a}\right)^{-1/3}\right\}=-\frac{\{1-(x/a)^{2/3}\}^{1/2}}{(x/a)^{1/3}}$$

ゆえに，$0<x<a$ で $dy/dx<0, x=a$ で $dy/dx=0$．右図のようになる．

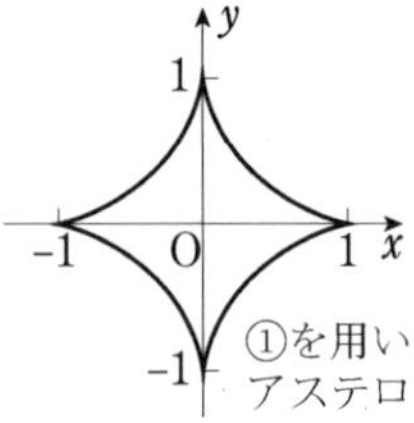

①を用いて描いたアステロイド

（2） 助変数 t を用いれば，

$$x=a\cos^3 t, \quad y=a\sin^3 t \quad (0 \leqq t \leqq 2\pi) \qquad ③$$

と表わされる．求める面積 A は，第 1 象限の面積を 4 倍すればよいから，

$$A=4\int_0^a y\,dx=4\int_{\pi/2}^0 y\frac{dx}{dt}dt=4\int_{\pi/2}^0 a\sin^3 t\cdot 3a\cos^2 t(-\sin t)\,dt$$

$$=12a^2\int_0^{\pi/2}\sin^4 t\cos^2 t\,dt=12a^2\int_0^{\pi/2}\sin^4 t(1-\sin^2 t)\,dt$$

$$=12a^2\int_0^{\pi/2}(\sin^4 t-\sin^6 t)\,dt \equiv 12a^2(I_4-I_6)$$

ここで，$I_n=\displaystyle\int_0^{\pi/2}\sin^n x\,dx=\left[\frac{\sin^{n-1}x\cos x}{-n}\right]_0^{\pi/2}+\frac{n-1}{n}\int_0^{\pi/2}\sin^{n-2}x\,dx=\frac{n-1}{n}I_{n-2}$

より，$I_4=\dfrac{1\cdot 3}{2\cdot 4}\dfrac{\pi}{2}$，$I_6=\dfrac{1\cdot 3\cdot 5}{2\cdot 4\cdot 6}\dfrac{\pi}{2}$

$$\therefore \quad A=12a^2\left(\frac{1\cdot 3}{2\cdot 4}-\frac{1\cdot 3\cdot 5}{2\cdot 4\cdot 6}\right)\frac{\pi}{2}=12a^2\left(\frac{1\cdot 3\cdot 6}{2\cdot 4\cdot 6}-\frac{1\cdot 3\cdot 5}{2\cdot 4\cdot 6}\right)\frac{\pi}{2}$$

$$= 12a^2 \frac{1\cdot 3\cdot 1}{2\cdot 4\cdot 6}\frac{\pi}{2} = \frac{3}{8}\pi a^2 \qquad ②$$

（3） 全長 L は，第 1 象限の長さを 4 倍すればよいから，

$$L = 4\int \sqrt{(dx)^2 + (dy)^2} = 4\int_0^{\pi/2} \sqrt{\left(\frac{dx}{dt}\right)^2 + \left(\frac{dy}{dt}\right)^2}\, dt$$

$$= 4\int_0^{\pi/2} \sqrt{(-3a\cos^2 t\sin t)^2 + (3a\sin^2 t\cos t)^2}\, dt$$

$$= 12a\int_0^{\pi/2} \sin t\cos t\, dt = 12a\int_0^{\pi/2} \frac{\sin 2t}{2} = \left[-6a\frac{\cos 2t}{2}\right]_0^{\pi/2} = 6a$$

（4） 回転体の体積 V は，右半面の体積を 2 倍すればよいから，

$$V = 2\cdot\pi\int_0^a y^2\, dx = 2\pi\int_{\pi/2}^0 y^2\frac{dx}{dt}\, dt = 2\pi\int_{\pi/2}^0 (a\sin^3 t)^2\cdot 3a\cos^2 t(-\sin t)\, dt$$

$$= 6\pi a^3\int_0^{\pi/2} \sin^7 t\cos^2 t\, dt = 6\pi a^3\int_0^{\pi/2} \sin^7 t(1 - \sin^2 t)\, dt$$

$$= 6\pi a^3\int_0^{\pi/2} (\sin^7 t - \sin^9 t)\, dt \equiv 6\pi a^3(I_7 - I_9)$$

ここで，上記公式より，$I_7 = \dfrac{2\cdot 4\cdot 6}{3\cdot 5\cdot 7}$，$I_9 = \dfrac{2\cdot 4\cdot 6\cdot 8}{3\cdot 5\cdot 7\cdot 9}$

$$\therefore\quad V = 6\pi a^3\left(\frac{2\cdot 4\cdot 6}{3\cdot 5\cdot 7} - \frac{2\cdot 4\cdot 6\cdot 8}{3\cdot 5\cdot 7\cdot 9}\right) = 6\pi a^3\left(\frac{2\cdot 4\cdot 6\cdot 9}{3\cdot 5\cdot 7\cdot 9} - \frac{2\cdot 4\cdot 6\cdot 8}{3\cdot 5\cdot 7\cdot 9}\right)$$

$$= 6\pi a^3\frac{2\cdot 4\cdot 6\cdot 1}{3\cdot 5\cdot 7\cdot 9} = \frac{32}{105}\pi a^3 \qquad ③$$

表面積 S は，①を用いると，

$$S = 2\int 2\pi y\sqrt{(dx)^2 + (dy)^2} = 4\pi\int_0^{\pi/2} y\sqrt{\left(\frac{dx}{dt}\right)^2 + \left(\frac{dy}{dt}\right)^2}\, dt$$

$$= 4\pi\int_0^{\pi/2} a\sin^3 t\sqrt{(-3a\cos^2 t\sin t)^2 + (3a\sin^2 t\cos t)^2}\, dt$$

$$= 4\cdot 3\pi a^2\int_0^{\pi/2} \sin^3 t\sqrt{\cos^4 t\sin^2 t + \sin^4 t\cos^2 t}\, dt$$

$$= 12\pi a^2\int_0^{\pi/2} \sin^3 t\sin t\cos t\, dt = 12\pi a^2\int_0^{\pi/2} \sin^4 t\cos t\, dt$$

$$= 12\pi a^2\int_0^{\pi/2} (1 - \cos^2 t)^2\cos t\, dt = \int_0^{\pi/2} (\cos t - 2\cos^3 t + \cos^5 t)\, dt$$

$$\equiv I_1 - 2I_3 + I_5$$

ここで，上記公式より，$I_1 = \int_0^{\pi/2} \cos t\,dt = [\sin t]_0^{\pi/2} = 1$，$I_3 = \dfrac{2}{3}$，$I_5 = \dfrac{2\cdot 4}{3\cdot 5}$

$$\therefore \quad S = 12\pi a^2 \left(1 - 2\cdot\frac{2}{3} + \frac{2\cdot 4}{3\cdot 5}\right) = \frac{12\pi a^2}{5}$$

（5） $z =$ 一定 の平面での切り口 $B(z) = \{(x, y) \mid x^{2/3} + y^{2/3} \leqq a^{2/3} - z^{2/3}\}$ は，アステロイドの内部である．その面積 $S(z)$ は②より，

$$S(z) = \frac{3\pi}{8}(a^{2/3} - z^{2/3})^3 \qquad ④$$

よって，B の体積は

$$|B| = \frac{3\pi}{8}\int_{-a}^{a}(a^{2/3} - z^{2/3})^3\,dz = \frac{6\pi}{8}\int_{-a}^{a}(a^2 - 3a^{4/3}z^{2/3} + 3a^{2/3}z^{4/3} - z^2)\,dz$$

$$= \frac{6\pi}{8}\left[a^2 z - \frac{9}{5}a^{4/3}z^{5/4} + \frac{9}{7}a^{2/3}z^{7/3} - \frac{1}{3}z^3\right]_0^a = \frac{4}{35}\pi a^3$$

（6） 対称性から，第1象限部分（右図）の面積を8倍すればよい．

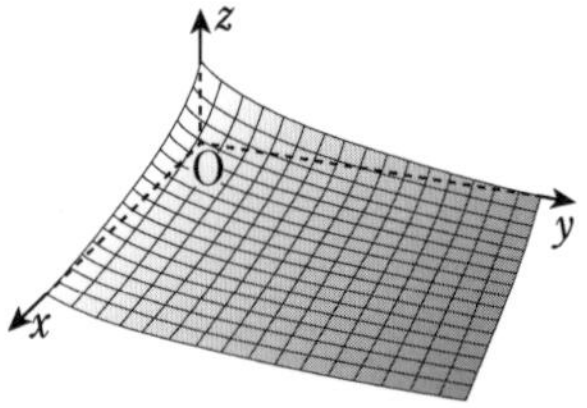

領域は $D = \{(x, y) \mid x^{2/3} + y^{2/3} < a^{2/3}, x > 0, y > 0\}$.

与式 $x^{2/3} + y^{2/3} + z^{2/3} = a^{2/3} (a > 0)$ より，

$$z = (a^{2/3} - x^{2/3} - y^{2/3})^{3/2}$$

与式を x で偏微分して，

$$\frac{2}{3}x^{-1/3} + \frac{2}{3}z^{-1/3}\frac{\partial z}{\partial x} = \frac{2}{3}(x^{-1/3} + z^{-1/3}z_x) = 0$$

y についても同様だから，

$$z_x = -(x^{-1}z)^{1/3} = -\left[\frac{(a^{2/3} - x^{2/3} - y^{2/3})^{3/2}}{x}\right]^{1/3},$$

$$z_y = -(y^{-1}z)^{1/3} = -\left[\frac{(a^{2/3} - x^{2/3} - y^{2/3})^{3/2}}{y}\right]^{1/3}$$

表面積を A とすると，

$$\frac{A}{8} = \iint_D \sqrt{1 + z_x^2 + z_y^2}\,dx\,dy$$

$$= \iint_D \sqrt{1 + \left(\frac{a^{2/3} - x^{2/3} - y^{2/3}}{x^{2/3}}\right) + \left(\frac{a^{2/3} - x^{2/3} - y^{2/3}}{y^{2/3}}\right)}\,dx\,dy$$

$$= \iint_D \ 1 + (a^{2/3} - x^{2/3} - y^{2/3})(x^{-2/3} + y^{-2/3})\,dx\,dy$$

ここで $(a^{-1}x)^{2/3} = t, (a^{-1}y)^{2/3} = s, x = at^{3/2}, y = as^{3/2}$ と変数変換するとヤコビアンは

$$J = \begin{vmatrix} \partial x/\partial t & \partial x/\partial s \\ \partial y/\partial t & \partial y/\partial s \end{vmatrix} = \begin{vmatrix} (3/2)at^{1/2} & 0 \\ 0 & (3/2)as^{1/2} \end{vmatrix} = \frac{9}{4}a^2\sqrt{ts}$$

領域は $\Delta = \{(t, s) \mid t + s < 1, t > 0, s > 0\}$ だから,

$$\frac{A}{8} = \frac{9a^2}{4}\sqrt{ts}\iint_{\Delta}\sqrt{1 + (a^{2/3} - a^{2/3}t - a^{2/3}s)(a^{-2/3}t^{-1} + a^{-2/3}s^{-1})}\,dt\,ds$$

$$= \frac{9a^2}{4}\iint_{\Delta}\sqrt{ts + (1 - t - s)(t + s)}\,dt\,ds$$

ここで，再度 $x + y = t, x - y = s$ とすると，Δ は $\Delta' = \{(x, y) \mid x > y, x > -y, x < 1/2\}$ に写り，ヤコビアンは $J = \begin{vmatrix} \partial t/\partial x & \partial t/\partial y \\ \partial s/\partial x & \partial s/\partial y \end{vmatrix} = \begin{vmatrix} 1 & 1 \\ 1 & -1 \end{vmatrix} = -2$. よって,

$$\frac{A}{8} = \frac{9a^2}{4}(-2)\int_0^{1/2}\left\{\int_{-x}^{x}\sqrt{(x+y)(x-y) + (1-x-y-1+y)(x+y+x-y)}\,dy\right\}dx$$

$$= \frac{9a^2}{-2}\int_0^{1/2}\left(\int_{-x}^{x}\sqrt{2x - 3x^2 - y^2}\,dy\right)dx = \frac{9a^2}{-2}\int_0^{1/2}\left(2\int_0^{x}\sqrt{a^2 - y^2}\,dy\right)dx$$

$(\because \quad a^2 = 2x - 3x^2)$

$$= \frac{9a^2}{-2}\int_0^{1/2} 2\left\{\left[\frac{y\sqrt{a^2 - y^2}}{2} + \frac{a^2}{2}\sin^{-1}\frac{y}{a}\right]_0^x\right\}dx$$

$$= \frac{9a^2}{-2}\int_0^{1/2}\left\{x\sqrt{a^2 - x^2} + a^2\sin^{-1}\frac{x}{a}\right\}dx$$

$$= \frac{9a^2}{-2}\int_0^{1/2}\left\{x\sqrt{2x - 4x^2} + (2x - 3x^2)\sin^{-1}\frac{x}{\sqrt{2x - 3x^2}}\right\}dx = \frac{9a^2}{-2}(I + J)$$

右辺第 1 項は

$$I = \int_0^{1/2} x\sqrt{2x - 4x^2}\,dx = \int_0^{1/2} x\sqrt{\left(\frac{1}{2}\right)^2 - \left(2x - \frac{1}{2}\right)^2}\,dx$$

$$= \int_0^{1/2} x\sqrt{\alpha^2 - \left(2x - \frac{1}{2}\right)^2}\,dx \quad \left(\because \quad \alpha = \frac{1}{2}\right)$$

ここで，$2x - \dfrac{1}{2} = X, dX = 2dx, x = \dfrac{X + 1/2}{2}$ と置換すると,

$$I = \int_{-1/2}^{1/2}\frac{X + 1/2}{2}\sqrt{\alpha^2 - X^2}\frac{dX}{2}$$

$$= \frac{1}{4}\int_{-1/2}^{1/2} X\sqrt{\alpha^2 - X^2}\,dX + \frac{1}{8}\int_{-1/2}^{1/2}\sqrt{\alpha^2 - X^2}\,dX$$

$$= \frac{1}{4}\int_0^{1/2}\sqrt{\alpha^2 - X^2}\,dX = \frac{1}{4}\left[\frac{X}{2}\sqrt{\alpha^2 - X^2} + \frac{\alpha^2}{2}\sin^{-1}\frac{X}{\alpha}\right]_0^{1/2}$$

$$= \frac{1}{4}\left[\frac{1}{4}\sqrt{\alpha^2 - \frac{1}{4}} + \frac{1}{2}\frac{1}{4}\sin^{-1}\frac{1}{2\alpha}\right]_0^{1/2} = \frac{1}{4}\frac{1}{8}\sin^{-1}\frac{1}{2}2 = \frac{\pi}{64}$$

右辺第 2 項には

$$\left\{\sin^{-1}\frac{x}{\sqrt{2x-3x^2}}\right\}'$$

$$=\frac{1}{1-(x/\sqrt{2x-3x^2})^2}\frac{\sqrt{2x-3x^2}-x(1/2)(2x-3x^2)^{-1/2}(2-6x)}{2x-3x^2}$$

$$=\frac{x}{\sqrt{2x-4x^2}(2x-3x^2)}$$

$$\int(2x-3x^2)\,dx=x^2-x^3=-\left\{\left(x-\frac{2}{3}\right)^3+\left(x-\frac{2}{3}\right)^2-\frac{4}{27}\right\}$$

を利用し，$x=2^{-1}\sin^2\theta$ とおき，さらに $\tan\theta=t$ とおいて，積分すると（この積分は冗長ゆえ，途中の計算省略），曲面積 $|A|=17\pi a^2/12$ が得られる．

〈**参考**〉 Mathematica による表面積計算を下に示す（a は除いてある）．

```
In[1]:= i = Integrate[x * √(2 * x - 4 * x^2), {x, 0, 1/2}]
Out[1]= π/64

In[2]:= j = Integrate[(2 * x - 3 * x^2) ArcSin[x/√(2 * x - 3 * x^2)], {x, 0, 1/2}]
Out[2]= 41 π/1728

In[3]:= i + j
Out[3]= 17 π/432

In[4]:= 8 * 9/2 * 17 π/432
Out[4]= 17 π/12
```

2.48 （1） $p=\sqrt{a}\,x, q=\sqrt{b}\,y$ とおき，ガウス積分の結果を使うと，$x\geqq 0, y\geqq 0$ のとき，

$$I_1=\int_0^\infty\int_0^\infty e^{-(p^2+q^2)}\frac{dp}{\sqrt{a}}\frac{dq}{\sqrt{b}}=\frac{1}{\sqrt{ab}}\int_0^\infty e^{-p^2}dp\int_0^\infty e^{-q^2}dq=\frac{1}{\sqrt{ab}}\frac{\sqrt{\pi}}{2}\frac{\sqrt{\pi}}{2}=\frac{1}{4}\frac{\pi}{\sqrt{ab}}$$

（別解） 極座標に変換する．

（2） 上と同様にして，

$$I_2=\int_0^\infty\int_0^\infty(p^2+q^2)\,e^{-(p^2+q^2)}\frac{dp}{\sqrt{a}}\frac{dq}{\sqrt{b}}$$

$$=\int_0^\infty p^2\,e^{-(p^2+q^2)}\frac{dp}{\sqrt{a}}\frac{dq}{\sqrt{b}}+\int_0^\infty q^2e^{-(p^2+q^2)}\frac{dp}{\sqrt{a}}\frac{dq}{\sqrt{b}}$$

$$= \frac{1}{\sqrt{ab}} \int_0^\infty p^2 e^{-p^2} dp \int_0^\infty e^{-q^2} dq + \frac{1}{\sqrt{ab}} \int_0^\infty q^2 e^{-q^2} dq \int_0^\infty e^{-p^2} dp = 2I$$

ここで，$I \equiv \int_0^\infty e^{-ap^2} dp = \frac{1}{2}\sqrt{\frac{\pi}{a}} = \frac{\sqrt{\pi}}{2} a^{-1/2}$,　$-\int_0^\infty p^2 e^{-ap^2} dp = -\frac{\sqrt{\pi}}{2}\frac{1}{2}a^{-3/2}$,

$$\int_0^\infty p^2 e^{-p^2} dp = \frac{\sqrt{\pi}}{4} \qquad \therefore \quad I_2 = 2\frac{1}{\sqrt{ab}}\frac{\sqrt{\pi}}{4}\frac{\sqrt{\pi}}{2} = \frac{\pi}{4\sqrt{ab}}$$

（別解）　極座標 $x = r\cos\theta, y = r\sin\theta$ に変換すると，第 1 象限で，

$$I_2 = \frac{1}{\sqrt{ab}} \int_0^\infty \int_0^{\pi/2} (r^2\cos^2\theta + r^2\sin^2\theta)\, e^{-r^2}\, r\, dr\, d\theta$$

$$= \frac{1}{\sqrt{ab}} \int_0^\infty r^3 e^{-r^2} dr \int_0^{\pi/2} d\theta = \frac{1}{\sqrt{ab}}\frac{\pi}{2}\int_0^\infty r^3 e^{-r^2} dr = \frac{1}{\sqrt{ab}}\frac{\pi}{2} I$$

ここで，$r^2 = R, 2r\,dr = dR$ と置換すると，

$$I = \int_0^\infty r^3 e^{-r^2} dr = \int_0^\infty R e^{-R}\frac{dR}{2} = \frac{1}{2}\left\{[-e^{-R}R]_0^\infty - \int_0^\infty (-e^{-R})dR\right\}$$

$$= \frac{1}{2}\{[-e^{-R}]_0^\infty\} = \frac{1}{2} \qquad \therefore \quad I_2 = \frac{\pi}{4\sqrt{ab}}$$

（3）　これは等比級数（$|e^{-\varepsilon}| < 1$）だから，

$$s_1 = \sum_{n=0}^{\infty} e^{-n\varepsilon} = 1 + e^{-\varepsilon} + e^{-2\varepsilon} + \cdots = \frac{1}{1 - e^{-\varepsilon}} \qquad ①$$

（4）　①を用いると，

$$s_2 = \sum_{n=0}^{\infty} n\varepsilon\, e^{-n\varepsilon} = \varepsilon\, e^{-\varepsilon} + 2\varepsilon\, e^{-2\varepsilon} + 3\varepsilon\, e^{-3\varepsilon} + \cdots$$

$$= \varepsilon\, e^{-\varepsilon}(1 + 2e^{-\varepsilon} + 3e^{-2\varepsilon} + \cdots) = \varepsilon\, e^{-\varepsilon}\frac{1}{(1 - e^{-\varepsilon})^2}$$

$$\Bigg(\because \quad s \equiv 1 + 2e^{-\varepsilon} + 3e^{-2\varepsilon} + \cdots \equiv 1 + 2x + 3x^2 + \cdots \quad (e^{-\varepsilon} \equiv x \text{ とおく})$$

$$= \frac{d}{dx}(1 + x + x^2 + x^3 + \cdots) = \frac{d}{dx}\frac{1}{1 - x} = -\frac{d}{dx}(x - 1)^{-1}$$

$$= (x - 1)^{-2} = \frac{1}{(x - 1)^2} = \frac{1}{(1 - e^{-\varepsilon})^2}\Bigg)$$

（別解）　$s \equiv 1 + 2x + 3x^2 + \cdots$,　$xs = x + 2x^2 + 3x^3 + \cdots$

差をとると，$s - xs = 1 + x + x^2 + x^3 + \cdots = 1/(1 - x)$　　$\therefore \quad s = 1/(1 - x)^2$

（5）　①，②より，

$$\lim_{\varepsilon \to 0}\frac{s_2}{s_1} = \lim_{\varepsilon \to 0}\frac{\varepsilon\, e^{-\varepsilon}/(1 - e^{-\varepsilon})^2}{1/(1 - e^{-\varepsilon})} = \lim_{\varepsilon \to 0}\frac{\varepsilon\, e^{-\varepsilon}}{1 - e^{-\varepsilon}} \cong \lim_{\varepsilon \to 0}\frac{\varepsilon(1 - \varepsilon)}{1 - (1 - \varepsilon)} = \lim_{\varepsilon \to 0}(1 - \varepsilon) = 1$$

3編解答

3.1 1階線形だから，公式より，

$$y = e^{-\int \sin x\,dx}\left(\int e^{\int \sin x\,dx}\sin x\,dx + C\right) = e^{\cos x}\left(\int e^{-\cos x}\sin x\,dx + C\right)$$

ここで，$\cos x = t, \dfrac{dt}{dx} = -\sin x$ とおくと，

$$I = -\int e^{-t}\,dt = -[-e^{-t}] = e^{-t} \qquad \therefore\quad y = e^{\cos x}(e^{-\cos x} + C) = 1 + C\,e^{\cos x}$$

3.2 （1） $y = \dfrac{1}{R(x)}\dfrac{1}{u}\dfrac{du}{dx}$

$$\frac{dy}{dx} = -\frac{1}{R^2}\frac{dR}{dx}\frac{1}{u}\frac{du}{dx} - \frac{1}{R}\frac{1}{u^2}\left(\frac{du}{dx}\right)^2 + \frac{1}{R}\frac{1}{u}\frac{d^2u}{dx^2}$$

これらを与式に代入すると，

$$-\frac{1}{R^2}\frac{dR}{dx}\frac{1}{u}\frac{du}{dx} - \frac{1}{R}\frac{1}{u^2}\left(\frac{du}{dx}\right)^2 + \frac{1}{R}\frac{1}{u}\frac{d^2u}{dx^2} + P + Q\frac{1}{Ru}\frac{du}{dx}$$

$$+ R\left(\frac{1}{Ru}\right)^2\left(\frac{du}{dx}\right)^2 = 0$$

$$\frac{1}{Ru}\frac{d^2u}{dx^2} + \left(\frac{Q}{Ru} - \frac{1}{R^2u}\frac{dR}{dx}\right)\frac{du}{dx} + P = 0$$

$$\therefore\quad \frac{d^2u}{dx^2} + \left(Q - \frac{1}{R}\frac{dR}{dx}\right)\frac{du}{dx} + (PR)u = 0 \qquad ①$$

（2） $P = 2\,e^{2x}, Q = 1, R = e^{-2x}$ であるから

$$y = \frac{1}{Ru}\frac{du}{dx} = \frac{1}{e^{-2x}}\frac{du}{dx} = \frac{e^{2x}}{u}\frac{du}{dx} \qquad ②$$

これらを①に代入すると，

$$\frac{d^2u}{dx^2} + \left(1 - \frac{1}{e^{-2x}}(-2)\,e^{-2x}\right)\frac{du}{dx} + 2e^{2x}\,e^{-2x}u = 0$$

$$\therefore\quad \frac{d^2u}{dx^2} + 3\frac{du}{dx} + 2u = 0$$

特性方程式は

$$\lambda^2 + 3\lambda + 2 = (\lambda + 2)(\lambda + 1) = 0 \Longrightarrow \lambda = -2, -1$$

$$\therefore\quad u = A\,e^{-2x} + B\,e^{-x}, \quad u' = -2A\,e^{-2x} - B\,e^{-x}$$

ゆえに②より，

$$y = \frac{-e^{2x}}{A\,e^{-2x} + B\,e^{-x}}(2A\,e^{-2x} + B\,e^{-x}) = -\frac{2A + B\,e^{x}}{A\,e^{-2x} + B\,e^{-x}}$$

初期条件を代入すれば，

$$-\frac{4}{3} = -\frac{2A + B}{A + B} \Longrightarrow B = 2A$$

$$\therefore\quad y = -\frac{2A + 2A\,e^{x}}{A\,e^{-2x} + 2A\,e^{-x}} = -2\frac{1 + e^{x}}{e^{-x}(e^{-x} + 2)} = -\frac{2\,e^{2x}(1 + e^{x})}{1 + 2\,e^{x}}$$

（別解） 与式より，$y_1 = Ae^{2x}$ のような形の特殊解があるから，これを代入して

$$2A\,e^{2x} + 2\,e^{2x} + A\,e^{2x} + e^{2x} = 0 \Longrightarrow A = -1$$

ゆえに，$y_1 = -e^{2x}$ である．$y = y_1 + u = -e^{2x} + u$ とおくと，与式は

$$\frac{du}{dx} - u = -e^{-2x}u^2$$

$z = 1/u$ とおくと，$\dfrac{dz}{dx} + z = e^{-2x}$ となる．

$$\therefore\quad z = e^{-\int dx}\left(\int e^{-2x}\,e^{\int dx}\,dx + c\right) = e^{-x}(-e^{x} + c)$$

すなわち，

$$\frac{1}{y + e^{2x}} = e^{-x}(-e^{-x} + c) \quad (c：定数)$$

初期条件より

$$\frac{1}{-\dfrac{4}{3} + 1} = 1\cdot(-1 + c) \Longrightarrow c = -2 \qquad \therefore\quad \frac{1}{y + e^{2x}} = e^{-x}(-e^{-x} - 2)$$

すなわち，

$$y = \frac{1}{e^{-x}(-e^{-x} - 2)} - e^{2x} = -\frac{2\,e^{2x}(e^{x} + 1)}{2\,e^{x} + 1}$$

3.3 特殊解は $y_1 = x$ だから，$y = u + y_1 = u + x$ とおくと，与式は

$$\frac{du}{dx} + 1 - (u + x)^2 + (2x + 1)(u + x) - (1 + x + x^2) = 0$$

$$\frac{du}{dx} + u = u^2$$

$z = 1/u$ とおくと

$$\frac{dz}{dx} - z = -1$$

$$\therefore \quad z = e^{\int dx}\left(\int -e^{-\int dx}\,dx + c\right) = e^{x}(e^{-x} + c) = 1 + c\,e^{x} \quad (c:\text{定数})$$

$$\frac{1}{y-x} = 1 + c\,e^{x}$$

$$\therefore \quad y = \frac{1 + x(1 + c\,e^{x})}{1 + c\,e^{x}}$$

3.4 （1） 与式を変数分離すると，$y\,dy = e^{-x}\,dx$

積分して，$\int y\,dy = \frac{y^2}{2} = \int e^{-x}\,dx + C = -e^{-x} + C \quad \therefore \quad y = \pm\sqrt{2(C - e^{-x})}$

〈参考〉 Mathematica で解くと下のようになる．

```
In[2]:= DSolve[y[x]*y'[x]==Exp[-x],y[x],x]

Out[2]= {{y[x] → -√2 √(-e^-x + C[1])}, {y[x] → √2 √(-e^-x + C[1])}}
```

（2） 与式を書き直すと，$\frac{dy}{dx} - y = x$

これは1階線形だから，公式より，

$$y = e^{-\int(-1)dx}\left(\int e^{\int(-1)dx}x\,dx + K\right) = e^{x}\left(\int e^{-x}x\,dx + K\right)$$

$$= e^{x}\left\{-e^{-x}x - \int(-e^{-x})\,dx + K\right\} = e^{x}\left(-e^{-x}x - e^{-x} + K\right) = -x - 1 + Ke^{x}$$

（別解） 与式をラプラス変換すると，

$$sY(s) - y(0) = \frac{1}{s^2} + Y(s), \quad (s-1)Y(s) = \frac{1}{s^2} + K_1,$$

$$Y(s) = \frac{1}{s^2(s-1)} + \frac{K_1}{s-1} = -\frac{1}{s^2} - \frac{1}{s} + \frac{1}{s-1} + \frac{K_1}{s-1}$$

$$\left(\because \quad \frac{1}{s^2(s-1)} = \frac{A}{s^2} + \frac{B}{s} + \frac{C}{s-1} = \frac{A(s-1) + Bs(s-1) + Cs^2}{s^2(s-1)}\right.$$

$$\left. = \frac{(B+C)s^2 + (A-B)s - A}{s^2(s-1)}, \; A = -1, \; B = -1, \; C = 1\right)$$

$$\therefore \quad y = -x - 1 + e^{x} + K_1e^{x} = -x - 1 + Ke^{x}$$

〈注〉 ラプラス変換法は，変換表を覚えていれば，腕力で解けるが，初期条件が与えられていない場合は有利ではない．

（3） $\frac{dy}{dx} = p$ とおくと，$y'' = \frac{d^2y}{dx^2} = \frac{dp}{dx} = \frac{dp}{dy}\frac{dy}{dx} = \frac{dp}{dy}p$

これを与式に代入すると，$\dfrac{dp}{dy}p - p^2 = \left(\dfrac{dp}{dy} - p\right)p = 0$

$p \neq 0$ の場合，

$$\frac{dp}{dy} = p,\ \frac{dp}{p} = dy,\ \log p = y + C_1,\ p = e^{y+C_1} = \frac{dy}{dx},\ dx = e^{-y-C_1}dy = C_2 e^{-y}dy$$

積分して，

$$x + C_3 = -C_2 e^{-y},\quad \frac{x + C_3}{-C_2} = -\frac{1}{C_2}x - \frac{C_3}{C_2} = C_4 x + C_5 = e^{-y}$$

$$-y = \log(C_4 x + C_5) \qquad \therefore\ y = -\log(C_4 x + C_5)$$

$p = 0$ の場合，$p = \dfrac{dy}{dx} = 0,\ \ y = C_6$

（4） 特性（補助）方程式は，$\lambda^2 + 2\lambda + 2 = 0 \implies \lambda = -1 \pm i$

よって，一般解は，

$$y = Ae^{(-1+i)x} + Be^{(-1-i)x} = e^{-x}(a\cos x + b\sin x) \qquad ①$$

（5） ①より，余関数は，

$$y_1 = e^{-x}(a\cos x + b\sin x) \qquad ②$$

特殊解 y_2 を求めるには，微分演算子 $D = d/dx$ を用いる：

$$y_2 = \frac{1}{D^2 + 2D + 2}x e^{-2x} = x\frac{1}{D^2 + 2D + 2}e^{-2x} - \frac{2D + 2}{(D^2 + 2D + 2)^2}e^{-2x}$$

$$\left(\because\ \frac{1}{f(D)}xF(x) = x\frac{1}{f(D)}F(x) - \frac{f'(D)}{f(D)^2}F(x)\right)$$

$$= x\frac{1}{(-2)^2 + 2(-2) + 2}e^{-2x} - \frac{2(-2) + 2}{[(-2)^2 + 2(-2) + 2]^2}e^{-2x}$$

$$\left(\because\ \frac{1}{f(D)}e^{ax} = \frac{1}{f(a)}e^{ax}\right)$$

$$= \frac{x}{2}e^{-2x} + \frac{1}{2}e^{-2x}$$

よって，一般解は $y = y_1 + y_2 = e^{-x}(a\cos x + b\sin x) + \dfrac{x}{2}e^{-2x} + \dfrac{1}{2}e^{-2x}$

（別解1） 余関数を $y = (C_1 x + C_2)e^{-2x}$ とおいて，与式に代入し，係数 C_1, C_2 を決める．

（別解2） ラプラス変換を用いる．$xe^{-ax} \Longleftrightarrow \dfrac{1}{(s + a)^2}$

（6） 特殊解は，

$$y_3=\frac{1}{D^2+2D+2}2\,e^x\cos x=2\,e^x\frac{1}{(D+1)^2+2(D+1)+2}\cos x$$

$$\left(\because\quad \frac{1}{f(D)}e^{cx}\cos kx=e^{cx}\frac{1}{f(D+c)}\cos kx\right)$$

$$=2e^x\frac{1}{D^2+4D+5}\cos x=2e^x(D^2+5-4D)\frac{1}{(D^2+5)^2-(4D)^2}\cos x$$

$$=2e^x(D^2+5-4D)\frac{1}{(-1+5)^2-4^2(-1)}\cos x=\frac{e^x}{16}(D^2-4D+5)\cos x$$

$$=\frac{e^x}{16}(-\cos x+4\sin x+5\cos x)=\frac{e^x}{4}(\cos x+\sin x)$$

余関数は②と同じ．よって，一般解は，

$$y=y_1+y_3=e^{-x}(a\sin x+b\cos x)+\frac{1}{4}e^x(\cos x+\sin x)$$

（別解） ラプラス変換を用いる．$e^{bx}\cos ax \Longleftrightarrow \dfrac{s-b}{(s-b)^2+a^2}$

3.5 （1） $1+\dfrac{1}{2}x^2+\dfrac{1}{2}\cdot\dfrac{3}{4}x^4+\cdots+\dfrac{1\cdot3\cdots(2n-1)}{2\cdot4\cdots(2n)}x^{2n}+\cdots$

$$=\sum_{n=0}^{\infty}a_nx^{2n}=\sum_{n=0}^{\infty}a_n(x^2)^n \qquad ①$$

$$\lim_{n\to\infty}\frac{a_n}{a_{n+1}}=\lim_{n\to\infty}\frac{1\cdot3\cdots(2n-1)}{2\cdot4\cdots(2n)}\cdot\frac{2\cdot4\cdots(2n+2)}{1\cdot3\cdots(2n+1)}=\lim_{n\to\infty}\frac{2n+2}{2n+1}=1$$

よって，①の収束半径 $R=1$.

$x=\pm1$ のとき，①は $\sum_{n=0}^{\infty}a_n$ になる．

$$a_n=\frac{1\cdot3\cdots(2n-1)}{2\cdot4\cdots(2n)}=\frac{3}{2}\cdot\frac{5}{4}\cdots\frac{2n-1}{2n-2}\cdot\frac{1}{2n}>\frac{1}{2n}$$

よって，$\sum_{n=0}^{\infty}a_n$ は発散する．

したがって，①の収束範囲は $(-1,1)$ である．

（2） $F(x)=\sum_{n=0}^{\infty}a_nx^{2n}\ (-1<x<1)$ とおくと，

$$\frac{dF(x)}{dx}=\sum_{n=1}^{\infty}2na_nx^{2n-1}=\sum_{n=1}^{\infty}(2n-1)a_{n-1}x^{2n-1}$$

$$= \sum_{n=1}^{\infty} (2n-2) a_{n-1} x^{2n-1} + \sum_{n=1}^{\infty} a_{n-1} x^{2n-1}$$

$$= x^2 \sum_{n=1}^{\infty} (2n-2) a_{n-1} x^{2n-3} + x \sum_{n=1}^{\infty} a_{n-1} x^{2(n-1)}$$

$$= x^2 \sum_{l=1}^{\infty} 2l a_l x^{2l-1} + x \sum_{l=0}^{\infty} a_l x^{2l} \quad (l = n-1 \text{ とおく})$$

$$= x^2 \frac{dF(x)}{dx} + xF(x)$$

(3)　$(x^2 - 1)\dfrac{dF(x)}{dx} = -xF(x)$

与式より

$$\frac{F'}{F} = \frac{-x}{x^2 - 1}$$

$$\log F = -\frac{1}{2}\int \frac{2x}{x^2-1}\,dx + c = -\frac{1}{2}\log(x^2 - 1) + c \quad (c: \text{定数})$$

$$\therefore \quad F(x) = c(1 - x^2)^{-1/2}$$

$F(0) = 1$ より，$1 = c$.

$$\therefore \quad F(x) = \frac{1}{\sqrt{1 - x^2}} \quad (-1 < x < 1)$$

3.6　$\dfrac{d^2y}{dx^2} + a^2 y = 0$ の一般解は

$$y_1 = A\cos ax + B\sin ax$$

次に，演算子 $D = \dfrac{d}{dx}$ を用いて非斉次方程式 $\dfrac{d^2y}{dx^2} + a^2 y = ax^2$ の特殊解 y_2 を求める.

$$y_2 = \frac{1}{D^2 + a^2} ax^2 = a \cdot \frac{1}{a^2\left(1 + \dfrac{D^2}{a^2}\right)} x^2 = \frac{1}{a}\left\{1 - \frac{D^2}{a^2} + \left(\frac{D^2}{a^2}\right)^2 - \cdots\right\} x^2$$

$$= \frac{1}{a}\left(x^2 - \frac{2}{a^2}\right) = \frac{a^2x^2 - 2}{a^3}$$

したがって，与式の一般解は

$$y = y_1 + y_2 = A\cos ax + B\sin ax + \frac{a^2x^2 - 2}{a^3}$$

境界条件より

$$\begin{cases} y(0) = -\dfrac{2}{a^3} = A - \dfrac{2}{a^3} \\ y\left(\dfrac{\pi}{2a}\right) = -\dfrac{2}{a^3} + \dfrac{\pi^2}{4a^3} = B + \dfrac{\pi^2/4 - 2}{a^3} \end{cases} \Longrightarrow A = B = 0$$

$$\therefore \quad y = \frac{1}{a}x^2 - \frac{2}{a^3}$$

3.7 （a） これは定数係数微分方程式である．$D = \dfrac{d}{dx}$ とおくと，

$$(D^2 + 2D - 3)y = (D + 3)(D - 1)y = 9e^{2x}$$

余関数は，$y_1 = Ae^{-3x} + Be^x$

特解は，

$$y_2 = \frac{1}{(D + 3)(D - 1)}9e^{2x} = 9e^{2x}\frac{1}{(2 + 3)(2 - 1)}1 = \frac{9}{5}e^{2x}$$

よって，一般解は，

$$y = Ae^{-3x} + Be^x + \frac{9}{5}e^{2x}$$

（別解） 定数係数だから，ラプラス変換の方が楽かもしれない．

（b） これは同次線形（オイラー型）微分方程式である．$D = \dfrac{d}{dx}, x = e^t, \dfrac{d}{dt} = \delta$ とおくと，

$$xD = \delta, \quad x^2D^2 = \delta(\delta - 1)$$

となるから，これを与式に代入して，

$$x^2y'' - 6y = (x^2D^2 - 6)y = 5x^4$$

$$\{\delta(\delta - 1) - 6\}y = (\delta^2 - \delta - 6)y = (\delta + 2)(\delta - 3)y = 5e^{4t}$$

よって，余関数は，$y_1 = Ae^{-2t} + Be^{3t} = Ax^{-2} + Bx^3$

特解は，

$$y_2 = \frac{1}{(\delta + 2)(\delta - 3)}5e^{4t} = 5e^{4t}\frac{1}{(4 + 2)(4 - 3)}1 = 5e^{4t}\frac{1}{6} = \frac{5}{6}e^{4t} = \frac{5}{6}x^4$$

よって，一般解は，

$$y = \frac{5}{6}x^4 + \frac{A}{x^2} + Bx^3$$

〈**参考**〉（b）は級数展開法でも解ける．また，ラプラス変換でも解ける．Mathematica による（b）の解を次に示す．

```
In[2]:= DSolve[x^2*y''[x]-6*y[x]==5*x^4,y[x],x]
```

Out[2]= $\left\{\left\{y[x] \to \frac{5x^4}{6} + x^3 C[1] + \frac{C[2]}{x^2}\right\}\right\}$

3.8　（i）　$\dot{x} < 0$〈注〉 $(0 < t < \pi)$ のとき，与式は

$$\ddot{x} + x - 1 = 0$$

になる．この一般解は，$x(t) = A_1 \cos t + B_1 \sin t + 1$．初期条件より

$$\begin{cases} x(0) = 4 = A_1 + 1 \\ \dot{x}(0) = 0 = B_1 \end{cases} \Longrightarrow A_1 = 3, \quad B_1 = 0 \qquad \therefore \quad x = 3\cos t + 1$$

ここで，$\dfrac{dx}{dt} = -3\sin t < 0 \ (0 < t < \pi)$ であるから，$[0,\pi]$ における与式の解は $x_1 = 3\cos t + 1$.

（ii）　$\dot{x} > 0 \ (\pi < t < 2\pi)$ のとき，与式は

$$\ddot{x} + x + 1 = 0$$

になる．この一般解は，$x(t) = A_2 \cos t + B_2 \sin t - 1$．初期条件 $x(\pi) = x_1(\pi) = -2, \dot{x}(\pi) = \dot{x}_1(\pi) = 0$ より，

$$\begin{cases} -2 = -A_1 - 1 \\ 0 = -B_2 \end{cases} \Longrightarrow A_2 = 1, \quad B_2 = 0 \qquad \therefore \quad x = \cos t - 1$$

$$\frac{dx}{dt} = -\sin t > 0 \quad (\pi < t < 2\pi)$$

よって，$[\pi, 2\pi]$ における与式の解は $x_2 = \cos t - 1$.

（iii）　$t > 2\pi$ のとき，与式の初期条件は

$$x(2\pi) = x_2(2\pi) = 0, \quad \dot{x}(2\pi) = \dot{x}_2(2\pi) = 0$$

であるから，解は $x_3 = 0 \ (t \geqq 2\pi)$

　したがって，与式の解は

$$x = \begin{cases} x_1(t) \\ x_2(t) \\ x_3(t) \end{cases} = \begin{cases} 3\cos t + 1 & (0 \leqq t < \pi) \\ \cos t - 1 & (\pi \leqq t < 2\pi) \\ 0 & (t \geqq 2\pi) \end{cases}$$

　図は省略.

〈注〉 $\dot{x} > 0$ とすると，与式は

$$\ddot{x} + x + 1 = 0$$

になる．この一般解は，$x = A\cos t + B\sin t - 1$．初期条件より

$$\begin{cases} 4 = A - 1 \\ 0 = B \end{cases} \Longrightarrow A = 5, \quad B = 0$$

$$\therefore \quad x = 5\cos t - 1, \quad \dot{x} = -5\sin t < 0 \quad (0 < t < \pi)$$

これは $\dot{x} > 0$ という仮定と矛盾する.

3.9 $x=e^t,\ D=d/dx,\ \delta=d/dt$ とおくと，

$$D=\frac{d}{dx}=\frac{dt}{dx}\frac{d}{dt}=e^{-t}\delta$$

$$\therefore\quad Dy=e^{-t}\delta y$$

$$D^2y=DDy=e^{-t}\delta(e^{-t}\delta y)=e^{-t}(-e^{-t}\delta y+e^{-t}\delta^2 y)=e^{-2t}\delta(\delta-1)y$$

$$\cdots\cdots$$

$$D^ny=e^{-nt}\delta(\delta-1)(\delta-2)\cdots\{\delta-(n-1)\}y$$

すなわち，$xD=\delta,\ x^2D^2=\delta(\delta-1)$ となるから，与式は

$$\{\delta(\delta-1)+2\delta-6\}y=e^tt \Longrightarrow (\delta+3)(\delta-2)y=t\,e^t$$

余関数は

$$y_1=A\,e^{-3t}+B\,e^{2t}=A\frac{1}{x^3}+Bx^2\quad (A,B:\text{定数})$$

特殊解は

$$y_2=\frac{1}{(\delta+3)(\delta-2)}t\,e^t=e^t\frac{1}{(\delta+1+3)(\delta+1-2)}t$$

$$=e^t\frac{1}{(4+\delta)(-1+\delta)}t=e^t\frac{1}{-4\left(1+\dfrac{\delta}{4}\right)(1-\delta)}t$$

$$=-\frac{e^t}{4}\left(1+\frac{\delta}{4}\right)^{-1}(1-\delta)^{-1}t=-\frac{e^t}{4}\left(1-\frac{\delta}{4}\right)(1+\delta)t$$

$$=-\frac{e^t}{4}\left(1-\frac{\delta}{4}+\delta-\frac{\delta^2}{4}\right)t=-\frac{e^t}{4}\left(t-\frac{1}{4}+1\right)=-\frac{e^t}{4}\left(t+\frac{3}{4}\right)$$

$$=-\frac{x}{4}\left(\log x+\frac{3}{4}\right)$$

ゆえに，一般解は

$$y=y_1+y_2=A\frac{1}{x^3}+Bx^2-\frac{x}{4}\left(\log x+\frac{3}{4}\right)$$

3.10 (1) $x-xy=x(1-y)=0,\ -y+2y=y(x-1)=0$ より $x=y=0$ または $x=y=1$ が平衡点.

(2) $(x,y)\to(0,0)$ のとき，$|xy/\sqrt{x^2+y^2}|\to 0$ であるから，安定性に線形近似を用いる.

(i) $x=y\fallingdotseq 0$ (原点のまわり) では，

$$\frac{dx}{dt}=x-xy\fallingdotseq x,\quad \frac{dy}{dt}=-y+xy\fallingdotseq -y$$

1次の項の係数行列の固有値 λ は，

$$\begin{vmatrix} 1-\lambda & 0 \\ 0 & 1-\lambda \end{vmatrix} = 0$$

より，$\lambda = \pm 1$ であるから，原点 $(0, 0)$ は鞍形点である．

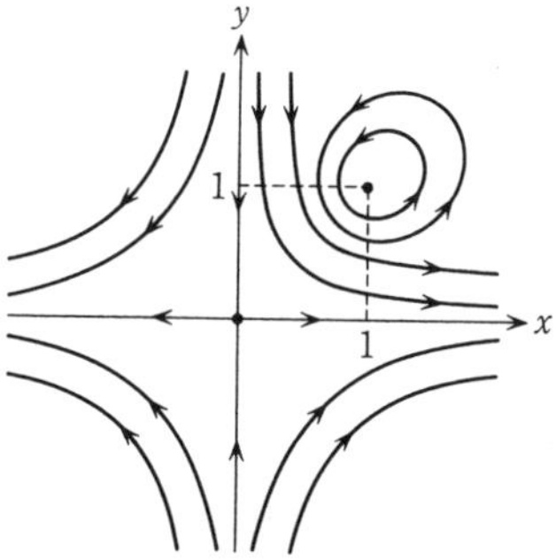

$$\frac{dx}{dt} = x, \quad \frac{dy}{dt} = -y$$

より，$x = c_1 e^t$, $y = c_2 e^{-t}$. ゆえに $t \to \infty$ のとき，$|x| \to \infty$ となり不安定．

（ii） $x = y \fallingdotseq 1$（(1, 1) のまわり）では，$x = u + 1, y = v + 1$ とおくと，

$$\frac{dx}{dt} = \frac{du}{dt} = u + 1 - (u+1)(v+1) = -v - uv \fallingdotseq -v$$

$$\frac{dy}{dt} = \frac{dv}{dt} = -(v+1) + (u+1)(v+1) = u + uv \fallingdotseq u$$

1次の項の係数行列の固有値 λ は，$\begin{vmatrix} 0-\lambda & -1 \\ 1 & 0-\lambda \end{vmatrix} = 0$ より，$\lambda = \pm i$ であるから，(1, 1) は渦心点である．

$$\frac{du}{dt} = -v, \quad \frac{dv}{dt} = u$$

より，

$$u = k\cos(t+\theta), \quad v = k\sin(t+\theta) \qquad \therefore \quad u^2 + v^2 = k^2$$

ゆえに $(u, v) = (0, 0)$ は渦の中心となり安定．

（3） （i）: $xy = c$, （ii）: $(x-1)^2 + (y-1)^2 = k^2$

3.11 （1） (A)の両辺に $x^m y^n$ を掛けると

$$x^m y^n y\,dx + x^m y^n (x - x^3 y^2)\,dy = 0$$
$$x^m y^{n+1}\,dx + (x^{m+1} y^n - x^{m+3} y^{n+2})\,dy = 0$$

(B)より，

$$\frac{\partial}{\partial y}(x^m y^{n+1}) = \frac{\partial}{\partial x}(x^{m+1} y^n - x^{m+3} y^{n+2})$$

すなわち，

$$(n+1)x^m y^n = (m+1)x^m y^n - (m+3)x^{m+2} y^{n+2}$$

$$\begin{cases} n + 1 = m + 1 \\ -(m+3) = 0 \end{cases} \Longrightarrow m = n = -3$$

（2） (1)の結果より

$$\frac{y\,dx}{x^3y^3}+\frac{x\,dy}{x^3y^3}-\frac{dy}{y}=0,\quad \frac{d(xy)}{(xy)^3}=\frac{dy}{y}$$

両辺を積分すると，

$$-\frac{1}{2}\frac{1}{(xy)^2}=\log c|y|\quad (c：定数)\quad あるいは\quad c_1y^2=e^{-1/x^2y^2}\quad (c_1=c^2)$$

〈注〉 $\int_{x_0}^{x} x^{-3}y^{-2}dx+\int_{y_0}^{y}(x_0^{-2}y^{-3}-y^{-1})dy=c_1$ （x_0, y_0, c_1：定数）と計算してもよい．

3.12 （1） $P_0y''+P_1y'+P_2y=0$ の両辺を x で積分すると，

$$\int (P_0y''+P_1y'+P_2y)\,dx$$

$$=\left(P_0y'-\int P_0'y'\,dx\right)+\left(P_1y-\int P_1'y\,dx\right)+\int P_2y\,dx$$

$$=P_0y'+\left(P_1-P_0'\right)y+\int (P_0''-P_1'+P_2)y\,dx \qquad ①$$

ゆえに，$P_0''-P_1'+P_2=0$ ならば

$$\int (P_0y''+P_1y'+P_2y)\,dx=P_0y'+(P_1-P_0')y$$

ゆえに，与式は完全微分方程式

$$\frac{d}{dx}\{P_0y'+(P_1-P_0')y\}=0$$

（2） ①の両辺を x で微分すると，

$$P_0y''+P_1y'+P_2y=\frac{d}{dx}\{P_0y'+(P_1-P_0')y\}+(P_0''-P_1'+P_2)y$$

$P_0''y''+P_1'y'+P_2y=\dfrac{d}{dx}Q(x,y,y')$ だから

$$\frac{d}{dx}\{Q(x,y,y')-P_0y'-(P_1-P_0')y\}=(P_0''-P_1'+P_2)y \qquad ②$$

$v=Q(x,y,y')-P_0y'-(P_1-P_0')y$ とおくと

$$\frac{dv}{dx}=\frac{\partial v}{\partial x}+\frac{\partial v}{\partial y}y'+\frac{\partial v}{\partial y'}y''$$

だから，②は

$$\frac{\partial v}{\partial x}+\frac{\partial v}{\partial y}y'+\frac{\partial v}{\partial y'}y''=(P_0''-P_1'+P_2)y \qquad ③$$

③の右辺は y' と y'' を含まないから，$\dfrac{\partial v}{\partial y}=\dfrac{\partial v}{\partial y'}=0$ となる．ゆえに v は y と y' と共

によらない．すなわち v は x だけの関数である．$v = v(x)$ と書くと，③は

$$\frac{\partial v(x)}{\partial x} = (P_0'' - P_1' + P_2)y \quad ④$$

になる．④の左辺は y に関係しないから，$P_0'' - P_1' + P_2 = 0$ である．

したがって，$P_0'' - P_1' + P_2 = 0$ は微分方程式

$$P_0(x)y'' + P_1(x)y' + P_2(x)y = 0$$

が完全微分方程式である必要条件でもある．

（3） $P_0 = x(x+1), P_1 = 4(x+1), P_2 = 2$ とすると，

$$P_0'' - P_1' + P_2 = [x(x+1)]'' - [4(x+1)]' + 2 = 0$$

ゆえに，このときの微分方程式 $x(x+1)y'' + 4(x+1)y' + 2y = 0$ は完全微分方程式である．（2）より

$$\text{第1積分}: x(x+1)y' + (2x+3)y = c_1$$

すなわち，

$$y' + \frac{2x+3}{x(x+1)}y = \frac{c_1}{x(x+1)} \quad ⑤$$

初期条件を⑤に代入すると，

$$0 + 0 = \frac{c_1}{-\dfrac{3}{2}\cdot\left(-\dfrac{3}{2}+1\right)} \Longrightarrow c_1 = 0$$

⑤に代入すると，

$$y' + \frac{2x+3}{x(x+1)} = 0$$

$$\therefore \quad y = c_2 e^{-\int (2x+3)/x(x+1)\,dx} = c_2 e^{-\int (3/x - 1/(x+1))\,dx} = c_2 \frac{x+1}{x^3} \quad ⑥$$

初期条件を⑥に代入すると，

$$1 = c_2 \frac{-\dfrac{3}{2}+1}{\left(-\dfrac{3}{2}\right)^3} \Longrightarrow c_2 = \frac{27}{4} \qquad \therefore \quad y = \frac{27(x+1)}{4x^3}$$

3.13 （i） $0 < x < 1$ のとき，

$$\frac{d^2y}{dx^2} + (d - \lambda)y = 0 \quad (0 < \lambda < d)$$

この一般解は

$$y = A\cos\sqrt{d-\lambda}x + B\sin\sqrt{d-\lambda}x$$

$\lim_{x \to +0} y(x) = 0$ より $A = 0$. したがって $(0, 1)$ における解は

$$y = y_1(x) = A \cos \sqrt{d - \lambda} x$$

$x > 1$ のとき,

$$\frac{d^2 y}{dx^2} - \lambda y = 0$$

この一般解は

$$y = C e^{\sqrt{\lambda} x} + D e^{-\sqrt{\lambda} x}$$

$\lim_{x \to \infty} y(x) = 0$ より $C = 0$. したがって区間 $(1, \infty)$ における解は

$$y = y_2(x) = D e^{-\sqrt{\lambda} x}$$

$y'(1)$ が存在するには,

$$y_1(1) = y_2(1), \quad y_1'(1) = y_2'(1)$$

すなわち,

$$\begin{cases} B \sin \sqrt{d - \lambda} = D e^{-\sqrt{\lambda}} \\ \sqrt{d - \lambda} B \cos \sqrt{d - \lambda} = -\sqrt{\lambda} D e^{-\sqrt{\lambda}} \end{cases}$$

よって, 解が存在するための定数 d と λ の間の関係は

$$\tan \sqrt{d - \lambda} = -\frac{\sqrt{d - \lambda}}{\sqrt{\lambda}}$$

(ii) グラフで調べる (省略).

3.14 $p = \dfrac{dy}{dx}$ とおくと,

$$\frac{dp}{dx} + ap^2 = b$$

$$\frac{dp}{p^2 - A^2} = -a\,dx \quad \left(\text{ただし, } A^2 = \frac{b}{a} \right)$$

$$\therefore \quad \frac{A - p}{A + p} = c_1 e^{-2Aax}$$

初期条件 : $x = 0$ のとき $p = 0$ より

$$1 = c_1 \Longrightarrow c_1 = 1 \qquad \therefore \quad \frac{A - p}{A + p} = e^{-2Aax}$$

すなわち,

$$p = \frac{A(1 - e^{-2Aax})}{1 + e^{-2Aax}} \qquad \therefore \quad \frac{dy}{dx} = \frac{A(1 - e^{-2Aax})}{1 + e^{-2Aax}}$$

$$y = A \int \frac{1 - e^{-2Aax}}{1 + e^{-2Aax}} dx = A \int \frac{e^{Aax} - e^{-Aax}}{e^{Aax} + e^{-Aax}} dx = A \int \frac{\sinh(Aax)}{\cosh(Aax)} dx$$

$$= \frac{1}{a} \log \cosh (Aax) + c_2$$

初期条件を代入すると，

$$0 = c_2 \Longrightarrow c_2 = 0$$

$$\therefore \quad y = \frac{1}{a} \log \cosh (Aax) = \frac{1}{a} \log \frac{1}{2} e^{Aax}(1 + e^{-2Aax})$$

$$= \frac{1}{a} \log (1 + e^{-2Aax}) + Ax - \frac{1}{a} \log 2$$

$$\to Ax = \sqrt{\frac{b}{a}}\, x \quad (x \to \infty \text{ のとき})$$

3.15 与式より

$$\frac{dx}{dt} = yz \quad ①, \quad \frac{dy}{dt} = -zx \quad ②, \quad \frac{dz}{dt} = -\lambda xy \quad ③$$

$$x(0) = 0 \quad ④, \quad y(0) = z(0) = 1 \quad ⑤$$

（１） ④，⑤より，

$$x = x_1 t + x_2 t + \cdots \quad ⑥$$

$$y = 1 + y_1 t + y_2 t^2 + \cdots \quad ⑦$$

$$z = 1 + z_1 t + z_2 t^2 + \cdots \quad ⑧$$

と書ける．⑥～⑧を①～③に代入すると，各々

$$\frac{dx}{dt} = x_1 + 2x_2 t + \cdots$$

$$= (1 + y_1 t + y_2 t^2 + \cdots)(1 + z_1 t + z_2 t^2 + \cdots)$$

$$= 1 + (y_1 + z_1)t + \cdots \Longrightarrow x_1 = 1, \quad x_2 = \frac{y_1 + z_1}{2} \quad ⑨$$

$$\frac{dy}{dt} = y_1 + 2y_2 t + \cdots$$

$$= -(1 + z_1 t + z_2 t^2 + \cdots)(1 + x_1 t + x_2 t^2 + \cdots)$$

$$= -x_1 t + \cdots \Longrightarrow y_1 = 0, \quad y_2 = -\frac{x_1}{2} \quad ⑩$$

$$\frac{dz}{dt} = z_1 + 2z_2 t + \cdots$$

$$= -\lambda(1 + x_1 t + x_2 t^2 + \cdots)(1 + y_1 t + y_2 t^2 + \cdots)$$

$$= -\lambda x_1 t \Longrightarrow z_1 = 0, \quad z_2 = -\frac{\lambda x_1}{2} \quad ⑪$$

⑨〜⑪より，

$$x_2 = 0, \quad y_2 = -\frac{1}{2}, \quad z_2 = -\frac{\lambda}{2} \qquad ⑫$$

ゆえに，⑥〜⑫より，

$$\begin{cases} x = t + o(t^3) \\ y = 1 - \dfrac{1}{2}t^2 + o(t^3) \\ z = 1 - \dfrac{\lambda}{2}t^2 + o(t^3) \end{cases}$$

（2） ①，②より，

$$\frac{dy}{dt} = \frac{dy}{dx}\frac{dx}{dt} = \frac{dy}{dx}yz$$

$$= -zx \Longrightarrow \frac{dy}{dx} = -\frac{x}{y} \qquad ⑬$$

①，③より，

$$\frac{dz}{dt} = \frac{dz}{dx}\frac{dx}{dt} = \frac{dz}{dx}yz$$

$$= -\lambda xy \Longrightarrow \frac{dz}{dx} = -\lambda\frac{x}{z} \qquad ⑭$$

⑬より，

$ydy = -xdx \qquad \therefore \quad y^2 = -x^2 + c_1$ （c_1：定数，以下同様）

④，⑤をこれに代入すると，$1 = c_1$

$\therefore \quad y^2 = 1 - x^2$

⑭より，

$zdz = -\lambda xdx, \quad z^2 = -\lambda x^2 + c_2$

④，⑤を代入すると，$1 = c_2$

$\therefore \quad z = 1 - x^2$

$y > 0, z > 0$ だから，

$$\begin{cases} y = \sqrt{1 - x^2} & ⑮ \\ z = \sqrt{1 - \lambda x^2} & ⑯ \end{cases}$$

（3） $\lambda = 0$ の場合，⑯より，

$$z = 1 \qquad ⑰$$

①，⑰，⑮より，

$$\frac{dx}{dt} = y = \sqrt{1 - x^2} \qquad ⑱$$

⑱, ④より,

$$\frac{dx}{\sqrt{1 - x^2}} = dt, \quad \sin^{-1} x = t + c_3, \quad x = \sin t \qquad ⑲$$

⑲, ⑮より,

$$y = \sqrt{1 - \sin^2 t} = \cos t\,.$$

$\lambda = 1$ の場合, ⑭, ⑮より,

$$y = z \qquad ⑳$$

①, ⑳, ⑮, ④より,

$$\frac{dx}{dt} = 1 - x^2, \quad \frac{dx}{1 - x^2} = \frac{1}{2}\left(\frac{1}{1 + x} + \frac{1}{1 - x}\right) = dt,$$

$$\log\left|\frac{1 + x}{1 - x}\right| = t + c_4, \quad \frac{1 + x}{1 - x} = e^{2t}, \quad x = \tanh t \qquad ㉑$$

㉑, ⑮, ⑳より,

$$y = z = \sqrt{1 - \tanh^2 t} = \operatorname{sech} t$$

3.16 両辺に $2dy/dx$ を掛けて積分すると,

$$2\frac{dy}{dx}\frac{d^2y}{dx^2} + k^2 \cdot 2\frac{dy}{dx}e^y = 0, \quad \left(\frac{dy}{dx}\right)^2 + 2k^2\int \frac{dy}{dx}e^y\,dx = 2c_1$$

$$\left(\frac{dy}{dx}\right)^2 + 2k^2 e^y = 2c_1 \quad (\text{定数 } c_1 > 0)$$

$$\frac{1}{k^2}\left(\frac{dy}{dx}\right)^2 = 2\left\{\left(\frac{c_1}{k^2}\right) - e^y\right\} = 2(c_2 - e^y) \quad \left(\text{定数 } c_2 = \frac{c_1}{k^2} > e^y > 0\right)$$

$$z = \sqrt{c_2 - e^y} \qquad ①$$

とおくと,

$$\frac{dz}{dx} = \frac{1}{2}(c_2 - e^y)^{-1/2}(-e^y)\frac{dy}{dx} = -\frac{1}{2}(c_2 - e^y)^{-1/2}e^y\frac{dy}{dx}$$

$$\therefore \quad (z')^2 = \frac{1}{4}(c_2 - e^y)^{-1}e^{2y}(y')^2 = \frac{1}{4}(c_2 - e^y)^{-1}e^{2y} \cdot 2k^2(c_2 - e^y)$$

$$= \frac{k^2}{2}e^{2y} = \frac{k^2}{2}(c_2 - z^2)^2 \quad (\because \ ①)$$

$$\therefore \quad \mp\frac{k}{\sqrt{2}} = \frac{1}{z^2 - c_2}z' = \frac{1}{(z + \sqrt{c_2})(z - \sqrt{c_2})}z'$$

$$= \frac{1}{2\sqrt{c_2}}\left(\frac{1}{z - \sqrt{c_2}} - \frac{1}{z + \sqrt{c_2}}\right) z'$$

$$\mp \sqrt{2c_2}k = \left(\frac{1}{z - \sqrt{c_2}} - \frac{1}{z + \sqrt{c_2}}\right)\frac{dz}{dx}$$

両辺を積分すると，

$$c_3 \mp \sqrt{2c_2}kx = \log|z - \sqrt{c_2}| - \log|z + \sqrt{c_2}| = \log\left|\frac{z - \sqrt{c_2}}{z + \sqrt{c_2}}\right|$$

$$= \log\left|\frac{\sqrt{c_2 - e^y} - \sqrt{c_2}}{\sqrt{c_2 - e^y} + \sqrt{c_2}}\right| \quad (c_3 : \text{定数})$$

3.17 （1） $I = \int_0^\infty e^{-x^2}dx = \int_0^\infty e^{-y^2}dy \qquad \therefore \quad I^2 = \int_0^\infty\int_0^\infty e^{-(x^2+y^2)}dx\,dy$

$x = r\cos\theta, y = r\sin\theta$ と置換すると，ヤコビアンは

$$\frac{\partial(x, y)}{\partial(r, \theta)} = \begin{vmatrix} \dfrac{\partial x}{\partial r} & \dfrac{\partial x}{\partial \theta} \\ \dfrac{\partial y}{\partial r} & \dfrac{\partial y}{\partial \theta} \end{vmatrix} = \begin{vmatrix} \cos\theta & -r\sin\theta \\ \sin\theta & r\cos\theta \end{vmatrix} = r\cos^2\theta + r\sin^2\theta = r$$

$$\therefore \quad I^2 = \int_0^\infty\int_0^{\pi/2} e^{-r^2}\cdot r\,dr\,d\theta = \int_0^\infty r\,e^{-r^2}dr\int_0^{\pi/2}d\theta = \frac{\pi}{2}\int_0^\infty e^{-r^2}r\,dr$$

$$= \frac{\pi}{2}\int_0^\infty e^{-R}\frac{dR}{2} = \frac{\pi}{2}\left[-\frac{e^{-R}}{2}\right]_0^\infty = \frac{\pi}{4} \quad (\text{ただし，} R = r^2)$$

$$\therefore \quad I = \frac{\sqrt{\pi}}{2} \qquad ①$$

（2） 区間 $0 \leqq x < \infty$ で $|e^{-x^2}\cos\beta x| \leqq e^{-x^2}$ で，$\int_0^\infty e^{-x^2}dx = \frac{\sqrt{\pi}}{2}$ と収束するから，積分 $I(\beta)$ も収束する．部分積分を用いると

$$\frac{dI}{d\beta} = -\int_0^\infty e^{-x^2}x\sin\beta x\,dx$$

$$= -\left[\int e^{-x^2}x\,dx\cdot\sin\beta x\right]_0^\infty + \int_0^\infty\int_0^\infty e^{-x^2}x\,dx\cdot\beta\cos\beta x\,dx$$

$$= -\left[\left(-\frac{1}{2}e^{-x^2}\right)\cdot\sin\beta x\right]_0^\infty + \int_0^\infty\left(-\frac{1}{2}e^{-x^2}\right)\cdot\beta\cos\beta x\,dx$$

$$= -\frac{\beta}{2}\int_0^\infty e^{-x^2}\cos\beta x\,dx$$

$$\therefore \quad \frac{dI}{d\beta} = -\frac{\beta}{2}\int_0^\infty e^{-x}\cos\beta x\,dx = -\frac{\beta}{2}I$$

$$\therefore \quad \frac{dI}{d\beta} + \frac{\beta}{2} I = 0 \qquad ②$$

（3） ②より，$dI/I = -\beta d\beta/2$

$$\therefore \quad \log I = -\frac{1}{2}\frac{\beta^2}{2} + c_1 \Longrightarrow I = c\,e^{-\beta^2/4} \quad (c = e^{c_1})$$

①より，

$$I(0) = c = \frac{\sqrt{\pi}}{2} \qquad \therefore \quad I(\beta) = \frac{\sqrt{\pi}}{2} e^{-\beta^2/4}$$

3.18 （a） $PAP = \Lambda$ のとき，$\boldsymbol{y} = P^{-1}\boldsymbol{x}$ とすると，$P\boldsymbol{y} = \boldsymbol{x}$ だから，

$$\frac{d\boldsymbol{y}}{dt} = P^{-1}\frac{d\boldsymbol{x}}{dt} = P^{-1}A\boldsymbol{x} = P^{-1}AP\boldsymbol{y} = \Lambda\boldsymbol{y}$$

（b） $P^{-1}AP = \begin{bmatrix} \lambda_1 & & & O \\ & \lambda_2 & & \\ & & \ddots & \\ O & & & \lambda_n \end{bmatrix} = \Lambda$ より，

$$\frac{d}{dt}\begin{bmatrix} y_1 \\ \vdots \\ y_n \end{bmatrix} = \begin{bmatrix} \lambda_1 & & O \\ & \ddots & \\ O & & \lambda_n \end{bmatrix}\begin{bmatrix} y_1 \\ \vdots \\ y_n \end{bmatrix}, \quad \begin{cases} \dfrac{dy_1}{dt} = \lambda_1 y_1 \\ \qquad \vdots \\ \dfrac{dy_n}{dt} = \lambda_n y_n \end{cases}$$

$$\therefore \quad \boldsymbol{y} = \begin{bmatrix} c_1 \exp(\lambda_1 t) \\ \vdots \\ c_n \exp(\lambda_n t) \end{bmatrix}$$

（c） $\boldsymbol{x} = {}^t(x_1, x_2, x_3)$ とおくと，微分方程式は

$$\begin{cases} \dfrac{dx_1}{dt} = x_1 & ② \\ \dfrac{dx_2}{dt} = 2x_2 + 2x_3 & ③ \\ \dfrac{dx_3}{dt} = x_1 + 2x_2 + 3x_3 & ④ \end{cases}$$

②より，$x_1 = c_1 e^t$ となり，これを④に代入して，

$$\frac{dx_3}{dt} = 2x_2 + 3x_3 + c_1 e^t \qquad ⑤$$

③から⑤を引くと，

$$\frac{d(x_2 - x_3)}{dt} = (x_2 - x_3) - c_1 e^t$$

$$\therefore \quad x_2 + c_3 = c_2 e^t - c_1 t e^t \qquad ⑥$$

これを③に代入して，

$$\frac{dx_2}{dt} = 5x_2 - 2c_2 e^t + 2c_1 t e^t$$

$$\therefore \quad x_2 = c_3 e^{5t} + \frac{1}{2} c_2 e^t - c_1 \left(\frac{1}{8} + \frac{1}{2} t \right) e^t$$

これを⑥に代入して，

$$x_3 = c_3 e^{5t} - \frac{1}{2} c_2 e^t - c_1 \left(\frac{1}{8} - \frac{1}{2} t \right) e^t$$

$$\therefore \quad \boldsymbol{x} = \begin{bmatrix} x_1 \\ x_2 \\ x_3 \end{bmatrix} = c_1 e^t \begin{bmatrix} 1 \\ \dfrac{1}{8} + \dfrac{1}{2} t \\ -\dfrac{1}{8} + \dfrac{1}{2} t \end{bmatrix} + c_2 e^t \begin{bmatrix} 0 \\ \dfrac{1}{2} \\ -\dfrac{1}{2} \end{bmatrix} + c_3 e^{5t} \begin{bmatrix} 0 \\ 1 \\ 1 \end{bmatrix}$$

〈注〉 $|A - \lambda I| = \begin{vmatrix} 1-\lambda & 0 & 0 \\ 0 & 3-\lambda & 2 \\ 1 & 2 & 3-\lambda \end{vmatrix} = (5-\lambda)(1-\lambda)^2 = 0$

$\therefore \quad \lambda = 5, 1$ (重根)

$\lambda = 5$ のとき固有ベクトルを $\boldsymbol{p} = {}^t(p_1, p_2, p_3)$ とすると，

$$\begin{bmatrix} 1 & 0 & 0 \\ 0 & 3 & 2 \\ 1 & 2 & 3 \end{bmatrix} \begin{bmatrix} p_1 \\ p_2 \\ p_3 \end{bmatrix} = 5 \begin{bmatrix} p_1 \\ p_2 \\ p_3 \end{bmatrix}, \quad \begin{cases} p_1 = 0 \\ p_2 = p_3 \end{cases} \Longrightarrow \boldsymbol{p} = \begin{bmatrix} 0 \\ 1 \\ 1 \end{bmatrix}$$

$$\therefore \quad \boldsymbol{x}_0 = K_0 e^{5t} \begin{bmatrix} 0 \\ 1 \\ 1 \end{bmatrix}$$

$\lambda = 1$ のときは対角化不可能なので，上記の方法は使えない．このときの固有ベクトルを $\boldsymbol{q} = {}^t(q_1, q_2, q_3)$ とすると，

$$(A - I)\boldsymbol{q} = \left(\begin{bmatrix} 1 & 0 & 0 \\ 0 & 3 & 2 \\ 1 & 2 & 3 \end{bmatrix} - \begin{bmatrix} 1 & 0 & 0 \\ 0 & 1 & 0 \\ 0 & 0 & 1 \end{bmatrix} \right) \begin{bmatrix} q_1 \\ q_2 \\ q_3 \end{bmatrix} = \begin{bmatrix} 0 & 0 & 0 \\ 0 & 2 & 2 \\ 1 & 2 & 2 \end{bmatrix} \begin{bmatrix} q_1 \\ q_2 \\ q_3 \end{bmatrix} = \begin{bmatrix} 0 \\ 0 \\ 0 \end{bmatrix}$$

$$\begin{cases} q_2 + q_3 = 0 \\ q_1 + 2q_2 + 2q_3 = 0 \end{cases} \qquad \therefore \quad \boldsymbol{q} = \begin{bmatrix} 0 \\ 1 \\ -1 \end{bmatrix}$$

同様にして，$\boldsymbol{q}' = {}^t(q_1', q_2', q_3')$ とすると，

$$(A - I)^2 \boldsymbol{q}' = \begin{bmatrix} 0 & 0 & 0 \\ 2 & 8 & 8 \\ 2 & 8 & 8 \end{bmatrix} \begin{bmatrix} q_1' \\ q_2' \\ q_3' \end{bmatrix} = \begin{bmatrix} 0 \\ 0 \\ 0 \end{bmatrix}, \quad q_1' + 4q_2' + 4q_3' = 0$$

$$\therefore \quad \boldsymbol{q}' = \begin{bmatrix} 8 \\ -1 \\ -1 \end{bmatrix}$$

ゆえに,

$$\boldsymbol{x}_1 = K_1 e^t \boldsymbol{q} = c_1 e^t \begin{bmatrix} 0 \\ 1 \\ -1 \end{bmatrix}$$

$$\boldsymbol{x}_2 = K_2 e^t [I + t(A - I)]\boldsymbol{q}' = K_2 e^t \left[\begin{bmatrix} 8 \\ -1 \\ -1 \end{bmatrix} + t \begin{bmatrix} 0 \\ -4 \\ 4 \end{bmatrix} \right]$$

$$= K_2 e^t \begin{bmatrix} 8 \\ -1 - 4t \\ -1 + 4t \end{bmatrix}$$

より，一般解は，$\boldsymbol{x}_0, \boldsymbol{x}_1, \boldsymbol{x}_2$ を加えて

$$\boldsymbol{x} = K_0 e^{5t} \begin{bmatrix} 0 \\ 1 \\ 1 \end{bmatrix} + K_1 e^t \begin{bmatrix} 0 \\ 1 \\ 1 \end{bmatrix} + K_2 e^t \begin{bmatrix} 8 \\ -1 - 4t \\ -1 + 4t \end{bmatrix}$$

3.19 （a） ①より

$$2(y_1, y_2, y_3) \frac{d}{dx} \begin{bmatrix} y_1 \\ y_2 \\ y_3 \end{bmatrix} = 2(y_1, y_2, y_3) A \begin{bmatrix} y_1 \\ y_2 \\ y_3 \end{bmatrix}$$

すなわち,

$$\frac{d}{dx}(y_1^2 + y_2^2 + y_3^2) = 2 \sum_{i,j=1}^{3} a_{ij} y_i y_j \qquad ③$$

A は反対称行列であるから,

$$a_{11} = a_{22} = a_{33} = 0, \quad a_{12} = -a_{21}, \quad a_{13} = -a_{31}, \quad a_{23} = -a_{32}$$

$$\therefore \quad \sum_{i,j=1}^{3} a_{ij} y_i y_j = 0 \qquad ④$$

③，④より,

$$\frac{d}{dx}(y_1^2 + y_2^2 + y_3^2) = 0$$

したがって，$y_1^2 + y_2^2 + y_3^2$ は x によらない.

（b） $b_3 = a_{12}, b_2 = a_{31}, b_1 = a_{23}$ とおくと,

$$A = \begin{bmatrix} 0 & b_3 & -b_2 \\ -b_3 & 0 & b_1 \\ b_2 & -b_1 & 0 \end{bmatrix}$$

②は

$$\frac{\partial b_3}{\partial y_2}-\frac{\partial b_2}{\partial y_3}=0,\quad -\frac{\partial b_3}{\partial y_1}+\frac{\partial b_1}{\partial y_3}=0,\quad \frac{\partial b_2}{\partial y_1}-\frac{\partial b_1}{\partial y_2}=0$$

になる．これは $b_1dy_1+b_2dy_2+b_3dy_3=0$ が完全微分方程式になる条件である．したがって，$B=B(y_1,y_2,y_3)$ が存在し，$b_k=\partial B/\partial y_k(k=1,2,3)$．

（c） $\dfrac{dB}{dx}=\dfrac{\partial B}{\partial y_1}\dfrac{dy_1}{dx}+\dfrac{\partial B}{\partial y_2}\dfrac{dy_2}{dx}+\dfrac{\partial B}{\partial y_3}\dfrac{dy_3}{dx}$ （∵ （b）の結果）

$$=(b_1,b_2,b_3)\frac{d}{dx}\begin{bmatrix}y_1\\y_2\\y_3\end{bmatrix}=(b_1,b_2,b_3)A\begin{bmatrix}y_1\\y_2\\y_3\end{bmatrix}\qquad (\because ①)$$

$$=(b_1,b_2,b_3)\begin{bmatrix}0&b_3&-b_2\\-b_3&0&b_1\\b_2&-b_1&0\end{bmatrix}\begin{bmatrix}y_1\\y_2\\y_3\end{bmatrix}=(0,0,0)\begin{bmatrix}y_1\\y_2\\y_3\end{bmatrix}=0$$

ゆえに，B も x によらない．

（d） $B=\dfrac{1}{2}C(y_1^2+y_2^2)+\dfrac{1}{2}Dy_3^2$ のとき，

$$b_1=\frac{\partial B}{\partial y_1}=Cy_1,\quad b_2=\frac{\partial B}{\partial y_2}=Cy_2,\quad b_3=\frac{\partial B}{\partial y_3}=Dy_3$$

これを①に代入すると，

$$\frac{d}{dx}\begin{bmatrix}y_1\\y_2\\y_3\end{bmatrix}=\begin{bmatrix}0&Dy_3&-Cy_2\\-Dy_3&0&Cy_1\\Cy_2&-Cy_1&0\end{bmatrix}\begin{bmatrix}y_1\\y_2\\y_3\end{bmatrix}$$

$$\therefore\quad\begin{cases}\dfrac{dy_1}{dx}=(D-C)y_2y_3 & ⑤\\[2ex] \dfrac{dy_2}{dx}=-(D-C)y_1y_3 & ⑥\\[2ex] \dfrac{dy_3}{dx}=0 & ⑦\end{cases}$$

⑦より，$y_3=c_3$．

（ⅰ） $C=D$ のとき，$y_1=c_1, y_2=c_2$．

（ⅱ） $C\neq D$ のとき，$y_3=c_3$ を⑤，⑥に代入すると，

$$\frac{dy_1}{dx}=(D-C)c_3y_2 \qquad ⑧$$

$$\frac{dy_2}{dx}=-(D-C)c_3y_1$$

$$\therefore\quad \frac{d^2y_1}{dx^2} = -(D-C)^2c_3^2y_1$$

$$\therefore\quad y_1 = c_2\cos(D-C)c_3x + c_2'\sin(D-C)c_3x$$

これを⑧に代入すると，

$$y_2 = -c_2\sin(D-C)c_3x + c_2'\cos(D-C)c_3x$$

3.20 （ i ） $b=0$ のとき，

（１） $a=0$ ならば，$x(t)=y(t)\equiv 0$ になるから，P は点 $(-1,2)$ を通らない．

（２） $a<0$ ならば，P は必ず第２象限に入る．すなわち，P の座標は方程式

$$\begin{cases} \dfrac{dx}{dt} = -y \\[2ex] \dfrac{dy}{dt} = -x \end{cases} \Longrightarrow \frac{dx}{dy} = \frac{y}{x}$$

をみたすから，初期条件 $(a, 0)$ として，P の運動の軌跡は $x^2-y^2=a^2$．明らかに，$|x|>|y|$．ゆえに，このとき P も点 $(-1,2)$ を通らない．

（３） $a>0$ ならば，P はまず第１象限に入る．すなわち，P の座標は方程式

$$\begin{cases} \dfrac{dx}{dt} = -y \\[2ex] \dfrac{dy}{dt} = x \end{cases} \Longrightarrow \frac{dx}{dy} = -\frac{y}{x}$$

をみたすから，初期条件 $(a, 0)$ として，P の運動の軌跡は $x^2+y^2=a^2$．$t=\pi$ のとき，P が y 軸 ($y>0$ の部分) をぬけて，第２象限に入る (y 軸との交点は $(0, a)$ である)．このとき，P の座標は方程式

$$\begin{cases} \dfrac{dx}{dt} = -y \\[2ex] \dfrac{dy}{dt} = -x \end{cases} \Longrightarrow \frac{dx}{dy} = \frac{y}{x}$$

をみたすから，初期条件 $(0, a)$ として，運動の軌跡は $y^2-x^2=a^2$．ゆえに，P が点 $(-1,2)$ を通るために，a は $2^2-(-1)^2=a^2$ をみたさなければならない．よって，$a=\sqrt{3}$ となる．

（ ii ） （ i ）と同様にして，任意の点を起点 ($t=0$ に対応する) としての動点 P の軌跡が右図のように得られる．図より，$a=b>0$ のとき，P が確定点 $(0,0)$ に限りなく近づく ($t\to+\infty$ のとき)．

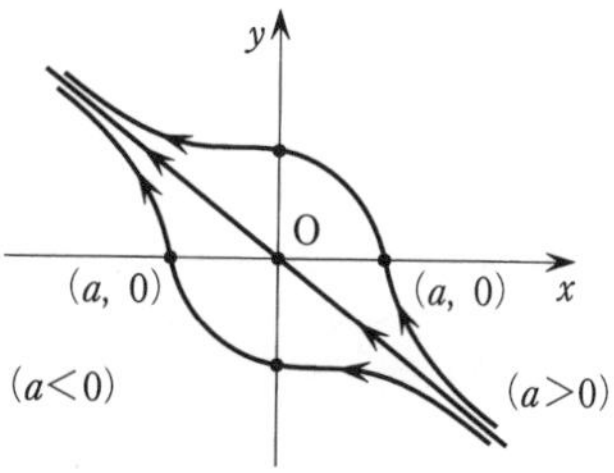

3.21 （1） $z = y^{1-n}$ のとき，

$$\frac{dz}{dx} = (1-n)y^{-n}\frac{dy}{dx}, \quad \frac{dy}{dx} = \frac{1}{1-n}y^n\frac{dz}{dx}$$

これを与式に代入し，両辺を y で割ると，

$$\frac{1}{y}\frac{1}{1-n}y^n\frac{dz}{dx} + p(x) = q(x)y^{n-1}$$

$y^{1-n} = z$ とおき，整理すると，

$$\frac{dz}{dx} + (1-n)p(x)z = (1-n)q(x)$$

（2） ③の両辺を (x^2+a^2) で割ってみると，①において $n=2$ の場合に対応するので，②より直ちに

$$z' - \frac{x}{x^2+a^2}z = -\frac{bx}{x^2+a^2} \quad (\text{ただし，} y^{-1} = z) \qquad ④$$

（3） $b=0$ の斉次線形微分方程式は

$$z' - \frac{x}{x^2+a^2}z = 0$$

$$\therefore \quad \frac{dz}{z} = \frac{x}{x^2+a^2}dx, \quad \log z = \frac{1}{2}\int\frac{2x}{x^2+a^2}dx + c_1 = \frac{1}{2}\log(x^2+a^2) + c_1$$

$$\therefore \quad z = e^{1/2\log(x^2+a^2)+c_1} = c_2 e^{\log(x^2+a^2)^{1/2}} = c_2(x^2+a^2)^{1/2} \qquad ⑤$$

（ただし，$c_1, c_2 = e^{c_1}$：積分定数）

（4） $b \neq 0$ の非斉次微分方程式の場合は直接公式を用いてもよいが，定数変化法により，⑤を $z = c(x)(x^2+a^2)^{1/2}$ とおき，

$$z' = c'(x)(x^2+a^2)^{1/2} + \frac{c(x)}{2}(x^2+a^2)^{-1/2}(2x)$$

と共に④に代入すると

$$c'(x^2+a^2)^{1/2} = \frac{-bx}{x^2+a^2}$$

$$\therefore \quad c(x) = \int\frac{-bx}{x^2+a^2}dx + c_3 = \frac{-b}{2}\int 2x(x^2+a^2)^{-3/2}dx + c_3$$

$$= b(x^2+a^2)^{-1/2} + c_3 \quad (\text{ただし，} c_3\text{：積分定数})$$

$$\therefore \quad y = \{b(x^2+a^2)^{-1/2} + c_3\}(x^2+a^2)^{1/2} = b + c_3(x^2+a^2)^{1/2}$$

3.22 （a） (2)より

$$X' = \frac{x''y - x'y'}{y^2}, \quad Y' = \frac{yy'' - y'^2}{y^2}$$

ゆえに，(1)は次式になる．

$$\left.\begin{aligned} X' &= \frac{x'y'}{y^2} = XY \\ Y' &= -\frac{x^2}{y^2} = -X^2 \end{aligned}\right\} \quad \text{すなわち} \quad \frac{dY}{dX} = -\frac{X}{Y}$$

したがって，

$$X^2 + Y^2 = C$$

(b)　$C = 1$ のとき，(3)は

$$X^2 + Y^2 = 1 \qquad (4)$$

(i)　$X = 0$ のとき，(b)より

$$Y^2 = \pm 1 \quad \text{すなわち} \quad \left.\begin{aligned} x' &= 0 \\ y' &= \pm y \end{aligned}\right\}$$

この解は

$$\left.\begin{aligned} x &= C_1 \\ y &= C_2 e^{\pm s} (C_1, C_2 : \text{定数}) \end{aligned}\right\}$$

このときの曲線群 $(x(s), y(s))$ は y 軸と平行で上半面の直線群．

(ii)　$X \neq 0$ のとき，(4)より

$$\left(\frac{x'}{y}\right)^2 + \left(\frac{y'}{y}\right)^2 = 1 \qquad (5)$$

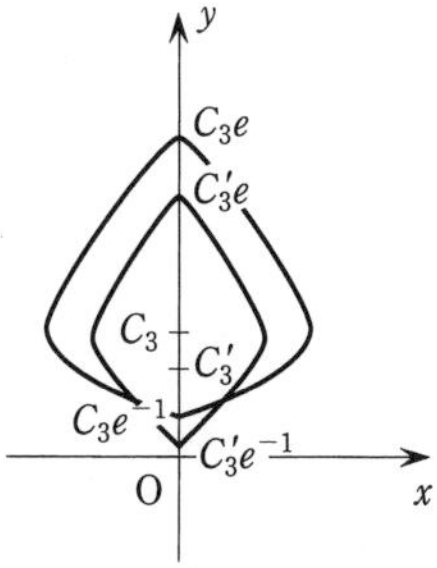

$\dfrac{x'}{y} = \cos s$ とおくと，(5)より $\dfrac{y'}{y} = \sin s$.

これから

$$y = C_3 e^{-\cos s} (C_3 : \text{正の定数})$$

$$x' = C_3 e^{\cos s} \cos s$$

したがって，このときの曲線群 $(x(s), y(s))$ は図のような閉曲線群（y に関して対称）である．

3.23　(a)　$\omega t = \tau$　①

とおくと，

$$\frac{dy}{dt} = \omega \frac{dy}{d\tau} \equiv \omega y', \quad \frac{d^2y}{dt^2} = \omega^2 \frac{d^2y}{d\tau^2} \equiv \omega^2 y'' \qquad ②$$

②を与式に代入すると

$$\omega^2 y'' + y = \varepsilon y^3$$

ここで，

$$y = y_0 + \varepsilon y_1 + \varepsilon^2 y_2 + \cdots$$

$$\omega = 1 + \varepsilon\omega_1 + \varepsilon^2\omega_2 + \cdots \qquad ③$$

と展開すると，

$$(1 + \varepsilon\omega_1 + \varepsilon^2\omega_2 + \cdots)^2(y_0'' + \varepsilon y_1'' + \varepsilon^2 y_2'' + \cdots) + (y_0 + \varepsilon y_1 + \varepsilon^2 y_2 + \cdots)$$
$$= \varepsilon(y_0 + \varepsilon y_1 + \varepsilon^2 y_2 + \cdots)$$

ε の同一べきの係数を等しいとすると，

$$\varepsilon^0 : y_0'' + y_0 = 0 \qquad ④$$
$$\varepsilon^1 : y_1'' + y_1 = -2\omega_1 y_0'' + y_0^3 \qquad ⑤$$
$$\varepsilon^2 : y_2'' + y_2 = -2\omega_2 y_0'' - \omega_1^2 y_0'' - 2\omega_1 y_1'' + 3y_1 y_0^3$$

初期条件は，$y(0) = 1 = y_0(0) + \varepsilon y_1(0) + \cdots$, $y'(0) = 0 = y_0'(0) + \varepsilon y_1'(0) + \cdots$ より

$$y_0(0) = 1,\quad y_0'(0) = 0,\quad y_1(0) = 0,\quad y_1'(0) = 0$$

（b） ④より，

$$y_0 = A\,e^{i\tau} + B\,e^{-i\tau},\quad y_0' = i(A\,e^{i\tau} - B\,e^{-i\tau})$$

初期条件 $y_0(0) = 1$, $y_0'(0) = 0$ より，$A = B = 1/2$

$$\therefore\quad y_0 = \cos\tau = \cos\omega t \quad (\text{ただし，}\omega = 1) \qquad ⑥$$

⑥を⑤に代入して

$$y_1'' + y_1 = 2\omega_1\cos\tau + \cos^3\tau = 2\omega_1\cos\tau + \frac{\cos 3\tau + 3\cos\tau}{4} \quad (\because\ \text{与式})$$
$$= \left(2\omega_1 + \frac{3}{4}\right)\cos\tau + \frac{1}{4}\cos 3\tau$$

特殊解 y_{10} は

$$y_{10} = \left(2\omega_1 + \frac{3}{4}\right)\frac{1}{D^2+1}\cos\tau + \frac{1}{4}\frac{1}{D^2+1}\cos 3\tau$$
$$= \left(2\omega_1 + \frac{3}{4}\right)\frac{1}{2}\tau\sin\tau + \frac{1}{4}\frac{1}{-3^2+1}\cos 3\tau$$

ゆえに，一般解 y_1 は

$$y_1 = c_1\cos\tau + c_2\sin\tau + \frac{1}{2}\left(2\omega_1 + \frac{3}{4}\right)\tau\sin\tau - \frac{1}{32}\cos 3\tau \quad (c_1, c_2 : \text{定数})$$

$$y_1' = -c_1\sin\tau + c_2\cos\tau + \frac{1}{2}\left(2\omega_1 + \frac{3}{4}\right)\sin\tau$$
$$+ \frac{1}{2}\left(2\omega_1 + \frac{3}{4}\right)\tau\cos\tau + \frac{3}{32}\sin 3\tau$$

初期条件 $y_1'(0) = 0$, $y_1(0) = 0$ より，$0 = c_2$, $0 = c_1 - \dfrac{1}{32}$

$$\therefore \quad y_1 = \frac{1}{32}\cos\omega t + \frac{1}{2}\left(2\omega_1 + \frac{3}{4}\right)\omega t \sin\omega t - \frac{1}{32}\cos 3\omega t \qquad ⑦$$

（c） $t \to \infty$では収束しなければならないので，$2\omega_1 + \dfrac{3}{4} = 0$．このとき，⑦は

$$y_1 = \frac{1}{32}\cos\omega t - \frac{1}{32}\cos 3\omega t \quad \left(\text{ただし，}\omega = 1 - \frac{3}{8}\varepsilon\right)$$

$2\omega_1 + \dfrac{3}{4} \neq 0$ のときは発散.

〈注〉（i） ①，③とおかずに与式に代入すると，第1近似として$y_0 = \cos t$を得るが，これは正しい第1近似$x_0 = \cos\omega t$, $(\omega = 1 + \cdots)$ と，tの小さいところではεの程度以下の差しかないが，εがどんなに小さくてもtが大きくなると，$\cos t$は$\cos\omega t$とは全くくい違ってしまい，近似解として使うことができない．振動数が変化することを考慮に入れると，③の形でなければならない．

（ii） $\omega t = \tau$とおかずにtのまま計算を行うと，

$$y_0 = \cos t, \quad y_1 = \frac{1}{32}\cos t + \frac{3}{8} t \sin t - \frac{1}{32}\cos 3t$$

となり，$t \to \infty$ の場合，$y_1 \to \infty$.

（iii） εまでの範囲で，解は

$$y = \cos\omega t + \frac{\varepsilon}{32}(\cos\omega t - \cos 3t), \quad \omega = 1 - \frac{3}{8}\varepsilon$$

3.24 （1） これは1階線形微分方程式だから，公式より，

$$y = e^{-\int\cos x\,dx}\left(\int e^{\int\cos x\,dx}\sin x\cos x\,dx + C_1\right)$$

$$= e^{-\sin x}\left(\int e^{\sin x}\sin x\cos x\,dx + C_1\right) \qquad ①$$

ここで，

$$I \equiv \int e^{\sin x}\sin x\cos\ x\,dx, \quad \sin x = t, \quad \frac{dt}{dx} = \cos x, \quad \frac{dx}{dt} = \frac{1}{\cos x}$$

とおくと，

$$I = \int e^t t\cos x\frac{1}{\cos x}dt = \int t\,e^t\,dt = e^t t - \int e^t\,dt = e^t t - e^t = e^t(t-1) \qquad ②$$

②を①に代入して，

$$y = e^{-t}\{e^t(t-1) + C_1\} = t - 1 + C_1 e^{-t} = \sin x - 1 + C_1 e^{-\sin x} \qquad ③$$

（2） これはベルヌーイ形微分方程式だから，

$$\frac{y}{y^3} = \frac{1}{y^2} = y^{-2} = u$$

とおくと,

$$\frac{du}{dx}=\frac{du}{dy}\frac{dy}{dx}=-2y^{-3}\frac{dy}{dx},\quad \frac{dy}{dx}=\frac{-1}{2}y^3\frac{du}{dx}$$

これらを③に代入すると,

$$-\frac{1}{2}\frac{y}{u}\frac{du}{dx}+y=3e^x\frac{y}{u},\quad \frac{du}{dx}-2u=-6e^x$$

$$u=e^{\int 2dx}\left\{\int e^{-\int 2dx}(-6e^x)\,dx+C_2\right\}=e^{2x}\left(-6\int e^{-2x}e^x\,dx+C_2\right)$$

$$=e^{2x}\left(-6\int e^{-x}\,dx+C_2\right)=e^{2x}(6e^{-x}+C_2)=6e^x+C_2e^{2x}=\frac{1}{y^2}$$

$$\therefore\quad y^2=\frac{1}{6e^x+C_2e^{2x}}$$

(3) $y_1=x$ を与式に代入すると,与式 $=x-x=0$ となるから,$y_1=x$ は特解.$y_2=e^{-x}$ を代入すると,$(1+x)e^{-x}-xe^{-x}-e^{-x}=0$ だから,$y_2=e^{-x}$ も特解.したがって,一般解は,

$$y=A_1x+A_2e^{-x}$$

〈注〉 特解が $y_1=x$ しかわからないときは,$y=xu$ とおいて,原方程式に代入し,u に関する微分方程式を解き,u を決定する.

〈参考〉 Mathematica による解を下に示す.

```
In[2]:= DSolve[y'[x]+y[x]*Cos[x]==Sin[x]*Cos[x],y[x],x]

Out[2]= {{y[x] → -1 + e^(-Sin[x]) C[1] + Sin[x]}}

In[3]:= DSolve[y'[x]+y[x]==3*Exp[x]*y[x]^3,y[x],x]

Out[3]= {{y[x] → -i/Sqrt[-6 e^x - e^(2x) C[1]]}, {y[x] → i/Sqrt[-6 e^x - e^(2x) C[1]]}}

In[4]:= DSolve[(1+x)*y''[x]+x*y'[x]-y[x]==0,y[x],x]

Out[4]= {{y[x] → Sqrt[2 e] x C[2] + C[1] (Cosh[x] - Sinh[x])/Sqrt[2 e]}}
```

〈注〉 $y''+P(x)y'+Q(x)y=0$ に対し,(i) $P+Qx=0\Longrightarrow y=x$ が特解,(ii) $1+P+Q=0\Longrightarrow y=e^x$ が特解,(iii) $m^2+mP+Q=0\Longrightarrow y=e^{mx}$ が特解.

3.25 (a) 与式を u で微分すると,

$$\frac{d}{du}f(u)=\int_{-\infty}^{\infty}\frac{d}{du}\exp(-ax^2+iux)\,dx=\int_{-\infty}^{\infty}ixe^{-ax^2}e^{iux}\,dx \quad \text{〈注〉} \qquad ①$$

ここで，$\dfrac{de^{-ax^2}}{dx} = -2axe^{-ax^2}$，　$x\,dx\,e^{-ax^2} = -\dfrac{de^{-ax^2}}{2a}$

これを①の右辺に代入すると，

$$\frac{d}{du}f(u) = \int_{-\infty}^{\infty} \frac{-ide^{-ax^2}}{2a}e^{iux} = \left[\frac{-i}{2a}e^{-ax^2}e^{iux}\right]_{-\infty}^{\infty} - \int_{-\infty}^{\infty}\frac{u}{2a}e^{-ax^2+iux}dx$$

$$= -\frac{u}{2a}f(u)$$

$$\therefore \quad \frac{d}{du}f(u) + \frac{u}{2a}f(u) = 0$$

〈注〉 $\dfrac{d}{du}f(u) = \displaystyle\int ixe^{-a(x^2-iux/a)}dx = ie^{-u^2/4a}\int_{-\infty}^{\infty} xe^{-a(x-iu/2a)}dx$

$$= ie^{-u^2/4a}\int_{-\infty}^{\infty} dX\,e^{-aX^2}\left(X + \frac{iu}{2a}\right) = ie^{-u^2/4a}\int_{-\infty}^{\infty}\frac{iu}{2a}e^{-aX^2}dX = \frac{-u}{2a}e^{-u^2/4a}\sqrt{\frac{\pi}{a}}$$

$= \dfrac{-u}{2a}f(u)$　（∵（b）の結果）

（b）（a）の式を変数分離すると，

$$\frac{df}{f} = -\frac{u}{2a},\quad \log f = -\frac{u^2}{4a} + C_1 \implies f(u) = C_2\,e^{-u^2/4a}$$

与式より，

$$f(0) = \int_{-\infty}^{\infty}\exp(-ax^2)\,dx = \sqrt{\frac{\pi}{a}} = C_2 \qquad \therefore\ f(u) = \sqrt{\frac{\pi}{a}}e^{-u^2/4a}$$

3.26　与式を次のように書く：

$$\begin{cases} x'(t) = iAx(t) + iBy(t) \\ y'(t) = iBx(t) - iAy(t) \end{cases} \qquad ①$$

①の第１式から，

$$y' = \frac{1}{iB}x' - \frac{A}{B}x \qquad ②$$

これを①の第２式に代入すると，

$$\frac{1}{iB}x'' - \frac{A}{B}x' = iBx - iA\frac{1}{iB}x' + iA\frac{A}{B}x = iBx - \frac{A}{B}x' + \frac{iA^2}{B}x$$

$$x'' = iB\left(iBx + \frac{iA^2}{B}x\right) = -(A^2 + B^2)x$$

これを解くと，C, Dを定数として

$$x(t) = C\cos\sqrt{A^2+B^2}\,t + D\sin\sqrt{A^2+B^2}\,t \qquad ③$$

初期条件より，$x(0) = C = 1$．これを③に代入して，

$$x(t) = \cos\sqrt{A^2+B^2}\,t + D\sin\sqrt{A^2+B^2}\,t \qquad ④$$

$$x'(t) = -\sqrt{A^2+B^2}\sin\sqrt{A^2+B^2}\,t + \sqrt{A^2+B^2}\,D\cos\sqrt{A^2+B^2}\,t \qquad ⑤$$

④，⑤を②に代入すると，

$$y = \frac{-1}{iB}\sqrt{A^2+B^2}\sin\sqrt{A^2+B^2}\,t + \frac{1}{iB}\sqrt{A^2+B^2}\,D\cos\sqrt{A^2+B^2}\,t$$

$$-\frac{A}{B}\cos\sqrt{A^2+B^2}\,t - \frac{A}{B}D\cos\sqrt{A^2+B^2}\,t$$

$$= \frac{i\sqrt{A^2+B^2} - AD}{B}\sin\sqrt{A^2+B^2}\,t - \frac{i\sqrt{A^2+B^2}\,D + A}{B}\cos\sqrt{A^2+B^2}\,t \qquad ⑥$$

初期条件より，$y(0) = -\dfrac{i\sqrt{A^2+B^2}\,D + A}{B} = 0,\quad D = \dfrac{iA}{\sqrt{A^2+B^2}}$

これを④，⑥に代入すると，

$$x(t) = \cos\sqrt{A^2+B^2}\,t + i\frac{A}{\sqrt{A^2+B^2}}\sin\sqrt{A^2+B^2}\,t$$

$$y(t) = \frac{iB}{\sqrt{A^2+B^2}}\sin\sqrt{A^2+B^2}\,t$$

（別解）　ラプラス変換を用いるか，行列を利用して解く．各自確認．

3.27　$xp - yq = -y^2/x,\ p = \partial z/\partial x,\ q = \partial z/\partial y$ はラグランジュ1階線形偏微分方程式．特性方程式

$$\frac{dx}{x} = -\frac{dy}{y} = -\frac{dz}{\dfrac{y^2}{x}}$$

$\dfrac{dx}{x} = \dfrac{dy}{-y}$ より，$ydx + xdy = 0$，すなわち，$d(xy) = 0$

$$\therefore\quad xy = c_1 \qquad ①$$

$\dfrac{dy}{-y} = \dfrac{dz}{-\dfrac{y^2}{x}}$ より，$\dfrac{dy}{xy} = \dfrac{dz}{y^2}$．①を代入すると，

$$\frac{y^2\,dy}{c_1} = dz \qquad \therefore\quad z = \frac{1}{3c_1}y^3 + c_2 = \frac{1}{3xy}y^3 + c_2 = \frac{y^2}{3x} + c_2$$

ゆえに，一般解は

$$f\left(xy,\, z - \frac{y^2}{3x}\right) = 0 \quad あるいは \quad z = \frac{y^2}{3x} + g(xy)$$

（ただし，f, g は任意の微分可能な関数）

3.28　（1）　$\dfrac{\partial\phi}{\partial x}=\dfrac{2x}{a^2}f(z)$，　$\dfrac{\partial^2\phi}{\partial x^2}=\dfrac{2}{a^2}f(z)$，　$\dfrac{\partial\phi}{\partial y}=\dfrac{-2y}{a^2}f(z)$，　$\dfrac{\partial^2\phi}{\partial y^2}=\dfrac{-2}{a^2}f(z)$

$$\frac{\partial^2\phi}{\partial z^2}=\left(1+\frac{x^2-y^2}{a^2}\right)\frac{\partial^2 f(z)}{\partial z^2}$$

これらを与式に代入すると

$$\frac{2}{a^2}f(z)-\frac{2}{a^2}f(z)+\left(1+\frac{x^2-y^2}{a^2}\right)\frac{\partial^2 f(z)}{\partial z^2}=0$$

$$\therefore\quad \left(1+\frac{x^2-y^2}{a^2}\right)\frac{\partial^2 f(z)}{\partial z^2}=0$$

$\dfrac{\partial^2 f(z)}{\partial z^2}=0$ のとき，$\dfrac{\partial f(z)}{\partial z}=c_1, f(z)=c_1z+c_2$

これらを与式に代入すると，

$$\phi=\left(1+\frac{x^2-y^2}{a^2}\right)(c_1z+c_2)$$

$\phi(0, 0, 0)=c_2=0,\ \phi(0, 0, h)=c_1h+c_2=V/2$ より，$c_2=0, c_1=V/2h$

$$\therefore\quad f(z)=\frac{V}{2h}z \qquad ①$$

（2）　①を与式に代入すると，

$$\phi=\left(1+\frac{x^2-y^2}{a^2}\right)\frac{V}{2h}z=V$$

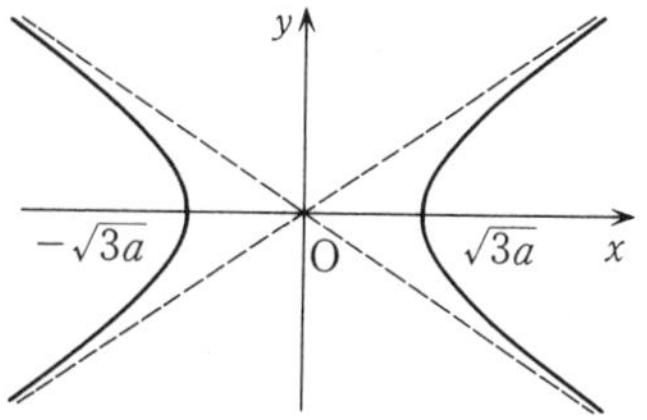

ゆえに，等高面を表わす式は

$$\left(1+\frac{x^2-y^2}{a^2}\right)z=2h$$

$z=h/2$ とおくと，

$$\left(1+\frac{x^2-y^2}{a^2}\right)\frac{h}{2}=2h \qquad \therefore\quad \frac{x^2}{(\sqrt{3}\,a)^2}-\frac{y^2}{(\sqrt{3}\,a)^2}=1$$，等高線は上図

3.29　$f(x, t)=X(x)T(t)$　①

とおき，与式に代入すると

$$XT'=X''T$$

すなわち

$$\frac{X''}{X}=\frac{T'}{T}=-\lambda^2\quad(\lambda\geqq 0) \qquad ②$$

①を②に代入すると

$$X'(0)=X'(\pi)=0 \qquad ③$$

②より $X'' = -\lambda^2 X$

$\lambda = 0$ のとき，$X = c_1 x + c_2$

③より，$c_1 = 0$．よって，$X = c_2 (c_2$：定数$)$．

$\lambda > 0$ のとき，$X = A\cos\lambda x + B\sin\lambda x$

③より

$$\begin{cases} 0 = B\lambda \\ -A\lambda\sin\lambda\pi + B\lambda\cos\lambda\pi = 0 \end{cases} \implies B = 0, \quad \sin\lambda\pi = 0$$

$$\sin\lambda\pi = 0 \implies \lambda = \lambda_n = n \quad (n = 1, 2, \cdots)$$

ゆえに，このとき，$X = X_n(x) = A_n\cos\lambda_n x = A_n\cos nx (n = 1, 2, \cdots)$ である．

一方，②より，$T' = -\lambda^2 T$.

$\lambda = 0$ のとき，$T = D_2 (D_2$：定数$)$．

$\lambda > 0$ のとき，$T = T_n(t) = E_n e^{-\lambda_n^2 t} = E_n e^{-n^2 t} (n = 1, 2, \cdots)$．

ゆえに，一般解は

$$f(x, t) = C_2 D_2 + \sum_{n=1}^{\infty} Z_n(x) T_n(t) = C_2 D_2 + \sum_{n=1}^{\infty} A_n E_n e^{-n^2 t}\cos nx$$

初期条件 $f(x, 0) = \sin^2 x = \dfrac{1}{2} - \dfrac{1}{2}\cos 2x$ より

$$C_2 D_2 + \sum_{n=1}^{\infty} A_n E_n \cos nx = \frac{1}{2} - \frac{1}{2}\cos 2x$$

$$\therefore \quad C_2 D_2 = \frac{1}{2}, \quad A_2 E_2 = -\frac{1}{2}, \quad A_n E_n = 0 \quad (n = 1, 3, 4, \cdots)$$

$$\therefore \quad f(x, t) = \frac{1}{2} - \frac{1}{2} e^{-4t}\cos 2x$$

3.30 $\dfrac{\partial f}{\partial y} = q$ とおくと，$\dfrac{\partial q}{\partial x} + q = x$

y を定数と思ってこの1階線形微分方程式を解くと，特解は

$$q_1 = \frac{1}{D_x + 1} x = (1 - D_x) x = x - 1$$

よって，一般解は

$$y = x - 1 + a'(y) e^{-x} \quad (\text{中間積分，}a'(y)\text{ は任意関数で，}a(y)\text{ の導関数})$$

これを y で積分すると，$f(x, y) = (x - 1)y + a(y) e^{-x} + b(x)$

（別解） D_x を使わない方法：$\partial f/\partial y = q$ について1階線形だから，

$$q = \frac{\partial f}{\partial y} = e^{-\int dx}\left(\int e^{\int dx} x\,dx + f(y)\right) = e^{-x}\left(\int e^{x} x\,dx + f(y)\right)$$

$$= e^{-x}\left(e^x x - \int e^x dx + f(y)\right) = e^{-x}(e^x x - e^x + f(y)) = x - 1 + e^{-x}f(y)$$

yについて積分すると，

$$f(x, y) = (x-1)y + e^{-x}\int f(y)\,dy + b(x) = (x-1)y + e^{-x}a(y) + b(x)$$

ただし，$a(y) = \int f(y)\,dy$

3.31 $u(x, t) = X(x)T(t)$ ①

とおき，与えられた微分方程式および境界条件に代入すると

$$X(x)T'(t) = X''(x)T(t)$$

すなわち，

$$\frac{T'}{T} = \frac{X''}{X} = -\lambda^2 \quad (\lambda > 0) \qquad ②$$

$$X(0) = X(1) = 0 \qquad ③$$

②より，$X'' + \lambda^2 X = 0$

$$\therefore \quad X = A\cos\lambda x + B\sin\lambda x$$

③より，$\begin{cases} 0 = A \\ 0 = A\cos\lambda + B\sin\lambda \end{cases} \Longrightarrow A = 0, \quad \sin\lambda = 0$

$$\sin\lambda = 0 \Longrightarrow \lambda = n\pi \quad (n = 1, 2, \cdots)$$

$$\therefore \quad X = X_n(x) = B_n \sin\lambda_n x = B_n \sin n\pi x \quad (n = 1, 2, \cdots)$$

一方，①より，$T' + \lambda^2 T = 0$

$$\therefore \quad T = T_n(t) = C_n e^{-\lambda_n^2 t} = C_n e^{-(n\pi)^2 t} \quad (n = 1, 2, \cdots)$$

$$\therefore \quad u(x, t) = \sum_{n=1}^{\infty} X_n(x)T_n(t) = \sum_{n=1}^{\infty} B_n C_n e^{-(n\pi)^2 t}\sin n\pi x$$

初期条件は

$$u(x, 0) = f(x) = \sum_{n=1}^{\infty} b_n \sin n\pi x \quad \left(b_n = 2\int_0^1 f(x)\sin n\pi x\,dx, \quad n = 1, 2, \cdots\right)$$

であるから，

$$\sum_{n=1}^{\infty} B_n C_n \sin n\pi x = \sum_{n=1}^{\infty} b_n \sin n\pi x \Longrightarrow B_n C_n = b_n \quad (n = 1, 2, \cdots)$$

したがって，求める解は

$$u(x, t) = \sum_{n=1}^{\infty} b_n e^{-(n\pi)^2 t}\sin n\pi x = 2\sum_{n=1}^{\infty}\left\{\int_0^1 f(x)\sin n\pi x\,dx\right\} e^{-(n\pi)^2 t}\sin n\pi x$$

3.32 $\phi(r, \theta) = R(r)\Theta(\theta)$ とおき，与えられた微分方程式に代入すると

$$\frac{r^2}{R}\left(\frac{d^2R}{dr^2}+\frac{1}{r}\frac{dR}{dr}\right)=-\frac{1}{\Theta}\frac{d^2\Theta}{d\theta^2}=\lambda^2 \quad (\lambda \geqq 0) \qquad ①$$

①より

$$\frac{d^2\Theta}{d\theta^2}+\lambda^2\Theta=0 \qquad \therefore \quad \Theta=A\cos\lambda\theta+B\sin\lambda\theta$$

$\Theta(\theta)=\Theta(\theta+2\pi)$ をみたさなければならないので，$\lambda=\lambda_n=n(n=0, 1, 2, \cdots)$.

$$\therefore \quad \Theta=\Theta_n(\theta)=A_n\cos\lambda_n\theta+B_n\sin\lambda_n\theta=A_n\cos n\theta+B_n\sin n\theta$$

①より

$$\frac{r^2}{R}\left(\frac{d^2R}{dr^2}+\frac{1}{r}\frac{dR}{dr}\right)=\lambda^2$$

この方程式に対して，$\lambda=\lambda_0=0$ のとき，$R=C_0+D_0\log r$.

$\lambda=\lambda_n=n$ のとき，

$$R=C_nr^n+D_nr^{-n} \quad (n=1, 2, \cdots)$$

ゆえに，一般解は

$$\phi(r, \theta)=A_0C_0+A_0D_0\log r+\sum_{n=1}^{\infty}\{(A_nC_nr^n+A_nD_nr^{-n})\cos n\theta + (B_nC_nr^n+B_nD_nr^{-n})\sin n\theta\} \qquad ②$$

（i） 境界条件 $\phi(1, \theta)=1, \phi(e, \theta)=0$ より

$$\begin{cases} 1=A_0C_0+\sum_{n=1}^{\infty}\{(A_nC_n+A_nD_n)\cos n\theta+(B_nC_n+B_nD_n)\sin n\theta\} \\ 0=A_0C_0+A_0D_0+\sum_{n=1}^{\infty}\{(A_nC_n e^n+A_nD_n e^{-n})\cos n\theta \\ \qquad +(B_nC_n e^n+B_nD_n e^{-n})\sin n\theta\} \end{cases}$$

$$\Longrightarrow \begin{cases} A_0C_0=1, \quad A_nC_n+A_nD_n=0, \quad B_nC_n+B_nD_n=0 \\ A_0C_0+A_0D_0=0, \quad A_nC_n e^n+A_nD_n e^{-n}=0, \\ B_nC_n e^n+B_nD_n e^{-n}=0 \quad (n=1, 2, \cdots) \end{cases}$$

$$\Longrightarrow \quad A_0C_0=1, \quad A_0D_0=-1,$$
$$A_nC_n=A_nD_n=B_nC_n=B_nD_n=0 \quad (n=1, 2, \cdots)$$

これらを②に代入すると，

$$\phi=\phi_1(r, \theta)=-\log r$$

（ii） 境界条件 $\phi(1, \theta)=\cos\theta, \phi(e, \theta)=0$ より

$$\cos\theta=A_0C_0+\sum_{n=1}^{\infty}\{(A_nC_n+A_nD_n)\cos n\theta+(B_nC_n+B_nD_n)\sin n\theta\}$$

$$\begin{cases} 0 = A_0 C_0 + A_0 D_0 + \sum_{n=1}^{\infty} \{(A_n C_n e^n + A_n D_n e^{-n}) \cos n\theta \\ \qquad + (B_n C_n e^n + B_n D_n e^{-n}) \sin n\theta\} \\ A_0 C_0 = 0, \quad A_1 C_1 + A_1 D_1 = 1 \\ A_n C_n + A_n D_n = 0 \quad (n = 2, 3, \cdots) \\ B_n C_n + B_n D_n = 0 \quad (n = 1, 2, \cdots) \\ A_0 C_0 + A_0 D_0 = 0 \\ A_n C_n e^n + A_n D_n e^{-n} = 0 \quad (n = 1, 2, \cdots) \\ B_n C_n e^n + B_n D_n e^{-n} = 0 \quad (n = 1, 2, \cdots) \end{cases}$$

$$\Longrightarrow \begin{cases} A_0 C_0 = A_0 D_0 = 0, \quad A_1 C_1 = \dfrac{-1}{e^2 - 1}, \quad A_1 D_1 = \dfrac{e^2}{e^2 - 1} \\ A_n C_n = A_n D_n = 0 \quad (n = 2, 3, \cdots) \\ B_n C_n = B_n D_n = 0 \quad (n = 1, 2, \cdots) \end{cases}$$

これらを②に代入すると,

$$\phi = \phi_2(r, \theta) = \left(\frac{-1}{e^2 - 1} r + \frac{e^2}{e^2 - 1} r^{-1} \right) \cos \theta$$

$$= \frac{1}{1 - e^2} \left(r - \frac{e^2}{r} \right) \cos \theta$$

（iii）　省略

3.33　$u = T(t) X(x)$

とおけば,

$$\frac{\partial u}{\partial t} = X \frac{\partial T}{\partial t}, \quad \frac{\partial^2 u}{\partial x^2} = T \frac{\partial^2 X}{\partial x^2}$$

$$\Longrightarrow \quad \frac{1}{a} \frac{1}{T} \frac{\partial T}{\partial t} = \frac{1}{T} \frac{\partial^2 X}{\partial x^2} = -\alpha^2 \quad (\alpha : \text{定数})$$

$$\therefore \quad \frac{d^2 X(x)}{dx^2} = -\alpha^2 X(x) \qquad \therefore \quad X(x) = A\, e^{i\alpha x} + B\, e^{-i\alpha x}$$

境界条件より,

$$X(0) = 0 = A + B, \quad X(l) = 0 = A\, e^{i\alpha l} + B\, e^{-i\alpha l}$$

$$\Longrightarrow \quad 0 = A(e^{i\alpha l} - e^{-i\alpha l}) = 2iA \sin \alpha l \qquad \therefore \quad \alpha = \frac{n\pi}{l} \ (n : \text{整数})$$

$$\therefore \quad X(x) = A(e^{i\alpha x} - e^{-i\alpha x}) = 2iA \sin \frac{n\pi}{l} x$$

一方，$\dfrac{dT}{T} = -\alpha^2 a dt$ より，$\log T = -\alpha^2 at + B$

$$\therefore \quad T(t) = C\, e^{-\alpha^2 at} = C \exp\left[-\left(\frac{n\pi}{l}\right)^2 at\right]$$

したがって，一般解は

$$u(x,\, t) = \sum_{n=1}^{\infty} c_n \exp\left(-\frac{an^2\pi^2}{l^2}t\right) \sin\frac{n\pi}{l}x$$

初期条件より，

$$u(x,\, 0) = \sum_{n=1}^{\infty} c_n \sin\frac{n\pi}{l}x = \sin^3\frac{\pi}{l}x$$

c_n は $\sin^3\dfrac{\pi}{l}x$ のフーリエ正弦級数であるから，

$$c_n = \frac{2}{l}\int_0^l \sin^3\frac{\pi}{l}x \sin\frac{n\pi}{l}x\, dx$$

ここで，

$$\begin{aligned}
\sin^3\frac{\pi}{l}x \sin\frac{n\pi}{l}x &= \frac{1}{4}\left(3\sin\frac{n\pi}{l} - \sin\frac{3\pi x}{l}\right)\sin\frac{n\pi x}{l} \\
&= \frac{3}{4}\sin\frac{\pi x}{l}\sin\frac{n\pi x}{l} - \frac{1}{4}\sin\frac{3\pi x}{l}\sin\frac{n\pi x}{l} \\
&= \frac{3}{4}\cdot\frac{-1}{2}\left\{\cos\frac{(n+1)\pi x}{l} - \cos\frac{(n-1)\pi x}{l}\right\} \\
&\quad - \frac{1}{4}\cdot\frac{-1}{2}\left\{\cos\frac{(n+3)\pi x}{l} - \cos\frac{(n-1)\pi x}{l}\right\}
\end{aligned}$$

$$\begin{aligned}
\therefore \quad c_n &= \frac{1}{4}\int_0^l \left[\left\{\cos\frac{(n+3)\pi x}{l} - \cos\frac{(n-3)\pi x}{l}\right\}\right. \\
&\quad \left. - 3\left\{\cos\frac{(n+1)\pi x}{l} - \cos\frac{(n-1)\pi x}{l}\right\}\right] dx \\
&= \frac{1}{4}\left[\left\{\frac{l}{(n+3)\pi}\sin\frac{(n+3)\pi x}{l} - \frac{l}{(n-3)\pi}\sin\frac{(n-3)\pi x}{l}\right\}\right. \\
&\quad \left. - 3\left\{\frac{l}{(n+1)\pi}\sin\frac{(n+1)\pi x}{l} - \frac{l}{(n-1)\pi}\sin\frac{(n-1)\pi x}{l}\right\}\right]_0^l \\
&= \frac{1}{4}\left[\left\{\frac{1}{(n+3)\pi}\sin(n+3)\pi - \frac{1}{(n-3)\pi}\sin(n-3)\pi\right\}\right.
\end{aligned}$$

$$-3\left\{\frac{1}{(n+1)\pi}\sin(n+1)\pi-\frac{1}{(n-1)\pi}\sin(n-1)\pi\right\}\Bigg]$$

$c_1 = 3/4, c_3 = -1/4$，それ以外のときは，$c_n = 0$.

$$\therefore\quad u(x,t)=\frac{3}{4}\exp\left(-\frac{a\pi^2}{l^2}t\right)\sin\frac{\pi x}{l}-\frac{1}{4}\exp\left(-\frac{9a\pi^2}{l^2}t\right)\sin\frac{3\pi x}{l}$$

〈注〉 $\sin^3\frac{\pi}{l}x=\frac{1}{2}\sin\frac{\pi}{l}x\left(1-\cos\frac{2\pi}{l}x\right)$

$$=\frac{1}{2}\sin\frac{\pi}{l}x-\frac{1}{2}\sin\frac{\pi}{l}x\cos\frac{2\pi}{l}x$$

$$=\frac{1}{2}\sin\frac{\pi}{l}x-\frac{1}{4}\left(\sin\frac{3\pi}{l}x-\sin\frac{\pi}{l}x\right)$$

$$-\frac{3}{4}\sin\frac{\pi}{l}x-\frac{1}{4}\sin\frac{3\pi}{l}x$$

$$\therefore\quad c_1=\frac{3}{4},\quad c_3=-\frac{1}{4},\quad c_n=0$$

3.34 (i) これはラグランジュの偏微分方程式で，その補助方程式は

$$\frac{dx}{-y}=\frac{dy}{x}=\frac{df}{0}$$

第3式より，$df = 0$. ゆえに一般解は $f =$ 任意定数 s となり，第1, 2式より，

$$x\,dx=-y\,dy$$

ゆえに，一般解は，両辺を積分して $x^2+y^2=$ 任意定数 t となる．したがって，任意定数 s, t の関係 $s=\varphi(t)$ が初期曲線で，一般解は

$$f=\varphi(x^2+y^2)\quad(\varphi：任意関数)$$

(ii) $\dfrac{\partial^2 f}{\partial x^2}+\dfrac{\partial^2 f}{\partial y^2}=\dfrac{\partial^2 f}{\partial r^2}+\dfrac{1}{r}\dfrac{\partial f}{\partial r}+\dfrac{1}{r^2}\dfrac{\partial^2 f}{\partial \theta^2}=0$ ①

であるが，$f=\varphi(x^2+y^2)=\varphi(r^2)$ は θ に依存しないので，①は

$$\frac{d^2f}{dr^2}+\frac{1}{r}\frac{df}{dr}=0$$

となる．$v=\dfrac{df}{dr}$ とおくと，

$$\frac{dv}{dr}+\frac{v}{r}=0$$

$$\therefore\quad \frac{dv}{v}+\frac{dr}{r}=0\Longrightarrow \log v+\log r=\log vr=c_1\qquad\therefore\quad v=\frac{c_1}{r}=\frac{dz}{dr}$$

$$\therefore\quad f=c_1\log r+c_2\quad(c_1, c_2：定数，r=\sqrt{x^2+y^2})$$

〈注〉 $\dfrac{\partial z}{\partial x}=\dfrac{\partial z}{\partial r}\dfrac{\partial r}{\partial x}+\dfrac{\partial z}{\partial \theta}\dfrac{\partial \theta}{\partial x}$, $\dfrac{\partial z}{\partial y}=\dfrac{\partial z}{\partial r}\dfrac{\partial r}{\partial y}+\dfrac{\partial z}{\partial \theta}\dfrac{\partial \theta}{\partial y}$

$$\begin{aligned}
\frac{\partial^2 z}{\partial x^2}&=\frac{\partial}{\partial x}\left(\frac{\partial z}{\partial r}\frac{\partial r}{\partial x}\right)+\frac{\partial}{\partial x}\left(\frac{\partial z}{\partial \theta}\frac{\partial \theta}{\partial x}\right)\\
&=\frac{\partial}{\partial r}\left(\frac{\partial z}{\partial r}\right)\frac{\partial r}{\partial x}\cdot\frac{\partial r}{\partial x}+\frac{\partial z}{\partial \theta}\left(\frac{\partial z}{\partial r}\right)\frac{\partial \theta}{\partial x}\cdot\frac{\partial r}{\partial x}+\frac{\partial z}{\partial r}\frac{\partial^2 r}{\partial x^2}\\
&\quad+\frac{\partial}{\partial r}\left(\frac{\partial z}{\partial \theta}\right)\frac{\partial r}{\partial x}\cdot\frac{\partial \theta}{\partial x}+\frac{\partial}{\partial \theta}\left(\frac{\partial z}{\partial \theta}\right)\frac{\partial \theta}{\partial x}\cdot\frac{\partial \theta}{\partial x}+\frac{\partial z}{\partial \theta}\frac{\partial^2 \theta}{\partial x^2}\\
&=\frac{\partial^2 z}{\partial r^2}\left(\frac{\partial r}{\partial x}\right)^2+2\frac{\partial^2 z}{\partial \theta\partial r}\frac{\partial \theta}{\partial x}\frac{\partial r}{\partial x}+\frac{\partial z}{\partial r}\frac{\partial^2 r}{\partial x^2}+\frac{\partial^2 z}{\partial \theta^2}\left(\frac{\partial \theta}{\partial x}\right)^2+\frac{\partial z}{\partial \theta}\frac{\partial^2 \theta}{\partial x^2}\\
&=z_{rr}r_{x^2}+2z_{r\theta}r_x\theta_x+z_{\theta\theta}\theta_{x^2}+z_r r_{xx}+z_\theta\theta_{xx}
\end{aligned}$$

同様に,

$$\frac{\partial^2 z}{\partial y^2}=z_{rr}r_{y^2}+2z_{r\theta}r_y\theta_y+z_{\theta\theta}\theta_{y^2}+z_r r_{yy}+z_\theta\theta_{yy}$$

一方, $r=\sqrt{x^2+y^2}$, $\theta=\tan^{-1}(y/x)$ であるから,

$$\frac{\partial \theta}{\partial x}=\frac{1}{1+\left(\dfrac{y}{x}\right)^2}\left(-\frac{y}{x^2}\right)=\frac{-y}{x^2+y^2},\quad \frac{\partial \theta}{\partial y}=\frac{1}{1+\left(\dfrac{y}{x}\right)^2}\frac{1}{x}=\frac{x}{x^2+y^2}$$

$$\frac{\partial^2 \theta}{\partial x^2}=\frac{2xy}{(x^2+y^2)^2},\quad \frac{\partial^2 \theta}{\partial y^2}=\frac{-2xy}{(x^2+y^2)^2}$$

$$\therefore\quad \frac{\partial^2 \theta}{\partial x^2}+\frac{\partial^2 \theta}{\partial y^2}=\theta_{xx}+\theta_{yy}=0$$

また, $\dfrac{\partial r}{\partial x}=\dfrac{1}{2}(x^2+y^2)^{-1/2}2x=\dfrac{x}{r}$, $\dfrac{\partial r}{\partial y}=\dfrac{y}{r}$ より,

$$\frac{\partial^2 r}{\partial x^2}=\frac{x-x\cdot x/r}{r^2}=\frac{y^2}{r^3},\quad \frac{\partial^2 r}{\partial y^2}=\frac{x^2}{r^3}$$

$$\therefore\quad r_x^2+r_y^2=1,\quad r_x\theta_x+r_y\theta_y=0,\quad \theta_x^2+\theta_y^2=\frac{1}{r^2},\quad r_{xx}+r_{yy}=\frac{1}{r}$$

$$\begin{aligned}
\therefore\quad z_{xx}+z_{yy}&=z_{rr}(r_x^2+r_y^2)+2z_{r\theta}(r_x\theta_x+r_y\theta_y)\\
&\quad+z_{\theta\theta}(\theta_x^2+\theta_y^2)+z_r(r_{xx}+r_{yy})+z_\theta(\theta_{xx}+\theta_{yy})\\
&=z_{rr}+\frac{1}{r}z_r+\frac{1}{r^2}z_{\theta\theta}
\end{aligned}$$

3.35 極座標 : $x=r\cos\theta$, $y=r\sin\theta$, $r=\sqrt{x^2+y^2}$, $\theta=\tan^{-1}\dfrac{y}{x}$ を用いると,

(1) $f=y(r)$ のとき,

$$\frac{\partial f}{\partial x}=\frac{\partial f}{\partial r}\frac{\partial r}{\partial x},\quad \frac{\partial^2 f}{\partial x^2}=\frac{\partial}{\partial x}\left(\frac{\partial f}{\partial r}\right)\frac{\partial r}{\partial x}+\frac{\partial f}{\partial r}\frac{\partial^2 r}{\partial x^2}=\frac{\partial^2 f}{\partial r^2}\frac{\partial r}{\partial x}+\frac{\partial f}{\partial r}\frac{\partial^2 r}{\partial x^2}$$

$$\frac{\partial^2 f}{\partial y\partial x}=\frac{\partial}{\partial y}\left(\frac{\partial f}{\partial r}\right)\frac{\partial r}{\partial x}+\frac{\partial f}{\partial r}\frac{\partial^2 r}{\partial y\partial x}=\frac{\partial^2 f}{\partial r^2}\frac{\partial r}{\partial y}\frac{\partial r}{\partial x}+\frac{\partial f}{\partial r}\frac{\partial^2 r}{\partial y\partial x}$$

$$\frac{\partial^2 f}{\partial y^2}=\frac{\partial^2 f}{\partial r^2}\frac{\partial r}{\partial y}+\frac{\partial f}{\partial r}\frac{\partial^2 r}{\partial y^2}$$

一方,

$$\frac{\partial r}{\partial x}=\frac{1}{2}\,(x^2+y^2)^{-1/2}2x=\frac{x}{\sqrt{x^2+y^2}}=\frac{x}{r}=\cos\theta$$

$$\frac{\partial r}{\partial y}=\frac{y}{r}=\sin\theta$$

$$\frac{\partial^2 r}{\partial x^2}=\frac{\sqrt{x^2+y^2}-x\cdot\dfrac{2x}{2\sqrt{x^2+y^2}}}{x^2+y^2}=\frac{1}{r}-\frac{x^2}{r^3}=\frac{\sin^2\theta}{r}$$

$$\frac{\partial^2 r}{\partial y^2}=\frac{1}{r}-\frac{y^2}{r^3}=\frac{\cos^2\theta}{r}$$

$$\frac{\partial^2 r}{\partial y\partial x}=x\left(-\frac{1}{2}\right)(x^2+y^2)^{-3/2}2y=-\frac{xy}{(x^2+y^2)^{3/2}}=-\frac{\cos\theta\sin\theta}{r}$$

$$\therefore\quad \frac{\partial^2 f}{\partial x^2}=\frac{\partial^2 f}{\partial r^2}\cos^2\theta+\frac{\partial f}{\partial r}\frac{\sin^2\theta}{r},\quad \frac{\partial^2 f}{\partial y^2}=\frac{\partial^2 f}{\partial r^2}\sin^2\theta+\frac{\partial f}{\partial r}\frac{\cos^2\theta}{r}$$

$$\frac{\partial^2 f}{\partial x\partial y}=\frac{\partial^2 f}{\partial r^2}\sin\theta\cos\theta-\frac{\partial f}{\partial r}\frac{\cos\theta\sin\theta}{r}$$

これらを与式に代入して

$$f_{xx}f_{yy}-f_{xy}^2=\left[\frac{\partial^2 f}{\partial r^2}\cos^2\theta+\frac{\partial f}{\partial r}\frac{\sin^2\theta}{r}\right]\left[\frac{\partial^2 f}{\partial r^2}\sin^2\theta+\frac{\partial f}{\partial r}\frac{\cos^2\theta}{r}\right]$$

$$-\left[\frac{\partial^2 f}{\partial r^2}\sin\theta\cos\theta-\frac{\partial f}{\partial r}\frac{\sin\theta\cos x}{r}\right]^2$$

$$=1$$

$$\frac{1}{r}\frac{d^2 f}{dr^2}\frac{df}{dr}=1,\quad \frac{1}{r}\frac{1}{2}\frac{d}{dr}\left(\frac{df}{dr}\right)^2=1,\quad \frac{d}{dr}\left(\frac{df}{dr}\right)^2=2r$$

両辺を積分し (積分定数 $C_1 \geqq 0$),

$$\left(\frac{df}{dr}\right)^2=r^2+C_1,\quad \frac{df}{dr}=\pm\sqrt{r^2+C_1}\qquad \therefore\quad \frac{dg}{dr}=\pm\sqrt{r^2+C_1}$$

(2) さらに積分し (積分定数 C_2),

$$f = \pm \frac{1}{2}\{r\sqrt{r^2 + C_1} + C_1 \log (r + \sqrt{r^2 + C_1})\} + C_2$$

$r^2 = 1$ 上で $f = 0$ を代入すると，$C_2 = \mp \dfrac{1}{2}\{\sqrt{1 + C_1} + C_1 \log (1 + \sqrt{1 + C_1})\}$

$$\therefore \quad f = \frac{1}{2}\{C_1 \log (r + \sqrt{r^2 + C_1}) - C_1 \log (1 + \sqrt{1 + C_1})$$
$$+ r\sqrt{r^2 + C_1} - \sqrt{1 + C_1}\}$$

3.36 （1） $\dfrac{dA_1}{dt} = \displaystyle\int_{-\infty}^{\infty} \frac{\partial u(t, x)}{\partial t} dx = \int_{-\infty}^{\infty} \left(6u \frac{\partial u}{\partial x} - \frac{\partial^3 u}{\partial x^3}\right) dx$

$$= \int_{-\infty}^{\infty} 6u\, du - \int_{-\infty}^{\infty} d\left(\frac{\partial^2 u}{\partial x^2}\right) = 3u^2 \Big|_{-\infty}^{\infty} - \frac{\partial^2 u}{\partial x^2}\Big|_{-\infty}^{\infty} = 0$$

$$\frac{dA_2}{dt} = \int_{-\infty}^{\infty} u \frac{\partial u}{\partial t} dx = \int_{-\infty}^{\infty} u \left(6u \frac{\partial u}{\partial x} - \frac{\partial^3 u}{\partial x^3}\right) dx$$

$$= \int_{-\infty}^{\infty} 6u^2\, du - \int_{-\infty}^{\infty} u\, d\left(\frac{\partial^2 u}{\partial x^2}\right)$$

$$= 2u^3 \Big|_{-\infty}^{\infty} - \left\{u \frac{\partial^2 u}{\partial x^2}\Big|_{-\infty}^{\infty} - \int_{-\infty}^{\infty} \frac{\partial^2 u}{\partial x^2} du\right\} = \int_{-\infty}^{\infty} \frac{\partial^2 u}{\partial x^2} \frac{\partial u}{\partial x} dx$$

$$= \int_{-\infty}^{\infty} \frac{\partial u}{\partial x} d\left(\frac{\partial u}{\partial x}\right) = \frac{1}{2}\left(\frac{\partial u}{\partial x}\right)^2 \Big|_{-\infty}^{\infty} = 0$$

（2） $u(z) = u(t, x)\,(z = x - ct)$ とすると，

$$\frac{\partial u}{\partial t} = -c \frac{du}{dz}, \quad \frac{\partial u}{\partial x} = \frac{du}{dz}, \quad \frac{\partial^2 u}{\partial x^2} = \frac{d^2 u}{dz^2}, \quad \frac{\partial^3 u}{\partial x^3} = \frac{d^3 u}{\partial z^3}$$

①に代入して，

$$\frac{d^3 u}{dz^3} - (6u + c)\frac{du}{dz} = 0$$

$$\frac{d}{dz}\left\{\frac{d^2 u}{dz^2} - \frac{1}{12}(6u + c)^2\right\} = 0$$

$$\frac{d^2 u}{dz^2} - \frac{1}{12}(6u + c)^2 = \left\{\frac{d^2 u}{dz^2} - \frac{1}{12}(6u + c)^2\right\}_{z=-\infty} = -\frac{1}{12}c^2$$

すなわち，

$$\frac{d^2 u}{dz^2} = u(3u + c) \qquad ③$$

$v = \dfrac{du}{dz}$ とおくと，

$$\frac{d^2u}{dz^2}=\frac{dv}{dz}=\frac{dv}{du}v \qquad ④$$

④を③に代入して，

$$v\frac{dv}{du}=u(3u+c)$$

$$v\,dv=u(3u+c)\,du$$

$z=\infty$ のとき，$u=v=0$ を用いて，

$$\frac{1}{2}v^2=u^3+\frac{c}{2}u^2$$

すなわち

$$v=-\sqrt{2}\,u\sqrt{u+\frac{c}{2}} \quad \left(-\sqrt{\frac{c}{2}}\leqq u\leqq 0\right)$$

$$\frac{du}{dz}=-\sqrt{2}\,u\sqrt{u+\frac{c}{2}} \qquad ⑤$$

$w=\sqrt{u+\dfrac{c}{2}}$ とおくと，

$$u=w^2-\frac{c}{2} \qquad ⑥$$

$$\frac{du}{dz}=2w\frac{dw}{dz} \qquad ⑦$$

⑦を⑤に代入して

$$2w\frac{dw}{dz}=-\sqrt{2}\left(w^2-\frac{c}{2}\right)w$$

$$-\frac{\sqrt{2}\,dw}{w^2-\dfrac{c}{2}}=dz$$

$$-\frac{1}{\sqrt{c}}\log\left|\frac{w+\sqrt{\dfrac{c}{2}}}{w-\sqrt{\dfrac{c}{2}}}\right|=z-x_0$$

$$\frac{w+\sqrt{\dfrac{c}{2}}}{w-\sqrt{\dfrac{c}{2}}}=-e^{-\sqrt{c}\,(z-x_0)} \qquad ⑧$$

$$\frac{w+\sqrt{\dfrac{c}{2}}}{w-\sqrt{\dfrac{c}{2}}}-1=-e^{-\sqrt{c}\,(z-x_0)}-1$$

$$\frac{1}{w-\sqrt{\dfrac{c}{2}}}=\frac{e^{-\sqrt{c}\,(z-x_1)}+1}{-\sqrt{2c}}$$

$$w-\sqrt{\frac{c}{2}}=\frac{-\sqrt{2c}}{e^{-\sqrt{c}\,(z-x_0)}+1} \qquad ⑨$$

よって，⑥，⑧，⑨より

$$u=w^2-\frac{c}{2}=\frac{w+\sqrt{\dfrac{c}{2}}}{w-\sqrt{\dfrac{c}{2}}}\cdot\left(w-\sqrt{\frac{c}{2}}\right)^2$$

$$=-e^{-\sqrt{c}\,(z-x_0)}\cdot\left(\frac{-\sqrt{2c}}{e^{-\sqrt{c}\,(z-x_0)}+1}\right)^2$$

$$=-\frac{c}{2}\left(\frac{2}{e^{(\sqrt{c}/2)\cdot(z-x_0)}+e^{-(\sqrt{c}/2)\cdot(z-x_0)}}\right)^2$$

$$=-\frac{c}{2}\,\mathrm{sech}^2\left\{\frac{\sqrt{c}}{2}(z-x_0)\right\}$$

$$=-\frac{c}{2}\,\mathrm{sech}^2\left\{\frac{\sqrt{c}}{2}(x-ct-x_0)\right\}$$

3.37 $y(x,t)=X(x)T(t)$ と変数分離すると，

$$\frac{\partial y}{\partial t}=XT',\quad \frac{\partial y}{\partial x}=X'T,\quad \frac{\partial^2 y}{\partial x^2}=X''T \qquad ①$$

①を与式に代入すると，

$$XT'=DX''T \qquad \therefore\quad \frac{X''}{X}=\frac{1}{D}\frac{T'}{T}=-\lambda^2 \qquad ②$$

とおくと，第1項より

$$X''=-\lambda^2 X \qquad \therefore\quad X(x)=A_1e^{i\lambda x}+B_1e^{-i\lambda x}=A\cos\lambda x+B\sin\lambda x$$

境界条件より，

$$y\left(\frac{\pi}{2},t\right)=A\cos\frac{\pi\lambda}{2}+B\sin\frac{\pi\lambda}{2}=0 \qquad ③$$

かつ,

$$y\left(-\frac{\pi}{2}, t\right) = A\cos\frac{\pi\lambda}{2} - B\sin\frac{\pi\lambda}{2} = 0 \quad ④$$

③+④より,

$$2A\cos\frac{\pi\lambda}{2} = 0, \quad A = 0$$

このとき,

$$B\sin\frac{\pi\lambda}{2} = 0, \quad \frac{\pi\lambda}{2} = n\pi, \quad \lambda = 2n \ (n = 1, 2, \cdots)$$

または,③−④より,

$$2B\sin\frac{\pi\lambda}{2} = 0, \quad B = 0$$

このとき,

$$A\cos\frac{\pi\lambda}{2} = 0, \quad \frac{\pi\lambda}{2} = n\pi - \frac{\pi}{2}, \quad \lambda = 2n - 1$$

一方,②の第2項より

$$\frac{T'}{T} = -\lambda^2 D, \quad \log T = -\lambda^2 D, \quad T = C_1 e^{-\lambda^2 Dt}$$

$$\therefore \quad y(x, t) = \sum_{n=1}^{\infty} \{B_n \sin(2nx)\, e^{-4n^2 Dt} + A_n \cos((2n-1)x)\, e^{-(2n-1)Dt}\}$$

(1) $y(x, 0) = \cos x$ のとき,

$$\cos x = \sum_{n=1}^{\infty} \{B_n \sin 2nx + A_n \cos(2n-1)x\}$$

よって,$B_n = 0, n = 1, A_1 = 1$

$$\therefore \quad y(x, t) = \cos x\, e^{-Dt}$$

(2) $y(x, 0) = 2\cos x + \cos 3x$ のとき,

$$2\cos x + \cos 3x = \sum_{n=1}^{\infty} \{B_n \sin(2n)x + A_n \cos(2n-1)x\}$$

よって,$B_n = 0, n = 1, 2,\ A_1 = 2,\ A_2 = 1$

$$\therefore \quad y(x, t) = 2\cos x\, e^{-Dt} + \cos 3x\, e^{-9Dt}$$

索　　引

著者略歴

姫野俊一
ひめの しゅんいち

東京大学大学院修了
(北海道大学大学院，東京工業大学大学院，
電気通信大学大学院，国家公務員試験合格)
前花園大学教授，前大東文化大学非常勤講師
工学修士，理学修士，工学博士，放射線取扱主任者，
[電気通信]工事担任者，電気工事士，電気主任技術者

陳啓浩
ちんけいこう

(中国)浙江大学数学力学学部応用数学科卒業
千葉大学数学科留学
前北京郵電大学教授

演習 大学院入試問題［数学］I 〈第3版〉

1990年11月10日 ©	初版発行
1996年9月10日	初版第9刷発行
1997年6月25日 ©	第2版第1刷発行
2014年4月25日	第2版第19刷発行
2015年6月10日 ©	第3版第1刷発行
2023年9月25日	第3版第10刷発行

著　者　姫野俊一　　発行者　森平敏孝
　　　　陳　啓浩　　印刷者　小宮山恒敏

発行所　**株式会社　サイエンス社**
〒151-0051　東京都渋谷区千駄ヶ谷1丁目3番25号
営業　☎(03)5474-8500(代)　振替00170-7-2387
編集　☎(03)5474-8600(代)
FAX　☎(03)5474-8900

印刷・製本　小宮山印刷工業(株)
《検印省略》

ISBN 978-4-7819-1361-2

PRINTED IN JAPAN